쉬운 식품화학

양종범 · 유재희 · 이근보 공저

머 리 말

우리의 일상생활에서부터 우주여행에 이르기까지 과학이 없는 세상은 상상도 할 수 없다. 더욱이 최근의 IT(정보기술), BT(생명공학기술) 그리고 NT(나노기술) 등과 같은 첨단 과학의 발전은 그 동안 해결하지 못했던 여러 가지 과제들을 하나씩 풀어가며 인류의 복지에 크게 기여하고 있다. 이와 같은 과학의 발전은 상상력과 창의력을 바탕으로 이루어지며, 상상력과 창의력은 21세기 리더(leader)가 지녀야 할 핵심 덕목으로 일컬어진다.

식품과학 관련 분야 역시 지속적인 발전을 거듭하고 있으며, 이것은 우리들의 삶을 더욱더 윤택하게 만드는 데 크게 기여하고 있다. 앞으로, 풍부한 상상력과 창의력을 갖춘 식품과학자들의 초점은 식량문제의 해결, 건강기능식품의 개발, 새로운 식품소재의 개발, 전통식품의 상품화, 식품으로 인한 환경문제의 해결 그리고 식품의 안전성 강화 등에 맞추어질 것으로 생각된다.

식품은 우리에게 에너지와 영양소 그리고 각종 생리활성 성분 등을 공급해 주는 물질이며, 식품과학은 식품의 물리화학적 성질, 가공과 저장 그리고 식품이 인체에 미치는 영향 등과 관련한 이론과 기술을 다루는 학문이다. 그러므로 식품과학은 화학, 생물학, 공학 등을 아우르는 종합과학이며 첨단과학이다. 식품과학의 기본이 되는 식품화학은 식품의 특성을 화학적인 차원에서 연구하는 학문을 말한다. 즉, 식품화학이란 식품을 구성하는 성분들이 어떠한 모양을 하고 있는가? 어떠한 성질을 가지고 있는가? 그리고 이들이 어떻게 변화하는가에 대하여 공부하는 학문이다. 때문에 식품과학과 관련한 전문분야를 공부하기 위해서는 식품을 구성하는 성분들에 대한 충분한 이해, 즉 식품화학은 필수적이다.

이 책에서 저자들은 학생들이 그 내용을 보다 쉽게 이해할 수 있도록 자세하고 구체적으로 서술하려고 노력하였다. 예를 들면 학생들이 각 장의 내용을 쉽게 파악하고 학습목표를 가질 수 있도록 각 장마다 개요와 줄거리를 나타내었고, 내용 중에 처음 등장하는 용어와 어려운 내용 및 일상생활에서 관심의 대상이 되는 항목에 대해서는 따로 칼럼을 만들어 설명하였다. 또한 학생들이 그 내용을 쉽게 이해할 수 있도록 하기 위하여 그림이나 표를 많이 활용하였고, 식품성분의 복잡한 화학구조에 대한 이해를 돕기 위하여 화학구조 그림에 중요 점을 표시하였다. 이 책을 통하여 독자 여러분들이 식품화학을 보다 쉽게 공부하고 이해를 높여 식품과학의 발전에 이바지하게 되었으면 하는 마음 간절하다.

독자들의 성원으로 첫 번째 개정판을 출판하게 되었다. 이번 개정판을 준비하면서 초판의 미흡한 점을 보완하려고 노력하였지만, 아직도 저자들의 제한된 지식 등으로 인한 미흡함을 감출 수가 없다고 생각한다. 이러한 부분은 독자들의 애정 어린 충고를 바탕으로 지속적으로 계속 보완하고 수정해 나갈 것을 약속한다.

끝으로 이 책이 출판되기까지 헌신적인 노고와 열정을 아끼지 않으신 유한문화사 사장님과 직원 여러분께 감사의 인사를 드린다.

2011년 2월
저자 일동

차 례

— 1부 식품과 식품화학의 관계를 이해한다 —

제 1 장 식품과 식품화학 / 17

— 2부 중요한 식품성분의 구조와 특성을 이해한다 —

제 2 장 수 분 / 27

제 3 장 탄수화물 / 47

제4장 지 질 / 91

제 5 장 단백질 / 129

제 6 장 핵 산 / 179

제 7 장 효 소 / 187

제 8 장 무기질 / 213

제 9 장 비타민 / 231

— 3부 식품성분의 중요한 변화를 이해한다 —

제 10 장 탄수화물의 변화 / 269

제 11 장 지질의 변화 / 283

제 12 장 단백질의 변화 / 303

제 13 장 식품의 변색 / 315

— 4부 식품 중의 기호성분의 구조와 특성을 이해한다 —

제 14 장 식품의 맛 / 335

제 15 장 식품의 색 / 369

제 16 장 식품의 냄새 / 399

— 5부 식품의 물성을 이해한다 —

제 17 장 식품의 물성 / 423

— 6부 식품 중의 독성물질의 구조와 특성을 이해한다 —

제 18 장 독성물질 / 441

제 1 장

식품과 식품화학

개 요

사람을 비롯한 모든 생명체는 반드시 영양성분을 섭취하여야만 생명을 유지할 수 있다. 식품이란 사람에게 이 영양성분을 공급(1차 기능)하는 물질을 말한다. 하지만 최근에는 삶의 질 향상과 건강에 대한 욕구 증가로, 식품의 1차 기능에 더하여 알코올이나 커피 등과 같은 기호식품(2차 기능)과 건강기능식품(3차 기능)의 중요성이 크게 대두되고 있다.

식품은 저장, 가공 및 이용 중에 여러 가지 요인에 의하여 변화되는데 이와 같은 변화는 우리에게 이익이 되는 경우도 있고, 반대로 불리한 경우도 있다. 때문에 우리는 불리한 변화는 최소화시키고 유리한 변화는 최대한 이용하여야 한다. 이를 위해서는 식품을 구성하는 성분에 대한 구체적인 이해와 응용이 필수적이다.

식품화학이란 식품 성분의 구조와 성질 그리고 이들의 변화 등에 관하여 공부하는 학문이다.

이 장의 줄거리

1. 식품이란 사람에게 영양분을 공급하는 물질을 말한다.
2. 식품은 화학적, 생물학적 그리고 물리적 특성을 지닌다.
3. 식품 중의 영양소는 탄수화물, 지질, 단백질, 무기질 그리고 비타민으로 나누어진다.
4. 식품을 이용할 때, 식품 중에 어떤 영양소가 얼마나 들어 있는지를 확인하는 것은 대단히 중요하다.
5. 좋은 식품이란 식품의 1차~3차 기능을 모두 갖춘 식품을 말한다.
6. 식품화학이란 식품을 구성하는 각 성분의 구조와 성질 그리고 이들의 변화에 관하여 공부하는 학문이다.
7. 앞으로 식품과 관련된 연구는 식량문제 해결, 건강기능식품의 개발, 전통식품의 상품화, 식품에 기인한 환경문제 해결 그리고 식품의 안전성 강화 등에 초점이 맞추어질 것으로 생각된다.

1. 식품이란?

사람을 비롯한 모든 생명체는 생명과 건강을 유지하고 성장하기 위하여 반드시 외부로부터 **영양**성분을 섭취하여야 한다. 식품(食品, food)이란 사람에게 이 영양성분을 공급하는 물질을 말한다. 즉 **영양소**를 한 가지 이상 함유하면서 사람에게 해롭지 않은, 그래서 먹거나 마실 수 있는 물질을 식품이라고 한다. 우리들은 이러한 조건을 갖춘 많은 동식물들을 식품의 재료로 이용하고 있으며, 이들 식품 재료에 여러 가지 물리화학적 또는 생물학적 처리를 하여 저장성, 안전성, 기호성, 영양성, 편리성 및 경제성 등을 부여하고 있다.

2. 식품의 특성

식품은 동식물체로부터 얻어지기 때문에 동식물과 관련한 매우 복잡한 생물학적 특성을 가지고 있다. 또한 식품은 여러 가지 성분들이 불균일하게 분산되고 섞여 있는 상태이기 때문에 이들 구성성분들의 이화학적 성질에 따라서 매우 복잡한 특성을 가지게 된다.

식품의 특성은 크게 화학적, 생물학적 그리고 물리적 특성으로 나누어지는데, 이와 같은 특성은 여러 가지 요인에 의하여 변화하게 된다(그림 1-1). 이와 같은 변화는 우리에게 이익이 되는 경우도 있고, 반대로 불리한 경우도 있다. 예를 들면 냉동에 의하여 식품의 물리적 특성이 변화하는데 이것은 식품의 저장성은 증가시키지만 식품의 품질은 떨어뜨린다. 그러므로 우리에게 불리한 변화는 최소화시키고 유리한 변화는 최대한 이용하는 것이 식품의 저장, 조리 및 가공의 기본적인 원칙이다.

▸ **영양(營養, nutrition)**

생명체가 생명현상을 유지하기 위하여 필요한 물질을 섭취하고 이용하는 모든 활동이나 과정을 말한다.

▸ **영양소(營養素, nutrient)**

인체의 생명력을 유지하는 데 필요한 물질을 말하며, 탄수화물, 지질, 단백질, 무기질 및 비타민을 5대 영양소라고 한다.

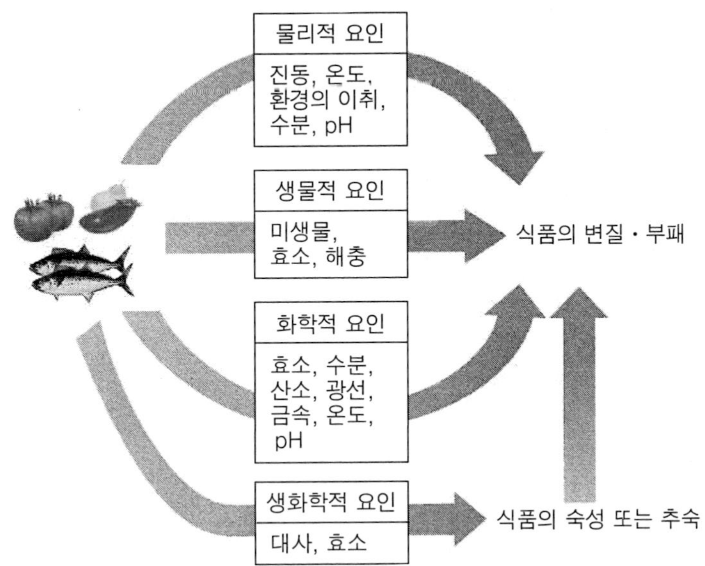

그림 1-1. 식품의 변질요인

1) 화학적 특성

식품의 주요 성분은 탄수화물, 단백질 및 지질 등과 같은 **유기화합물**이다. 식품에 존재하는 유기화합물의 양과 그 상태는 식품에 따라 서로 다르며, 이들은 식품의 영양성, 기호성 그리고 물성 등에 큰 영향을 미친다.

2) 생물학적 특성

식품은 동식물체로부터 얻어진다. 그러므로 이러한 생물체 내에서 일어나는 호흡작

▸ **유기화합물(organic compounds)**

유기물이라고도 부른다. 유기(organic)라는 말은 "생물의 생명력에 의하여 생명체의 기관(organ)에서 만들어진다"는 뜻이었는데, 지금은 실험실에서 유기합성이 가능한 상태이다. 유기물은 일산화탄소(CO), 이산화탄소(CO_2), 탄산염, 시안화수소(HCN)와 그 염, 이황화탄소(CS_2) 등을 제외한 탄소화합물을 말한다. 유기화합물의 기본은 탄화수소이다. 탄화수소는 탄소와 탄소, 탄소와 수소의 공유결합으로 구성되어 있는데, 이 탄화수소 골격은 산소, 질소 및 황 등의 원자를 포함하는 작용기로 치환되기도 한다. 그러므로 유기화합물의 종류는 무수히 많다. 유기화합물은 그 종류에 따라 성질이 상당히 다른데, 일반적으로 가연성(可燃性)이며, 무기물에 비하여 융점이 낮고, 물에 잘 녹지 않으며, 유기용매에 잘 녹는 공통점을 지닌다.

용, 생리작용 및 효소작용 등과 같은 생물학적, 생화학적 반응은 식품의 특성을 좌우하게 된다. 즉, 식품 내에서의 이와 같은 반응들은 식품의 선도나 품질에 크게 영향을 미친다. 일반적으로 고기, 과실 및 채소류 등과 같이 수분함량이 많거나 수분활성도가 높은 식품은 품질 저하 속도가 빠르고, 곡류나 두류 등과 같이 수분함량이 약 15% 이하로 적으며 수분활성도가 낮은 식품은 품질 저하 속도가 느리다.

3) 물리적 특성

식품을 구성하는 각 성분은 그림 1-2에서 보는 바와 같이 세포 내에서도 그 소재가 다르다. 예를 들면 식물성 식품의 세포에서 셀룰로오스(cellulose)는 세포벽에 존재하지만, 전분은 세포질에 존재한다. 때문에 식품을 구성하는 각 성분의 양, 성상 및 분포에 따라서 식품의 조직(texture)이나 물성 등이 크게 달라지게 된다.

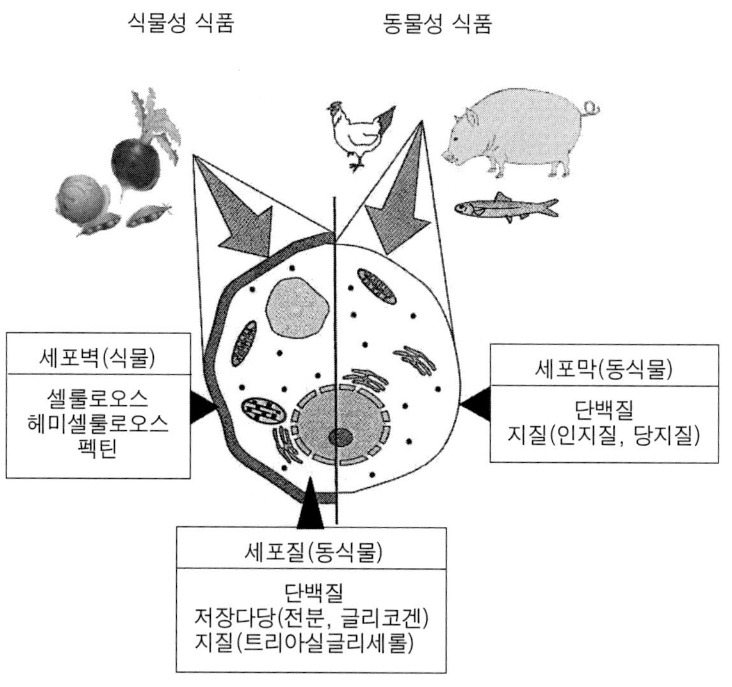

그림 1-2. 세포에서의 식품성분의 소재
(高野克己 等, 食品化學, p. 5, 三共出版, 2007)

3. 식품의 구성성분

일반적으로 식품 중에 가장 많이 함유되어 있는 것은 수분이고, 나머지는 고형물이다. 고형물은 탄수화물, 지질(=지방), 단백질, 무기질 그리고 비타민의 다섯 가지로 나누고 이것을 5대 영양소라고 하는데, 이들은 그 작용에 따라 **열량소**, **구성소** 및 **조절소**로 분류되기도 한다(그림 1-3).

5대 영양소 이외에도 식품의 구성성분에는 수많은 종류가 있다. 이들은 **분자량**이 100 이하인 것에서부터 수백만에 이르는 것까지 매우 다양하다. 분자량이 큰 고분자

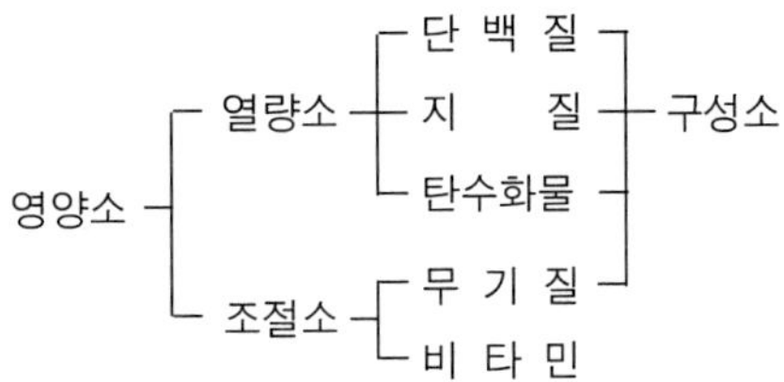

그림 1-3. 열량소, 구성소 및 조절소

▸ **열량소**

생체 내에서 산화, 연소되어 에너지를 공급하는 영양소를 말하며 탄수화물, 지질 및 단백질이 이에 해당한다.

▸ **구성소**

생체조직을 구성하는 영양소를 말하며 탄수화물, 지질, 단백질 및 무기물이 이에 해당한다.

▸ **조절소**

생체기능을 조절하는 영양소를 말하며 비타민과 무기물이 이에 해당한다.

▸ **분자량**

탄소원자의 질량(원자량, 12)을 기준으로 하여 나타낸 각 분자의 상대적 질량을 말한다. 분자의 분자량은 그 분자를 구성하는 원소들의 원자량의 합으로 계산할 수 있다. 예를 들면 소금(NaCl)의 분자량은 나트륨(Na)의 원자량(23)과 염소(Cl)의 원자량(35.5)의 합인 58.5이다.

▸ **수소결합**

식품을 구성하는 성분들의 구조에서 양전하(+)를 띤 수소(H)가 주위의 음전하(-)를 띤 질소(N)나 산소(O) 등과 결합하는 것을 말한다(제5장 단백질 142페이지 참조).

화합물인 단백질이나 전분은 분자량이 작은 아미노산이나 포도당이 많이 결합되어 있는 것이다. 일반적으로 분자량이 작은 성분들은 물에 녹지만 분자량이 큰 성분들은 물에 잘 녹지 않는다. 식품 내에서 분자량이 큰 성분들은 수분과 **수소결합**을 하고 있기 때문에 식품은 많은 양의 수분을 함유하며, 식품 중의 수분함량이나 그 존재 상태는 식품의 물리적 성질에 크게 영향을 미치게 된다.

4. 식품 성분표

식품을 이용하는데 있어서 식품 중에 탄수화물, 지질, 단백질, 무기질 및 비타민 등의 영양소가 얼마나 들어 있는지를 확인하는 것은 대단히 중요한 일이다. 식품 중에 이와 같은 영양소가 어느 정도 함유되어 있는가를 알아보기 위해서는 농촌진흥청에서 발간한 식품성분표를 이용한다. 이 표에서 탄수화물의 양은 식품 전체(100%)의 양에서 **조지방**, **조단백질**, **조회분**(무기질) 및 수분 양(%)의 합계를 뺀 값을 나타낸다. 수분, 탄수화물, 조지방, 조단백질, 조회분 및 섬유소의 여섯 가지 성분을 식품의 일반성분이라고 부르며, 그 밖의 비타민, 색소, 정미물질 및 효소 등은 특수성분이라고 한다.

5. 식품의 기능

식품의 기능은 1차, 2차, 3차 기능으로 분류된다. 1차 기능은 식품의 기본적인 기능으로 사람에게 영양을 공급하는 것을 말한다. 즉 탄수화물, 지질, 단백질, 무기질 및 비타민과 같은 5대 영양소를 공급하는 작용을 말한다. 2차 기능은 식품의 맛, 색, 냄새 등이 사람의 감각(미각, 후각, 시각, 촉각)에 작용하여 기분을 좋게 하는 기능을, 3차 기능은 생체리듬 조절, 건강유지, 질병예방 등과 같은 생체 조절 기능을 말한다. 각 기능에는 나름대로의 특징이 있지만 좋은 식품이란 이들 세 가지 기능을 겸비한 식품을 말한다(그림 1-4).

▸ **조지방, 조단백질, 조회분**

일반적인 식품분석을 통하여 지방, 단백질 및 회분의 양을 측정하면 여기에는 100% 순수한 지방, 단백질 및 회분만을 측정하는 것이 아니라 이들과 성질이 비슷한 물질들도 같이 측정되기 때문에 조(粗, 거칠다는 뜻)를 붙여 표현한다.

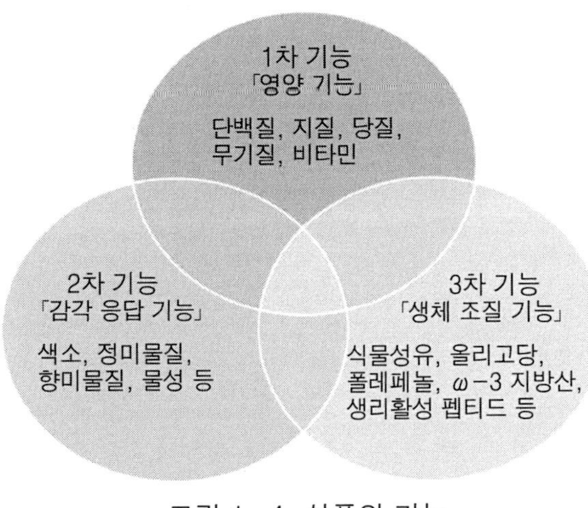

그림 1-4. 식품의 기능

6. 식품화학이란?

사람들은 식품 재료의 생산에서부터 가공, 저장, 유통 그리고 소비에 이르기까지 식품과 밀접한 생활을 하고 있는데 넓은 의미에서의 식품과학은 이러한 모든 과정과 깊은 관련이 있다.

식품을 구성하는 성분들은 대부분이 유기화합물이며 이들은 생산에서부터 소비에 이르기까지 여러 가지 요인에 의하여 변화되고, 이러한 변화는 식품의 품질에 크게 영향을 미치게 된다. 그러므로 화학과 유기화학은 식품과학의 기본이 된다. 또한 사람들이 음식물을 섭취하게 되면 생체 내에서는 소화흡수, 생체물질의 생합성 및 에너지 대사 등과 같은 반응이 일어나는데 이들을 이해하기 위해서는 생물학과 생화학에 대한 지식도 기본적으로 필요하다.

식품과학이란 식품의 영양성, 가공성, 안전성, 기호성 및 저장성 등을 규명하는 학문을 말하는데, 식품의 이와 같은 특성은 식품을 구성하는 구성성분과 밀접한 관련이 있다. 식품과학과 관련 있는 학문에는 식품화학, 식품학, 영양학, 식품가공학, 식품위생학 및 식품저장학 등이 있는데, 식품화학이란 식품을 구성하는 성분들이 어떠한 모양을 하고 있는가?, 어떠한 성질을 가지고 있는가? 그리고 이들이 어떻게 변화 하는가?에 대하여 공부하는 학문이다(그림 1-5).

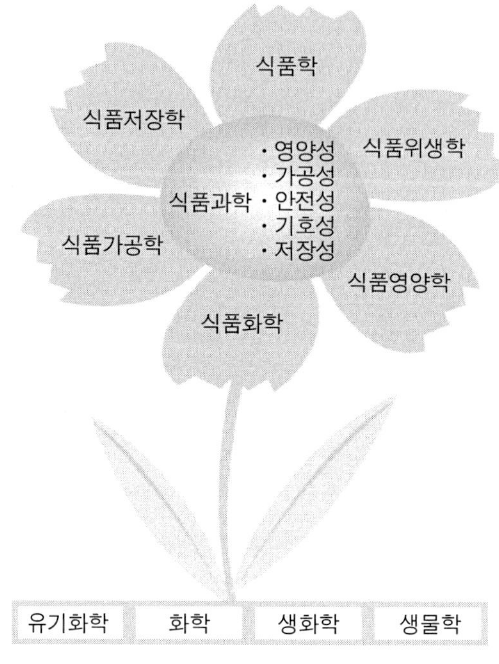

그림 1-5. 식품화학과 관련 학문

7. 식품화학의 연구방향

식품과 관련된 연구는 앞으로 다음과 같은 방향으로 진행될 것으로 생각된다.

1) 식량문제의 해결

2) 기능성 식품의 개발

지금까지 개발된 기능성 식품의 예로는 다음과 같은 것이 있다.

(1) 올리고당(oligosaccharides) : 면역기능 증강물질

(2) 중쇄지방 : 흡수가 빠르기 때문에 환자식으로 사용

(3) 생리활성 펩티드(peptide) : 진통작용, 혈압 강하작용, 동맥 이완작용, 항암활성, 칼슘흡수 촉진작용 등의 생리활성을 지니는 펩티드

(4) 특수한 기능을 지닌 가공식품의 개발 : 혈중 콜레스테롤을 낮추어 주는 과자, DHA 돼지고기, **락토페린**(lactoferrin) 함유 우유 등

(5) 무충치 설탕

(6) 생리활성물질의 개발 : 해당화 뿌리 중의 혈당 강하 성분, 칡뿌리 중의 해열제 등

▸ **락토페린**(lactoferrin)

2분자의 철(Fe)을 함유한 구상단백질로 대장균 등의 미생물에 대한 항균활성을 지니는 것으로 알려져 있다. 우유에 비하여 모유 중에 많이 함유되어 있다.

3) 무역자유화 정책(FTA, WTO)에 대비한 전통식품의 상품화
4) 식품산업과 관련한 환경문제의 해결 : 종이 캔(can)의 개발, 적조문제, 축산폐수 등
5) 무공해 식품의 개발
6) 식품의 안전성 강화

제 2 장

수 분

개 요

수분(水分, water)은 생명체 내에서 체온의 유지, 생화학 반응에 관여, 영양소와 노폐물의 운반, **삼투현상(osmosis)** 그리고 **항상성(homeostasis)** 유지 등과 같은 중요한 기능을 한다. 그러므로 수분은 생명유지에 필수적인 요소이며 생명체는 많은 양의 수분을 필요로 한다. 생명체인 동식물로부터 얻어지는 식품에는 수분이 가장 많이 함유되어 있다. 식품에 존재하는 수분은 용매로서 또는 수용성 물질의 운반체로 작용할 뿐만 아니라 식품 내에서 발생하는 화학반응(예 ; 설탕 + H_2O → 포도당 + 과당)과 항산화 작용(과산화물과 수소결합 하여 유리 라디칼의 생성을 방해)에 관여하기도 한다. 또한 식품 중의 수분은 식품의 물리적 형태, 조직감, 기호성 및 저장성 등에 큰 영향을 미친다. 이와 같이 식품 중의 수분은 여러 면에서 매우 중요한 역할을 하기 때문에 수분의 구조와 성질을 이해하는 것은 식품화학을 공부하는 데 있어 대단히 중요하다.

이 장의 줄거리

1. 수분(H_2O)은 2개의 수소원자(H)가 1개의 산소원자(O)와 공유결합을 하고 있는데 산소측은 음(-)으로, 수소측은 양(+)으로 하전 되어 있다. 공유된 전자쌍이 어느 한쪽의 원자로 치우쳐 있는 결합을 극성 결합이라고 하는데 수분과 같이 이러한 결합 형태를 가지는 분자를 극성 물질이라고 한다. 물 분자는 서로 수소결합을 하고 있다. 수분은 다른 용매에 비하여 전기음성도, 표면장력, 응집력, 비열, 열전도율 그리고 기화열 등이 크다.
2. 식품 중에 존재하는 수분은 자유수와 결합수의 형태로 존재한다.
3. 식품의 성질이나 저장성은 식품 중에 존재하는 이용가능한 수분의 양과 밀접한 관련이 있으며, 이것을 나타낸 것이 바로 수분활성도이다.
4. 등온흡습곡선이란 세로축에는 정해진 상대습도에서의 식품의 평형수분함량을, 가로축에는 그 식품이 들어있는 용기 중의 상대습도를 나타낸 곡선이다.
5. 식품을 급속냉동 시키면 냉동에 의한 품질 저하를 방지할 수 있다.

▸ **삼투현상**(osmosis)

막을 통하여 물질이 확산하는 현상을 말한다. 예를 들면 반투막(용매는 통과하지만 용질은 통과하지 못하는 막)을 경계로 하여 한쪽에는 낮은 농도의 용액 그리고 다른 쪽에는 높은 농도의 용액을 놓으면 낮은 농도의 용액으로부터 높은 농도의 용액으로 물(용매) 분자가 자유로이 확산한다. 이러한 현상을 삼투현상이라고 한다.

▸ **항상성**(homeostasis)

생명체의 특징 중 하나로, 내·외적인 변화로부터 안정된 상태를 유지하여 최적화 상태를 지속적으로 유지하려는 특성을 말한다. 생체 내에서 진행되는 대부분의 생명현상들은 이를 유지하기 위한 것이라고 볼 수 있다. 예를 들면 사람들은 날씨가 더우면 땀을 흘림으로써 일정한 체온을 유지한다.

1. 수분의 구조와 성질

1) 수분의 구조

물의 **분자식**은 H_2O이다. 물은 2개의 수소원자(H)가 산소원자(O)와 **공유결합**을 하고 있으며, 이때 2개의 수소원자 사이의 결합각은 104.5°, 산소원자와 수소원자 간 거리는 0.9584Å이다(그림 2-1). 물 분자는 전기적으로 중성이지만 분자 내부에 있어서 (+)전하의 중심과 (-)전하의 중심이 일치되지 않는다. 왜냐하면 공유 결합된 전자는 전기적으로 음성인 원자 쪽으로 강하게 쏠리는 성질을 갖고 있기 때문에 (-)전

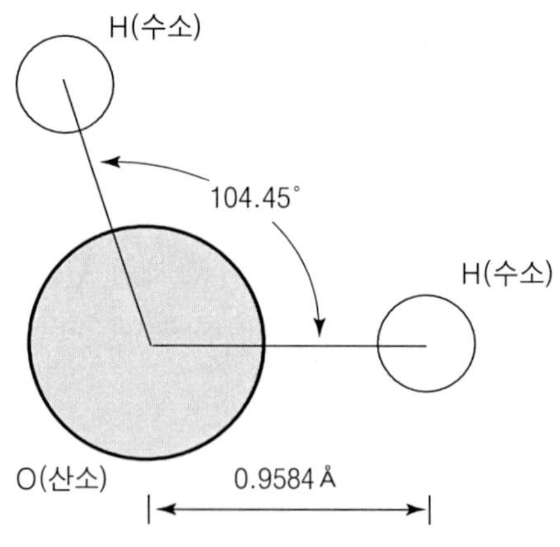

그림 2-1. 물 분자의 구조

하의 중심이 산소원자와 수소원자 사이의 가운데보다는 전기음성도가 큰 산소원자 쪽으로 치우쳐 있기 때문이다. 그 결과, 수분을 구성하는 산소측은 음(-)으로 하전되고, 수소측은 양(+)으로 하전되어 극성을 나타내게 된다. 이와 같이 공유된 전자쌍이 어느 한쪽의 원자로 치우쳐 있는 결합을 극성 결합이라고 하고, 물과 같이 이러한 결합 형태를 가지는 분자를 극성 물질이라고 한다. 극성 분자는 서로 반대 전하 사이에 전기적 끌림을 만든다.

그림 2-2에서 보는 바와 같이 물 분자의 음으로 하전된 산소원자($O^{\delta-}$)는 다른 물 분자의 양으로 하전된 수소원자($H^{\delta+}$)를 끌어당기는데 이렇게 되면 수소원자를 가운

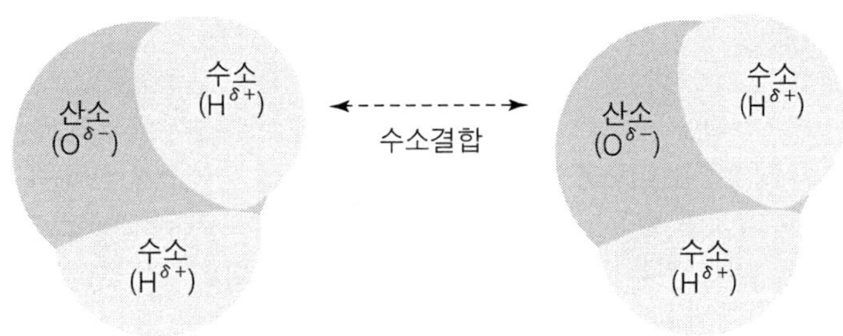

그림 2-2. 물 분자 사이의 수소결합

▸ **화학식**

화합물의 구성성분을 원소기호로 표시한 것을 화학식이라고 한다. 물을 H_2O라고 표시하는데 이것은 물이 수소(H) 2개와 산소(O) 1개가 결합한 화합물이라는 것을 의미한다. 수가 1개일 때에는 기록하지 않는다. 화학식을 표시하는 방법에는 다음과 같이 여러 가지가 있다.

① 실험식 ; 화합물 중에 포함되어 있는 원소의 종류와 수를 가장 간단한 정수비로 표시한 것을 말하는데 조성식이라고도 한다.

② 분자식 ; 분자로 되어 있는 물질을 원소기호를 사용하여 1개의 분자 중에 들어 있는 원소의 종류와 그 수를 나타낸 식을 말한다.

③ 시성식 ; 분자의 성질을 표시할 수 있는 작용기(functional group)를 표시하여 그 결합상태를 나타내는 식을 말한다.

④ 구조식 ; 분자 중에 존재하는 원자와 원자의 결합상태를 원자가와 같은 수의 결합선으로 나타낸 식을 말한다. 공유결합 물질에서는 공유전자쌍의 수가 결합선의 수가 된다.

참고로 에틸알코올(C_2H_6O)과 메틸에테르(C_2H_6O) 같이 분자식이 같고 시성식이나 구조식(C_2H_5OH와 CH_3OCH_3)이 다른 것을 서로 이성체라고 한다.

다음 표에 초산의 여러 가지 화학식을 표시하였다.

화합물	실험식	분자식	시성식	구조식
초산(acetic acid)	CH_2O	$C_2H_4O_2$	CH_3COOH	H–C(H)(H)–C(=O)–OH 또는 H–C(H)(H)–C(=O)–O–H

▸ **화학결합**

화합물을 구성하는 원자와 원자들이 결합하는 방법을 화학결합이라고 하는데 화학결합에는 다음과 같은 것들이 있다.

① 이온결합(ionic bond) ; 양이온과 음이온이 정전기적 인력에 의하여 결합하는 것을 이온결합이라고 한다. 모든 원자는 핵 외의 전자배열을 불활성 기체와 같은 전자배열을 이루려고 하는 경향이 강하다. 예를 들면 나트륨 원자(Na)는 전자 1개를 방출하여 양이온(Na^+)이 되고, 염소원자(Cl)는 전자 1개를 받아들여 음이온(Cl^-)이 된다. 나트륨이온과 염소이온이 이온결합하면 소금(NaCl)이 된다. 아래 그림은 염화나트륨의 이온결합을 나타낸 것이다.

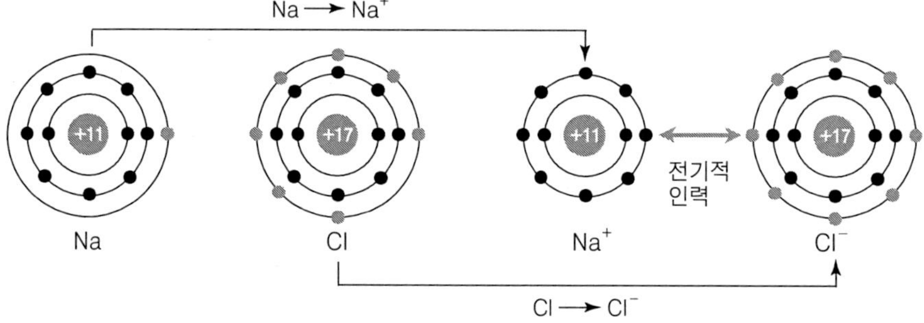

② 공유결합(covalent bond) ; 전자가 이동하는 대신 공유한다는 점에서 이온결합과 차이가 있다. 두 개의 원자가 결합할 때, 불활성 기체와 같은 전자배열을 이루기 위하여 부족되는 전자를 두 개의 원자가 서로 공유하여 이루어지는 화학결합을 말한다.

양쪽 원자 사이에 공유하는 전자는 2개가 1조가 되는데 이것을 공유 전자쌍이라고 하며, 결합에 사용되지 않는 것을 비공유 전자쌍이라고 한다. 공유 전자쌍 1개를 1개의 결합수(-)로 나타내며, 이렇게 표시한 식을 구조식이라고 한다. 예를 들면 수소(H_2)의 경우에는 H-H와 같이 표시한다. 2개의 공유 전자쌍으로 결합할 때에는 이중결합, 3개의 공유 전자쌍일 때에는 삼중결합이라고 한다.

다음 그림은 여러 가지 화합물의 공유결합을 나타낸 것이다.

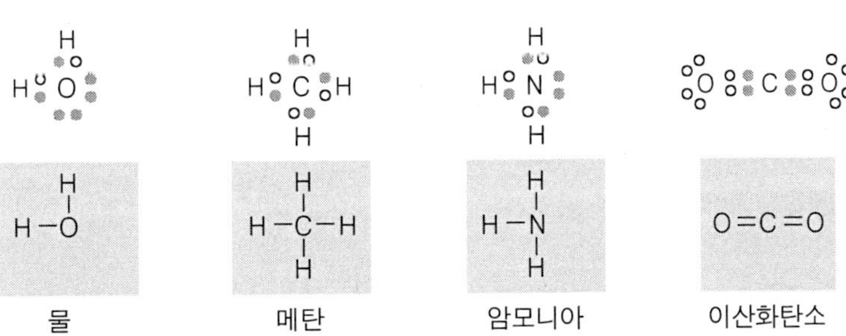

③ 배위결합 ; 암모니아(NH_3) 분자의 전자구조를 보면 질소(N)원자에는 공유결합에 관여하지 않는 전자쌍이 있는데 이것을 비공유 전자쌍이라고 한다. 이 비공유 전자쌍은 안정한 전자배열을 가지려는 다른 원자나 이온에게 제공되어, 즉 이들과 공유되어 공유 전자쌍이 되려고 하는 성질이 있다. 이렇게 만들어진 결합을 배위결합이라고 하며, 이것은 일종의 공유결합이다. 아래 그림은 배위결합을 나타낸 것이다.

$$\mathrm{H:\overset{\displaystyle H}{\underset{\displaystyle H}{\ddot{N}}}:} \quad + \quad H^{+} \longrightarrow \left[\mathrm{H:\overset{\displaystyle H}{\underset{\displaystyle H}{\ddot{N}}}:H}\right]^{+}$$

$$(\,NH_3 \quad + \quad H^{+} \longrightarrow NH_4^{+}\,)$$

④ 수소결합 ; 물 분자(H_2O)는 수소원자와 산소원자의 공유결합으로 되어 있지만, 아래의 그림과 같이 공유 전자쌍이 전기음성도가 강한 산소원자 쪽으로 치우쳐 있으므로 산소원자 쪽은 약간의 음전기를 띠고, 수소원자 쪽은 약간의 양전기를 띠게 된다. 그 결과, 물 분자의 양전기를 띤 수소원자가 다른 물 분자의 음전기를 띤 산소원자와 약한 결합을 형성하게 되는데 이와 같은 결합을 수소결합이라고 한다. 수소결합의 강도는 공유결합의 1/10 정도이다. 수소결합은 분자와 분자 사이의 결합이며, 그림으로 나타낼 때에는 분자 사이를 점선(---)으로 나타낸다. 아래 그림에서 (a)는 전자의 쏠림과 분자의 극성을, (b)는 물 분자의 수소결합(---)을 나타낸 것이다.

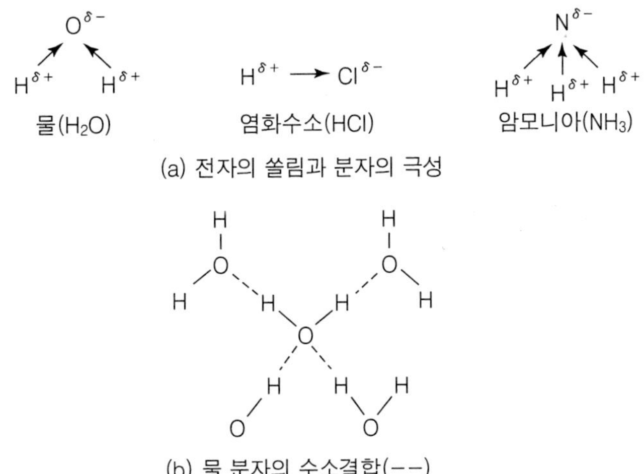

(a) 전자의 쏠림과 분자의 극성

(b) 물 분자의 수소결합(--)

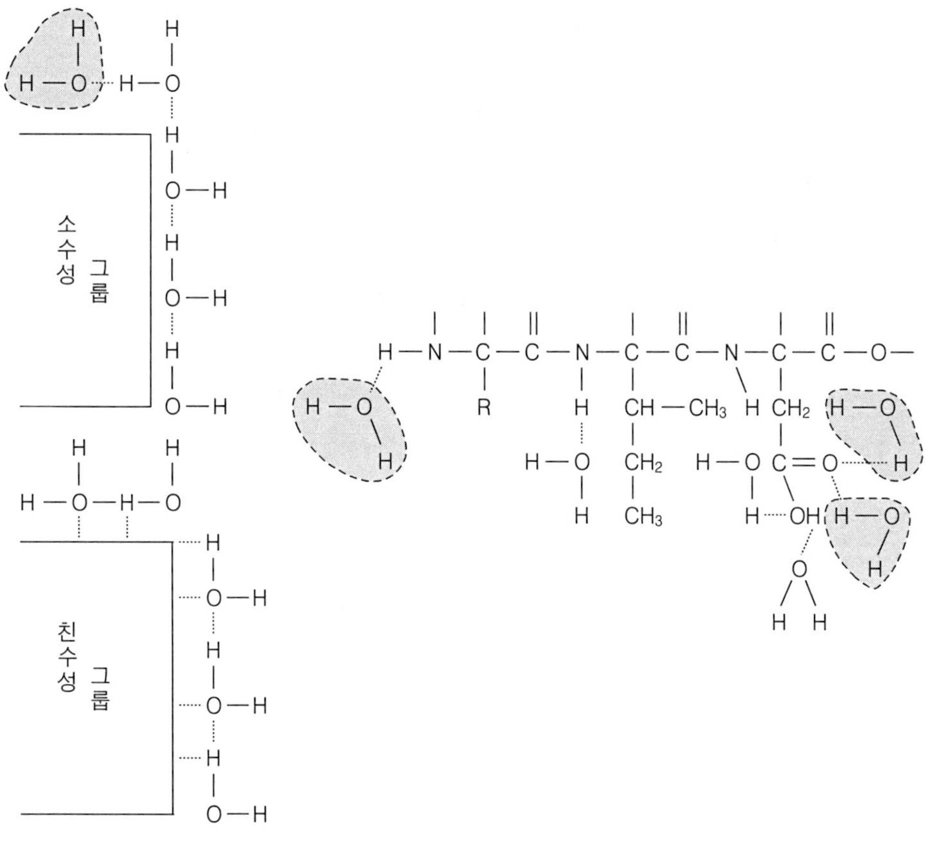

그림 2-3. 물 분자의 다양한 수소결합

—: 공유결합 ·····: 수소결합 ◌: 물 분자

데에 두고 물 분자 사이에 결합이 발생하게 된다. 이와 같은 결합을 수소결합이라고 한다. 얼음, 물 그리고 수증기의 화학적 구조 차이는 이 수소결합과 밀접한 관련이 있다. 얼음은 물 분자가 서로 일정한 간격으로 수소결합을 하고 있는 결정 구조를 하고 있으며, 물은 얼음의 결정구조가 부서져 분자들이 서로 가까이 수소결합하고 있는 상태이고, 수증기는 열에너지(기화열)에 의하여 물 분자들 사이의 수소결합이 끊어져 물 분자가 각각 흩어져 있는 상태이다.

물 분자는 그림 2-3에서 보는 바와 같이 친수성을 지닌 다른 물질들과도 같은 형식으로 수소결합을 형성한다.

2) 수분의 성질

수분은 표 2-1에서 보는 바와 같이 다른 물질에 비하여 **전기음성도**, 표면장력, **응**

집력, 비열, **열전도율** 그리고 기화열 등이 크며, 이와 같은 수분의 특성은 식품 성분들의 화학반응에 큰 영향을 미친다.

표 2-1. 수분의 성질과 생체에서의 수분의 역할

성 질	물의 특성	생체에서의 수분의 역할
기화열	보통의 액체<물	① 대기중의 열을 수분으로 이동 ② 체온의 조절(식물에서는 잎의 과열 방지)
비열	보통의 액체<물	① 온도의 변화 폭을 작게 한다. ② 온도를 일정하게 유지 ③ 많은 양의 열을 이동
용해성	보통의 액체<물	① 영양소의 이동 ② 광합성 등과 같은 물질교환에서 중요한 역할 ③ 미량성분의 체내 흡수
표면장력	보통의 액체<물	① 모세관 현상에 의한 수분의 이동 ② 식품의 거품형성에 영향
열전도율	보통의 액체<물	① 세포와 같은 작은 공간에서의 반응에 중요한 역할 ② 생화학 반응에서 중요한 역할

▸ **전기음성도**

원자가 화학결합을 만들 때에 전자를 끌어당기는 능력을 말한다. 각 원소별 전기음성도의 크기는 F>O>N>Cl>Br>C>S>I>H>P이며, 비금속성이 큰 원소일수록 전기음성도가 크고 금속성이 큰 원소일수록 전기음성도가 작다. 수분은 구성원소인 수소와 산소의 전기음성도 차이가 크다. 일반적으로 전기음성도의 차이가 1.7 보다 큰 원소간의 결합은 이온결합이며, 이보다 작을 때에는 공유결합이 많다.

▸ **응집력**

액체 또는 고체상태의 분자, 원자 또는 이온 사이에 작용하는 인력을 말한다.

▸ **열전도율**

열이 전해지는 정도를 나타낸 것으로, 두께 1 m인 판의 양면에 1 K의 온도 차가 있을 때 그 판의 1 m^2를 통해서 1초 동안에 흐르는 열량을 줄(joule)로 표시한다.

(1) 용해성

물은 극성이 매우 크기 때문에 많은 전해질, 수용성 단백질, 염 및 당 등과 같은 가용성 물질을 잘 용해하고 전분, 단백질 및 지질 등과 같은 난용성 물질들을 분산시켜 교질상태(colloid 용액)로 만든다. 설탕 용액에서 물 분자의 수소원자는 설탕분자의 산소원자와 수소결합을 하여 설탕분자(용질)가 물(용매)에 녹아 수용액으로 된다. 같은 형식으로 물 분자의 수소원자는 극성을 갖는 다른 물질들과도 수소결합을 한다. 예를 들면 수소결합은 산소원자 뿐만이 아니고 전기음성도가 큰 질소(N) 원자와도 이루어진다. 물만큼 많은 물질을 녹일 수 있는 용매는 없다. 그러므로 인체 내에서 영양성분을 운반하거나 노폐물을 배설하기 위해서는 물이 가장 적당하다.

(2) 기화열과 융해열

기화열은 물질이 액체 상태에서 기체 상태로 변할 때 흡수 또는 방출되는 열을 말하고, 융해열은 물질이 녹을 때 흡수 또는 방출되는 열을 말한다. 물은 물 분자끼리의 수소결합으로 분자운동이 억제되어 있기 때문에 물을 끓이거나 얼음을 융해시킬 때에는 많은 에너지가 필요하다. 물의 기화열은 다른 어떤 용매보다도 크다. 물의 이러한 성질은 체온을 일정하게 유지하는 데 도움을 준다. 또한 물의 융해열(응고열)은 다른 어떤 용매보다도 크다. 그러므로 생체는 외부의 낮은 온도에서도 쉽게 동결되지 않는다.

(3) 비열

비열이란 단위 질량의 물질의 온도를 단위 온도만큼 상승시키는 데 필요한 열량(cal/g・℃)을 말한다. 물의 비열은 다른 어떤 용매보다 크기 때문에 끓이거나 냉각하기 어렵다. 그러므로 약 65%의 물을 함유하고 있는 생체는 기온의 변화에 영향을 적게 받는다.

(4) 밀도

물의 밀도는 4℃에서 1.0 g/cm^3으로 제일 크고, 0℃(얼음)에서 0.917 g/cm^3으로 제일 작다. 그러므로 물이 얼음으로 바뀌면 체적이 팽창되며, 식품을 동결시키면 그 조직이 파괴된다.

(5) 표면장력

물의 표면장력은 액체 중에서 가장 크다. 표면장력(表面張力)은 액체가 스스로 수축하여 표면적을 가장 작게 하려는 힘을 말하는데 이것은 액체 분자의 응집력에 기인한다. 이 표면장력은 모세관현상의 원인이 되고, 이것은 물이 세포와 세포 사이의 좁은 모세관에 침입하여 생체 내에서 물질의 운반과 제거에 관여할 수 있는 원인이 된다.

(6) 점성

극성 물질인 물 분자는 서로 끌어 잡아당기기 때문에 점성이 크다.

2. 식품 중에 존재하는 수분의 상태

1) 자유수와 결합수

식품 중에 존재하는 수분은 자유수(free water, 또는 유리수)와 결합수(bound water)의 형태로 존재한다. 자유수는 식품의 구성성분과 결합되어 있지 않으며, 식품 내의 모세관을 자유로이 이동할 수 있는 보통의 물과 유사한 성질의 물을 말한다. 한편, 결합수는 식품 중의 다른 성분(화합물)들과 수소결합을 통하여 직접 또는 간접으로 결합되어 있어 보통의 물과 성질이 다른 물을 말한다. 식품 중의 자유수와 결합수는 서로 독립적으로 존재하는 것이 아니다. 경우에 따라 일부의 자유수는 결합수로 될 수 있고, 일부의 결합수는 자유수가 될 수 있는데 이와 같은 현상은 주로 온도 그리고 식품 중에 존재하는 성분들의 종류와 양 등에 의하여 영향을 받는다. 예를 들면 식품에 설탕을 첨가하면 자유수의 일부가 설탕과 결합하여 자유수의 양이 감소된다(그림 2-4).

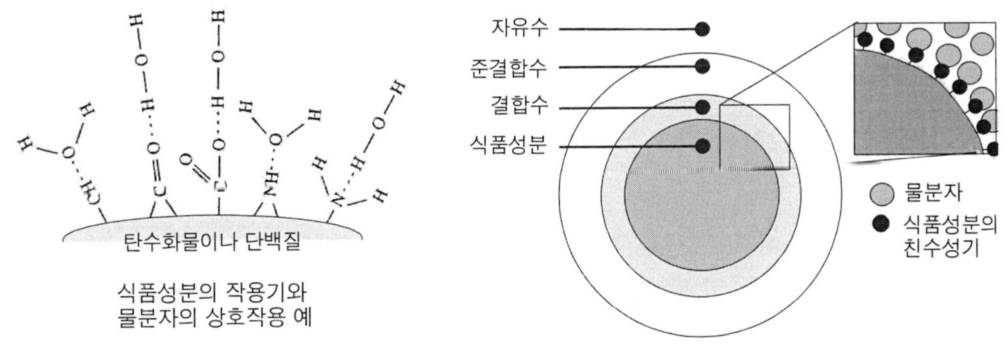

그림 2-4. 결합수와 자유수
(高野克己 等, 食品化學, p. 18, 三共出版, 2007)

(1) 자유수의 성질

① 식품 중에 유리상태로 존재하기 때문에 용매(solvent)로 작용한다.
② 탈수작용이나 건조에 의하여 쉽게 제거되며 100℃에서 증발한다.
③ 상압에서는 0℃ 이하에서 쉽게 동결된다.
④ 미생물의 발아 및 생육에 이용된다.
⑤ 비중은 4℃에서 제일 크다.
⑥ 표면장력이 크고 점성이 크다.

(2) 결합수의 성질

① 식품 성분과 결합하고 있어 물 분자의 운동이 자유롭지 않고 용질에 대하여 용매로 작용하지 못한다.
② 압착해도 제거되지 않으며 100℃ 이상으로 가열해도 제거되지 않는다.
③ 0℃ 이하의 낮은 온도(-20~-30℃)에서도 동결되지 않는다.
④ 미생물의 증식에 이용되지 못한다.
⑤ 자유수보다 밀도가 크다.

2) 수 화

식품 중에 **친수성기**(親水性基)가 많이 노출되어 있는 부분에 물 분자들이 수소결합 되어 있는 형태를 수화(hydration)라고 한다. 수화에 영향을 주는 요인에는 식품 중에 존재하는 용질의 종류와 성질, 염의 종류, pH 및 온도 등이 있으며 펙틴 겔(pectin gel)이나 검류(gums)는 **보수성**이 높은 대표적인 물질이다.

3) 수분 분리현상

겔에 함유되어 있는 분산매(주로 수분)가 겔 밖으로 분리되어 나오는 현상을 말하

▸ **친수성기(親水性基, hydrophilic group)**

히드록시기(hydroxy group, -OH), 아미노기(amino group, $-NH_2$) 및 케톤기(ketone group, =CO) 등과 같이 물과 친한 반응기를 말한다. 극성기(polar group)라고도 한다.

▸ **보수력(water holding capacity)**

수분을 보유하는 능력을 말한다.

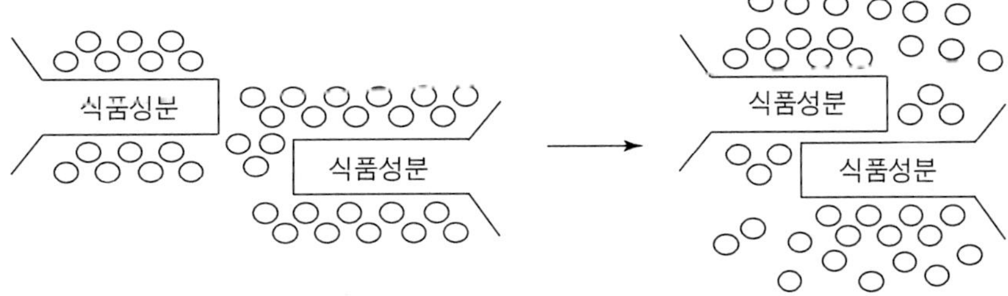

그림 2-5. 소수성 결합의 형성으로 인한 수분 분리현상

는데 시너리시스(syneresis)라고도 한다. 이와 같은 현상은 식품의 가공이나 저장 중에 구성성분들의 분자구조가 변화하면서 식품 중의 소수성 그룹이 밖으로 노출되고, 그 결과 이들 사이에 소수성 결합이 형성되면 소수성 결합 주변에 존재하던 물 분자가 빠져 나와 발생한다. 잼이나 요구르트를 저장하는 동안에 그 표면에서 수분이 분리되는 것은 좋은 예이다(그림 2-5).

3. 수분활성도

1) 식품의 수분함량

식품에 함유된 수분은 식품 내에서 여러 가지 중요한 역할을 하며, 미생물의 생장은 물론, 그 밖에 여러 가지 화학반응에 의한 식품의 변패와도 밀접한 관련이 있다. 그러므로 식품 중의 **수분함량**(%)은 대단히 중요한 의미를 갖는다. 하지만 수분은 온도나 습도 등의 환경조건에 따라 증발 또는 흡습되기 때문에 식품의 수분함량은 쉽게

▸ **식품의 수분함량(%)**

일반적으로 105℃ 건조법으로 측정되는데, 건조하기 전 식품의 무게(A)를 먼저 청량한 다음 105℃에서 2시간 정도 건조시키고 식품의 무게(B)를 칭량하여 그 차이를 식품의 수분함량으로 계산하는 방법을 말한다. 즉 건조하기 전 식품의 무게(A)가 5 g이었고, 105℃에서 2시간 정도 건조시킨 후 식품의 무게(B)가 3 g이라면 이 식품의 수분함량은 다음과 같다.

$$5 - 3 = 2(g)$$

$$\frac{2}{5} \times 100 = 40(\%)$$

변화한다. 예를 들면, 수분함량이 30%인 식품을 상대습도가 60%인 환경에 놓으면 그 수분함량은 증가하게 되고, 상대습도가 10%인 환경에 놓으면 그 수분함량은 감소하게 된다.

한편 어느 두 식품의 수분함량이 똑같이 20%라고 하여도 그 식품 중의 가용성 용질과 불용성 용질의 양에 따라 수분의 이용도는 크게 달라진다. 또한 수분함량(%)이 동일하여도 식품의 종류에 따라 식품 중의 수분이 식품성분들과 결합하는 강도에 차이가 있다. 강하게 결합되어 있는 수분은 약하게 결합되어 있는 수분에 비하여 미생물의 생장이나 가수분해 반응과 같은 변패반응에 이용되기 어렵다.

즉, 식품 중에 존재하는 미생물의 활동에 영향을 주는 수분의 양은 그 식품의 수분함량(%)이 아니라 미생물이 실제로 이용할 수 있는 수분의 양이 문제가 된다.

2) 수분활성도의 정의

이러한 점에서 식품의 여러 가지 성질이나 식품의 저장성은 수분함량(%)과 관련 있는 것이 아니라 식품 중의 이용가능한 수분의 양과 밀접한 관련이 있으며, 이것을 나타낸 것이 바로 수분활성도(water activity, Aw)이다. 수분활성도란 식품 중에 존재하는 수분이 순수한 물로서의 역할을 얼마만큼 하고 있는지를 나타내는 것이다. 순수한 물의 수분활성도는 1이고, 순수한 물이 아닌 식품의 수분활성도는 1보다 작다.

수분활성도는 어떤 임의의 온도에서 식품의 수증기압(P)에 대한 그 온도에 있어서의 순수한 물의 수증기압(P_0)의 비로 정의된다.

$$\text{수분활성도(Aw)} = \frac{P}{P_0}$$

평형상대습도(equilibrium relative humidity, ERH)는 실질적으로 수분활성도의 정의와 같으므로 평형상대습도와 수분활성도와의 관계는 다음과 같이 표시된다.

$$\begin{aligned}\text{평형상대습도(ERH)} &= \frac{P}{P_0} \times 100 \\ &= \text{Aw} \times 100\end{aligned}$$

$$\text{수분활성도(Aw)} = \frac{\text{ERH}}{100}$$

식품의 수증기압은 식품 중에 존재하는 수용성 용질의 몰분율(molar fraction)에 비례하여 감소하기 때문에(Raoult's law) 수분활성은 다음과 같이 표시될 수 있다.

$$(P_0 - P) : P_0 = Ms : (Mw + Ms)$$

$$\frac{(P_0 - P)}{P_0} = \frac{Ms}{Mw + Ms}$$

$$1 - \frac{P}{P_0} = \frac{Ms}{Mw + Ms}$$

$$1 - Aw = \frac{Ms}{Mw + Ms}$$

$$Aw = \frac{Mw}{Mw + Ms}$$

여기서 Ms는 식품 중의 수용성 용질의 몰수, Mw는 식품 중의 수분의 몰수를 나타낸다.

3) 수분활성도의 계산

다음 예제의 수분활성도 계산법을 이해하도록 한다.

예 1 30%의 물(분자량 18)과 수용성 물질로는 20%의 설탕(분자량 342)을 함유하는 식품의 Aw는 얼마인가?

[해설] $Mw = \frac{30}{18}$ $Ms = \frac{20}{342}$ 이므로 Aw = 0.966

예 2 40% 소금물(분자량 58.5)의 Aw는 얼마인가?

[해설] $Mw = \frac{60}{18}$ $Ms = \frac{40}{58.5}$ 이므로 Aw = 0.830

예 3 포도당(분자량 180) 5%, 비타민 C(분자량 176) 0.5%, 비타민 A(분자량 286.46) 0.5%, 전분(분자량 3,000,000) 30%, 나머지는 수분으로 이루어진 식품의 Aw는 얼마인가?

[해설] 수분함량은 64%이므로

Mw는 $\frac{64}{18}$ $Ms = \frac{5}{180} + \frac{0.5}{176}$ 이므로 Aw=0.991

4) 수분활성도의 응용

표 2-2에서 보는 바와 같이 신선한 야채, 과일, 어패류 및 육류의 수분함량은 대개 60~90%이지만 이들 식품의 Aw는 모두 0.9 이상이다. 즉 이들 식품 중의 수분은 거의 모두가 자유수 상태로 존재하기 때문에 이들 식품은 미생물이 번식하기 쉽다. 이

와 반대로 쌀, 땅콩, 건어물, 탈지분유 및 콘플레이크 등과 같은 건조식품에 존재하는 수분은 거의 모두가 결합수 상태로 존재하기 때문에 이 식품들의 수분활성도는 대단히 낮다. 결합수는 미생물이 이용하지 못하므로 수분활성도가 낮은 식품은 수분활성도가 높은 식품에 비하여 그 저장성이 좋다. 하지만 수분활성도가 너무 낮으면 식품의 기호적인 가치가 떨어질 뿐만 아니라 저장하는 데에도 문제가 있다. 그러므로 최근에는 식품으로부터 적당한 양의 수분만 제거하여 저장성을 부여함과 동시에 조직감도 좋게 한 중간수분식품(intermediate moisture food, Aw 0.3～0.85)이 많이 출현하고 있는데 훈제 오징어, 잼, 젤리, 건조 과일 및 양갱 등이 그 예이다. 또한 **자일리톨**(xylitol), **에리트리톨**(erythritol), **솔비톨**(sorbitol), 설탕, **올리고당** 및 글리세롤(glycerol) 등의 수분조절제(humectant)를 이용하여 식품의 수분활성도를 조절하는 시도도 이루어지고 있다.

수분활성도는 미생물의 성장 및 번식과 깊은 관계가 있다. 곰팡이의 성장이 가능한 수분활성도는 0.80 이상, 효모는 0.88 이상 그리고 세균은 0.90～0.94 이상이다. 그러나 일부 미생물들은 이보다 낮은 수분활성도에서도 성장을 계속할 수 있다고 한다. 예를 들면 내건성(耐乾性) 곰팡이나 내염성(耐鹽性) 효모들은 0.62～0.64 정도의

▸ **자일리톨(xylitol)**

제3장 탄수화물 65페이지를 참조한다.

▸ **에리트리톨(erythritol)**

화학식은 $C_4H_{10}O_4$이다. 탄수화물인 에리트로오스(erythrose, 4탄당)에 수소를 첨가하여 생산하는 당알코올의 일종이며 설탕의 대용품이나 치아 관리용품으로 이용된다. 설탕의 70% 정도의 단맛이 나지만 칼로리는 거의 없다.

▸ **솔비톨(sorbitol)**

화학식은 $C_6H_{14}O_6$이며, 탄수화물인 포도당(glucose, 6탄당)에 수소를 첨가하여 생산하는 당알코올의 일종이다.

▸ **올리고당(oligosaccharides)**

2～10분자의 단당류들이 결합하여 만들어진 탄수화물이며, 소당류라고 불린다(제3장 탄수화물 67페이지 참조).

▸ **비효소적 갈변반응**

효소가 관여하지 않는 갈색반응을 말하는데 자세한 내용은 제13장 식품의 변색(316페이지) 항을 참조한다.

표 2-2. 여러 가지 식품의 수분함량과 수분활성도

식 품	수분 함량(%)	수분 활성도(Aw)
과일, 채소	90～97	0.97～0.99
주스류	90～93	0.97
육류	60～70	0.96～0.98
달걀	72～78	0.96～0.98
건조 과일	18～21	0.72～0.80
꿀	15～20	0.76
쌀, 밀가루	12～14	0.60～0.64
크래커	8～10	0.1

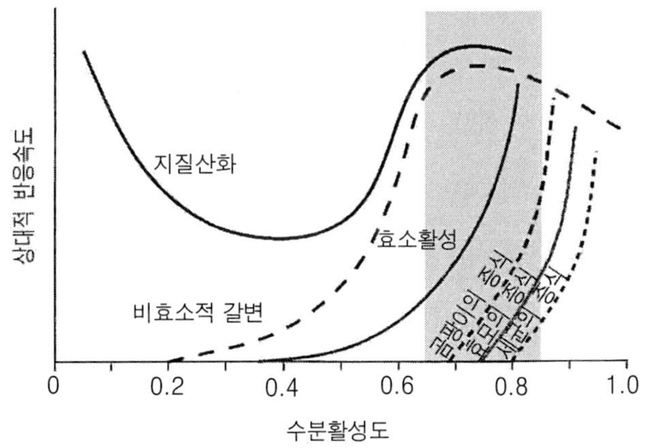

그림 2-6. 수분활성도와 식품의 안전성

수분활성도에서도 발육한다. 또한 수분활성도는 효소 작용과 일부 화학 반응에도 큰 영향을 미치는 것으로 보고되고 있다. 예를 들면 **비효소적 갈변반응**은 수분활성도와 밀접한 관계가 있는데 Aw가 0.6～0.7일 때에 반응속도가 가장 크며, 0.6 이하와 0.8～1.0에서는 반응속도가 떨어진다(그림 2-6).

4. 등온흡습곡선

1) 등온흡습곡선의 정의

식품의 수분함량은 식품이 놓여 있는 환경의 습도에 따라 변화하는데 그 형식은 식품의 구성성분에 따라 달라진다. 등온흡습곡선(moisture sorption isotherm) 또는 등온탈습곡선이란 세로축에는 정해진 상대습도에서의 식품의 평형수분함량(平衡水分含量)을, 가로축에는 그 식품이 들어있는 용기 중의 상대습도(Aw)를 나타내어 그린 곡선이다. 여기에서 평형수분함량이란 어떤 일정한 온도에서 일정한 습도를 지니는 용기 속에 식품을 넣은 후 식품의 수분함량과 주위의 수분함량이 평형이 되었을 때 측정한 식품의 수분함량을 말한다.

식품의 등온흡습(탈습)곡선은 식품공업분야에서 매우 중요한 척도로 사용되고 있다. 특히 식품의 건조공정에서는 건조조건의 설정이나 건조의 최적단계 설정 등과 같은 조건을 확립하는 데 필수적이다. 또한 등온흡습(탈습)곡선은 식품의 안전성 평가 및 포장조건을 설계하는 데에도 중요한 요소로 작용하고 있다. 왜냐하면 상대습도(수분활성도)는 식품의 화학적, 물리적 및 미생물학적 변화에 커다란 영향을 주며, 이는 곧 식품의 안전성과 직결되기 때문이다. 뿐만 아니라 상대습도(수분활성도)와 이에 따른 평형수분함량은 식품의 조직이나 기호성에도 커다란 변수로 작용한다. 1980년대부터는 중간수분식품이 많이 개발되고 있는데, 중간수분식품의 생산공정 설계와 제품의 안정성을 산출하기 위해서는 등온흡습(탈습)곡선의 측정이 필수적이다.

2) 등온흡습곡선의 3가지 영역

등온흡습곡선은 그림 2-7에서 보는 바와 같이 식품에 따라 각각 다른 곡선을 나타내는데, 일반적으로 S자를 길게 뺀 모양(sigmoid curve)을 나타낸다. 이와 같은 모양

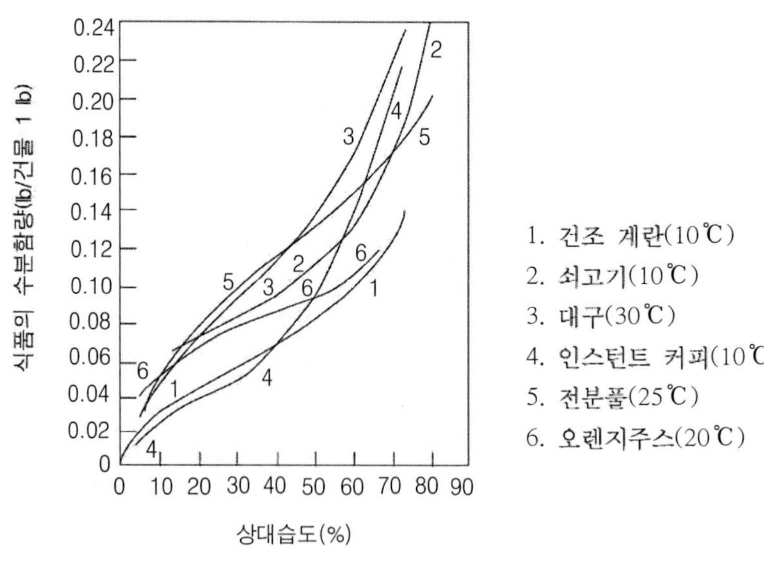

그림 2-7. 여러 가지 식품의 등온흡습곡선

은 식품 중의 수분의 상태와 깊은 관계가 있으며 측정 방법, 식품의 화학적 조성, 측정온도 및 측정시간 등에 따라 달라진다. 등온흡습곡선에서의 경사와 굴곡점은 그 식품의 구성성분과 수분의 결합력 또는 자유수와 결합수의 상대적인 양과 비율을 나타낸다.

등온흡습곡선은 세 영역으로 나누어 생각할 수 있는데, 각 영역에 존재하는 수분의 성질은 현저하게 다르다. 그림 2-8에서 A 부분은 식품의 수분함량이 5～10% 정도로, 식품 중의 물 분자가 식품성분 중의 카르복실기(carboxyl group, -COOH)나 아미노기(amino group, $-NH_2$) 등과 강하게 이온결합을 하여 식품 내의 수분이 결합수의 형태로 존재하는 영역이다.

이 영역에서는 식품의 평형수분함량이 소위 **BET**(Brunauer-Emmet-Teller)의 단분

▸ BET(Brunauer-Emmet-Teller) point에서의 식품의 수분함량 계산

이 상태에서는 단분자층을 형성하고 있는 수분들이 식품성분들의 화학반응(예를 들면 대기 중의 산소에 의한 산화 등)을 방지하기 때문에 식품이 최적의 저장성을 지닌다. 그러므로 식품저장만을 생각한다면 BET point에서의 수분함량은 최소한의 필요한 수분함량이며 또한 최대로 허용할 수 있는 수분함량이기도 하다. 때문에 식품의 BET point에서의 수분함량은 건조식품의 저장조건을 결정하거나 포장조건을 선택하는 데 매우 중요한 정보가 된다.

BET(Brunauer-Emmet-Teller)의 수분 흡착이론에 의하면 식품의 단분자층을 형성하는 수분양은 다음과 같은 BET(Brunauer-Emmet-Teller) 방정식으로 표현된다.

$$\frac{Aw}{a(1-Aw)} = \frac{(C-1)}{a_1C} \times Aw + \frac{1}{a_1C}$$

여기에서 Aw : 수분활성도

a : 식품 100 g 중의 수분 양(g)

C : 흡착열 상수

a_1 : 단분자층에 상응하는 수분 양 $\left(= \frac{1}{\text{Y절편} + \text{기울기}} \right)$

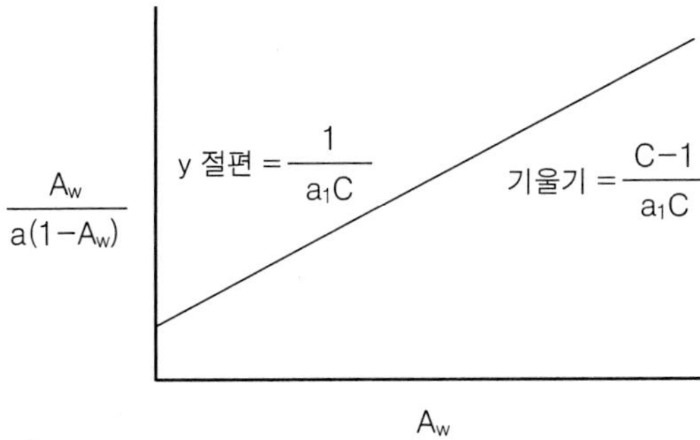

자층(monomolecular layer) 형성 수분함량보다 적다. 그림 2-9에서 보는 바와 같이 물 분자 층이 덮이지 않은 부분이 많을수록 식품성분이 햇빛이나 산소에 많이 노출되어 지방 산패가 일어나기 때문에 이 영역에서는 지방 산패가 쉽게 발생한다. 하지만 물 분자가 전체적으로 균일하게 단분자층을 형성하고 있는 BET point(Aw 0.3～0.4)에서는 지방의 산패가 가장 적게 발생한다.

B 부분은 상대습도가 증가함에 따라 식품의 수분함량이 급격하게 증가하는 영역으로서 식품 중의 물 분자가 다분자 층(multimolecular layer)을 형성하는 영역이다. 이 영역에서 물 분자는 이온을 띠지 않는 여러 기능기들과 수소결합하여 결합수 형태로

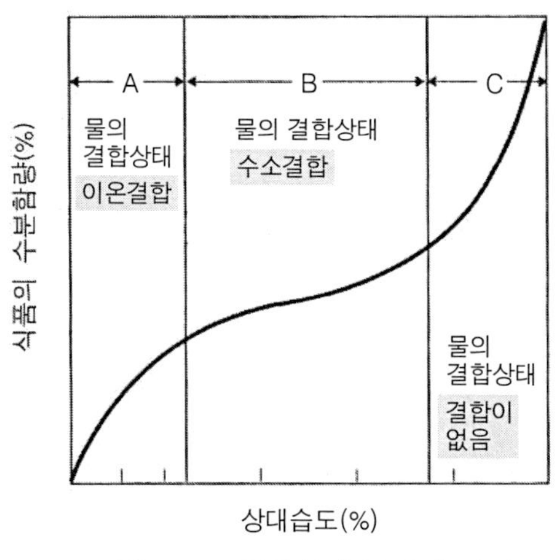

그림 2-8. 등온흡습곡선의 영역

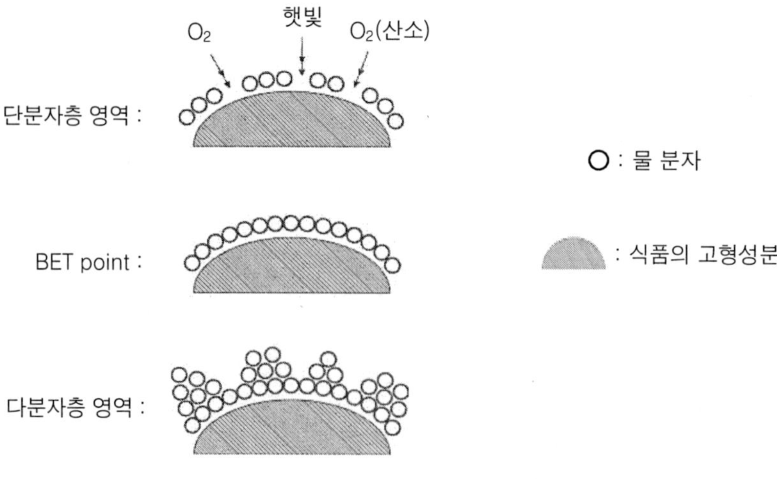

그림 2-9. BET 포인트

존재한다. 식품의 평형수분함량이 BET의 단분자층 형성 수분함량보다 많으며, 물 분자들이 여러 층을 형성하고 있기 때문에 식품성분이 공기중의 산소와 반응할 수 없게 된다. 그러므로 이 영역은 건조식품에 있어서 안정성이나 저장성이 가장 좋은 최적수분 함량을 나타내는 영역이다.

C 부분은 식품의 다공질구조, 특히 모세관에 수분이 자유롭게 응결되는 영역이다. 이 영역에서 물 분자는 특별히 결합되어 있지 않고 자유로이 이동하는 자유수 형태로 존재하며, B 영역보다 많은 양의 수분이 존재한다. 이 수분들은 식품 내의 여러 가지 화학반응 및 효소에 의한 반응들을 촉진하기 때문에 식품의 품질이 저하되고 미생물의 증식도 발생하게 된다.

3) 이력현상

건조식품에 물이 흡수되면서 측정된 흡습곡선과 수분을 함유한 식품이 탈수되면서 측정된 탈습곡선은 그림 2-10에서 보는 바와 같이 일치하지 않는다. 일반적으로 탈습과정의 평형수분함량이 흡습과정보다 높게 나타나는데, 이와 같은 현상을 이력현상(hysteresis)이라고 한다. 이것은 탈습 될 때에는 식품 중의 모세관에 있던 수분이 모두 빠져 나가지만 같은 조건에서 흡습 시에는 수분이 모두 흡습되지 않기 때문이다. 이 현상은 식품의 특성, 흡습이나 탈습시에 발생하는 물리적인 변화, 측정온도 및 흡습이나 탈습의 속도 등과 같은 여러 가지 요인에 따라 달라지지만, 일반적으로 이 곡선의 굴곡점에서 가장 크게 나타난다. 이력현상은 저장식품의 품질에 크게 영향을 주기 때문에 건조 등의 식품가공 공정 중에 반드시 고려되어야 한다.

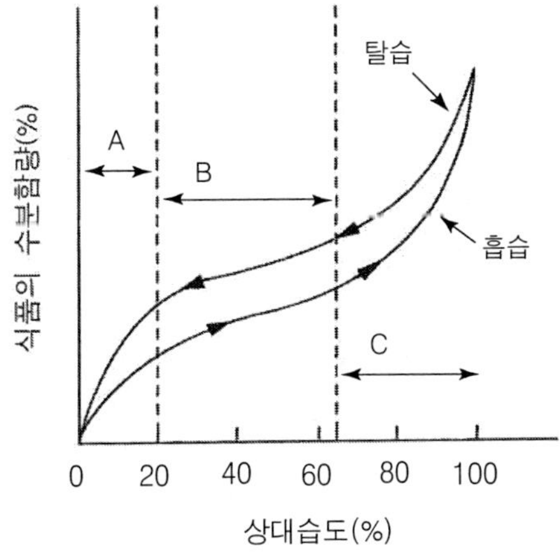

그림 2-10. 등온흡습곡선과 등온탈습곡선의 이력현상

5. 수분과 냉동

1) 급속 냉동

식품의 온도를 빠르게 떨어뜨려 -1~-5℃의 최대 빙결정 생성대를 30~35분 안에 통과시키는 냉동방법을 말한다. 급속냉동(fast freezing)을 시키면 식품 내에 생성되는 얼음 결정의 핵이 미세하고 균일하기 때문에 냉동 중에 부피 팽창이 적어 식품 품질의 저하를 방지할 수 있다.

2) 완만 냉동

천천히 동결시키기 때문에 식품 내에 생성되는 얼음의 핵이 크고 불균일하게 된다. 완만 냉동(slow freezing)시에는 얼음 핵의 성장으로 인한 부피 팽창으로 식품 조직의 파괴나 단백질의 변성 등과 같은 품질 저하가 발생하며, 해동 시에도 원래의 조직감을 회복하기가 어렵다.

제 3 장

탄수화물

개 요

녹색식물의 광합성 작용[$6CO_2$ + $6H_2O$ + 태양에너지 → $C_6H_{12}O_6$(탄수화물) + $6O_2$]에 의하여 만들어지는 탄수화물(炭水化物, carbohydrates)은 지구상에 가장 많이 존재하는 유기화합물이며, 대체적으로 그 맛이 달기 때문에 당질(糖質)이라고도 부른다. 탄수화물이란 “탄소의 수화물”이라는 뜻인데, 이것은 탄소가 물과 결합되어 있는 물질이라는 것을 의미한다.

탄수화물은 단백질, 지질과 함께 동식물체를 구성하는 중요한 구조물질일 뿐만 아니라 체내에서는 당지질, 당단백질 및 핵산 등과 같은 생체 주요 물질의 구성성분이 되며, 지방으로 변화하여 저장되기도 한다. 탄수화물은 단당류, 소당류 그리고 다당류의 세 가지로 분류되는데, 식품 중에 존재하는 탄수화물은 대부분이 다당류이며, 이들은 주로 에너지원으로 이용된다. 예를 들면 대표적인 탄수화물인 전분은 모든 인류가 섭취하는 열량의 70～80%를 공급하고 있다. 더불어 최근에는 탄수화물이 항균활성, 항암성 및 혈중 콜레스테롤 저하 등과 같은 기능성을 지니는 것으로 밝혀지고 있어 **건강기능식품**의 원료로 이용되기도 한다. 그러므로 탄수화물의 구조와 성질을 이해하는 것은 식품화학을 공부하는 데 있어 대단히 중요하다.

이 장의 줄거리

1. 탄수화물은 단당류, 소당류 그리고 다당류의 세 가지로 분류된다.
2. 단당류는 분자구조 중에 알데히드기(알도오스, 포도당 등) 또는 케톤기(케토오스, 과당 등)를 1개 지니는데 구성 탄소수에 따라 5탄당(자일로오스와 리보오스 등), 6탄당(포도당과 과당 등) 등으로 분류한다. 당은 분자구조 중에 비대칭탄소원자를 지니기 때문에 이성체를 가지며, 이들은 서로 선광이 다르다. 당의 환상구조에서 글리코시드성 알코올기는 당과 관련한 대부분의 화학반응에 관여하며, 당유도체에는 당알코올, 우론산, 아미노당 및 유황당 등이 있다. 소당류는 2～10개의 단당류가 결합한 것을 말하는데, 구성 단당류의 수에 따라 2당류(맥아당, 설탕 등), 3당류(라피노오스 등) 및 4당류 등으로 구분된다. 다당류는 수많은 단당류가 결합하여 생성되는데, 동일한 단당류로 구성된 단순 다당류(전분, 셀룰로오스 등)와 두 가지 이상의 단당류나

▸ **건강기능식품(health functional food)**

인체의 건강 유지나 증진에 유용한 영양소 또는 기능성분을 사용하여 정제(錠劑), 캡슐, 분말, 과립, 액상 및 환(丸) 등의 형태로 제조 가공한 식품을 말한다.

당의 유도체들로 구성된 복합 다당류(펙틴, 키틴 등)로 분류된다. 다당류는 주로 에너지원으로 이용되지만 식품의 물성을 개량시키기 위한 목적으로 식품첨가물로도 많이 이용된다. 또한 일부분은 건강기능식품으로 이용되기도 한다.

3. 대부분의 탄수화물은 친수성, 감미, 환원성 및 발효성을 지닌다. 전분은 결정성 구조를 가지고 요오드와 반응하면 청색을 띤다. 당과 비당성분이 결합을 한 것을 배당체라고 하는데 배당체 중에는 약리작용 또는 독성을 가지거나, 식품의 색이나 맛 등에 관여하는 성분들이 많다.
4. 올리고당이나 식이섬유 등은 중요한 생리활성을 지닌다. 시클로덱스트린은 분자 내부는 소수성, 외부는 친수성을 나타내기 때문에 향기성분의 보존이나 불쾌취의 가리움 등의 목적으로 식품산업에 많이 이용될 것으로 기대된다.

1. 탄수화물의 분류

탄수화물은 그 화학식 $C_m(H_2O)_n$에서 보는 바와 같이 탄소원자가 물 분자와 일정한 비율로 결합되어 있는 물질이다. 탄수화물은 탄소(C), 수소(H) 그리고 산소(O)의 3가지 원소로 구성되어 있으며, 화학적으로는 분자 내에 한 개의 **알데히드기**(aldehyde group, -CHO) 또는 **케톤기**(ketone group, =CO)를 가지면서 여러 개의 **히드록시기**(hydroxy group, -OH)를 가지는 화합물이나 이들의 **중합체** 또는 그 **유도체**라고 정의된다.

탄수화물은 단당류(monosaccharides), 소당류(oligosaccharides) 그리고 다당류(polysaccharides)의 세 가지로 분류된다.

1) 단당류

단당류는 탄수화물의 구성단위로서 더 이상 가수분해되지 않는 당류이며, 분자 내의 탄소 수에 따라 다시 3탄당, 4탄당, 5탄당 및 6탄당 등으로 구별된다. 탄수화물의 화학식은 $C_m(H_2O)_n$과 같이 표시되는데 단당류에서는 m과 n이 같다(m=n). 즉 3탄당의 화학식은 $C_3(H_2O)_3$, 5탄당의 화학식은 $C_5(H_2O)_5$ 그리고 6탄당의 화학식은 $C_6(H_2O)_6$이다. 젖산($CH_3CHOHCOOH$)이나 초산(CH_3COOH)은 탄수화물의 $C_m(H_2O)_n$과 같은 형식의 화학식을 가지지만 탄수화물이 아니다.

▸ **카르보닐기(carbonyl group)**

유기화합물에는 그들의 특징을 나타내는 작용기(functional group)를 가지고 있는 것이 많다. 카르보닐기는 그 중의 하나로 아래 그림에서와 같이 탄소원자와 산소원자가 이중결합(>C=O)하고 있는 것을 말한다. 카르보닐 화합물은 알데히드(RCHO), 케톤(RR′CO), 카르복실산(RCOOH), 에스테르(RCOOR′) 그리고 아미드(RCONHR′) 등으로 나누어지는데 이들은 서로 반응성이 다르다. 예를 들면 알데히드는 산화되어 탄산(carbonic acid)이 되지만, 케톤은 산화에 대하여 안정하다. 이들 카르보닐 화합물은 식품성분 상호간의 반응에서 생성되는 경우가 많다. 아래 그림은 카르보닐 화합물의 구조를 나타낸 것이다.

A–C(=O)–B

Carbonyl group

Compound	Aldehyde	Ketone	Carboxylic acid	Ester	Amide
Structure	R–C(=O)–H	R–C(=O)–R′	R–C(=O)–OH	R–C(=O)–OR′	R–C(=O)–N(H)–R′
General formula	RCHO	RCOR′	RCOOH	RCOOR′	RCONHR′

참고로 식품성분 중에는 카르보닐 화합물 외에도 알코올기(-OH), 니트로기(-NO_2), 아미노기(-NH_2), 술폰산기(-SO_3H), 아세틸기(-$COCH_3$), 에테르기(-O-) 그리고 비닐기(-CH=CH_2)를 지닌 화합물들이 많다.

▸ **히드록시기(hydroxy group, -OH)**

유기화합물을 구성하는 작용기 중의 하나로 알코올기 또는 수산기라고도 한다.

▸ **중합체(polymer)**

중합(polymerization)이란 한 종류의 단위화합물 분자가 두 개 이상 결합하여 단위화합물의 정수배 분자량을 갖는 화합물을 생성하는 화학반응을 말한다. 여기에서 출발물질인 단위화합물을 단량체, 생성물을 중합체라고 한다. 예를 들면 전분은 포도당의 중합체이다.

▸ **유도체(derivatives)**

어떤 화합물의 분자 내 작은 부분이 변화함으로써 생성된 화합물을 원래 화합물의 유도체라고 한다.

2) 소당류

소수(oligo)의 단당류들이 결합하여 만들어진 당이라는 뜻에서 소당류라고 한다. 보통 2～10분자의 단당류로 구성되는데 구성 단당류의 수에 따라 2당류, 3당류 및 4당류 등으로 구분된다. 단당류와 단당류가 결합할 때에는 물(H_2O) 한 분자가 빠져 나가기 때문에 소당류부터는 탄수화물의 화학식 $C_m(H_2O)_n$에서 m과 n이 다르다($m \neq n$).

$$\underset{\text{단당류}}{C_6(H_2O)_6} + \underset{\text{단당류}}{C_6(H_2O)_6} \longrightarrow \underset{\text{이당류}}{C_{12}(H_2O)_{11}} + H_2O$$

$$\underset{\text{단당류}}{C_6(H_2O)_6} + \underset{\text{단당류}}{C_6(H_2O)_6} + \underset{\text{단당류}}{C_6(H_2O)_6} \longrightarrow \underset{\text{삼당류}}{C_{18}(H_2O)_{16}} + 2H_2O$$

3) 다당류

다당류는 수백 또는 수천 개의 단당류들이 결합되어 있는 분자량이 큰 탄수화물이다. 동일한 단당류만으로 구성된 것을 단순 다당류(simple polysaccharides), 두 가지 이상의 단당류들로 구성된 것을 복합 다당류(conjugated polysaccharides)라고 한다.

2. 탄수화물의 구조와 종류

1) 단당류의 구조와 종류

(1) 단당류의 구조

단당류는 분자구조 중에 알데히드기(-CHO) 또는 케톤기(=CO)를 1개 지니는데, 알데히드기를 갖는 것을 알도오스(aldose), 케톤기를 갖는 것을 케토오스(ketose)라고

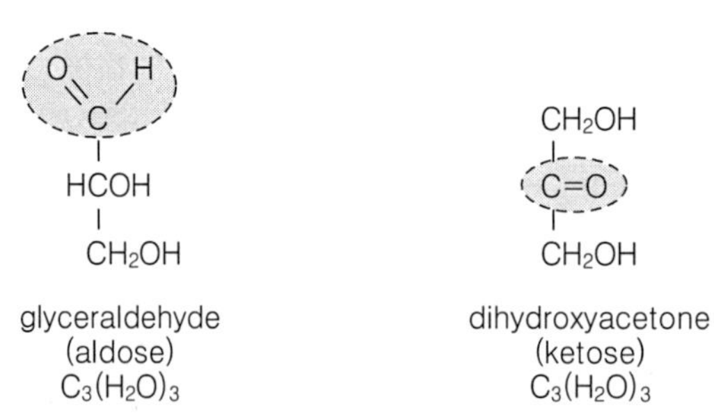

그림 3-1. 알도오스와 케토오스

한다(그림 3-1). 또한 단당류는 분자를 구성하는 탄소수에 따라 3탄당(탄소수가 3개인 당), 4탄당, 5탄당 및 6탄당으로 분류된다.

① 사슬구조

㉮ 탄소골격

앞에서도 설명한 바와 같이 탄수화물은 탄소(C), 산소(O) 및 수소(H)의 3가지 원소로 구성되어 있는 유기화합물이며, 그 중심원소는 탄소이다. 탄소원자의 **원자가**는 4가이기 때문에 그림 3-2의 (a)에서 보는 것처럼 4면체의 꼭지점 방향으로 최대 4개의 원자 또는 원자단과 결합이 가능하다. 더욱이 그 결합방법은 매우 다양하여 그림 3-2의 (b)와 같이 단일결합, 이중결합 및 삼중결합을 할 수도 있다. 또한 탄소원자끼리도 같은 방향으로 결합하여 일정한 골격을 만들고, 이 골격에 수소원자나 산소원자가 결합하여 매우 안정한 3차원의 입체적 구조를 형성하는데, 유기화합물의 종류가 많은 것은 탄소의 이러한 성질 때문이다.

㉯ 사슬구조

단당류를 포함한 유기화합물들은 3차원의 입체구조를 하고 있는데 이것을 간단하게 2차원의 평면에 막대모양으로 표시한 것을 피셔 투영식(Fischer projection, 그림 3-3)이라고 하며, 사슬구조 또는 쇄상구조라고도 한다. 사슬구조는 모두 수직과 수평으로 표현되는데, 탄소사슬은 중앙에 수직으로 표현하고 탄소사슬에서 1번 탄소원자를 맨 위에 표시한다. 그리고 사슬구조에서 수직으로 그려진 결합은 입체구조에서는 뒤쪽을 향하는 결합을 가리키며, 수평으로 그려진 결합은 앞쪽을 향하는 결합을 나타낸다.

▸ **원자가**

어떤 원소의 원자 한 개가 수소원자 몇 개와 결합 또는 치환할 수 있나를 나타내는 수를 그 원소의 원자가라고 한다. 예를 들면 암모니아(NH_3)에서 질소는 수소 3개와 결합하였으므로 질소의 원자가는 3가이고, 메탄(CH_4)에서 탄소는 수소 4개와 결합하였으므로 탄소의 원자가는 4가이다. 이온결합 물질의 원자가는 금속원자의 경우 잃은 전자의 수, 비금속 원자는 얻은 전자의 수를 원자가라고 한다. 그러므로 원자가는 주기율표의 가전자수와 밀접한 관련이 있다. 예를 들면 1족의 나트륨(Na)은 전자 하나를 잃고, 7족의 염소(Cl)은 전자 하나를 얻어 서로 이온결합 하여 NaCl을 만들기 때문에 나트륨과 염소의 원자가는 1이다. 공유결합한 물질에서는 한 원자가 가지는 공유전자쌍의 수가 그 원자의 원자가이다. 예를 들면 물(H_2O)에서 산소는 공유전자쌍이 2개이므로 산소의 원자가는 2이다.

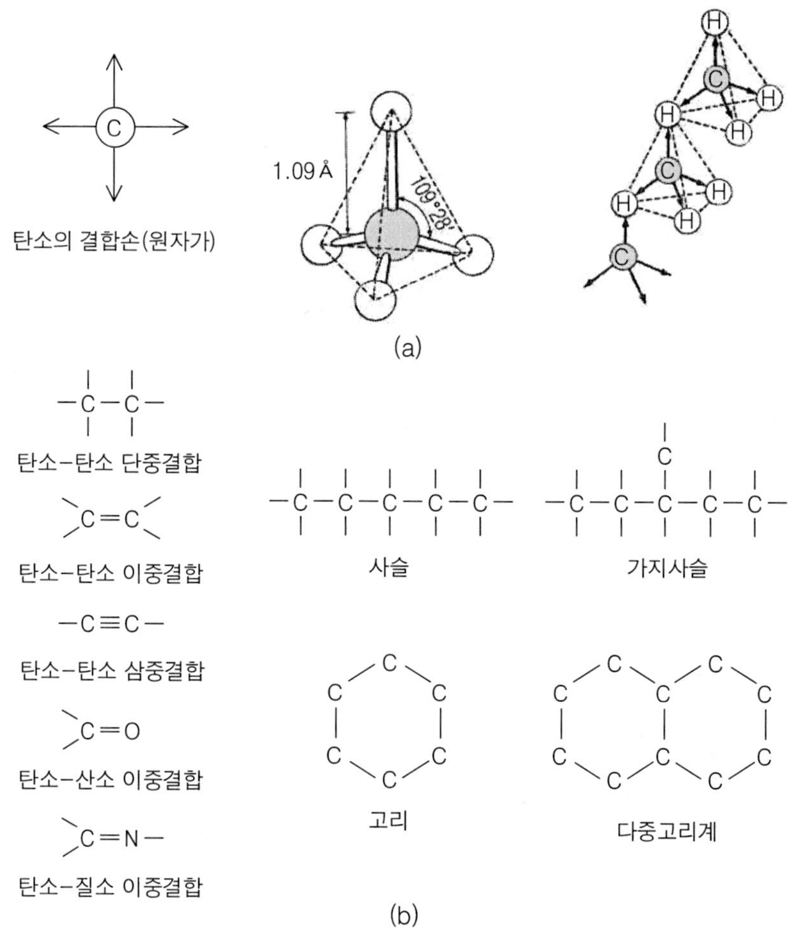

그림 3-2. 탄소화합물의 입체구조(a)와 여러 가지 결합형식(b)

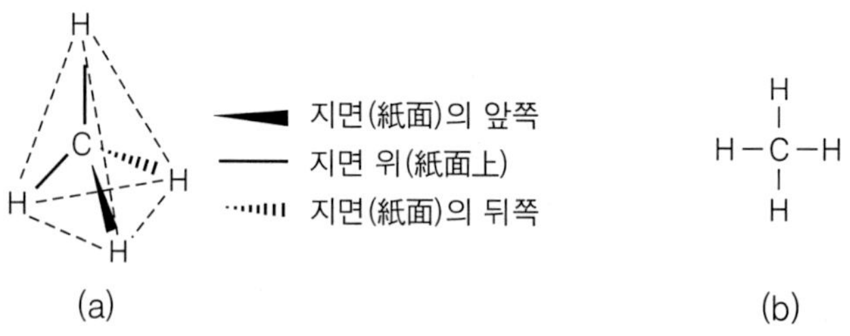

그림 3-3. 메탄(methane, CH_4)의 입체구조(a)와 피셔(Fisher) 투영식(b)

㉰ 비대칭탄소원자와 이성체

그림 3-4(a)와 같이 탄소의 4개 결합손에 서로 다른 원자나 원자단(㉮, ㉯, ㉰, ㉱)이 결합되어 있으면 이 탄소원자를 비대칭탄소원자(asymmetric carbon atom, 또

는 부제탄소원자)라고 부르며 C*로 표시한다. 이 비대칭탄소원자를 지니는 유기화합물은 **광학이성체**(optical isomer)를 갖는다. 광학이성체들은 그림 3-4(b)에서 보는 바와 같이 좌우의 손바닥처럼 또는 실물과 거울의 상처럼 대칭관계에 있으면서 어떻게 하여도 서로 포개 놓을 수 없는 서로 다른 **구조식**을 가지는데, 이러한 화합물들을 서로 손 대칭구조(chiral structure)라고 말한다. 즉 분자구조 중에 비대칭탄소원자가 존재하면 광학이성체를 가지는데, 비대칭탄소원자 수에 따른 광학이성체의 수는 2^n개이다. 여기서 n은 비대칭탄소원자의 수를 뜻한다.

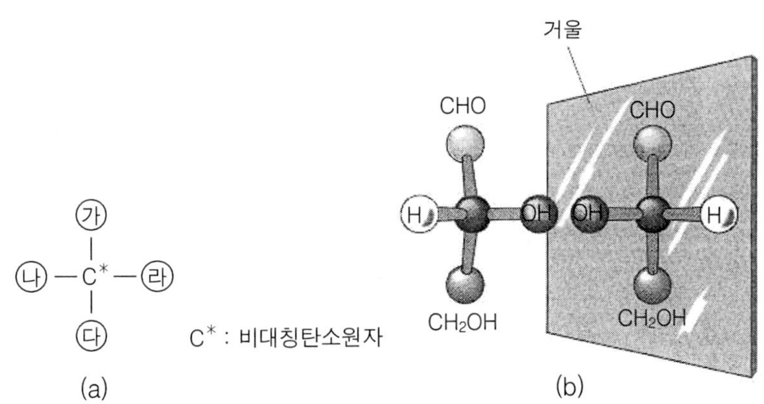

그림 3-4. 비대칭탄소원자(a)와 거울상 이성체(b)

▸ **광학이성체**

이성체의 한 종류이다. 유기화합물 중에는 분자식이 같으면서 분자 내의 원자배열 및 입체 배치가 달라 물리화학적 성질이 다른 것들이 존재하는데 이들을 서로 이성체라고 한다. 이성체에는 구조이성체와 입체이성체가 있는데 광학이성체는 입체이성체에 속한다. 즉, 광학이성체란 비대칭탄소원자(부제탄소원자)를 갖는 유기화합물에 있어서 서로 거울상은 되지만 겹쳐질 수 없는 구조를 지니는 물질들을 서로 광학이성체라고 한다. 이들은 일반적인 물리화학적 성질은 같지만 선광성이 다르다.

▸ **구조식**

분자 중에 존재하는 원자와 원자의 결합상태를 원자가와 같은 수의 결합선으로 나타낸 화학식을 말한다. 공유결합하고 있는 화합물에서 결합에 관여하는 양쪽 원자 사이에 공유하는 전자는 2개가 1조로 되는데 이를 공유전자쌍이라고 하며, 결합에 사용되지 않는 전자쌍은 비공유전자쌍이라고 한다. 구조식에서는 원자들이 1개의 공유전자쌍으로 결합(단일결합)할 때에는 단일선(-)으로, 2개의 공유전자쌍으로 결합(이중결합)할 때에는 이중선(=)으로, 그리고 3개의 공유전자쌍으로 결합(삼중결합)할 때에는 삼중선(≡)으로 나타낸다.

이 광학이성체들은 서로 일반적인 물리적, 화학적 성질은 완전히 같지만 선광성이 다르기 때문에 이들은 서로 다른 물질이다. 선광성이란 당 용액이 빛(편광)의 진행방향을 회전시키는 성질을 말한다. 그림 3-5에서와 같이 두 개의 프리즘 사이에 선광성을 지닌 당류 용액을 놓고 빛을 보내면 이 빛은 **편광**을 생성하는 제 1프리즘(편광기)을 통과하면서 편광이 되고, 이 편광은 당류 용액을 통과하면서 그 진행방향이 바뀌게 된다. 그러므로 이 편광이 제 2프리즘(검광기)을 통과하려면 당에 의하여 회전된 빛의 각도만큼 제 2프리즘을 회전시켜 주어야 한다. 이와 같이 당 용액이 빛의 진행방향을 회전시키는 성질을 선광(rotation of light)이라고 하는데, 그 회전방향이 시계방향(오른쪽)이면 우선성(+), 반대 방향(왼쪽)이면 좌선성(-)이라고 한다. 선광의 크기를 선광도라고 하는데, 선광도는 여러 가지 요인에 의하여 달라지기 때문에 서로 비교하기가 어려우므로 일정한 조건 즉, 100 g의 광학활성물질을 100 mℓ의 용액에 녹이고 1 cm의 측정관에 넣은 후 나트륨의 방전관에서 나오는 D선(편광)을 이용하여 20℃에서 선광도를 측정하고, 이를 비선광도라고 하며 $[\alpha]_D^{20}$으로 표시한다.

$$[\alpha]_D^{20} = \frac{\text{회전 각도의 측정치}}{\text{측정관의 길이(cm)} \times \text{농도(g/mℓ)}}$$

㉣ 단당의 사슬구조

단당류 중에서 그 구조가 가장 간단한 탄소수 3개이고, 알데히드기를 갖는 글리세르알데히드(glyceraldehyde)의 사슬구조는 그림 3-6(a)와 같다. 글리세르알데히드의

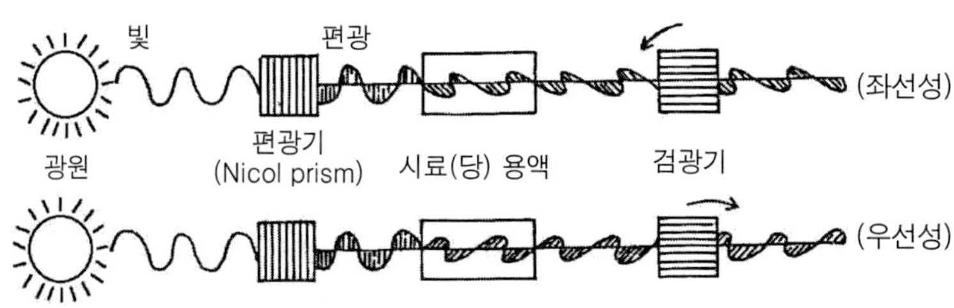

그림 3-5. 당 용액의 선광성

▸ **편광(偏光, polarization)**

일반적으로 전자기파는 모든 방향으로 진동하는 빛이 혼합된 상태를 말한다. 하지만 편광은 전자기파가 진행할 때 파를 구성하는 전기장이나 자기장이 특정한 방향으로만 진동하는 현상을 가리킨다. 특정한 광물질이나 광학필터를 사용하면 편광된 상태의 빛을 얻을 수 있다.

^{1}CHO
$^{2}C^{*}H \cdot OH$
$^{3}CH_2OH$
Glyceraldehyde
(aldose)

CHO
H OH
CH_2OH

CHO
HO H
CH_2OH

CHO
H − C* − OH
CH_2OH
D형

CHO
HO − C* − H
CH_2OH
L형

D형, D−Glyceraldehyde
L형, L−Glyceraldehyde

$^{1}CH_2OH$
$^{2}C=O$
$^{3}CH_2OH$
Dihydroxyacetone
(ketose)

(a) (b)

그림 3−6. 글리세르알데히드의 이성체(a)와
디히드록시 아세톤(b)

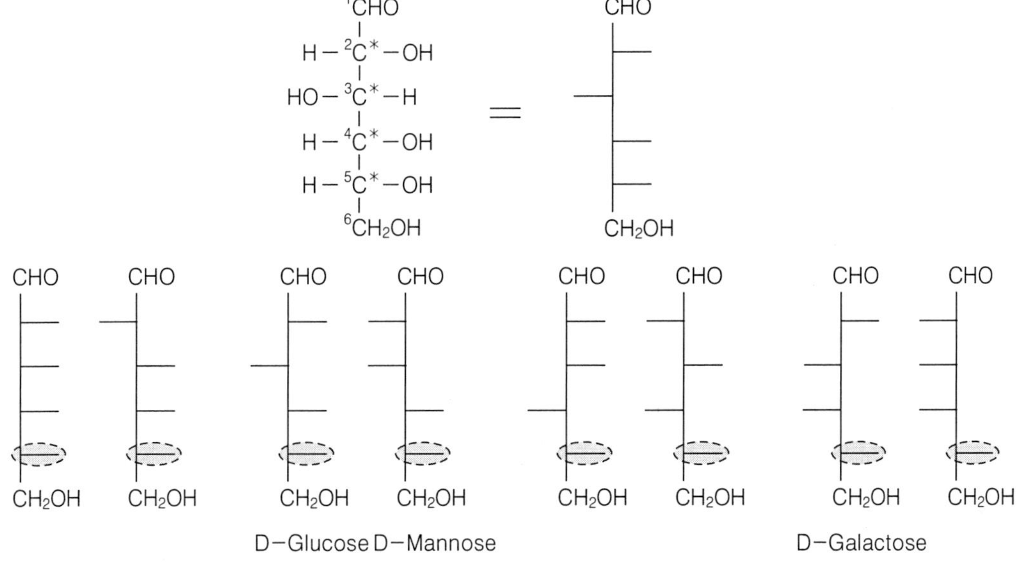

그림 3−7. 알도헥소오스(aldohexose) 분자 구조 중의
비대칭탄소원자(C*)와 D계열(8개)의 이성체
(├─ 는 H−C−OH를 의미)

구조에서는 2번 탄소원자 1개만 비대칭탄소원자이므로 글리세르알데히드에는 2개의 이성체($2^1=2$)가 있다. 이 2개의 이성체는 비대칭탄소원자에 결합한 히드록시기(-OH)가 우측에 있으면 D계열, 좌측에 있으면 L계열로 분류된다. 분자 내에 비대칭탄소원자가 많을 때에는 당의 카르보닐기(carbonyl group, 당에서는 -CHO 또는 =CO)를 사슬구조의 맨 위쪽에 놓고, 이 카르보닐기로부터 가장 먼 자리에 있는 비대칭탄소원자를 기준 탄소로 하여 이 비대칭탄소원자에 수산기(-OH)가 우측에 결합하고 있으면 D계열, 좌측에 결합하고 있으면 L계열로 분류한다.

그림 3-7에서 보는 것처럼 알도헥소오스(알데히드기를 가진 6탄당) 분자 중에는 비대칭탄소원자가 4개 있으므로 광학이성체의 수는 16개($2^4=16$)이며, 이들 중 8개는 D계열이고, 나머지 8개는 L계열이다. 그러나 3탄당이며 케토오스인 디히드록시아세톤(dihydroxyacetone)에는 그림 3-6(b)에서 보는 것처럼 비대칭탄소원자가 존재하지 않으므로 광학이성체가 존재하지 않는다. 그림 3-8에서 보는 것처럼 케토헥소오스(케톤기를 가진 6탄당) 분자 중에는 비대칭탄소원자가 3개 있으므로 광학이성체의 수는 8개($2^3=8$)이며, 이들 중 4개는 D계열이고, 나머지 4개는 L계열이다. 또한 여러 개의 이성체 중에서 하나의 비대칭탄소원자에 대한 2개의 이성체 사이를 에피머(epimer)라고 한다. 예를 들면 그림 3-7에서 포도당(glucose)과 만노오스(mannose)는 2번 탄소원자에 결합한 수산기(-OH)의 위치만 서로 다른 에피머이다.

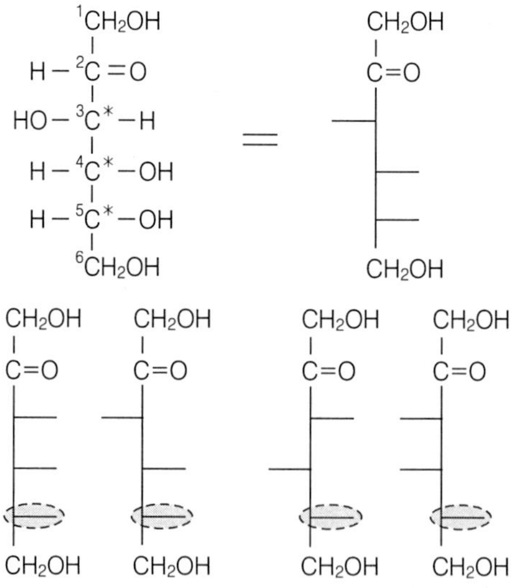

$^1CH_2OH$
$H-{}^2C=O$
$HO-{}^3C^*-H$
$H-{}^4C^*-OH$
$H-{}^5C^*-OH$
$^6CH_2OH$

CH_2OH, $C=O$, CH_2OH

D-Fructose

그림 3-8. 케토헥소오스(ketohexose) 분자 구조 중의 비대칭탄소원자(C^*)와 D계열(4개)의 이성체 (├─ 는 H-C-OH를 의미)

② 환상구조

㉮ 변선광

지금까지 단당류의 사슬구조를 이용하여 비대칭탄소원자, 광학이성체 그리고 선광성에 대하여 설명하였다. 하지만 모든 단당류, **환원성**을 지닌 이당류 그리고 소당류 등에서 나타나는 변선광 현상은 사슬구조가 아닌 환상구조를 이용하여 설명하여야 한다.

D-포도당은 우선성으로서 비선광도가 +52.2°이다. 하지만 이것을 보다 구체적으로 설명하면 상온에서 70% 알코올로 결정화한 포도당(α형)의 비선광도는 +112.2°, 98℃ 이상의 열수에서 결정화한 포도당(β형)의 비선광도는 +18.7°이며, 이들의 수용액을 방치하면 비선광도가 +52.2°로 평형을 이루게 된다. 이와 같이 포도당 수용액의 선광도가 시간이 지남에 따라 변화하는 현상을 변선광(mutarotation)이라고 한다.

그러므로 포도당에는 선광도를 달리하는 적어도 2종류(α형과 β형)의 서로 다른 구조가 있다고 상상되는데, 이는 포도당의 환상구조와 관련이 있다.

㉯ 환상구조

결정상태의 단당류는 입체적인 환상구조를 하고 있다. 수용액 중에서도 이들은 주로 환상구조로 존재하고 소량만 사슬구조로 존재한다.

㉠ 헤미아세탈 화합물

헤미아세탈(hemiacetal) 화합물은 알코올과 알데히드 화합물의 반응에 의하여 생성되는데, 이 반응은 가역적이므로 조건에 따라서 좌우 어느 방향으로도 진행된다(그림 3-9).

▸ **환원성**

산화란 어떤 물질이 산소와 결합하거나 수소를 잃어버리거나 또는 전자를 잃어버리는 반응을 말한다. 그리고 환원이란 반대로 산소를 잃어버리거나 수소와 결합하거나 또는 전자를 얻는 반응을 말하는데, 이들은 동시에 발생하기 때문에 산화환원반응이라고 한다. 환원성이란 다른 물질을 환원시키는 성질을 말한다. 즉 환원성을 지닌 물질은 쉽게 산화된다.

아래 그림은 산화환원 반응을 나타낸 것이다.

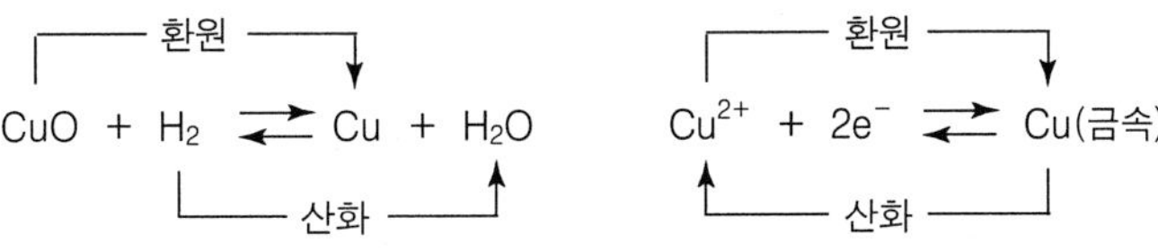

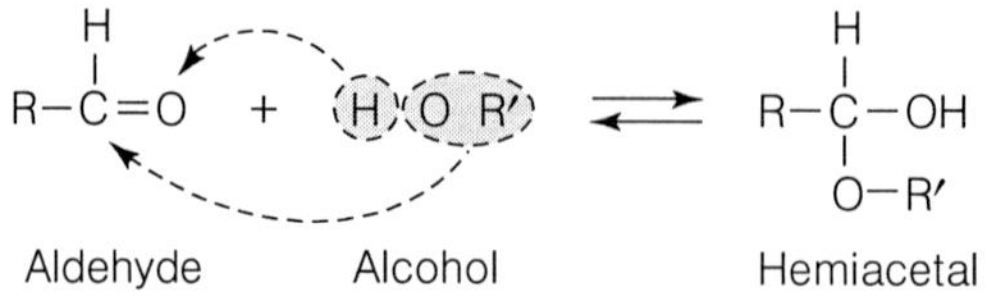

R−C(H)=O + H−O−R′ ⇌ R−C(H)(OH)−O−R′

Aldehyde Alcohol Hemiacetal

그림 3-9. 헤미아세탈 화합물의 생성반응

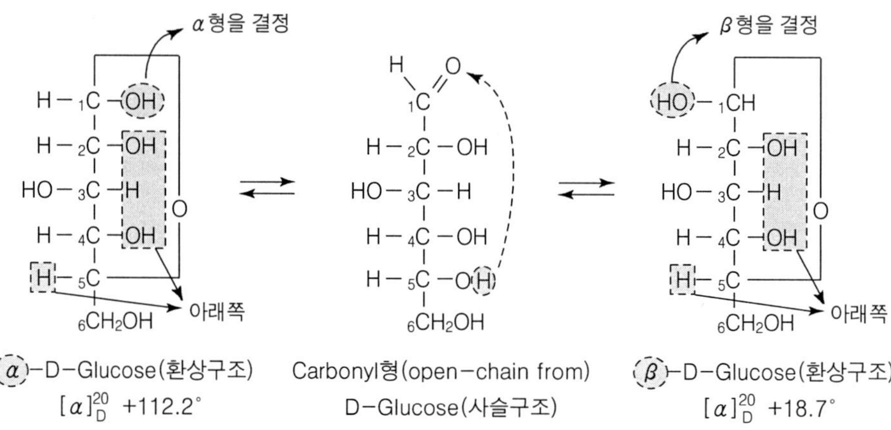

그림 3-10. α-포도당과 β-포도당의 환상구조

포도당(알도오스)은 분자 내에 알데히드기(-CHO)와 알코올기(-OH)를 함께 가지고 있으므로 분자 내에서 쉽게 헤미아세탈을 형성하면서 환상구조로 된다. 헤미아세탈을 형성하게 되면 그림 3-10에서 보는 바와 같이 포도당 사슬구조의 1번 탄소원자도 비대칭탄소원자가 된다. 그러므로 이 1번 탄소원자에 결합하는 알코올기(-OH)의 위치에 따라 새로운 2개의 이성체가 존재하게 되는데, 이들을 α형과 β형으로 분류한다. 즉, 1번 탄소원자의 알코올기와 단당의 D 및 L계열을 결정하는 알코올기가 같은 쪽에 있는 것을 α형, 반대쪽에 있는 것을 β형이라고 한다. 이와 같이 당이 헤미아세탈 화합물을 형성하면서 생성된 1번 탄소원자의 비대칭에 의한 α형과 β형의 이성체 사이를 아노머(anomer)라고 한다.

당의 환상구조는 위의 변선광 현상을 설명할 수 있다. 포도당의 경우 비선광도가 +112.2°인 것을 α-포도당, +18.7°인 것을 β-포도당이라고 한다. 포도당은 카르보닐(carbonyl) 형을 중심으로 세 가지 구조 사이를 **호변이성** 하는데, 이들이 평형상태에 이르렀을 때의 비선광도가 +52.2°이다. 비선광도가 +52.2°인 것은 α형이 37%, β형이 63% 정도를 차지하기 때문이다.

포도당이 환상구조를 형성하는 과정에서 1번 탄소원자의 알데히드기와 5번 탄소원자의 알코올기 사이에 결합(1・5환)이 발생하면 이 환상구조는 6각형이 된다. 하지만 이 반응에서는 1・2환, 1・3환 및 1・4환의 구조도 소량 생성되는데, 이 중에서 1・4환(5각형)이 비교적 많은 것으로 알려져 있다(그림 3-11). 6각형 구조의 당은 **피란**(pyran)과 같은 모양을 가지므로 피라노오스(pyranose), 5각형 구조의 당은 **푸란**(furan)과 같은 모양을 가지므로 푸라노오스(furanose)라고 한다.

영국의 화학자 호어스(Haworth)는 X선을 이용, 당의 결정구조를 연구하여 당의 5각형 또는 6각형 모양의 환상구조를 입체적으로 표시하는 방법을 제안하였는데 이것을 호어스 투영식(Haworth projection)이라고 하며, 오늘날에도 이 방법이 널리 사용되고 있다. 그림 3-12는 그림 3-10의 α-포도당과 β-포도당의 구조를 호어스 투영식으로 나타낸 것이다. 즉 6각환은 지면(紙面)에 수직인 평면 위에 있는 상태인데, 6

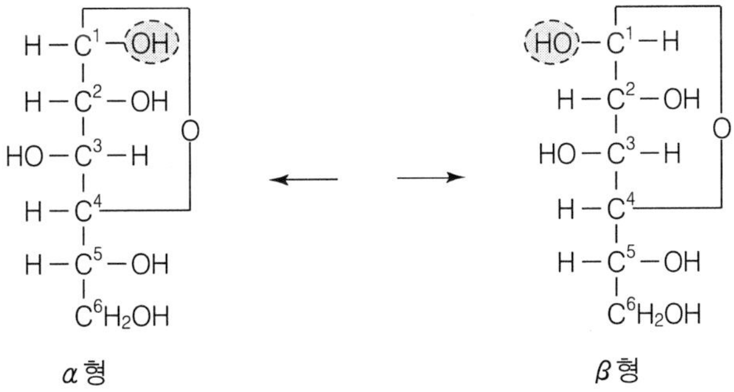

α형 β형

그림 3-11. 1・4환(5각형) 포도당의 α형과 β형

▸ 호변이성(互變異性, tautomerism)

어떤 화합물이 2종류의 이성체로 존재하고 이들이 서로 쉽게 변화하는 경우 이 현상을 호변이성이라고 한다.

▸ 피란(pyran)과 푸란(furan)

아래 그림에서 보는 것처럼 피란은 6각형의 복소환 화합물(2가지 이상의 원소가 고리를 형성하는 화합물)이며 분자식은 C_5H_6O이다. 푸란은 5각형의 복소환 화합물이며, 분자식은 C_4H_4O이다.

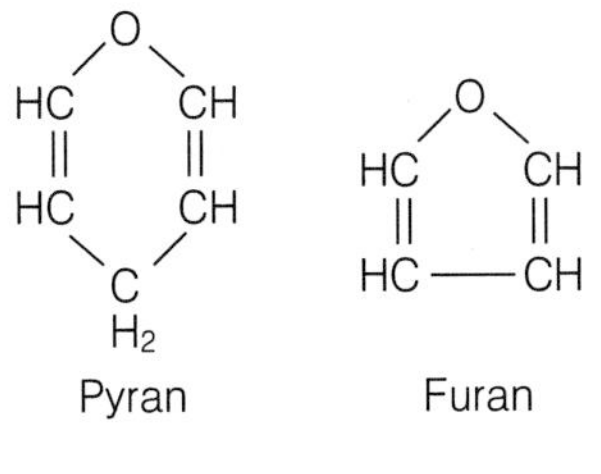

Pyran Furan

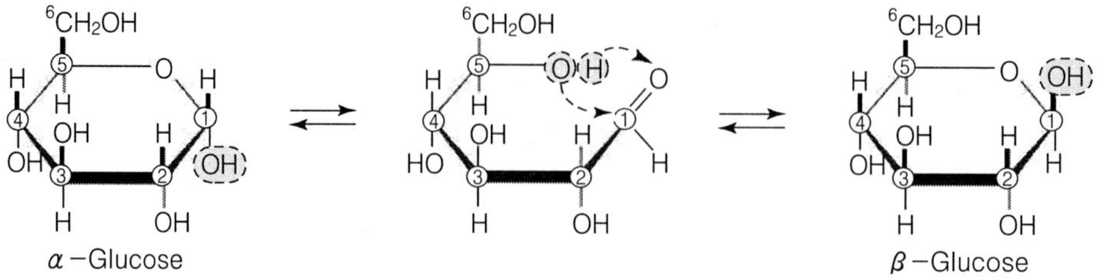

그림 3-12. 글루코피라노오스(glucopyranose)의
호어스(Haworth) 투영식

각환에서 굵은 선은 지면의 앞쪽에, 가는 선은 지면의 뒤쪽에 있음을 나타낸다. 또한 환을 구성하는 탄소원자와의 결합을 나타내는 H와 OH를 향하는 굵은 선은 위쪽에, 가는 선은 아래쪽에 있음을 나타내는데, 일반적으로 굵은 선은 사용하지 않는다. 또한 호어스 투영식에서는 일반적으로 탄소원자를 표시하지 않으며 탄소원자에 결합한 수소원자도 표시하지 않는다.

㉡ 케토오스의 환상구조

과당(fructose)은 2번 탄소원자에 케톤기(=CO)를 가지는 대표적인 케토오스이다. 과당의 선광성은 좌선성이고, 입체구조는 D-glucose와 같은 D계열에 속하기 때문에 D-(-)fructose라고 표시한다.

과당은 자연계에 존재할 때에는 2번 탄소원자의 케톤기와 5번 탄소원자의 알코올기가 결합(2・5환)하여 헤미케탈(hemiketal)을 형성함으로써 5각형의 환상구조(fructofuranose)로 존재하는데 이 구조는 매우 불안정하다. 그러므로 가수분해 등에 의하여 유리된 과당은 즉시 6각형의 환상구조(fructopyranose)로 변하게 되며, 이때 과당의 2번 탄소원자는 새로운 비대칭탄소원자가 되고, 포도당과 같이 α형과 β형의 2가지 이성체를 갖는다(그림 3-13).

㉢ 글리코시드성 알코올기와 배당체

당의 환상구조에서 알데히드기 또는 케톤기로부터 생성된 새로운 알코올기(-OH)는 반응성이 대단히 크다. 이 알코올기는 당과 관련한 대부분의 화학반응에 관여하기 때문에 글리코시드성 알코올기(glycosidic -OH) 또는 헤미아세탈 알코올기(hemiacetal -OH)라고 부르는데, 당의 대표적인 특성의 하나인 환원성도 이 글리코시드성 알코올기에 기인한다.

특히 이 글리코시드성 알코올기는 알코올기를 갖는 다른 물질들과 **에테르**(ether)**결합**을 쉽게 형성한다. 당의 글리코시드성 알코올기와 당이 아닌 물질의 알코올기가 에테르 결합하여 생성된 물질을 배당체(glycoside)라고 하는데, 이들에 대해서는 탄수화

▸ **에테르(ether) 결합**

산소원자 하나에 두 개의 탄화수소기(R)가 연결된 결합형식(R-O-R′)을 말하며, 에테르 결합에 의하여 만들어진 물질을 에테르라고 한다. 대표적인 예로는 에틸에테르($C_2H_5OC_2H_5$)가 있다.

$$-OH + -OH \rightarrow -O- + H_2O$$

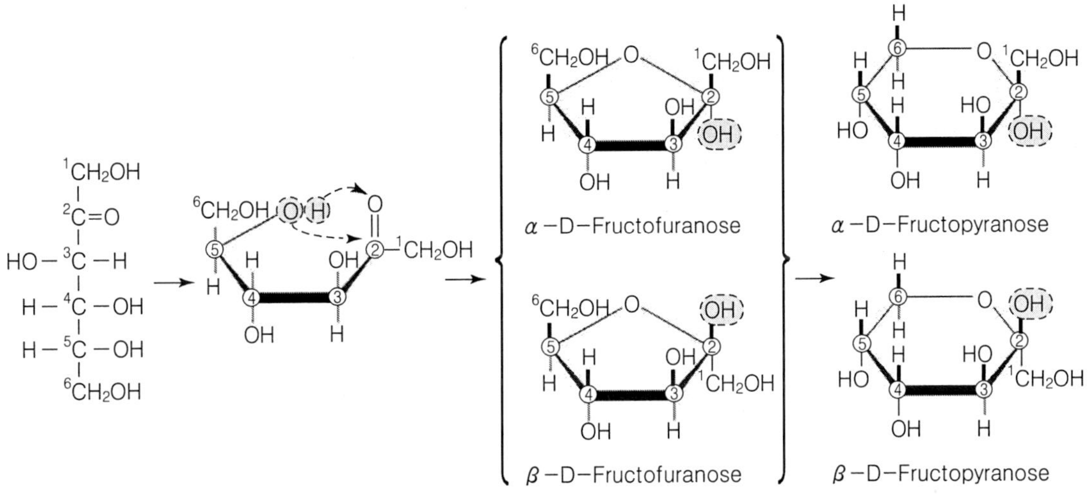

그림 3−13. α−과당과 β−과당의 환상구조

물의 성질(87페이지)에서 자세히 설명하였다.

(2) 단당류의 종류

① 5탄당

5탄당(pentose)은 분자 내에 5개의 탄소원자를 가지는 단당류이다(그림 3-14). 주로 다당류의 형태로 식물의 줄기, 잎 및 과피 등의 세포벽에 존재한다. 사람들의 소

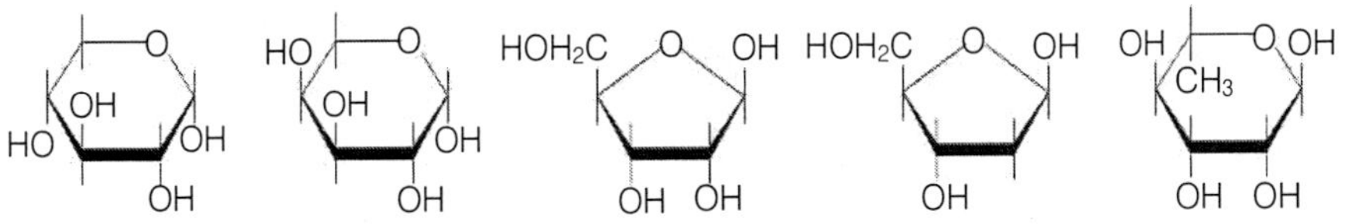

D−Xylose L−Arabinose D−Ribose D−Deoxyribose L−Rhamnose

그림 3−14. 중요한 5탄당의 환상구조
(탄소와 수소는 표시하지 않았음)

화관내에서는 소화되지 않지만 초식동물에게는 중요한 영양원이다.

㉮ L-아라비노오스

식물 검(gum), 헤미셀룰로오스(hemicellulose) 및 펙틴(pectin) 등과 같은 다당류와 배당체를 구성하며 유리상태로 존재하지는 않는다. 아라비노오스(arabinose)의 **축합물**인 다당류 아라반(araban)은 식물의 세포벽에 펙틴과 함께 존재하며 효모에 의하여 발효되지 않는다.

㉯ D-자일로오스

식물세포를 구성하는 물질의 하나이며 목당(wood sugar)이라고도 한다. 밀짚, 볏짚, 옥수수 속대 및 나무껍질 등에 존재한다. 자일로오스(크실로오스, xylose)의 축합물인 다당류 자일란(크실란, xylan)은 초식동물은 소화할 수 있지만 사람의 소화관내에서는 흡수가 낮다. 자일로오스의 단맛은 설탕의 약 50% 정도이지만 청량감을 주며, 저에너지 감미료, 당뇨병 환자의 감미료로 이용된다.

㉰ D-리보오스와 D-데옥시리보오스

D-리보오스(ribose)와 D-데옥시리보오스(deoxyribose)는 핵산인 RNA와 DNA의 구성성분이며 생리적으로 중요한 역할을 한다(제6장 핵산 183페이지 참조).

㉱ L-람노오스

람노오스(rhamnose)의 분자식은 $C_6H_{12}O_5(C_5H_9O_5CH_3)$이며 메틸기를 지니는 오탄당(methyl pentose)이다. 배당체 형태로 여러 종류의 식물에 존재하는데 식물색소인 플라본(flavone)과 안토시아닌(anthocyanin) 색소의 구성성분이다. 천연에 존재하는 대부분의 당이 D형이지만, 람노오스는 아라비노오스와 함께 L형이다.

② 6탄당

6탄당(hexose)은 자연계에 유리형태로 존재하거나 다른 물질과 결합한 상태로 동

▸ **식물 검(gum)**

고무라고도 한다. 식물에서 나는 끈적끈적한 물질로 탄수화물의 착화합물(錯化合物)이다. 특히 산성 다당류의 칼륨염, 마그네슘염 및 칼슘염 등이 많다.

▸ **축합물**

두 개 이상의 분자가 반응하여 물이나 다른 간단한 분자가 제거되면서 결합하는 유기반응을 말하며, 이 반응의 생성물을 축합물이라고 한다.

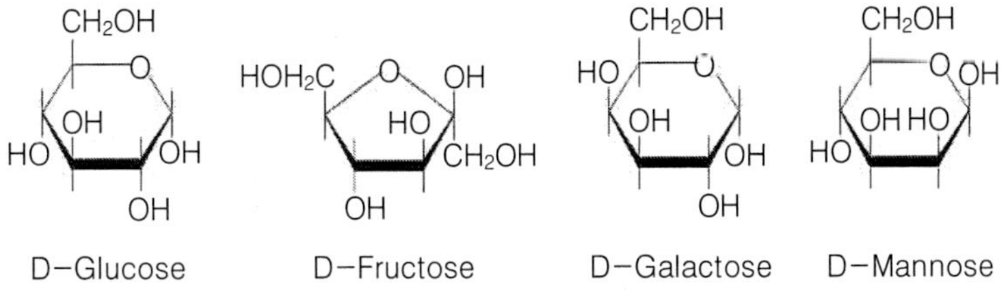

D-Glucose D-Fructose D-Galactose D-Mannose

그림 3-15. 중요한 6탄당의 환상구조
(탄소와 수소는 표시하지 않았음)

식물계에 광범위하게 분포한다. 포도당(glucose), 만노오스(mannose), 갈락토오스(galactose) 및 과당(fructose) 등이 대표적인 6탄당이다(그림 3-15). 6탄당은 여러 종류의 이성체(異性體)를 갖는다.

㉮ 포도당

포도당은 포도에 많이(약 5~20%) 존재하므로 포도당(grape sugar)이라고 부르게 되었으며, 편광을 우측으로 회전시키는 우선성 당이므로 덱스트로오스(dextrose)라고도 한다. 알도헥소오스(aldohexose, -CHO를 지니는 6탄당)이며 자연계에 광범위하게 분포한다. 전분(starch)과 셀룰로오스(cellulose) 등의 다당류를 구성하는 당이고, 맥아당(maltose), 젖당(乳糖, lactose) 및 설탕(sucrose) 등의 이당류를 구성하며, 비당성분과 결합하여 배당체를 구성하기도 한다. 동물체 내에는 간이나 근육 중에 글리코겐(glycogen)의 형태로 저장되어 있다.

㉯ 과당

과당은 과실이나 꿀 등에 많이 존재하므로 과당(fruit sugar)이라고 부르게 되었으며, 편광을 좌측으로 회전시키는 좌선성 당이므로 레불로오스(levulose)라고도 한다. 케토헥소스(ketohexose, =CO를 지니는 6탄당)이며 자연계에 널리 존재한다. 이눌린(inulin)과 같은 다당류를 구성하며 이당류인 설탕(sucrose)의 구성성분이다. 과당은 설탕의 약 1.7배의 감미를 지니고, 천연당 중에서는 단맛이 가장 크므로 중요한 감미료로 사용되고 있다.

㉰ 갈락토오스

갈락토오스는 다당류인 갈락탄(galactan)과 이당류인 젖당(lactose) 그리고 당지질인 세레브로시드(cerebroside)의 구성성분이며 유리상태로 존재하지는 않는다. 해조류, 동물의 젖(乳汁), 뇌 및 신경조직 등에 함유되어 있다.

㉣ 만노오스

만노오스는 효모(yeast)나 곤약 등에 존재하는 다당류인 만난(mannan)의 구성성분이며, 식물 세포벽에 존재하는 헤미셀룰로오스(hemicellulose)의 구성성분이기도 하다. 유리상태로는 거의 존재하지 않으며 설탕의 0.77배 정도의 단맛을 지닌다.

(3) 단당류의 유도체

단당 중에 존재하는 작용기(-CHO, =CO, -OH 등)가 산화환원반응에 관여하거나 치환되면 여러 가지 종류의 당유도체가 생성된다. 그림 3-16에는 포도당으로부터 생성되는 여러 종류의 유도체를 나타내었다.

① 디옥시당

디옥시당(deoxy sugar)은 단당류를 구성하는 알코올기(-OH)로부터 산소가 빠져나간 것이다. 리보오스($C_5H_{10}O_5$)의 디옥시당인 디옥시리보오스($C_5H_{10}O_4$)는 DNA의 구

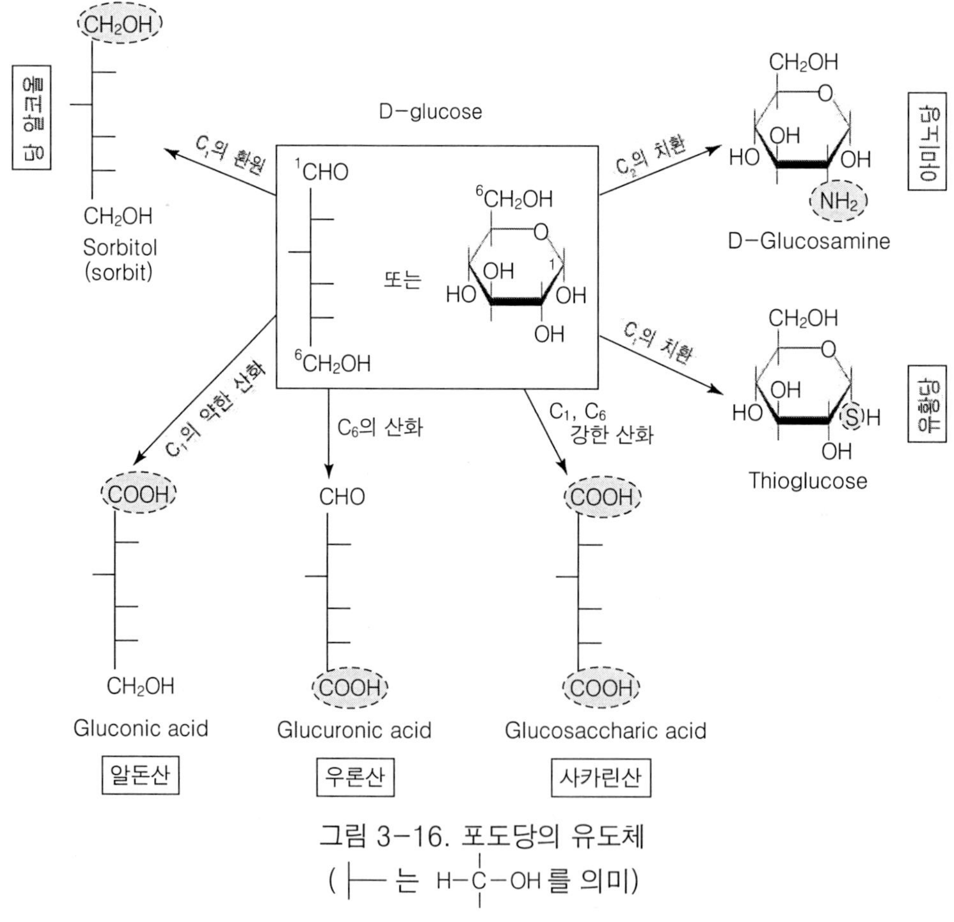

그림 3-16. 포도당의 유도체

(├ 는 H-C-OH를 의미)

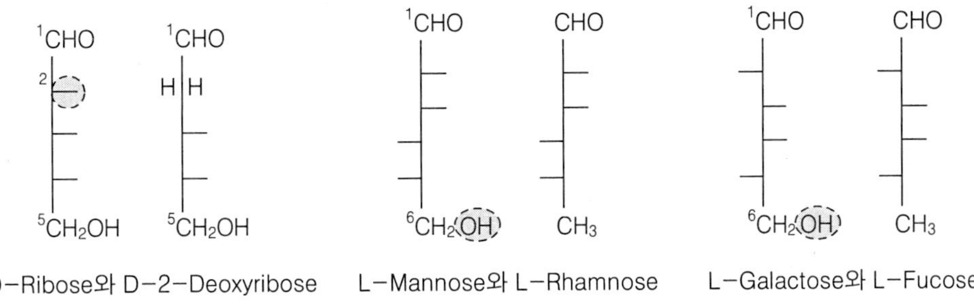

그림 3-17. 디옥시당(deoxy sugar)

성분이고, 갈락토오스($C_6H_{12}O_6$)의 디옥시당인 푸코오스(fucose, $C_6H_{12}O_5$)는 식물의 검(gum)이나 해조류의 다당류를 구성하는 성분이다. 5탄당에서 설명하였던 L-람노오스($C_6H_{12}O_5$)는 6탄당인 만노오스의 6번 탄소원자에 결합하였던 산소가 빠져 나간 것으로 디옥시헥소오스(6-deoxyhexose)라고도 한다(그림 3-17).

② 당알코올

당알코올은 단당류의 알데히드기(-CHO)가 환원되어 알코올기(-CH_2OH)로 변화된 화합물인데, 당의 어미 '오스(ose)'를 '이톨(itol)'로 바꾸어 부른다.

당알코올(sugar alcohol)은 식물, 과일 및 해조류 등과 같이 천연에도 존재하지만, 상업적으로는 포도당, 맥아당 및 자일로오스 등과 같은 원료당에 수소를 첨가하여 생산한다. 즉 에리트리톨(erythritol)은 에리트로오스($C_4H_8O_4$), 솔비톨(sorbitol)은 포도당, 리비톨(ribitol)은 리보오스, 만니톨(mannitol)은 만노오스, **자일리톨**(xylitol)은 자일로오스 그리고 말티톨(maltitol)은 말토오스를 환원시켜 만든다.

당알코올은 식품가공, 화장품 제조 및 의약품 분야 등에서 광범위하게 사용되고 있

▸ **자일리톨(xylitol)**

화학식은 $C_5H_{12}O_5$이며 크실리톨이라고도 한다. 자일리톨은 탄수화물인 자일로오스(xylose, 5탄당)에 수소를 첨가하여 생산하는 당알코올의 일종이다. 설탕의 80～100%의 감미를 가지지만 칼로리는 설탕의 40% 정도이다. 용해열을 흡수하는 특성 때문에 입 안에서 용해될 때 청량감을 주므로 무설탕 추잉검을 제조할 때에 이용된다. 또한 자일리톨은 설탕과는 다르게 치아의 플라크(plaque)를 생산하는 세균에 의하여 이용되지 않기 때문에 충치를 감소시킬 수 있다. 또한 당뇨병 환자의 설탕 대용으로도 사용된다.

다. 특히 식품가공 분야에서는 충치예방 효과 및 혈당상승 억제 등의 기능성 때문에 설탕 대체 물질로 그 사용이 증가하고 있으며, 설탕에 비하여 열량이 낮기 때문에 저열량 또는 무설탕 식품제조에 이용된다. 최근에는 당알코올의 칼슘흡수 촉진 효과가 주목받고 있다.

당알코올의 열량은 소화흡수율이나 대장에서의 세균에 의한 분해 등에 의하여 좌우되는데, 미국에서는 솔비톨 2.6 kcal/g, 자일리톨 2.4 kcal/g 그리고 말티톨 2.1 kcal/g으로 정하고 있다. 하지만 대장 세균에 의한 분해 등을 고려하여 더 높은 수치가 제시되기도 한다.

③ 우론산

우론산(uronic acid)은 단당류 말단의 제일 알코올기(-CH_2OH)가 산화되어 카르복실기(-COOH)로 된 화합물이다. 우론산은 당산이라고도 하며, 당의 어미 '오스(ose)'를 '우론산(uronic acid)'으로 바꾸어 부른다. 포도당(글루코오스)이 산화되어 생성된 글루크론산(glucuronic acid)은 동물 체내에 존재하는 유해물질의 해독작용에 관여하며, 연골이나 피부를 구성하는 히알루론산(hyaluronic acid)이나 황산콘드로이틴(chondroitin sulfate)의 구성성분으로 발견되고 있다. 갈락토오스가 산화된 갈락투론산(galacturonic acid)은 펙틴(pectin)의 구성성분이며, 만노오스가 산화된 만누론산(mannuronic acid)은 알긴(algin)의 구성성분으로 존재한다.

④ 알돈산

알돈산(aldonic acid)은 알도오스의 알데히드기가 카르복실기로 산화된 화합물을 말하는데, 당의 어미 '오스(ose)'를 '온산(onic acid)'으로 바꾸어 부른다. 글루콘산(gluconic acid)은 포도당으로부터 생성된 알돈산의 일종이다. 글루콘산은 과일, 꿀 및 와인 등에 존재하며 식품의 산도를 조절하기 위한 목적으로 첨가물로 사용된다. 또한 글루콘산은 알칼리 상태에서 칼슘, 철, 구리 및 알루미늄 등의 중금속과 강력한 착화합물을 형성한다.

⑤ 사카린산

사카린산(saccharic acid)은 알도오스의 양끝이 모두 카르복실기로 산화되어 생성

▸ **다가알코올**

분자구조 중에 알코올기(hydroxy group, -OH)가 많은 화합물을 말한다.

된 화합물을 말한다.

⑥ 아미노당

아미노당(amino sugar)은 단당류 2번 탄소의 알코올기가 아미노기(-NH_2)로 치환된 것이다. 천연에는 포도당의 아미노당인 글루코사민(glucosamine)과 갈락토오스의 아미노당인 갈락토사민(galactosamine)이 많이 발견된다. 글루코사민의 일종인 키토사민(chitosamine)은 갑각류 껍질의 구성분인 키틴(chitin)의 구성단위가 된다. 갈락토사민은 동식물이나 미생물에 존재하는 다당류, 당단백질 및 당지질을 구성한다.

⑦ 유황당

유황당(thiosugar)은 단당류 환상구조의 1번 탄소원자에 결합한 알코올기가 티올기(thiol group, -SH)로 치환된 것이다. 포도당의 유황당인 티오글루코오스(thioglucose)는 매운맛 성분인 배당체 시니그린(sinigrin, 제14장 식품의 맛 363페이지 참조)의 구성분이다.

2) 소당류의 구조와 종류

소당류(oligosaccharides)는 2~10개의 단당류가 결합하여 만들어진 당을 말하며, 구성 단당류의 수에 따라 2당류, 3당류 및 4당류 등으로 구분된다. 단당류와 단당류가 결합할 때에는 반드시 글리코시드성 알코올기(glycosidic -OH)가 관여하며, 이러한 결합을 글리코시드 결합이라고 한다.

(1) 이당류의 구조와 종류

중요한 이당류(disaccharide)에는 맥아당, 설탕 및 젖당 등이 있으며 이들은 인체 내에서 소화효소의 작용을 받아 가수분해된 후에 단당으로 흡수된다. 그러므로 이들은 소화성 이당류라고 한다(그림 3-18).

① 맥아당

맥아당(maltose)은 α-포도당(glucose) 1번 탄소원자(C_1)에 결합한 글리코시드성 알코올기와 다른 α-포도당 4번 탄소원자(C_4)에 결합한 알코올기가 글리코시드 결합을 하여 생성된 이당류이다. 이 결합은 α-포도당 C_1과 C_4의 결합이기 때문에 α-1,4 결합이라고 한다. 맥아당은 발아한 맥류 중에 많이 함유되어 있으며, 공업적으로는 전분을 가수분해하여 얻는다. 환원당이며 효모에 의해 발효되고 말타아제(maltase)에 의해 2분자의 포도당으로 분해된다.

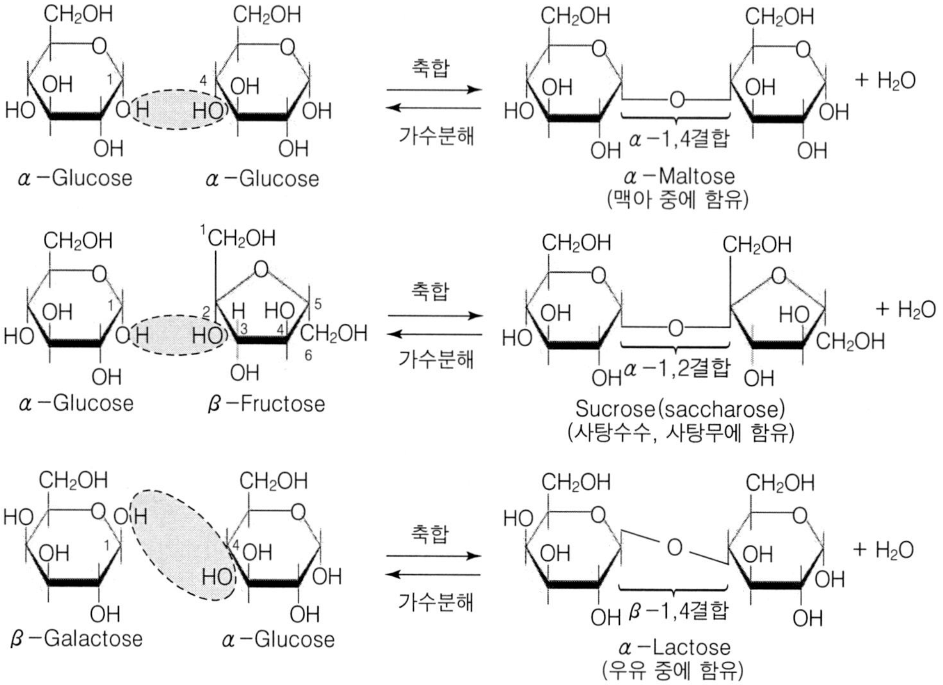

그림 3-18. 중요한 이당류의 구조

② 젖당

젖당(lactose)은 유당이라고도 하며, β-갈락토오스(galactose) 1번 탄소원자(C_1)에 결합한 글리코시드성 알코올기와 α-포도당 4번 탄소원자(C_4)에 결합한 알코올기가 글리코시드 결합을 하여 생성된 이당류이다. 구성 포도당이 α형이면 α-젖당, β형이면 β-젖당이라고 한다.

포유동물의 수유기간 중에 분비되는 유즙 중에 많이 존재하며(우유 4.5~5%, 인유 6~8%), 장내에서 락타제(lactase)에 의해서 가수분해되어 포도당과 갈락토오스로 소화 흡수되는데, 갈락토오스는 유아의 두뇌발육에 필요한 뇌세포를 형성하는 당지질(제4장 지질 104페이지 참조)을 구성하는 중요한 당이다.

유즙 중에 α-갈락토오스와 β-갈락토오스의 비율은 2 : 3이며, β형이 α형보다 감미가 높다. 젖당은 환원당이고, 용해도와 감미도가 낮은 편이며, 보통의 효모로는 발효되지 않는다.

③ 설탕

설탕(sucrose)은 자당 또는 서당이라고도 하며, α-포도당 1번 탄소원자(C_1)의 글리코시드성 알코올기와 β-과당(fructose) 2번 탄소원자(C_2)의 글리코시드성 알코올기가 글리코시드 결합을 하여 생성된 이당류이다. 구성당인 포도당과 과당의 글리코시드성 알코올기가 모두 결합에 관여하였기 때문에 설탕은 α형과 β형의 구별이 없으며 비환원당이다(85페이지 참조).

설탕은 이당류 중에서 식물계에 가장 널리 존재하는 당이며 사탕수수의 줄기에 10~16%, 사탕무에 13~17% 정도 함유되어 있다. 설탕은 이성체가 존재하지 않고 변선광도 없으며, 온도 변화에 의한 감미의 변화가 없기 때문에 단맛의 표준물질로 사용된다.

설탕의 비선광도는 +66.5°이다. 설탕에 수크라아제(sucrase)나 산을 작용시키면 가수분해되어 D-포도당과 D-과당의 혼합물로 되는데, D-포도당의 비선광도는 +52°이고, D-과당의 비선광도는 -92°이기 때문에 설탕의 가수분해물인 D-포도당과 D-과당 혼합물의 선광도는 결국 -20° 전후로 된다. 즉 설탕의 선광성은 우선성(+66.5°) 이었는데, 가수분해물의 선광성은 좌선성(-20°)으로 변하였다. 이와 같은 현상을 전화(inversion)라고 하며, D-포도당과 D-과당 혼합물을 특히 전화당(invert sugar)이라고 한다. 또한 수크라아제는 전화효소(invertase)라고 한다. 꿀의 주성분은 설탕이 효소에 의하여 가수분해된 전화당이다. 전화당의 감미도는 설탕보다 크며 결정이 잘 일어나지 않기 때문에 제과에 많이 사용된다.

(2) 삼당류와 사당류의 구조와 종류

삼당류인 라피노오스(raffinose)와 사당류인 스타키오스(stachyose)는 면실, 사탕무 및 대두 등에 존재하는데 이들은 소장에서 소화되지 않고 대장에서 세균에 의해 분해된다. 라피노오스는 과당, 포도당 및 갈락토오스로 구성되고 비환원당이며, 스타키오스는 과당, 포도당 및 2분자의 갈락토오스로 구성되어 있다(그림 3-19).

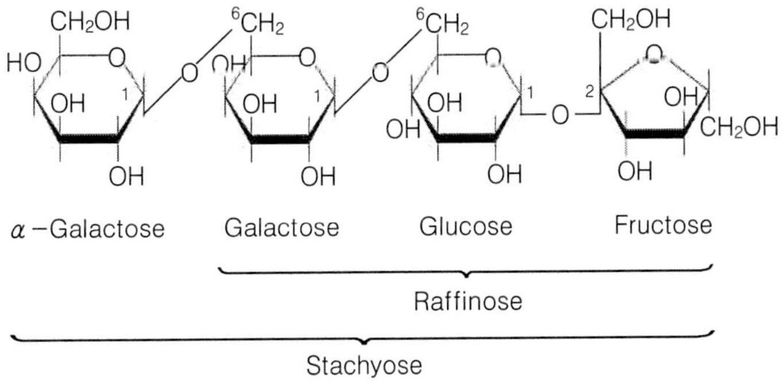

그림 3-19. 라피노오스(3당류)와 스타키오스(4당류)의 구조

3) 다당류의 구조와 종류

다당류는 수많은 단당류가 결합하여 생성된다. 다당류의 화학식은 단당류($C_6H_{12}O_6$)가 결합될 때마다 1개의 물 분자가 빠지기 때문에 $(C_6H_{10}O_5)_n$이며, 분자량은 수만~수백만에 이른다. 식품 중에 존재하는 탄수화물은 대부분 다당류의 형태로 존재한다. 다당류는 주로 에너지원으로 이용되지만, 식품의 물성을 개량시키기 위한 목적으로 식품첨가물로도 많이 이용된다. 또한 일부분은 건강기능식품으로 이용되기도 한다. 대부분의 다당류는 물에 잘 녹지 않기 때문에 교질용액(colloid 용액, 제17장 식품의 물성 424페이지 참조)을 형성하며 비환원성이고 감미가 없다.

다당류는 동일한 단당류만으로 구성된 단순 다당류(simple polysaccharides)와 두 가지 이상의 단당류나 당의 유도체들로 구성된 복합 다당류(conjugated polysaccharides)로 분류된다.

(1) 단순 다당류의 구조와 종류

단순 다당류는 전분(starch), 글리코겐(glycogen) 및 섬유소(cellulose) 등과 같이 단일 종류의 단당류만으로 이루어진 다당류이다.

① 전분

전분(澱粉, starch)은 물에 잘 녹지 않고 비중이 1.55~1.65로서 물보다 무겁기 때문에 물과 섞어 놓았을 때 가라앉으므로 전분이라고 불리게 되었다. 전분은 곡류, 감자류 및 콩류 등의 식물에서 얻어지는 가장 풍부한 천연 에너지원이며, 전 세계 섭취열량의 70~80%를 공급하는 매우 중요한 물질이다. 전분은 무색·무미·무취이며, **팽윤, 호화, 겔화 및 노화** 등과 같은 다양한 물리적 특성을 가지고 있기 때문에 식품

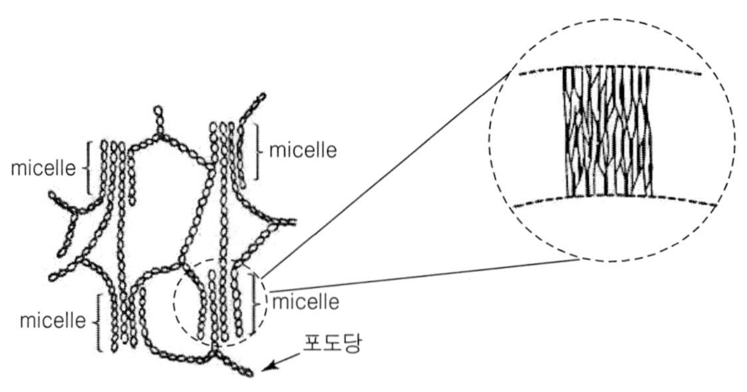

그림 3-20. 전분의 미셀 구조

산업에서 **증점제, 보형제** 및 **유화안정제** 등의 목적으로 많이 사용되고 있는 중요한 성분이다.

전분은 α-포도당이 수백~수천 개 결합된 중합체이며, 아밀로오스(amylose)와 아밀로펙틴(amylopectin)이 수소결합이나 반데르발스힘(van der Waals' force)에 의하여 **미셀**(micelle) 구조(그림 3-20)를 형성하고 있다. 전분립의 아밀로오스와 아밀로펙틴의 비율은 식물의 종류에 따라 다르다. 찹쌀이나 찰옥수수 중에는 아밀로오스의 함량이 0~4% 정도이지만 보통 전분 중에는 아밀로오스가 15~30% 정도 들어 있다. 전분입자의 크기와 형태도 식물의 종류에 따라 다르다. 일반적으로 곡류의 전분입자는 작고(직경 2~20μ, 1μ=10^{-3} mm) 균일하지만, 감자나 고구마와 같은 근경류의 전분입자는 크고 불균일하다(5~150μ). 전분은 그 원료에 따라 물리화학적 성질이 다르기 때문에 그 특징을 살려 조리가공에 이용되고 있다.

㉮ 아밀로오스

아밀로오스(amylose)는 다수의 α-포도당이 α-1,4 결합하고 있는 고분자화합물이다(그림 3-21). 평균 중합도는 전분의 종류에 따라 다르나 일반적으로 150~2,000 정도이고, 분자량은 7만~16만 정도이다.

▸ **팽윤**

고체가 액체를 흡수하여 화학적 성질은 변하지 않으면서 부피가 증가하는 현상을 말한다.

▸ **호화, 겔화 및 노화**

제10장 탄수화물의 변화 270페이지를 참조한다.

▸ **증점제**

점도를 증가시키는 물질을 말한다.

▸ **보형제**

일정한 모양을 유시시켜 주는 물질을 말한다.

▸ **유화안정제**

물과 기름의 혼합액을 유화액이라고 하는데, 이 유화상태를 오래 지속시키는 물질을 말한다.

▸ **미셀(micelle)**

다수의 작은 분자가 반데르발스 힘(van der Waals' force) 등과 같은 분자간 힘으로 회합해서 만들어진 교질입자를 미셀이라고 한다.

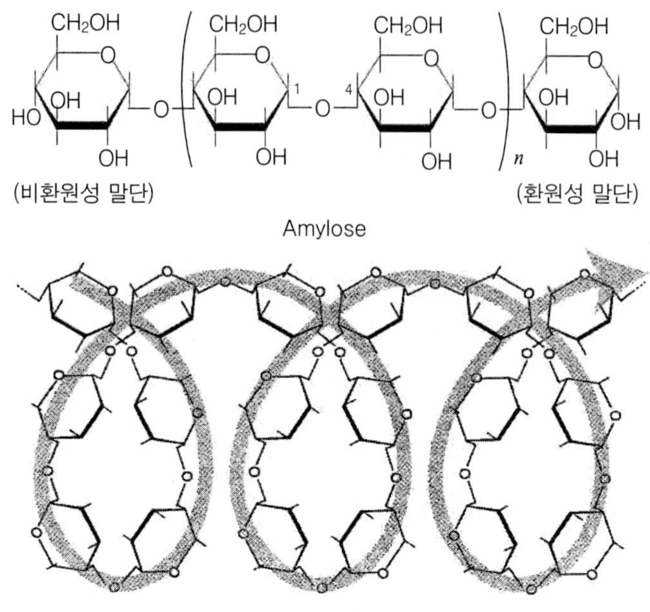

그림 3-21. 아밀로오스의 구조

아밀로오스 분자는 그림 3-21에서 보는 것처럼 α-포도당 1번 탄소원자(C_1)의 글리코시드성 알코올기(-OH)와 다른 α-포도당 4번 탄소원자(C_4)의 알코올기가 글리코시드 결합, 즉 α-포도당들이 계속적으로 α-1,4 결합한 중합체이다. 그러므로 아밀로오스 분자의 한쪽 끝에 있는 α-포도당의 글리코시드성 알코올기는 반응성이 없고, 다른 끝에 있는 α-포도당의 글리코시드성 알코올기는 반응성이 있게 된다. 앞에서도 설명한 바와 같이 글리코시드성 알코올기는 당의 대표적인 성질인 환원성에 관여한다. 그러므로 아밀로오스 분자에서 글리코시드성 알코올기의 반응성이 없는 끝을 비환원성 말단(非還元性末端, nonreducing end)이라고 하고, 반응성이 있는 끝은 환원성 말단(還元性末端, reducing end)이라고 한다. 아밀로오스는 수많은 구성 포도당 중에서 단지 환원성 말단의 포도당만이 글리코시드성 알코올기를 가지고 있기 때문에 당의 대표적인 성질인 환원성을 나타내지 못한다.

아밀로오스 분자는 α-포도당들이 α-1,4 결합하여 사슬모양으로 연결되어 있으나, 실제로는 포도당 6분자마다 하나의 나선을 형성하여 회전하면서 길게 연결된 나선상 구조(α-helical structure)를 이루고 있다(그림 3-21). 아밀로오스가 요오드와 반응하여 청색의 복합체를 만드는 것은 아밀로오스의 나선형 코일 안에 요오드 분자가 포접되어 청색을 띠는 **포접화합물**(inclusion compound)을 형성하기 때문이다(그림 3-22).

▸ **포접화합물**(inclusion compound)

요오드전분 반응에서와 같이 한 분자(전분)는 터널형이나 층상 또는 입체 망상구조를 만들고, 그 틈에 다른 분자(요오드)가 끼어 들어간 구조의 화합물을 말한다.

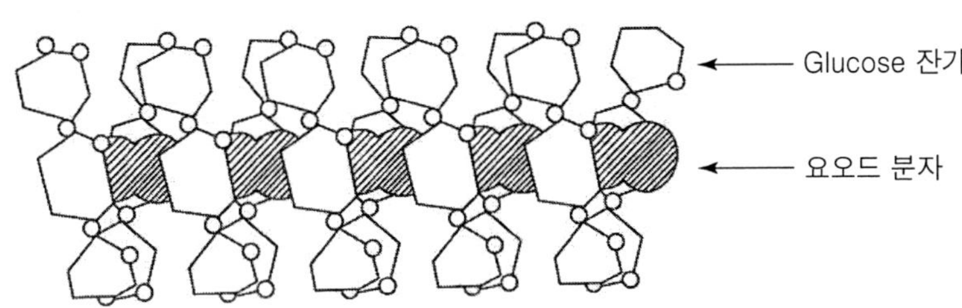

그림 3-22. 아밀로오스(amylose)와 요오드의 포접화합물

㉯ 아밀로펙틴

아밀로펙틴(amylopectin)은 α-포도당이 α-1,4 결합에 의해 연결된 아밀로오스 사슬의 군데군데에 다른 아밀로오스 사슬이 α-1,6 결합에 의하여 가지를 친 형태의 분자구조를 하고 있으며, 전체적으로는 그물 모양의 구조를 이루고 있다(그림 3-23). 포도당의 중합도는 전분의 종류에 따라 차이는 있으나, 일반적으로 6,000～37,000 정도로 아밀로오스보다 훨씬 크다. 아밀로펙틴 분자에서 가지와 또 다른 가지 사이에 존재하는 포도당의 수는 평균 18～25개 정도이다.

아밀로펙틴은 분자 내의 α-1,6 결합 때문에 아밀로오스와 같이 나선구조를 형성하지 못한다. 그러므로 요오드 반응을 시키면 아밀로펙틴 분자 내에 요오드 분자가 포접되지 못하여 청색을 나타내지 못하고 적갈색을 나타낸다.

아밀로펙틴에 β-아밀라아제(β-amylase, 제10장 탄수화물이 변화 280페이지 참조)를 작용시키면 그림 3-24와 같이 α-1,4 결합이 분해되다가 α-1,6 결합이 나타나면 분해가 중지되는데, 그 결과 분해되지 않고 남아 있는 부분을 한계 덱스트린(limited dextrin) I이라고 부른다. 이 α-1,6 결합을 글루코아밀라아제(glucoamylase, 제10장 탄수화물의 변화 280페이지 참조) 등으로 분해한 후에 다시 β-아밀라아제를 작용시키면 α-1,4 결합이 분해되다가 다음의 α-1,6 결합에서 다시 분해가 중지되는데, 이때 남아 있는 부분은 한계 덱스트린 II라고 부른다.

(1,6 : α−1,6결합, 그 외에는 α−1,4결합)

그림 3−23. 아밀로펙틴(amylopectin)의 구조

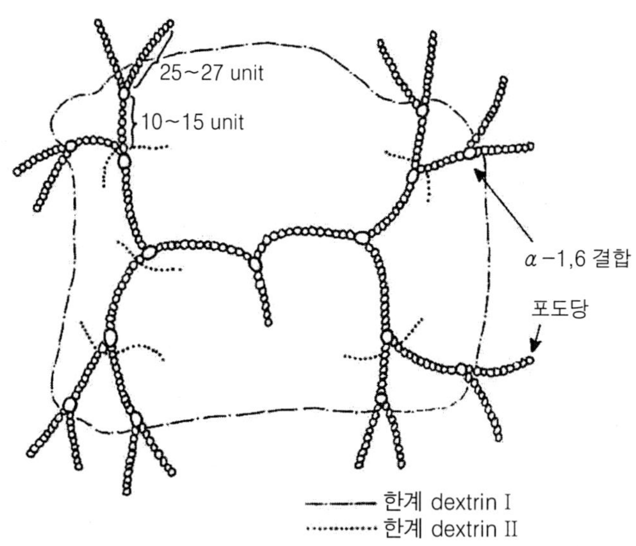

그림 3−24. 아밀로펙틴(amylopectin)과 한계 덱스트린

② 덱스트린

전분은 포도당의 중합체이기 때문에 전분 가수분해효소 또는 산으로 가수분해하면 맥아당(maltose)을 거쳐 포도당(glucose)이 된다. 이 전분의 분해반응을 중간에 정지시키면 가수분해 정도에 따라 여러 가지 중합도를 가진 중간 생성물이 얻어지는데, 맥아당이나 포도당이 되기 이전의 모든 가수분해 중간생성물을 총칭하여 덱스트린(dextrin)이라고 한다.

표 3-1. 여러 가지 덱스트린의 특성

종 류	요오드 반응	$[\alpha]_D^{20}$	환원력 (maltose=100)	침전시키는데 필요한 알코올의 농도
amylodextrin	청 색	190～195°	0.6～2	40% alcohol
erythrodextrin	적갈색	194～196°	3～8	60% alcohol
achromodextrin	무 색	192°	10	70%에 녹음
maltodextrin	무 색	181～182°	20～43	70%에 녹음

덱스트린은 가수분해 정도, 즉 분자량이나 중합도에 따라 가용성 전분(soluble starch), 아밀로덱스트린(amylodextrin), 에리스로덱스트린(erythrodextrin), 아크로모덱스트린(achromodextrin) 그리고 말토덱스트린(maltodextrin)으로 나누어진다(표 3-1).

㉮ 가용성 전분

가용성 전분은 생 전분을 실온에서 묽은 염산 용액에 7일 정도 침지한 후에 세액(洗液)이 산성을 띠지 않을 때까지 수세하고 건조시켜 얻는다. 앞에서도 설명한 바와 같이 생 전분은 냉수나 뜨거운 물에 잘 분산되지 않는다. 하지만 가용성 전분은 냉수에는 마찬가지로 잘 분산되지 않으나, 뜨거운 물에는 잘 분산되어 투명한 교질(colloid) 용액을 만든다.

가용성 전분은 전분의 가수분해 생성물이라는 점에서는 덱스트린과 유사하지만 보통 덱스트린과 구별하여 전분의 유도체처럼 취급하고 있다. 가용성 전분은 전분과 마찬가지로 당의 대표적인 성질인 환원성을 나타내지 않으며 요오드 정색반응도 청색을 나타낸다.

㉯ 아밀로덱스트린

가용성 전분보다 가수분해가 약간 더 진행된 것으로 가용성 전분과 거의 비슷한 성질을 나타낸다.

㉰ 에리스로덱스트린

아밀로덱스트린보다 가수분해가 더 진행된 것으로 냉수에 녹는다. 약 1～3%의 맥아당을 함유하고 있기 때문에 환원성을 가지고 있다. 요오드 정색반응은 적색을 나타낸다. 에리스로덱스트린(erythrodextrin)에서 'erythro'는 'red'를 뜻한다.

㉱ 아크로모덱스트린

에리스로덱스트린보다 가수분해가 더 진행된 것으로 환원성이 있으며, 요오드 정색반응을 나타내지 않는다. 아크로모덱스트린(achromodextrin)에서 'achromo'는 'colorless'를 뜻한다.

㉺ 말토덱스트린

아크로모덱스트린보다 가수분해가 더 진행된 것으로 맥아당이나 포도당으로 가수분해되기 직전의 덱스트린이다. 그러므로 덱스트린 중에서 중합도가 가장 적은 반면에 환원성은 가장 크며, 요오드 정색반응을 나타내지 않는다.

③ 글리코겐

글리코겐(glycogen)은 동물성 전분이라고 불리며, 아밀로펙틴(amylopectin)과 유사한 구조를 하고 있다. 아밀로펙틴과 같이 α-1,4 결합의 군데군데에 α-1,6 결합을 가지고 있지만 전분과 다른 점은 분지(分枝)가 많다. 예를 들면 아밀로펙틴은 α-1,6 결합 사이에 포도당의 수가 18~25개 정도이지만 글리코겐은 3~4개 정도로 분지가 많으며, 말단 가지에서도 포도당의 중합도가 6~7개 정도이다(그림 3-25).

글리코겐은 동물성 저장 탄수화물로 간이나 근육 등에 존재한다. 전분과 같이 에너지원이 되고, 무색·무미·무취이며, 요오드정색반응은 적자색을 나타낸다. 굴 등의 조개류에도 함유되어 있다.

④ 셀룰로오스

셀룰로오스(cellulose)는 섬유소라고도 하며, 식물 세포벽의 주성분으로 식물조직을

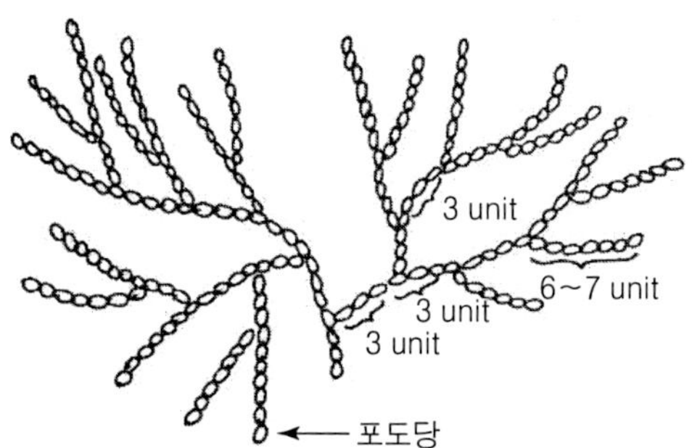

그림 3-25. 글리코겐(glycogen)의 구조

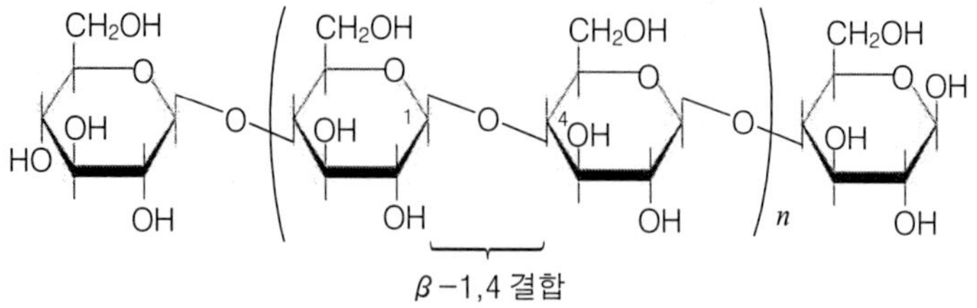

β-1,4 결합

그림 3-26. 셀룰로오스(cellulose)의 구조

구성하는 구조 탄수화물이다. 셀룰로오스는 β-포도당이 β-1,4 글리코시드 결합에 의하여 중합된 고분자화합물이다(그림 3-26).

반추동물은 소화관 내에 셀룰로오스 분해효소인 셀룰라아제(cellulase)가 있어 셀룰로오스를 소화 흡수하여 이용할 수 있으나, 사람은 셀룰라아제를 가지고 있지 않기 때문에 섭취한 셀룰로오스의 대부분은 체외로 배설된다. 셀룰로오스의 이러한 성질은 저칼로리 식품 제조에 이용된다. 셀룰로오스는 염색성이 좋기 때문에 식품첨가물용 착색료로도 이용되며, 보향성(保香性)이 좋아서 식품의 향기 성분을 흡착 또는 유지하는 데에도 이용된다. 셀룰로오스로부터 얻어지는 메틸 셀룰로오스(methyl cellulose), 히드록시프로필 셀룰로오스(hydroxypropyl cellulose) 및 **카복시메틸 셀룰로오스**(carboxymethyl cellulose) 등은 식품가공에 많이 이용되는 식품첨가물이다.

⑤ 이눌린

이눌린(inulin)은 돼지감자, 다알리아 뿌리 및 우엉의 저장성분이다. 이눌린은 D-과당(fructose)이 β-1,2 글리코시드 결합에 의하여 중합된 고분자화합물인데 중합도는

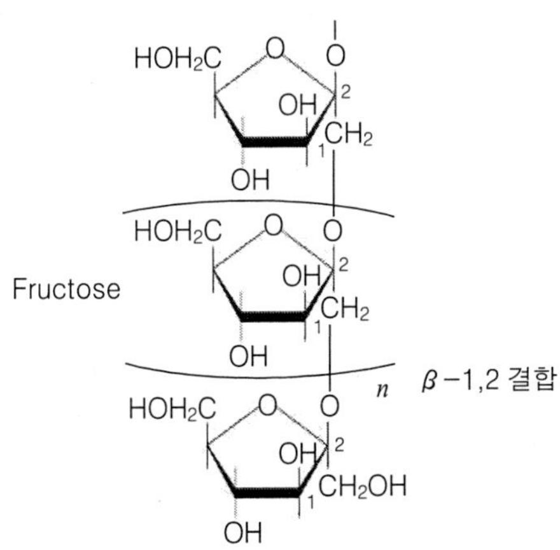

그림 3-27. 이눌린(inulin)의 구조

▸ 셀룰로오스(cellulose)로부터 CMC(carboxymethyl cellulose)의 생산

셀룰로오스 → 알칼리(NaOH) 처리 → alkali cellulose → CH_3Cl로 처리 → methyl cellulose → propylene oxide로 처리 → hydroxypropyl cellulose → carboxymethyl cellulose (CMC)

① 메틸 셀룰로오스 ; 친수성이기 때문에 수분의 유지가 필요한 식품가공품에 이용된다.

② 히드록시프로필 셀룰로오스 ; 수분을 흡수하지 않기 때문에 건조식품에 이용된다.

③ 카복시메틸 셀룰로오스 ; 안정제, 점도증가제로 이용된다.

22~38 정도이고, 분자량은 약 5000 정도이다(그림 3-27). 이눌라아제(inulase)에 의하여 분해되어 과당을 생성하고 더운물에 녹으며 요오드정색반응을 나타내지 않는다.

⑥ 키틴

키틴(chitin)은 N-아세틸글루코사민(N-acetylglucosamine)이 β-1,4 글리코시드 결합으로 연결된 고분자의 다당류로서 난소화성이며, 바다가재, 새우 및 게 등의 갑각류와 곤충의 껍질 층에 포함되어 있다.

키틴을 탈아세틸화하면 **키토산**(chitosan)이 얻어진다. 키토산은 글루코사민(glucosamine, 67페이지 참조)의 중합체이며 분자구조 중의 **아민**(amine)에 의하여 양이온을 띠고 있다. 때문에 효소 및 균체의 고정화제, 금속이온의 착화합물제, 점도조절제, 접착제 및 응집제 등의 공업용 용도로 많이 이용되고 있다. 최근에는 키토산의 분해산물(chitosan oligomer)이 항종양활성, 항암작용, 항콜레스테롤 작용, 항고혈압작용 및 항균활성 등과 같은 매우 다양한 생리활성을 갖는 것으로 보고되어 의학, 환경 및 농업 분야, 화장품(향미 부여) 그리고 기능성식품에 이르기까지 여러 분야에서 그 이용이 증가하고 있다. 키토산을 생산하기 위한 탈아세틸화 방법은 많은 비용이 들고, 또 다량의 산업폐기물이 발생되기 때문에 최근에는 자신의 세포벽에 키토산 성분을 다량 함유하는 미생물(*Mucorales*)을 대량으로 배양하여 키토산을 생산하려는 연구가 진행되고 있다.

⑦ 덱스트란

미생물이 생성하는 대표적인 검(gum, 62페이지 참조)이다. 덱스트란(dextran)의 구조는 α-포도당이 α-1,6 결합으로 연결된 주 사슬에 포도당 분자 10~20개마다 α-1,3 결합에 의한 가지를 형성하고 있다(그림 3-28).

덱스트란은 점성이 매우 크며 혈청의 대용으로 이용된다. 또한 덱스트란은 시럽,

▸ **키토산 제조과정**

새우나 게의 수산폐기물 → 1N NaOH로 100℃에서 36시간 처리하여 단백질 및 색소제거 → 2N HCl로 실온에서 48시간 처리하여 $CaCO_3$ 같은 무기물을 제거 → 키틴 생산 → 40% NaOH로 115℃에서 6시간 동안 탈아세틸화(deacetylation) → 키토산

▸ **아민(amine)**

암모니아(NH_3)의 수소원자가 탄소와 수소만으로 이루어진 탄화수소기[R, 주로 알킬기(alkyl group, $-C_nH_{2n+1}$)나 아릴기(aryl group, $-C_6H_5$)]로 치환된 화합물을 말하는데, 치환된 수소원자의 수에 따라서 제 1 아민(RNH_2), 제 2 아민(R_2HN) 그리고 제 3 아민(R_3N)으로 나눈다.

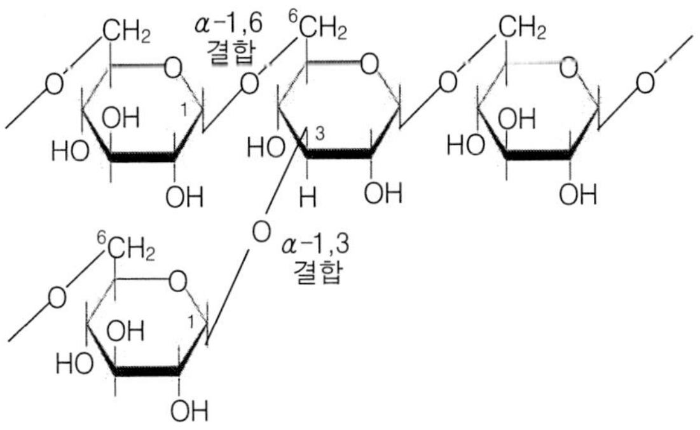

그림 3-28. 덱스트란(dextran)의 구조

아이스크림 및 과자 제조시에 안정제로 사용된다.

(2) 복합 다당류의 구조와 종류

① 펙틴질

펙틴질은 세포벽이나 세포간질에서 셀룰로오스(cellulose)나 헤미셀룰로오스(hemicellulose) 등과 함께 발견되는 구조 다당류이다. 펙틴질은 프로토펙틴(protopectin), 펙틴산(pectinic acid) 및 펙트산(pectic acid)으로 구분되는데, 이들은 모두 갈락투론산(galacturonic acid, 66페이지 참조)과 갈락투론산의 메틸에스테르(methyl ester)가 결합된 복합다당류이다(그림 3-29).

펙틴은 뜨거운 물에 녹아 교질용액을 형성하며 냉각되면 겔(gel)을 형성할 수 있는 물질을 말한다. 그러므로 펙틴(1%)이 많이 함유되어 있는 사과, 딸기 및 밀감류 등은 적당량의 설탕(60～65%)과 산(pH 3.0～3.2)을 가하고 끓여 젤리(jelly), 잼(jam) 및 마멀레이드(marmalade)를 제조하는 데 자주 이용된다.

㉮ 프로토펙틴

식물의 세포벽 중엽에 존재하는 불용성의 고분자 화합물로 덜 익은 과일 중에 많이 존재한다. 펙틴의 모체(母體)이며, 분자를 구성하는 갈락투론산의 카르복실기(car-

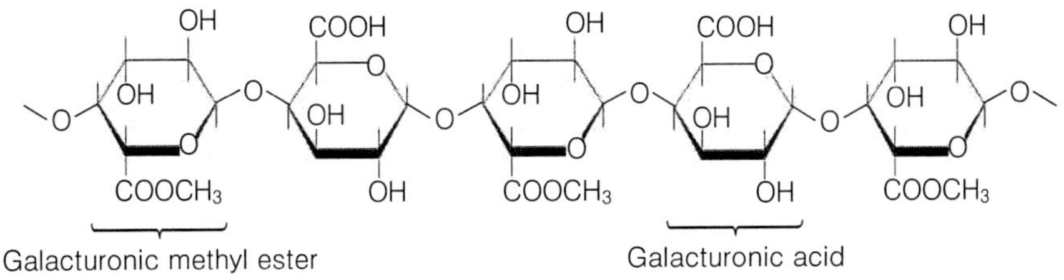

Galacturonic methyl ester　　Galacturonic acid

그림 3-29. 펙틴(pectin)의 기본구조

boxyl group, -COOH)가 대부분 메틸에스테르 결합을 하고 있다.

겔화 능력이 뛰어나기 때문에 산과 설탕이 없이도 겔화되지만, 덜 익은 과일로 만든 잼은 떫은맛과 신맛이 강하여 기호성이 떨어진다. 과일이 익어감에 따라 효소의 작용에 의해 가수분해되어 펙틴산을 거쳐 펙트산으로 된다.

㉯ 펙틴산

프로토펙틴의 메틸에스테르 결합은 과일이 익어감에 따라 가수분해효소에 의하여 분해되는데 이 메틸에스테르 결합이 약 10～20% 정도가 남아 있는 것이 펙틴산이다. 성숙기의 과일에 주로 존재하는 펙틴질의 형태이며 겔화가 가능하다.

㉰ 펙트산

프로토펙틴의 메틸에스테르 결합이 가수분해효소에 의하여 완전히 제거된 것으로 겔을 형성하지 못한다.

② 헤미셀룰로오스

식물 세포벽에 존재하며 조섬유질의 주요 성분이다. 처음에는 셀룰로오스와 구조가 비슷할 것이라고 생각되어 이렇게 명명하였지만, 이들 구조는 서로 관련이 없다. 글루크론산(glucuronic acid, 66페이지 참조), 갈락투론산(galacturonic acid, 66페이지 참조) 및 자일로오스(xylose)가 주요 구성성분이지만 아직 그 구조는 확실하게 밝혀지지 않았다.

셀룰로오스에 비하여 분자량이 작고(10,000～40,000), 알칼리에 의하여 더욱 쉽게 가수분해된다. 헤미셀룰로오스(hemicellulose)는 셀룰로오스와 마찬가지로 열량원은 아니지만 식이섬유로서 중요한 기능을 한다.

③ 글루코만난

곤약의 주성분으로 만난(mannan) 또는 곤약만난(glucomannan)이라고도 한다. 만노오스(mannose)와 포도당(glucose)이 β-1,4 결합을 하여 주 사슬을 형성하고 군데군데 β-1,3 결합으로 분지를 형성하는 구조를 하고 있다. 만노오스와 포도당이 약 2 : 1의 비율로 결합하고 있으며, 중합도는 10～11 정도이다.

글루코만난은 특유의 겔 형성 능력, 증점 특성, 필름형성 능력 및 유동성을 가지고 있어 식품산업에 널리 이용되고 있다. 또한 최근에는 혈중 콜레스테롤 저하효과 및 다이어트 효과 등이 인정되어 건강기능식품의 새로운 소재로 주목받고 있다.

④ 한천

한천(agar)은 홍조류인 우뭇가사리 등의 성분이다. 전분이 아밀로오스와 아밀로펙틴으로 구성된 것과 같이 한천은 직선구조인 아가로오스(agarose)와 가지구조를 가지는 아가로펙틴(agaropectin)의 두 다당류로 이루어져 있으며, 아가로오스가 60~80%를 차지한다. 아가로오스는 이당류인 **아가로비오스**(agarobiose, 그림 3-30)가 α-1,3 결합에 의해서 연결된 나선상의 직선구조이며, 아가로펙틴은 아가로오스, 글루크론산(glucuronic acid) 그리고 피루브산(pyruvic acid)으로 구성된 가지가 있는 고분자화합물이다. 아가로펙틴 분자 중에 존재하는 황산 **에스테르**($RR'SO_4$) 결합은 Ca^{2+}이 존재하면 각각의 아가로펙틴 분자를 이온결합으로 연결하기 때문에 아가로펙틴 분자의 황산 에스테르화 정도는 한천의 점도에 영향을 미치는 것으로 알려져 있다.

한천은 홍조류를 건조시키고 뜨거운 물에 녹여 동결건조시켜서 만든다. 한천은 0.2~0.3%의 농도에서 뜨거운 물에 녹인 후 냉각시키면 겔을 형성하며, 일단 형성된 겔은 안정성이 높기 때문에 제과제빵, 과즙, 유제품 및 청량음료 등을 제조할 때에 안정제로 사용된다. 한천은 체내에서 소화되지 않으며 변비를 예방하는 효과가 있어 최

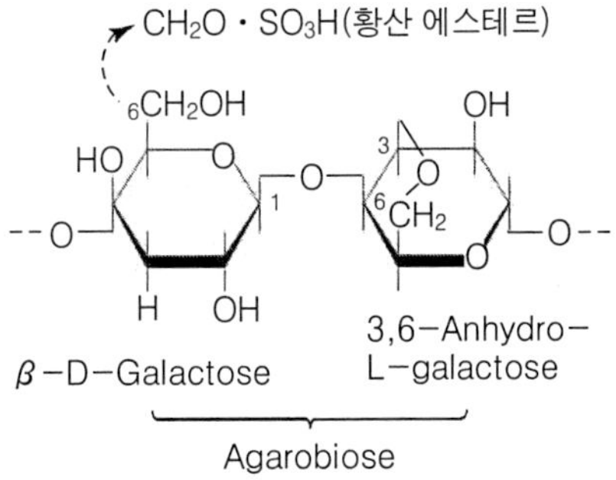

그림 3-30. 아가로오스(agarose)를 구성하는 아가로비오스의 구조

※ 3,6-anhydro-L-galactose : L-galactose의 3번 탄소원자와 6번 탄소원자가 물(H_2O) 한 분자가 제거되면서 결합한 화합물

▸ **아가로비오스(agarobiose)**

β-D-갈락토오스(galactose)와 α-L-3,6-무수 갈락토오스가 β-1,4 결합에 의해서 만들어진 이당류를 말한다(그림 3-30 참조).

▸ **에스테르(ester)**

산과 알코올에서 물을 분리시키면 생기는 화합물을 말하고, 이와 같은 결합형식을 에스테르 결합이라고 한다.

$$RCH_2OH + HOOCR' \rightarrow RCH_2O\text{-}OCR' + H_2O$$

알코올 산 에스테르 물

근 다이어트 식품으로 인정받고 있다.

⑤ 알긴산

미역, 다시마 등과 같은 갈조류의 점성을 나타내는 성분이다. 당의 유도체인 D-만누론산(mannuronic acid)이 β-1,4 결합으로 연결된 직선상의 분자이며, D-글루크론산(glucuronic acid)도 구성분으로 일부 발견되고 있다.

알긴산(alginic acid)은 친수성이고 교질용액을 형성하며 음이온을 띠는 다당류이다. 알긴산의 나트륨(Na), 칼슘(Ca) 및 마그네슘(Mg) 염의 혼합물을 알진(algin)이라고 하는데, 알진은 식품, 화장품, 제지 및 의약품 등의 여러 분야에서 증점제, 유화제, 안정제 및 겔 형성제 등으로 매우 다양하게 이용되고 있다.

⑥ 잔탄 검

잔토모나스 속 미생물(*Xanthomonas campestris*)의 발효과정에서 형성되는 점도가 매우 큰 검질이다. 잔탄 검(크산탄 검, xanthan gum)의 구조는 셀룰로오스(cellulose)와 같이 β-포도당이 β-1,4 결합으로 연결되어 주 사슬을 이루며, 이 사슬의 매 두 번째 β-포도당 3번 탄소원자(C_3)에 2개의 만노오스(mannose)와 1개의 글루크론산(glucuronic acid)이 가지로 결합하고 있다.

잔탄 검은 식품에 사용되는 검질 중에서 **가소성**이 가장 강한 검질로 알려져 있다. 즉 강하게 교반할수록 점성이 감소하는 성질을 가지고 있기 때문에 식품가공시 매우 바람직한 유동성을 준다.

⑦ 리그닌

리그닌(lignin)은 고등식물의 세포막과 세포막 사이의 중간층을 구성하고 일부는 세포막에도 존재한다. 리그닌의 화학구조는 확실하지 않지만 알코올기와 메톡실기를 지니는 방향족 탄화수소에 속하는 화합물로 알려져 있으며, 훈연식품 향기의 주체이다.

⑧ 카라기닌

카라기닌(carrageenin)은 홍조류에서 얻어지는데 D-갈락토오스(galactose)와 α-D

▸ **가소성(可塑性)**

소성이라고도 한다. 어떤 물체(고체)에 일정한 크기 이상의 힘을 가하였을 때 그 물체의 모양이 달라지지만 그 힘을 없애도 달라진 모양 그대로 있는 성질을 말하는데, 크림이나 버터 등은 가소성을 가진 대표적인 식품이다.

-3,6-무수 갈락토오스(α-D-3,6-anhydrogalactose)의 황산 에스테르로 구성되어 있다. 가라기닌은 아이스크림, 샐러드 드레싱 및 소스 등의 안정제로 이용될 뿐만 아니라 각종 육제품 등에서 겔화제로 이용된다.

3. 탄수화물의 성질

1) 결정성

생전분 입자는 전분을 구성하는 아밀로오스(amylose)와 아밀로펙틴(amylopectin) 분자가 강한 결합력(van der Waals' force 등)에 의하여 규칙적이고 정확하게 회합된 미셀(micelle)이라고 하는 결정성 구조를 가지고 있다.

일반적으로 전분 입자의 결정 형태를 비교할 때에는 **X선 회절도**(X-ray diffraction pattern)를 이용하는데, 생전분 입자에 대한 X선 회절도를 보면 비교적 뚜렷한 반점(spot)이나 동심원륜(concentric ring)이 나타나는 것을 볼 수 있다(그림 3-31).

이것은 전분 입자 내부에 부분적으로 아밀로오스나 아밀로펙틴 분자들이 어느 정도 규칙적으로 배열되어 있는 결정성 영역이 존재하기 때문이며, 생전분의 종류에 따라 얻어지는 X선 회절도의 모양은 다르다. 생전분은 X선 회절도 피크의 형태로부터 A, B 및 C형으로 분류된다. 쌀과 옥수수 전분과 같은 곡류 전분에서 나타나는 A형은 회절각도(diffraction angle, 2Θ) 15°, 23° 부근에서 강한 피크를 나타내고 더불어 18° 부근에서 2개의 피크를 나타내며, 감자와 같은 근경류와 밤, 바나나 등의 전분에서 나타나는 B형은 회절각도 17° 부근에서 강한 피크와 22~24° 부근에서 몇 개의 작 은 피크를 나타내는데 특히 5° 부근에서 피크를 나타내는 것을 특징으로 한다. 그리고 고구마, 칡, 완두 및 타피오카 등의 전분에서 나타나는 C형은 A형과 B형 전분들의 혼합물에 의하여 얻어지는 것으로 알려져 있다.

▸ X선 회절

회절이란 빛이나 소리의 파동이 장애물을 돌아서 그 뒤쪽에까지 전파하는 현상을 말하며, X선 회절은 X선이 일으키는 회절을 말한다. 결정은 어떤 구조단위가 3차원적으로 규칙적인 배열을 한 구조를 하고 있다. 그러므로 결정성 구조를 지니는 물질에 X선을 쪼이면 이 X선은 특정한 방향으로 반사를 일으키게 되는데, 이 강도나 각도를 측정하면 결정의 구조를 해석하는 것이 가능하게 된다. 전분에 X선을 조사하면 회절에 의하여 입사 X선 빔(beam)의 진행 방향과 다른 방향에서 X선이 검출된다. 이 위치에 사진건판을 놓아두면 다수의 회절 반점으로 된 X선 회절 사진을 얻게 되는데 이것을 전분의 X선 회절도라고 한다.

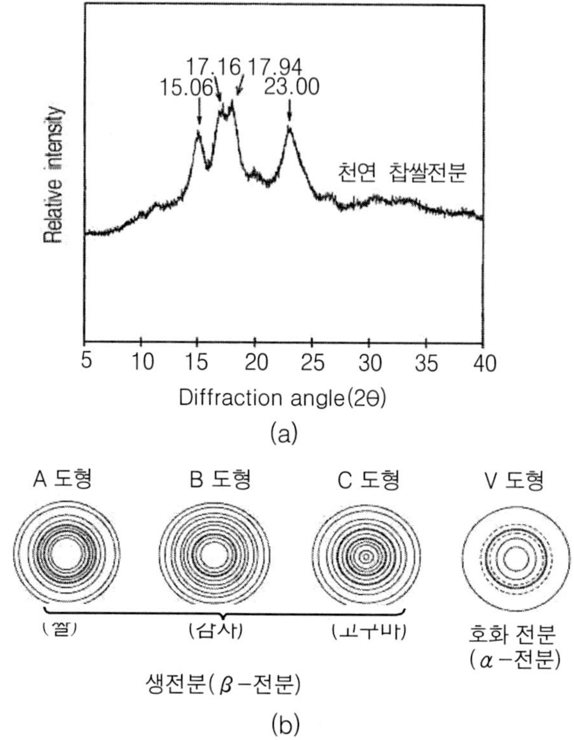

그림 3-31. 전분의 X-선 회절도(a)와 그 모형(b)

한편, 전분이 호화되면 전분의 결정구조인 미셀구조가 붕괴되므로 전분 내에는 결정성을 가진 규칙적인 분자배열이 없어지게 된다. 따라서 호화(제10장 탄수화물의 변화 270페이지 참조)된 전분에 X선을 조사하면 뚜렷한 회절도를 나타내지 않고 V도형으로 알려진 매우 불명료한 X선 회절도를 나타낸다.

2) 용해성

단당류를 비롯한 올리고당이나 다당류의 친수성은 탄수화물의 중요한 물리적 성질이다. 탄수화물은 분자구조 중에 물 분자와 수소결합을 할 수 있는 히드록시기(-OH)를 많이 가지고 있기 때문에 친수성이 크다. 일반적으로 당의 용해도는 감미도와 비례하는 것으로 알려져 있다.

3) 감미도

일반적으로 당류는 단맛을 갖고 있는데 온도, 당의 종류 및 당의 구조 등에 따라 단맛의 차이가 있다. 예를 들면 α형의 포도당은 β형보다 감미도가 높다. 반대로 과당은 β형이 α형보다 더 달다. 10% 설탕(sucrose) 수용액의 단맛을 100으로 할 때 과당(fructose)은 173, 전화당은 124, 포도당(glucose)은 74, 맥아당(maltose)은 60, 갈락토오스(galactose)는 32 그리고 젖당(lactose)은 16 정도이다.

4) 선광성

단당류의 구조에서 설명하였다(54페이지 참조).

5) 변선광

단당류의 환상구조에서 설명하였다(57페이지 참조).

6) 환원성

대부분의 당, 특히 단당류와 이당류는 환원성을 지닌다. 아래 화학반응식에서 보는 것과 같이 황산구리($CuSO_4$, cupric sulfate)의 알칼리 용액에 포도당(환원당)을 가하면 수산화구리[$Cu(OH)_2$]의 Cu^{2+}는 아산화구리(Cu_2O, cuprous oxide)의 Cu^{+}로 환원된다. 이 반응에서 포도당은 Cu^{2+}를 Cu^{+}로 환원시킨 것이다. 이와 같이 다른 물질을 환원시키는 성질을 환원성이라고 한다.

당의 환원성을 측정하는 방법 중의 하나로 펠링 테스트(Fehling's test)가 있다. 이 반응에서 수산화구리 용액의 색은 푸른색인데 여기에 포도당을 가하고 가열하면 붉은 색의 아산화구리 침전물이 생성된다. 그러므로 붉은색의 침전물이 생성되면 포도당에 의해서 Cu^{2+}가 Cu^{+}로 환원되었다는 것을 뜻하며, 포도당은 환원당이라는 것이다. 이 반응에서 비환원당인 설탕을 가하면 이 반응액의 색은 푸른색 그대로 변하지 않는다. 이것은 수산화구리가 아산화구리로 변화하지 않기 때문이다.

$$CuSO_4 + \text{알칼리} \longrightarrow \underset{\substack{\text{수산화구리}\\(\text{푸른색})}}{Cu(OH)_2} \xrightarrow{\text{환원당}} \underset{\substack{\text{아산화구리}\\(\text{적색 침전물})}}{Cu_2O} + 2H_2O + [O]$$

당의 이와 같은 환원성은 당의 글리코시드성 알코올기(glycosidic -OH)에 기인하는 것으로 알려져 있다. 대부분의 단당류와 이당류는 분자구조 중에 글리코시드성 알코올기를 가지고 있기 때문에 환원당이다. 하지만 이당류 중에서 설탕은 글리코시드성 알코올기를 가지고 있지 않기 때문에 환원성이 없으며 비환원당이다. 또한 전분은 수많은 구성 포도당 중에 단지 환원성 말단의 포도당 1분자만이 글리코시드성 알코올기를 가지고 있기 때문에 환원성을 나타내지 못하며 비환원당의 하나이다.

7) 발효성

5탄당은 효모에 의해 발효되지 않으나, 6탄당은 모두 발효되어 알코올을 생산한다.

8) 요오드 전분반응

전분은 요오드와 반응하면 청색을 띠는데 이 반응을 요오드 전분반응이라고 한다. 이것은 앞에서도 설명한 바와 같이 전분 중의 아밀로오스(amylose) 분자는 포도당 6분자마다 1회전하는 나선형 구조를 하고 있는데, 그 내부의 공간에서 요오드 분자들이 포접화합물을 형성하여 특유한 정색반응을 나타내는 것이다. 즉 아밀로오스의 나선형 구조에서 내면을 향하고 있는 포도당의 히드록시기(-OH)가 전자 공여체로, 요오드 분자가 전자 수용체가 되어 포접화합물을 형성하여 정색하는 것으로 알려져 있다(그림 3-22). 전분 중의 아밀로오스는 요오드와 특유한 정색반응에 의하여 청색을 나타내지만, 아밀로펙틴은 α-1,6 결합에 의한 분지구조를 이루고 있으므로 요오드와의 포접화합물을 제대로 형성하지 못하며 그 정색반응은 적자색을 나타낸다. 한편, 요오드 전분 반응에 의하여 생성된 포접화합물의 색깔은 표 3-2와 같이 아밀로오스의 사슬길이, 즉 구성 포도당의 분자 수에 따라 다르게 나타난다. 예를 들면 평균 중합도가 45 이상이면 청색이 된다.

전분을 구성하는 아밀로오스 함량은 blue value를 측정함으로써 알 수 있는데, 이것은 전분입자의 구성성분과 요오드의 친화성을 나타낸 값이다. Blue value는 감자전분을 기준으로 하여 전분 분자 중에 존재하는 아밀로오스의 양을 상대적으로 비교한 값이다. 즉 일반적으로 아밀로오스의 blue value는 0.8～1.2이고, 아밀로펙틴의 blue value는 0.15～0.22 정도이다.

9) 배당체

당의 글리코시드성 알코올기와 당이 아닌 물질의 알코올기가 에테르(ether) 결합을

표 3-2. 아밀로오스(amylose) 사슬길이에 따른 요오드 정색반응

사슬길이(glucose 분자수)	나선구조의 회전수	요오드반응 색깔
12	2	무 색
12～15	2	갈 색
20～30	3～5	적 색
35～40	6～7	자 색
>45	9	청 색

표 3-3. 중요한 식품의 배당체

배당체	소 재	결합당	비 고
Anthocyanin	검은콩, 홍당무, 뽕나무 열매	Glucose, galactose(1~3개)	색
Rutin	메밀	Glucose, L-rhamnose(deoxy-L-mannose)(1개씩)	비타민 P, 곡류
Stevioside	Stevia(국화과)	Glucose(3개)	맛
Naringin	밀감류 껍질	Glucose, rhamnose(1개씩)	맛
Sinigrin	겨자	Glucose(1개)	맛(냄새)
Solanine	감자의 싹	Glucose, galactose	유해물질
Amygdalin	매실, 비파의 미숙과	Glucose	유해물질

한 것을 배당체(glycoside)라고 하는데, 알코올기(-OH)가 -SH로 치환되어 '당-S-비당성분'의 결합을 하는 경우도 있다. 배당체의 비당부분을 아글리콘(aglycone)이라고 하며, 그 종류에 따라 여러 가지 종류의 배당체가 있다. 식품 중에 존재하는 배당체의 구성당으로는 포도당이 가장 많으며, 그 밖에 람노오스(rhamnose, 6-deoxy-L-mannose)와 갈락토오스(galactose) 등이 있다(표 3-3).

배당체는 글리코시드성 알코올기를 상실하였기 때문에 환원성이 없으며 변선광 현상도 나타내지 않는다. 배당체 중에는 약리작용 또는 독성을 가지거나 식품의 색이나 맛 등에 관여하는 성분들이 많다. 청매(靑梅) 중에 소량 존재하는 아미그달린(amygdalin)은 β-D-포도당(glucose) 2개와 비당부분으로 청산(靑酸, HCN)이 결합된 청산배당체이며 독성작용을 나타낸다.

시니그린(sinigrin)은 겨자의 매운맛 성분인데, β-D-포도당 1개와 비당부분이 결합한 배당체이다(제14장 식품의 맛 363페이지 참조). 시니그린은 겨자세포가 물리적 충격에 의하여 파괴되면 겨자 중에 존재하는 효소에 의하여 포도당과 알릴이소티오시아네이트(allylisothiocyanate)로 분해되어 매운맛을 낸다. 플라보노이드 배당체의 일종인 루틴(rutin)은 메밀에 존재하는데, 이것은 모세혈관의 투과성을 향상시키며 항돌연변이원성, 혈압 강하, 혈당 저하, 콜레스테롤 저하 그리고 당뇨병 예방 및 치료 효과 등이 있다고 알려져 있다.

4. 탄수화물의 기능성

최근 식품관련 학문의 발달로 탄수화물의 새로운 기능이 밝혀지고 또한 새로운 탄수화물이 개발되어 여러 가지 용도로 많이 이용되고 있다.

1) 올리고당

2~10개의 단당이 글리코시드(glycoside) 결합한 소당류를 말하는데, 대표적인 것으로는 플락토올리고당, 대두올리고당 및 갈락토올리고당 등이 있다.

이들은 장내 소화효소에 의해서 분해되지 않고, 대장까지 도달하여 대장에 살고 있는 비피더스균을 비롯한 장내 유용한 세균에 의하여 이용된다(**bifidus factor**). 그러므로 대장 내의 유해세균 또는 병원성 세균의 증식을 억제하며 배변 촉진, 칼슘흡수 촉진, 혈중 콜레스테롤 저하 및 체내 면역작용 증가 등의 기능을 지니는 것으로 알려져 있다. 또한 설탕에 비하여 감미는 낮으면서 보형성, 비발효성(충치예방), 보습성 및 청량감을 부여할 뿐만 아니라 수분활성을 저하시키는 등의 특성을 지니기 때문에 음료수, 과자, 캐러멜, 케이크, 빵 및 아이스크림 등에 많이 이용되고 있다.

대두올리고당은 0.1~0.9%의 라피노오스(raffinose, 69페이지 참조)와 1.4~4.15%의 스타키오스(stachyose, 69페이지 참조)로 구성된 가용성 저분자 올리고당이며, 최근 현대인의 건강을 위한 필수품으로 인정받고 있다. 비피더스균의 생장에 필요한 필수 영양물질로서 장내 부패세균 억제와 대장암 발생억제 등의 기능을 가지고 있다고 알려져 있다.

2) 시클로덱스트린

시클로덱스트린(cyclodextrin, CD)은 전분에 시클로덱스트린 글루카노전이효소(EC 2.4.1.19, cyclodextrin glucanotransferase 또는 CGTase)를 작용시켜 만든 것으로, 포도당 6개(α-CD)와 7개(β-CD) 또는 8개(γ-CD)가 α-1,4-글리코시드 결합으로 연결된 도넛 모양의 비환원성 말토올리고당이다(그림 3-32, 표 3-4). 이 도넛 구조 내측에는 수소가 배열되어 있어 소수성을 나타내고, 외측은 알코올기(-OH)가 배열되어 있어 친수성을 갖는 독특한 성질을 가진다.

그러므로 향기성분의 보존, 비타민 등과 같은 불안정한 물질의 안정화, 불쾌취의 가리움, 난용성 물질의 가용화 및 점성물질의 가루화 등의 목적으로 식품산업에 많이 이용될 것으로 기대되는 물질이다. 예를 들면 재래식 된장에 β-CD를 첨가하면 된장 고유의 특성은 그대로 보존하면서 냄새를 순화시킬 수 있고, 막걸리에 CD를 첨가하면 막걸리 저장 중에 일어나는 이미나 이취를 제거할 수 있으며, β-CD를 사용하

▸ Bifidus factor

대장 내에 살고 있는 비피더스균의 생육을 증식시키는 인자를 말한다.

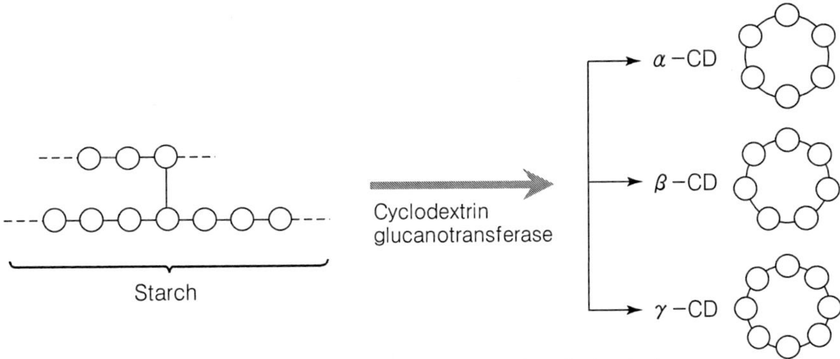

그림 3-32. 시클로덱스트린(CD)의 생성

○ : glucose

표 3-4. 시클로덱스트린(CD)의 물리적 성질

물 성	CD		
	α-CD	β-CD	γ-CD
포도당 잔기수	6	7	8
분자량	972	1135	1297
CD 공동의 크기	5~6Å	7~8Å	9~10Å
용해도(g/100 ml 물)	14.5	1.85	23.2
비선광도$[\alpha]_D^{20}$	+150.5°	+162.5°	+177.4°
요오드 반응	청색	황색	갈색
결정형	바늘상	판(板)상	판(板)상

면 오렌지 쓴맛의 원인이 되는 나린진(naringin, 제14장 식품의 맛 355페이지 참조)의 쓴맛을 약 절반 정도로 감소시킬 수 있다. 또한 CD를 이용하면 난황 중의 콜레스테롤 제거가 가능하다고 한다.

3) 식이섬유

식이섬유(dietary fiber)란 고등동물이 소화 흡수할 수 없는 식품성분을 말한다. 그러므로 넓은 의미로는 난소화성 단백질이나 흡수되기 어려운 무기질 등도 포함하지만, 일반적으로는 셀룰로오스, 헤미셀룰로오스 및 자일란(xylan) 등의 고분자 불용성 다당류와 리그닌(lignin), 펙틴, 곤약만난(glucomannan) 및 알긴산(alginic acid) 등의 고분자 수용성 다당류 그리고 난소화성 전분을 의미한다.

식이섬유는 체내에서 소화 흡수 되지 않기 때문에 체내에서 변비를 예방하고 대장의 연동운동을 강화하는 등의 기능을 가지는 것으로 알려져 있다. 최근에는 식이섬유가 당뇨, 고혈압 및 고지혈증의 완화에도 관계가 있으며, 혈중 콜레스테롤 저하작용도 지니는 것으로 보고되고 있다. 식이섬유의 혈당치 저하작용은 ① 위장에서의 전분 소화율 저하, ② 위장에서 소화된 내용물이 십이지장으로 이동하는 속도 저하, ③ 소장으로 확산되는 당류의 속도 저하, ④ 소장 내의 상피세포에서 단당류 흡수속도 저하 등에 기인한다고 한다.

최근에는 수용성 식이섬유의 생리적 기능이 불용성 식이섬유보다 더 우수하다는 것이 알려지면서 수용성 β-글루칸(glucan)에 대한 관심이 높아지고 있다. β-글루칸은 포도당이 β-1,3 글리코시드 결합을 하고 있기 때문에 인체 내의 소화효소에 의하여 분해될 수 없는 다당류이다. β-글루칸은 보리, 귀리 및 호밀과 같은 곡류의 표피, 사카로미세스 속(*Saccharomyces cerevisiae*)의 세포벽 및 버섯의 균사체나 자실체 등에 존재하는 것으로 알려져 있다.

β-글루칸은 생체 내에서 혈당 강하, 담즙산과 지질의 흡수 제한, 콜레스테롤 합성 억제로 인한 혈중 콜레스테롤 저하작용, 체지방 축적 억제, 면역세포의 기능활성화로 인한 암세포 증식 억제작용, 항세균성, 항바이러스성, 항염증 및 피부 노화방지와 같은 다양한 기능을 나타내는 것으로 알려져 있는데, 최근에는 미생물을 이용한 β-글루칸의 생산에 많은 관심이 모아지고 있다.

4) 탄수화물 소재의 개발

앞으로 새로운 탄수화물 소재의 개발은 ① 감미는 설탕의 1/2～1/4 정도이면서 점도는 설탕과 매우 유사한 설탕의 대용품, ② 당의 결정화 방지와 수분활성도를 저하시키기 위한 흡습성이 높은 탄수화물, ③ 비발효성으로 충치를 예방할 수 있는 탄수화물, ④ 전분분자 내의 수소결합 생성을 억제하여 노화가 일어나지 않는 탄수화물, ⑤ 새로운 bifidus factor 등의 개발에 초점이 맞춰질 것으로 생각된다.

제 4 장

지 질

개 요

지질(脂質, lipid)은 동식물에 널리 분포되어 있으며 액체로 존재하는 유(油, oil)와 고체로 존재하는 지(脂, fat)로 나누어진다. 지질은 일반적으로 물에 용해되지 않고 **유기용매**에 용해되는 유기물이다.

지질은 탄수화물, 단백질과 함께 3대 영양소의 하나이며, 1g당 9 kcal의 열량을 내는 고에너지원이다. 지질은 생물세포의 주요 구성성분이며, 지질의 일종인 콜레스테롤은 각종 스테로이드 호르몬 합성에 사용된다. 지질은 신체를 구성하고 건강을 지키는데 필수적인 영양소이기 때문에 반드시 섭취해야만 한다. 그러나 지방의 과다 섭취와 비만은 만성질환의 원인이 된다고 알려져 있다. 그러므로 총에너지 섭취량을 조절하고 운동량을 증가시킴은 물론 몸에 해로운 트랜스 지방의 섭취는 가급적 피하며, 건강에 이로운 지방을 적당량 섭취하는 것이 올바른 지방섭취의 방법이라고 할 수 있다.

식품 중의 지질은 식품의 텍스처를 좋게 하며, 음식물을 맛있게 하고, 향미성분과 지용성 비타민의 운반체 구실을 한다. 최근에는 지질의 다양한 생리활성이 보고되고 있어 기능성물질로서도 지질의 이용이 증가하고 있다. 그러므로 지질의 구조와 성질을 이해하는 것은 식품화학을 공부하는데 있어 대단히 중요하다.

이 장의 줄거리

1. 지질은 단순지질, 복합지질 그리고 유도지질로 나누어진다.
2. 단순지질은 글리세롤과 3개의 지방산이 에스테르 결합을 하고 있는데 이것을 트리글리세리드라고 한다. 트리글리세리드에는 단순 트리글리세리드와 복합 트리글리세리드가 있는데, 천연의 유지는 대부분이 복합 트리글리세리드이다. 지방산은 분자구조 중에 이중결합의 유무에 따라 불포화지방산(리놀레산 등)과 포화지방산(스테아르산 등)으로 나누어진다. 천연 불포화지방산의 이중결합은 보통 *cis*형이다. 불포화지방산 중의 리놀레산, 리놀렌산 및 아라키돈산은 음식물을 통하여 반드시 섭취하여야 하기 때문에 필수지방산이라고 한다. 복합지질은 글리세롤과

▸ **유기용매**

용매란 용질을 녹이는 데 이용되는 성분을 말하며, 가장 대표적인 용매는 물이다. 유기용매란 용매로 사용되는 유기물을 말한다. 일반적으로 유기물(특히 지질)은 물에 안 녹으며 물과 성질이 다르다. 그러므로 유기용매는 물(용매)의 반대 개념으로도 사용된다. 대표적인 유기용매에는 메틸알코올(CH_3OH), 에틸알코올(C_2H_5OH) 등의 알코올류, 에틸에테르[$(C_2H_5)_2O$], 벤젠(C_6H_6) 그리고 클로로포름($CHCl_3$) 등이 있다. 유기용매를 사용하여 식품 속의 지질을 추출하면 순수한 지질 이외에 왁스(wax), 인지질(phospholipid), 스테롤(sterol), **지용성 색소** 및 **지용성 비타민** 등의 지질과 비슷한 성질을 지닌 여러 가지 물질들이 함께 추출되기 때문에 이들을 총칭하여 조지방(組脂肪, crude fat)이라고 한다.

▸ **지용성 색소**

지질과 같이 물에 녹지 않고 유기용매에 녹는 색소를 말하는데, 클로로필(chlorophyll) 색소와 카로티노이드(carotenoid) 색소 등이 이에 속한다.

▸ **지용성 비타민**

지질과 같이 물에 녹지 않고 유기용매에 녹는 비타민을 말하는데 비타민 A, D, E 및 K가 이에 속한다.

지방산의 결합 외에 다른 성분이 더 결합된 지질을 말한다. 대표적인 복합지질에는 인지질(레시틴 등)과 당지질(세레브로시드 등) 등이 있다. 레시틴의 유화성은 생체막의 구조, 기능과 깊은 관련이 있으며, 세레브로시드는 동물의 뇌와 신경조직 등에 많이 존재한다. 유도지질은 단순지질이나 복합지질과 달리 검화되지 않는 지질을 말하는데 스테롤 등이 이에 속한다. 동물성 식품에 존재하는 콜레스테롤은 호르몬, 담즙산 및 뇌와 신경조직 등의 구성분으로 생체에 반드시 필요한 물질이지만 과잉의 콜레스테롤은 심혈관계 질환의 원인이 된다.

3. 지질의 물리적 성질(용해성, 융점, 발연점, 인화점, 연소점, 점도, 굴절률, 비중 및 유화성 등)은 유지를 구성하는 지방산의 종류나 양에 따라 크게 달라진다. 지질의 화학적 성질에는 유지를 구성하는 지방산 조성에 의하여 결정되는 특수(검화가, 요오드가 등)와 저장이나 가공 중에 변화하는 변수(산가, 과산화물가 등)로 나누어진다.
4. 식용유지는 정제과정을 거치고 용도에 따라 수소첨가, 에스테르(ester) 교환 및 유화 등의 가공처리를 한 후에 이용된다.
5. 기능성 지질이란 질병에 대한 저항 및 생리활성을 조절하는 기능을 지닌 지질을 말한다.

1. 지질의 분류

지질은 구성성분이나 화학적 상태에 따라 단순지질, 복합지질 그리고 유도지질로 나누어진다.

1) 단순지질

단순지질(simplc lipid)은 지방산과 글리세롤(glycerol)이 에스테르(ester) 결합(제3장 탄수화물 81페이지 참조)을 하여 생성된 지질(glyceride 또는 **acyl**glycerol)을 말하는데, 글리세롤에 결합된 지방산의 수에 따라 모노글리세리드(monoglyceride), 디글리세리드(diglyceride) 그리고 트리글리세리드(triglyceride)로 나눠어진다. 천연유지는 주로 트리글리세리드이며 이것을 중성지방 또는 유지라고 부른다. 지방산과 고급 알코올의 에스테르인 **왁스** 등도 이에 속한다.

2) 복합지질

복합지질(compound lipid)은 단순지질을 구성하는 지방산과 글리세롤 이외에 인(P), 당 및 단백질 등의 다른 물질들이 에스테르 결합을 하여 생성된 지질을 말하며, 인이 결합한 것은 인지질, 당이 결합한 것은 당지질이라고 한다.

3) 유도지질

유도지질(derived lipid)은 단순지질과 복합지질이 물리적 또는 화학적으로 변화된 것을 말하며, 글리세롤이나 지방산 등이 이에 속한다. 대부분의 지질은 알칼리에 의하여 검화(113페이지 참조)되지만 스테롤(sterol)류, 탄화수소, 고급 알코올, 지용성 색소 및 지용성 비타민 등은 검화되지 않기 때문에 불검화물이라고 부르는데, 이들을 모두 유도지질이라고 한다.

▸ **아실기(acyl group)**

카르복실산(RCOOH)에서 OH를 제외한 잔기 RCO-를 말한다. 예를 들면 아실기 중의 하나인 아세틸기(acetyl group, CH_3CO-)는 CH_3COOH에서 OH가 제외된 것이다.

▸ **왁스(wax)**

고급 알코올과 고급 지방산의 에스테르로서 화학적으로는 유지와 다른 물질이다. 동식물체의 표면에 보호물질로 작용하여 미생물의 침입이나 수분의 증발, 흡수를 방지하는 작용을 한다. 왁스는 주위 환경에 노출되어 있지만 화학적으로 매우 안정하다. 또한 긴 탄소사슬을 갖고 있어 휘발성이 없고 미생물이나 효소에 의해서 쉽게 분해되지 않으며, 융점이 40～50℃ 이상으로 상온에서 고체로 존재한다. 식품보다는 주로 가구, 구두, 가죽 등의 광택을 내거나 비누, 화장품 등에 사용된다. 벌집에 존재하는 밀랍(bee wax)은 메리씰 알코올(melissyl alcohol, $C_{30}H_{61}OH$)과 팔미트산이 에스테르 결합한 것이며, 고래기름에 들어 있는 경납(supermolceti wax)은 세틸 알코올(cetyl alcohol, $C_{16}H_{33}OH$)과 팔미트산이 에스테르 결합한 것이다.

2. 지질의 구조와 종류

1) 단순지질의 구조와 종류

단순지질은 다가(多價) 알코올인 **글리세롤**(glycerol)이 3개의 지방산과 에스테르 결합을 하고 있으며 이것을 트리글리세리드(triglyceride)라고 부른다(그림 4-1). 글리세롤에 1개 또는 2개의 지방산이 결합된 지질은 각각 모노글리세리드(monoglyceride), 디글리세리드(diglyceride)라고 부르는데 천연에는 거의 존재하지 않는다. 트리글리세리드에는 같은 종류의 지방산으로 구성된 단순 트리글리세리드와 서로 다른 지방산으로 구성된 복합 트리글리세리드가 있는데 천연의 유지는 대부분이 복합 트리글리세리드이다.

유지의 물리화학적 성질은 유지를 구성하는 지방산의 종류에 따라 크게 달라지기 때문에 유지의 화학에서 지방산을 이해하는 것은 대단히 중요하다.

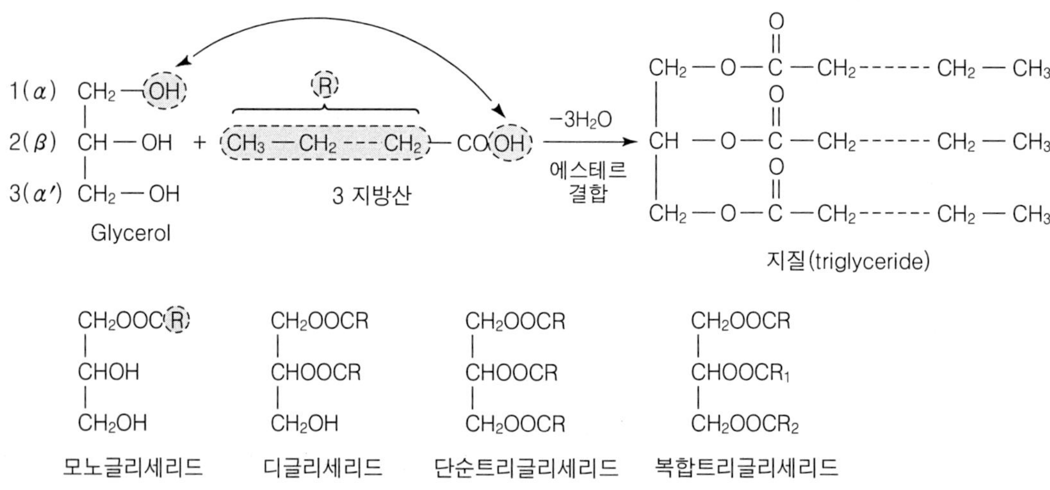

그림 4-1. 지질(triglyceride)의 구조
R : 지방산의 탄화수소사슬

▸ **글리세롤(glycerol)**

글리세린(glycerin)이라고도 하며 화학식은 $C_3H_8O_3$이다. 대표적인 3가 알코올이며, 점성과 흡습성을 지닌 무색의 액체이고 지질의 구성성분이다.

(1) 지방산의 구조와 종류

① 지방산을 구성하는 탄소원자의 위치

지방산(fatty acid)은 유지를 구성하는 주요 성분인데 대부분이 **짝수 개의 탄소**(4~30개)를 가지고 있으며, 그림 4-2에서 보는 바와 같이 한쪽 끝에 카르복실기(carboxyl group, -COOH) 한 개가 있는 직쇄상의 탄화수소이다. 지방산이 어떤 물질과 반응할 때에는 주로 이 카르복실기가 관계하므로 지방산의 탄화수소 사슬부분을 일괄적으로 R로 표시하여 지방산을 보통 RCOOH라고 표시하는데, 서로 다른 지방산을 간단히 표시할 때에는 R_1COOH, R_2COOH, R_3COOH 등으로 표시한다. 지방산을 구성하는 각 탄소원자의 위치는 카르복실기의 탄소원자를 1번, 그 다음을 2번 탄소원자라고 하고, 또는 2번 탄소원자(카르복실기가 결합한 탄소원자)를 α, 그 다음 탄소원자를 β 위치의 탄소원자라고 하며, 반대쪽 끝의 탄소원자는 ω 위치의 탄소원자라고 부른다.

② 지방산의 분류

지방산은 분자구조 중에 이중결합의 유무에 따라 이중결합이 없는 포화지방산과 이중결합이 있는 불포화지방산으로 나누어진다. 그리고 탄소수를 기준으로 하여 탄소수 12개 이하는 저급 지방산, 탄소수 14개 이상은 고급 지방산으로 구분한다.

지질의 주요 구성성분인 지방산의 이름은 일반적으로 팔미트산(palmitic acid)이나 올레산(oleic acid) 등과 같이 관용명(화합물의 이름)을 사용하지만, 별도로 지방산의

$$
\begin{array}{llcccc}
CH_3CH_2CH_2 \cdots\cdots & CH_2 & CH_2 & CH_2 & COOH \\
 & 4 & 3 & 2 & 1 \\
\omega & \gamma & \beta & \alpha &
\end{array}
$$

그림 4-2. 지방산의 탄소원자 위치

▸ 지방산의 탄소수

일반적으로 지방산을 구성하는 탄소 수는 짝수이다. 그 이유는 생체 내에서 지방산은 탄소 두개 단위로 생합성 되기 때문이다. 예외적으로 홀수의 탄소를 가지는 지방산도 발견된다. 돈지(豚脂)에서는 C_{17}, 우지(牛脂)에서는 C_{13}, C_{15}, C_{17} 및 C_{19} 등의 탄소수가 홀수인 지방산이 검출되고 있다.

구조를 표현하는 **계통명**(international union of pure and applied chemistry, IUPAC)도 사용되고 있다. 또한 지방산은 간단히 숫자로 나타내기도 하는데 이 때에는 탄소수 : 이중결합수 또는 $C_{탄소수:이중결합수}$로 나타낸다. 예를 들면 탄소수가 18개이고 이중결합을 1개 지니는 올레산(oleic acid)은 18:1 또는 $C_{18:1}$으로, 탄소수가 18개이고 이중결합을 2개 지니는 리놀레산(linoleic acid)은 18:2 또는 $C_{18:2}$으로 그리고 탄소수가 16개이고 이중결합을 지니지 않는 팔미트산(palmitic acid)은 16:0 또는 $C_{16:0}$으로 표현한다.

㉮ 포화지방산

지방산의 탄화수소사슬을 구성하는 각 탄소원자의 4개 결합손이 인접한 탄소원자 또는 수소원자와 단일 결합하여 포화된 지방산을 포화지방산(飽和脂肪酸, saturated fatty acid)이라고 하며, 일반식은 $C_nH_{2n+1}COOH$로 나타낸다. 대표적인 포화지방산으로 일반 동식물 유지에 널리 분포되어 있는 탄소수 18개의 스테아르산(stearic acid)의 구조를 보면 탄화수소 사슬의 양쪽 끝에 각각 메틸기(methyl group, $-CH_3$)와 카르복실기($-COOH$)를 가지고 있으며, 그 사이에 메틸렌기(methylene group, $=CH_2$)가 16개 연결되어 있다(그림 4-3). 이것을 **시성식**(示性式)으로 나타내면 $CH_3(CH_2)_{16}COOH$가 되며, 즉 $C_{17}H_{2\times17+1}COOH$와 같이 표현할 수 있다.

▸ **지방산의 계통명(IUPAC 명명법)**

IUPAC 명명법에서 지방산은 기본적으로 탄화수소의 이름을 이용하고 다음과 같이 명명한다.

① 포화지방산 ; 탄화수소 이름의 어미 '-ne'를 '-noic'으로 고치고 카르복실기를 지니므로 acid를 붙인다.

[예] Hexane(C_6) → Hexanoic acid, Octadecane(C_{18}) → Octadecanoic acid

② 불포화지방산 ; 분자구조 중에 이중결합이 1개일 때에는 탄화수소 이름의 어미를 '-enoic'로, 2개일 때에는 '-dienoic'로, 3개일 때에는 '-trienoic'으로 고치고 acid를 붙인다. 이때 이중결합의 위치는 이중결합의 탄소번호로 표시하며 그 지방산의 명칭 앞에 붙인다.

[예 1] 탄소수 18개, 이중결합 1개가 9번 탄소원자에 있는 올레산(oleic acid) : 9-octadecenoic acid

[예 2] 탄소수 18개, 이중결합 2개가 9와 12번 탄소원자에 있는 리놀레산(linoleic acid) : 9,12-octadecadienoic acid

▸ **시성식**

화학식의 일종이며, 분자의 성질을 나타내는 기(radical)를 표시하여 그 결합상태를 나타낸 식이다.

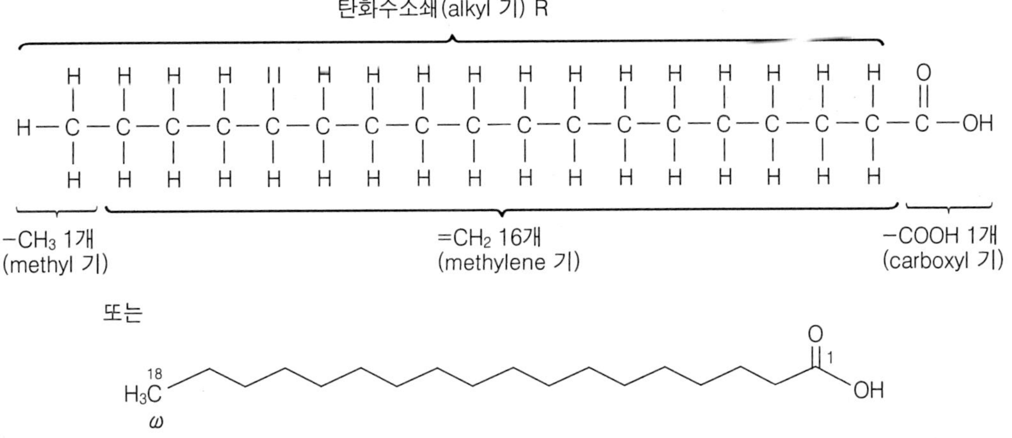

그림 4-3. 스테아르산(stearic acid, 18:0)의 구조

표 4-1. 포화지방산

탄소수	종 류	구 조	존 재	융점(℃)
2	Acetic acid	CH_3COOH	지방의 구성성분이 되지 않음	16.6
4	Butyric acid	$CH_3(CH_2)_2COOH$	버터	-7.9
6	Caproic acid	$CH_3(CH_2)_4COOH$	버터, 야자유	-3.4
8	Caprylic acid	$CH_3(CH_2)_6COOH$	버터, 야자유	16.7
10	Capric acid	$CH_3(CH_2)_8COOH$	버터, 야자유	31.6
12	Lauric acid	$CH_3(CH_2)_{10}COOH$	버터, 야자유	44.2
14	Myristic acid	$CH_3(CH_2)_{12}COOH$	버터, 야자유	53.9
16	Palmitic acid	$CH_3(CH_2)_{14}COOH$	일반 동식물유지	63.1
18	Stearic acid	$CH_3(CH_2)_{16}COOH$	일반 동식물유지	69.6
20	Arachidic acid	$CH_3(CH_2)_{18}COOH$	땅콩기름	76.1
22	Behenic acid	$CH_3(CH_2)_{20}COOH$	땅콩기름	80.5
24	Lignoceric acid	$CH_3(CH_2)_{22}COOH$	땅콩기름	84.7

포화지방산은 주로 동물성 유지에 들어 있으며 상온에서는 고체상태로 존재한다. 일반적으로 식품 중에는 탄소수 12～20개의 것이 많으며, 팔미트산(palmitic acid, $C_{16:0}$)과 스테아르산(stearic acid, $C_{18:0}$)이 가장 많이 존재한다(표 4-1). 탄소수가 4개부터 10개까지의 것은 버터나 야자유 이외에는 거의 함유되어 있지 않으며, 탄소수가 많아질수록 융점은 높아지고 물에 대한 용해성은 떨어진다. 예를 들면 탄소수 4개인 부티르산(butyric acid)은 물에 쉽게 용해된다. 이들 성질에 대해서는 지질의 성질(108페이지)에서 구체적으로 설명하였다.

㉯ 불포화지방산

포화지방산의 탄화수소사슬에서 2개 또는 4개 이상의 수소원자가 제거되어 분자구조 중에 이중결합을 가지는 지방산을 불포화지방산(不飽和脂肪酸, unsaturated fatty acid)이라고 한다. 불포화지방산의 일반식은 이중결합이 1개 존재하면 $C_nH_{2n-1}COOH$, 2개 존재하면 $C_nH_{2n-3}COOH$ 그리고 3개 존재하면 $C_nH_{2n-5}COOH$로 나타낸다.

대표적인 불포화지방산으로 일반 동식물 유지에 널리 분포되어 있는 탄소수가 18개이며 이중결합을 2개 가지고 있는 리놀레산(linoleic acid, $C_{18:2}$)의 구조를 보면 탄화수소사슬의 양쪽 끝에 각각 메틸기($-CH_3$)와 카르복실기(-COOH)를 가지고 있으며, 9번과 10번 그리고 12번과 13번의 탄소 사이에 이중결합(-CH=CH-)을 가지고 있다(그림 4-4). 이것을 시성식(示性式)으로 나타내면 $CH_3(CH)_4(CH_2)_{12}COOH$가 되며, 즉 $C_{17}H_{2\times17+1-4}COOH$와 같이 표현할 수 있다.

이중결합을 갖는 화합물은 *cis* 형과 *trans* 형의 **기하이성체**를 지니는데, 천연불포화지방산의 이중결합은 보통 *cis* 형이다. 불포화지방산의 이중결합의 위치는 각 불포화지방산에 따라 다르며 Δ기호를 사용하여 표시하기도 한다. 예를 들면 *cis*-Δ^9이면 탄소원자 9번과 10번 사이에 *cis* 형 이중결합이 있음을 뜻한다.

불포화지방산은 일반적으로 상온에서 액체이며 식물성 기름에 많이 함유되어 있다(표 4-2). 이중결합은 반응성이 높기 때문에 **고도불포화지방산**을 많이 함유한 지질은 포화지방산을 많이 함유한 지질에 비하여 산화되기 쉽고 변질되기 쉽다. 또한 이중결

▸ **기하이성체(幾何異性體)**

광학이성체와 함께 입체이성체의 일종이다. 분자 내에서 원자나 원자단의 상대적 입체 위치가 다른 이성체를 말한다. 불포화지방산과 같이 이중결합을 지니는 분자에서는 이중결합을 기준으로 양측에 있는 원자나 원자단의 입체배치가 같은 쪽으로 있으면 시스(*cis*)형, 반대쪽으로 있으면 트랜스(*trans*)형이라고 한다. 아래 그림은 시스(*cis*)형과 트랜스(*trans*)형의 구조를 나타낸 것이다.

```
 H         H           ···CH2       H
   \      /                 \      /
    C = C                    C = C
   /      \                 /      \
···CH2     CH2···          H        CH2···

     cis 형                   trans 형
```

▸ **고도불포화지방산**

분자구조 중에 이중결합을 2개 이상 가지고 있는 지방산을 말한다.

합수가 증가할수록 융점은 낮아지는데 이중결합수가 같은 경우에는 *cis* 형이 *trans* 형보다 융점이 낮다. 이들 성질에 대해서는 지질의 성질(108페이지)에서 구체적으로 설명하였다.

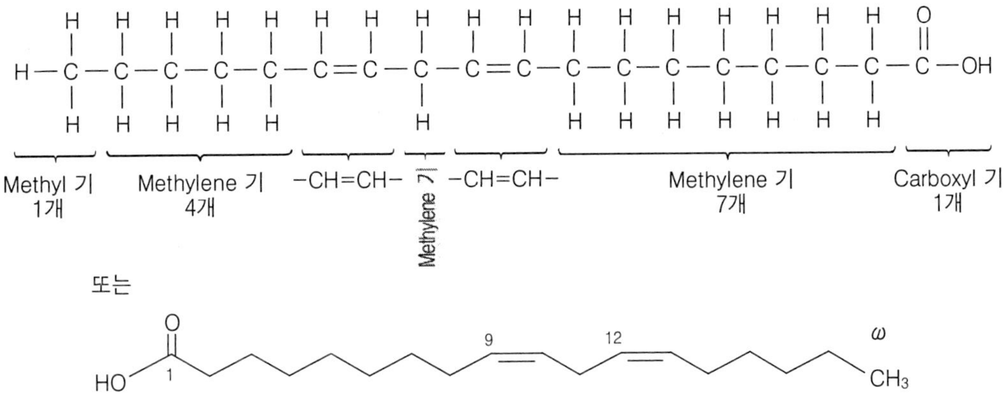

그림 4-4. 리놀레산(linoleic acid, 18 : 2)의 구조

표 4-2. 불포화지방산

탄소수 : 이중결합수	종 류	구 조	존 재	융점(℃)
16 : 1	Palmitoleic acid	$CH_3(CH_2)_5CH=CH(CH_2)_7COOH$	버터, 동물유	0.5
18 : 1	Oleic acid	$CH_3(CH_2)_7CH=CH(CH_2)_7COOH$	일반동식물유	10.9～11.5
18 : 2	Linoleic acid	$CH_3(CH_2)_4CH=CHCH_2CH=CH-(CH_2)_7COOH$	일반식물유	-5.2～-5.0
18 : 3	Linolenic acid	$CH_3CH_2CH=CHCH_2CH=CH-CH_2CH=CH(CH_2)_7COOH$	아마인유	-11.3～-10.0
20 : 4	Arachidonic acid	$CH_3(CH_2)_4(CH=CHCH_2)_4-(CH_2)_2COOH$	인지질	-49.5
20 : 5	Eicosapentaenoic acid	$CH_3CH_2(CH=CHCH_2)_5-(CH_2)_2COOH$	어유	
22 : 1	Erucic acid	$CH_3(CH_2)_7CH=CH(CH_2)_{11}COOH$	체종유	34.7
22 : 5	Clupanodonic acid	$CH_3(CH_2CH=CHCH_2)_2CH=CHCH_2-(CH_2CH=CHCH_2)_2CH_2COOH$	어유	-78
24 : 6	Nisinic acid	$CH_3CH_2(CH=CHCH_2)_4(CH_2CH=CHCH_2)_2CH_2COOH$	어유	

㉰ 필수지방산

리놀레산(linoleic acid, **ω-6 지방산**), 리놀렌산(linolenic acid, **ω-3 지방산**) 및 아라키돈산(arachidonic acid, ω-6 지방산)은 동물의 정상적인 성장과 건강 유지를 위하여 음식물을 통하여 반드시 섭취하여야 하기 때문에 필수지방산(essential fatty acid)이라고 하고, 비타민 F라고도 한다. 포유동물은 포화지방산으로부터 이중결합을 1개 갖는 올레산(oleic acid)은 만들 수 있지만, 이중결합을 2개 갖는 리놀레산과 이중결합을 3개 갖는 리놀렌산은 합성할 수 없다. 그러나 아라키돈산은 리놀레산으로부터 합성된다. 필수지방산은 생체막의 중요한 구성성분이며 혈중 콜레스테롤(cholesterol) 함량을 낮추는 기능을 지닌다.

㉱ 주요 유지의 지방산 조성

식용 유지의 성질은 주로 그의 지방산 조성에 의해 결정된다. 일반적으로 식용유지에는 올레산(18:1), 리놀레산(18:2), 팔미트산(16:0) 및 스테아르산(18:0)의 4가지 지방산이 가장 많이 존재한다. 우유 지방은 부티르산(butyric acid), 카프로산(caproic acid), 카프릴산(caprylic acid), 라우르산(lauric acid) 및 미리스트산(myristic acid)과 같은 저급지방산을 많이 함유하고 있는 것이 특징이다(표 4-3). 채종유(유채유)는 30～50%의 에루크산(erucic acid, 22:1)을 함유하고 있는데, 이 지방산은 심장질환과 관계가 있는 것으로 알려져 있다. 최근에는 유채의 품종 개량에 의해 에루크산을 거의 함유하지 않은 캐놀라유(canola oil)가 개발되어 이용되고 있다. 정어리, 꽁치, 고등어, 청어 및 참치와 같은 등 푸른 생선의 지방에는 C_{18} 이상의 지방산이 많이 함유되어 있으며, 특히 육상동물의 지방과 식물유에는 거의 존재하지 않는 $C_{20:5}$과 $C_{22:6}$ 등의 고도불포화지방산이 많이 함유되어 있다. 최근 인기를 얻고 있는 올리브유는 혈

▸ **ω -3 지방산**

지방산의 ω 위치의 탄소원자로부터 3번째 위치의 탄소원자에 이중결합을 지니는 지방산으로 EPA, DHA 및 linolenic acid 등이 이에 해당한다. 심근경색, 동맥경화 및 혈전의 예방에 효과가 있는 것으로 알려져 있다. 생선을 많이 먹는 에스키모인들이 심근경색이 적은 것은 정어리와 같은 해산동물의 어유에 많이 함유되어 있는 ω-3 지방산(EPA, DHA) 때문이라는 보고가 있다.

▸ **ω -6 지방산**

지방산의 ω 위치의 탄소원자로부터 6번째 위치의 탄소원자에 이중결합을 지니는 지방산으로 linoleic acid, arachidonic acid 등이 이에 해당한다. 동맥경화와 고혈압 예방에 효과가 있는 것으로 알려져 있다.

표 4-3. 중요한 동, 식물성 지질의 지방산 조성(%)

구분	동물성 지질				식물성 지질							
	우지	돈지(라드)	유지방	청어유	대두유	팜유	해바라기유	땅콩유	유채유	옥수수유	참깨유	들깨유
$C_{4:0}$	–	–	7~14	–	–	–	–	–	–	–	–	–
$C_{6:0}$	–	–	2~7	–	–	–	–	–	–	–	–	–
$C_{8:0}$	–	–	1~3.5	–	–	–	–	–	–	–	–	–
$C_{10:0}$	–	–	1.5~5	–	–	–	–	–	–	–	–	–
$C_{12:0}$	–	–	2.5~7	–	–	–	–	–	–	–	–	–
$C_{14:0}$	2~8	1~4	8~15	5.6~7.7	–	1.1	–	–	–	–	–	–
$C_{16:0}$	24~37	20~28	20~32	11.8~18.6	11.4	44.0	5.9	11.4	3.0	11.5	9.7	6.4
$C_{18:0}$	14~29	5~14	6~13	6.2~8.0	3.7	4.5	4.1	4.0	0.8	2.0	4.8	1.6
$C_{20:0}$	–	–	0.3	1.1~2.0	–	0.4	–	1.7	–	0.2	–	–
$C_{22:0}$	–	–	0.1	11.7~25.2	–	–	–	–	–	–	–	–
$C_{16:1}$	–	–	1.5	–	–	–	–	–	–	–	–	–
$C_{18:1}$	40~50	41~51	13~28	11.7~25.2	22.9	39.2	21.5	41.5	13.1	24.1	41.2	13.8
$C_{18:2}$	1~5	2~15	1~4	0.1~0.6	53.6	10.2	67.5	34.9	14.1	62.5	44.4	15.5
$C_{18:3}$	–	–	0.4~2	–	8.4	0.4	0.2	0.2	9.7	0.7	–	62.6
$C_{18:4}$	–	–	0.1	1.1~2.8	–	–	–	–	–	–	–	–
$C_{20:1}$	–	–	–	7.3~19.1	–	–	–	1.0	7.4	–	–	–
$C_{20:4}$	–	0.3~1.0	0.1	0.3~0.8	–	–	–	–	–	–	–	–
$C_{20:5}$	–	–	–	11.4~15.2	–	–	–	–	50.7	–	–	–
$C_{22:1}$	–	–	–	6.9~15.2	–	–	–	–	–	–	–	–
$C_{22:5}$	–	–	0.1	0.3~1.0	–	–	–	–	–	–	–	–
$C_{22:6}$	–	–	–	4.8~7.8	–	–	–	–	–	–	–	–
$C_{24:1}$	–	–	–	–	–	–	–	–	–	–	–	–

중 콜레스테롤을 낮추어 주는 단일불포화지방산을 많이 함유하고 있다. 단일불포화지방산이 80% 가까이 들어있는 올리브유는 심장병 예방효과가 뛰어나며, 세포의 노화를 억제하는 효과도 있는 것으로 알려져 있다.

2) 복합지질의 구조와 종류

복합지질은 단순지질을 구성하는 글리세롤과 지방산의 결합 외에 다른 성분이 더 결합된 지질을 말한다. 대표적인 복합지질에는 인지질과 당지질 등이 있는데, 이들은 생체 내에서 중요한 생리적 작용을 한다. 또한 복합지질 중에는 알코올 성분으로 글리세롤이 아닌 스핑고신(sphingosine)을 지니는 스핑고지질이 있다.

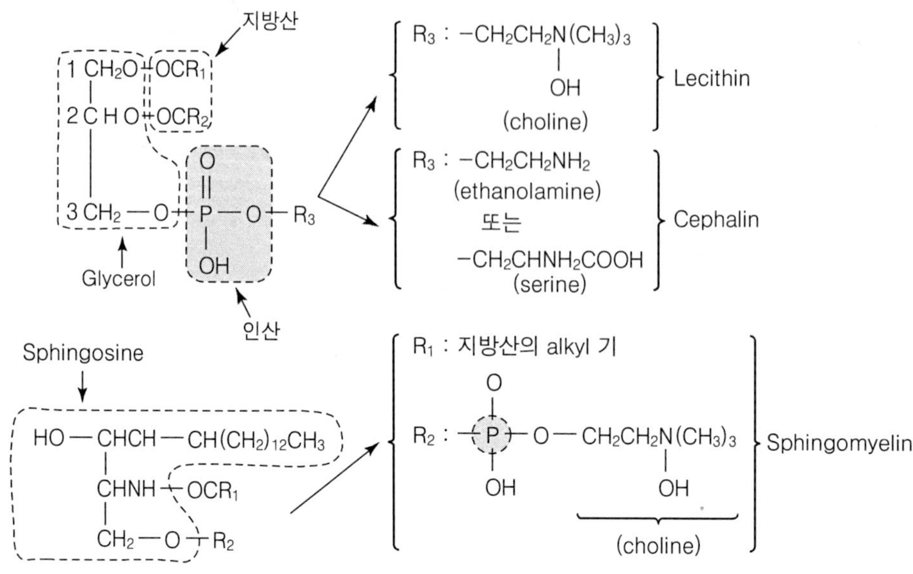

그림 4-5. 인지질의 구조

(1) 인지질

인지질(phospholipid)은 글리세롤과 지방산 이외에 인산이 결합된 복합지질의 일종이다. 중요한 인지질에는 레시틴(lecithin), 세팔린(cephalin) 그리고 스핑고 인지질의 하나인 스핑고미엘린(sphingomyelin)이 있으며, 이들은 생체조직의 중요한 구성성분이다(그림 4-5).

① 레시틴

레시틴(lecithin)은 글리세롤 1분자에 지방산 2분자, 인산 1분자 및 콜린(choline)이 결합되어 있는 인지질이다. 인산과 콜린이 글리세롤의 α-위치에 결합되어 있는 것을 α-레시틴, β-위치에 결합되어 있는 것을 β-레시틴이라고 한다.

레시틴의 구성성분 중에서 인산과 콜린은 친수성을 나타내고, 글리세롤의 1, 2 위치에 결합한 지방산의 탄화수소사슬**(alkyl 기)**은 친유성을 나타내기 때문에 레시틴은 유화성(111페이지 참조)을 지닌다. 레시틴의 유화성은 생체막의 구조와 기능에 관계하기 때문에 레시틴은 생체성분으로서 중요한 의미를 지닌다. 또한 레시틴은 생체 내에서 생체막의 노화방지 효과, 생체기능 증진 및 혈중 콜레스테롤 저하 등의 역할을 하는 것으로 알려져 있다.

레시틴은 생체의 세포막, 뇌, 신경조직, 난황 및 대두 등에 많이 함유되어 있다. 대두 레시틴은 대두유를 조제할 때 정제과정 중의 하나인 **탈검**과정에서 부산물로 얻어지는데, 영양강화제 또는 각종 유화제 그리고 의약품이나 화상품의 원료로 사용되며, 난황 레시틴은 마요네즈(mayonnaise)의 유화제로 사용된다.

② 세팔린

세팔린(cephalin)에는 글리세롤 1분자에 지방산 2분자, 인산 1분자 및 에탄올아민(ethanolamine)이 결합한 **포스파티딜에탄올아민**(phosphatidyl ethanolamine)과 에탄올아민 대신에 세린(serine)이 결합한 포스파티딜세린(phosphatidyl serine)의 두 종류가 있다.

세팔린의 구조에서 인산, 에탄올아민 및 세린은 친수성을 나타내고, 글리세롤의 1, 2 위치에 결합한 지방산의 탄화수소사슬(alkyl 기)은 친유성을 나타내기 때문에 세파린은 레시틴과 같이 유화성을 지닌다.

세팔린의 어원이 희랍어의 kephale(head)인 것에서 알 수 있듯이 세팔린은 동물의 뇌에서 특히 다량 발견되며, 동물의 신경조직과 대두류에서도 발견된다.

③ 스핑고미엘린

스핑고미엘린(sphingomyelin)은 구성성분 중의 알코올 성분인 글리세롤 대신에 스핑고신(sphingosine)을 함유하는 스핑고지질의 일종이며 1분자의 스핑고신, 지방산, 인산 및 콜린으로 구성되어 있다. 식물조직에는 거의 존재하지 않고 동물의 뇌, 신경조직에 많이 함유되어 있다.

▸ **알킬기(alkyl group)**

메탄(methane, CH_4) 등과 같은 포화 탄화수소(alkanes, C_nH_{2n+2})에서 수소원자가 한 개 빠져나가 생기는 $-C_nH_{2n+1}$으로 나타내는 1가의 원자단을 말한다. 이들은 R로 표시되기도 한다. 예를 들면 메틸기(methyl group, $-CH_3$), 에틸기(ethyl group, $-C_2H_5$) 등이 있다.

▸ **탈검**

식용유 제조 과정 중의 정제과정의 하나로 인지질을 제거하는 과정이다.

▸ **포스파티딜에탄올아민(phosphatidyl ethanolamine)**

글리세롤이 지니는 3개의 알코올에 2개의 지방산과 1개의 인산이 결합한 것을 포스파티드산(phosphatidic acid)이라고 하는데, 포스파티드산과 에탄올아민이 결합한 화합물을 말한다.

(2) 당지질

당지질(glycolipid)은 글리세롤에 2개의 지방산과 당이 결합된 복합지질의 일종이다. 당지질에 결합되어 있는 지방산은 일반적으로 불포화도가 높으며, 당으로는 주로 갈락토오스(galactose)가 결합되어 있다.

대표적인 당지질인 세레브로시드(cerebroside)는 스핑고지질의 하나로, 그림 4-6에서 보는 바와 같이 스핑고신(sphingosine)에 한 분자의 지방산과 당(갈락토오스)이 결합한 것이며, 동물의 뇌, 신경조직 및 비장 등에 많이 존재하지만 식물계에는 존재하지 않는다.

3) 유도지질의 구조와 종류

물에는 녹지 않으면서 단순지질이나 복합지질과 달리 검화(113페이지 참조)되지 않는 지질을 말하며 스테롤, 탄화수소, 고급알코올, 지용성 색소 및 지용성 비타민 등이 있다.

(1) 스테롤

스테롤(sterol)은 분자구조 중에 그림 4-7과 같은 스테로이드(steroid) 핵을 갖는 화합물로 환상 알코올(cyclic alcohol)이라고도 한다. 스테롤은 3번 탄소원자에 알코

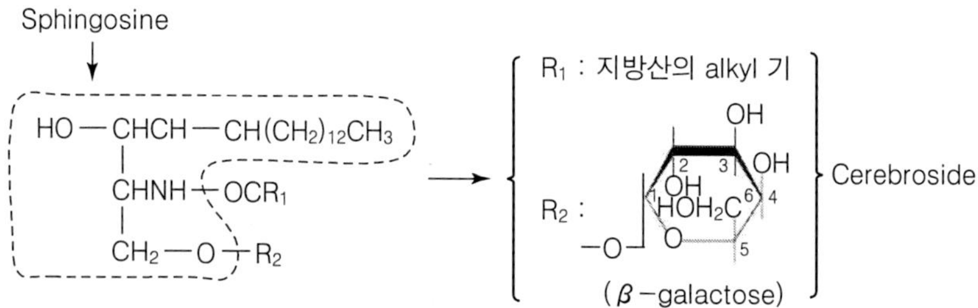

그림 4-6. 당지질(세레브로시드)의 구조

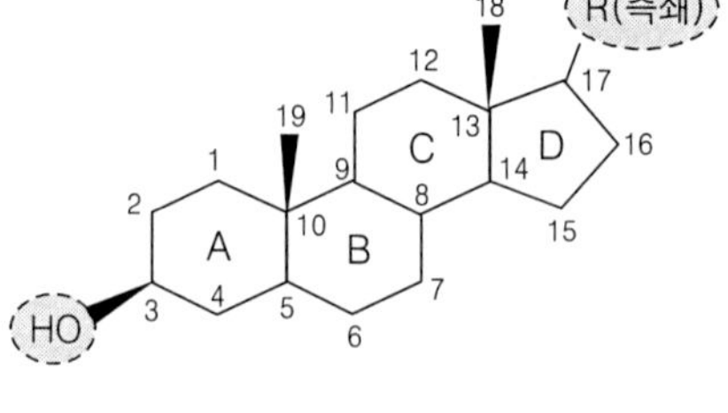

그림 4-7. 스테로이드(steroid) 핵의 구조

(◀은 지면의 앞쪽)

올기(-OH)와 17번 탄소원자에 탄소 수가 8∼10개인 측쇄(R, side chain)를 갖고 있으며, 측쇄(R)의 크기 그리고 이중결합의 수와 위치의 차이에 따라 많은 종류가 있다. 유지 중에는 유리상태 또는 지방산과 결합한 에스테르 형태로 존재하고 있다.

① 콜레스테롤

동물성 식품에 존재하는 스테롤은 거의가 콜레스테롤(cholesterol, $C_{27}H_{46}O$)인데, 이것은 특히 난황에 많이 함유되어 있다(표 4-4). 콜레스테롤은 동물 세포막, 부신피질호르몬, 담즙산(지질소화와 관련) 및 뇌와 신경조직 등의 구성분으로 생체에 반드시 필요한 물질이다(그림 4-8). 성인의 경우 매일 약 1,000 mg 정도의 콜레스테롤을 신체의 거의 모든 세포에서 생산하며, 약 300 mg 정도를 음식물로부터 섭취한다. 현대인은 보통 신체 요구량보다 많은 콜레스테롤을 섭취하고 있으며, 여분의 콜레스테

표 4-4. 식품 중의 콜레스테롤 함량

수산식품	함량(mg %)	축산식품	함량(mg %)
꼴두기살	433	달걀	630
새우	200	버터	284
대합조개	190	소간장	260
가리비	175	베이컨	182
바다가재	170	치즈	120
굴	150	닭고기	112
게	140	닭기름	111
바지락조개	135	돼지고기	83
연어	95	돼지기름	83
대구	75	쇠고기	70

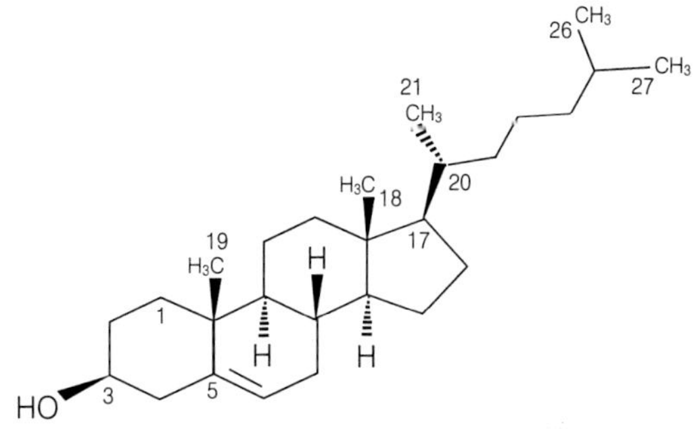

그림 4-8. 콜레스테롤(cholesterol)의 구조
(▬은 지면의 앞쪽, ┄┄은 지면의 뒤쪽)

롤은 혈액 속을 떠돌다가 거식세포 등과 함께 혈관 내막에 침착되어 동맥경화나 고혈압 등과 같은 심혈관계 질환의 원인이 된다. 연구결과에 따르면 콜레스테롤의 섭취를 1% 줄일 경우 심혈관계 질환을 2% 줄일 수 있다고 한다.

② 식물성스테롤

식물에는 주로 베타시토스테롤(β-sitosterol), 캄페스테롤(campesterol) 및 스티그마스테롤(stigmasterol)과 같은 스테롤이 존재한다. 식물성 스테롤(phytosterol)은 장벽에 흡착하여 그 구조적 유사성 때문에 인체에 해로운 **LDL 콜레스테롤**과 경쟁하여 콜레스테롤의 흡수를 저해하기 때문에 식물성 스테롤을 이용하면 혈중 콜레스테롤 함량을 줄일 수 있다.

③ 에르고스테롤

효모나 균류에는 에르고스테롤(ergosterol, $C_{28}H_{44}O$) 등이 존재하는데, 에르고스테롤은 자외선에 의하여 비타민 D_2로 변화되는 중요한 물질이다(그림 4-9).

(2) 탄화수소

탄화수소(hydrocarbon)는 탄소와 수소만으로 구성된 화합물의 총칭이다. 유기용매

▸ **나쁜 콜레스테롤 ; LDL(low density lipoprotein)**

LDL과 콜레스테롤(cholesterol)의 복합체는 혈청 콜레스테롤의 혈관 침착작용을 더욱 촉진시키기 때문에 결과적으로 혈관의 폐쇄와 고혈압의 원인이 되는 동맥경화를 일으키게 된다.

▸ **좋은 콜레스테롤 ; HDL(high density lipoprotein)**

HDL은 과잉의 콜레스테롤을 간으로 이동시켜 불필요한 세포의 형성을 방해하는 역할을 하기 때문에 HDL의 수치는 동맥경화를 진단하는 중요한 지표로써 이용되고 있다.

식품 중의 콜레스테롤 양을 조절하는 방법에는 다음과 같은 것들이 있다.

① 콜레스테롤 함량이 적은 식품의 생산 : 유전공학을 이용하거나 사료 또는 의약품을 이용하여 콜레스테롤 함량이 적은 식품을 생산한다.

② 식품으로부터 콜레스테롤을 제거 : Steam stripping, supercritical fluid extraction(초임계액체추출법), cholesterol reductase(콜레스테롤 환원효소), cyclodextrin, absorption(흡착제) 및 extraction(용매추출) 등의 방법을 이용하여 식품으로부터 콜레스테롤을 제거함으로써 콜레스테롤이 적은 식품을 생산한다.

③ 콜레스테롤이 적게 함유된 식품을 소비하는 방법 : 이 경우에는 식품 중에 지질이 결핍되면 식품의 맛, 냄새 및 조직감이 결여되기 때문에 이를 극복하는 것이 문제이다.

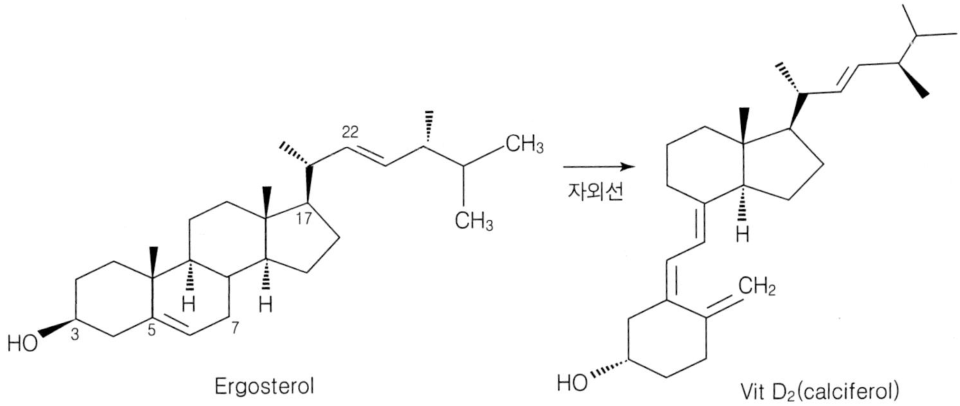

그림 4-9. 에르고스테롤과 비타민 D_2
(━은 지면의 앞쪽, ┅은 지면의 뒤쪽)

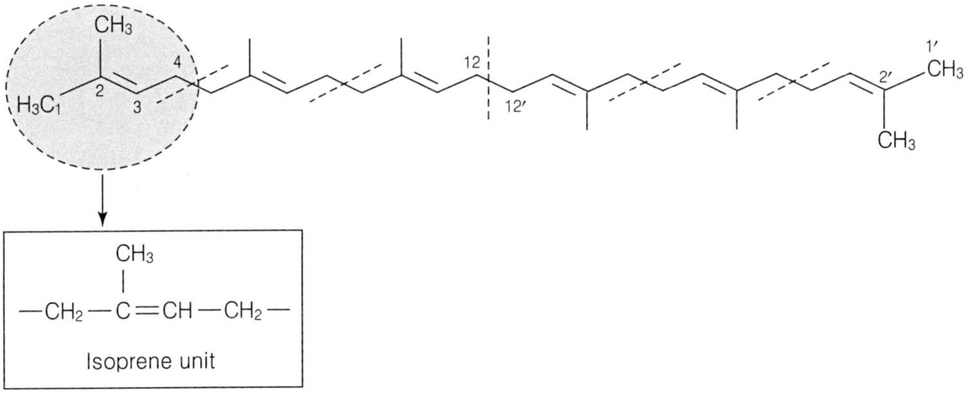

그림 4-10. 스쿠알렌(squalene)의 구조

를 이용하여 지질을 추출할 때에 함께 추출되는 고분자 물질이고, 분자 구조 중에 카르복실기(-COOH)를 가지고 있지 않기 때문에 검화되지 않는다. 대표적인 탄화수소의 예로는 스쿠알렌(squalene, $C_{30}H_{50}$)이 있다. 스쿠알렌은 심해 상어의 간유 등에 함유되어 있는 대표적인 무색의 탄화수소로서 6개의 이소프렌(isoprene) 단위로 구성되어 있기 때문에 분자 내에 6개의 이중결합을 갖는다(그림 4-10). 스쿠알렌은 생체 내에서 콜레스테롤과 트리테르펜(triterpene)의 생합성에 관여하며, 비타민 D의 효력을 높여 주는 생리활성을 갖는다. 또 스쿠알렌은 융점이 -75℃로 아주 낮기 때문에 저온용 윤활유 등의 공업적 용도로도 이용된다.

3. 지질의 성질

1) 물리적 성질

지질의 물리적 성질은 유지를 구성하는 지방산의 종류나 양에 따라 크게 달라진다. 하지만 유지는 단순화합물이 아니므로 순수한 지방산과 같이 명확한 성질을 나타내지 않는다. 유지의 물리적 성질로는 색, 냄새, 용해성, 융점, 발연점, 인화점, 연소점, 점도, 굴절률 및 비중 등을 들 수 있다(표 4-5).

(1) 색, 냄새

순수한 지방은 색과 냄새가 없다. 하지만 시판되고 있는 유지들은 특유의 냄새와 색을 띠고 있는데, 이와 같은 색과 냄새는 일반적으로 유지의 원료로부터 혼입되었거나 또는 저장이나 유통 중에 생성된 것이다.

(2) 용해성

유지는 물에 녹지 않고 유기용매에 녹는다. 유지는 글리세롤의 알코올기(-OH)와 유지를 구성하는 지방산의 카르복실기(-COOH)가 에스테르 결합을 하여 생성되는데

표 4-5. 유지의 물리적 성질

성 질	요 약
색, 맛, 냄새	순수한 유지는 무색・무미・무취이다. 하지만 유지 이외의 성분이 미량 존재하여도 특유한 색, 맛, 냄새를 낸다.
용해성	물에 녹지 않으며 유기용매에 녹는다.
융점	구성 지방산의 탄소수가 많을수록 높아지고, 이중결합이 많을수록 낮아진다.
발연점, 인화점	보통 200℃ 이상이다. 인화점은 300℃ 이상이지만 구성 지방산의 탄소수가 적으면 낮아진다.
점도	장쇄지방산은 점도를 높인다. 불포화지방산은 점도를 떨어뜨리고, 유지가 변패하면 점도가 높아진다.
굴절률	고급 지방산과 불포화지방산의 함량이 높은 유지일수록 굴절률이 크다. 또한 유리지방산 함량이 많을수록 낮아진다.
비중	보통 0.90～0.98이다. 저급지방산과 불포화지방산의 함량이 증가할수록, 산패가 진행될수록 비중은 증가한다.
유화성	모노글리세리드, 디글리세리드 및 레시틴은 유화작용이 있다.

유지를 구성하는 성분들의 친수성은 작고, 지방산이 지니는 소수성은 크기 때문에 물에 용해되지 않는다. 유지를 구성하는 지방산의 탄소수가 6개 이하이면 소수성이 크지 않기 때문에 물에 용해되지만, 지방산의 탄소수가 많으면 많을수록 소수성이 증가되기 때문에 물에 용해되기 어렵게 된다.

(3) 휘발성

유지를 구성하는 지방산의 탄소수가 증가함에 따라 휘발성은 저하된다. 일반적으로 수증기 증류에 의하여 카프린산(capric acid, $C_{10:0}$)까지 유출되기 때문에 보통 카프르산까지를 휘발성 지방산이라고 한다.

(4) 융점

포화지방산은 자연상태에서 고체로 존재하고 불포화지방산은 액체로 존재한다. 그러므로 포화지방산의 비율이 높으면 융점이 높아지고, 불포화지방산의 비율이 높으면 융점은 낮아진다(표 4-1과 표 4-2 참조).

유지를 구성하는 지방산 중에 이중결합의 수가 많아짐에 따라 유지의 융점은 낮아진다. 그러므로 불포화지방산을 많이 함유한 식물성 지방은 상온에서 액상이며 융점이 0℃ 이하이고, 포화지방산을 많이 함유한 동물성 지방은 상온에서 고체이며, 융점이 높다. 해산동물의 어유, 간유 및 고래기름 등은 고도불포화지방산을 많이 함유하고 있기 때문에 상온에서 액상이며 융점이 낮다.

유지를 구성하는 지방산의 사슬길이가 길수록 유지의 융점은 높아진다. 예를 들면 탄소수 16개인 팔미트산의 융점은 63℃, 탄소수 18개인 스테아르산의 융점은 70℃이다. 야자유의 포화지방산 함량은 팜유나 카카오 지방보다 높지만 탄소수 12개 이하의 저급지방산을 많이 함유하고 있기 때문에 융점은 반대로 낮다.

시스형보다는 트랜스형의 융점이 높다. 예를 들면 트랜스형인 엘라이드산(elaidic acid, $C_{18:1}$)의 융점은 45℃이지만 시스형인 올레산(oleic acid, $C_{18:1}$)의 융점은 11℃이다. 또한 이중결합의 위치도 유지의 융점에 영향을 주어 비공액(nonconjugated) 고도 불포화지방산보다 **공액**(conjugated) **고도불포화지방산**의 융점이 높다.

▸ 공액고도불포화지방산

공액이중결합을 많이 지니는 불포화지방산이다. 공액이중결합은 –CH=CH–CH=CH–와 같이 단중결합을 사이에 둔 이중결합의 조를 말한다. 공액이중결합을 갖는 분자는 특이한 성질을 나타내는 것으로 알려져 있다.

이와 같이 유지의 융점은 그 지방산의 조성 등에 따라 달라진다. 하지만 유지는 여러 가지 트리글리세리드(triglyceride)의 혼합물이기 때문에 유지의 융점은 단일 지방산과는 다르며 일정한 값을 나타내지 않는다. 그러므로 유지의 융점과 관련한 물리적 특성을 나타낼 때에는 고체 지방지수(solid fat index, SFI)를 사용하는 것이 바람직하다. 고체 지방지수는 일정한 온도에서 고체상태 유지와 액체상태 유지의 비율을 말한다.

(5) 발연점, 인화점, 연소점

발연점은 유지를 가열하여 유지의 표면에서 푸른색 연기가 발생할 때의 온도를 말하고, 인화점은 유지가 발화하는 온도를 말하며, 연소점은 유지가 지속적으로 연소되는 온도를 말한다. 일반적으로 유지의 인화점은 300℃ 이상이며, 연소점은 인화점보다 약 30～50℃ 정도 높다. 유지의 발연점과 인화점은 유리지방산 함량이 많을수록, 저급 지방산의 함량이 많을수록 그리고 공기에 대한 노출표면적이 클수록 낮아진다. 유지의 이와 같은 성질은 공기중에서 유지를 가열할 때의 안정성을 나타내는 것이기 때문에 식품을 기름에 튀기는 과정에 있어 매우 중요하다(표 4-6).

(6) 점도

점도는 유체의 흐름에 대한 저항의 크기를 나타내는 것이며, 온도에 따라 크게 달라지기 때문에 일반적으로 25℃에서 측정한다. 유지의 점도는 유지 분자량에 영향을 받는다. 즉 유지를 구성하는 저급 지방산의 함량이 높을수록 점도는 낮아진다. 또한 유지를 구성하는 지방산의 불포화도가 높으면 점도는 낮아지며 유지를 고온에서 가열하면 산화, 중합되어 점도가 높아지게 된다. 여러 가지 액체 유지의 점도는 피마자유>채종유>미강유, 참기름>면실유>옥배유>대두유, 해바라기유의 순이다.

표 4-6. 각종 유지의 발연점, 인화점 및 연소점(℃)

유 지	발연점	인화점	연소점
피마자유(정제)	200	298	335
옥수수유(조제)	178	294	346
옥수수유(정제)	227	326	359
아마인유(조제)	163	287	353
아마인유(정제)	160	309	360
콩기름(조제)	210	317	354
콩기름(정제)	256	326	356
올리브유(조제)	199	321	361

(7) 굴절률

광선이 공기 중에서 시료(유지)로 나아갈 때 입사각(α)과 굴절각(γ) 사이의 sin α/sin γ 값을 말한다(그림 4-11). 굴절률은 온도에 따라 현저히 변화하므로 일정한 온도(25℃)에서 측정하여야 한다. 일반적으로 유지의 굴절률은 1.45~1.47 정도이다. 유지의 굴절률은 유지를 구성하는 지방산의 종류와 밀접한 관계가 있는데, 장쇄 지방산과 불포화지방산의 함량이 높은 유지일수록 굴절률이 크다. 또한 유지의 굴절률은 유리지방산 함량이 높을수록 낮아진다. 굴절률은 유지의 품질감정과 수소첨가 반응의 진행 정도를 아는데 이용된다.

(8) 비중

유지의 비중은 25℃에서 0.91~0.92로 물보다 가볍다. 유지의 비중은 온도가 상승함에 따라 감소하며, 저급지방산과 불포화지방산의 함량이 증가할수록 증가한다. 또한 피마자유에 존재하는 리시놀산[ricinoleic acid, $C_{17}H_{32}(OH)COOH$]과 같이 수산기를 지니는 **히드록시**(hydroxy) **지방산**의 함량이 증가됨에 따라 유지의 비중은 커진다.

(9) 유화성

지질 중에서 인지질은 분자구조 중에 친수성기와 소수성기를 함께 가지고 있으므

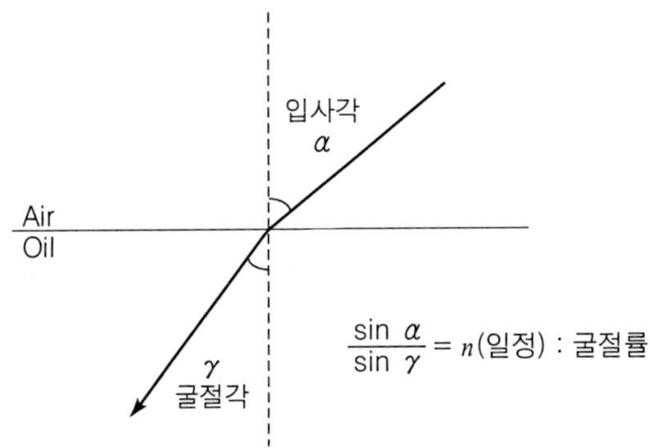

그림 4-11. 유지의 굴절률

▸ **히드록시 지방산**

분자구조 중에 알코올기(-OH)를 지니는 지방산을 말하며, 피마자유 중의 ricinoleic acid(12-hydroxy-9-*cis*-octadecenoic acid)가 대표적인 예이다.

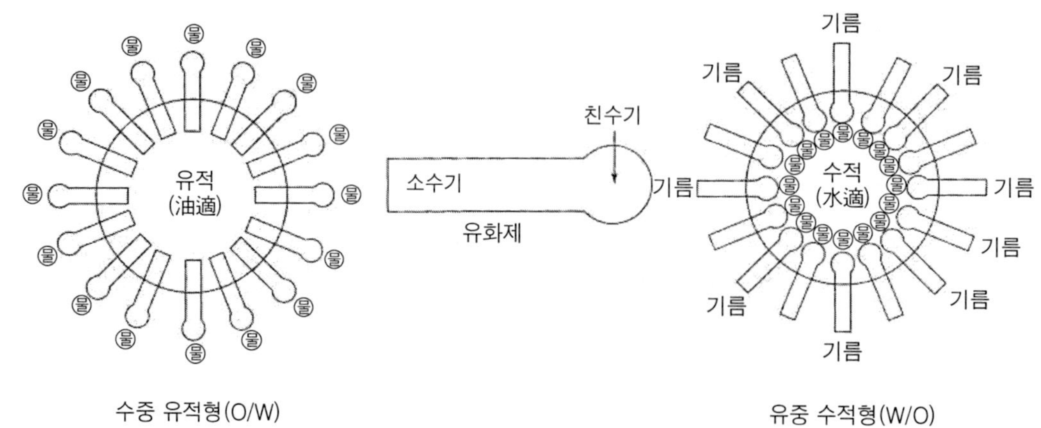

그림 4-12. 유화제와 유화액의 형태
(豊田 正武 等, 食物・榮養系のための基礎化學, p. 59, 丸善株式會社, 2007)

로 지질을 유화시키는 성질이 있다. 이러한 성질을 지니는 물질을 유화제(emulsifying agent)라고 하는데, 유화제는 식품산업에서 광범위하게 이용된다. 천연유화제에는 레시틴(lecithin), 스테롤(sterol), 모노글리세리드(monoglyceride), 디글리세리드(diglyceride), 담즙산 및 단백질 등이 있으며, 합성유화제로는 솔비톨(sorbitol, 제3장 탄수화물 65페이지 참조)의 유도체인 솔비탄(sorbitan)과 지방산이 에스테르 결합한 솔비탄지방산에스테르(sorbitan fatty acid ester)와 설탕과 지방산이 에스테르 결합한 설탕지방산에스테르(sucrose fatty acid ester) 등이 있다.

지질의 유화에는 두 가지 형태가 있다. 즉, 물 속에 기름의 입자가 분산되어 있는 수중유적형[水中油滴型, oil in water type(O/W)]과 기름 속에 물이 분산되어 있는 유중수적형[油中水滴型, water in oil type(W/O)]이 있다(그림 4-12). 전자의 예로는 우유, 아이스크림 및 마요네즈 등이 있고, 후자의 예로는 버터와 마아가린 등이 있다. 이와 같은 유화액의 형태에 영향을 주는 요인에는 다음과 같은 것들이 있다.

① 유화제의 성질

친수성기가 강하면 O/W형, 소수성기가 강하면 W/O형이 된다. 그러므로 레시틴(lecithin)은 O/W형, 세팔린(cephalin)은 W/O형의 유화액을 만든다.

② 물과 기름의 비율

물이 많으면 O/W형, 기름이 많으면 W/O형이 된다.

③ 물과 기름의 첨가순서

물에 기름을 넣으면 처음에는 O/W형이있다가 나중에 기름이 많아지면 W/O형이 된다.

④ 기름의 성질

유지 중의 친수기, 소수기의 양에 따라 유화액의 형태가 달라진다.

(10) 가소성

가소성이란 외부의 힘에 의하여 변형이 일어난 다음 그 힘이 제거된 뒤에도 원래 상태로 돌아오지 않는 성질이다. 예를 들면 버터에 수저 등으로 힘을 가하면 그 모양이 변형되는데, 버터로부터 그 수저를 떼어도 버터의 모양은 원래 상태로 돌아오지 않는다. 가소성은 유지의 고체 지방지수와 매우 깊은 관련을 가지고 있으며 버터, 쇼트닝 및 초콜릿 등의 품질에 영향을 주는 매우 중요한 특성이다.

2) 화학적 성질

유지의 화학적 성질을 표 4-7에 나타내었다. 유지의 화학적 성질은 각각의 유지를 구성하는 지방산 조성에 의하여 결정된 유지의 특수한 값을 나타내는 특수(特數)와 저장이나 가공 중에 변화하는 변수(變數)로 나누어진다.

(1) 특수

① 검화가

검화(saponification)는 그림 4-13에서 보는 바와 같이 유지를 알칼리(KOH)로 분해시키는 반응을 말하는데, 반응의 결과 비누가 생성되기 때문에 비누화 반응이라고도 한다. 검화가(saponification value)는 유지 1 g을 검화하는 데 필요한 수산화칼륨(KOH)의 mg 수를 말한다.

아래 식에서 보는 바와 같이 유지의 검화가는 유지의 분자량과 반비례 한다. 검화가가 크면 유지의 분자량은 작고, 검화가가 작으면 유지의 분자량은 크다. 그러므로 검화가를 측정하면 유지의 평균 분자량을 알 수 있고, 유지의 평균 분자량을 알면 유지를 구성하는 지방산의 분자량을 알 수 있게 된다. 일반적으로 유지의 검화가는 180~200 정도인데, 저급 지방산으로 구성된 버터의 검화가는 210~230, 야자유의 검화가는 250~260 정도이다.

유지의 성질은 그 유지를 구성하는 지방산의 종류나 양에 따라 크게 달라진다. 그

표 4-7. 유지의 화학적 성질(특수와 변수)

	명 칭	정 의	얻어지는 정보
특수	검화가 (saponification value)	유지 1 g을 검화(알칼리 가수분해)하는데 필요한 KOH의 mg 수	구성지방산의 평균 분자량 (검화가 크다→분자량이 작다) (검화가 작다→분자량이 크다)
	요오드가 (iodine value)	유지 100 g과 반응하는 요오드의 g 수	구성지방산의 불포화도
	Rhodan[thiocy-anogen, (SCN_2)]가	유지 100 g에 첨가되는 rhodan의 g 수	구성지방산의 불포화도
	Reichert-Meissle가	유지 5 g을 검화한 후 산성에서 증류하여 얻은 수용성 휘발성 지방산을 중화하는데 필요한 0.1 N KOH의 ml 수	수용성 휘발성 지방산의 양
	Polenske가	유지 5 g을 분해하여 생성되는 물에 녹지 않는 휘발성 지방산을 중화하는데 필요한 0.1 N KOH의 ml 수	물에 불용성 휘발성 지방산의 양
	Acetyl가	유지에 무수초산을 반응시켜 acetyl화한 유지 1 g을 다시 가수분해할 때 얻어지는 초산을 중화하는데 필요한 KOH의 mg 수	수산기의 양
	Hener가	유지 중의 물에 녹지 않는 지방산의 함량을 전체 유지의 양에 대한 백분율(%)로 표시한 것	소수성 지방산의 함량
변수	산가(acid value)	유지 1 g에 함유되어 있는 유리지방산을 중화하는데 필요한 KOH의 mg 수	기름의 품질상태, 유지 중의 유리지방산의 양
	과산화물가 (peroxide value)	유지 1 kg에 함유되어 있는 과산화물의 밀리몰수 또는 밀리 당량수	초기의 산패도
	Carbonyl가	유지 1 kg에 함유되어 있는 carbonyl화합물의 mg당량수	변패 정도
	TBA가 (thiobarbituric acid value)	유지 1 kg 중에 함유되어 있는 malonaldehyde의 mol 수	유지의 산패도

$$\begin{array}{llllll} CH_2O-OCR_1 & & & CH_2OH & & R_1COOK \\ | & & & | & & \\ CHO-OCR_2 & +\ 3\ KOH & \xrightarrow[\text{검화}]{} & CHOH & + & R_2COOK \\ | & & & | & & \\ CH_2O-OCR_3 & & & CH_2OH & & R_3COOK \\ \text{Triglyceride} & & & \text{Glycerol} & & \text{지방산의 K염(비누)} \end{array}$$

그림 4-13. 유지의 검화

러므로 검화가를 측정하면 유지의 성질을 파악할 수 있기 때문에 유지의 검화가를 측정하는 것은 매우 중요한 것이다.

유지 1 mole(triglyceride) : KOH 3 mole
유지 1 mole : 168,300 ㎎(= 56.1 g × 3) = 유지 1 g : 검화가

그러므로

$$\text{검화가} = \frac{168{,}300\ \text{mg}}{\text{유지 g 분자량(g)}}$$

예 디글리세리드(diglyceride)인 어느 유지의 검화가가 100이라면 이 유지의 평균 분자량은 얼마인가?

$$100 = \frac{112{,}200(=56.1\text{g}\times 2)}{\text{유지 분자량}}$$

$$\text{유지 분자량} = \frac{112{,}200}{100} = 1{,}122$$

② 요오드가

요오드가(iodine value)는 유지를 구성하는 지방산의 불포화 정도를 나타내는 값으로 유지 100 g 중에 부가(첨가)되는 요오드의 g 수로 나타낸다. 그러므로 불포화지방산을 많이 함유하고 있는 유지는 요오드가가 높다. 일반적으로 식물성 유지는 불포화지방산의 함량이 높으므로 요오드가가 높다.

식물성 유지는 요오드가에 의하여 건성유(drying oil, 130 이상), 반건성유(half drying oil, 100～130) 및 불건성유(non drying oil, 100 이하)로 구분된다. 건성유에는 해바라기씨유, 호두유, 들깨유 및 아마인유 등이 있고, 반건성유에는 면실유, 옥수수유, 참기름 및 대두유 등이 있으며, 불건성유에는 올리브유, 팜유 및 피마자유 등이 있다. 요오드가는 유지의 자동산화(제11장 지질의 변화 284페이지 참조) 중에는 거의 변화가 없으나, 가열에 의하여 감소되기 때문에 유지의 가열산패 정도를 측정할 때 유용한 정보로 활용된다.

③ 로단가

로단가(rhodan value)는 유지의 불포화도를 측정하는 또 다른 방법으로 유지 100 g에 첨가되는 로단[thiocyanogen, $(SCN)_2$]의 g 수로 나타낸다. 로단은 요오드와 달리 특정한 이중결합의 위치에만 부가된다. 예를 들면 올레산(oleic acid)에는 요오드 1몰(mole), 로단 1몰이 부가되지만, 리놀레산(linoleic acid)에는 요오드 2몰, 로단 1몰이 부가되고, 리놀렌산(linolenic acid)에는 요오드 3몰, 로단 2몰이 부가된다. 그러므로 어느 유지의 요오드가와 로단가의 차이가 크다는 것은 리놀레산과 리놀렌산의 함량이 많다는 것을 의미한다.

④ 라이헤르트-마이슬가와 폴렌스케가

라이헤르트-마이슬가(Reichert-Meissle value)는 5 g의 유지를 검화하고 증류하여 얻은 휘발성 수용성 지방산(C_4와 C_6)을 중화하는데 필요한 0.1 N KOH의 mℓ 수를 말하고, 폴렌스케가(Polenske value)는 5 g의 유지를 검화하고 증류하여 얻은 휘발성 불용성 지방산($C_8 \sim C_{12}$)을 중화하는데 필요한 0.1 N KOH 용액의 mℓ 수를 말한다(그림 4-14). 유지방(乳脂肪)에는 휘발성 수용성 지방산인 부티르산(butyric acid, C_4)이 많고, 야자유에는 휘발성 불용성 지방산인 카프린산(capric acid, C_{10})이 많기 때문에 이 실험방법을 이용하면 버터에 혼입된 야자유의 양을 알 수 있으며, 버터의 진위 여부를 가리는 방법으로 많이 사용된다.

⑤ 헤너가

헤너가(Hener value)는 유지 중에 존재하는 물에 녹지 않는 지방산의 양을 전체 유지의 양에 대한 백분율(%)로 표시한 것이다.

⑥ 아세틸가

아세틸가(acetyl value)는 아세틸화시킨 유지[유지 + 초산(CH_3COOH)] 1 g을 다시

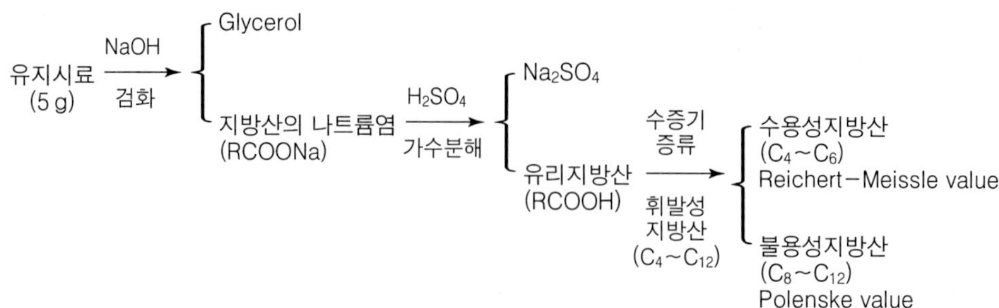

그림 4-14. 라이헤르트-마이슬가와 폴렌스케가

표 4-8. 여러 가지 유지의 중요한 화학적 성질(특수)

유 지	검화가	요오드가	Reichert-Meissle가	Polenske가
쇠기름(beef tallow)	196~120	35.4~42.3	–	–
버터기름(butter)	210~230	26~28	17~35	2~3
피마자유(castor)	175~183	84	–	–
코코야자유(coconut)	253.4~262	6.2~10	7~8	–
옥수수유(corn)	187~193	111~128	–	–
면실유(cotton seed)	194~196	103~111.3	1	–
아마인유(linseed)	188~195	175~202	–	–
올리브유(olive)	185~196	79~88	1~2	–
팜 야자유(palm)	200~205	49.2~58.9	1~2	15~20
땅콩기름(peanut)	186~194	88~98	–	–
참기름(sesame)	188~193	103~117	1	–
대두유(soybean)	189~193.5	122~134	1~3	–
채종유(rape seed)	168~179	94~105	–	–
해바라기기름(sun flower)	188~193	129~136	–	–
돼지기름(lard)	193~198	62.5~79	–	–
간유(cod liver)	171~189	137~166	–	–
고래기름(whale)	160~202	90~146	–	–

가수분해할 때 얻어지는 초산을 중화하는 데 필요한 KOH의 mg 수를 말한다. 아세틸화 반응에서 초산은 유지 중의 알코올기(-OH)와 반응하기 때문에 아세틸가는 유지 중의 알코올기 함량을 나타낸다. 히드록시 지방산을 함유하는 피마자유나 산패유에서는 아세틸가가 높게 나타난다.

(2) 변수

① 산가

산가(酸價, acid value)는 유지 1 g 중에 함유된 유리지방산을 중화하는 데 필요한 수산화칼륨(KOH)의 mg 수를 말한다. 다음의 화학반응과 같이 유지 중에 유리지방산의 양이 많으면 KOH의 소비량이 많아진다.

$$RCOOH(\text{유리지방산}) + KOH \longrightarrow RCOOK + H_2O$$

유리지방산이란 그림 4-15에서 보는 바와 같이 유지의 가수분해에 의하여 생성되기 때문에 유지 중에 유리지방산이 많이 존재한다는 것은 그 유지가 가공, 저장 및 이용 중에 물리적, 화학적으로 많은 변화가 있었음을 나타낸다. 특히 유지의 산가는 가열시간이 길어질수록, 튀김횟수가 많아질수록 높아지기 때문에 유지의 산가를 측정

$$
\begin{array}{llcllll}
CH_2O-OCR_1 & & \text{저장, 이용 중 가수분해} & CH_2OH & & R_1COOH \\
| & & & | & & \\
CHO-OCR_2 & +\ 3\ H_2O & \xrightarrow[\text{빛·산소 등}]{} & CHOH & + & R_2COOH \\
| & & & | & & \\
CH_2O-OCR_3 & & & CH_2OH & & R_3COOH \\
\text{Triglyceride} & & & \text{Glycerol} & & \text{Free fatty acid (유리지방산)}
\end{array}
$$

그림 4-15. 유리지방산의 생성

하면 유지의 신선도를 예측할 수 있게 된다.

일반적으로 식용유지의 산가는 1.0 이하를 나타내지만 우지 0.25, 옥수수유 1.32~2.02, 대두유 0.3~1.8, 야자유 10 및 라드(lard) 1.56으로 유지의 종류에 따라 다르다. 참고로 정제하지 않고 식용하는 참기름은 9.8 정도로 매우 높은 산가를 나타낸다.

② 과산화물가

유지가 산패되면 유지 중에는 우리 건강에 매우 좋지 않은 과산화물(peroxide compounds)이 생성되는데 유지의 과산화물가(peroxide value)를 측정하는 것은 유지 중의 과산화물의 양을 측정하는 것이다. 과산화물가(peroxide value)의 측정 원리는 다음과 같다.

유지 중의 과산화물 + KI → I_2(요오드) 생성(생성되는 요오드의 양은 유지 중의 과산화물 양에 비례) → 생성된 요오드의 양을 치오황산나트륨($Na_2S_2O_3$)으로 측정(아래 화학반응 참조) → 유지 중의 과산화물 양 계산

$$I_2 + 2\ Na_2S_2O_3 \longrightarrow 2\ NaI + Na_2S_4O_6$$

과산화물은 산패가 진행됨에 따라 증가하다가 카르보닐(carbonyl) 화합물로 분해되기 때문에 결국은 그 양이 감소하게 된다. 그러므로 유지의 과산화물가는 초기단계에 있어서 유지의 산패 정도를 나타내는 기준이 된다. 과산화물가는 유지 1 kg에 함유된 과산화물의 mg 당량수를 말하는데, 일반적으로 식물성 유지 60~100 meq/kg, 동물성 유지 20~40 meq/kg 정도면 산패가 발생한 것으로 판단한다.

③ 카르보닐가

카르보닐가(carbonyl value)는 유지의 산패과정 중 과산화물로부터 2차적으로 만들어진 알데히드(aldehyde)나 케톤(ketone) 등과 같은 카르보닐 화합물의 양을 나타내는 것인데, 유지 1 kg 중에 함유되어 있는 카르보닐 화합물의 mg 당량수로 표시한다. 카르보닐 화합물의 양은 유지의 산패 중에 계속 증가한다. 카르보닐가의 측정은

아래와 같은 반응에서 2,4-dinitro phenyl hydrazone의 양을 비색법으로 측정한다. 비색법이란 색의 진하고 흐림을 측정하여 물질의 양을 측정하는 식품분석법이다.

카르보닐화합물 + 2,4-nitrophenyl hydrazine + NaOH ⟶ 2,4-dinitro phenyl hydrazone

④ TBA가

TBA가(thiobarbituric acid value)는 유지 1 kg 중에 함유되어 있는 말론알데히드[malonaldehyde, $CH_2(CHO)_2$]의 몰수로 표시하는데, TBA가는 유지 산패 중 계속 증가한다. TBA가의 측정은 다음과 같은 반응에서 붉은색의 착화합물 양을 비색법으로 측정한다.

Malonaldehyde[$CH_2(CHO)_2$] + 2-thiobarbituric acid + HCl ⟶ 붉은색의 착화합물

4. 식용유지

식품 중에 존재하는 지질은 열 전달매체로서 작용할 뿐만 아니라 풍미를 좋게 하고 단백질 식품의 품질을 개선시키는 작용을 한다. 동물유지는 주로 용융법(溶融法), 식물유지는 주로 압착법과 추출법에 의하여 얻어지는데, 이렇게 채유한 원유(原油)

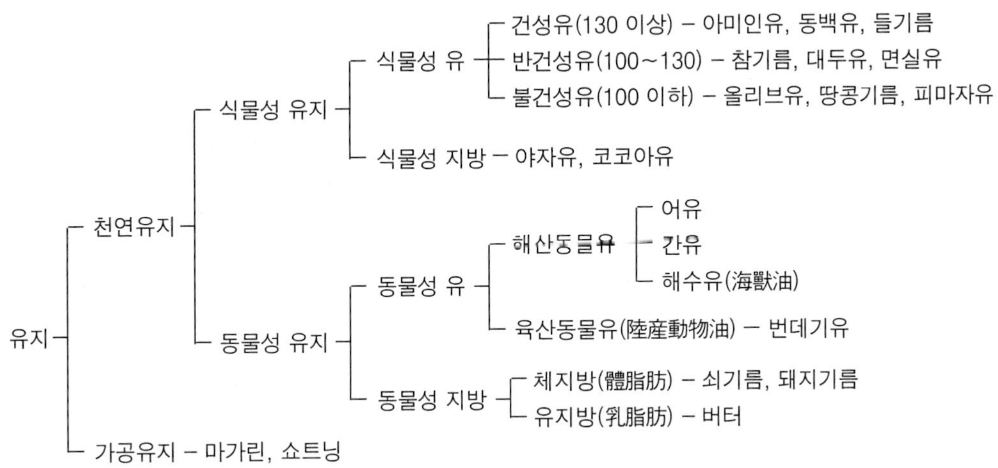

그림 4-16. 유지의 분류
( ) 내는 요오드가를 나타냈다.

는 정제과정을 거친 후에 용도에 따라 수소첨가에 의한 경화(硬化), 에스테르(ester) 교환 및 유화 등의 가공처리가 행하여진다. 식용유지는 그림 4-16과 같이 분류된다.

1) 정 제

원료로부터 채취된 유지는 탈검, 탈산, 탈색 및 탈취 등의 **정제** 과정을 거쳐 식용유로 사용된다. 특히 샐러드유(salad oil)의 경우는 융점이 높은 고체지방을 제거하는 조작(탈납, winterization)을 행하여 내한성을 높인 것이다.

2) 유지의 이용

품질이 좋은 튀김기름은 다음과 같은 조건을 지녀야 한다.

① 식용유지의 첫째 조건은 풍미가 좋아야 한다.
② 색깔과 냄새가 없어야 한다.
③ 발연점이 높아서 튀김 중에 그 소모량이 적어야 한다.
④ 쉽게 피로하지 않아야 한다(튀김 중에 점도 변화가 없어야 한다).

표 4-9에 식용유지의 용도별로 필요한 성질을 나타내었다.

3) 수소첨가

유지의 물리적 특성은 유지를 구성하는 지방산에 의해서 결정된다. 일반적으로 액체유지는 물성이 불안정하다. 그러므로 액체유지에 인위적으로 수소를 첨가하고 유지의 상태를 고체로 만들어 안전성을 높이고 다양한 용도로 사용하는데 이를 경화라고 한다. 불포화지방산을 많이 함유하고 있는 유지에 니켈(Ni)이나 백금(Pt) 등을 촉매로 수소를 첨가하면 불포화지방산이 포화되므로 유지의 융점이 상승되고 경화(hardening)되는데, 이렇게 만들어진 기름을 경화유(hardening oil)라고 한다. 이 방

▸ 유지의 정제

유지의 정제과정은 다음과 같은 순서로 진행된다.

① 탈검 ; 유지 중에 존재하는 인지질을 제거하는 과정이다.
② 탈산 ; 유지 중에 존재하는 유리지방산을 제거하는 과정이다.
③ 탈색 ; 유지 중에 존재하는 색을 제거하는 과정이다.
④ 탈납 ; 유지 중에 존재하는 고체지방(왁스, wax)을 제거하는 과정이다.
⑤ 탈취 ; 유지 중에 존재하는 냄새를 제거하는 과정이다.

표 4-9. 식용유지의 용도별로 필요한 성질

용 도		필요한 성질	효 과	식용유지
사라다용 (마요네즈, 드레싱)		풍미의 안정성 및 내한성이 좋을 것		대두유, 해바라기유, 옥수수유 등
튀김용	튀김 후라이용	열안정성 및 가수분해 안정성이 좋으며, 발연점이 높고, 착색되기 어려울 것	① 전분을 α 화한다. ② 단백질을 변성시킨다. ③ 다공질로서 식감이 좋은 식품을 만든다. ④ 독특한 맛을 나타낸다.	돼지기름, 대두유, 옥수수유, 유채유 등
	포테토칩, 즉석면용 (장기유통 식품용)	상기 성질에 산화안정성이 좋을 것		돼지기름, 야자유, 팜유
조리용(볶음용)		열안정성이 좋고, 휘발성이 적을 것, 기름이 튀지 않을 것	① 맛을 좋게 한다. ② 달라 붙은 것을 방지한다. ③ 색과 향을 나타낸다.	돼지기름, 대두유, 참기름 등
제과용, 제빵용	빵 반죽용	넓은 온도 범위에서 변화하지 않고 적절한 가소성을 가지며 분산성이 좋을 것	① 풍미, 영양가를 높인다. ② 반죽의 기계적 내성을 강화한다. ③ 결이 얇아 촉감과 씹는 감촉이 좋게 된다. ④ 빵의 노화를 방지한다.	버터, 마가린, 쇼트닝
	비스킷, 크래커용	쇼트닝성이 좋고, 산화안정성이 좋을 것	부서지기 쉬운 성질을 부여한다.	쇼트닝, 마가린
	분무용 (찹쌀떡, 과자류에 분무)	산화 안정성이 좋고, 유지와 식품 사이에 풍미의 조화가 좋을 것	전분이 주성분이며, 수분이 적은 제품에 분무하여 부서지기 쉬운 성질을 좋게 한다.	미강유, 팜유, 야자유
	초콜릿용	상온에서는 단단하고, 체온 보다 높은 온도에서 쉽게 용해될 것	입 안에서 잘 녹게 된다.	카카오기름, 단단한 버터
	버터, 크림용	크림성, 입 안에서 녹고 유화성이 좋을 것	① 풍미가 좋으며, 입 안에서 잘 녹게 된다. ② 결이 얇게 되며 보존에 의하여 축소되지 않아 보형성이 좋다. ③ 밀납이 분리되지 않는다.	버터, 마가린, 쇼트닝
식탁용		신전성, 입 안에서 잘 녹고 영양가가 좋을 것		버터, 마가린

법은 불포화지방산을 많이 함유한 동식물성 기름, 예를 들면 어유(魚油), 고래기름 및 대두유 등을 이용하여 마아가린(margarine), 쇼트닝(shortening) 및 샐러드유(salad oil) 등을 제조할 때 사용된다.

경화유는 액상유지에 비해 보다 장시간 사용이 가능하고, 바삭바삭한 식감과 튀길수록 고소한 풍미를 더해 주기 때문에 많이 사용하여 왔다. 하지만 액상유지에 수소 첨가를 하면 유지 중의 이중결합 위치가 이동할 뿐만 아니라, 시스(*cis*)형에서 트랜스(*trans*)형으로 전환된다. 트랜스 지방이 생성되는 것이다. 일반적으로 *cis*형보다 *trans*형의 것이 융점이 높으며 산화 안정성도 크다. **천연의 트랜스 지방**이 쇠고기, 양고기 및 유제품 등에 소량 함유되어 있으나, 식품에 존재하는 대부분의 트랜스 지방은 인공적으로 만들어진 것이다. 최근에 트랜스 지방이 동맥경화나 심혈관계 질환과 밀접한 관계가 있음이 밝혀짐에 따라 미국과 덴마크를 선두로 하여 국제적으로 이에 대한 규제를 강화하는 추세이다. 예를 들면 미국의 뉴욕시는 2008년 7월부터는 모든 식당에서 트랜스 지방을 사용할 수 없게 규제를 가하고 있다. 트랜스 지방이 주로 마가린이나 쇼트닝 등과 같은 부분 경화유에 많이 들어 있으며, 이러한 유지를 원료로 하는 제품이 과자, 케이크 및 튀김류 등과 같은 어린이들이 즐겨 먹는 가공식품이라는 점에서 능동적인 대처가 시급한 실정이다.

4) 에스테르(ester) 교환

효소나 화학적 촉매를 이용하여 유지분자 내 또는 유지분자 사이에 지방산 잔기를

▸ 천연 트랜스 지방

유제품과 고기류에는 천연의 트랜스 지방이 소량 존재한다. 이러한 천연의 트랜스 지방[예 : 바크센산(vaccenic acid, $C_{18:1}$), 11-*trans* octadecenoic acid]은 관상동맥질환과 관련이 없으며, 오히려 이러한 질병을 예방하는 효과가 있다는 보고가 있다. 하지만 천연 트랜스 지방산의 하루 섭취량이 2.5 g 정도로 많지 않기 때문에 인공적으로 만들어진 트랜스 지방과 직접 비교하는 것은 문제가 있다.

▸ 트랜스 지방과 질병

① 심혈관질환

㉮ 관상동맥질환 ; 일반적으로 같은 열량의 여러 영양소들을 비교해 보면 트랜스지방이 관상동맥질환을 가장 많이 증가시키는 것으로 알려져 있다. 트랜스 지방은 혈중 콜레스테롤 상승, 염증반응의 증가 및 인슐린의 저항성 상승 등과 같은 결과를 초래하므로 관상동맥질환을

더 많이 일으키는 것으로 추측되고 있다. 최근의 연구에 따르면 총에너지 섭취량에서 트랜스지방이 차지하는 비율이 2% 증가하면 관상동맥질환이 23%나 증가하는 것으로 밝혀졌다.

㉯ 심장질환으로 인한 돌연사; 트랜스 지방은 심근경색과도 관련이 있으며, 돌연사를 증가시키는 것으로 알려져 있다.

② 당뇨병; 트랜스 지방이 당뇨병에 미치는 영향은 아직 명확하게 밝혀지지는 않고 있다. 트랜스 지방의 섭취량과 남성들의 당뇨병 발생은 큰 관련이 없었으나 여성들의 당뇨병 발생은 확실한 차이를 보였는데, 트랜스 지방을 적게 먹은 군보다 많이 먹은 군의 당뇨병 발생률이 39%나 높게 관찰되었다는 연구결과가 있다.

③ 기타 질환; 트랜스 지방은 혈중 콜레스테롤치를 상승시키기 때문에 담석증의 발생률을 높이고, 소아천식이나 알레르기 질환의 발생도 높인다고 보고되고 있다.

④ 암; 트랜스 지방의 섭취와 암의 발생은 특별한 관련이 없는 것으로 보인다.

▸ 식품 중의 트랜스 지방 저감화 기술

최근 트랜스 지방에 대한 유해성 문제가 강하게 제기되면서 트랜스 지방 함량이 매우 낮은(low *trans* 또는 zero *trans*) 제품들이 판매되고 있는데, 트랜스 지방을 함유하지 않으면서도 특유한 물성을 지니는 유지를 개발하기 위한 다양한 방법들이 연구되고 있다.

① 경화공정을 변화시키는 방법; 기존의 경화공정에서 반응조건, 촉매의 종류 및 조건을 변화시키는 방법으로 전기촉매 경화법, 정밀촉매 경화법 및 초임계 용매상태 경화법 등이 있으나 이들 방법 역시 기존의 경화공정에 기본을 두고 있기 때문에 근본적인 해결책이 되지 못하고 있다.

② 유지의 분획; 여러 가지 독특한 유지의 물성을 개발하기 위하여 기존의 유지를 용매와 혼합 또는 단독으로 저온에서 결정화하여 여러 분획으로 나눈다. 이렇게 얻어진 여러 분획들은 각각 특유한 물성을 지닌다.

③ 육종 개발을 통한 유지 자원의 개발; 팜(palm)유와 야자유는 상온에서 고체 상태이기 때문에 고체유지의 주원료로 사용되고 있다. 하지만 팜유는 물리적 특성에 한계가 있어 다양한 용도로 사용하기에는 문제가 있는 것으로 알려져 있다. 그러므로 기존의 유지원료 종자를 육종 개발하여 올레산(oleic acid) 함량을 조절한 해바라기유, 올레산 함량이 높은 옥수수유, 대두유, 캐놀라유, 라우르산(lauric acid) 함량이 높은 캐놀라유 및 팔미트산(palmitic acid) 함량이 높은 대두유 등을 개발하여 샐러드유나 튀김유로 사용하거나 다양한 형태의 가공유지로 사용하고 있지만, 이것 역시 단독으로 사용되기 보다는 다른 공정과 혼용하여 사용되고 있다.

④ 에스테르 교환반응; 유지의 물성 개발을 위해 현재 가장 많이 사용되는 방법인데, 촉매로 화학적 촉매를 사용하는 방법과 효소를 사용하는 방법이 있다. 이 방법의 기본원리는 기존의 중성지질에 결합되어 있는 지방산의 위치를 교환시켜 지방산 조성은 같지만 트리글리세리드(triglyceride) 내의 글리세롤 1, 2, 3번 탄소원자에 결합한 지방산의 분포가 다른, 즉 물리적 특성이 다른 지질을 합성하는 것이다. 보통 이러한 형태의 지질은 재구성 지질이라고 불린다.

유지 중에 트랜스 지방을 줄이기 위한 방법 중에서 에스테르 교환반응이 가장 많이 이용되고 있다. 지금까지는 화학적 촉매를 이용하는 방법이 대부분을 차지하고 있지만, 여러 가지 측면에서 볼 때 효소촉매를 사용하는 기술의 축적이 필요하다고 생각한다.

교환하면 지방산 조성이 전혀 다른 유지가 얻어진다. 즉 성질이 다른 유지가 얻어지게 된다. 이와 같은 반응을 **에스테르 교환반응**이라고 부른다(그림 4-17). 에스테르교환반응은 처음에는 유지에 독특한 기능성을 부여하기 위하여 시도하였다. 예를 들면 마가린과 쇼트닝 등과 같은 유지 가공품의 가소성(可塑性, 제17장 식품의 물성 434페이지 참조)을 크게 할 목적으로 이용하였다. 하지만 최근에 트랜스 지방의 문제점이 부각되면서 이 에스테르 교환반응은 식품 중의 트랜스 지방의 양을 줄일 수 있는 최적의 방법으로 인정받고 있다. 에스테르 교환반응에는 효소적 방법과 화학적 방법이 있지만 최근에는 효소적 방법으로 전환되고 있는 추세이다.

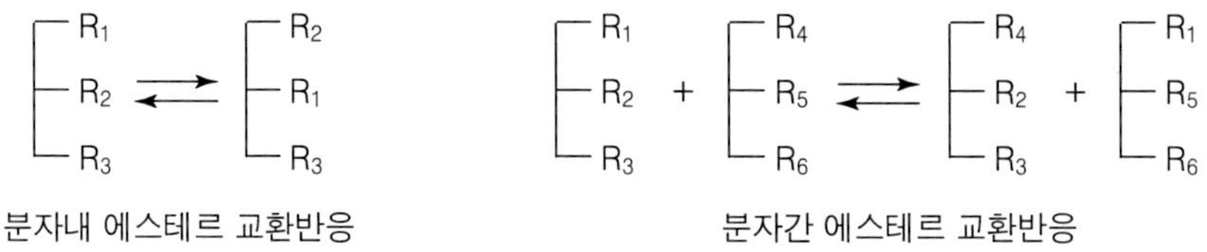

$R_1, R_2, R_3 \rightleftharpoons R_2, R_1, R_3$

분자내 에스테르 교환반응

$R_1, R_2, R_3 + R_4, R_5, R_6 \rightleftharpoons R_4, R_2, R_3 + R_1, R_5, R_6$

분자간 에스테르 교환반응

그림 4-17. 유지의 에스테르(ester) 교환반응

▸ 에스테르(ester) 교환반응(효소적 방법과 화학적 방법의 장단점)

효소적 방법은 반응특이성(제7장 효소 190페이지 참조)을 갖는 효소를 사용함으로써 다음과 같은 장점을 지닌다.

① 유지를 구성하는 글리세롤의 특정 위치에 목적하는 지방산을 간단하게 결합시킬 수 있다.
② 생산제품을 다양화 할 수 있다.
③ 반응온도가 낮아 에너지를 절약할 수 있다.
④ 부반응이 적어 최종제품의 수율이 높다.
⑤ 인체에 안전하다.

화학적 방법은 무기촉매(Na 또는 K)나 나트륨메톡시드(sodium methoxide, CH_3ONa)를 가하고 220~260℃의 고온, 고압으로 가열하는 방법인데 다음과 같은 장점을 지닌다.

① 시설투자가 적다.
② 공정의 조절이 용이하다.
③ 소량 다품종 형태의 가공유지 생산에 적합하다.

하지만 화학적 방법은 합성 및 정제과정에서의 변색, 이취 및 바람직하지 않은 불포화지방산의 중합체 형성 등의 부반응이 발생하는 것이 문제점으로 지적되고 있다.

5. 기능성 지질

지질은 에너지원, 필수지방산의 공급, 식품의 기호적 가치 향상, 지용성 비타민의 공급원, 위액의 분비 억제, 식품의 위내 체류시간 연장, 질병예방 그리고 생리활성의 조절 등과 같은 다양한 기능을 지닌다. 기능성 지질이란 질병에 대한 저항 및 생리활성을 조절하는 기능을 지닌 지질을 말하며, 기능성 지질에는 다음과 같은 것들이 있다.

1) 중쇄지방질

라우르산(lauric acid, $C_{12:0}$)이나 카프로산(caproic acid, $C_{6:0}$)과 같은 중쇄지방산을 함유한 유지는 장쇄지방산(고급 지방산)을 함유한 유지에 비하여 향과 맛이 부드럽고 산화에 대해서도 대단히 안정하며, 또한 튀김조리 후에도 점도가 상승하지 않는 등의 많은 장점을 가지고 있다. 또한 체내에서 중쇄지방산은 장쇄지방산과는 다른 대사체계를 지닌다. 즉 장쇄지방산에 비하여 대사과정이 4배 정도 빠르기 때문에 중환자나 외과 수술환자의 영양식으로 이용된다. 야자유는 라우르산이 46%, 카프로산이 6% 함유되어 있기 때문에 야자유는 중쇄지방산을 분리하는데 많이 활용되고 있다.

2) 재구성 지방질

모노아실글리세롤(monoacylglycerol)과 **디아실글리세롤**(diacylglycerol)은 **트리아실글리세롤**(triacylglycerol)과 달리 간에서 β-산화과정을 거쳐 빠르게 에너지원으로 이용되기 때문에 혈액 중 지질의 수치를 높이지 않으며, 간지방, 내장지방 및 체지방

▸ **모노아실글리세롤(monoacylglycerol)**

모노글리세리드(monoglyceride)라고도 하며, 글리세롤에 지방산이 1개 결합되어 있는 지질을 말한다.

▸ **디아실글리세롤(diacylglycerol)**

디글리세리드(diglyceride)라고도 하며, 글리세롤에 지방산이 2개 결합되어 있는 지질을 말한다.

▸ **트리아실글리세롤(triacylglycerol)**

트리글리세리드(triglyceride)라고도 하며, 글리세롤에 지방산이 3개 결합되어 있는 지질을 말한다.

을 감소시켜 체중 감소 및 비만 예방 등과 같은 생리효과가 있는 것으로 보고되고 있다. 그러므로 모노아실글리세롤과 디아실글리세롤을 지니는 유지를 생성하기 위한 화학적 및 생물학적 에스테르교환 반응이 다양하게 시도되고 있다. 또한 에스테르 교환 반응을 통하여 유지의 구성지방산을 ω-3와 ω-6 지방산으로 교환함으로써 혈전 예방이나 혈중 콜레스테롤 함량 저하 등과 같은 효과를 나타낼 수 있다.

3) DHA(docosahexaenoic acid), EPA(eicosapentaenoic acid)

고도불포화지방산인 DHA($C_{22:6}$, ω-3)와 EPA($C_{20:5}$, ω-3)는 동맥경화, 심근경색 등의 심혈관 질환예방에 효과가 있을 뿐만 아니라 체내 지방 축적을 줄여 주며, 또한 유아의 두뇌 및 시신경 발달에 중요한 영향을 미치는 것으로 알려져 있다. DHA의 주요 급원은 고등어와 같은 등 푸른 생선류이지만, 최근에는 미세조류(microalgae)가 주목받고 있다. 미세조류는 어유에 비해 DHA 함량이 높고 불쾌취가 적은 장점을 가지고 있으므로 이를 이용한 ω-3 지방산, 특히 DHA의 생산에 관한 연구가 활발히 이루어질 것으로 예상된다.

4) 코코아

코코아 지질(cocoa butter)은 26℃ 이하에서는 고체이고, 30℃ 근처에서 녹기 시작하여, 35℃ 이상에서는 급격히 용해하는 특성을 지닌다. 그러므로 코코아 지질이 녹을 때에는 부드럽고 시원한 느낌을 준다. 코코아 지질은 **1-palmitoyl-3-stearoyl-2-oleoyl**과 **1,3-distearoyl-2-oleoyl** 지질이 80%를 차지한다.

5) 대체유지

저지방 식품에 대한 소비자의 관심은 갈수록 증가되고 있다. 그러므로 식품 중의 지방함량을 낮추고, 동물성 유지는 식물성유로 대체하고, 하지만 식품의 물성이나 기

▸ 1-palmitoyl-3-stearoyl-2-oleoyl

글리세롤의 1번 탄소원자에 팔미트산(palmitic acid), 3번 탄소원자에 스테아르산(stearic acid), 2번 탄소원자에 올레산(oleic acid)이 결합한 트리글리세리드를 말한다.

▸ 1,3-distearoyl-2-oleoyl

글리세롤의 1, 3번 탄소원자에 스테아르산(stearic acid), 2번 탄소원자에 올레산(oleic acid)이 결합한 트리글리세리드를 말한다.

호성은 변하지 않은 제품 개발을 위한 연구가 활발히 진행되어 왔다. 그것이 바로 유지 대체물, 즉 **대체유지**(fat substitutes)이다. 미국에서는 40여 종의 다양한 대체지방이 특허 출원되었고, FDA(Food and Drug Administration)의 승인을 받은 제품들이 출시되고 있다. 이들 대체지방은 천연유지와 맛, 느낌, 모양 그리고 냄새가 비슷하여야 하고, 독성이 없으며 또한 이들의 대사산물이 체내에서 이용되지 못하는 경우에는 완전히 배설되어 불쾌감이나 설사 등 다른 건강상의 문제가 없어야 한다. 그러나 안

▸ **대체유지의 종류**

① 탄수화물계 대체유지 ; 탄수화물을 기본으로 한 대체유지는 친수성 교질(제17장 식품의 물성 424페이지 참조)이기 때문에 수용액 상태에서도 겔(gel)을 형성하여 긴 사슬의 고분자 물질을 만들 뿐만 아니라 점도를 증가시키기 때문에 농후제, 유화안정제 및 거품안정제 등의 기능을 부여한다. 하지만 이들은 튀김용으로 사용하기 어렵고, 제품의 수분활성도를 높여 저장기간을 단축시키며 또한 제품의 향미에 바람직하지 않은 영향을 주는 단점이 있다.

② 단백질계 대체유지 ; 단백질을 기본으로 한 대체유지는 계란, 우유, 콩 및 밀단백질을 소재로 한다. 일반적인 조리, 레토르트 식품, 초고온순간살균(UHT) 공정을 거치는 유제품, 샐러드 드레싱, 마가린, 요구르트 및 크림치즈 등과 같은 제품에 대체지방으로 사용이 가능하며, 이들 제품에서 지방과 콜레스테롤의 양을 각각 97%, 88%까지 낮출 수 있다고 보고되고 있다. 하지만 고온에서 변성되기 때문에 지방의 크리밍성과 특유의 물성을 상실하는 단점이 있다. 그러므로 고온에서의 조리나 튀김유로서는 이용하기가 어려우며, 저장기간도 2주 이하로 짧은 편이다.

③ 지방계 대체유지 ; 식물성유는 단일 또는 고도불포화지방산의 비율이 높고 콜레스테롤을 함유하지 않는다. 그러므로 가공제품에서 동물성 지방의 일부를 식물성유로 대체하면 포화지방산 함량을 낮출 수 있을 뿐만 아니라 올레산(oleic acid)과 같은 단일불포화지방산의 비율을 높일 수 있다. 예를 들면 우육 패티(patty) 등을 제조할 때에 사용하는 동물성 지방의 일부를 식물성유로 일부 대체하면 건강지향적인 소비자들의 욕구를 충족시킬 수 있을 것이다. 또한 저지방 소시지를 제조할 때에 돈지를 올리브유로 대체하고 펙틴 등을 혼합 사용하면 소시지의 지방함량을 66% 감소시킬 수 있다는 연구결과도 보고되었다.

④ 합성 대체유지와 혼합 대체유지 ; 합성 대체유지는 그 기능은 유지와 같으면서 생체 내에서 소화효소에 의하여 가수분해되지 않기 때문에 칼로리를 전혀 발생하지 않는 장점이 있으나, 안정성 등의 문제와 관련하여 미국에서는 아직 사용이 허가된 것이 없다.

⑤ 수분첨가 ; 수분은 저지방 육가공품 제조 시에 가장 경제적이고 쉽게 이용할 수 있는 대체지방이다. 이때에는 단백질 함량에 비례하는 적정 수분의 첨가가 반드시 필요하다. 첨가된 수분은 식육 단백질과 첨가된 대체지방 및 기타 첨가물을 수화시키고, 원료들이 잘 혼합되게 하여 바람직한 기호성을 부여한다. 하지만 가공 공정 중에 수분 분리현상으로 조직감의 변화를 줄 수 있으며, 수분량의 증가로 인한 미생물 오염 및 저장성 등이 문제점으로 대두되고 있다.

전성과 관련하여 승인을 받지 못하고 있는 제품도 많이 존재 하고 있으며, 기호적인 측면에서 더 많은 연구가 필요한 실정이다.

6) 프로폴리스

천연물질인 프로폴리스(propolis)는 꿀벌이 식물에서 채집한 수액에 봉납이나 타액을 혼합하여 만든 점착성이 있는 수액상의 지용성 복합체이다. 프로폴리스는 벌집의 내부를 보강하기도 하고, 강력한 살균력을 가지고 있어 유해한 미생물의 침입을 방지하는 물질이다. 프로폴리스의 생리활성은 오랫동안 많은 사람들에 의하여 충분히 입증되었다. 프로폴리스에는 플라보노이드(flavonoids, 제15장 식품의 색 381페이지 참조) 이외에 유기산, 페놀산, 알데히드, 방향족 알코올, 비타민 및 무기물 등과 같은 160여 종의 다양한 성분들이 들어 있는데, 이 중에서 주요 활성성분은 플라보노이드이다. 지금까지 알려진 프로폴리스의 생리활성과 효능으로는 항균작용, 항바이러스작용, 혈관계 조절작용, 항염증 작용, 항알레르기 작용, 항암작용 및 항산화작용 등이 있으며, 이에 대한 연구가 활발히 진행되고 있다.

7) 천연 항산화물질

생체 내에서 비정상적인 대사과정이 진행되거나, 생체가 외부로부터 비정상적인 물리화학적 자극을 받으면 체내에 활성산소(reactive oxygen species)가 생성된다. 활성산소는 반응성이 크기 때문에 생체를 구성하고 있는 단백질, 지질 및 핵산 등과 반응하여 생체분자의 활성을 저하시키거나 기능의 변화를 가져오는데, 이러한 변화는 노화 및 발암을 촉진하고 신경 장애 및 지질대사 장애 등과 같은 각종 질병을 유발하는 것으로 알려져 있다. 생명체는 이와 같은 산화적 손상을 예방하거나 복구하는 체계를 가지고 있지만, 완전한 예방이나 복구에는 한계가 있다. 그러므로 식품을 통한 항산화물질의 섭취는 체내의 산화적 손상을 예방하거나 복구하는 데 도움이 되는 것으로 알려져 있다. 최근에 새로운 항산화제의 개발은 기능성 식품과 관련한 주요 연구 분야가 되고 있으며, 항산화 효과와 관련한 항암효과 및 기타 생리활성은 식품의 주요 기능으로 자리잡고 있다.

제 5 장

단백질

개 요

단백질(蛋白質, protein)의 어원은 '가장 중요한 것'을 의미하는 그리스어의 프로테이어스(proteios)이며, 단(蛋)은 '새의 알'을 뜻하고 백(白)은 '흰'을 뜻한다. 즉 단백질이란 우리에게 가장 중요하며, 난백 중에 많이 존재하는 물질을 말한다.

단백질은 탄수화물이나 지질과 달리 구성 원소로 탄소(C), 수소(H), 산소(O) 외에 반드시 질소(N)를 가지며, 황(S)을 함유하는 것도 있다. 단백질의 특징인 질소(N)는 단백질을 구성하는 아미노산의 아미노기(amino group, $-NH_2$)로부터 유래하는데, 단백질은 약 16%의 질소를 함유하고 있다. 그러므로 식품 중의 단백질 함량을 측정할 때에는 식품 중의 질소량을 측정한 후에 **질소계수**(100/16 = 6.25)를 곱하여 조단백질의 함량을 산출한다.

단백질은 탄수화물, 지질과 함께 동식물체를 구성하는 중요한 구조물질일 뿐만 아니라 훌륭한 에너지원이다. 중요한 것은 생체 내의 영양적 측면에서 탄수화물이나 지질이 부족하면 단백질로 보충될 수 있으나 탄수화물이나 지질은 단백질을 보충할 수 없다. 단백질은 사람들에게 필수아미노산을 공급해 주고, 생체 내의 여러 가지 생리기능을 조절하는 중요한 물질이다. 또한 생명체 내에서 진행되는 수많은 생화학 반응의 촉매역할을 하는 효소(제7장)도 단백질의 일종이다. 한편 식품 중에 존재하는 단백질은 식품의 물성에 큰 영향을 미치는데, 최근에는 생리활성물질로서의 단백질의 기능이 더욱 중요시되고 있다. 그러므로 단백질의 구조와 성질을 이해하는 것은 식품화학을 공부하는데 있어 대단히 중요하다.

이 장의 줄거리

1. 단백질은 단순단백질, 복합단백질 그리고 유도단백질로 나누어진다.
2. 단순단백질은 아미노산이 수십 개 이상 펩티드 결합을 한 것을 말하는데, 단백질을 구성하는 아미노산의 종류와 수에 따라 단백질의 물리화학적 성질은 크게 달라진다. 아미노산은 분자 내에 아미노기와 카르복실기를 지니고 있으며, 단백질을 구성하는 아미노산은 모두 L형이다. 아미노

산에는 그 곁사슬 구조가 서로 다른 20여 가지가 있는데, 이 곁사슬은 용해성, 유화성 및 겔화 능력 등과 같은 단백질의 특성을 좌우한다. 단백질은 1차 구조(아미노산의 조성과 배열순서), 2차 구조(α-나선 구조 등), 3차 구조(2차 구조 사이의 수소결합 등) 및 4차 구조(3차 구조의 회합)에 의하여 입체구조를 형성하고 있다. 단백질은 입체구조를 하고 있기 때문에 다양한 기능을 지니게 되고 식품에 다양한 물성을 부여하게 된다. 단순단백질의 종류에는 알부민, 글로불린, 글루텔린, 프롤라민, 알부미노이드, 프로타민 그리고 히스톤이 있는데 이들은 산, 알칼리, 염용액 및 유기용매 등에 대한 용해성이 서로 다르다. 복합단백질은 단순단백질에 인산, 지질, 핵산, 탄수화물 및 색소 등과 같은 비단백질 부분이 결합된 단백질이며, 유도단백질은 단순단백질이나 복합단백질이 열, 산, 알칼리, 산소 및 효소 등의 작용에 의하여 변성 또는 분해된 것이다.

3. 아미노산은 종류에 따라 용해성이 다르다. 아미노산은 용액의 pH에 따라서 분자구조 중에 수소이온(H^+)을 받아들인 양(+)이온과 수소이온을 방출한 음이온(-)을 동시에 지닐 수 있는 양쪽성 화합물이다. 이와 같은 성질과 관련하여 아미노산 분자 내에 존재하는 (+)이온과 (-)이온의 숫자가 똑같을 때의 용액의 pH을 아미노산의 등전점이라고 한다. 등전점에서 아미노산은 침전되기 쉬우며, 흡착력과 기포력은 최대가 되고, 용해도, 점도 및 삼투압은 최소가 된다. 또한 아미노산은 완충능력을 지닌다. 아미노산은 닌히드린 반응이나 잔토프로테인 반응 등과 같은 여러 가지 특별한 화학반응을 나타낸다.

▸ **질소계수(100/16=6.25)**

식품 중의 단백질 함량을 측정할 때에는 Kjeldahl 법에 의하여 식품 중의 질소함량을 측정한 후에 질소계수를 곱하여 단백질 함량을 산출하게 된다. 단백질 중의 질소함량은 약 16% 정도이므로 6.25를 질소계수로 사용하지만, 단백질의 종류에 따라 질소함량이 다소 다르기 때문에 각 식품별 단백질 환산 질소계수는 다르다. 예를 들면 콩의 질소계수는 5.71, 쌀 5.95, 밀가루 5.70, 국수 5.70, 아몬드 5.18, 밤과 호두 5.30, 참깨와 해바라기씨 5.30, 땅콩 5.46 및 우유 6.38이다. 식품 중에 존재하는 질소 중에는 순수한 단백질이 아닌 암모니아 화합물, 퓨린(purine, 제6장 핵산 180페이지 참조), 피리미딘(pyrimidine, 제6장 핵산 180페이지 참조) 및 **크레아틴(creatine)** 등을 구성하는 질소도 있기 때문에 이 방법에 의하여 산출된 단백질 함량은 **조단백질(組蛋白質, crude protein)** 함량이라고 한다.

▸ **크레아틴(creatine)**

체내에서 아미노산인 아르기닌(arginine), 메티오닌(methionine), 글리신(glycine)으로부터 합성되는 질소를 함유하는 유기화합물이다.

▸ **조단백질(組蛋白質, crude protein)**

순수한 단백질만이 아닌, 단백질처럼 분자구조 중에 질소를 함유하는 비단백 물질이 함께 포함되어 있는 것을 말한다.

4. 아미노산이 많이 결합하여 만들어진 단백질은 고분자화합물이다. 단백질은 종류에 따라 산, 알칼리, 염용액 및 유기용매 등에 대한 용해성이 서로 다르다. 또한 단백질은 아미노산과 같이 양쪽성 화합물이며 등전점을 가지고 완충능력을 지닌다. 단백질의 분자량은 전기영동이나 겔 크로마토그래피 등과 같은 방법으로 측정되며, 단백질은 아미노산과 유사한 여러 가지 특별한 화학반응을 나타낸다.
5. 단백질의 영양가는 그 단백질에 부족한 필수아미노산을 첨가하거나 또는 부족한 필수아미노산을 많이 함유하는 단백질을 함께 섭취함으로써 높아진다.
6. 양질의 새롭고 경제적인 단백질 자원을 개발하는 것은 대단히 중요하다.
7. 최근에는 단백질의 구조를 변형시켜 단백질의 기능성을 향상시키거나 생리활성 펩티드를 이용한 기능성 식품의 개발이 많이 연구되고 있다.

1. 단백질의 분류

단백질은 기본적으로 20여 종의 아미노산이 결합하여 만들어진다. 생물체에는 수많은 종류의 단백질이 존재하는데, 이들을 구성하는 아미노산의 조성과 결합순서는 서

표 5-1. 생리적 기능에 의한 단백질의 분류

단백질	예	소재작용
효 소	Ribonuclease Trypsin Lysozyme	• 핵산(RNA)의 분해 • 단백질의 분해 • 난백 중에 있으며 용균작용
저장단백질	Casein Ovalbumin Gliadin	• 유즙 • 난백 • 밀
수송단백질	Hemoglobin Myoglobin	• 산소의 수송 • 산소의 수송, 저장
수축성 단백질	Myosin Actin	• 근육의 수축
호르몬	Insulin	• 포도당 대사
구조단백질	Collagen, Elastin Fibroin	• 결합조직 • 누에, 거미의 실
유해단백질	Trypsin inhibitor Avidin Sozin Ricin	• 콩에 있으며 trypsin 저해 • 난백에 있으며 biotin과 결합 • 콩에 있으며 혈구응집성 독소 • 피마자에 있으며 혈구응집성 독소

로 다르다. 마찬가지로 여러 가지 식품단백질의 영양적 가치와 기능적 특성도 단백질을 구성하는 아미노산의 조성과 결합순서에 따라 달라지게 된다.

단백질은 주로 구성성분이나 화학적 상태에 따라 아미노산으로만 구성된 단순단백질, 아미노산 이외에 당이나 지질 등을 함유한 복합단백질 그리고 단순단백질이나 복합단백질들이 조금 변성되었거나 분해되어 생성된 유도단백질로 나누어진다. 또한 단백질은 소재에 따라 식물성 단백질과 동물성 단백질로 분류되기도 하고, 모양에 따라 섬유상 단백질과 구상단백질로 분류되기도 하며, 표 5-1과 같이 생체 내에서의 기능에 따라 분류하기도 한다.

1) 단순단백질

단순단백질(simple protein)은 아미노산이 펩티드(peptide) 결합에 의하여 생성된 비교적 그 구조가 간단한 단백질이며 산, 알칼리, 염(鹽)용액 및 유기용매 등에 대한 용해성에 따라 분류된다. 이 용해도의 차이는 단백질을 구성하고 있는 아미노산의 종류, 단백질 분자의 크기 및 단백질 분자 사이의 상호작용에 따라 달라진다.

2) 복합단백질

복합단백질(conjugated protein)은 단순단백질에 인, 지질, 핵산, 탄수화물 및 색소 등과 같은 **보결분자단**(prosthetic group)이 이온결합이나 공유결합으로 결합하고 있는 단백질이다. 이들은 생체 내에서 중요한 생리작용을 하는데 보결분자단의 종류에 의하여 분류된다.

3) 유도단백질

유도단백질(derived protein)은 열, 산, 알칼리, 산소 및 효소 등의 작용에 의하여 단순단백질이나 복합단백질이 변화된 것인데 변성단백질과 분해단백질로 나누어진다. 변성단백질은 분자량에는 변화가 없으면서 단백질 구조의 변화가 발생한 것이고, 분해단백질은 단백질이 가수분해되는 과정에서 최종산물인 아미노산을 제외한 중간분해산물을 말한다.

▸ **보결분자단**(prosthetic group)

복합단백질에서 비단백질 부분을 말한다.

2. 단백질의 구조와 종류

1) 단순단백질의 구조와 종류

단순단백질은 20여 종의 아미노산이 그림 5-1과 같이 펩티드(peptide) 결합을 하여 하나의 긴 사슬을 이루고 있다. 2개의 아미노산으로 이루어진 펩티드를 디펩티드(dipeptide), 3개의 아미노산으로 이루어진 것을 트리펩티드(tripeptide) 그리고 여러 개의 아미노산으로 이루어진 것을 폴리펩티드(polypeptide)라고 하는데, 아미노산이 수십 개 이상 결합하여 분자량이 약 1만 이상인 폴리펩티드를 단백질이라고 한다(그림 5-2).

단백질의 물리화학적 성질은 단백질을 구성하는 아미노산의 종류에 따라 크게 달라지기 때문에 단백질을 구성하는 아미노산의 결합순서를 밝히는 것을 단백질 화학의 꽃이라고 말하기도 한다. 그러므로 단백질의 화학에서 아미노산을 이해하는 것은 대단히 중요하다.

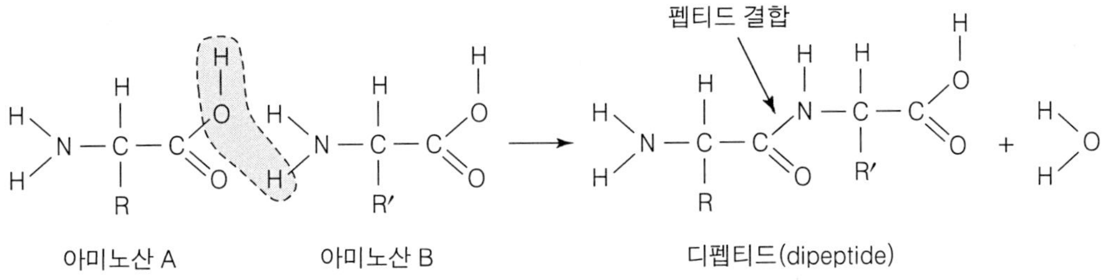

펩티드 결합

아미노산 A　　아미노산 B　　디펩티드(dipeptide)

그림 5-1. 아미노산의 펩티드(peptide) 결합

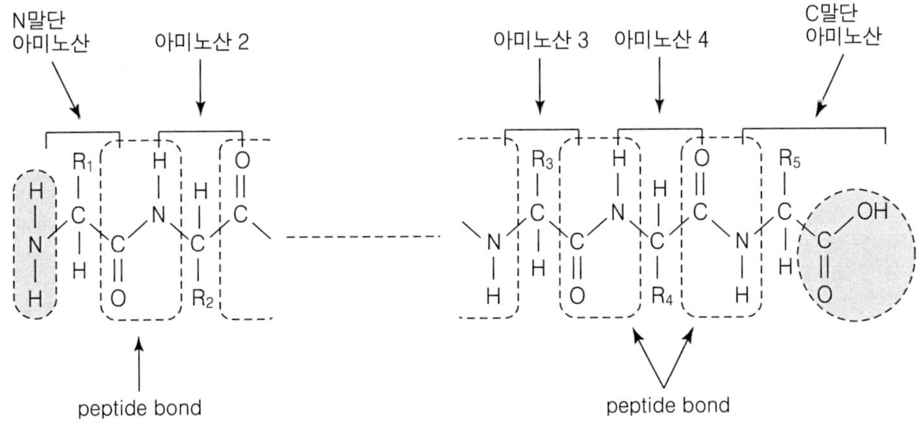

그림 5-2. 폴리펩티드(polypeptide) 사슬

(1) 아미노산의 구조와 종류

① 아미노산의 구조

단백질을 구성하는 기본 단위인 아미노산(amino acid)은 한 분자 내에 1개 또는 여러 개의 아미노기(amino group, $-NH_2$)와 1개 또는 여러 개의 카르복실기(carboxyl group, $-COOH$)를 지니고 있다. 아미노산은 그림 5-3에서 보는 바와 같이 분자 내의 아미노기와 카르복실기의 위치에 따라 **α-아미노산**, **β-아미노산** 그리고 **γ-아미노산** 등으로 분류되는데, 단백질을 구성하는 아미노산은 프롤린(proline)을 제외하고 모두 α-아미노산이다. 아미노산의 구조식에서 곁사슬인 R은 아미노산마다 서로 다르며, 아미노산은 이 곁사슬의 구조에 따라 여러 종류로 분류된다.

㉮ 아미노산의 이성체

아미노산 중에서 구조가 가장 간단한 글리신(glycine)을 제외한 모든 α-아미노산은 분자 내에 비대칭탄소원자(부제탄소원자, 제3장 탄수화물 52페이지 참조)를 가지고 있기 때문에 광학이성체(제3장 탄수화물 53페이지 참조)를 지닌다. 그림 5-4와 같이 아미노산의 카르복실기를 위쪽에 놓고 α-탄소원자를 중앙에 놓은 피셔의 투영식(제3장 탄수화물 51페이지 참조)에서 아미노기가 우측에 있는 것을 D형, 좌측에

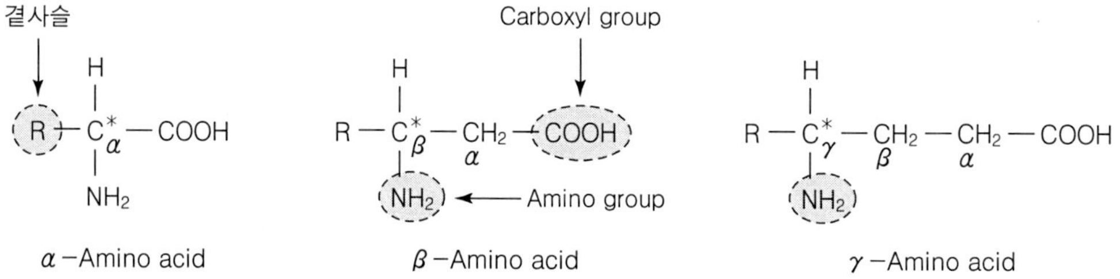

곁사슬 / Carboxyl group / Amino group

α-Amino acid　　β-Amino acid　　γ-Amino acid

그림 5-3. α-, β- 및 γ- 아미노산

C^* : 비대칭탄소원자(부제탄소원자)

▸ α -아미노산, β -아미노산, γ -아미노산

아미노산의 구조에서 카르복실기가 결합하고 있는 탄소원자를 α 위치, 그 다음을 β 위치, 그 다음을 γ 위치의 탄소원자라고 하는데, α 위치의 탄소원자에 아미노기가 결합한 아미노산을 α-아미노산, β 위치의 탄소원자에 아미노기가 결합한 아미노산을 β-아미노산 그리고 γ 위치의 탄소원자에 아미노기가 결합한 아미노산을 γ-아미노산이라고 한다.

있는 것을 L형이라고 한다. 자연계에 존재하는 거의 대부분은 L형, 특히 단백질을 구성하는 아미노산은 모두 L형이며, D형은 일부 항생물질이나 미생물 세포 중에 존재한다. α-L-아미노산은 α-아미노산이며 L형 아미노산을 나타내는 것이다.

㉯ 아미노산의 곁사슬 구조와 화학적 특성

아미노산은 곁사슬 구조에 따라 특징적인 분자구조를 가지는데, 이 곁사슬은 용해성, 유화성 및 겔(gel)화 능력 등과 같은 단백질의 특성을 좌우한다. 단백질을 구성하는 아미노산의 종류 및 그 양을 알면 단백질의 화학적 성질을 예측할 수 있기 때문에 단백질을 구성하는 아미노산의 종류와 양을 측정하는 것은 단백질 화학에 있어서 대단히 중요한 일이다. 다음은 각 아미노산의 곁사슬 구조에 따른 화학적 특성이다.

㉠ 글리신(glycine), 알라닌(alanine) : 곁사슬이 없거나 짧아서 단백질의 구조가 단순해지며 따라서 단백질의 유연성이 증가된다.

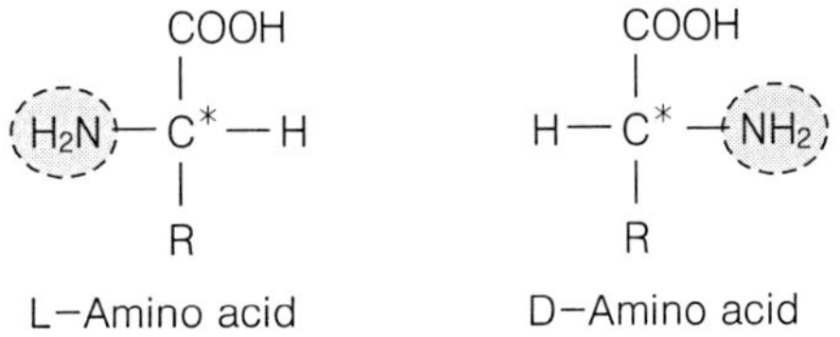
COOH
H2N
C*
H
R
L-Amino acid
COOH
H
C*
NH2
R
D-Amino acid

그림 5-4. 아미노산의 이성체

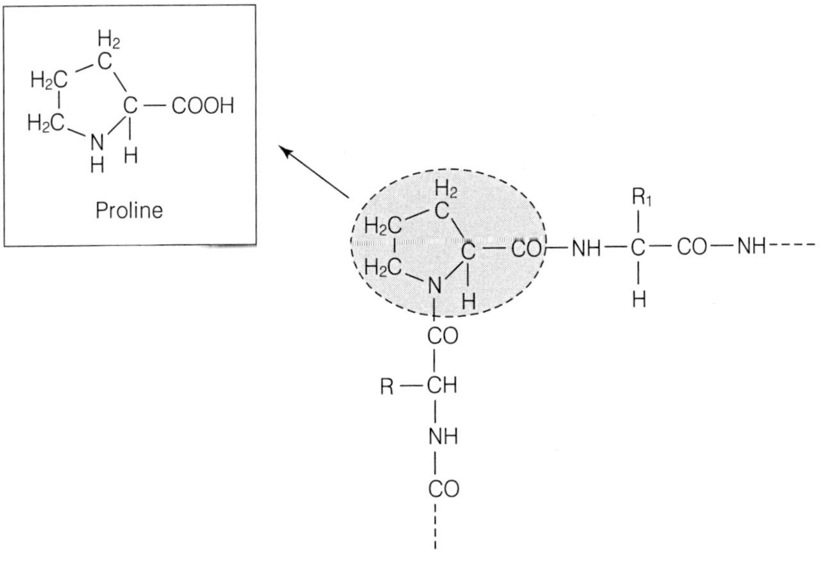
H2
C
H2C
C
COOH
H2C
N
H
H
Proline
R1
CO
NH
C
CO
NH
H
CO
R
CH
NH
CO

그림 5-5. 프롤린과 폴리펩티드(polypeptide) 사슬의 꼬임

㉡ 프롤린(proline) : 그림 5-5에서 보는 바와 같이 프롤린은 구조적으로 볼 때 폴리펩티드 사슬을 꼬이게 하거나 굴곡을 만드는 원인이 된다. 콜라겐(collagen)에 특히 많이 함유되어 있다.

㉢ 시스테인(cysteine) : **디설피드 결합**(disulfide bond, -S-S-)의 원인이 되기 때문에 단백질 구조에서 굴곡을 형성한다. 그리고 이 결합에 의하여 단백질이 고차구조를 지니게 된다.

㉣ 세린(serine), 트레오닌(threonine), 티로신(tyrosine)의 -OH기 : 당과 인산의 결합점이 된다.

㉤ 발린(valine), 이소류신(isoleucine), 류신(leucine), 페닐알라닌(phenylalanine) : 소수성 곁사슬을 지니기 때문에 단백질의 여러 가지 성질을 좌우한다.

㉥ 아스파르트산(aspartic acid), 글루탐산(glutamic acid) : 단백질이 음전하를 띠게 한다.

㉦ 아르기닌(arginine), 리신(lysine) : 단백질이 양전하를 띠게 한다.

㉧ 히스티딘(histidine) : 중성 pH 영역에서 이온상태가 변화하기 때문에 세포내 단백질의 여러 가지 기능과 밀접한 관련이 있다. 참고로 히스티딘의 등전점은 7.47이다.

㉨ 트립토판(tryptophan), 티로신(tyrosine), 페닐알라닌(phenylalanine) : 이들이 지니는 방향족 핵은 화학적으로 상당히 안정하여 다른 물질과 잘 반응하지 않기 때문에 단백질의 입체구조를 안정화시킨다.

▸ **디설피드 결합(disulfide bond, -S-S-)**

아래 그림과 같이 시스테인(cysteine, -SH 함유) 2분자가 -S-S- 형식으로 결합하는 것을 말하며, 이황화결합이라고도 한다. 이 결합은 단백질의 입체구조를 형성하는 중요한 결합이다. 예를 들면 파마(permanant wave)는 원래 머리털의 -S-S- 결합을 약품으로 절단하고 다른 위치에 -S-S- 결합을 만들어 형성하는 것이다.

$$\begin{matrix} R \\ | \\ SH \\ \\ SH \\ | \\ R \end{matrix} \xrightarrow{\text{oxidation}} \begin{matrix} R \\ | \\ S \\ \quad\diagdown \\ \quad S \\ \quad | \\ \quad R \end{matrix} + 2H^{+} + 2e^{-}$$

Cysteine

② 아미노산의 종류

표 5-2에는 단백질을 구성하는 20여 종의 아미노산을 나타냈는데, 이것 이외에도 **히드록시프롤린**(hydroxyproline), **히드록시리신**(hydroxylysine) 그리고 **데스모신**(desmosine) 등과 같은 특별한 아미노산도 존재한다.

㉮ 지방족 아미노산(aliphatic amino acid)

지방족 화합물이란 원래는 지방산과 같이 사슬모양(쇄상)의 구조를 가지는 화합물을 말하는데, 최근에는 방향족 화합물과 질소 원자를 함유하는 화합물을 제외한 탄화수소 화합물(환상구조도 포함)을 의미한다.

㉠ 중성, 산성, 염기성 아미노산: 아미노산의 분자구조 중에 아미노기와 카르복실기를 각각 하나씩 갖는 아미노산을 중성아미노산(neutral amino acid), 아미노

▸ **히드록시프롤린(hydroxyproline)**

콜라겐과 엘라스틴 같은 결합조직 단백질이 가수분해되어 생성되는 아미노산이다. 그 밖의 단백질에는 거의 존재하지 않는다. 아래 그림은 히드록시프롤린의 구조를 나타낸 것이다.

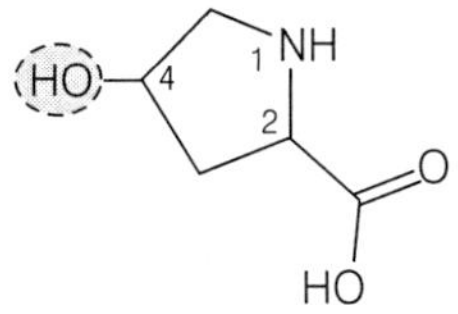

HO 4 1 NH 2 O HO

▸ **히드록시리신(hydroxylysine)**

포유류의 피부와 결합조직의 중요한 구조단백질인 콜라겐 및 이와 유사한 식물의 구조단백질에서 발견되는 아미노산이다. 히드록시리신의 히드록시기는 당(糖)과 화학결합을 이루는데, 단당류인 갈락토오스와 이당류인 글루코실-갈락토오스를 단백질에 결합시켜 콜라겐을 질기고 탄력 있게 한다. 아래 그림은 히드록시리신의 구조를 나타낸 것이다.

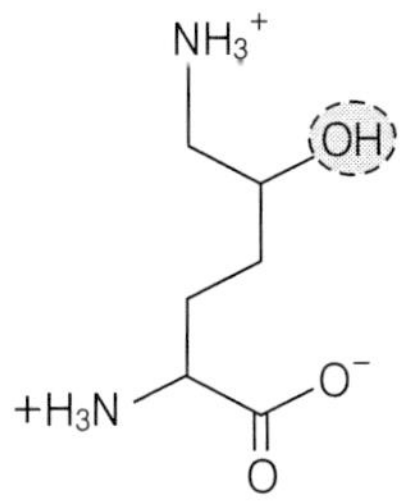

NH_3^+ OH ^+H_3N O^- O

▸ **데스모신(desmosine)**

단백질의 일종인 엘라스틴(elastin)에서 발견되는 특별한 아미노산이다.

표 5-2. 단백질을 구성하는 아미노산의 종류(*는 필수아미노산)

	약호	분자량	R의 구조식**	등전점	소수성↔친수성					
중성 아미노산										
Glycine	Gly	75.1	$H-$	5.97				○		
Alanine	Ala	89.1	CH_3-	6.00			○			
*Valine	Val	117.2	$(CH_3)_2CH-$	5.96		○				
*Leucine	Leu	131.2	$(CH_3)_2CHCH_2-$	5.98		○				
*Isoleucine	Ileu	131.2	$CH_3CH_2CH(CH_3)-$	5.94		○				
Oxy 아미노산										
Serine	Ser	105.1	$HO-CH_2-$	5.68				○		
*Threonine	Thr	119.1	$CH_3CH(OH)-$	5.64			○			
함황아미노산										
Cysteine	Cys	121.2	$HS-CH_2-$	5.07			○			
Cystine	Cys-Cys	240.3	$-H_2C-S-S-CH_2-$	5.03			○			
*Methionine	Met	149.2	$CH_3-S-CH_2CH_2-$	5.74		○				
산성 아미노산										
Glutamic acid	Glu	147.1	$HOOC-CH_2CH_2-$	3.22						○
Aspartic acid	Asp	133.1	$HOOC-CH_2-$	2.77						○
Glutamine	Gln	146.2	$H_2NOC-CH_2CH_2-$	5.65				○		
Asparagine	Asn	132.1	$H_2NOC-CH_2-$	5.41				○		
염기성 아미노산										
*Lysine	Lys	146.2	$H_2N-(CH_2)_4-$	9.74						○
Arginine	Arg	174.2	$H_2N-C(=NH)-NH(CH_2)_3-$	10.76						○
방향족 아미노산										
*Phenylalanine	Phe	165.2	$C_6H_5-CH_2-$	5.48	○					
Tyrosine	Tyr	181.2	$HO-C_6H_4-CH_2-$	5.66	○					
복소환 아미노산										
*Tryptophan	Trp	204.2	(indole, N-H)$-CH_2-$	5.89	○					
Histidine	His	155.2	(imidazole, N, NH)$-CH_2-$	7.47			○			
Proline	Pro	115.1	(pyrrolidine, N-H)$-CH(H)-COOH$	6.30		○				

**아미노산의 일반 구조식은 $R-C(H)(NH_2)-COOH$

산의 곁사슬에 카르복실기가 있어 카르복실기의 수가 아미노기의 수보다 많은 아미노산을 산성아미노산(acidic amino acid) 그리고 곁사슬에 아미노기나 다른 염기성기가 있어 아미노기나 다른 염기성기의 수가 카르복실기의 수보다 많은 아미노산을 염기성 아미노산(basic amino acid)이라고 한다. 대부분의 아미노산은 중성 아미노산이며, 아스파르트산(aspartic acid)과 글루탐산(glutamic acid)은 산성 아미노산이고, **ε 위치의 탄소원자**에 아미노기를 가지고 있는 리신(lysine), 곁사슬에 염기성기로 **구아니디노기**(guanidino group)를 가지고 있는 아르기닌(arginine) 그리고 염기성기인 **이미다졸기**(imidazole group)를 가지고 있는 히스티딘(histidine)은 염기성 아미노산이다. 중성 아미노산 중에는 세린(serine)이나 트레오닌(threonine)과 같이 아미노산의 곁사슬에 알코올기(-OH)를 지니는 옥시(oxy) 아미노산도 있다.

▸ ε 위치의 탄소원자

다음의 리신(lysine)의 구조에서 보는 것처럼 카르복실기(-COOH)가 결합하고 있는 탄소원자로부터 5번째 탄소원자를 말한다.

$$\underset{\alpha}{HOOC\text{-}CH(NH_2)}\text{-}\underset{\beta}{CH_2}\text{-}\underset{\gamma}{CH_2}\text{-}\underset{\delta}{CH_2}\text{-}\underset{\varepsilon}{CH_2}\text{-}NH_2$$

▸ 구아니디노기(guanidino group)

다음 그림은 아미노산인 아르기닌(arginine)의 구조를 나타낸 것인데, 이 그림에서 ○부분을 말한다.

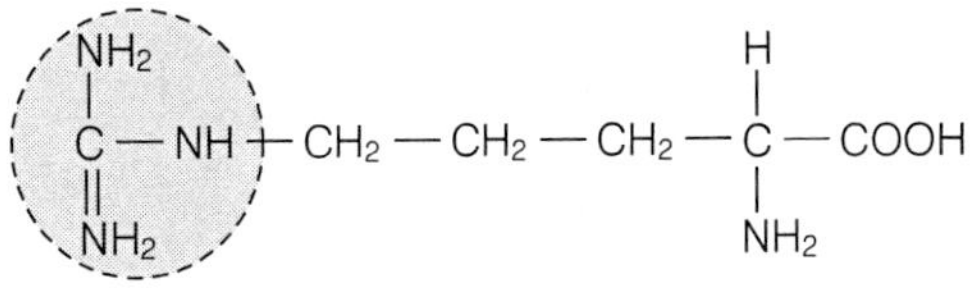

```
NH2                                H
 |                                 |
 C — NH — CH2 — CH2 — CH2 — C — COOH
 ||                                |
NH2                               NH2
```

▸ 이미다졸기(imidazole group)

다음 그림은 아미노산인 히스티딘(histidine)의 구조를 나타낸 것인데, 이 그림에서 ○부분을 말한다(제15장 식품의 색 394페이지 참조).

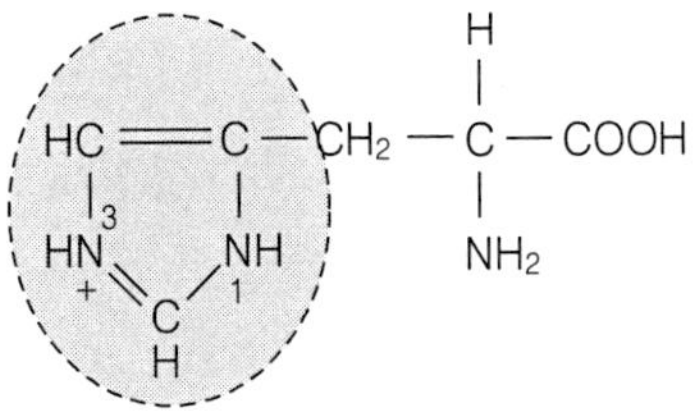

```
                         H
                         |
HC ═══ C — CH2 — C — COOH
 |3     |                |
HN      NH              NH2
 +  ╲  ╱ 1
     C
     H
```

㉡ 함황아미노산: 지방족 아미노산으로 시스테인(cysteine)과 메티오닌(methionine) 같이 아미노산의 곁사슬에 황을 지니는 아미노산을 말한다.

㉯ 방향족 아미노산

분자구조 중에 벤젠핵(C_6H_6)을 지니는 화합물들은 일반적으로 향기를 내기 때문에 방향족 화합물이라고 부른다. 방향족 아미노산(aromatic amino acid)에는 페닐알라닌(phenylalanine)이나 티로신(tyrosine)이 있다.

㉰ 복소환 아미노산

복소환이란 2종 또는 그 이상의 원소로 구성된 고리를 말하는데, 분자구조 중에 복소환을 지니는 아미노산을 복소환 아미노산(heterocyclic amino acid)이라고 한다. 트립토판(tryptophan), 히스티딘(histidine) 및 프롤린(proline)이 이에 속한다. 또한 프롤린은 α-탄소원자에 결합된 질소가 복소환을 형성한다. 그리고 프롤린은 이미노기(imino group, -NH)를 함유하므로 이미노산(imino acid)이라고 부르기도 한다.

㉱ 필수아미노산(essential amino acid)

단백질을 구성하는 아미노산 중에 인체 내에서 거의 합성되지 않기 때문에 영양상 외부로부터 반드시 섭취해야 하는 아미노산을 필수아미노산이라고 한다. 따라서 식품 단백질 중의 필수아미노산 함량은 식품 단백질의 품질을 평가하는 중요한 기준이 된다. 성인에게는 발린(valine), 류신(leucine), 이소류신(isoleucine), 트레오닌(threonine), 메티오닌(methionine), 리신(lysine), 페닐알라닌(phenylalanine) 및 트립토판(tryptophan)의 8종이 필수아미노산이며, 유아에게는 히스티딘(histidine)도 필수아미노산이다.

㉲ 기타 아미노산

아미노산 중에는 단백질을 구성하지 않고 유리상태로 존재하거나 특수 화합물의 구성성분으로 존재하는 것이 있다(표 5-3). 이들은 분자구조 중에 질소를 함유하지만 단백질을 구성하지 않으므로 비단백태 질소화합물이라고도 부른다.

(2) 단순단백질의 구조

단백질은 다수의 아미노산이 펩티드 결합을 하고 있는 긴 사슬의 폴리펩티드이다. 이 사슬은 길게 배열되어 있는 것이 아니고 사슬끼리의 결합에 의하여 이중, 삼중으로 구부러져 특정한 입체구조(conformation)를 형성하고 있다. 동식물체에 존재하는 천연의 단백질은 이와 같은 입체구조를 하고 있기 때문에 다양한 기능을 지니게 되고 식품에 다양한 물성을 부여하게 된다. 단백질은 분자량이 1만 전후부터 수십만 또는 그 이상인 고분자화합물이며, 그 종류가 대단히 많은데 각각의 단백질을 구성하는 아

표 5-3. 유리아미노산

종 류	분자식	소 재
γ-Amino-butyric acid	$CH_2(NH_2)CH_2CH_2COOH$	감자 등의 식물 중에 존재, 뇌기능 발현에 효력을 갖는다.
β-Alanine	$CH_2(NH_2)CH_2COOH$	근육 중에 존재하며, pantothenic acid의 구성성분
Homoserine	$CH_2(OH)CH_2CH(NH_2)COOH$	완두콩 중에 존재
Homocystine	$SHCH_2CH_2CN(NH_2)COOH$	포유동물 간장 중에 존재
Theanine	$CH_3CH_2NHCOCH_2CH_2CH(NH_2)COOH$	차엽 중에 존재, 차의 지미 성분
Tricholomic acid	$H_2C-CHCH(NH_2)COOH$ C O (ring: H_2C–C(=O)–NH–O–CH) O N H	버섯 중에 존재, 버섯의 지미 성분
Alliine	$CH_2=CH-CH_2-S-CH_2-CH(NH_2)COOH$	함황아미노산, 마늘 중의 향신 성분, allicin을 생산한다.
Ornithine	$H_2N-(CH_2)_3-CH(NH_2)-COOH$	동식물 조직, 항생물질 (gramicidin 등)에 존재하며, urea cycle 중에서 요소 생성에 관여
Citrulline	$H_2N-C-NH-(CH_2)_3-CH(NH_2)-COOH$	동식물 조직, 특히 수박 과즙에 들어 있으며, urea cycle 중에서 요소 생성에 관여
Creatine	$(H_2N)(HN{=})C-N(CH_3)-CH_2-COOH$	척추동물 근육, 근육활동에 중요하다.
Canavanine	$(H_2N)(HN{=})CNHO(CH_2)_2CHCOOH$	작두콩(*Canavalis ensiformis*)에서 추출된 유리아미노산
Taurine	$H_2N-CH_2-CH_2-SO_3H$	오징어, 문어, 조갯살의 extracts에 들어 있으며, 말린 오징어 표면의 하얀 성분

미노산의 종류, 수, 배열순서 그리고 단백질의 입체구조 등은 서로 다르다. 단백질은 다음에 설명하는 것처럼 1차 구조에서 4차 구조까지의 복잡한 구조를 지닌다.

① 단백질의 1차 구조

단백질을 구성하는 아미노산의 조성(아미노산 분석에 의하여 측정 가능)과 아미노산의 배열순서를 단백질의 1차 구조(primary structure)라고 하는데, 이들은 단백질의 구조, 성질 그리고 기능을 다르게 하기 때문에 단백질 화학에 있어서 가장 중요하다. 다시 말하면 아미노산의 배열순서는 단백질의 2차, 3차 구조의 형성에 영향을 주며 결국 단백질의 생물학적 기능을 결정하게 된다.

㉮ 펩티드 결합

단백질을 형성하기 위한 아미노산의 결합으로 그림 5-1에서 보는 바와 같이 한 아미노산의 카르복실기가 다른 아미노산의 아미노기와 탈수축합(제3장 탄수화물 62페이지 참조)하여 결합하는 것을 펩티드 결합(peptide bond)이라고 한다. 이 결합은 서로 다른 아미노산의 탄소(C)와 질소(N)가 서로 전자를 공유하는 공유결합(제2장 수분 30페이지 참조)이며, 가열이나 묽은 산 또는 묽은 알칼리 등에 의하여 분해되지 않을 정도로 강하다. 이 펩티드 결합(-CO-NH-) 부분에서 산소(O)는 부분적으로 음전하를 띠게 되고, 수소(H)는 부분적으로 양전하를 띠게 된다. 그러므로 폴리펩티드 사슬에서 산소와 수소 사이에 **수소결합**이 발생하게 되며, 이것은 단백질의 분자구조에 큰 영향을 미친다.

그림 5-2의 폴리펩티드 사슬에서 연속된 펩티드 결합을 나타내는 NH_2-CHR_1-CO-NH-CHR_2-CO……NH-CHR_3-CO-NH……CHR_5-COOH를 주 사슬이라고 하고 R_1, R_2, R_3…는 단백질을 구성하는 각각의 아미노산이 지니는 고유의 곁사슬을 나타낸다. 직쇄상의 주 사슬에서 아미노산을 구성하는 아미노기(-NH_2)가 유리되어 있는 한쪽

▸ **수소결합**

단백질의 주 사슬인 폴리펩티드(polypeptide) 사슬에서 =CO와 =NH는 같은 수로 포함되어 있다. =CO의 산소는 탄소에서 전자를 잡아당겨 δ^-로 대전되고, =NH의 수소는 질소가 전자를 잡아당기므로 δ^+로 대전된다. 따라서 $=C^{\delta+}=O^{\delta-}\cdots H^{\delta+}-N^{\delta-}=$와 같이 양전하를 띤 수소가 주위의 음전하를 띤 질소, 산소와 결합하게 되는데 이를 수소결합이라고 한다. 약한 전기적 인력에 의한 결합으로 OH…O 이외의 OH…N, NH…N, NH…O 등의 사이에도 존재한다. 결합력은 약하지만 수가 많아서 전체적으로는 큰 결합력이 된다. 아미노산에는 아미노기, 이미노기, 수산기, 구아니딜 및 카르복실기 등과 같은 수소결합이 가능한 원자단이 많이 포함되어 있다. 단백질의 2차 구조는 주로 수소결합으로 이루어져 있다.

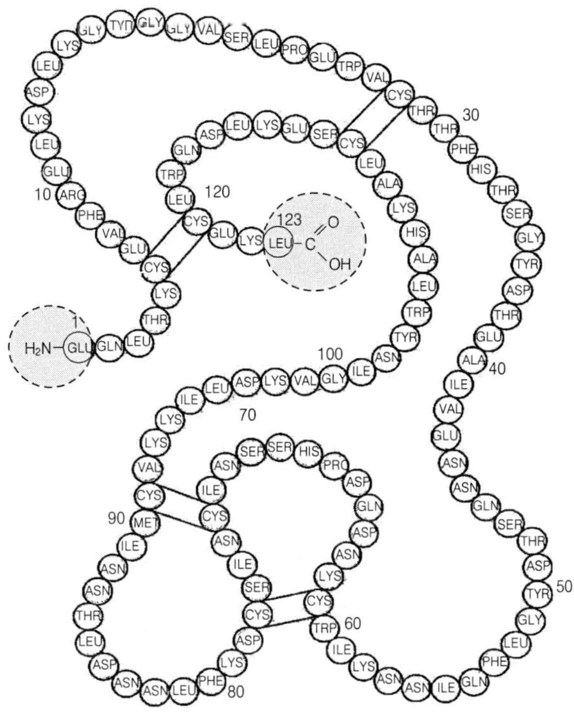

그림 5-6. α-락트알부민(lactalbumin)의 1차 구조

끝을 아미노 말단(N-말단)이라고 하고, 카르복실기(-COOH)가 유리되어 있는 다른 한쪽 끝을 카르복실 말단(C-말단)이라고 한다. 단백질을 구성하는 아미노산의 순서는 N말단에서부터 시작한다. 예를 들면 그림 5-6의 α-락트알부민(lactalbumin)의 1차 구조에서 10(Arg)은 아르기닌(arginine)이 아미노 말단에서부터 10번째 아미노산이라는 뜻이다.

㉯ 단백질 1차 구조의 해석

단백질의 1차 구조를 알기 위해서는 구성 아미노산의 종류와 양 및 결합순서를 규명하여야 한다. 단백질을 구성하는 아미노산 조성은 단백질을 완전히 가수분해한 후 개별 아미노산을 분리하여 정량함으로써 알 수 있다. 그리고 **아미노산 결합순서**는 복잡하고 정교한 반응을 이용하면 알아낼 수 있다. 최초로 아미노산의 결합순서가 밝혀진 단백질은 인슐린(insulin)이며, 현재에는 헤모글로빈(hemoglobin), 카제인(casein) 및 트립신(trypsin) 등과 같은 많은 단백질의 아미노산 결합순서가 밝혀져 있다. 그림 5-6은 유청단백질인 α-락트알부민의 1차 구조인데, N-말단은 글루탐산(glutamic acid), C-말단은 류신(leucine)이고, 123개의 아미노산으로 구성되어 있으며, 4개의

표 5-4. 각종 단백질의 아미노산 조성(%)

단백질 \ 아미노산	Arg	His	Lys	Tyr	Trp	Phe	Cys	Met	Ser
난백알부민	5.8	2.1	5.6	4.1	5.1	6.9	1.9	4.9	8.4
Lactalbumin	3.5	2.1	9.6	4.4	2.3	4.8	3.8	2.7	5.5
Myosin	6.8	2.2	11.9	3.1	0.8	4.5	1.0	3.1	4.1
Gluten	4.3	2.1	1.6	2.8	1.0	4.9	1.7	1.7	4.3
Collagen	7.6	0.7	3.6	1.0	0	3.6		0.7	3.2
Casein	3.4	2.9	8.1	5.4	1.1	4.6	0.5	3.0	5.8
쇠고기 단백질	5.4	3.8	9.3	4.1	1.1	4.5	1.3	2.9	4.5
참치 단백질	8.7	2.6	9.1	1.2	0.6	1.7		1.9	2.4
단백질 \ 아미노산	**Thr**	**Leu**	**Ileu**	**Val**	**Glu**	**Asp**	**Gly**	**Ala**	**Pro**
난백알부민	4.0	8.9	7.4	6.1	14.6	8.6	3.8	7.3	4.8
Lactalbumin	5.4	12.2	7.3	6.4	15.4	10.4	3.5	6.6	4.0
Myosin	4.7	9.9	5.3	4.7	21.9	10.9	2.8	6.7	2.4
Gluten	2.4	7.0	4.2	4.3	32.5	3.4	3.2	2.0	11.6
Collagen	2.0	4.8		2.9		3.2	22.9	8.1	13.6
Casein	4.8	9.1	5.9	6.6	21.5	7.6	2.1	3.1	10.1
쇠고기 단백질	4.7	8.2	5.2	5.0	15.9	9.8	4.5	6.4	3.6
참치 단백질	2.0	3.6	2.6	6.3	6.0	5.8	4.3		4.2

▸ 단백질의 결합순서(1차 구조)를 밝히는 실험방법의 예

① 먼저 -S—S- 결합 등을 끊어 단백질의 구조를 단순화한다.

② ①에 단백질 가수분해효소를 작용시켜 분해한다(shorter peptide). Trypsin은 lysine, arginine의 -COOH 측을 분해하고, chymotrypsin은 방향족 아미노산의 -COOH 측을 분해한다.

③ 이렇게 단편화된 peptide에 phenylisothiocynate를 반응시키면 이는 peptide의 N말단 아미노기에 결합된다. 이것을 6M HCl을 이용하여 가수분해시키면 N말단의 아미노산만이 PTP-아미노산(phenylthiohydrantoin amino acid)이 되어 떨어져 나온다. 이것을 얇은막 크로마토그래피 등으로 확인하면 N말단 아미노산을 확인할 수 있고, 이 작업을 계속하면 단편화된 peptide의 아미노산 결합순서를 밝힐 수 있다.

④ 단편화 된 여러 개 peptide의 아미노산 순서가 결정되면 이들을 어떤 순서로 연결하느냐가 문제인데, 다음과 같이 두 실험결과를 조합해 보면 그 순서를 결정할 수 있게 된다.

Trypsin 분해로 얻어진 peptide

Gly…Tyr…Ser(T1) Ala…Trp…Gln…Arg(T2) Leu… …Phe…Val…Lys(T3)

Chymotrypsin 분해로 얻어진 peptide

Gln…Arg…Gly…Tyr(C1) Val…Lys…Ala…Trp(C2)

위에서 2가지 결과를 조합하면, 즉 C2를 보면 T3-T2의 순서인 것을 알 수 있고, C1을 보면 T2-T1의 순서인 것을 확인할 수 있다. 즉 이 peptide는 T3, T2, T1의 순서이다.

디설피드(-S—S-) 결합을 하고 있다. 표 5-4에는 여러 가지 단백질의 아미노산 조성을 나타내었다.

② 단백질의 2차 구조

단백질을 구성하는 폴리펩티드 사슬은 직선적으로 늘어서 있는 것이 아니고 단백질을 구성하는 아미노산 곁사슬의 상호작용(수소결합 등)에 의하여 입체구조를 형성하는데, 이것을 단백질의 2차 구조(secondary structure)라고 한다. 단백질의 2차 구조는 α-나선 구조, β-구조와 같은 규칙적인 구조와 불규칙 코일(random coil)과 같은 불규칙 구조로 이루어져 있다.

㉮ α-나선구조

폴리펩티드 사슬의 펩티드 결합(-CO-NH-) 부분에서 산소(O)는 부분적으로 음전하를 띠게 되고, 수소(H)는 부분적으로 양전하를 띤다. 그러므로 폴리펩티드 사슬 내에서 산소원자와 수소원자 사이에 수소결합이 형성되어 폴리펩티드 사슬이 오른쪽 꼬임으로 나선형의 모양을 하고 단단한 원통형을 형성하게 된다. 이것을 α-나선구조(α-helix structure)라고 하며, 한번 꼬임에 3.6개의 아미노산이 포함된다(그림 5-7).

α-나선구조는 효소 등과 같은 생체의 기능 단백질에 많이 존재한다. 예를 들면 미오글로빈(myoglobin)과 헤모글로빈(hemoglobin)에서는 펩티드 사슬의 약 80%, 키모트립신(chymotrypsin)에서는 약 10%가 α-나선구조이다.

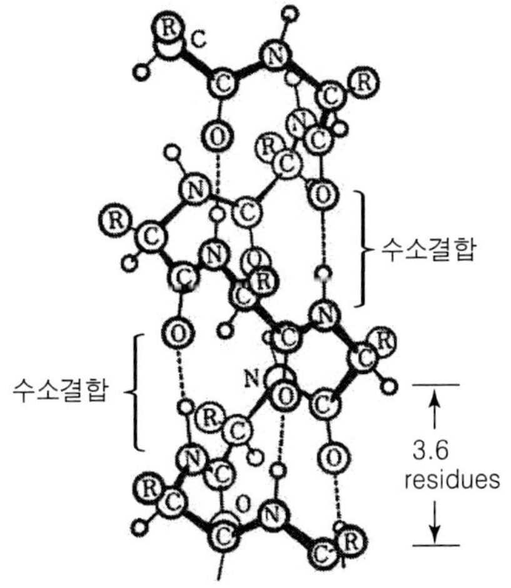

그림 5-7. 폴리펩티드(polypeptide) 사슬의 α-나선구조

Ⓡ : 곁사슬, Ⓞ : 산소, Ⓒ : 탄소, Ⓝ : 질소, o : 수소

㊁ β-구조

서로 다른 폴리펩티드 사슬에서 음전하를 띠는 산소(O)와 양전하를 띠는 수소(H)가 직각으로 배열되어 폴리펩티드 분자 사이에 수소결합이 형성되면 입체적으로 주름이 형성되는데 이를 β-구조(pleated sheet structure)라고 하며, 그 모양이 병풍을 펼친 모양이므로 병풍구조라고도 한다(그림 5-8). 이때 인접한 폴리펩티드 사슬의 N-말단과 C-말단이 같은 방향으로 배열되었을 때는 평행 β-구조(parallel β-pleated sheet), 반대방향으로 배열되었을 때는 역평행 β-구조(antiparallel β-pleated sheet)라고 한다. 견사(絹絲, 비단)에 존재하는 피브로인(fibroin)의 구성 아미노산에는 글리신(48%)과 알라닌(36%)이 많기 때문에 곁사슬의 대부분이 수소나 메틸기로 되어 있어 대표적인 β-구조를 나타낸다.

㊂ 불규칙 코일

불규칙 코일(random coil)은 폴리펩티드 사슬이 α-나선구조와 β-구조와 같이 규칙적으로 수소결합을 만드는 것이 아니라 흐트러진 실처럼 복잡하게 구부러지고 휘

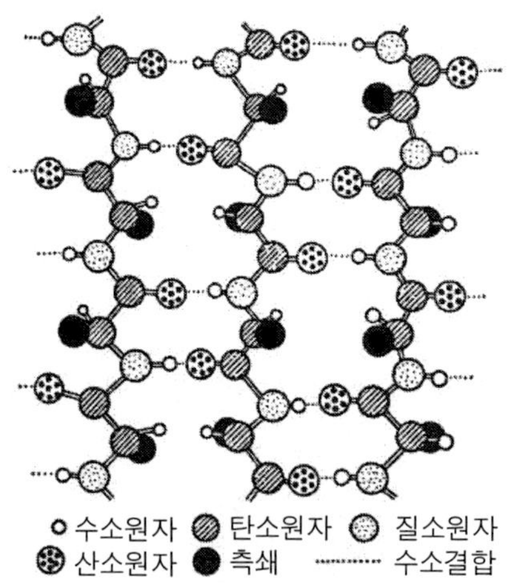

그림 5-8. 폴리펩티드(polypeptide) 사슬 사이의 β-구조

α-Helix 구조만을 가진 단백질

β-구조만을 가진 단백질(역평행)

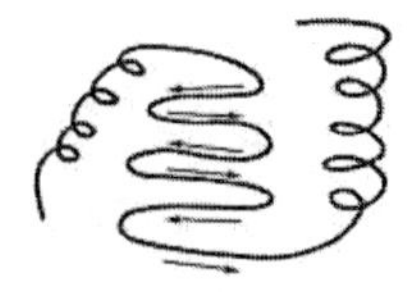
α-Helix 구조와 β-구조 양쪽을 가진 단백질(역평행)

α-Helix 구조와 β-구조를 갖지 않는 단백질

그림 5-9. 2차 구조를 가진 여러 형태의 단백질

어져 불규칙한 구조를 나타내는 상태를 말한다(그림 5-9).

③ 단백질의 3차 구조

2차 구조를 가진 긴 폴리펩티드 사슬이 입체적으로 안정성을 유지하기 위해 그림 5-10에서 보는 바와 같이 α-나선구조와 β-구조 사이의 수소결합, 특정 아미노산의 곁사슬 사이의 수소결합, 시스테인(cysteine) 곁사슬 사이의 디설피드결합(S-S 결합), 이온결합, 정전기적 결합 및 **소수성 상호작용** 등에 의하여 이중, 삼중으로 구부러져 형성된 특정한 입체구조를 단백질의 3차 구조(tertiary structure)라고 한다. 주로 프롤린(Pro), 트레오닌(Thr), 세린(Ser) 및 글리신(Gly)의 곁사슬에 의하여 2차 구조에 변화가 발생하며, 수소결합은 수소 공여체인 세린(Ser), 티로신(Tyr) 등과 수소 수용체인 아스파르트산(Asp), 글루탐산(Glu)의 곁사슬 사이에 형성된다.

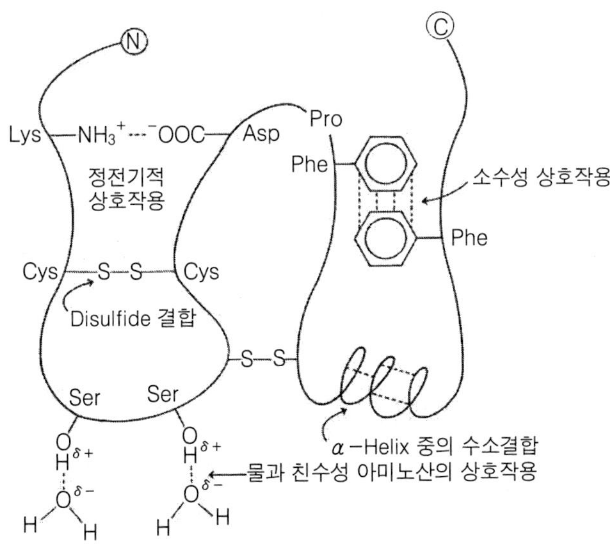

그림 5-10. 단백질의 가상적인 3차 구조(입체구조)

▸ **소수성 상호작용**

소수성 아미노산이 많이 함유되어 있는 단백질 분자의 중심부에는 물 분자가 배제되고 소수성 측쇄가 밀집되게 되는데, 그 결과, 이들 사이에 소수결합 등과 같은 작용이 발생하게 되고, 단백질의 입체구조가 안정화 된다. 소수성 상호작용은 알킬기(alkyl group)와 벤젠핵(benzene ring) 등의 소수기 사이에 작용하는 약한 결합이다. 구상단백질 분자의 중심부는 소수결합에 의하여 소수영역을 형성하고 있다.

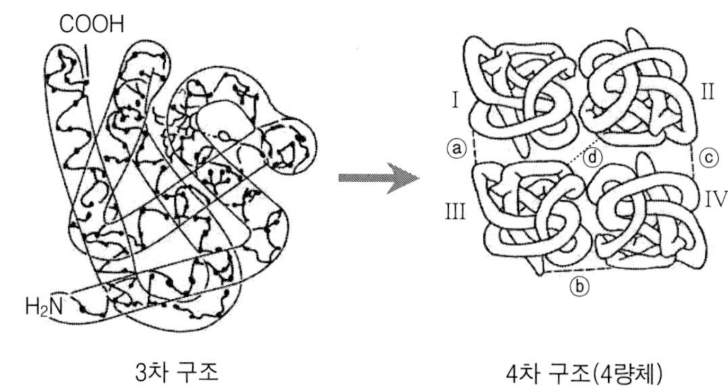

그림 5-11. 단백질의 4차 구조와 결합 예
(ⓐ; 수소결합, ⓑ; 이온결합, ⓒ; 디설피드 결합, ⓓ; 소수결합)

일반적으로 단백질의 3차 구조는 폴리펩티드 사슬을 중심으로 하여 비극성의 곁사슬은 안쪽으로, 극성의 곁사슬은 바깥쪽으로 향하는 형태를 취하고 있다. 그러므로 단백질의 소수결합은 단백질의 입체 구조를 안정하게 유지하며, 단백질 분자 표면에는 물과 성질이 비슷한 극성기가 존재하기 때문에 물에 잘 녹게 된다. 단백질의 3차 구조에 의하여 구상단백질이 생성되며, 서로 다른 단백질 사이의 주된 차이점은 3차 구조에 있다.

④ 단백질의 4차 구조

특정한 입체구조인 3차 구조를 지니는 단백질 분자(단량체 또는 소단위)가 그림 5-11과 같이 서로 회합하여 복합체를 형성하는 것을 단백질의 4차 구조(quaternary structure)라고 한다. 단량체의 회합에는 단백질의 2차, 3차 구조를 형성하는 결합이 모두 관여한다. 단백질 복합체에는 같은 단량체로 이루어진 단순 복합체와 서로 다른 단량체가 결합하여 이루어진 혼합 복합체가 있다. 단량체가 회합하여 복합체(4차 구조)를 형성하면 단량체(monomer) 또는 소단위(subunit)에서는 나타나지 않았던 특별한 기능(효소 등)을 나타내게 된다.

(3) 단순단백질의 종류

단순단백질(simple protein)은 산, 알칼리, 염(鹽)용액 및 유기용매 등에 대한 용해성에 따라 알부민(albumin), 글로불린(globulin), 글루텔린(glutelin), 프롤라민(prolamin), 알부미노이드(albuminoid), 프로타민(protamine) 그리고 히스톤(histone)으로 나누어진다(표 5-5).

표 5-5. 단순 단백질의 분류

종 류	용해성(+가용, -불용)					기타 특성	예
	물	0.8% NaCl	약산 pH 4~5	약알칼리 pH 8	60~80% 알콜		
Albumin	+	+	+	+	—	열 응고성, 동식물 중에 널리 존재	Ovalbumin(난백), Lactalbumin(유즙), 혈청 albumin(혈청), Myogen(근육), Leucosin(밀), Legumelin(콩류)
Globulin	—	+	+	+	—	열 응고성, 동식물 중에 널리 존재, Glu, Asp가 많다.	Myosin(근육), Actin(근육), Ovoglobulin(난백), 혈청 globulin(혈청), Glycinin(대두), Arachin(땅콩)
Glutelin	—	—	+	+	—	식물 종자에 존재, 비열응고성	Oryzenin(쌀), Glutenin(밀), Hordein(보리)
Prolamin	—	—	+	+	+	식물 종자에 존재	Gliadin(밀), Hordein(보리)
Histone	+	+	+	+	—	비열응고성, 염기성 단백질 핵산과 결합. 동물의 체세포와 정자의 핵에 존재, His, Arg가 많다.	흉선 histone, 간장 histone, 적혈구 histone
Protamine	+	+	+	+	—	비열응고성, 염기성이 강함, 동물 특히 어류의 정자 중에 존재, 핵산과 결합, Arg가 많다.	Salmine(연어), Clupeine(정어리), Scombrin(고등어)
Albuminoid	—	—	—	—	—	통상의 용액에 불용, 비열응고성, 경단백질, 동물체의 보호 조직 중에 존재	Collagen(결합조직, 피혁), Elastin(결합조직, 힘줄), Keratin(머리털, 손톱, 뿔), Fibroin(견사)

① 알부민

동식물성 식품에 많이 존재한다. 물, 묽은 산, 묽은 알칼리 그리고 염류용액에 녹지만 60~80% 알코올에 녹지 않으며, 가열에 의하여 응고되는 성질을 가지고 있다. 단백질을 구성하는 20여 가지 각종 아미노산을 모두 함유하고 있으나 글리신(glycine) 함량은 그리 많지 않다.

대표적인 동물성 알부민에는 혈청 알부민(serum albumin, 혈청), 락트알부민(lact-albumin, 젖), 콘알부민(conalbumin, 난백), 오브알부민(ovalbumin, 난백), 비텔린(vitellin, 난황) 및 미오겐(myogen, 근육) 등이 있으며, 식물성 알부민에는 레구멜린(legumelin, 콩), 류코신(leucosin, 두류나 맥류), 리신(ricin, 피마자) 및 파제올린(phaseolin, 강낭콩) 등이 있다.

② 글로불린

동식물성 식품에 많이 존재한다. 물에는 녹지 않으며 묽은 산, 묽은 알칼리 및 염류용액에 녹는다. 가열에 의하여 응고되며, 알부민과 같이 존재하는 경우가 많다. 단백질을 구성하는 20여 가지 각종 아미노산을 모두 함유하고 있으며, 글리신 함량이 많은 것이 알부민과의 차이점이다.

대표적인 동물성 글로불린에는 락토글로불린(lactoglobulin, 유즙), 리소자임(lyso-zyme, 난백), 미오신(myosin, 근육) 및 피브리노겐(fibrinogen, 혈장) 등이 있고, 식물성 글로불린에는 글리시닌(glycinin, 대두), 이포메인(ipomain, 고구마), 아라친(arachin, 땅콩) 및 투베린(tuberin, 감자) 등이 있다.

③ 글루텔린

식물성 식품, 특히 곡류의 종자에 많이 함유되어 있다. 물과 염류용액에는 녹지 않으나 묽은 산이나 묽은 알칼리에는 잘 녹으며, 가열에 의하여 응고되지 않는다. 구성 아미노산으로는 글리신과 글루탐산(glutamic acid)의 함량이 높고 프롤린(proline)은 적다. 대표적인 식물성 글루텔린에는 오리제닌(oryzenin, 쌀) 및 글루테닌(glutenin, 밀) 등이 있다.

④ 프롤라민

물과 염류용액에는 녹지 않고, 묽은 산과 묽은 알칼리 및 60~80% 알코올에 녹는다. 구성 아미노산으로는 글루탐산과 프롤린의 함량이 높고 글리신은 적다. 알코올에 녹는 것과 글리신 함량이 적은 것이 글루텔린과 다른 점이다. 대표적인 프롤라민에는 글리아딘(gliadin, 밀), 제인(zein, 옥수수) 및 호르데인(hordein, 보리) 등이 있다.

⑤ 히스톤

동물체에만 존재하는데 특히 동물의 체세포 핵이나 정자핵 중에 핵산과 공존하고 있다. 물, 염류용액, 묽은 산, 묽은 알칼리에는 잘 녹으나, 가열에 의하여 응고되지 않는다. **Alkaloid 시약**에 의하여 산성, 중성, 알칼리성 어느 것에서나 침전된다. 구성 아미노산으로는 염기성 아미노산인 아르기닌과 리신(lysine)을 많이 함유하기 때문에 염기성 단백질이라고도 한다. 식품 중에 히스톤 단백질은 거의 존재하지 않는다.

⑥ 프로타민

동물조직, 특히 어류의 정낭 중에 핵산과 결합하여 존재하는 경우가 많다. 용해성은 히스톤(histone)과 비슷하지만 alkaloid 시약에 의하여 알칼리성에서 침전되지 않는 점이 히스톤과 다르다. 구성 아미노산으로는 염기성 아미노산, 특히 아르기닌(arginine)을 많이 함유하기 때문에 염기성 단백질이라고도 한다.

대표적인 프로타민에는 살민(salmine, 연어), 클루페인(clupeine, 정어리), 스콤브린(scombrine, 고등어) 및 스투린(sturin, 상어) 등이 있다.

⑦ 알부미노이드

동물의 세포 조직에 많이 함유되어 있다. 물, 염류용액, 묽은 산 및 묽은 알칼리에 녹지 않고 효소에 의해서 소화되지 않는다. 진한 산이나 진한 알칼리에는 녹으며 경단백질(scleroprotein)이라고도 부른다. 구성 아미노산으로는 글리신과 프롤린의 함량이 높으나, 방향족 아미노산인 트립토판(tryptophan)과 티로신(tyrosine) 그리고 함황아미노산인 시스테인(cysteine) 등은 적다.

대표적인 알부미노이드에는 케라틴(keratin, 머리카락과 뿔), 피브로인(fibroin, 명주실), 엘라스틴(elastin, 결합조직과 힘줄) 및 콜라겐(collagen, 뼈나 가죽) 등이 있다.

2) 복합단백질의 구조와 종류

복합단백질(conjugated protein)은 앞에서 설명한 단순단백질에 인산, 시실, 핵산, 탄수화물 및 색소 등과 같은 비단백질 부분(보결분자단, prosthetic group)이 결합된 단백질이며, 결합된 보결분자단에 따라 표 5-6과 같이 분류된다. 복합단백질은 동식물의 세포 내에 존재하며 생리적으로 중요한 기능을 가진다.

▸ Alkaloid 시약

알칼로이드 용액에 작용하여 특수한 침전을 발생시켜 알칼로이드 추출에 사용되는 시약의 총칭.

표 5-6. 복합단백질의 분류

종 류	특 징	예
인단백질 (phosphoprotein)	인산이 ester형으로 단백질의 일부에 결합하고 있다.	Casein(유즙), Vitellin(난황), Vitellenin(난황)
핵단백질 (nucleoprotein)	핵산과 염기성 단백질이 결합하고 있다.	Nucleohistone(DNA와 histone ; 흉선, 백혈구, 적혈구, 정자), Nucleoprotamin(DNA와 protamin ; 어류 정자)
당단백질 (glycoprotein)	당류와 단백질이 결합	Mucin(타액, 난백, 참마류의 점질성분), Mucoid(난백, 연골)
색소단백질, 금속단백질 (chromoprotein metalloprotein)	단백질의 일부에 금속과 flavin, carotenoid 등을 함유한다.	Hemoglobin(혈액, Fe), Myoglobin (근육, Fe), Hemocyanin(연체동물의 혈액, Cu), Chlorophyll 단백질, Flavin 단백질(효소), Catalase(효소, Fe)
지단백질 (lipoprotein)	인지질과 단백질이 결합하고 있다.	Lipovitellin(난황), Lipovitellenin(난황)

(1) 인단백질

인단백질(phosphoprotein)은 단순단백질과 인산(H_3PO_4)이 결합되어 있는 복합단백질이다. 인산기는 단백질을 구성하는 아미노산인 세린(serine) 등의 알코올기(-OH)에 결합되어 있다.

동물성 식품에 주로 존재하며, 대표적인 인단백질에는 카제인(casein, 젖), 비텔린(vitellin, 난황), 비텔레닌(vitellenin, 난황), 포스비틴(phosvitin, 난황) 및 이크튤린(ichthulin, 어류의 알) 등이 있다.

(2) 핵단백질

핵단백질(nucleoprotein)은 단순단백질과 핵산(DNA와 RNA)이 결합되어 있는 복합단백질이다. 핵단백질의 단백질 부분은 주로 염기성 단백질인 히스톤(histone) 또는 프로타민(protamine)이고, 핵산 부분은 주로 DNA이다.

핵단백질(nucleohistone 또는 nucleoprotamine)은 동식물 세포핵의 주성분이며, 식품의 맛에 관여한다.

(3) 당단백질

당단백질(glycoprotein)은 단순단백질과 당이 결합되어 있는 복합단백질이다. 일반적으로 당의 함량은 적지만, 난백의 오보뮤신(ovomucin)과 같이 탄수화물 함량이 8~20%에 이르는 것도 있다. 당단백질은 점질물이므로 점성단백질(mucoprotein)이라고도 한다. 당단백질의 당 부분은 다당류인데, 뮤코틴 황산(mucotin sulfate), 콘드로이틴 황산(chondroitin sulfate), 만노오스(mannose), 갈락토오스(galactose) 및 글루코사민(glucosamine) 등의 중합체이며, 아미노당을 지니는 것이 특징이다. 이들 다당류에 존재하는 아미노기($-NH_2$), 카르복실기(-COOH) 및 황산기($-SO_4$)가 단백질에 존재하는 카르복실기 또는 아미노기와 **아미드**(amide) 결합 또는 이온결합에 의하여 당단백질을 형성한다.

당단백질은 동식물 세포와 조직을 보호하는 작용을 하는데, 초산에 의하여 침전되는 뮤신(mucin)과 침전되지 않는 것은 뮤코이드(mucoid)로 나누어진다. 뮤신은 침, 소화액, 난백 및 곡류 등에 함유되어 있고, 뮤코이드는 난백, 혈청, 연골 및 건 등에 존재한다.

(4) 색소단백질

색소단백질(chromoprotein)은 단순단백질과 색소가 결합되어 있는 복합단백질이다. 색소단백질의 색소 성분은 헴(heme), 클로로필(chlorophyll), 카로티노이드(carotenoid) 및 플라빈(flavin) 등이다. 색소부분이 헴인 헴단백질(hemeprotein)에는 헤모글로빈(hemoglobin, 동물의 혈액), 헤모시아닌(hemocyanin, 연체동물의 혈액), 미오글로빈(myoglobin, 근육) 및 시토크롬(cytochrome, 동식물의 호흡효소) 등이 있다.

색소단백질은 생체 내에서 중요한 생리작용을 나타내는데, 식품성분에서는 식품의 색과 밀접한 관계가 있다.

▸ **아미드(amide)**

카르보닐기(>C=O)와 질소원자(N)가 결합하여 형성된 화합물 또는 아래 그림과 같은 작용기를 지니는 화합물을 말한다. 암모니아(NH_3) 또는 아민의 수소를 아실기(acyl group, -RCO) 또는 금속원자로 치환한 화합물을 말한다. 예를 들면 카르복실산(R′COOH)에서 유도된 카르복실아미드($R'CONH_2$), 술폰산(RSO_3H)에서 유도된 술폰아미드(RSO_2NH_2) 및 $(CH_3)_2NLi$(lithium dimethylamide) 등이 있다. 아미드 화합물과 아민화합물은 그 성질이 완전히 다르다.

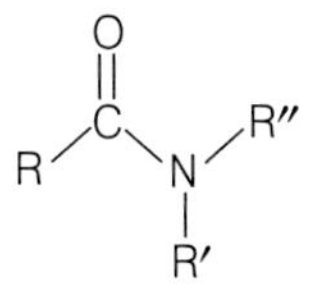

(5) 금속단백질

금속단백질(metalloprotein)은 단순단백질과 금속이 결합되어 있는 복합단백질이며, 금속 성분은 철(Fe), 구리(Cu), 아연(Zn) 및 코발트(Co) 등이다. 금속단백질은 효소와 관련이 많으며 철 단백질인 페리틴(ferritin, 간), 구리 단백질인 헤모시아닌(hemocyanin, 연체동물의 혈액) 및 아연 단백질인 인슐린(insulin, 췌장) 등이 대표적이다. 색소단백질인 헤모글로빈(Fe)과 미오글로빈(Fe)은 금속단백질이라고도 할 수 있다.

(6) 지단백질

지단백질(lipoprotein)은 단순단백질과 지질이 결합되어 있는 복합단백질이다. 지단백질의 지질 부분은 주로 레시틴(lecithin)과 세팔린(cephalin) 등과 같은 인지질이므로 유화성이 뛰어나다.

대표적인 지단백질에는 난황에 들어 있는 리포비텔린(lipovitellin)과 리포비텔레닌(lipovitellenin) 등이 있다.

3) 유도단백질의 구조와 종류

유도단백질(derived protein)은 단순단백질이나 복합단백질이 열, 산, 알칼리, 산소 및 효소 등의 작용에 의하여 변성 또는 분해되어 생성된 것이다.

(1) 변성단백질

단백질이 열, 자외선 등과 같은 물리적 작용이나 묽은 산, 묽은 알칼리 및 알코올 등과 같은 화학적 작용 또는 효소의 작용에 의해 변성된 단백질을 말하는데, 그 정도가 미미하여 대부분의 단백질 골격은 그대로 유지하면서 성질이 변한 단백질이다.

① 젤라틴

젤라틴(gelatin)은 동물의 연골, 뼈 및 가죽 등과 같은 결합조직의 주요 단백질 성분인 콜라겐(collagen)을 장시간 가열하면 얻어지는 변성단백질이다. 따뜻한 물에는 녹지만 차게 하면 겔(gel) 상태로 된다. 수용성 단백질이며 무독성으로 자연계에 광범위하게 분포하고 있다.

젤라틴은 가열상태에서는 불규칙한 코일(단백질의 2차 구조) 상태로 용해되어 있다가 온도가 내려감에 따라 3개의 폴리펩티드(polypeptide) 사슬이 가교결합(cross-linking)을 형성하여 나선구조를 형성하기 때문에 최종적으로 3차원의 겔을 형성한다. 일반적으로 젤라틴의 겔화(gelation)는 온도, pH, 회분 함량, 제조방법 및 농도 등에 따라서 크게 영향을 받으며 비교적 낮은 온도, 낮은 농도에서도 점성을 부여한다.

젤라틴은 트립토판과 시스틴을 제외한 모든 필수아미노산을 함유하고 있어 영양학적 가치가 높으며, 겔화제 이외에도 최근에는 건강식품으로까지 그 이용이 확대되고 있다.

② 프로테안

프로테안(protean)은 수용성 단백질이 산, 알칼리 및 산소 등의 작용을 받아 물에 녹지 않고 가열에 의해서도 응고되지 않는 단백질로 변성된 것이다.

③ 메타프로테인

메타프로테인(metaprotein)은 천연의 단백질을 산이나 알칼리 또는 효소 등으로 약간 가수분해하였을 때 생성되는 고분자량의 화합물을 말한다. 물에 녹지 않는다.

④ 응고단백질

응고단백질(coagulated protein)은 열, 자외선, 산 및 알칼리 등에 의하여 변성되어 응고한 단백질로 대부분의 용매에 불용이다.

(2) 분해단백질

분해단백질은 천연 단백질이 가수분해되어 생성된 것을 말하며, 가수분해의 정도에 따라 다음과 같이 구분한다.

① 프로테오스

프로테오스(proteose)는 단백질 분해효소 등에 의한 가수분해 초기 생성물을 말하는데, 일반적으로 물에 녹으며 열에 의하여 응고되지 않는다.

② 펩톤

펩톤(peptone)은 가수분해가 많이 진행되어 프로테오스보다 분자량이 적은 생성물을 말하는데, 수용성이고 가열에 의하여 응고되지 않는다. 알코올에 의하여 침전되며 교질성(제17장 식품의 물성 424페이지 참조)을 나타내지 않는다.

③ 펩티드

펩티드(peptide)는 가수분해가 상당히 진행된 것으로 여러 개의 아미노산이 펩티드(peptide) 결합을 형성하고 있는 것을 말한다. 수용성이며 가열에 의하여 응고되지 않는다. 표 5-7에는 생체에서나 식품 중에 발견되는 천연 펩티드를 나타내었다.

표 5-7. 천연 펩티드

peptide	결 합	예
Dipeptide	β-alanine + histidine aspartic acid + phenylalanine	근육 내에 존재(carnosine) 합성감미료(aspartame)
Tripeptide	glycine + cysteine + γ-glutamic acid	근육, 간장에 특히 많다(glutathione)
Nonapeptide	9개의 아미노산이 결합	뇌하수체후엽호르몬(oxytocin)
Decapeptide	10개의 아미노산이 결합	항생물질(gramicidin)
	51개의 아미노산이 결합	췌장호르몬(insulin)

3. 아미노산의 성질

(1) 용해성

일반적으로 아미노산은 물에 잘 용해되지만 유기용매에는 잘 녹지 않는다. 각 아미노산의 곁사슬은 그들의 **용해성**(溶解性)에 영향을 미치지만, 모든 아미노산이 지니는 카르복실기(-COOH)와 아미노기($-NH_2$)는 친수성이기 때문에 곁사슬이 소수성을 나타낸다고 하여도 대부분의 아미노산은 어느 정도까지는 물에 용해된다. 하지만 티로신(tyrosine)은 찬물에서는 용해도가 낮으며, 시스틴(cystine)은 열수(熱水)에도 잘 녹지 않는다. 대부분의 아미노산은 알코올에 잘 녹지 않지만, 이미노기(imino group, -NH)를 지니는 프롤린(proline)과 히드록시프롤린(hydroxyproline)은 알코올에 녹는다.

(2) 양쪽성 화합물

아미노산은 하나의 분자 중에 산성을 나타내는 카르복실기(-COOH)와 염기성을 나타내는 아미노기($-NH_2$)를 동시에 가지고 있다. 그러므로 아미노산이 물에 녹으면 용액의 pH에 따라 산이나 염기로 작용하게 되기 때문에 아미노산을 **양쪽성 화합물**

▸ **소수성 아미노산의 용해성(溶解性)**

소수성 아미노산의 물에 대한 용해도는 알라닌(alanine) 167 g/ℓ, 발린(valine) 58 g/ℓ, 류신(leucine) 22 g/ℓ 그리고 트립토판(tryptophan) 14 g/ℓ 정도이다.

(amphoteric compound)이라고 한다. 즉 아미노산은 용액의 pH에 따라서 분자구조 중에 수소이온(H^+)을 받아들인(염기) 양이온($-NH_2 + H^+ \rightarrow -NH_3^+$)과 수소이온($H^+$)을 방출한(산) 음이온($-COOH \rightarrow -COO^- + H^+$)을 동시에 지닐 수 있기 때문에 양성이온(zwitter ion)을 형성하며, 실제로 아미노산은 용액 중에서 양성이온으로 존재한다(그림 5-12).

아미노산은 용액의 pH에 따라 단계적인 이온화 반응을 나타내는데, 이것은 아미노산을 구성하는 카르복실기(-COOH), 아미노기($-NH_2$) 그리고 곁사슬에 존재하는 작용기의 pK 값이 다르기 때문이다. pK 값이란 아미노산을 구성하는 각각의 작용기

▸ **양쪽성 화합물**

아미노산의 구조에서 pH의 변화에 따라 (+)이온을 띨 수 있는 것에는 α-아미노기($-NH_2$), 아르기닌(arginine)의 구아니디노기(guanidino group), 리신(lysine)의 ε-아미노기, 히스티딘(histidine)의 이미다졸기(imidazole group) 및 글루타민(glutamine)의 산아미드기(amide group) 등이 있다. 그리고 (-)이온이 될 수 있는 것에는 α-카르복실기, 아스파르트산(aspartic acid)의 β-카르복실기, 글루탐산의 γ-카르복실기, 시스테인(cysteine)의 티올기(thiol group, -SH) 및 티로신(tyrosine)의 페놀기(phenol group) 등이 있다. 다음 표에 각 아미노산의 pK 값을 나타내었다.

	pK_1(-COOH)	pK_2($-NH_2$)	pK_3(곁사슬)
Gly	2.34	9.60	
Ala	2.34	9.69	
Val	2.32	9.62	
Leu	2.36	9.60	
Ileu	2.36	9.68	
Pro	1.99	10.96	
Phe	1.83	9.13	10.07
Tyr	2.20	9.11	
Trp	2.38	9.39	
Ser	2.21	9.15	
Thr	2.11	9.62	10.28
Cys	1.96	8.18	
Met	2.28	9.21	
Asn	2.02	8.80	
Gln	2.17	9.13	3.65
Asp	1.88	9.60	4.25
Glu	2.19	9.67	10.53
Lys	2.18	8.95	12.48
Arg	2.17	9.04	6.00
His	1.82	9.17	

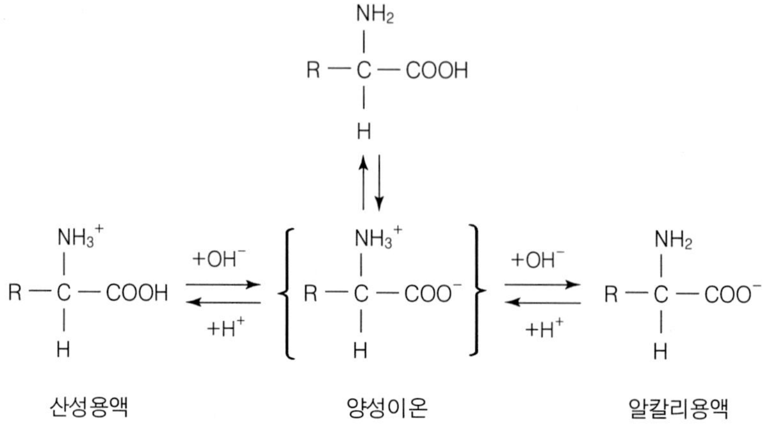

$$R-\underset{H}{\overset{NH_2}{C}}-COOH$$

$$\updownarrow$$

$$R-\underset{H}{\overset{NH_3^+}{C}}-COOH \underset{+H^+}{\overset{+OH^-}{\rightleftharpoons}} \left\{ R-\underset{H}{\overset{NH_3^+}{C}}-COO^- \right\} \underset{+H^+}{\overset{+OH^-}{\rightleftharpoons}} R-\underset{H}{\overset{NH_2}{C}}-COO^-$$

산성용액 양성이온 알칼리용액

그림 5-12. 아미노산의 양쪽성

가 평형상태(50%가 이온인 상태)가 될 때의 pH를 말한다. 예를 들면 글리신(glycine)의 경우 글리신을 구성하는 카르복실기의 pK_1 값은 2.3이고, 아미노기의 pK_2 값은 9.7이다. 이것은 pH 2.3에서 글리신 카르복실기의 50%가 음이온($-COO^-$), 나머지는 카르복실기($-COOH$)로 존재하고, pH 9.7에서 글리신 아미노기의 50%가 양이온($-NH_3^+$), 나머지는 아미노기($-NH_2$)로 존재한다는 뜻이다.

예를 들어 각 pH에서의 글리신의 이온상태를 살펴보면 그림 5-13에서 보는 바와 같다.

ⓐ 글리신을 pH 1 정도의 산성용액에 녹이면 글리신의 카르복실기($-COOH$)는 100% 모두 이온을 띠지 않고($-COOH$)로, 아미노기($-NH_2$)는 100% 모두 양이온($-NH_3^+$)으로 존재한다.

ⓑ 이 용액에 알칼리를 가하면 pH가 천천히 상승하게 되는데, 이때 가하여진 알칼리는 먼저 카르복실기와 반응한다. 그러므로 카르복실기($-COOH$)는 점점 음이온($-COO^-$)을 띠게 되고, pH 2.3(글리신 카르복실기의 pK_1 값)이 되면 카르복실기 50%는 음이온($-COO^-$)으로, 나머지 50%는 카르복실기($-COOH$)로 존재하게 된다.

$$-COOH + -OH(\text{알칼리}) \longrightarrow -COO^- + H_2O$$

ⓒ 계속해서 알칼리를 가하면 같은 반응에 의하여 나머지 50% 카르복실기도 음이온($-COO^-$)을 띠게 된다. 이 상태에서는 글리신 분자구조 중에 아미노기는 모두 양이온($-NH_3^+$), 카르복실기는 모두 음이온($-COO^-$)을 띠기 때문에 글리신 분자

구조 중에 존재하는 (+)이온과 (-)이온의 숫자가 똑같게 된다. 이와 같은 상태의 pH를 아미노산의 등전점이라고 한다.

ⓓ 계속 가해지는 알칼리는 이제부터는 글리신의 양이온($-NH_3^+$)과 반응한다. 그러므로 $-NH_3^+$는 다음 반응에서 보는 것처럼 점점 아미노기($-NH_2$)로 되는데, pH가 글리신 아미노기의 pK_2 값인 9.7이 되면 양이온($-NH_3^+$)의 50%는 아미노기($-NH_2$)로, 나머지 50%는 양이온($-NH_3^+$)으로 존재하게 된다.

$$-NH_3^+ + -OH(\text{알칼리}) \longrightarrow -NH_2 + H_2O$$

ⓔ 계속해서 알칼리를 가하면 같은 반응에 의하여 나머지 50% 양이온($-NH_3^+$)도 아미노기($-NH_2$)로 변화하여 결국 글리신의 카르복실기(-COOH)는 모두 음이온($-COO^-$)으로, 글리신의 양이온($-NH_3^+$)은 모두 아미노기($-NH_2$)로 존재하게 된다.

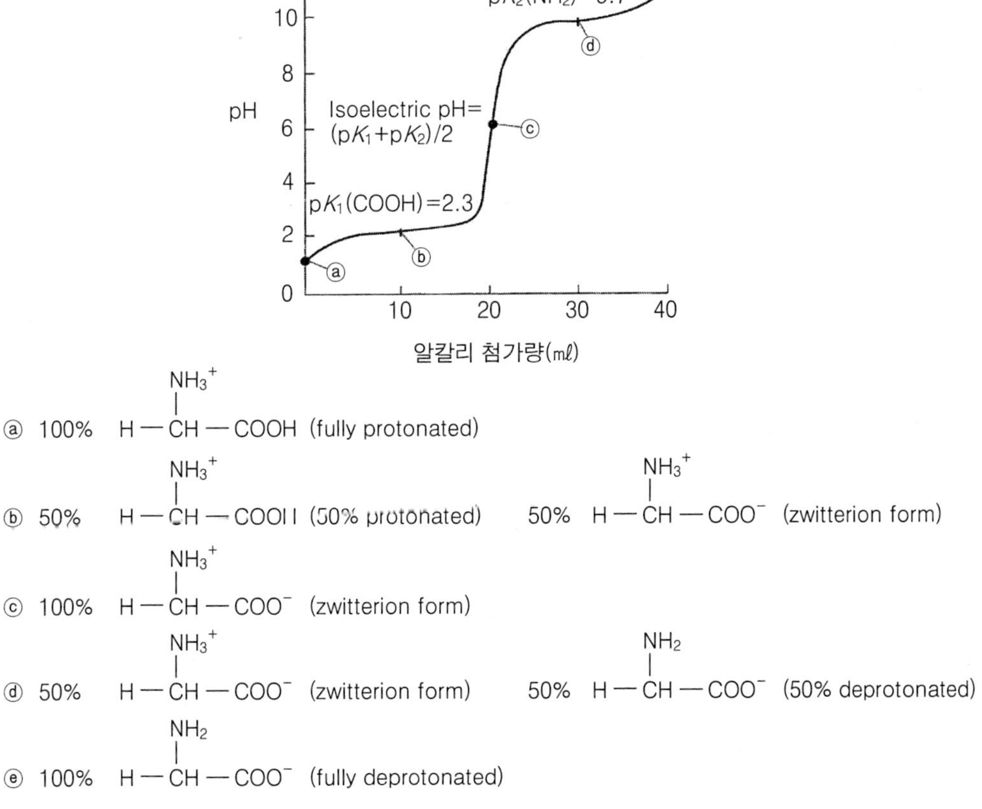

그림 5-13. 글리신(glycine)의 단계적 적정곡선

(3) 등전점

그림 5-13의 ⓒ점(pH 6.0)에서 용액 중의 글리신은 모두 H-CHNH_3^+-COO^-로 존재하기 때문에 글리신 분자구조 중의 (+)이온과 (-)이온의 숫자가 똑같게 된다. 이와 같이 아미노산 분자 내에 존재하는 (+)이온과 (-)이온의 숫자가 똑같을 때의 용액의 pH을 이 아미노산의 등전점(isoelectric point)이라고 한다.

아미노산의 등전점은 그 구조와 측쇄에 따라 각각 다르지만, 일반적으로 중성 아미노산은 pH 6～7의 중성 범위, 산성 아미노산은 pH 3 정도의 산성 범위 그리고 염기성 아미노산은 pH 10 정도의 알칼리성 범위에 있다(표 5-2).

등전점에서 아미노산은 불안정하여 침전되기 쉬우며, 흡착력과 기포력은 최대가 되고 용해도, 점도 및 삼투압은 최소가 된다. 그러므로 용액 중의 아미노산을 분리하기 위해서는 아미노산이 녹아 있는 용액의 pH를 그 아미노산의 등전점으로 조절하면 된다.

(4) 완충능력

그림 5-13에는 알칼리 첨가량에 따른 pH 변화 정도가 완만한 부위와 급속한 부위가 있는데, pH 변화 정도가 완만한 부위를 완충영역이라고 한다. 이와 같이 알칼리 첨가 등과 같은 외부로부터의 작용에 대한 pH 변화를 완만하게 하는 작용을 완충능력(buffer capacity)이라고 한다. 아미노산의 완충능력은 pK점 부근에서 첨가되는 알칼리가 카르복실기(-COOH)나 NH_3^+와 반응하여 용액의 pH를 상승시키지 못하기 때문에 나타나는 것이며, 이와 같은 아미노산이나 단백질의 완충능력은 생체 내에서 중요한 역할을 하게 된다.

(5) 정미성

아미노산은 일반적으로 **특유한 맛**을 가지고 있어 식품의 맛에 큰 영향을 미친다. 글리신, 알라닌 및 세린 등은 단맛을, 아르기닌, 메티오닌, 류신 및 페닐알라닌 등은

▸ 아미노산의 정미성

① 단맛을 지닌 아미노산; glycine, alanine, serine, threonine, proline
② 쓴맛을 지닌 아미노산; arginine, methionine, valine, leucine, isoleucine, phenylalanine, histidine, tryptophan
③ 신맛을 지닌 아미노산; aspartic acid, glutamic acid, asparagine
④ 맛난맛을 지닌 아미노산; glutamic acid의 Na염

쓴맛을, 아스파르트산 등은 신맛을, 글루탐산의 나트륨 염은 맛난맛(제6장 핵산 183페이지 참조)을 지닌다.

(6) 아미노산의 화학반응

아미노산의 중요한 화학반응에는 다음과 같은 것들이 있다(표 5-8).

① 에스테르화 반응

아미노산의 카르복실기(-COOH)는 알코올과 쉽게 반응하여 에스테르(ester, 제3장 탄수화물 81페이지 참조)를 생성한다.

$$\underset{\text{아미노산}}{R\text{-}CH(NH_2)\text{-}COOH} + \underset{\text{알코올}}{R'OH} \longrightarrow R\text{-}CH(NH_2)\text{-}COOR' + H_2O$$

② 탈카르복실기 반응

아미노산은 화학적 작용이나 효소작용에 의해서 분자 중의 카르복실기(-COOH)가 제거되면 아민(amine, 제3장 탄수화물 78페이지 참조)을 형성한다. 예를 들면 히스티딘(histidine)에서 카르복실기가 제거되면 히스타민(histamine)이 생성되는데, 이것은 알레르기(allergy) 식중독에 관여하는 유독성분이다.

$$\underset{\text{아미노산}}{R\text{-}CH(NH_2)\text{-}COOH} \longrightarrow \underset{\text{아민}}{R\text{-}CH_2(NH_2)} + CO_2$$

③ 탈아미노 반응

아미노산이 과산화수소 등과 같은 산화제와 반응하면 아미노기($-NH_2$)가 제거되어 유기산을 생성하게 된다.

표 5-8. 아미노산과 단백질의 중요한 정색반응

정색반응	반응기	정 색
Biuret 반응	Peptide 결합	보라색
Xanthoprotein 반응	Tyrosine	황색
Ninhydrin 반응	Amino기	청자색
Millon 반응	Tyrosine	적갈색
Hopkins-Cole 반응	Tryptophan	적자색
Sakaguchi 반응	Arginine	적색
Ehrlich 반응	Tryptophan	청색
Pauly 반응	Histidine, tyrosine	적색

$$\underset{\text{아미노산}}{R\text{-}CH(NH_2)\text{-}COOH} \xrightarrow{\text{산화}} \underset{\text{유기산}}{R\text{-}CO\text{-}COOH} + NH_3$$

④ 아질산과의 반응

α-아미노산과 같은 제일급아민의 아미노기는 아질산(HNO_2)과 반응하여 질소 가스를 생성한다. 이 반응은 정량적이다. 그러므로 이 반응에서 생성되는 질소가스의 양을 측정하면 아미노산이나 단백질 중에 존재하는 α-아미노기를 정량할 수 있다. 이 실험 방법을 반슬라이크 법(Van Slyke method)이라고 하는데, 이미노기(imino, -NH)를 지니는 프롤린(proline)과 히드록시프롤린(hydroxyproline)은 음성반응을 나타낸다.

$$R\text{-}NH_2 + HNO_2 \longrightarrow R\text{-}OH + H_2O + N_2$$

⑤ 알데히드와의 반응

식품의 가공 중에 발생하는 갈변반응(마이얄 반응, 제13장 식품의 변색 316페이지 참조)은 아미노산이 알데히드(aldehyde)와 반응한 결과이다.

⑥ 닌히드린 반응

아미노산이나 단백질은 산화제인 닌히드린(ninhydrin)과 반응하면 암모니아, 이산화탄소 및 알데히드(aldehyde)를 생성하면서 청자색의 물질을 형성한다. 이 반응은 아미노산과 정량적으로 일어나므로 아미노산의 정량에도 이용된다(그림 5-14).

⑦ 잔토프로테인 반응

아미노산 중에 벤젠핵을 지니는 방향족 아미노산은 진한 질산과 반응하여 노란색을 띤다. 그러므로 이 반응을 이용하면 어떤 아미노산이 방향족 아미노산인지 아닌지를 확인할 수 있다. 이 반응은 방향족 아미노산을 함유하는 단백질에서도 양성반응을 나타낸다.

$$\underset{\text{아미노산}}{R\text{-}CH(NH_2)\text{-}COOH} + HNO_3 \longrightarrow \underset{\text{노란색 화합물}}{R\text{-}C(NO_2)\text{-}NH_2\text{-}COOH} + H_2O$$

⑧ 디니트로플루오로벤젠과의 반응

아미노산의 아미노기는 2,4-디니트로플루오로벤젠(dinitrofluorobenzene, DNFB)과 반응하여 디니트로페닐아미노산(dinitrophenyl amino acid, DNP 아미노산)를 생성하

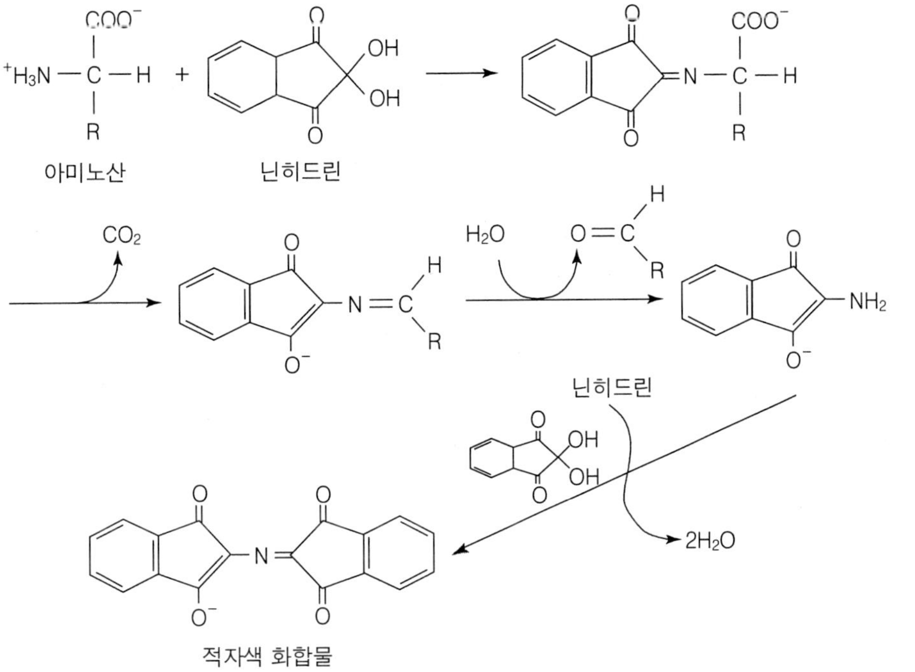

그림 5-14. 닌히드린(ninhydrin) 반응

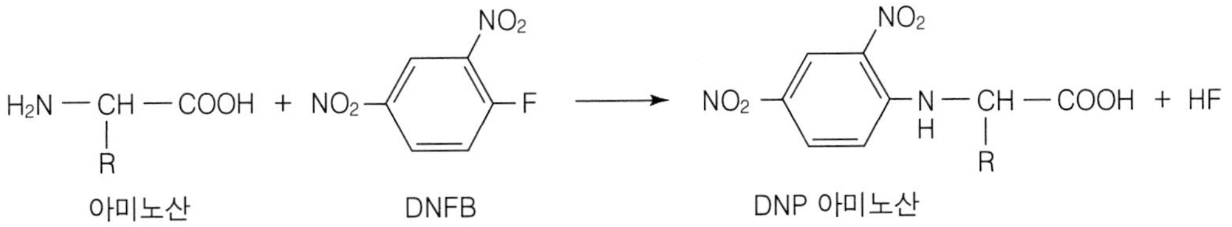

그림 5-15. 아미노산과 디니트로플루오로벤젠(DNFB)과의 반응

는데, 이 반응은 폴리펩티드의 N-말단 아미노기와도 반응하므로 단백질의 구조를 연구하는 데 중요하게 이용된다(그림 5-15).

4. 단백질의 성질

(1) 용해도

단백질은 그 종류에 따라 물, 묽은 염류, 묽은 산, 묽은 알칼리 그리고 알코올 등에 녹는 정도가 다르다. 그러므로 단백질은 이러한 용해도 차이를 이용하여 분류된다.

단백질이 용매에 녹으면 소금이나 설탕 수용액처럼 진용액(眞溶液)이 되지 않고 교질용액(colloid 용액, 제17장 식품의 물성 424페이지 참조)을 이루게 된다.

단백질의 용해성은 단백질 분자구조 중에 존재하는 **극성기**(極性基)의 수와 분포상태, **비극성기**(非極性基)의 노출상태, 단백질 표면에서의 하전상태, 용액 중 염의 종류와 농도 그리고 pH 등에 의하여 좌우된다.

(2) 고분자화합물

단백질은 그 분자량이 1만~수십만 또는 수백만에 이르는 고분자화합물이며, 표 5-9에서 보는 바와 같이 단백질의 종류에 따라 분자량이 매우 다양하다. 이와 같이 분자량이 큰 고분자화합물 용액을 **원심분리기**에 넣고 **원심력**을 가하면 분자량이 큰 것이 빨리 침전된다. 그러므로 보다 빠른 속도로 회전시켜 강한 원심력을 이용하는 **초원심분리법** 등은 단백질의 분별과 분자량의 결정에 사용된다.

단백질의 분자량을 결정하는 또 다른 방법에는 전기영동(電氣泳動, 167페이지 참조)과 겔 크로마토그래피(gel chromatography)가 있다. 겔 크로마토그래피는 그림 5-16에서 보는 바와 같이 덱스트란(dextran, 제3장 탄수화물 78페이지 참조)이나 아크릴아마이드(acrylamide) 등의 겔을 칼럼(column)에 충전하고 분자량이 각기 다른

▸ **극성기(極性基, polar group)와 비극성기(非極性基, nonpolar group)**

극성기는 물과 비슷한 성질을 지닌 작용기를 말한다. 친수성기라고 하며 -COOH, -OH, $-NH_2$, >C=O, -SH 및 -NH 등이 이에 해당된다. 그리고 비극성기는 물과 성질이 다른 작용기를 말한다. 소수성기라고도 한다.

▸ **원심분리기**

중력 대신에 원심력을 이용하여 분리하기 어려운 액체 중의 고체입자 또는 액체미립자를 분리하는 조작을 원심분리라고 하는데 이를 수행하는 장치를 말한다.

▸ **원심력**

원심력이란 물체가 원을 따라 운동할 때에 원운동을 일으키고 있는 구심력과 반대로 작용하는 힘을 말한다. 이 원심력은 회전자(rotor)의 반지름과 회전속도에 비례한다. 일반적으로 원심력은 중력가속도(g)로 표현된다.

▸ **초원심분리법**

일반적인 원심분리기에서 이용하는 원심력은 3,500~4,000 g 정도인데, 초원심분리기에서는 10,000 g 이상의 원심력을 이용하여 물질을 분리한다. 그러므로 회전하는 속도가 대단히 빠르다.

표 5-9. 여러 가지 단백질의 분자량

단백질	분자량	단백질	분자량
Hemoglobin(human)	64,500	Fibrinogen	400,000
Serum albumin(human)	68,500	RNA polymerase(*E. coil*)	450,000
β-Globulin	90,000	Apolipoprotein B(human)	513,000
γ-Globulin	156,000	Glutamate dehydrogenase	1,000,000

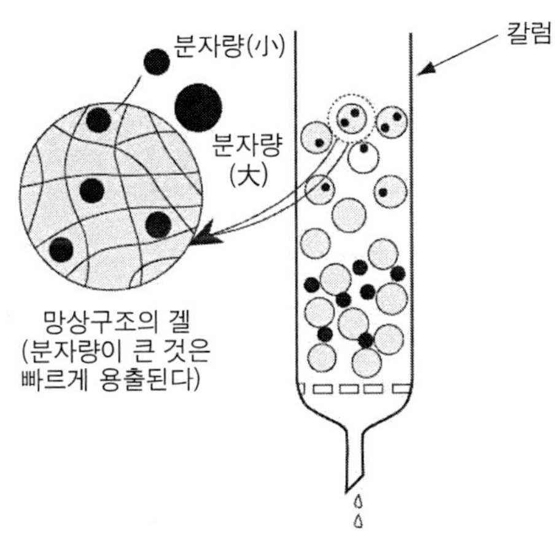

그림 5-16. 겔 크로마토그래피(gel chromatography)

단백질의 혼합물을 용매와 함께 용출시키는 실험법인데, 각 단백질의 분자량에 따라 서로 다른 속도로 용출되게 된다. 또한 **투석**(dialysis)은 단백질이 고분자화합물이라는 성질을 이용한 단백질 정제방법 중의 하나이다. 이 방법은 단백질과 단백질이 아닌 저분자화합물의 혼합 용액과 순수한 용매 사이에 반투막(예 : cellophane tube)을 두고 저분자 화합물을 제거시켜 단백질을 정제하는 방법을 말한다(그림 5-17).

(3) 등전점

단백질은 아미노산이 펩티드(peptide) 결합을 하여 형성되는데, 단백질 분자 중에

> ▸ **투석법**
>
> 단백질 용액과 같은 혼합교질 용액과 순수한 용매 사이에 반투막(cellophane tube 등)을 두고 저분자 화합물이나 이온을 삼출시켜 교질용액을 정제하는 방법을 말한다.

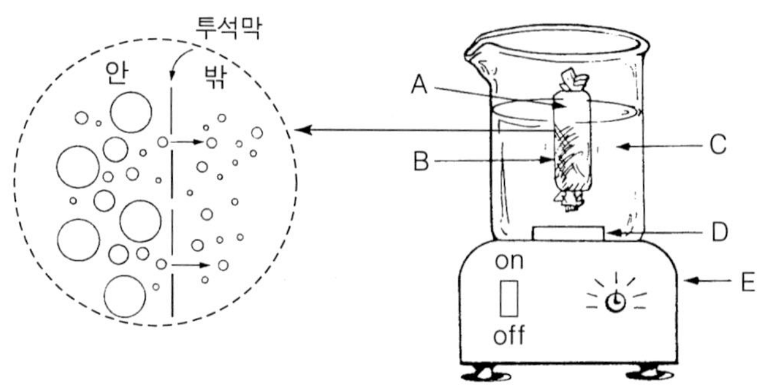

그림 5-17. 투 석
A : 투석막 내의 공기, B : 투석막과 시료,
C : 투석액, D : stir bar, E : 자석교반기

표 5-10. 여러 가지 단백질의 등전점

단백질	등전점	단백질	등전점
Egg albumin	4.5～4.9	Myosin	5.4
Lactalbumin	5.1	Glycinin	4.0～5.0
Serum albumin	4.8	Glutenin	5.2～5.4
Lactoglobulin	4.5～5.5	Zein	5.8
Myogen	6.3	Gliadin	6.5

는 펩티드 결합에 참여하지 않아 이온을 띨 수 있는 아미노기나 카르복실기가 많이 존재한다. 또한 아미노산 곁사슬 중에도 이온을 띨 수 있는 작용기(functional group)가 많이 존재한다. 그러므로 단백질은 자신이 녹아 있는 용액의 pH에 따라서 양이온과 음이온을 띠게 되는데, 어떤 특정 pH에서는 단백질 분자 중에 양이온과 음이온의 수가 같게 되어 단백질 분자 전체가 전기적으로 중성이 되게 된다. 이때의 pH를 단백질의 등전점(isoelectric point, pI)이라고 한다. 식품 단백질의 등전점은 주로 pH 4～6 범위의 산성에 치우쳐 있지만, 염기성 아미노산의 함량이 높은 경우에는 등전점이 12 이상을 나타내는 것도 있다(표 5-10).

등전점에서는 단백질 분자의 양전하와 음전하가 상쇄되어 전하가 0이 되므로 단백질 분자 사이의 정전기적인 반발력이 가장 적기 때문에 용해도가 가장 적게 되고 침전하게 된다. 그러므로 단백질의 등전점은 단백질의 분리 및 정제에 자주 이용된다. 예를 들면 분리대두단백질(soy protein isolate)은 두유의 pH를 대두단백질의 등전점인 4.5로 조절한 후에 단백질을 침전시켜 제조한다. 등전점에서 단백질의 용해도, 삼투압, 점도 및 팽윤성 등은 가장 작고 흡착성과 기포성은 가장 크다.

(4) 염용과 염석

단백질이나 아미노산 용액에 **중성염**을 첨가하면 용해도가 증가하게 되는데, 이와 같은 현상을 염용(鹽溶, salting in)이라고 한다. 이러한 현상은 첨가된 염이 해리되어 생성된 이온이 단백질 분자의 이온화된 작용기와 반응함으로써 단백질 분자 사이의 인력을 감소시키기 때문이다. 하지만 어느 정도 이상의 염이 첨가되면 이들 염류로부터 생성되는 많은 양의 이온이 용매인 물에 대하여 단백질 분자들과 서로 경쟁하게 된다. 또한 단백질 용액 중에 (+)와 (-)이온의 농도가 증가되기 때문에 단백질 분자의 전하가 중화된다. 결국 단백질과 결합하였던 물 분자들이 많은 양의 염으로부터 생성된 이온과 결합하게 되고 용매인 물 분자의 활동도가 감소하게 된다. 또한 단백질 용액 중에 존재하는 단백질 분자 사이의 반발력이 감소됨으로써 단백질들은 침전되게 되는데, 이러한 현상을 염석(鹽析, salting out)이라고 한다. 중성염으로는 황산암모늄(ammonium sulfate)이 일반적으로 사용되는데, 이것은 용해도가 높고 단백질 변성을 최소화시킬 수 있기 때문이다.

단백질들은 그들의 화학구조에 따라 그들이 지니는 이온이 서로 다르기 때문에 어떤 단백질은 소량의 염을 첨가하는 것에 의하여 침전될 수 있지만, 또 다른 단백질은 다량의 염을 첨가하여야만 침전될 수 있다. 그러므로 여러 가지 종류의 단백질이 녹아 있는 단백질 용액에 서로 다른 양(농도)의 염을 사용하여 단백질을 침전시키면 이때 침전하는 단백질은 특정한 단백질이 된다. 염석에 의하여 분리된 단백질 중의 무기염은 투석(dialysis)에 의하여 제거된다.

(5) 전기영동

단백질은 일반적으로 등전점보다 낮은 pH 용액에서는 (+)로 하전 되고, 등전점보다 높은 pH 용액에서는 (-)로 하전 된다. 따라서 단백질 용액에 전장을 걸어주면 음으로 하전된 단백질은 양극으로, 양으로 하전된 단백질은 각각 음극으로 이동하게 되며, 등전점에서는 단백질의 하전이 0이 되어 움직이지 않는데, 이러한 현상을 전기영

▸ 중성염(中性鹽)

수용액으로 하였을 때의 반응이 산성도 알칼리성도 아닌 염을 말하는데 $(NH_4)_2SO_4$, NaCl, K_2SO_4 등이 그 예이다.

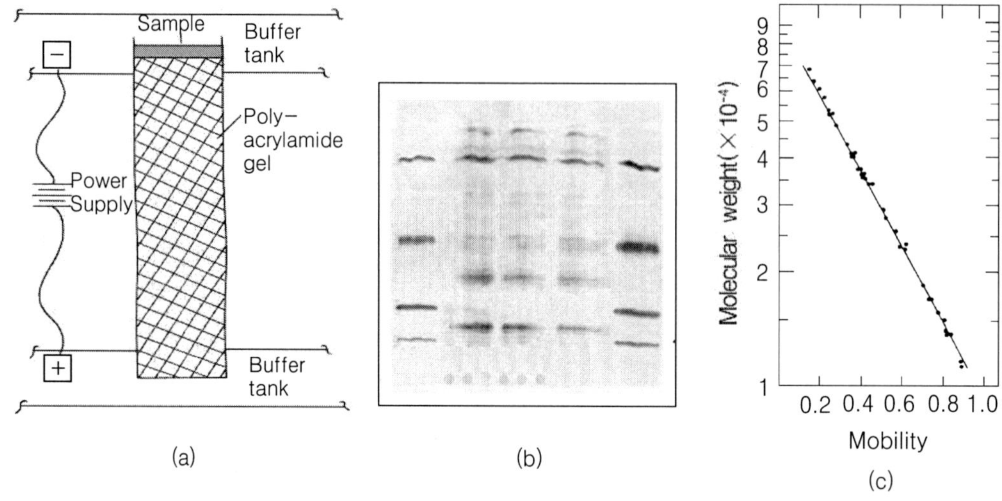

그림 5-18. 겔 전기영동 장치(a), 단백질의 전기영동 상(b) 및 전기영동 이동도(c)

동(electrophoresis)이라고 한다. 전기영동에 의한 단백질의 이동 정도는 단백질이 지니는 전하의 대소, 분자의 크기 및 분자모양 등과 관계가 있으며, 이 방법을 이용하면 단백질의 분리, 정제 그리고 순도의 검정 등을 할 수 있다.

전기영동에서 물질의 이동이나 분리는 대부분 겔(gel)이라는 고체 지지체에서 진행되는데, 폴리아크릴아미드 겔(polyacrylamide gel)이 가장 많이 사용된다. 겔의 가장 큰 장점은 농도를 조절하는 것에 의하여 겔 분자 사이의 틈새 크기를 조절하는 것이 가능하다는 것이다. 같은 조건의 전기영동에서 겔의 틈새가 크면 물질은 빨리 이동하고, 틈새가 작으면 느리게 이동한다. SDS-폴리아크릴아미드 겔 전기영동법은 단백질의 분자량을 결정 하는데 가장 많이 이용되는 방법이다. 이 방법에서는 단백질 용액에 음이온성 계면활성제인 SDS(sodium dodecyl sulfate)를 첨가하여 단백질의 입체구조를 무너뜨리고 음이온을 띠는 막대상의 단백질로 만든다. 그러면 단백질의 전기영동 이동도는 주로 단백질의 분자량에 따라 달라지게 된다. 즉 겔 위에서 분자량이 큰 분자는 느리게 이동하고, 작은 분자는 빠르게 이동하게 된다. 이렇게 처리한 단백질을 폴리아크릴아미드 겔에 가하고 전기를 가하면 단백질은 분자량의 크기에 따라 그 이동속도가 다르게 분리되는데, 분자량을 알고 있는 표준물질과 같이 전기영동하면 미지의 단백질 분자량을 측정할 수 있다(그림 5-18).

(6) 단백질의 정색반응

다수의 아미노산으로 구성된 단백질에는 여러 가지 반응기가 함유되어 있기 때문

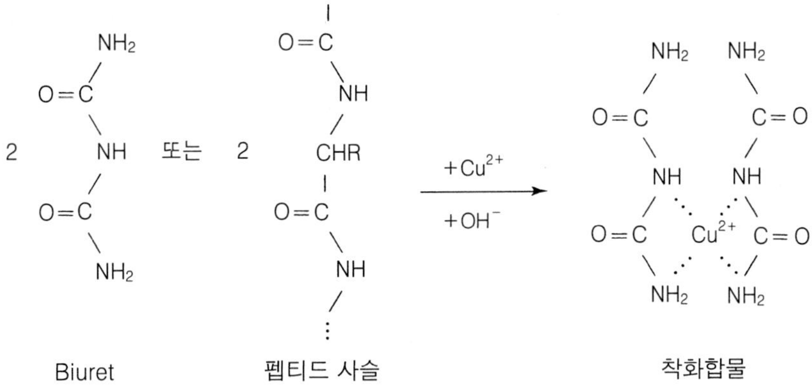

```
                                  |
       NH2                      O=C                              NH2      NH2
      /                            \                            /          \
   O=C                              NH                       O=C            C=O
      \                            /                            \          /
2      NH    또는   2           CHR        +Cu2+                  NH      NH
      /                             |      ──────→              / ·.   .· \
   O=C                           O=C        +OH-             O=C   Cu2+   C=O
      \                             \                           \ .·   ·. /
       NH2                           NH                          NH2      NH2
                                    /
                                   ⋮
   Biuret                     펩티드 사슬                            착화합물
```

그림 5-19. 뷰렛 반응

에 단백질이 나타내는 화학반응의 종류도 많다. 또한 반응기가 단백질 분자의 표면에 노출되어 있는 경우와 내부에 존재하는 경우의 반응성이 각각 다르다. 단백질의 중요한 정색반응을 표 5-8에 나타내었다.

① 뷰렛 반응

뷰렛(biuret, NH_2-CO-NH-CO-NH_2)은 알칼리성 황산구리($CuSO_4$)와 반응하여 보라색의 착화합물을 만드는 성질이 있다. 그리고 뷰렛과 비슷한 구조를 지니는 트리펩티드(tripeptide) 이상의 단백질 관련 물질도 알칼리성 황산구리와 반응하여 보라색의 착화합물을 만든다(그림 5-19). 이 반응은 2개 이상의 펩티드 결합을 지니는 폴리펩티드나 펩톤 등과 같은 단백질 분해물과 단백질에서는 양성반응을 나타내지만, 아미노산, 디펩티드 및 비단백질계 물질에서는 음성반응을 나타낸다. 그러므로 이 반응을 이용하면 어떤 물질이 트리펩티드 이상의 단백질 관련 물질인지 아닌지를 확인할 수 있다.

② 잔토프로테인 반응

잔토프로테인 반응(xanthoprotein reaction)은 방향족 아미노산이 진한 질산과 반응하여 노란색을 띠는 정색반응이다. 방향족 아미노산을 진한 질산과 반응시키면 아미노산이 니트로화되면서 노란색의 화합물로 변화되고, 이 화합물이 알칼리 금속과 반응하면 짙은 주황색을 나타낸다. 이 반응은 방향족 아미노산을 함유하는 단백질에서도 양성반응을 나타낸다.

$$RCHNH_2COOH + HNO_3 \longrightarrow \underset{\text{노란색 화합물}}{RC(NO_2)NH_2COOH} + H_2O$$

그러므로 잔토프로테인 반응을 이용하면 어떤 단백질을 구성하는 아미노산 중에 방향족 아미노산이 있는지, 없는지를 확인할 수 있다.

③ 밀론 검사법

단백질 용액에 밀론 시약(수은 1 g을 질산 1 mℓ에 녹이고 증류수를 2 mℓ 가한다)을 가하고 가열하면 적색을 나타낸다. 이 반응(millon test)은 단백질 분자 내에 티로신(tyrosine)과 같은 페놀기(phenol group)를 가지는 아미노산의 검출에 이용된다.

④ 닌히드린 반응

아미노산에서와 같이 단백질 용액에 1%의 닌히드린(ninhydrin) 용액을 가한 후 중성에서 가열하면 청자색을 나타낸다. 이 반응은 α-아미노기를 가진 화합물이 나타내는 정색반응으로 아미노산, 펩티드 및 단백질 뿐만 아니라 아민(amine)이나 암모니아(ammonia, NH_3) 등도 같은 반응을 나타낸다. 프롤린(proline) 같은 환상 아미노산은 노란색을 나타내며 감도도 낮다(그림 5-14).

⑤ 홉킨즈-코울 반응

홉킨즈-코울(Hopkins-Cole) 반응은 아미노산으로 트립토판(tryptophan)을 함유하는 단백질이나 트립토판에서 나타나는 반응이다. 단백질 용액 2～3 mℓ에 같은 부피의 빙초산을 가한 다음 농황산 4～5 mℓ를 용기의 벽을 따라 천천히 가하였을 때 트립토판(tryptophan)을 함유하는 단백질이 존재하면 용액의 계면에 적자색의 환이 형성된다. 홉킨즈(Hopkins)와 코울(Cole)은 이 반응은 빙초산 중에 불순물로 글리옥실산(glyoxylic acid, $C_2H_2O_3$)이 존재하기 때문이라고 하였다.

⑥ 유황 반응

단백질 용액에 40% 수산화나트륨(NaOH) 용액을 가하고 2분간 가열한 후, 초산납[lead acetate, $(CH_3COO)_2Pb$]을 가하면 흑색의 황화납(PbS) 침전이 형성된다. 이 반응은 시스테인(cysteine) 또는 시스틴(cystine)과 같은 함황 아미노산을 포함한 단백질에서 볼 수 있는 정색반응이다. 그러나 함황아미노산 중 메티오닌(methionine)을 함유하는 단백질에서는 이 반응이 일어나지 않는다.

⑦ 사까구찌 반응

단백질 정색반응의 하나이며, 사까구찌(Sakaguchi)에 의해서 고안되었다. 이 반응은 아미노산 중 아르기닌(arginine) 분자 중의 구아니디노기(139페이지 참조)에 기인하는 반응이다. 아르기닌을 함유하는 단백질을 알칼리에 녹이고 0.02%의 α-나프톨

(naphthol)을 가한 후, 5% 차아염소산나트륨(NaClO, sodium hypochlorite) 용액을 2~3 방울 가하면 적색을 나타낸다.

5. 단백질의 품질 평가

단백질의 영양가는 실험동물에 일정량의 순수한 단백질을 섭취시킨 후에 그 성장 반응을 조사하거나 또는 단백질을 구성하는 필수아미노산의 함량과 FAO(Food and Agriculture Organization)에서 제정한 이상적인 필수아미노산 조성을 비교하여 결정한다. 단백질의 영양가는 단백질을 구성하는 필수아미노산 중에서 **제한아미노산**의 양에 따라 결정된다. 그러므로 단백질의 영양가는 부족한 필수아미노산을 첨가하거나 또는 부족한 필수아미노산을 다량 함유한 단백질을 함께 섭취함으로써 높아지는데, 이것을 단백질의 보충효과라고 한다. 예를 들면 그림 5-20에서 보는 바와 같이 옥수수 단백질인 제인(zein)에는 필수아미노산 중에 트립토판(tryptophan)과 리신(lysine)이 부족하기 때문에 제인만을 급여하면 체중이 감소한다. 하지만 제인과 함께 트립토판과 리신을 급여하면 체중이 크게 증가하며, 제인과 함께 트립토판만 급여하면 현 체중을 유지하고, 제인과 함께 리신만 급여하면 체중이 약간 증가한다. 즉 옥수수만 섭취하는 것보다 트립토판과 리신이 풍부한 동물성 식품을 함께 섭취하면 단백질을 보다 효과적으로 섭취하는 결과가 된다.

(1) 단백가

단백가(protein score)는 품질을 평가하고자 하는 식품단백질 중의 각 필수아미노산 함량을 FAO에서 제정한 비교단백질의 필수아미노산 조성과 비교하였을 때, 그 함량이 가장 적은 필수아미노산, 즉 **제1 제한아미노산**과 이에 해당하는 비교단백질의 필수아미노산의 비율을 말한다(표 5-11).

$$\text{단백가} = \frac{\text{식품 중의 제1 제한아미노산 함량}}{\text{식품의 제1 제한 아미노산에 해당하는 비교단백질의 아미노산 함량}} \times 100$$

▸ **제1 제한아미노산**

식품단백질의 필수아미노산 조성을 표준 비교단백질의 필수아미노산 조성과 비교하였을 때 그 함량이 적은 필수아미노산을 제한아미노산이라고 하며, 그 중에서 그 비율이 가장 작은 아미노산을 제1 제한아미노산이라고 한다.

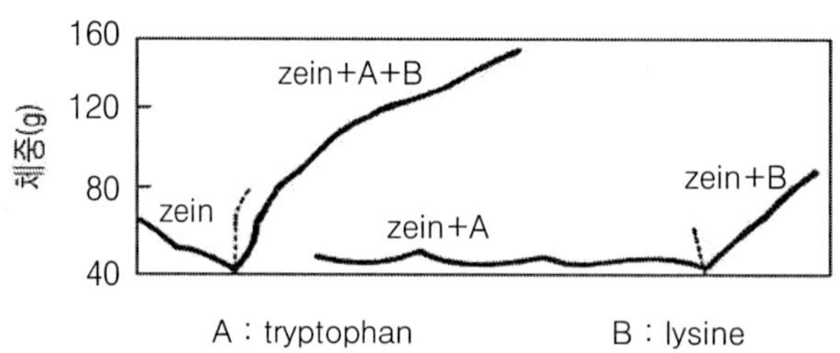

그림 5-20. 옥수수단백질에 대한 보충효과

표 5-11. 주요 식품단백질의 필수아미노산 조성과 단백가

식품명	Isoleu-cine	Leucine	Lysine	함황 아미노산	Phenyl-alanine	Thre-onine	Trypto-phan	Valine	단백가
비교단백질	270	306	270	270	180	180	90	270	–
식빵	220	390	**120**	182	270	160	67	260	44
백미	280	520	**210**	270	290	220	80	370	78
감자	240	390	330	**129**	210	240	91	360	48
대두	300	450	430	**151**	330	270	92	310	56
가다랑이	270	440	500	**191**	210	250	80	310	71
고등어	310	450	450	**167**	240	250	94	300	62
어묵	310	470	560	231	230	260	**58**	280	64
쇠고기	300	570	570	**215**	280	280	81	340	80
돼지고기	320	530	580	**243**	260	280	90	340	90
우유	320	590	480	**200**	280	270	92	410	74
계란	330	530	440	380	320	290	100	410	100

* 굵은 글씨는 단백가 산출에 사용되는 제한아미노산이다.
질소 1 g 중에 함유되어 있는 각 아미노산의 mg수로 나타냈다.

(2) 생물가

생물가(biological value)는 실험동물이 단백질을 섭취하고 난 후 체내에 흡수된 질소량과 체내에 유지된 질소량의 비율을 말한다.

$$\text{생물가} = \frac{\text{체내에 유지된 질소량}}{\text{체내에 흡수된 질소량}} \times 100$$

또한 기준단백질로 FAO에서 정한 비교단백질 대신에 양질의 단백질인 달걀 또는 모유(母乳) 단백질과 필수아미노산 조성을 비교한 난가(卵價) 또는 유가(乳價) 등의 화학가(chemical score)도 단백질의 품질평가 방법으로 많이 사용되고 있다.

6. 새로운 식품단백질 자원의 개발

오늘날 세계 인구의 약 65% 정도가 단백질 섭취 부족상태에 있다고 한다. 따라서 새로운 형태의 식품단백질 자원의 개발은 시급한 과제이며, 양질의 경제적인 단백질 자원을 빨리 개발하는 것은 대단히 중요하다고 볼 수 있다. 현재까지 연구 개발된 새로운 단백질 자원으로는 미생물 단백질, 녹엽 단백질 농축물 및 어류 단백질 농축물 등이 있다.

1) 미생물 단백질

미생물 단백질(microbial protein), 즉 단세포 단백질(single cell protein)은 효모, 곰팡이 및 세균 등을 배양, 증식시킨 후에 살균하여 그 미생물 자체에 존재하는 단백질을 추출한 것인데, 미생물의 종류에 따라 효모 단백질, 곰팡이 단백질, 세균 단백질 및 조류 단백질 등으로 분류된다. 미생물 단백질은 현재 가축사료 등의 단백질 자원으로서 다른 사료들과 혼합하여 사용되고 있다. 식품단백질로서 실제적인 응용은 아직 연구단계에 있다.

2) 녹엽 단백질 농축물

녹엽 단백질 농축물(leaf protein concentrate, LPC)은 목초나 알팔파(alfalfa) 등과 같은 녹엽식물의 잎 단백질을 추출하여 만든 새로운 단백질 자원이다. 이 농축물 중에는 60～70%의 단백질과 20～30%의 불포화 지방질이 함유되어 있다. 식품단백질로서의 이용에 대해서는 아직 연구단계에 있다.

3) 어류 단백질 농축물

상품가치가 별로 없는 잡어 등으로부터 단백질을 추출하고 용매를 제거하여 농축시킨 단백질 자원이다. 이 어류 단백질 농축물(fish protein concentrate, FPC)은 이미 동물사료 등에 실제적으로 널리 사용되고 있다.

4) 해조 단백질

조류(algae)도 미래의 식량자원으로서 꾸준히 연구되어 왔는데, 이들은 광합성(光合成, photosynthesis)에 의해 탄수화물을 합성한다. 이 중 가장 많이 연구된 것이 클로렐라(chlorella)이다. 건조된 클로렐라는 약 56%의 단백질을 함유하는데 필수아미노산인 리신(lysine)의 함량이 특히 많다. 클로렐라를 첨가한 면류 등이 개발되었으나 색과 향미가 나쁘고 소화율도 좋지 못하여 널리 이용되지 못하였으며, 최근에는 건강 기능식품으로 이용되기도 한다.

7. 기능성 단백질

1) 단백질의 기능성

단백질은 영양소로서의 기능 외에도 용해성(solubility), 겔 형성능(gelation), 유화 안전성(emulsion stability), 거품성(forming property), 지질 결합능(fat binding capacity) 및 표면 소수성(surface hydrophobicity) 등과 같은 여러 가지 기능적 특성을 가지기 때문에 식품의 물리적 화학적 성질에 많은 영향을 미친다. 식품단백질의 기능적 특성을 향상시키기 위한 연구는 광범위하고 다양한 방법으로 진행되고 있다. 예를 들면 새로운 물성을 지닌 고부가가치의 신소재를 생산하기 위하여 **인조육 제조기술**, **압출성형**(extrusion) **기술** 및 **단백질 필름 제조기술** 등과 같은 단백질 가공기술이 개발되고 있다. 또한 최근에는 효소를 이용하여 단백질의 구조를 변형시킴으로써 단백질의 기능성을 향상시키려는 연구가 많이 시도되고 있는데, 가장 주목받고 있는 효소는 **TGase**(EC 2.3.2.13, protein-glutamine : amine γ-glutamyltransferase)이다. 이 효소는 단백질 내 또는 단백질 상호간의 가교결합을 촉매하는데, 그 결과 단백질의 구조가 변형되고 단백질 식품의 기능적 특성이 변화됨으로써 다양한 물성의 변화를 일으킨다.

▸ **인조육(人造肉) 제조기술**

주로 콩이나 밀 단백질과 같은 식물성 단백질을 원료로 하여 단백질의 변성 현상을 이용하여 만든 고기와 같은 맛과 식감을 가진 식품을 인조육이라고 한다. 제조 시에 부분적으로 고기를 사용하기도 하며, 식물성 단백질에 부족한 필수아미노산인 리신이나 메티오닌 등과 같은 필수아미노산을 첨가하기도 한다. 부족한 동물성 식품의 대체 식품으로 또는 동물성 지방의 과잉섭취를 방지하는 주요한 역할을 한다.

▸ **압출성형 기술**(extrusion)

압출은 플라스틱이나 연질물질들을 다양한 모양의 사출구(die)를 통해 연속적으로 성형 및 절단하는 것을 말한다. 압출성형은 주로 다음과 같은 목적으로 이용된다.

① 일정한 식품원료로부터 여러 가지 형태, 조직감, 색 및 향미를 가지는 다양한 제품의 생산
② 고온에서 단시간에 미생물 사멸, 효소 불활성화

③ 제품의 낮은 수분활성도에 기인한 보존성 향상 등

그리고 압출성형의 과정에서는 다음과 같은 물리화학적 변화가 발생한다.

① 전분의 수화, 팽윤, 호화, 무정형화 및 분해
② 단백질의 변성, 분자간 결합 및 조직화
③ 효소의 불활성화
④ 미생물의 사멸과 살균
⑤ 유해물질의 파괴
⑥ 향미의 변화
⑦ 조직팽창 및 밀도의 변화
⑧ 갈색화 반응 등

▸ **단백질 필름 제조기술**

예를 들어 두유를 가열하면 표면에 막이 생기는데, 이것을 걷어내고 건조시켜 여러 겹으로 겹친 것을 단백질 필름이라고 한다. 이것은 식용필름으로 과채류의 저장이나 소시지 케이싱(casing) 등으로 사용된다. 하지만 아직은 이들 단백질 필름이 수분을 차단하는 능력이 부족하여 젖산, 탄닌산 및 검(gum) 등을 첨가하여 단점을 보완하는 노력이 시도되고 있다.

▸ **TGase(EC 2.3.2.13, protein-glutamine:amine γ -glutamyltransferase)**

단백질 및 펩티드를 구성하는 글루타밀(glutamyl) 잔기의 γ-carboxyamide 기(-$CONH_2$-)와 각종 1급 아민 간의 acyl 전이반응을 촉매하는 효소인데, 반응계에 아민이 존재하지 않으면 glutamyl 잔기의 γ-carboxyamide 기의 가수분해를 촉매한다. 최근에는 미생물이 생산하는 효소(MTGase, microbial transglutaminase)가 칼슘 비의존성이며, 열에 안정하고, 반응하는 pH 범위도 넓은 특성을 가지고 있어서 널리 응용되고 있다.

▸ **아민(amine)**

제3장 탄수화물 78페이지를 참조한다.

▸ **아실기(acyl group)**

제4장 지질 93페이지를 참조한다.

연구에 의하면 TGase에 의한 단백질 분자의 새로운 가교결합 형성은 단백질의 열안정성, 응고성, 유화성, 물성, 겔 형성능, 수화작용 및 용해성 등을 향상시켜 기능적 특성을 변형시킬 수 있다고 알려져 있다. 예를 들면 이 효소를 육류에 첨가하면 탄성, 조직 그리고 맛이 향상되며, 유제품의 일종인 요거트에 이 효소를 첨가하면 물리적인 힘이나 온도의 변화에 따라 일어날 수 있는 내용물의 분리현상을 막을 수 있고, 국수와 파스타에 이 효소를 첨가하면 제품의 탄력이 향상된다는 보고가 있다.

2) 생리활성 펩티드

특별한 생리적 기능을 지니는 펩티드(peptide)를 말하는데, 이들의 체내 흡수형태는 일반 단백질의 흡수형태와 판이하다. 최근에는 이와 같은 **생리활성 펩티드를 이용한 기능성 식품의 개발**이 많이 연구되고 있다.

식품 중의 단백질이 여러 가지 효소에 의하여 가수분해되면 소화 흡수가 촉진될 뿐만 아니라 혈압강하, 진통마취, 칼슘흡수 촉진, 항알레르기, 혈청 콜레스테롤 저하, 항암, 항산화 및 **안지오텐신전환효소**(angiotensin-converting enzyme, ACE) 활성 저해 등과 같은 생리활성을 가지는 펩티드가 생산된다. 최근에는 이들 중에서 안지오텐신전환효소의 활성을 저해하여 혈압강하 효과를 주는 생리활성 펩티드에 관한 관심이 증대되고 있다. 즉 ACE 활성 저해 기능을 지니는 펩티드를 분리하여 아미노산 배

▸ 생리활성 펩티드(peptide)의 종류

① 내인성 생리활성 펩티드 : 호르몬(hormone), 효소의 저해제(inhibitor)

② 외인성 생리활성 펩티드 : 식품

㉮ Opioid(아편과 같은 작용을 지닌) 펩티드 : 수면조절, 진통, 동맥이완작용, 혈압강화작용

㉯ 탐식작용 촉진 펩티드(immunoglobulin) : 탐식 작용의 활성화, 항체증강작용, 병원균 감염 방어 작용

㉰ 항암활성 펩티드

㉱ 칼슘흡수촉진 펩티드 : caseinphosphopeptide

㉲ 콜레스테롤의 흡수저해 펩티드 : 대두단백질의 가수분해물

▸ 생리활성 펩티드를 이용한 기능성 식품의 개발

기능성 식품의 개발은 일반적으로 다음과 같은 순서로 진행된다.

① 목적에 맞는 생리활성 물질(펩티드)의 선택

② 생리활성 물질의 구조와 작용기작의 해명

③ 생리활성 물질의 생산 조건 최적화

④ 효과확인

⑤ 안정성 확인

▸ 안지오텐신전환효소(EC 3.4.15.1, angiotensin-converting enzyme, ACE)

안지오텐신(angiotensin)은 혈액 중에 존재하는 혈압 상승 물질을 말한다. 안지오텐신전환효소는 안지오텐신 I을 혈관을 수축시키는 안지오텐신 II로 전환하는 반응을 촉매하며, 또는 혈관확장제인 브래디키닌(bradykinin)의 불활성화에 관여하는 효소이다. 그러므로 이 효소의 활성을 저해하면 고혈압, 심장병 및 당뇨에 의한 신장병 등을 치료할 수 있는 것으로 보고되고 있다.

열을 해석하고 이를 기초로 하여 ACE 활성 저해 기능을 지니는 펩티드를 화학적으로 합성하려는 연구가 진행되고 있다. 한편 ACE 활성 저해 펩티드가 주로 효소에 의한 단백질 가수분해물에서 나타나기 때문에 우리나라의 전통식품인 장류와 젓갈류를 대상으로 이에 대한 연구가 활발히 진행되고 있다.

대두 펩티드는 대두단백질의 가수분해로 얻어지는 아미노산이 2개 이상 결합된 것인데 이것은 ACE 활성억제, 항산화작용, 빠른 소화흡수력 및 피로회복 촉진 등의 기능이 알려져 있어 건강기능식품의 소재로 많이 이용되고 있다. 최근 일본에서는 운동 전에 대두 펩티드를 섭취하면 피로가 축적되지 않으며, 대두 펩티드를 계속 섭취하면서 운동을 하면 근육이 강화된다는 연구 결과가 발표되어 스포츠 음료의 원료로도 사용되고 있다. 상업적인 대두 펩티드 추출방법은 탈지대두의 단백질을 효소분해한 후 정제하여 건조하는 과정을 거친다.

제 6 장

핵 산

개 요

핵산(核酸, nucleic acid)은 19세기 후반에 스위스의 미셔(Miescher)에 의하여 세포의 핵에서 발견되었는데, 동식물 세포의 핵에 존재하며 산성을 나타내기 때문에 핵산이라고 명명되었다. 그 후에 핵산은 핵 이외에 세포질에도 존재한다는 것이 알려졌으며, 연구가 진행됨에 따라 디옥시리보핵산(DNA)과 리보핵산(RNA)의 2종류가 있음이 밝혀졌다. 핵산은 유기염기, 펜토오스 그리고 인산으로 구성된 고분자화합물이며, 세포 내에서는 염기성 단백질인 히스톤(histone) 또는 프로타민(protamine)과 결합하여 핵단백질의 형태로 존재한다. 핵산은 생체 내에서 단백질 합성과 유전현상에 관계하므로 생화학적으로 대단히 중요한 역할을 하는 물질이며, 식품 중에서는 맛난 맛(旨味, 감칠맛) 성분으로서 중요한 역할을 한다.

이 장의 줄거리

1. 핵산은 당, 유기염기 그리고 인산으로 구성된 뉴클레오티드가 많이 결합된 폴리뉴클레오티드이며, 구성당을 기준으로 크게 리보핵산(RNA)과 디옥시리보핵산(DNA)으로 나누어진다.
2. 식품 중에 존재하는 핵산관련 물질(nucleotides)은 맛난 맛(旨味, 지미)을 나타낸다.

1. 핵산의 구조와 종류

핵산은 당, 유기염기 그리고 인산으로 구성된 뉴클레오티드(nucleotide)가 많이 결합된 폴리뉴클레오티드(polynucleotide)이다. 핵산을 구성하는 당에는 오탄당인 리보오스(D-ribose)와 디옥시리보오스(D-deoxyribose)의 2종류가 있다. 또한 핵산을 구성하는 유기염기에는 퓨린(purine) 염기와 피리미딘(pyrimidine) 염기가 있는데, 이들의 구조는 **퓨린, 피리미딘**과 비슷하다. 퓨린 염기의 종류에는 아데닌(adenine)과

▸ **퓨린(purine)**

탄소원자와 질소원자가 2개의 고리구조를 이루는 헤테로고리(2개 이상의 원자가 고리구조를 형성) 계열에 속하는 유기화합물이며, 분자식은 $C_5H_4N_4$이다. 퓨린은 흔한 화합물은 아니지만 천연물 중에는 퓨린과 비슷한 구조의 물질들이 많이 존재한다. 예를 들면 요산, 카페인 그리고 핵산의 구성성분인 구아닌과 아데닌은 대표적인 퓨린계 화합물이다. 아래 그림은 퓨린의 구조를 나타낸 것이다.

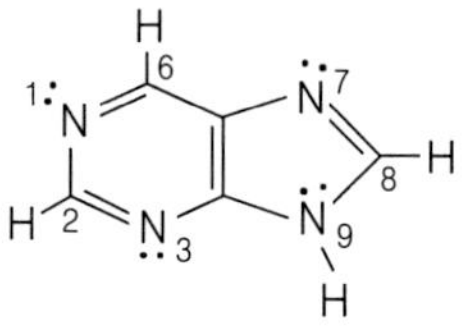

▸ **피리미딘(pyrimidine)**

탄소 원자와 질소 원자가 고리 구조를 이루는 헤테로고리 계열에 속하는 유기화합물이며 분자식은 $C_4H_4N_2$이다. 세균성, 바이러스성 질환의 치료제로 사용되는 술파디아진(sulfadiazine) 등과 같은 술파제(sulfa drug), 비타민 B_1 그리고 핵산의 구성성분인 시토신, 티민 및 우라실 등은 대표적인 피리미딘계 화합물이다. 아래 그림은 피리미딘의 구조를 나타낸 것이다.

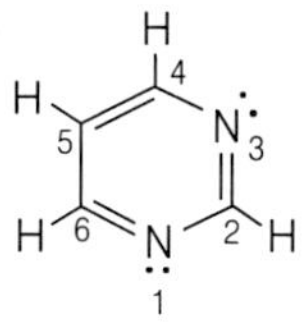

구아닌(guanine)이 있고, 피리미딘 염기의 종류에는 시토신(cytosine), 티민(thymine) 그리고 우라실(uracil)이 있다(그림 6-1).

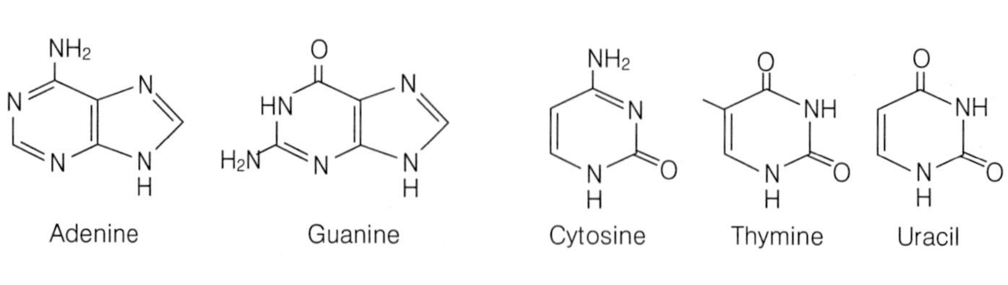

Adenine Guanine Cytosine Thymine Uracil

(a) Purine 염기 (b) Pyrimidine 염기

그림 6-1. 핵산을 구성하는 유기염기의 구조

리보오스와 유기염기가 결합한 리보뉴클레오시드(ribonucleoside)에는 아데노신(adenosine = ribose + adenine), 구아노신(guanosine = ribose + guanine), 우리딘(uridine = ribose + uracil) 및 시티딘(cytidine = ribose + cytosine)이 있고, 디옥시리보오

표 6-1. 여러 가지 뉴클레오시드와 뉴클레오티드의 명칭

염기의 종류		D-Ribose와 결합한 경우		D-Deoxyribose와 결합한 경우	
		Ribonucleoside (염기+당)	Ribonucleotide (염기+당+인산)	Deoxyribo-nucleoside (염기+당)	Deoxyribo-nucleotide (염기+당+인산)
Purine 염기	Adenine	Adenosine	Adenylic acid (AMP)	Deoxyadenosine	Deoxyadenylic acid(dAMP)
	Guanine	Guanosine	Guanylic acid (GMP)	Deoxyguanosine	Deoxyguanylic acid(dGMP)
Pyrimidine 염기	Cytosine	Cytidine	Cytidylic acid (CMP)	Deoxycytidine	Deoxycytidylic acid(dCMP)
	Uracil	Uridine	Uridylic acid (UMP)		
	Thymine			Deoxythymidine	Tymidylic acid (TMP)

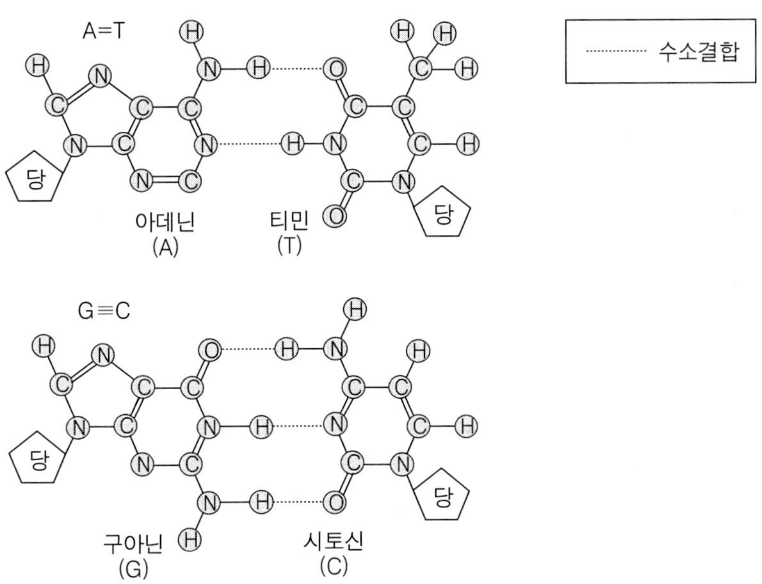

그림 6-2. 상보적 염기쌍(염기 사이의 수소결합)

스와 유기염기가 결합한 디옥시리보뉴클레오시드(deoxyribonucleoside)에는 디옥시아데노신(deoxyadenosine = deoxyribose + adenine), 디옥시구아노신(deoxyguanosine = deoxyribose + guanine), 디옥시시티딘(deoxycytidine = deoxyribose + cytosine) 및 디옥시티미딘(deoxythymidine = deoxyribose + thymine)이 있는데, 우라실(uracil)은 리보뉴클레오시드만을 구성하는 염기이고, 티민(thymine)은 디옥시리보뉴클레오시드만을 구성하는 염기이다(표 6-1).

이들 염기 사이에는 중요한 성질이 있다. 즉 아데닌(퓨린)과 티민(피리미딘), 아데닌과 우라실(피리미딘) 그리고 구아닌(퓨린)과 시토신(피리미딘)의 조합은 서로 수소

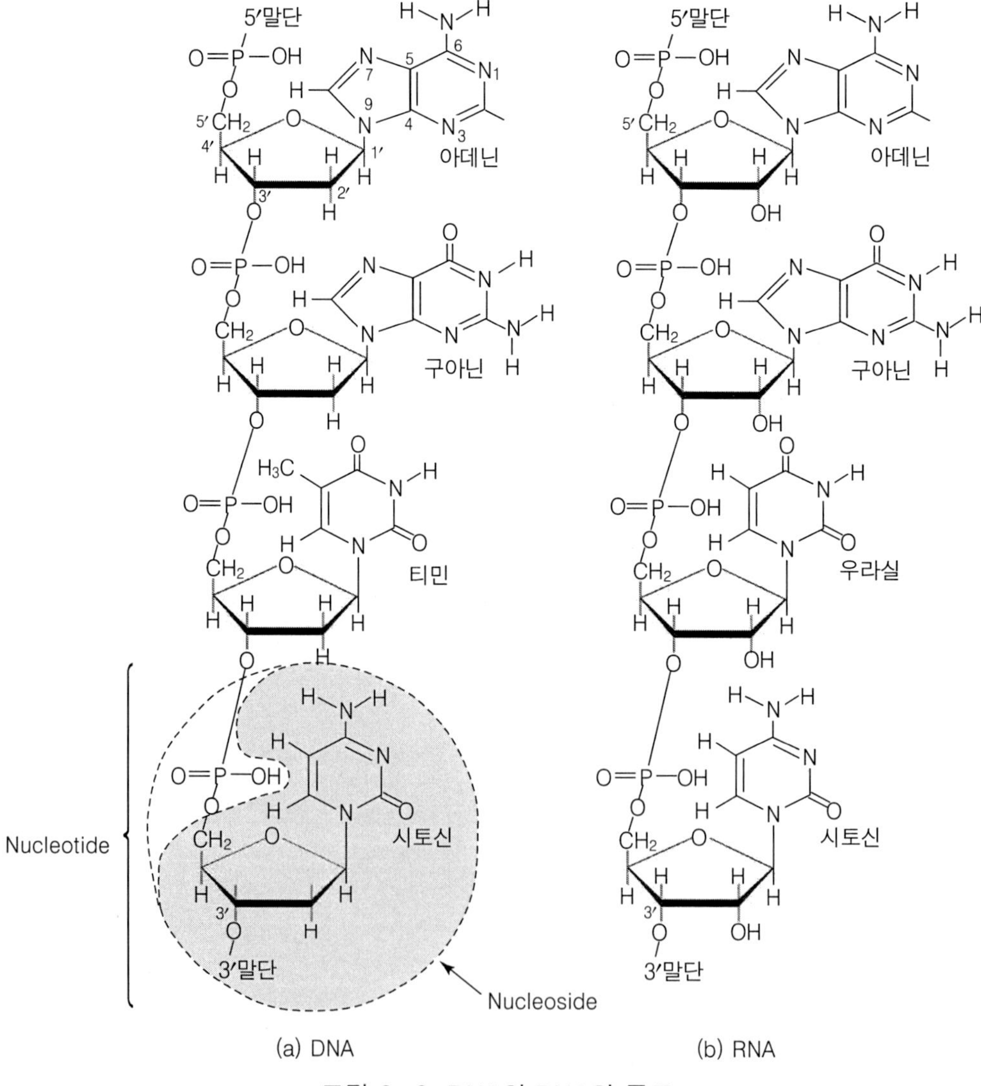

그림 6-3. DNA와 RNA의 구조

결합을 만들기 쉽다. 그림 6-2에서 보는 바와 같이 아데닌과 티민 또는 우라실 사이에는 2개, 구아닌과 시토신 사이에는 3개의 수소결합이 이루어진다. 이와 같은 관계를 상보적이라고 하고, 이렇게 해서 발생하는 염기의 쌍을 상보적 염기쌍 이라고 한다. 이것은 DNA의 이중나선구조는 물론 생명체에서 핵산의 여러 가지 역할을 설명해 주는 대단히 중요한 성질이다.

핵산을 구성하는 최소단위는 뉴클레오시드에 인산이 1분자 결합한 뉴클레오시드모노포스페이트(nucleosidemonophosphate, AMP 등)이며, 뉴클레오시드에 인산이 2분자 결합한 뉴클레오시드디포스페이트(nucleosidediphosphate, ADP 등)와 뉴클레오시드에 인산이 3분자 결합한 뉴클레오시드트리포스페이트(nucleosidetriphosphate, ATP 등)도 존재한다. 이와 같이 당, 유기염기 그리고 인산이 결합한 핵산을 구성하는 최소단위를 뉴클레오티드라고 한다.

핵산은 당, 유기염기 그리고 인산으로 구성된 뉴클레오티드가 많이 결합된 폴리뉴클레오티드(polynucleotide)이다. 그러므로 핵산을 구성하는 유기염기의 양이나 배열순서에 따라서 수많은 종류의 핵산이 존재한다. 핵산은 구성당을 기준으로 크게 리보오스를 함유하는 리보핵산(RNA, ribonucleic acid)과 디옥시리보오스를 함유하는 디옥시리보핵산(DNA, deoxyribonucleic acid)으로 나눈다(그림 6-3). RNA는 생체 내에서 단백질 합성의 중요한 역할을 하는데 구형 또는 그 밖의 모양을 하고 있다. 그리고 DNA는 유전정보 전달의 중요한 역할을 하는데 폴리뉴클레오티드 사슬을 구성하는 유기염기 사이에 수소결합을 하여 2중 나선구조의 모양을 하고 있다. RNA와 DNA의 자세한 구조와 기능에 대해서는 생화학 교재를 참고하기로 한다.

2. 식품 중의 핵산

식품 중에 존재하는 핵산관련 물질(nucleotides)은 맛난 맛(旨味)을 나타내며, 또한 신맛과 쓴맛을 억제하는 맛의 완충작용도 가지고 있는 것으로 알려져 있다. 맛난 맛을 내는 핵산관련 물질들은 그 구조에 있어서 다음과 같은 특징을 지닌다.

① 모노뉴클레오티드(mononucleotide)에만 지미성(旨味性)이 있다.
② 퓨린(purine)계의 염기만이 지미성(旨味性)이 있다.
③ 퓨린(purine) 환의 6번 탄소원자에 알코올기(-OH)가 결합하고 있어야 한다.
④ 리보오스(ribose)의 5′번 탄소원자에 인산기가 결합하고 있어야 한다.
⑤ 뉴클레오티드의 구성당은 리보오스나 디옥시리보오스 어느 쪽이라도 좋지만, 디옥시리보오스의 경우는 지미성(旨味性)이 약하다.

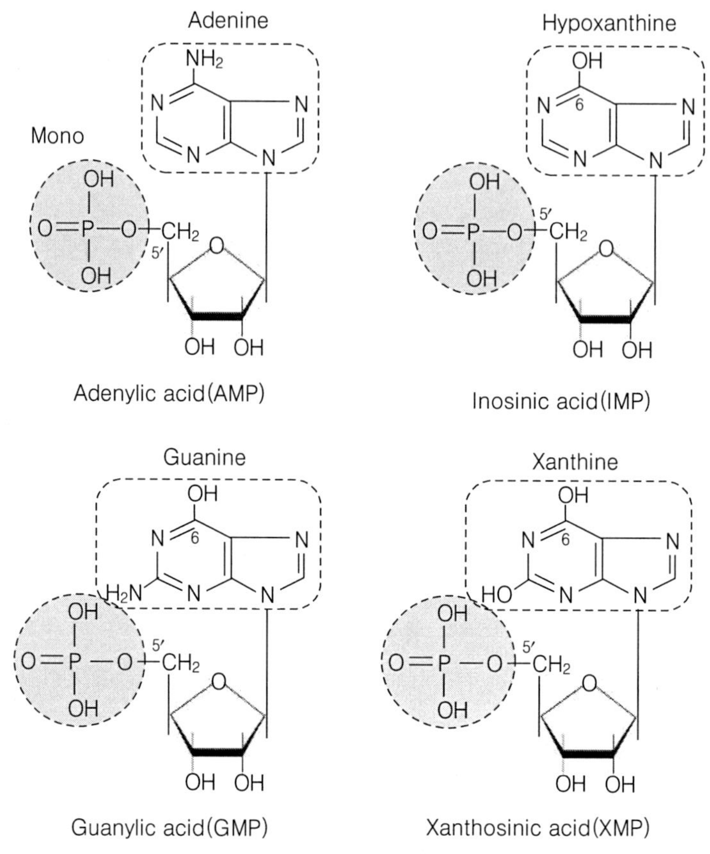

그림 6-4. 맛난 맛을 지니는 핵산 관련 물질

맛난 맛을 지니는 핵산 관련 물질에는 **AMP**(adenosine-5′-monophosphate), **XMP**(xanthosine-5′-monophosphate), **IMP**(inosine-5′-monophosphate) 및 **GMP**(guanosine-5′-monophosphate) 등이 있는데, 이들의 맛난 맛 세기는 GMP> IMP>XMP> AMP 순이며, IMP의 맛난 맛을 1로 하였을 때 GMP는 약 2.3, XMP는 약 0.61, 그리고 AMP는 약 0.18 정도의 맛을 나타낸다(그림 6-4). 이들 뉴클레오티드를 **글루타민산나트륨**(monosodiumglutamate, MSG)과 혼합하면 그 맛은 이들이 지니는 원래의 맛난 맛보다 훨씬 강하게 된다. 이러한 상승효과 때문에 이들 **뉴클레오티드의 나트륨**(Na) **염**은 MSG와 혼합하여 복합조미료로 판매되고 있다.

육류나 어류 등과 같은 동물성 식품의 맛난 맛 성분은 주로 이노신산이며, 표고버섯의 맛난 맛 성분은 구아닐산이고, 고사리의 감칠 맛 성분은 아데닐산으로 알려져 있다. 그리고 **ATP**와 **ADP** 등도 지미성(旨味性)을 지닌다.

▸ **AMP(adenosine-5′-monophosphate, adenylic acid)**

아데닐산(adenylic acid)이라고도 하며, 유기염기로 아데닌, 리보오스 및 인산이 결합한 맛난 맛을 내는 뉴클레오티드의 한 종류이다.

▸ **XMP(xanthosine-5′-monophosphate, xanthosinic acid)**

유기염기로 잔틴[xanthine, 구아닌의 아미노기(-NH_2)가 탈 아미노화 된 것], 리보오스 및 인산이 결합한 맛난 맛을 내는 뉴클레오티드의 한 종류이다.

▸ **IMP(inosine-5′-monophosphate, inosinic acid)**

이노신산(inosinic acid)이라고도 하며, 유기염기로 히포잔틴[hypoxanthine, 아데닌의 아미노기(-NH_2)가 탈 아미노화 된 것], 리보오스 및 인산이 결합한 만난 맛을 내는 뉴클레오티드의 한 종류이다.

▸ **GMP(guanosine-5′-monophosphate, guanylic acid)**

구아닐산(guanylic acid)이라고도 하며, 유기염기로 구아닌, 리보오스 및 인산이 결합한 맛난 맛을 내는 뉴클레오티드의 한 종류이다.

▸ **글루탐산나트륨(monosodiumglutamate)**

아미노산의 일종인 글루탐산(glutamic acid)의 나트륨 염을 말한다. 흰색 결정으로 그 자체는 아무 맛도 없지만 고기나 채소 등의 맛을 돋구어 준다. 이와 같은 효과는 글루탐산나트륨이 미뢰(味蕾 : 혓바닥에 있는 작은 돌기로 맛을 느끼는 기관)를 자극하기 때문에 나타난다. 많은 양을 사용할 경우에는 두통, 뜨거운 것에 덴 듯한 느낌, 발한, 오한 및 일시적 마비 등과 같은 신체적 이상이 나타날 수도 있다. 원래 동양에서는 해조류를 이용하여 만들었으나, 오늘날 주요 생산국인 일본에서는 콩 단백질로, 미국에서는 주로 밀이나 사탕무 속에 들어 있는 단백질인 글루텐으로 만든다. 아래 그림은 글루탐산나트륨의 구조를 나타낸 것이다.

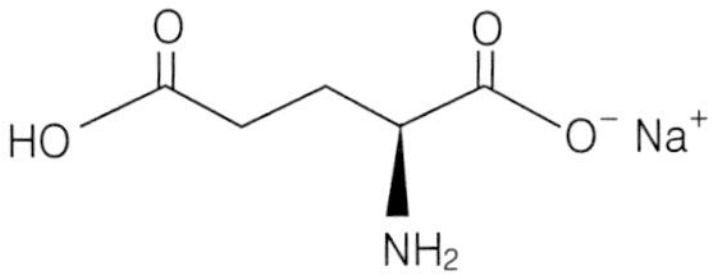

O O
HO O⁻ Na⁺
NH₂

▸ **뉴클레오티드(nucleotide)의 나트륨(Na) 염**

아데닌과 구아닌의 용해성을 높이기 위하여 뉴클레오티드에 나트륨을 치환한 것으로 이노신산나트륨(sodium-5′-inosinic acid)과 구아닐산나트륨(sodium-5′-guanylic acid) 등이 있다.

▸ **ATP(adenosine triphosphate)와 ADP(adenosine diphosphate)**

아데노신 3인산(ATP)과 아데노신 2인산(ADP)이라고도 한다. 유기염기로 아데닌, 당은 리보오스 그리고 3인산(2인산)이 결합한 뉴클레오티드이다. ATP는 세포 내의 효소를 촉매로 하는 많은 반응에서 보효소(효소의 작용을 도와주는 물질, 제7장 효소 196페이지 참조)로 작용하는 물질이며, 식품이 산화되어 생기는 화학 에너지를 에너지가 필요한 세포로 전달하는 운반자 역할을 한다. 에너지를 풍부하게 가지고 있는 ATP는 생명체가 에너지를 필요로 하는 과정에서 ADP와 무기인산으로, 또는 아데노신일인산(AMP)과 무기 피로인산으로 전환된다. 아래 그림은 ATP, ADP 및 AMP의 구조를 나타낸 것이다.

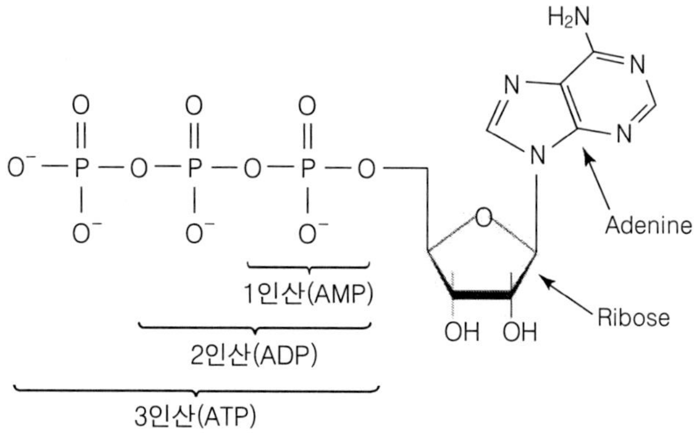

제 7 장

효 소

개 요

생물체는 화학공장이라고 불릴 정도로 수많은 화학반응을 하고 있다. 하지만 생물체는 이 복잡하고 불가능하다고 생각되는 화학반응을 아주 쉽게 하고 있다. 그 이유는 생물체에는 이와 같은 화학반응을 촉매하는 특별한 물질, 효소가 존재하기 때문이다. 효소란 생체 내에서의 화학반응을 **촉매**하는 물질을 말하는데, 효소가 존재하지 않는 생명체는 생각할 수 없다. 자연계에는 약 2,000여 종의 효소가 존재하는 것으로 알려져 있다.

식품의 재료인 동식물도 생명체이기 때문에 식품에도 수많은 효소가 존재하고 있으며, 식품가공이나 저장 중에는 효소의 작용을 이용하기도 하고 또는 억제하기도 한다. 예를 들면 치즈의 제조에는 **레닌(rennin)**을 이용하고, 식물성 식품의 선도 유지나 갈변방지를 위해서는 폴리페놀옥시다아제(polyphenoloxidase, 제13장 식품의 변색 328페이지 참조)의 작용을 억제한다. 이와 같이 식품 내에서의 효소반응은 우리에게 유익한 것도 있고, 반대로 좋지 않은 것도 있기 때문에 유익한 변화는 최대한 활용하고, 좋지 않은 변화는 최소화시켜야 한다. 그러므로 효소의 일반적인 성질과 특성에 대하여 이해하는 것은 식품화학을 공부하는 데 대단히 중요하다.

이 장의 줄거리

1. 효소는 단백질이며, 효소의 활성부위는 기질 특이성과 작용 특이성을 충족시키기 위한 특이한 공간배치를 이룬다. 촉매인 효소는 화학반응에 필요한 활성화 에너지를 낮추어 반응속도를 $10^7 \sim 10^{20}$배 정도 상승시킨다. 효소는 크게 6종류(산화환원효소, 전이효소, 가수분해효소, 기 제거효소, 이성화효소 및 합성효소)로 나누어진다. 효소는 촉매작용을 위하여 단백질 이외의 물질(보결분자단, 보효소 및 금속이온)을 필요로 하는 경우가 많다.
2. 효소가 촉매하는 화학반응의 속도는 반응시간이 경과함에 따라 정비례하여 증가하며, 또한 기질 농도의 변화에 대한 효소 반응속도는 Michaelis-Menten 식을 따른다. 즉 반응계에 기질의 농도가 낮을 때에는 효소 반응속도가 기질의 농도에 비례하여 증가하지만, 기질이 충분히 존재

▸ **촉매**(catalysis)

자신은 변화하지 않고 어떤 화학반응을 촉진하는 물질을 말한다. 생물체에서는 효소가 대표적인 촉매이다.

▸ **레닌**(EC 3.4.23.4, rennin)

송아지의 제4위 점막에 존재하는 응유효소이다. 이 효소는 우유단백질 중 *k*-카제인을 분해하여 *para*-카제인으로 만들어 커드(curd)를 형성하는데 이것은 치즈제조의 기본이 된다.

하게 되면 기질 농도를 증가시켜도 효소 반응속도는 더 이상 증가하지 않는다. 그리고 효소반응은 최적온도와 최적 pH를 갖는다.

3. 효소의 저해 형식에는 비가역적 저해와 가역적 저해(경쟁적 저해, 비경쟁적 저해)가 있다.
4. 우리들의 일상생활에 많은 효소가 이용되고 있다. 효소의 이용을 보다 쉽게 하기 위한 방법으로 고정화 효소가 응용되고 있으며, 최근에는 유전공학기술을 이용하여 효소의 기능변환을 시도하는 단백질공학에 관한 연구가 활발히 진행되고 있다.

1. 효소란 무엇인가?

생물체 내에서 진행되는 화학반응은 화학공장이나 시험관 내에서는 도저히 불가능하다고 생각되는 복잡한 화학반응이다. 예를 들면 생물체에서 진행되는 화학반응은 다음과 같은 특징을 지닌다.

① 생물체에서의 화학반응은 37℃ 정도에서 진행된다.
② 특별한 경우를 제외하고 생물체의 pH는 7.4 정도이다.
③ 생화학 반응은 유기화합물들의 반응임에도 수용액 상태에서 진행된다.
④ 개개의 아주 작은 세포 내에서 수많은 화학반응이 질서 정연하게 진행된다.

하지만 생물체는 이 복잡하고 불가능하다고 생각되는 화학반응을 아주 쉽게 하고 있다. 처음에는 이와 같은 생물체의 능력은 생물체 내의 신비로운 어떤 생명력에 기인한다고 생각하였지만 많은 연구 결과 이러한 생체 내의 화학반응은 생물체에 존재하는 특별한 촉매물질에 의하여 가능하다는 것이 밝혀졌다.

1878년, 독일의 퀴네(Kühne)는 이 생체 내 화학반응의 촉매물질을 효소(酵素, enzyme)라고 부르자고 제안하였다. Enzyme은 en(안에)+zyme(효모)의 합성어이다. 즉 효소란 생명체의 일종인 '효모 안에 존재하는 물질'이라는 뜻이다.

1) 효소는 단백질이다

1850년대에 파스퇴르(Louis Pasteur)는 효모에 의하여 당으로부터 알코올이 생성되는데, 이 반응을 촉매하는 효소들은 효모 안에서만 그 작용을 할 수 있다고 발표하였다. 즉 효모가 파쇄되면 효소작용도 중지된다고 하였다. 하지만 1897년 독일의 부흐너(Edward Buchner)는 효소의 활성은 세포의 구조와는 관계가 없다는 것을 발표하면서 효모를 파쇄한 액을 이용하여도 알코올 발효가 가능하다고 하였다. 이 연구결과로 그는 1907년에 노벨 화학상을 수상하였다. 이때부터 생화학과 효소에 대한 연구가 활기를 띠기 시작하였다. 1926년에 미국의 섬너(Sumner)는 작두콩으로부터 **우레아제**(urease)를 추출, 정제하여 효소가 단백질이라고 하였으며, 1930년에 노스롭(John Northrop)은 **펩신**(pepsin), **트립신**(trypsin) 및 **키모트립신**(chymotrypsin)을 추출, 정제하여 이들 효소가 단백질이라고 다시 확인하였다. 이때부터 효소는 단백질이라고 인정하게 되었으며, 섬너와 노스롭은 이 연구결과로 1946년에 노벨상을 수상하였다. 최근의 효소에 관한 연구는 효소의 정제, 구조 및 작용기작을 밝히는 데 집중되고 있다.

▸ **우레아제**(EC 3.5.1.5, urease)

요소(H_2NCONH_2)를 암모니아와 이산화탄소로 가수분해하는 반응을 촉매하는 효소이다.

$$H_2NCONH_2 + H_2O \rightarrow 2NH_3 + CO_2$$

▸ **펩신**(EC 3.4.23.1, pepsin)

위에서 분비되는 단백질 가수분해효소이다. 주로 단백질을 구성하는 방향족 L-아미노산의 카르복실기 측을 가수분해하지만, 기질 특이성이 넓은 편이다. 불활성 상태인 펩시노겐(pepsinogen)으로 분비되어 위산에 의하여 펩신으로 활성화된다.

▸ **트립신**(EC 3.4.21.4, trypsin)

췌장에서 분비되는 단백질 가수분해효소이다. 단백질을 구성하는 염기성 아미노산인 아르기닌(arginine)이나 리신(lysine)에 인접한 C 말단의 펩티드 결합을 분해한다. 불활성 상태인 트립시노겐(trypsinogen)으로 분비되어 십이지장점막에 존재하는 엔테로키나아제(enterokinase)에 의하여 활성화된다.

▸ **키모트립신**(EC 3.4.21.1, chymotrypsin)

췌장에서 분비되는 단백질 가수분해효소이다. 단백질을 구성하는 방향족 L-아미노산의 카르복실기 측에서 가수분해한다. 불활성 상태인 키모트립시노겐(chymotrypsinogen)으로 분비되어 트립신에 의하여 분해된 후 활성화된다. 즉, 키모트립신은 키모트립시노겐이 활성화 된 것이다.

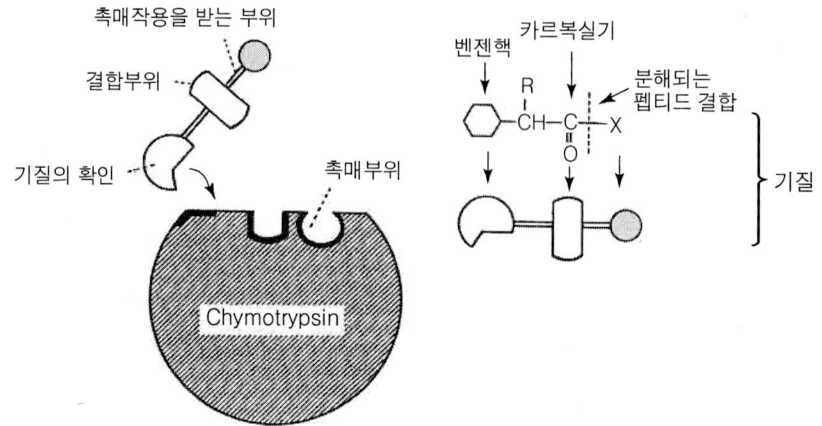

위치 결정기가 효소의 정해진 위치에 결합하면 기질과 효소가 결합하여 촉매작용이 진행된다.

그림 7-1. 키모트립신의 기질특이성과 활성부위

2) 효소의 특이성

전분을 분해하여 포도당을 생성하는 반응은 산(酸, acid)에 의해서도 가능하다. 하지만 효소에 의한 전분의 분해반응과 산에 의한 전분의 분해반응에는 큰 차이가 있다. 전분분해효소는 단백질이나 지질은 분해하지 못하고 전분만 분해하지만 산은 단백질이나 지질도 분해한다. 효소가 작용하는 특정한 물질을 기질(substrate)이라고 하는데 효소는 정해진 어떤 특정한 물질에만 작용한다. 이것을 효소의 기질특이성이라고 한다. 이와 같은 효소의 기질특이성은 효소가 가지는 활성부위의 정확한 공간 배치 때문이다. 즉 효소의 활성부위와 꼭 맞는 구조를 가지는 물질만이 효소의 기질이 될 수 있다. 예를 들면 단백질 가수분해효소인 키모트립신은 방향족 아미노산의 카르복실기 측의 펩티드 결합만을 분해한다(그림 7-1). 효소는 반응형식에 대해서도 특이성을 가지고 있다. 효소는 결정된 반응에만 촉매로 작용하는데 이것을 효소의 작용특이성이라고 한다.

그러므로 1개의 세포에서 수많은 화학반응이 질서정연하게 진행되기 위해서는 많은 종류의 효소가 필요하며, 생물체에는 수천 종의 효소가 존재하게 된다. 예를 들면 효모에 의한 알코올 발효는 1개의 효소에 의한 것이 아니라 12개의 효소가 관여하는 복잡한 반응이며, 포도당으로부터 에너지를 생산하는 과정인 해당작용은 11개의 효소가 관여하는 복잡한 반응이다.

포도당 + 2 ADP + 2 인산 ⟶ 2 에틸알코올 + 2 CO_2 + 2 ATP + 2 H_2O (12개의 효소)
포도당 + 2 ADP + 2 인산 ⟶ 2 젖산 + 2 ATP + 2 H_2O (11개의 효소)

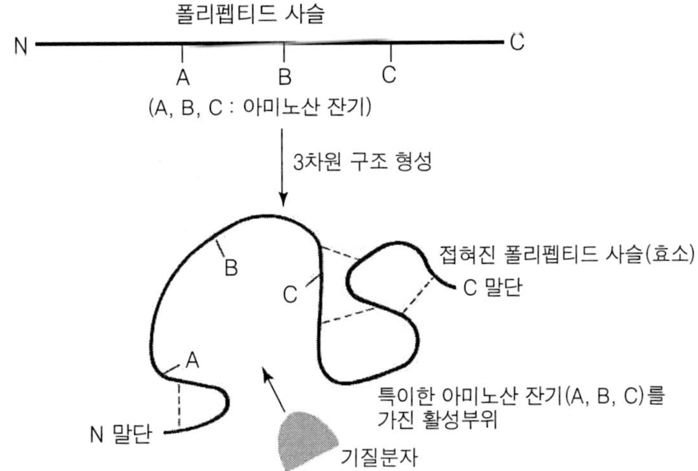

그림 7-2. 효소를 구성하는 아미노산과 활성부위의 공간배치

생물체 내에서 이와 같은 효소의 작용은 적당하게 조절되어진다. 예를 들면 생성물의 양이 충분하면 효소의 능력은 자동적으로 억제되고, 반대로 어떤 물질이 부족하면 그 물질의 생성을 촉매하는 효소가 활성화되어 그 물질을 신속하게 합성하게 된다.

3) 효소의 활성부위

효소의 활성부위는 크게 기질이 결합하는 부위와 촉매부위로 나누어진다. 효소가 화학반응을 촉매하기 위해서는 효소와 기질이 꼭 맞게 결합하여야 하는데, 기질결합부위에서 효소와 기질이 결합하면 촉매부위에서 효소반응이 진행된다. 효소의 활성부위는 소수의 아미노산으로 구성되어 있으며, 경우에 따라 보효소, 보결분자단 및 금속 등을 함유하기도 한다. 효소의 활성부위는 기질특이성과 작용특이성을 충족시키기 위한 특이한 공간배치를 이룬다(그림 7-2). 효소의 활성부위는 기질을 엄격히 구분하는 능력을 가지고 있으며, 활성부위가 아닌 효소의 다른 곳이 변성되어도 활성부위의 입체구조가 변화하기 때문에 효소는 활성을 잃어버리게 된다.

4) 효소가 촉매하는 화학반응의 속도

화학반응에서 생성물을 생성하기 위해서는 활성화 화합물의 과정을 거치는 것으로 알려져 있다. 활성화 화합물이란 에너지 등이 가해져서 반응을 일으키기 쉬운 상태의 화합물을 말한다.

$$\underset{\text{반응물}}{A + B} \rightleftarrows \underset{\text{활성화 화합물}}{A\cdots B} \rightleftarrows \underset{\text{생성물}}{P}$$

화학반응을 일으키기 쉬운 상태를 활성화 상태라고 하는데, 이것은 반응에 관여하는 화학종 사이에 원자의 자리 옮김이 가능한 상태를 말한다. 화학반응에서 활성화 상태에 도달하기 위해서는 에너지가 필요하다. 즉 활성화 상태는 화학반응의 경로 중에서 가장 높은 에너지를 갖기 때문에 이 에너지 장벽을 넘어야만 화학반응이 발생하게 되는데, 이와 같은 활성화 상태를 만드는 데 필요한 에너지를 활성화 에너지라고 한다(그림 7-3).

효소(E)가 촉매하는 화학반응에서는 우선 효소가 기질(S)과 결합하여 효소-기질 복합체(ES)를 만들게 되는데, 이 과정은 화학반응에 필요한 활성화 에너지를 크게 낮추어 준다. 그러므로 효소가 촉매하는 화학반응에서는 작은 양의 에너지만으로도 활

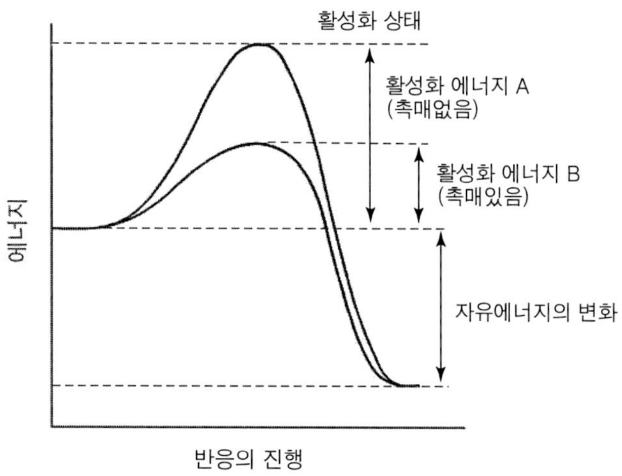

그림 7-3. 촉매의 유무에 따른 활성화 에너지의 차이

표 7-1. 촉매의 유무에 따른 활성화 에너지의 비교

화학반응	촉 매	활성화 에너지(kcal/mole)
과산화수소(H_2O_2)의 분해	없음	18,000
〃	요오드(I_2)	13,500
〃	백금	11,700
〃	카탈라아제(catalase)	2,000
카제인(casein)의 분해	염산(HCl)	20,600
〃	트립신(trypsin)	12,000
설탕의 분해	염산(HCl)	25,000
〃	맥아 사카라아제(saccharase)	13,000
〃	효모 사카라아제(saccharase)	8,000

성화 상태에 도달하기 때문에 일반 화학반응에 비하여 반응속도가 대단히 빠르게 된다(표 7-1).

효소가 촉매하는 화학반응은 효소에 따라 차이는 있지만 효소가 없을 때에 비하여 $10^7 \sim 10^{20}$배 정도 반응속도를 상승시킨다. 표 7-1에서 보는 바와 같이 촉매가 없는 상태에서 과산화수소(H_2O_2)의 분해에 필요한 활성화 에너지는 18,000 kcal/mole 이지만, 효소 카탈라아제(EC 1.11.1.6, catalase)가 존재하면 2,000 kcal/mole 이다. 그러므로 효소가 없으면 생명체가 존재할 수 없다.

5) 효소의 이름

(1) 관용명

효소 연구 초기에 사용하였던 이름이 현재도 사용되고 있는데, 예를 들면 펩신, 트립신, 키모트립신 및 **디아스타아제**(diastase) 등은 관용명이다.

(2) 아제(-ase)

① 효소가 작용하는 기질의 어미에 아제(-ase)를 붙인다. 예를 들면 셀룰로오스(cellulose)를 분해하는 효소는 셀룰라아제(cellulase)라고 부른다.

② 효소가 작용하는 기질의 화학구조 이름 뒤에 아제(-ase)를 붙인다. 예를 들면 아미노산의 결합형식인 펩티드(peptide) 결합을 분해하는 효소는 펩티다아제(peptidase), 지방산과 글리세린(glycerin)의 결합형식인 에스테르(ester) 결합을 분해하는 효소는 에스테라아제(esterase)라고 부른다.

③ 효소가 촉매하는 화학반응의 이름 뒤에 아제(-ase)를 붙인다. 예를 들면 가수분해반응(hydrolysis)을 촉매하는 효소는 가수분해효소(hydrolase), 탈수소반응(dehydrogenation)을 촉매하는 효소는 탈수소효소(dehydrogenase)라고 부른다.

④ 효소가 촉매하는 화학반응과 그 기질의 이름 뒤에 아제(-ase)를 붙인다. 예를 들면 알코올에서 탈수소반응을 촉매하는 효소는 알코올 탈수소효소(alcohol dehydrogenase), 육탄당의 6번 탄소원자에 인산기를 전이하는 반응을 촉매하는 효소는 육탄당 인산전이효소(D-hexose-6-phosphotransferase)라고 부른다.

▸ **디아스타아제**(diastase)

전분 가수분해효소인 α-아밀라아제와 β-아밀라아제가 혼합된 형태로 침샘에서 분비되는 효소이다.

(3) 생화학국제연합의 효소 명명법

많은 수의 효소가 알려지면서 효소의 분류체계를 통일시켜야 한다는 의견이 제시되었다. 이에 따라 1961년, 생화학국제연합(International Union of Biochemistry, IUB)의 효소위원회에서는 효소의 명명법과 분류법을 제안하였다. 이 명명법은 효소가 촉매하는 반응에 따라 효소를 크게 6종류로 나누고, 각 효소들이 촉매하는 반응형식과 기질에 따라 4자리로 된 효소번호(Enzyme Commission Number, EC)를 부여하는 것이다. 예를 들면 다음의 반응을 촉매하는 효소인 헥소키나아제(hexokinase)의 번호는 EC 2.7.1.1인데, 이 번호의 각 숫자는 2는 전이효소, 7은 인산기를 전이, 1은 히드록시기(-OH)에 인산기 전이 및 1은 포도당에 인산기 전이를 나타내는 것이다.

$$\text{ATP} + \text{D-glucose} \longrightarrow \text{ADP} + \text{D-glucose-6-phosphate}$$

효소는 크게 다음과 같이 6종류로 나누어진다.

① 산화환원효소

산화환원반응(제3장 탄수화물 57페이지 참조)을 촉매하는 효소를 산화환원효소(oxidoreductase)라고 한다. 예를 들면 알코올 탈수소효소(EC 1.1.1.1, alcohol dehydrogenase)는 알코올에서 수소를 제거하는 반응, 즉 알코올을 산화시키는 반응을 촉매한다.

$$RCH_2OH + NAD^+ \xrightarrow[\text{alcohol dehydrogenase}]{} RCHO + NADH + H^+$$

② 전이효소

한 화합물에서 인산기(-PO_3), 메틸기(-CH_3) 및 아미노기(-NH_2) 등을 다른 화합물로 전달하는 반응을 촉매하는 효소를 전이효소(transferase)라고 한다. 헥소키나아제(hexokinase) 등이 이에 속한다.

③ 가수분해효소

가수(加水)분해 반응을 촉매하는 효소를 가수분해효소(hydrolase)라고 한다. 펩신(pepsin), 우레아제(urease) 및 아밀라아제(amylase) 등이 이에 속한다.

④ 기 제거효소

기질로부터 카르복실기(-COOH), 알데히드기(-CHO) 및 암모니아(NH_3) 등을 분리하여 기질에 이중결합을 만들거나, 반대로 기질의 이중결합에 원자단을 부가시키는 반응을 촉매하는 효소를 기 제거효소(lyase)라고 한다. 예를 들면 글루탐산 탈탄산효소(EC 4.1.1.15, glutamate decarboxylase)는 글루탐산으로부터 이산화탄소(CO_2)를 제거하는 반응을 촉매한다.

⑤ 이성화효소

이성체를 가진 화합물에서 해당되는 이성체로 전환시키는 반응을 촉매하는 효소를 이성화효소(isomerase)라고 한다. 예를 들면 포도당 이성화효소(EC 5.3.1.18, glucose isomerase)는 포도당(glucose)을 과당(fructose)으로 전환하는 반응을 촉매한다.

⑥ 합성효소

ATP와 같은 고에너지 인산화합물의 가수분해에 의하여 생성되는 에너지를 이용하여 2개의 기질분자를 결합시키는 반응을 촉매하는 효소를 합성효소(ligase)라고 한다. 아세틸 코엔자임에이 합성효소(EC 6.2.1.1, acetyl CoA synthetase)는 초산과 코엔자임에이(Coenzyme A)로부터 아세틸 코엔자임에이를 생성한다.

6) 효소의 공동인자

효소는 촉매작용을 위하여 단백질 이외의 물질을 필요로 하는 경우가 많은데, 이들을 효소의 공동인자라고 한다. 단백질인 효소와 공동인자가 결합하여 완전한 효소의 활성을 가지는 것을 완전효소(holoenzyme)라고 하는데, 이 때 효소인 단백질 부분을 불완전효소(apoenzyme)라고 한다(그림 7-4). 비단백질 부분은 효소로부터 쉽게 분리되지 않는 보결분자단(prosthetic group), 쉽게 분리되는 보효소(coenzyme) 그리고 금속이온으로 나누어진다.

(1) 보결분자단

효소인 단백질에 강하게 결합하여 떨어지지 않는다. 예를 들면 과산화수소 분해효

▸ ATP

아데노신 삼인산(adenosine triphosphate)의 약자이며, 주로 세포 내의 미토콘드리아에서 진행되는 구연산회로에서 생성된 NADH로부터 산화적 인산화 과정을 통하여 생성된다. ATP가 가수분해되어 ADP와 인산으로 될 때 1몰 당 약 7 kcal의 에너지가 생성되는데, AMP와 2인산으로 분해되면 약 14 kcal 정도의 에너지가 생성된다. 생체는 ATP가 분해될 때 생성되는 에너지를 이용하여 생명현상을 유지하며 거대분자 등을 합성하기도 한다. 그러므로 ATP를 고에너지 인산화합물이라고 부른다(제6장 핵산 185페이지 참조).

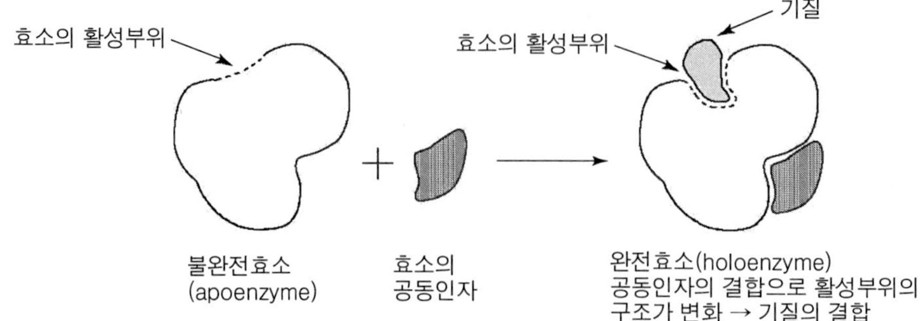

그림 7-4. 불완전효소와 완전효소

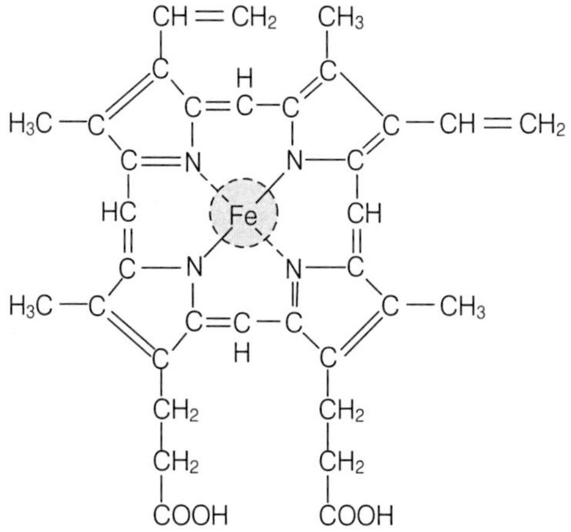

그림 7-5. 철 포르피린(Fe-porphyrin)의 구조

소인 카탈라아제의 철 포르피린(Fe-porphyrin, 그림 7-5)은 효소로부터 쉽게 분리되지 않는다.

(2) 보효소

코엔자임(coenzyme)이라고도 한다. 유기물이며 단백질과 해리되기 쉽다. 예를 들면 NAD^+(nicotineamide adenin dinucleotide, 그림 7-6) 등이 이에 해당한다.

(3) 금속이온

단백질인 효소와 분리되기 쉬우며, 알코올 탈수소효소의 아연이온(Zn^{2+}), **아르기나아제**(EC 3.5.3.1, arginase)의 망간이온(Mn^{2+}) 및 **티로시나아제**(EC 1.14.18.1, tyrosinase)의 구리이온(Cu^{2+}) 등이 그 예이다.

▸ **아르기나아제(EC 3.5.3.1, arginase)**

다음의 반응을 촉매하는 효소이다.

$$\text{arginine} + H_2O \rightarrow \text{ornithine} + \text{urea}$$

▸ **티로시나아제(EC 1.14.18.1, tyrosinase)**

티로신(tyrosin)과 같은 페놀화합물의 산화반응을 촉매하는 효소이다(제13장 식품의 변색 329 페이지 참조).

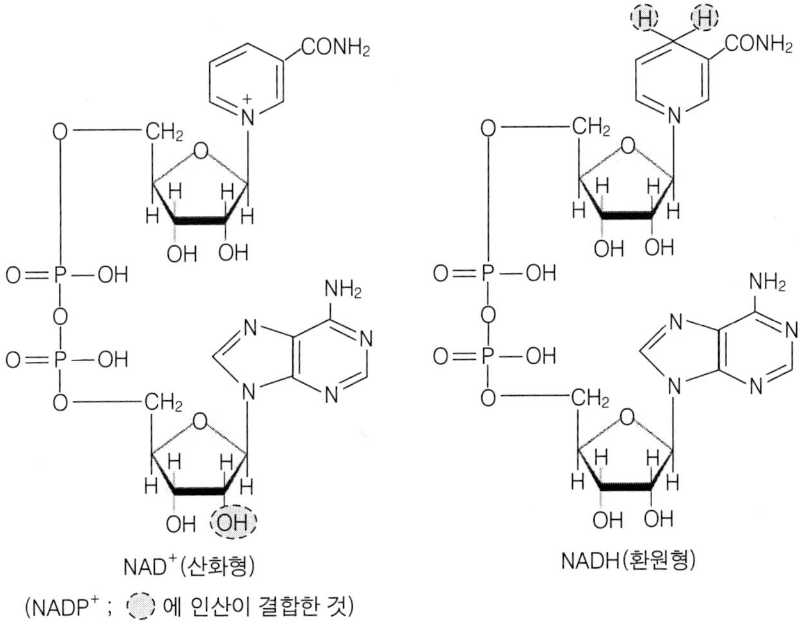

NAD$^+$(산화형)
(NADP$^+$; ◌ 에 인산이 결합한 것)

NADH(환원형)

그림 7-6. NAD$^+$와 NADH의 구조

2. 효소반응의 정량적 취급

1) 화학반응의 예비지식

일반적인 화학반응(A + B ⇄ P)에서 반응물질(A 또는 B)의 양이 단위시간에 감소하는 비율 또는 생성물질(P)의 양이 단위시간에 증가하는 비율을 반응속도라고 한다. 이 반응속도는 반응물질의 농도, 온도, 촉매 및 표면적 등에 따라 달라지는데, 같은 조건하에서 화학반응의 반응속도는 반응하는 물질의 농도(Mole)의 곱에 비례한다.

$$A + B \longrightarrow P \text{ 에서}$$
$$v = k[A][B]$$

여기서 v는 반응속도, k는 속도상수 그리고 [ ]는 M 농도를 뜻한다.

2) 반응시간과 효소의 양

효소가 촉매하는 화학반응의 속도도 일반적인 화학반응과 같이 기질의 농도, 온도, pH, 효소의 저해제 및 효소농도 등에 따라 달라진다. 일반적으로 효소가 촉매하는 반응의 속도는 반응시간의 경과에 따른 기질의 감소량이나 생성물의 증가량 또는 보효소의 소비량을 측정하여 구한다. 효소가 촉매하는 화학반응의 속도는 그림 7-7에서 보는 바와 같이 반응시간이 경과함에 따라 처음에는 정비례하여 직선적으로 증가하지만, 시간이 오래 경과하게 되면 기질의 부족 또는 효소 활성의 저하로 그 경향이

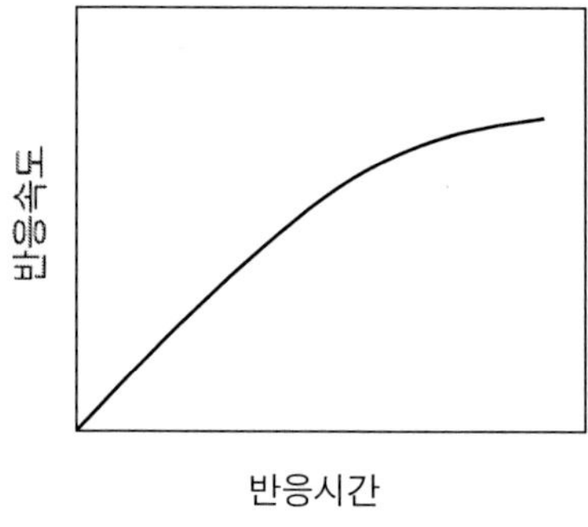

그림 7-7. 효소 반응속도와 반응시간

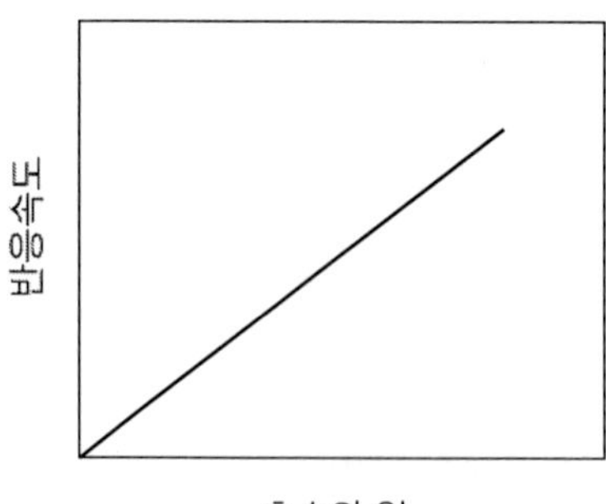

그림 7-8. 효소 반응속도와 효소의 양
(기질량이 충분한 상태)

달라진다. 또한 반응계에 기질의 양이 충분한 상태에서 효소의 양을 증가시키면 반응 속도도 비례하여 증가한다(그림 7-8).

3) 기질농도

효소 반응속도는 기질의 농도에 따라 크게 영향을 받는다. 그림 7-9에서 보는 바와 같이 반응계에 기질의 농도가 낮을 때에는(A 영역) 효소 반응속도가 기질의 농도에 비례하여 증가하지만, 어느 정도 높은 기질 농도에서는(B 영역) 기질 농도의 증가에 따른 효소반응속도의 증가가 A영역에서와 같이 크지 않으며, 기질이 충분히 존재하게 되면(C 영역) 기질 농도를 증가시켜도 효소 반응속도는 더 이상 증가하지 않는다. 이 상태에서 효소 반응속도는 기질농도에 영향을 받지 않으며, 최대속도(V_{max})를 나타낸다. 이 상태(C 영역)에서는 그림 7-10에서 보는 바와 같이 효소가 이미 기질로 포화되어 있기 때문에 효소가 촉매 역할을 최대로 하고 있는 상태이다. 그러므로 효

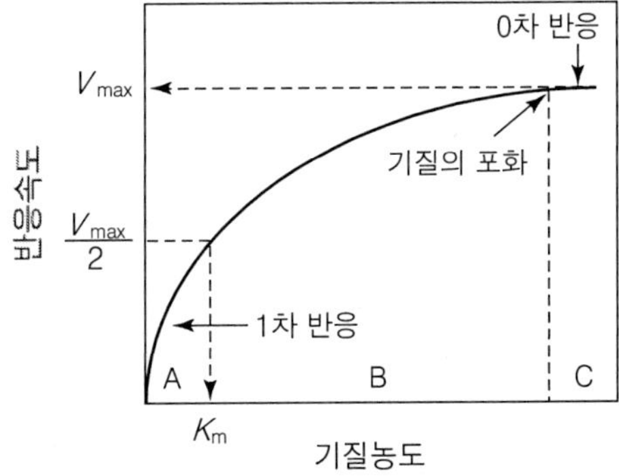

그림 7-9. 효소 반응속도와 기질농도

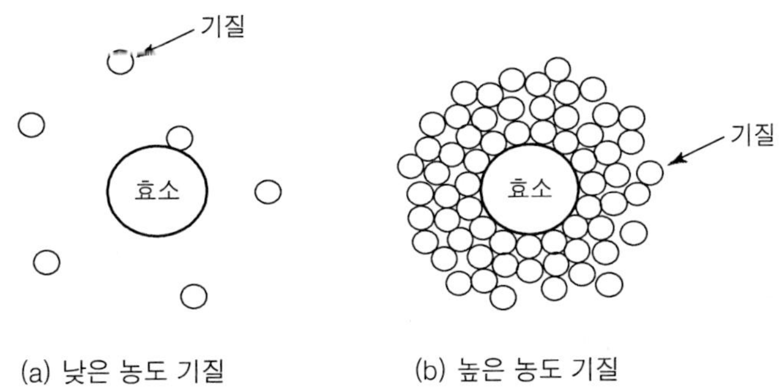

그림 7-10. 기질농도에 따른 효소와 기질의 반응 빈도

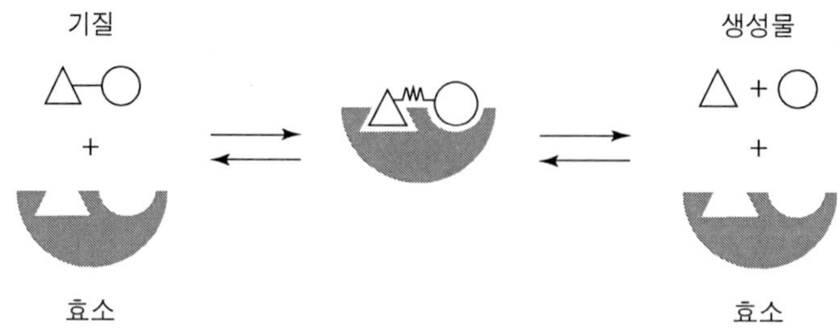

그림 7-11. 효소의 촉매반응

소 반응속도는 더 이상 증가하지 않는다. 기질농도의 변화에 따른 효소 반응속도를 나타내는 그림 7-9에서 A 영역을 1차 반응, C영역을 0차 반응이라고 부른다.

1913년, Michaelis와 Menten은 효소 반응속도와 기질농도와의 관계를 나타낸 이 그래프를 식으로 나타내었는데 이 식을 Michaelis-Menten 식이라고 한다. 일반적으로 효소반응은 다음 식과 같이 표현된다. 즉 효소(E)와 기질(S)이 결합하여 효소기질 복합체(ES)를 형성한 다음 생성물을 생성하며, 효소는 다시 유리상태로 돌아간다(그림 7-11).

$$\text{E(효소)} + \text{S(기질)} \underset{k_{-1}}{\overset{k_1}{\rightleftharpoons}} \text{ES(효소기질 복합체)} \overset{k_2}{\rightleftharpoons} \text{E(유리상태의 효소)} + \text{P(생성물)}$$

여기에서 k_1, k_{-1} 및 k_2는 각 반응이 얼마나 빨리 진행되는지를 나타내는 속도상수이다.

Michaelis와 Menten은 효소반응을 나타내는 이 식에서 유리상태의 효소와 생성물로부터는 효소기질 복합체가 재형성(ES ← E + P)되지 않는다고 추측하고, ES의 형성속도(k_1)는 k_{-1}과 k_2의 합과 같으며, 효소반응의 평형상태에서는 ES의 농도가 일정하게 유지된다고 가정하였다. 이와 같은 가정 하에서 Michaelis와 Menten은 효소반응 속도와 기질 농도와의 관계를 다음 식과 같이 유도하였는데, 이 식을 Michaelis-Menten 식이라고 한다.

$$v = \frac{V_{max}[S]}{K_m + [S]}$$

여기에서 v는 효소 반응속도, V_{max}는 기질의 포화농도에서 도달할 수 있는 최대 반응속도, [S]는 기질농도, K_m은 Michaelis-Menten 상수이다.

표 7-2. 여러 가지 효소들의 Michaelis-Menten 상수(K_m)

효 소	기 질	K_m(mole/ℓ)
카탈라아제(catalase)	과산화수소(H_2O_2)	2.5×10^{-2}
알코올 탈수소효소(alcohol dehydrogenase)	에틸알코올(ethyl alcohol)	1.3×10^{-2}
헥소키나아제(hexokinase)	포도당(glucose)	0.5×10^{-4}
	과당(fructose)	1.5×10^{-3}
	ATP	0.4×10^{-3}
알도라아제(aldolase)	fructose 1,6 diphosphate	3.0×10^{-4}

4) Michaelis-Menten 상수

Michaelis-Menten 식에서 효소 반응속도가 최대속도의 1/2이 되는 특수한 경우,

$$\text{즉 } v = \frac{V_{max}}{2} \text{ 이면,}$$

$$\frac{V_{max}}{2} = \frac{V_{max}[S]}{K_m + [S]}$$

양변을 V_{max}로 나누면,

$$\frac{1}{2} = \frac{[S]}{K_m + [S]}$$

$$K_m = [S]$$

그러므로 Michaelis-Menten 상수 K_m은 효소 반응속도가 $\frac{V_{max}}{2}$일 때의 기질의 농도를 말한다.

Michaelis-Menten 상수 K_m은 효소의 특성, 즉 효소활성 부위에 대한 기질의 친화력을 나타낸다. K_m이 작으면 낮은 기질 농도에서 최대 효소 반응속도의 1/2에 도달하는 것이기 때문에 효소와 기질의 친화력이 크다는 것이고, 반대로 K_m이 크면 기질 농도가 높아야 최대 효소 반응속도의 1/2에 도달하는 것을 뜻하기 때문에 효소와 기질의 친화력이 작다는 것을 뜻한다(표 7-2).

5) 효소활성의 단위

효소의 활성이란 일정한 온도와 pH 조건하에서 특정 시간 내에 어떤 일정량의 기질을 생성물로 변화시키는 효소의 양을 말한다. 동일한 효소일지라도 그 출처나 저장 기간 등에 따라 화학반응을 촉매하는 능력이 다르기 때문에 효소반응에서는 언제나

그 반응에 관여하는 효소의 활성을 측정하여야 한다. 위에서 설명한 바와 같이 기질 농도가 충분히 높아야만 효소 반응속도가 효소의 양에 비례하기 때문에 일반적으로 효소활성은 기질농도가 충분히 높은 상태에서 측정하며, 효소활성의 표시법에는 다음과 같은 것들이 있다.

(1) 국제단위

국제단위(international unit, I.U.)는 25℃에서 매분, 1 μM(10^{-6} M)의 기질을 생성물로 변화시킬 수 있는 효소의 양을 말한다.

(2) 비활성

비활성(specific activity)은 효소 1 mg에 해당하는 국제단위 수를 말한다.

(3) 반응회전수

반응회전수(turn over number, T.N.)는 효소 1 μM에 해당하는 효소단위를 말한다. 즉, 매분 각각의 효소 1분자가 생성물로 변화시키는 기질분자의 수를 뜻하는데, 이것은 효소가 기질에 작용하여 얼마나 빨리 생성물로 변화시키는지를 말해 준다. 효소나 기질 1 M 중에는 6×10^{23}개의 효소나 기질분자가 존재한다.

(4) 카탈

카탈(katal)은 매초 1 M의 기질을 변화시키는 효소의 양을 말하는데, 이것은 국제단위의 6×10^7 배에 해당한다.

▸ **카탈(katal)**

I.U.는 25℃에서 매분, 1 μM(10^{-6} M)의 기질을 생성물로 변화시킬 수 있는 효소의 양을 말하는데 이것을 매초 변화시키는 기질의 양으로 환산하면,

$$1\ \text{I.U.} = 10^{-6}\ \text{M/min} = (10^{-6} \div 60)\ \text{M/sec} = (1/6\times10^{-7})\ \text{M/sec}$$
$$= (0.167\times10^{-7})\ \text{M/sec} = (16.7 \times 10^{-9})\ \text{M/sec}$$이다.

카탈은 매초 1 M의 기질을 변화시키는 효소의 양을 말한다. 그러므로

$$(16.7 \times 10^{-9}) \times X = 1, \quad X = 6 \times 10^7$$

즉, 1 katal = 6×10^7 I.U.이다.

6) 효소반응과 온도

화학반응은 반응온도를 10℃ 상승시키면 반응속도가 2배 증가된다. 하지만 그림 7-12에서 보는 바와 같이 효소반응에서는 반응온도에 크게 영향을 받는다. 0℃ 부근에서는 효소반응은 일반적인 화학반응과 마찬가지로 반응속도가 매우 느리고 10℃ 이상의 온도에서는 반응속도가 크게 증가한다. 즉, 최적 온도 범위에 도달하기 전까지는 10℃ 증가할 때마다 반응속도가 2~3배씩 증가한다. 하지만 효소반응의 최적온도 이상에서는 단백질인 효소가 열 변성되기 때문에 반응속도가 급속히 떨어지게 된다. 즉 효소의 활성이 없어지게 된다.

효소반응에 가장 적합한 온도를 그 효소의 최적온도(optimum temperature)라고 하는데, 생체 내에 존재하는 효소들의 최적온도는 37℃ 부근이다.

7) 효소반응과 pH

효소의 활성은 반응액의 pH에 의해서 크게 영향을 받으며, 일정한 pH 범위에서만

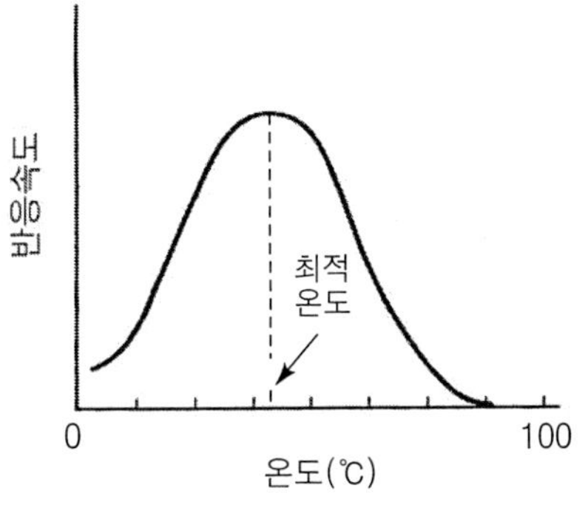

그림 7-12. 효소 반응속도와 반응온도

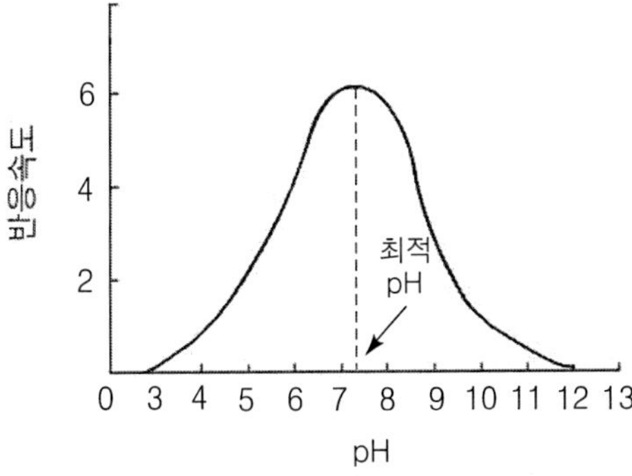

그림 7-13. 효소 반응속도와 pH

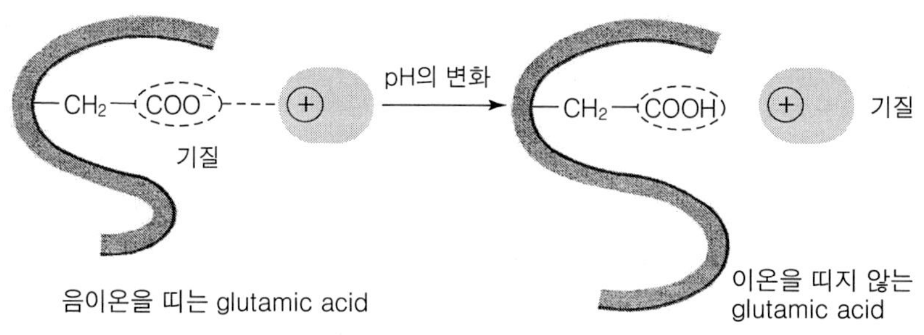

그림 7-14. 효소 반응액의 pH 변화와 기질의 결합

활성을 가지게 된다(그림 7-13). 이것은 단백질이나 아미노산이 용액의 pH에 따라 양이온을 띠기도 하고, 음이온을 띠기도 하는 것처럼 단백질인 효소도 반응액의 pH에 따라 서로 다른 이온을 띠게 되고, 그에 따라 효소의 활성부위 구조가 달라지기 때문이다. 예를 들면 그림 7-14에서 보는 바와 같이 효소의 활성부위를 구성하는 아미노산인 글루탐산(glutamic acid)은 특정한 pH에서 음이온을 띤다. 이렇게 되면 양이온을 띠는 기질이 효소의 활성부위에 결합할 수 있지만, 반응액의 pH가 달라져서 오른쪽의 그림처럼 음이온을 띠지 않으면 양이온을 갖는 기질은 효소에 결합할 수 없으며, 결과적으로 효소는 촉매작용을 할 수 없게 된다.

효소의 활성이 최대가 될 때의 pH를 그 효소의 최적 pH(optimum pH)라고 하는데, 이 pH에서 효소는 기질과 가장 결합하기 쉽게 된다. 일반적으로 생체 내에 존재하는 효소들의 최적 pH는 7.0 부근이다. 단백질 가수분해효소인 펩신의 최적 pH는 2.0, 요소 분해효소인 우레아제는 7.2～7.9, 맥아당 분해효소인 말타아제(maltase)는 6.1 그리고 췌장에서 분비되는 전분 분해효소인 α-아밀라아제(amylase)의 최적 pH는 6.7～7.2이다.

3. 효소의 저해

효소에는 많은 물질들이 결합할 수 있는데, 효소에 결합하여 효소의 촉매작용을 억제하는 물질을 효소의 저해제(inhibitor)라고 한다. 이들 저해제들은 세포 내에 존재하면서 효소의 활성을 조절하는 역할을 하기도 하지만, 외부로부터 혼입된 약품이나 독성물질 등도 효소의 활성을 저해할 수 있다. 효소의 저해는 비가역적인 저해와 가역적인 저해로 나누어지는데, 비가역적인 저해제는 효소로부터 제거되지 않으며, 가역적인 저해제는 효소로부터 쉽게 제거된다.

1) 비가역적 저해

많은 약품들과 독성물질은 비가역적인 효소저해제로 작용한다. 예를 들면 유기인제 살충제의 하나인 말라티온(malathion)은 **아세틸콜린에스터라제**(acetylcholinesterase)의 활성부위 내의 세린(serine) 잔기에 결합하여 이 효소의 활성을 저해한다. 아세틸콜린에스터라제의 저해는 결국 신경자극전달을 손상시키며, 또한 횡문근의 마비와 폐조직의 경련을 일으킨다. 독성이 강한 신경가스도 역시 유기인제 화합물이며, 아세틸콜린에스터라제를 저해한다. 시안화합물(CN^-)은 미토콘드리아에서 발생하는 산화적 인산화 과정에 관여하는 효소의 활성을 저해하며 결국 죽음에 이르게 한다.

2) 가역적 저해

(1) 경쟁적 저해

저해제가 기질분자와 매우 유사한 구조를 하고 있기 때문에 효소의 활성부위에 가역적으로 결합할 수 있다. 하지만 이 저해제는 기질이 아니므로 생성물로 변환될 수 없다. 즉 경쟁적 저해제(competitive inhibitor)는 효소의 활성부위에 결합하기 위하여 기질과 경쟁하게 되는데, 저해제가 결합하게 되면 효소의 활성이 저해된다. 말론산(malonic acid)은 **숙신산 탈수소효소**(succinate dehydrogenase)의 대표적인 경쟁적 저해제인데, 이 효소의 기질인 숙신산(succinic acid)과 그 구조가 매우 유사하다(그 그림 7-15).

그러므로 경쟁적 저해제가 존재하면 효소 반응속도가 감소하고 Michaelis-Menten 상수, K_m 치는 증가하게 된다. 하지만 경쟁적 저해제가 존재하여도 기질의 농도를 증가시키면 효소의 활성부위에 기질이 결합할 수 있는 확률이 저해제의 확률보다 더 높아지기 때문에 기질농도가 무한대가 되면 효소 반응속도는 저해되지 않는다(그림 7-16).

▸ **아세틸콜린에스터라제**(EC 3.1.1.7, acetylcholinesterase)

아세틸콜린(acetylcholine)을 콜린(choline)과 아세테이트(acetate)로 가수분해하는 효소이다. 아세틸콜린은 신경자극전달에 관여하는 물질이다.

$$(CH_3)_3N^+CH_2CH_2OCOCH_3 + H_2O \rightarrow (CH_3)_3N^+CH_2CH_2OH + CH_3COO^-$$

▸ **숙신산 탈수소효소**(EC 1.3.99.1, succinate dehydrogenase)

구연산 회로(TCA cycle)에서 중요한 반응의 하나인 숙신산을 푸마르산(fumaric acid)으로 산화시키는 작용을 한다.

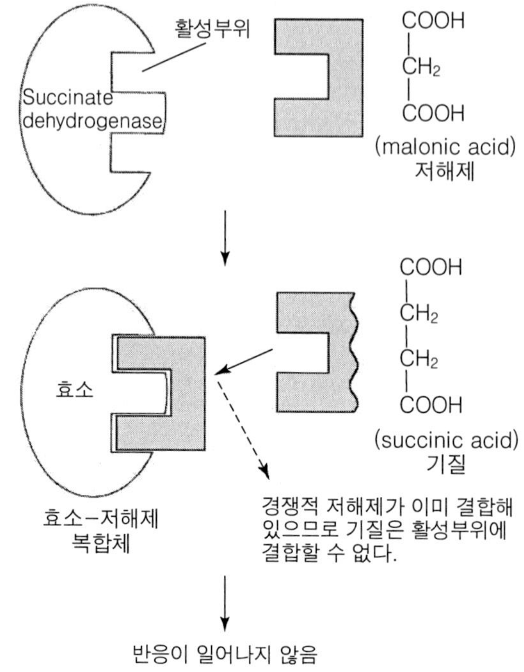

그림 7-15. 숙신산 탈수소효소의 경쟁적 저해

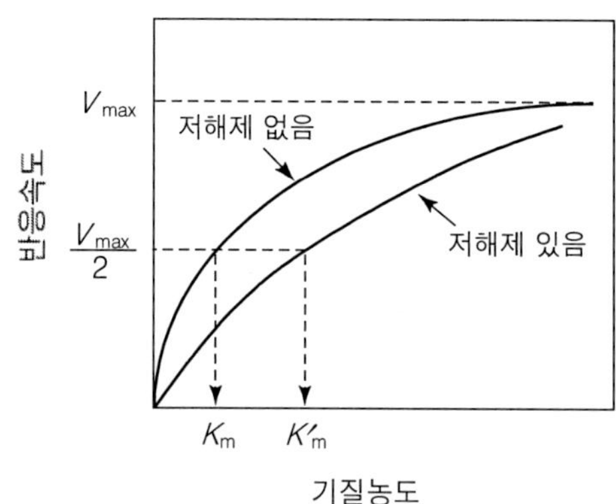

그림 7-16. 경쟁적 저해제에 의한 최대 반응속도와 K_m치의 변화

(2) 비경쟁적 저해

비경쟁적 저해제(noncompetitive inhibitor)는 효소의 활성부위가 아닌 다른 부위에 결합하여 효소의 활성을 떨어뜨리는 물질을 말한다. 그림 7-17에서 보는 바와 같이 비경쟁적 저해제는 기질이 결합하는 효소의 활성부위에 결합하지 않기 때문에 효소에 결합하기 위하여 기질과 경쟁할 필요가 없다. 하지만 이 비경쟁적 저해제가 효소

에 결합하게 되면 효소분자 구조 등에 변화가 발생하여 효소의 활성이 떨어지게 된다. 비경쟁적 저해제에는 중금속, 황 화합물 및 EDTA 등이 있다. 예를 들면 육(肉) 연화효소인 파파인(papain)은 비경쟁적 저해제인 중금속에 의하여 그 활성이 저해된다.

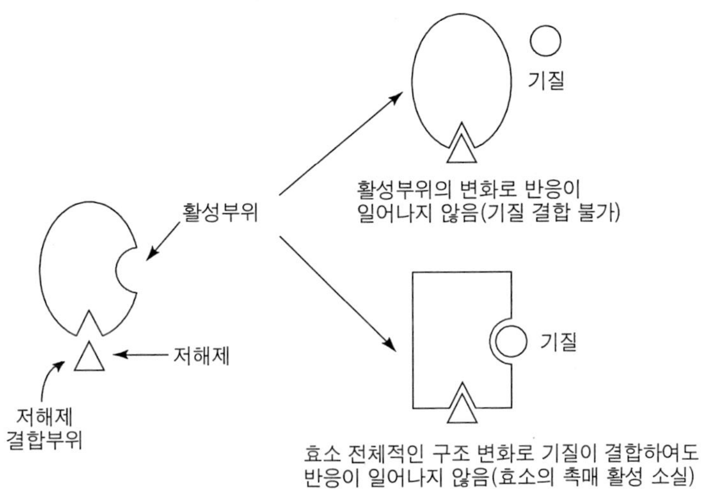

그림 7-17. 비경쟁적 저해

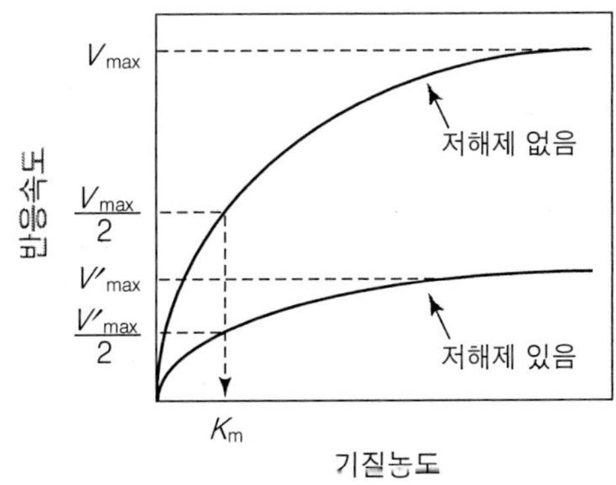

그림 7-18. 비경쟁적 저해제에 의한 최대 반응속도와 K_m 치의 변화

▸ EDTA(ethylenediaminetetraacetic acd)

금속과 배위결합에 의한 착화합물을 형성하는 대표적인 화학물질이다.

그러므로 반응계에 기질의 농도를 증가시켜도 저해제로 인한 효소의 활성은 회복되지 않으며, 전체적으로 효소 반응속도가 감소하기 때문에 Michaelis-Menten 상수, K_m 치는 변화하지 않는다(그림 7-18).

4. 효소의 이용

신선한 식품 중에는 여러 가지 효소가 함유되어 있으며, 미생물 중에는 특정한 효소를 다량 생산하는 것들이 있다. 그러므로 신선한 식품을 그대로 방치하거나 식품에 미생물이 오염되면 효소작용에 의한 여러 가지 변화가 발생하게 된다. 이와 같은 변화는 식품을 가공 저장하는 데 있어 우리에게 유익한 것도 있으나, 반대로 좋지 않은 것도 있으므로 주의하여야 한다.

한편, 식품가공이나 저장에는 많은 효소들이 이용되고 있으며 우리들이 일상생활에 사용하는 일용품이나 의약품에도 많은 효소들이 이용되고 있다. 예를 들면 미생물이 생산하는 단백질 가수분해효소 등은 간장이나 된장 제조에 이용되고, 보다 깨끗한 세탁을 위하여 단백질 분해효소가 첨가된 세제가 생산되고 있으며, 임상검사에도 많은 효소들이 이용되고 있다.

효소의 이용을 보다 쉽게 하기 위한 방법으로 고정화 효소(immobilized enzyme)가 응용되고 있다. 고정화 효소(210페이지 참조)는 효소 반응액으로부터 쉽게 회수가 가능하기 때문에 고정화 효소의 이용은 효소의 반복 및 연속 사용, 즉 효소반응의 자동화를 가능하게 한다. 최근에는 유전공학기술을 이용하여 효소의 기능변환을 시도하는 단백질공학에 관한 연구가 활발하지만, 이것은 아직 실용화 될 수 있는 단계가 아니다.

1) 식품산업과 효소

식품산업에서는 이미 많은 효소들이 이용되고 있는데, 예를 들면 다음과 같다.

① 전분으로부터 덱스트린(dextrin), 엿, 포도당 등의 제조; α-아밀라아제(α-amylase), β-아밀라아제(β-amylase) 및 글루코아밀라아제(glucoamylase) 등

② 고급 제과원료나 미생물 배지의 원료인 맥아당 제조; 이소아밀라아제(isoamylase) 또는 β-아밀라아제 등

③ 이성화당의 제조; 포도당 이성화효소(glucose isomerase) 등

④ 알코올 제조; α-아밀라아제와 글루코아밀라아제 등

⑤ 맥주 제조시 맥아의 β-글루칸(β-glucan)을 분해하여 여과시간 단축; β-글

루카나아제(β-glucanase) 등

⑥ 포도주 제조시 수율 향상; **펙틴분해효소**(pectinase) 등

⑦ 어육의 액화, 술의 백탁 방지; **단백질 가수분해효소**(protease) 등

⑧ 우유의 유당분해; 락타아제(lactase) 등

⑨ 치즈의 제조; 우유 응고효소인 레닌(rennin) 등

2) 일용품과 효소

일반적으로 세제는 주로 친수성기와 소수성기를 지니는 계면활성제를 함유하는데, 우리 신체에서 분비되는 분비물(지방과 단백질)이 계면활성제만으로는 제거되지 않기 때문에 단백질 가수분해효소를 함유하는 세제가 판매되고 있다. 면(棉)을 구성하는 섬유소 사이에 존재하는 오물을 제거하기 위하여 셀룰라아제(celluase)를 이용하기도 하며, 입욕제에도 단백질 가수분해효소를 이용하고 있다. 식육을 부드럽게 하기 위하여 식육에 식육 연화효소인 파파인(papain)을 이용하고, 충치를 예방하기 위하여 치약에 충치의 원인물질을 분해하는 효소인 덱스트라나아제(dextranase)를 이용하기도 한다. 하지만 이들 일용품에 대한 효소의 이용은 가정에서의 효소활성 유지가 문제가 된다. 그러므로 효소에 보호막을 씌워 효소의 활성저하를 방지하는 방법 등이 시용되고 있다.

3) 의약품과 효소

초기에는 소화효소들이 주를 이루었으나 최근에는 임상검사, 진단 및 치료를 위한 효소제제가 많이 생산되고 있다. 하지만 이들의 약효와 안전성이 확실하게 입증되어야 한다.

혈액이나 요(尿) 속에는 많은 화학성분들이 존재하기 때문에 신속하게 특별한 성분만 측정하는 것이 어렵다. 하지만 효소의 기질특이성을 이용하면 혈액이나 요(尿)

▸ **펙티나아제**(EC 3.2.1.15, pectinase)

펙틴(pectin, 제3장 탄수화물 78페이지 참조) 분해효소이다.

▸ **프로테아제**(protease)

단백질 분해효소를 말하며 펩신(pepsin), 파파인(papain) 및 트립신(trypsin) 등과 같은 여러 종류가 있다.

중의 특별한 화학성분을 측정하는 것이 가능하다. 예를 들면 콜레스테롤 산화효소(EC 1.1.3.6, cholesterol oxidase)를 이용하여 혈중 콜레스테롤 양을 측정하며, 포도당 산화효소(EC 1.1.3.4, glucose oxidase)를 이용하여 당뇨병 여부를 확인하기 위한 요 중의 포도당을 측정한다. 사람의 요에서 추출하여 정제하거나, 신(腎)조직을 배양하여 생산하는 **우로키나아제**(urokinase)는 각종 혈전증을 치료하는데 사용되고 있다.

4) 고정화효소

효소는 단백질이기 때문에 일반적으로 불안정하고, 그 정제과정이 너무 복잡한 것에 비하여 사용 후에 재사용하기가 어려워 효소를 실생활에 이용하기에는 많은 문제점이 있다. 효소의 고정화는 이와 같은 문제점을 해결하기 위한 일석이조의 방법이다.

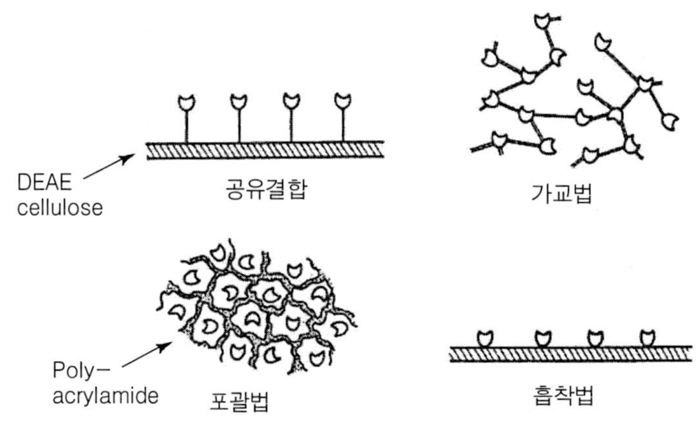

그림 7-19. 효소의 고정화 방법

ᗜ : 효소

▸ **우로키나아제**(EC 3.4.21.73, urokinase)

혈액의 응고는 혈액 중의 피브리노겐(fibrinogen)이 트롬빈(thrombin)의 작용을 받아 불용성의 피브린(fibrin)으로 변해서 발생한다. 생체는 혈관 내에서 혈액의 응고를 방지하기 위한 장치를 가지고 있다. 즉 이 피브린을 용해하는 효소를 가지고 있는데, 이것이 바로 플라스민(plasmin)이다. 플라스민은 보통 불활성의 상태인 플라스미노겐(plasminogen)의 상태로 존재하다가 우로키나아제(urokinase)에 의하여 활성화된다. 그러므로 우로키나아제가 혈전증 치료제로 사용되는 것이다. 우로키나아제는 신장에서 만들어져 소변 중에 배설되기 때문에 예전에는 사람의 소변을 대량으로 취하여 상품화하였다. 우로키나아제는 항원 항체반응의 문제점도 없으며, 주사 등의 방법으로 직접 체내에 투여하기 때문에 소화관에서의 소화, 흡수 등의 문제도 없다.

즉, 일정한 틀 안에 고정되어 있는 담체(효소와 결합할 수 있는 물체)에 효소를 결합시킨 후에 효소반응을 시키는 것이다. 그러므로 효소와 담체와의 상호작용에 의하여 효소의 입체구조가 안정화 될 뿐만 아니라 효소반응 후에 반응액으로부터 효소를 쉽게 회수할 수 있기 때문에 효소의 재사용이 가능하게 된다(그림 7-19).

고정화효소(immobilized enzyme)는 담체와의 결합으로 인하여 기질특이성, 반응 최적 pH, 효소반응 속도, 반응 최적온도, 활성화 에너지 및 안정성 등이 변화하게 된다. 특히 열, pH, 유기용매 및 단백질 분해효소 등에 대한 안정성이 크게 증가하게 되는데, 이것이 고정화효소의 가장 큰 장점이다. 고정화효소를 이용하는 예로는 다음과 같은 것들이 있다.

(1) L-아미노산의 제조

담체 **DEAE-세파덱스**(DEAE-Sephadex)에 곰팡이가 생산하는 **아미노아실라아제**(EC 3.5.1.14, amino acylase)를 이온결합으로 고정화하여 L-아미노산을 생산한다.

(2) L-아스파르트산(L-aspartic acid)의 제조

담체 폴리아크릴아미드 겔(polyacrylamide gel)에 대장균이 생산하는 **아스파타아제**(EC 4.3.1.1, aspartase)를 포괄법으로 고정화시켜 L-아스파르트산을 생산한다.

(3) 전분의 연속당화와 전화당의 제조

담체 DEAE-셀룰로오스(DEAE-cellulose)와 미생물 아스페르길루스(*Aspergillus*)가 생산하는 글루코아밀라아제(glucoamylase, 제10장 탄수화물의 변화 280페이지 참

▸ **DEAE-세파덱스(DEAE-Sephadex)**

포도당의 사슬모양 중합체인 덱스트란에 분자가교를 가한 겔 여과용 지지체이다.

▸ **아미노아실라아제**(EC 3.5.1.14, amino acylase)

N-아실아미노산을 지방산과 아미노산으로 가수분해하는 효소이다.

$$N\text{-acyl amino acid} + H_2O \rightarrow \text{fatty acid} + \text{amino acid}$$

▸ **아스파타아제**(EC 4.3.1.1, aspartase)

L-아스파라긴산을 비가수분해적으로 탈아미노화하여 푸말산과 암모니아를 생성하는 효소이다.

$$\text{L-aspartate} \rightarrow \text{fumarate} + NH_4^+$$

조)를 공유결합으로 고정화하여 전분의 연속당화와 전화당의 제조에 이용한다.

5) 단백질공학

단백질공학이란 유전공학기술을 이용하여 효소의 기능을 목적하는 대로 변화시키는 것을 뜻하는데, 대단히 어려운 기술로 아직 실용화되고 있지 않다. 일반적으로 효소의 문제점이나 제한점을 해결하기 위한 효소의 개발이 시도되고 있다.

① 다양한 기질특이성을 지니는 효소의 개발
② 활성이 높은 효소의 개발
③ 고온이나 상온에서의 열 안정성이 높은 효소의 개발
④ 유기용매 중에서도 안정한 효소의 개발
⑤ 보조효소를 필요로 하지 않는 효소의 개발
⑥ pH에 대한 안정 범위가 넓은 효소의 개발
⑦ 단백질 가수분해효소에 대한 내성을 지닌 효소의 개발
⑧ 항원 항체반응에 문제가 없는 효소의 개발

제 8 장

무기질

개 요

무기질(無機質, mineral)은 식품을 구성하는 성분 중에서 수분과 탄수화물, 지질, 단백질 및 비타민 등의 유기물을 뺀 나머지 부분으로, 식품을 적당한 온도에서 태웠을 때 재(灰)로 남는 성분이다. 재의 색이 회색이기 때문에 회분(灰分, ash)이라고도 한다.

식품 중에는 동식물에게 반드시 필요한 약 25개 정도의 무기질이 존재하지만, 생체를 구성하는 중요한 무기질은 약 10여 개 정도이다. 식품 중의 무기질은 염화나트륨(NaCl) 등과 같이 무기화합물을 구성하거나 이온상태로 존재하는 것과 헤모글로빈(hemoglobin)의 철(Fe), 클로로필(chlorophyll)의 마그네슘(Mg) 그리고 시스틴(cystine)의 황(S) 등과 같이 유기화합물의 구성성분으로 존재하는 2종류로 나누어진다.

무기질은 체내에서 여러 가지 중요한 생리작용을 한다. 예를 들면 무기질은 체액의 **산-염기 평형**(acid-base balance)에 관여하며, **삼투압**을 조절하는 중요한 역할을 한다. 또한 무기질은 뼈와 치아(Ca, Mg, P), 단백질(P, S) 및 효소(Fe, Cu, Zn, I, S, P, Mo)의 구성성분이 되기도 한다. 그리고 무기질은 이온으로서 생체효소의 작용을 촉진(Zn^{2+}, Mn^{2+})하기도 한다. 그러므로 무기질의 성질을 이해하는 것은 식품화학을 공부하는 데 있어 대단히 중요하다.

이 장의 줄거리

1. 식품 중에 존재하는 무기질 중에서 나트륨(Na^{+}) 등과 같이 체내에서 대사될 때 양이온을 생성하는 것을 알칼리 생성원소라고 하고, 인(P^{3-}) 등과 같이 음이온을 생성하는 것을 산 생성원소라고 한다. 알칼리 생성원소가 산 생성원소보다 많은 식품을 알칼리성 식품이라고 하고, 반대로 산 생성원소가 알칼리 생성원소보다 많은 것을 산성식품이라고 한다.
2. 무기질은 다량 무기질과 미량 무기질로 분류된다.
3. 다량 무기질에는 칼슘, 인, 나트륨, 칼륨, 염소, 황 및 마그네슘 등이 있다.
4. 미량 무기질에는 철, 요오드, 구리, 아연, 코발트, 셀레늄, 망간, 불소 및 크롬 등이 있다.

▸ **산-알칼리 평형**(acid-base balance)

체내에 존재하는 총 산과 총 염기가 생명체에 적합한 정도로 평형을 이루어 체내의 pH가 거의 일정하게 유지되는 상태를 말한다.

▸ **삼투압**

반투성의 막(아래 그림의 C)을 경계로 하여 물과 설탕용액을 U자관에 나누어 넣으면 용질에 해당하는 설탕분자는 막을 통과할 수 없으나 물 분자는 막을 침투해서 자유롭게 확산할 수 있다. 따라서 물 분자가 설탕용액 쪽으로 들어가게 된다. 이 때 물 분자의 침투를 막기 위해서는 물 분자가 침투하는 방향과는 반대의 방향에서 압력을 가해야만 하는데 이 때의 압력을 삼투압이라고 한다. 삼투압은 용액의 온도나 농도에 비례한다. 참고로 생물의 세포막은 반투막이다.

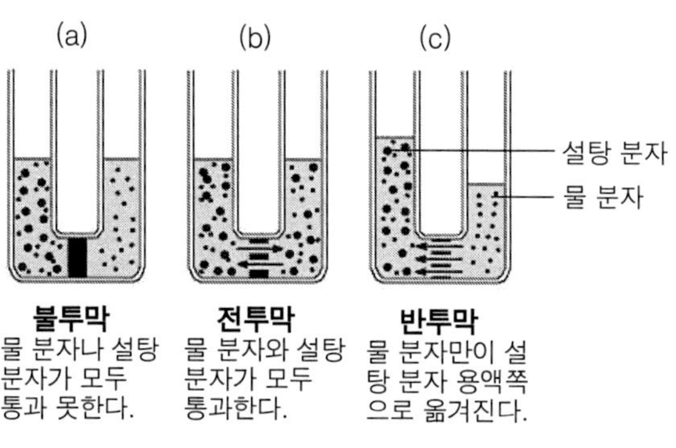

5. 수은, 납, 카드뮴 및 비소 등과 같은 중금속의 식품 오염이 문제가 되고 있다.
6. 식품 중의 무기질은 식품의 맛, 색 및 조직 등에 큰 영향을 미친다.

1. 알칼리 생성원소와 산 생성원소

식품 중에 존재하는 무기질 중에서 나트륨(Na^+), 칼륨(K^+), 칼슘(Ca^{2+}) 및 마그네슘(Mg^{2+}) 등과 같이 체내에서 대사될 때 양이온을 생성하는 것을 알칼리 생성원소라고 하고, 인(P^{3-}), 황(S^{2-}) 및 염소(Cl^-) 등과 같이 음이온을 생성하는 것을 산 생성원소라고 한다. 식품 중에는 알칼리 생성원소와 산 생성원소가 각각 서로 다른 양으로 존재하기 때문에 어느 쪽이 양적으로 많은가에 따라 식품이 섭취되었을 때 체내에서 알칼리성을 나타내든지 산성을 나타내든지 하게 된다.

따라서 알칼리 생성원소가 산 생성원소보다 많은 식품을 알칼리성 식품(alkali forming foods)이라고 하고, 반대로 산 생성원소가 알칼리 생성원소보다 많은 것을 산성식품(acid forming foods)이라고 한다. 예를 들면 대부분이 채소와 과일은 연소된 후에 남는 무기질 중에 나트륨(Na), 칼륨(K), 칼슘(Ca) 및 마그네슘(Mg) 등의 알칼리 생성 원소가 더 많이 존재하기 때문에 알칼리성 식품이고, 육류 및 생선은 단백질과 지방 함량이 많아 **함황아미노산**의 황(S)과 **인지질**의 인(P) 등과 같은 산 생성원소가 더 많이 존재하기 때문에 산성식품이다. 흔히 감귤류는 신맛을 내므로 산성식품이라고 생각하기 쉬운데 감귤류의 신맛의 주성분인 구연산과 구연산칼륨은 인체 내에서 완전히 대사되어 칼륨(K^+)를 남기기 때문에 감귤류는 알칼리성 식품이다. 그러나 서양자두(plum), 말린 자두(prune) 및 크랜베리(cranberry) 등에 존재하는 유기산은 인체 내에서 분해되기 않기 때문에 산성으로 작용한다.

식품의 산도와 알칼리도는 식품성분 중에서 알칼리 생성원소와 산 생성원소의 상대적인 양을 나타내는 척도로서 식품의 **산-알칼리 평형**(acid-base balance)을 측정하

표 8-1. 여러 가지 식품의 산도와 알칼리도

산성 식품			알칼리성 식품		
식 품		산 도	식 품		알칼리도
곡 류	백미	4.3	야채류	시금치	15.6
	밀가루	3.4		양배추	4.9
어패류	참치	15.3	과일류	귤	3.6
	도미	8.6		감	2.7
	대합	7.5	감자류	감자	5.4
육 류	닭고기	10.4		고구마	4.3
	돼지고기	6.2	알	난백	3.2
난·유류	난황	19.2	젖	우유	0.2
	치즈	4.3	두 류	대두	10.2
콩 류	완두콩	2.5		팥	7.3

▸ **함황아미노산**

제5장 단백질 140페이지를 참조한다.

▸ **인지질**

제4장 지질 102페이지를 참조한다.

▸ **항상성 작용**(homeostasis)
제2장 수분 28페이지를 참조한다.

는 기초가 된다. 식품의 산도(알칼리도)는 식품 100 g을 회화하여 얻은 회분을 중화하는 데 소비되는 0.1 N NaOH(HCl)의 mℓ 수를 말한다(표 8-1).

인체는 체내를 약 알칼리성으로 유지하려는 **항상성 작용**(homeostasis)을 가지고 있으며, 항상 pH 7.35～7.45 정도로 유지하고 있다. 그러므로 육류와 어패류를 섭취할 때는 야채, 감자 및 과실 등을 함께 섭취함으로써 산성식품과 알칼리성 식품을 균형 있게 섭취하도록 주의하여야 한다.

2. 무기질의 분류

무기질은 동식물체 내에 존재하는 양에 따라 다량 무기질과 미량 무기질로 분류된다. 다량 무기질에는 칼슘(Ca), 인(P), 나트륨(Na), 칼륨(K), 염소(Cl), 황(S) 및 마그네슘(Mg) 등이 있는데, 이들은 하루에 100 mg 이상의 섭취를 필요로 한다. 미량 무기질에는 철(Fe), 요오드(I), 구리(Cu), 아연(Zn), 코발트(Co), 셀레늄(Se), 망간(Mn), 불소(F), 크롬(Cr), 몰리브덴(Mo) 및 브롬(bromine, Br) 등이 있다. 또한 식품 중에는 본래 식품 중의 성분은 아니지만 환경오염 등으로 인하여 외부로부터 유래된 카드뮴(Cd), 납(Pb) 및 수은(Hg) 등이 존재하는 경우도 있다.

3. 다량 무기질의 종류와 성질

1) 칼 슘

칼슘(Ca, calcium)은 체중의 약 2%를 차지하는 체내에 가장 많이 존재하는 무기질이며, 골격과 치아의 형성, 심장근육과 골격근육의 활동조절, 신경의 자극 및 흥분 억제, 감수성 유지, 혈액 응고, 체액의 교환, 근육의 탄성 유지, 산-알칼리 평형 및 효소의 활성화 등과 같은 중요한 역할을 하는 무기질이다.

체내에서의 칼슘 흡수를 촉진하는 물질에는 단백질, 비타민 D, 젖당 및 일부 아미노산 등이 있다. 또한 식품 중의 칼슘과 인(P)의 비율도 칼슘의 흡수에 영향을 주는데 칼슘과 인의 비율이 1 : 1 정도일 때 흡수가 가장 잘 된다. 일반적으로 젖산칼슘과 구연산칼슘은 수용성이어서 흡수가 잘 된다. 그러나 탄산칼슘과 인산칼슘은 물에 녹기 어려우므로 흡수가 잘 되지 않는다. 시금치 중에 많이 들어 있는 **수산**(oxalic acid)과 곡류에 많이 들어 있는 **피트산**(phytic acid) 그리고 지방산은 불용성의 칼슘염을 만들어 칼슘의 체내 흡수를 방해한다.

칼슘은 동식물계에 널리 분포되어 있다. 하지만 우유, 유제품, 뼈와 함께 섭취하는

▸ **수산**(oxalic acid)

옥살산이라고도 한다. 화학식은 $(COOH)_2$이며 보통 결정성 수화물인 $(COOH)_2 \cdot 2H_2O$의 형태로 존재한다.

▸ **피트산**(phytic acid)

화학식은 $C_6H_{18}O_{24}P_6$이다. 아래 그림에서 보는 바와 같이 **이노시톨**(inositol)에 6개의 인산기가 결합되어 있는 물질이다. 콩류나 곡류의 겉껍질에 존재하며 칼슘, 마그네슘, 철 및 아연과 같은 금속과 킬레이트 화합물을 만든다.

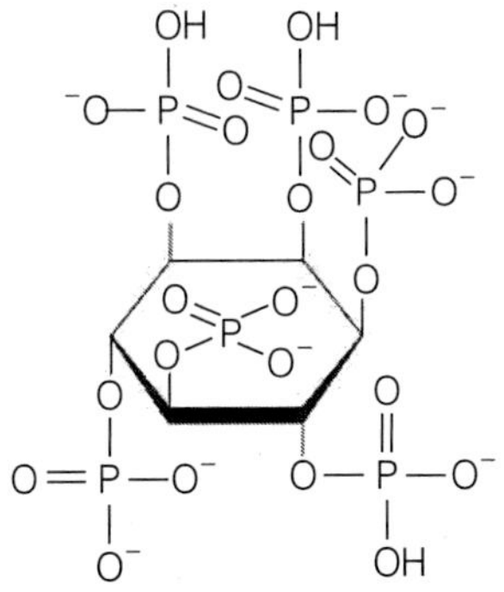

▸ **이노시톨**(inositol)

화학식은 $C_6H_{12}O_6$이며, 아래 그림에서 보는 바와 같이 고리모양의 6가 알코올로 비타민 B 복합체의 일종이다. 이노시톨 중에서 가장 잘 알려진 것은 미오이노시톨(*myo*-inositol)로 1850년에 근육 조직에서 최초로 분리했으며, 인체(주로 뇌)에 많이 존재하는 인지질(燐脂質)을 구성하는 성분이다. 미오이노시톨은 곡류 중에 많이 존재하는 피트산으로부터 얻는다.

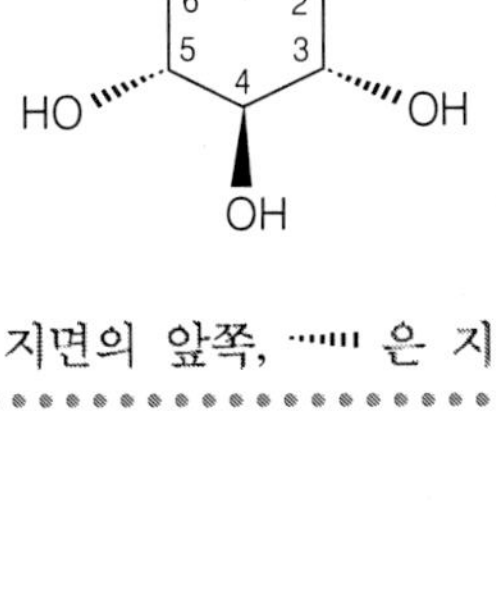

(━ 은 지면의 앞쪽, ····· 은 지면의 뒤쪽)

표 8-2. 여러 가지 식품의 칼슘(Ca) 함량(mg/100 g)

식 품	함 량	식 품	함 량
멸치(생것)	509.0	계란(전란, 생것)	47.0
고춧잎(생것)	211.0	시금치(생것)	40.0
콩(검정콩, 흑태)	143.0	배추(생것)	38.0
쑥(생것)	119.0	쌀(멥쌀, 논벼)	14.0
우유(보통우유)	105.0	귤(생과, 조생)	17.0
밀(통밀)	71.0	닭고기(날 것)	11.0
강낭콩(생것)	62.0	쇠고기(한우, 안심)	8.0
귀리(알곡)	55.0	돼지고기(등심, 날 것)	7.0

(한국영양학회, 한국인 영양권장량 제 7차 개정)

생선 및 해조류 이외에는 일반적으로 식품 중의 함유량이 적기 때문에 섭취량이 부족하기 쉬운 성분이다. 작은 생선의 뼈와 통조림 생선의 뼈 등은 훌륭한 칼슘의 급원이 된다. 최근에는 우유, 오렌지 주스 및 대두유에 칼슘을 강화한 제품들이 많이 출시되고 있다(표 8-2).

성인 남자의 하루 권장량은 0.9 g 정도이며 발육이 왕성한 청소년기, 임신기 및 수유기에는 더 많은 양을 필요로 한다. 결핍증에는 구루병, 골연화증 및 골다공증 등이 있으며, 과량 섭취 시에는 신장결석 등이 나타나기도 한다.

2) 인

체내에 존재하는 인(P, phosphorus)의 약 85%는 칼슘과 결합하여 인산칼슘염의 형태로 존재하는데, 이들의 대부분은 골격과 치아를 형성한다. 또한 인은 체액의 완충작용, 핵산과 보효소의 구성성분, 효소의 활성조절 및 체내의 에너지 저장 등과 같은 중요한 역할을 하는 무기질이다.

일반적으로 무기인은 유기인보다 흡수가 잘 된다. 식품 중의 칼슘과 인의 비율은 인의 흡수에 영향을 미치는데 지나치게 칼슘 양이 많으면 인의 흡수가 나빠진다. 하지만 한국인의 식사에서는 칼슘과 인의 섭취량의 비가 1:3 정도로, 오히려 인의 과잉섭취가 문제가 되고 있다.

인은 동식물성 식품에 인산염의 형태로 함유되어 있으며 곡류, 어패류 및 육류 등에 특히 많다. 그러므로 일상적인 식생활을 한다면 인이 부족되는 경우는 거의 없다.

3) 나트륨, 칼륨, 염소

나트륨(Na, sodium)과 칼륨(K, potassium)은 세포 내외의 삼투압 조절, 수분 평형, 산-알칼리 평형, 근육의 전기화학적 자극 전달 및 근육의 수축 이완작용 등과 같은 중요한 역할을 하는 무기질이다. 한편, 칼륨은 심근의 수축에도 관여하며 세포 외액보다 세포 내액에 약 25배 더 많이 함유되어 있다. 염소(Cl, chloride)는 주로 나트륨과 칼륨의 염으로 존재하며, 나트륨과 칼륨의 생리작용을 도우면서 삼투압의 유지에 중요한 역할을 한다. 또한 위액의 구성성분으로 위액의 산도유지, 음식물의 소화 및 세균 증식억제 등과 같은 중요한 역할을 하며, 아밀라아제(amylase, 제10장 탄수화물의 변화 279페이지 참조)를 활성화시킨다.

나트륨과 염소는 천연식품에는 많이 함유되어 있지 않다. 하지만 식염(NaCl)은 조미료로서, 또한 식품의 저장 등을 위하여 식품첨가물로 많이 사용되기 때문에 거의

표 8-3. 여러 가지 식품의 식염(NaCl) 함량(g/100 g)

식 품	함 량	식 품	함 량
새우류	10.7	아스파라거스	0.9
대구	8.2	다랑어	0.5
미역	5.7	샐러리	0.5
김	2.2	파슬리	0.4
꽁치	2.2	귤	0.2
해삼	1.9	닭고기	0.1
청어	1.1	당근	0.1
오징어	1.0	사과	0.1

(한국영양학회, 한국인 영양권장량 제7차 개정)

표 8-4. 여러 가지 식품의 칼륨(K) 함량(mg/100 g)

식 품	함 량	식 품	함 량
고구마	429.0	우유(생유)	150.0
감자	396.0	달걀(전란)	120.0
당근	362.0	밀가루(중력분)	112.0
쇠고기(한우, 안심)	301.0	쌀(멥쌀, 백미)	102.0
돼지고기(삼겹살)	202.0	사과(후지)	95.0
토마토	178.0	치즈(가공치즈)	82.0

(한국영양학회, 한국인 영양권장량 제7차 개정)

모든 식품에 넓게 분포되어 있다. 칼륨은 동식물성 식품에 널리 함유되어 있는데, 그 중에서도 두류, 감자류 및 야채류 등의 식물성 식품에 특히 많이 함유되어 있다(표 8-3, 표 8-4).

이들 무기질을 과량 섭취하면 요(尿)로 배설되며 보통의 식생활에서는 결핍증이 나타나지 않는다. 오히려 김치, 된장이나 간장 등의 식품을 많이 섭취하는 한국인은 나트륨의 과잉 섭취가 문제가 되고 있다. 식염의 과잉 섭취는 고혈압이나 뇌졸중 등과 같은 성인병의 원인이 되기 때문에 하루 섭취량을 약 10 g 이하로 줄이는 것이 좋다. 나트륨의 결핍은 열대지방에서 흔히 나타나는데 탈수현상, 식욕감퇴, 권태, 근육경련, 저혈압 및 두통 등의 증세가 나타난다. 하지만 물과 함께 소금을 투여하면 바로 증상이 없어진다. 칼륨이 부족하면 발육부진, 생식력 감퇴, 심장 및 소화기관의 기능 감퇴 등과 같은 증상이 나타나지만 부족되는 일은 거의 없다.

4) 황

황(S, sulfur)은 단백질을 구성하는 메티오닌(methionine), 시스테인(cysteine) 및 시스틴(cystine)과 같은 함황아미노산, **글루타티온**(glutathione), 비타민 B_1 및 **비오틴**(biotin) 등을 구성하는 필수 무기질이다. 그리고 단백질의 구조에서 디설피드결합

표 8-5. 여러 가지 식품의 황(S) 함량(mg/100 g)

식 품	함 량	식 품	함 량
대두	300	우유	34
쇠고기	230	고구마	29
대구	203	감자	26
난황	194	당근	21
돼지고기	106	귤	8
양배추	67	사과	5

▸ **글루타티온**(glutathione)

글루탐산, 시스테인 및 글리신의 3개 아미노산이 결합한 트리펩티드이다.

▸ **비오틴**(biotin)

비타민 B 복합체의 일종이다(제9장 비타민 259페이지 참조).

(disulfide bonds, S-S bonds)은 단백질의 고차구조를 형성하는 데 필수적이다. 그러므로 구성분으로 단백질이 많은 부분을 차지하는 동물에게 특히 중요한 무기질이다. 또한 황은 **산화적 인산화 반응**에 관여하는 효소인 시토크롬 C 산화효소(EC 1.9.3.1, cytochrome c oxidase)의 구성분이다. 이와 같이 황은 체내에서 호르몬, 효소 및 조효소의 주요한 구성성분이 된다.

주로 함황아미노산을 많이 함유하고 있는 동물성 식품에 많이 함유되어 있으며, 채소의 향기성분과 매운맛 성분 중에도 황을 함유하고 있는 것이 많다(표 8-5).

황이 결핍되면 체내 단백질 형성에 영향을 주어 손톱, 발톱 및 털과 같이 황을 많이 필요로 하는 부분의 발육이 늦어지게 된다.

5) 마그네슘

마그네슘(Mg, magnesium)은 칼슘과 함께 뼈를 구성하지만, 칼슘과 **길항작용**이 있어서 칼슘이 근육을 긴장시키고, 신경을 흥분시키는 반면에 마그네슘은 근육을 이완시키고, 신경을 안정시키는 역할을 한다. 또한 생화학 반응에서 인산기 전이반응을 촉매하는 효소의 보조인자로 작용하여 탄수화물 대사 등에 관여하는 중요한 역할을 하는 무기질이다. 식물에서는 엽록소의 중요한 구성성분이 된다.

마그네슘을 많이 섭취하면 과잉의 마그네슘과 함께 칼슘도 많이 배설된다. 그 이유는 칼슘과 마그네슘의 길항작용 때문이다. 그러므로 쌀이나 감자와 같은 마그네슘이 많은 식품을 섭취할 때에는 칼슘도 함께 많이 섭취하여야 한다. 따라서 쌀을 주식으로 하는 한국인은 칼슘 섭취에 신경을 써야 한다. 일반적으로 칼슘은 마그네슘의 4배 이상을 섭취하는 것이 바람직하다고 한다.

마그네슘은 곡류, 땅콩, 채소류, 치즈, 쇠고기 및 어육 등에 많이 함유되어 있으며, 일상 식생활에서 성인은 결핍증을 나타내지 않는다(표 8-6). 결핍 시에는 신경의 흥분과 영양장애 등을 일으킨다.

▸ **산화적 인산화 반응**

생명체가 생명현상을 유지하는 데 필요한 에너지의 대부분을 생산해 내는 생화학 반응이다(생화학 관련 책 참조).

▸ **길항작용(antagonism)**

상반되는 두 가지 요인이 동시에 작용하여 그 효과를 서로 상쇄시키는 작용을 말한다.

표 8-6. 여러 가지 식품의 마그네슘(Mg) 함량(mg/100 g)

식 품	함 량	식 품	함 량
대두	265	방어	28
팥	172.1	고구마	25.6
백미	130	돼지고기	25
시금치	70.7	쇠고기	25
밀가루	54	오이	12.1
우유	36	닭고기	12
참돔	30	무	11.0
굴	28	복숭아	8.5

4. 미량 무기질의 종류와 성질

1) 철

체내에 존재하는 철(Fe, iron)의 약 60～70%는 헤모글로빈(hemoglobin), 3～5%는 미오글로빈(myoglobin)을 구성하며, 나머지는 **카탈라아제**(catalase), **과산화효소**(peroxidase) 및 **시토크롬**(cytochrome) 등과 같은 효소와, 페리틴(ferritin) 등과 같은 철을 함유하는 복합단백질의 구성성분이 된다.

▸ **카탈라아제**(EC 1.11.1.6, catalase)

과산화수소를 분해하여 산소와 물을 생성하는 반응을 촉매하는 효소이다.

$$2H_2O_2 \rightarrow O_2 + 2H_2O$$

▸ **과산화효소**(EC 1.11.1.7, peroxidase)

유기화합물이 과산화수소 또는 과산화물에 의해서 산화되는 반응을 촉매하는 효소이다.

$$\text{유기물} + H_2O_2 \rightarrow \text{산화된 유기물} + 2H_2O$$

▸ **시토크롬**(cytochrome)

체내 대사 과정중 산화적 인산화 반응에 관여하는 전자전달계의 구성성분이며, 철을 함유하는 헴단백질이다. 구성분인 철의 가역적 전하 변화($F^{2+} \leftrightarrow F^{3+}$)에 의한 산화환원 반응으로 전자전달에 관여한다. 시토크롬 a, b, c, d의 4종류가 있다.

식품 중에 존재하는 철은 헤모글로빈이나 미오글로빈을 구성하는 헴철(heme iron, 제15장 식품의 색 393페이지 참조)과 제일철(Fe^{2+}) 및 제이철(Fe^{3+}) 화합물과 같은 비헴철(nonheme iron)로 크게 나누어진다. 헴철은 철이 **포르피린**(porphyrin) 고리의 중심에 단단히 결합하여 있기 때문에 그대로 흡수되며, 비헴철은 제일철만이 흡수된다. 식물성 식품 중에 존재하는 철은 대부분 제이철의 형태이기 때문에 이들은 위액 중의 염산에 의하여 환원되어야만 흡수될 수 있다. 일반적으로 헴철의 흡수율은 20% 정도로 높은 편이지만, 비헴철의 흡수율은 10% 이하이다. 하지만 식물성 식품을 동물성 식품과 함께 섭취하면 철의 흡수율이 높아진다고 한다. 이와 같이 식품 중의 철은 전부 흡수되는 것이 아니기 때문에 빈혈 등을 예방하기 위해서는 이용 가능한 유효철(有效鐵)을 고려하여야 한다. 인, 곡류 중의 피트산(phytic acid), 시금치에 많은 수산(oxalic acid), 식물성 식품의 식이섬유 그리고 차에 많은 탄닌(tannin) 등은 철

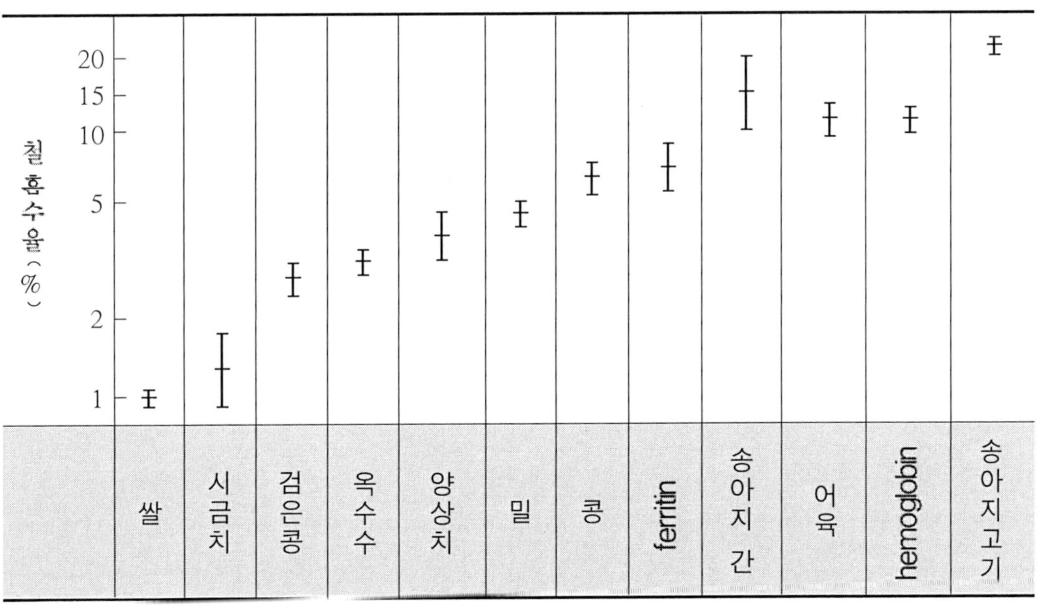

그림 8-1. 여러 가지 식품에 존재하는 철(Fe)의 흡수율
(각 식품 단독으로 섭취 시)

▸ **포르피린**(porphyrin)
제15장 식품의 색 393페이지를 참조한다.

표 8-7. 여러 가지 식품의 철(Fe) 함량(mg/100 g)

식 품	함 량	식 품	함 량
건포도	3.80	복숭아(생과, 백도)	0.50
두부	2.60	배추(생것)	0.40
시금치(생것)	2.60	양배추(생것)	0.40
계란	2.50	사과(후지)	0.30
쇠고기(한우, 안심)	2.50	양파(생것)	0.30
닭고기(날 것)	1.00	토마토(생것)	0.30
감자(생것)	0.80	배(신고)	0.20
당근(생것)	0.70	귤(조생)	0.10
돼지고기(삼겹살)	0.70		

(한국영양학회, 한국인 영양권장량 제 7차 개정)

분과 결합하여 철분의 흡수를 저하시키고, 음식 중에 칼슘, 아연 및 구리 등의 함량이 높으면 철의 흡수가 저해된다. 비타민 C 등은 제이철(Fe^{3+})을 제일철(Fe^{2+})로 환원시키기 때문에 철의 흡수를 좋게 한다(그림 8-1).

철분은 동식물계에 널리 분포하는데, 특히 육류, 간, 굴, 대합, 난황 및 녹색채소 등에 많이 함유되어 있다(표 8-7).

성인 남자의 하루 권장량은 12～16 mg, 성인 여자는 16 mg 정도이다. 철이 부족하면 혈액 중의 헤모글로빈 양이 부족하게 되어 빈혈을 초래한다. 철은 지구상에 많이 존재하는 원소이지만 사람에게서 결핍증이 흔히 발견되며, 가장 결핍되기 쉬운 무기질이다.

2) 요오드

체내 요오드(I, iodine)의 약 80%는 갑상선 호르몬의 성분으로 존재하고, 나머지는 근육, 피부 및 내분비 조직 등에 분포되어 있는데, 갑상선 호르몬은 체내 에너지 대사를 조절하고, 성장 발달을 촉진시키는 역할을 한다.

식품 속의 요오드 함량은 같은 식품이라도 일반적으로 해안지역에서 생산된 식품 중에 많다. 김, 미역 및 다시마와 같은 해조류와 간유, 대구 및 굴과 같은 해산물 그리고 당근, 무, 상치 및 토마토 등에 많이 함유되어 있다(표 8-8).

성인의 하루 권장량은 0.15 mg이지만 유아, 사춘기, 임산부, 수유부 및 갱년기에는 더 많이 요구된다. 사람의 갑상선에는 20 mg% 정도 함유되어 있는데, 그 함량이 10 mg% 이하가 되면 갑상선종이 생기게 된다.

3) 구 리

구리(Cu, copper)는 인체에 매우 미량 함유되어 있는데, 주로 간장에 2 mg 그리고 혈액에 0.05～0.25 mg 정도 함유되어 있다. 구리는 생체 내의 각종 효소 활성에 관여하며, 철이 헤모글로빈이나 시토크롬 등을 형성할 때 촉매작용을 한다. 또한 구리는 연체동물과 갑각류의 혈색소인 헤모시아닌(hemocyanin)의 구성성분이다.

식품에는 특히 간, 조개류, 콩류, 어육, 달걀 및 푸른 야채에 많이 분포한다(표 8-8).

결핍증으로는 조혈작용이 부진하게 되어 빈혈을 일으킬 수가 있다. 하지만 그 필요량이 매우 적을 뿐만 아니라 식품 중에 넓게 분포되어 있어 결핍증이 나타나는 경우는 매우 드물다.

4) 아 연

아연(Zn, zinc)은 체내에서 췌장 호르몬인 인슐린(insulin)의 구성성분이며, **슈퍼옥**

표 8-8. 여러 가지 식품의 구리(Cu), 요오드(I), 아연(Zn) 및 코발트(Co) 함량

식 품	Cu(mg/100 g)	I(㎍/100 g)	Zn(mg/100 g)	Co(㎍/100 g)
대두	1.22	79	3.20	19
계란 난백	0.71	5	1.13	3
계란 난황		48		7
밀가루	0.28	–	0.89	9
백미	0.25	39	1.16	13
대구	0.25	–	0.40	–
고구마	0.24	9	0.20	3
돼지고기	0.15	18	4.08	4～8
감자	0.13	3	0.21	2
쇠고기	0.12	16	3.47	4～9
사과	0.05	8	0.01	3
당근	0.04	1	0.14	3
양배추	0.04	8	0.15	3
양파	0.04	8	0.25	2
귤	0.03	–	0.05	–
우유	0.02	6	0.36	2
전갱이	–	31	–	4

(菅隆幸 等, 食品化學·材料學, p. 71, 朝倉書店, 1982)

시드 디스무타아제(superoxide dismutase) 등과 같은 약 200여 개 효소의 구성성분이다.

식품 중에 존재하는 아연의 이용률은 10∼35%로써 식품에 따라 크게 다르다. 동물성 식품은 단백질 함량이 많고, 아연의 흡수를 저해하는 성분이 적어서 이용률이 높지만, 식물성 식품은 피트산이나 섬유소 등이 아연과 불용성의 화합물을 만들기 때문에 이용률이 낮아진다. 또한 화학적 성질이 비슷한 구리나 철분은 아연의 흡수율을 저하시킨다.

식품에서는 육류와 곡류, 특히 배아에 많이 분포되어 있다(표 8-8).

아연의 과다 섭취는 혈액 중의 고밀도 지단백질(high density lipoprotein, HDL)의 양을 낮추기 때문에 그 결과 혈중 콜레스테롤 양이 많아지고, 심장병의 발병률을 높이는 결과를 초래하게 된다. 아연이 결핍되면 **티미딘키나아제**(thymidinekinase)의 활성이 저하되어 DNA, RNA 및 단백질 합성에 영향을 주기 때문에 성장 및 면역기능이 떨어지게 된다.

5) 코발트

코발트(Co, cobalt)는 체내에 간장, 췌장 및 흉선에 많이 존재하며 악성빈혈의 예방인자인 비타민 B_{12}의 구성성분이다.

코발트는 동물체에 널리 분포하며, 식물체에는 거의 분포하지 않으나 쌀 및 콩 등에는 많이 함유되어 있다(표 8-8). 결핍되면 **악성빈혈**에 걸리게 된다.

▸ **수퍼옥시드 디스무타아제(EC 1.15.1.1, superoxide dismutase 또는 SOD)**

제11장 지질의 변화 298페이지를 참조한다.

▸ **티미딘키나아제(EC 2.7.1.75, thymidinekinase)**

ATP-thymidine 5′-phosphotransferase라고도 하며, ATP의 인산기를 티미딘(thymidine)에 전이하여 티미딜산을 생성하는 반응을 촉매하는 효소이다.

$$\text{ATP} + \text{thymidine} \rightarrow \text{ADP} + \text{thymidine 5'-phosphate}$$

▸ **악성빈혈(惡性貧血, pernicious anemia)**

비타민 B_{12}의 부족으로 발생하며, 증상으로는 창백함, 피로, 허약, 가쁜 숨, 황달, 위액 성분의 부족, 손발가락의 감각상실 및 신경과민 등과 같은 진행성 신경장애 등이 나타난다. 비타민 B_{12}를 투여하면 빈혈은 빨리 호전되지만 신경 손상은 완전히 회복되지 않는다.

6) 기타 무기 성분

(1) 셀레늄

셀레늄(Se, selenium)은 글루타티온 과산화효소(EC 1.11.1.9, glutathion peroxidase)의 구성성분인데, 이 효소는 생체 내의 과산화물을 분해하는 효소이다. 셀레늄이 결핍되면 이 효소를 합성하지 못하기 때문에 체내 과산화물에 의하여 세포가 손상되게 된다. 셀레늄은 비타민 E와 같이 산화 방지제의 역할을 하는데, 최근에는 셀레늄과 비타민 E 및 불포화 지방산과의 상호작용에 대한 연구가 진행되고 있다.

셀레늄은 동물성 식품 특히 육류, 우유 및 조개류에 많으며, 식물성 식품에는 곡류나 견과류 등에 존재한다.

우리나라에서는 성인의 하루 소요량을 50～200 ㎍으로 설정하였다.

(2) 망간

망간(Mn, manganese)은 슈퍼옥시드 디스무타아제(SOD)의 구성성분이고, **글루타민 합성효소**(glutamine synthetase)와 같은 여러 효소의 보조인자이다. 또한 망간은 여러 가지 가수분해효소와 인산화효소의 활성을 증진시키는 등의 중요한 역할을 한다.

김, 콩 및 쌀 등과 같은 식물성 식품에 많이 함유되어 있으므로 결핍증은 거의 없지만, 과잉으로 섭취되면 정신적 장애나 근육조절 이상 등의 증상이 보고되고 있다.

(3) 불소

체내의 불소(F, fluorine)는 95% 이상이 뼈나 치아에 존재한다. 불소는 충치의 발생과 충치와 관련 있는 세균의 성장을 억제한다. 연구결과에 의하면 높은 불소 함량은 골다공증의 발생을 낮춘다고 한다. 미국을 비롯한 선진국의 일부 지역과 우리나라의 일부 지역에서는 식수에 불소를 첨가하여 어린이들의 충치예방에 효과를 거두고 있다. 하지만 불소가 과잉되면 치아에 빈점이 나타나는 현상이 발생한다.

동물성 식품, 특히 대구, 새우, 치즈, 쇠고기, 우유 및 달걀 등에 많이 들어 있다.

▸ **글루타민 합성효소**(EC 6.3.1.2, glutamine synthetase)

아미노산인 글루탐산으로부터 글루타민을 합성하는 반응을 촉매하는 효소이다.

$$ATP + L\text{-}glutamate + NH_4^+ \rightarrow ADP + Pi + L\text{-}glutamine$$

(4) 크롬

크롬(Cr, chromium)은 체내에서 대부분 3가 크롬(Cr^{3+})과 6가 크롬(Cr^{6+})의 형태로 존재한다. 크롬은 췌장 호르몬인 인슐린의 작용을 강화하여 포도당의 이용을 촉진시키며 일반적으로 6가 크롬이 3가 크롬보다 흡수가 잘 되는 것으로 알려져 있다.

크롬은 도정하지 않은 곡류에 많은 편이고, 결핍증은 거의 나타나지 않는다.

5. 환경으로부터 오염된 무기물

중금속이란 납(Pb, lead), 수은(Hg, mercury) 및 카드뮴(Cd, cadmium) 등과 같이 비중 4.0 이상의 무거운 금속을 말하는데, 이들은 영양학적으로 무의미하며, 생체 내에 축적되어 독성을 나타내기도 한다. 급격한 산업의 발달로 인하여 환경이 오염됨에 따라 토양이나 공기 등으로부터 이들에 대한 식품의 오염이 증가되고 있으며, 또한 식품의 제조, 가공 및 조리과정에서도 오염될 수 있다.

1974년에 시작된 FAO/WHO 합동 식품규격위원회에서는 화학적 오염물질 중에 특히 중금속 오염물질로서 수은, 납, 카드뮴 및 비소(As, arsenic) 등을 우선 감시대상으로 선정하였고, 세계 각국에서는 이러한 식품 오염물질의 현황 조사와 오염방지 대책 수립에 큰 관심을 가지고 있다. 우리나라에서도 1985년부터 농산물, 수산물 등의 여러 가지 식품의 미량금속 함량에 관하여 모니터링을 하고 있으며, 1999년부터는 당류, 다류 및 음료류 등과 같은 가공식품에 대한 중금속 규격화 사업을 진행하고 있다.

6. 식품에서의 무기질의 작용

식품 중의 무기질 함량은 많아야 10% 미만이지만, 무기질은 식품의 색이나 조직 등과 같은 식품의 품질에 큰 영향을 미친다. 또한 염화나트륨(NaCl), 간수($MgSO_4$, $MgCl_2$) 및 중조($NaHCO_3$) 등은 식품의 제조나 가공 시에 반드시 사용된다. 표 8-9에는 식품에서의 식염의 작용을 나타내었다.

1) 짠 맛

짠맛의 강도는 $Cl^- > Br^- > I^- > SO_3^{2-}$ 순으로 강하며, 나트륨 이온(Na^+)이나 칼륨 이온(K^+) 등과 같은 양이온이 짠맛의 품질에 영향을 주는 것으로 알려져 있다(제14장 식품의 맛 357페이지 참조).

표 8-9. 식품에서의 식염의 작용

작 용	원 리	예
저장성	수분활성도를 저하시키고, 삼투압에 의한 원형질 분리로 미생물의 생육이 불가능하게 한다.	대부분의 식품
발효의 조정	유해한 균의 증식은 억제하고, 효모 등과 같은 유용한 미생물의 증식은 적절하도록 조정한다.	발효식품
탈수	삼투압 차이에 의하여 세포 내의 수분을 탈수한다. 그 결과 세포막이 반투성을 잃어버리면 조미성분이 식품 재료의 내부로 침투하게 한다.	김치
단백질의 가열응고 촉진	단백질의 가열 응고온도를 낮추어 준다. 즉 고기나 생선의 표면에 식염을 뿌리고 조리하면 이들의 표면이 낮은 온도에서 빨리 응고되기 때문에 맛 성분의 손실을 방지할 수 있다.	고기나 생선구이
단백질 용해	축육이나 어육의 염용성 단백질인 액토미오신(actomyosin)의 용해도를 높여 가열에 의한 겔화를 촉진한다.	연제품
글루텐 형성 촉진	글루텐 형성을 촉진하고, 동시에 단백질 가수분해효소의 작용을 저해하기 때문에 밀가루 반죽에 적당한 탄력을 부여한다.	제빵, 제과
산화효소의 저해	과일이나 채소류에 널리 존재하는 폴리페놀산화효소(polyphenoloxidase)의 작용을 억제하여 갈변을 방지한다.	식물성 식품의 갈변방지
클로로필(chlorophyll) 색소의 퇴색 방지	클로로필 색소의 분자구조 중의 마그네슘이 나트륨으로 치환되면 클로로필이 안정화 된다.	푸른채소의 가공
맛의 대비현상	설탕에 약간의 식염을 첨가하면 설탕의 단맛이 증가한다.	제과
맛의 상살현상	식초에 소량의 식염을 첨가하면 신맛이 억제된다.	피클류(pickles)

2) 식품의 색

클로로필(chlorophyll) 색소에는 마그네슘(Mg), 육색소인 미오글로빈(myoglobin)에는 철(Fe)이 함유되어 있는데, 클로로필 색소에서 마그네슘이 이탈하면 그 색은 갈색으로 변하고, 미오글로빈 색소에서 철이 산화되면 갈색으로 변한다. 그 외에 무기질은 플라보노이드(flavonoid)와 안토시아닌(anthocyanin) 색소에도 영향을 미친다(제15장 식품의 색 384페이지 참조).

3) 경화와 고분자의 겔 형성

칼슘(Ca)이나 마그네슘(Mg)이 많이 들어 있는 경수(硬水)로 고기나 채소류를 조리하면 고기나 채소류가 경화(硬化)되는 것을 느낄 수 있다. 이것은 칼슘이나 마그네슘이 고기 단백질과 상호 작용하여 단백질이 응고하기 쉽게 되고, 채소의 세포벽에 존재하는 펙틴(pectin, 제3장 탄수화물 79페이지 참조)의 결합이 강해지기 때문이다. 또한 이와 같은 작용은 겔(gel)상 식품을 제조하는데 이용되기도 한다. 예를 들면 두유에 염화마그네슘($MgCl_2$)이나 황산칼슘($CaSO_4$)을 가하여 두부를 제조하고, 저메톡실 펙틴에 칼슘을 가하여 잼을 제조한다. 또한 홍조류 다당류인 카라기닌(carrageenan)도 칼슘을 첨가하면 겔의 강도가 강해진다.

제 9 장

비타민

개 요

비타민(vitamin)은 생체 내에서 미량(微量)으로 물질 대사를 지배하거나 조절하는 중요한 역할을 하는 유기화합물을 말한다. 하지만 비타민은 에너지를 공급하거나 생체 조직을 구성하는 성분은 아니며, 체내에서 생합성 되지 않기 때문에 음식물 등을 통하여 외부로부터 반드시 섭취하여야 한다. 무기질은 비타민과 같이 미량 영양소이지만 유기화합물이 아니며, 호르몬은 비타민과 유사한 작용을 하지만 체내에서 생합성 되기 때문에 비타민과 구별된다.

식품 중에는 카로틴(carotene), 에르고스테롤(ergosterol) 그리고 트립토판(tryptophan) 등과 같은 비타민의 전구물질이 존재하는데, 이들은 체내에서 비타민으로 전환되기 때문에 프로비타민(provitamin)이라고 한다. 또한 비타민 중에는 장내 미생물에 의해서 합성되는 것도 많은데 비타민 K, 비타민 B_{12}, 엽산, 비오틴(biotin) 및 콜린(choline) 등이 그 예이다.

비타민은 생체 내에서 여러 가지 중요한 기능을 담당한다. 예를 들면 니코틴산과 비타민 B_1은 보조효소나 보조효소의 전구체, 비타민 C와 비타민 E는 항산화제 그리고 비타민 A와 비타민 D는 유전정보의 조절 등과 같은 생리적 기능을 담당한다. 그러므로 비타민의 구조와 성질을 이해하는 것은 식품화학을 공부하는 데 있어서 대단히 중요하다.

이 장의 줄거리

1. 비타민은 용해성에 따라 지용성 비타민과 수용성 비타민으로 나눈다.
2. 비타민 B 군은 보효소로서 생화학 반응을 촉매하고, 비타민 C는 강력한 환원작용으로 효소작용에 영향을 주며, 비타민 A는 망막색소와 관련이 있다. 지용성 비타민은 소화관에서 지방과 함께 흡수되며, 과량 섭취되면 체내에 축적되어 과잉증을 일으키는 경우도 있다. 수용성 비타민은 몸에 필요한 양만큼 매우 효율적으로 흡수되며 필요량 이상의 것은 요(尿)로 배설된다.
3. 지용성 비타민에는 A, D, E, K 및 F가 있다.
4. 수용성 비타민에는 B군, 니코틴산, 판토텐산, 비오틴, C, L 및 P가 있다.

1. 비타민의 분류

1912년에 폴란드의 풍크(Funk)는 쌀겨로부터 항각기병 물질을 추출·정제하였는데, 이 물질을 생명(vita)에 필요한 일종의 아민(amine)이라는 뜻으로 비타민(vitamine)이라고 명명하였다. 하지만 1920년에 영국의 드러먼드(Drummond)는 이 물질들이 아민과는 무관하다고 주장하면서 아민의 e를 뺀 **비타민**(vitamin)으로 하자고 하였는데 이것이 지금까지 사용되고 있다.

비타민은 종류가 많고 그 화학구조나 작용도 각각 다르기 때문에 정확하게 분류하기가 어렵다. 그러나 일반적으로 용해성에 따라 지용성 비타민(fat soluble vitamin)과 수용성 비타민(water soluble vitamin)으로 나눈다. 주요 지용성 비타민에는 비타민 A, D, E 및 K가 있으며, 주요 수용성 비타민에는 비타민 B군과 비타민 C가 있다. 비타민 B군에는 B_1, B_2, B_6 및 B_{12} 외에 니코틴산, 판토텐산(pantothenic acid), 비오틴(biotin) 및 폴산(folic acid) 등이 포함된다. 비타민 B군은 수용성 비타민 중에서 쌀겨, 배아, 효모 및 간 등에 많이 존재하는 것을 하나의 군으로 모은 것이다. 또한 비타민 F와 비타민 P는 이미 비타민이라고 보고되었으나, 그 후의 연구결과 비타민이 아니라고 판단되었다. 하지만 그 생리적 작용이 명확하기 때문에 비타민의 일종으로 취급하고 있다.

2. 비타민의 작용, 흡수 및 배설

1) 비타민의 작용

비타민은 발견 당시에는 신비한 존재였지만 많은 연구를 통하여 화학구조 뿐만 아니라 작용기구도 밝혀지게 되었다. 특히 비타민 B 군은 보효소로서 생화학 반응을 촉매한다. 예를 들면 **피루브산**(pyruvic acid)이 **아세틸 코엔자임 A**(acetyl Co A)로 변

▸ **비타민의 이름**

비타민은 처음에는 발견 순서에 따라 알파벳 순서로 A, B, C 등으로 명명하였고, 비타민 B는 한 가지 물질이 아니라는 것이 밝혀져서 B_1, B_2, B_6 및 B_{12} 등으로 다시 나누어졌다. 비타민의 이름 중에는 생리적 기능과 관련 있는 단어의 머리글자를 취한 것도 많다. 예를 들면 혈액의 응고(koagulation)에 관여하는 비타민은 K라고 한다. 최근에 각 비타민의 화학구조가 밝혀지게 되면서 그 구조를 나타내는 화학명이나 물질명이 제안되어서 현재는 비타민 이름과 화합물명이 함께 사용되고 있다.

화하는 반응에는 비타민 B_1, 리포산, 판토텐산 및 니코틴산이 조효소로 촉매작용을 한다. 또한 아미노산의 분해에는 비타민 B_2와 B_6, 오탄당 인산회로에는 비타민 B_1 등이 조효소로 작용한다. 비타민 C는 조효소로 작용하지는 않지만 강력한 환원작용으로 효소작용에 영향을 주며, 비타민 A는 망막색소와 관련이 있는 것이 밝혀졌다. 그리고 비타민 D는 그 자체는 생물학적 활성이 없지만 체내에서 산화되어 활성을 가지며, 호르몬과 같이 장이나 뼈에서 작용하기 때문에 그 작용기구가 호르몬과 거의 비슷하다는 점에서 호르몬과 같은 물질로 생각되고 있다.

2) 비타민의 흡수와 배설

비타민은 대부분 음식을 통해 섭취된 후 소장에서 흡수되고, 혈액과 함께 세포에 도달하여 보효소 등으로 체내 대사에 관여한 후에 요(尿)로 배설된다. 하지만 지용성 비타민과 수용성 비타민에는 많은 차이가 있다.

지용성 비타민은 소화관에서 지방과 함께 흡수된다. 즉 일정한 양의 지방이 없으면 제대로 흡수가 되지 않는다. 특히 식물성 식품에 존재하는 프로비타민 A는 거의 흡수가 되지 않는다. 그러므로 이들의 흡수를 위해서는 조리 시에 유지를 함께 사용하는 것이 필요하다. 또 지질의 흡수에는 췌액이나 담즙이 필요하기 때문에 췌장질환이나 간질환이 있으면 지용성 비타민의 흡수가 나빠지게 된다. 흡수된 지용성 비타민 A, D 및 K는 간에 그리고 비타민 E는 지방조직에 저장되고, 지단백질 등과 같은 특별한 결합단백질에 의하여 이송되는데 요(尿)로 배설되지 않고 담즙 중에 배설된다. 또 과량 섭취되면 체내에 축적되어 과잉증을 일으키는 경우도 있다.

수용성 비타민은 몸에 필요한 양만큼 매우 효율적으로 흡수되는데 특히 비타민 B군의 흡수는 **능동수송**에 의한 것이 많다. 그러나 비타민 복합제제 같은 약품에 의한

▸ **피루브산(pyruvic acid)과 아세틸 코엔자임 A(acetyl Co A)**

탄수화물 대사의 중간체이다. 모든 탄수화물은 소화 흡수된 후 체내대사를 통하여 피루브산, 아세틸 코엔자임 A 그리고 구연산 회로(TCA cycle)를 거쳐 에너지를 생산하게 된다(생화학 관련 도서 참고).

▸ **능동수송(active transport)**

생체 내에서 원형질막을 통하여 이루어지는 물질 수송중, 에너지를 사용하여 물질이나 이온의 농도 기울기를 거슬러서 이들을 흡수하거나 배출하는 과정을 말한다. 주로 이때 사용하는 에너지는 아데노신삼인산(ATP, 제7장 효소 195페이지 참조)을 이용하는 경우가 대부분이다.

대량 경구투여는 생체의 능동수송 능력을 초과하기 때문에 흡수율이 떨어지게 된다. 주사 등에 의하여 많은 양이 투여되어도 필요량 이상의 것은 요(尿)로 배설된다. 그러므로 수용성 비타민은 매일 필요량을 섭취하는 것이 필요하다. 그러나 비타민 B_{12}의 경우는 간에 축적된다.

3. 지용성 비타민의 종류, 구조 및 성질

지용성 비타민에는 A, D, E, K 및 F가 있으며 이들의 생리작용, 결핍증 및 소재는 표 9-1에 나타내었다.

1) 비타민 A

(1) 비타민 A의 구조

비타민 A(retinol)는 그림 9-1에서 보는 바와 같이 β-이오논(β-ionone) 핵, **이소프렌**(isoprene) **쇄** 그리고 알코올기(-OH)를 가지고 있는 고급 탄화수소인데 β-이오논 핵 중의 이중결합 수에 따라 비타민 A_1과 비타민 A_2로 구별한다.

당근과 같은 식물에는 프로비타민 A가 존재한다. 카로티노이드(carotenoid) 색소 중에서 분자 내에 β-이오논 핵을 가지고 있는 α-, β-, γ-카로틴(carotene)은 인

표 9-1. 지용성 비타민의 생리작용, 결핍증 및 소재

종류	화학명	생리작용	결핍증	소 재
A	Retinol 또는 Axerophtol	발육을 촉진하고 상피세포를 보호하며, 눈의 작용을 좋게 한다.	야맹증, 건조성 안염, 각막 연화증, 유아 발육 부족	간유, 버터, 당근, 시금치
D	Calciferol	Ca, P의 대사를 조절하며, 골조직의 형성에 작용한다.	곱추병, 골연화증, 유아 발육 부족	간유, 난황, 표고버섯
E	Tocopherol	생식기능의 정상화 유지, 산화 방지	불임증, 근육위축증	쌀, 밀의 배아 대두유
K	Phylloquinone	혈액 중의 prothrombin 양을 정상적으로 유지하며 혈액의 응고에 관여한다.	혈액 응고지연, 임신성 유종, 신장염	녹엽식물
F	필수지방산*	산화환원 반응에 관여한다.	피부염, 성장저지	식물성유

* linoleic acid, linolenic acid, arachidonic acid

▸ **이소프렌(isoprene)**

분자식은 C_5H_8이고 구조식은 $CH_2=C(CH_3)-CH=CH_2$이다. **이소프레노이드**의 기본 골격을 이루는 5개의 탄소로 이루어진 단위체이며, 식물 중에는 이소프렌의 중합체인 이소프레노이드가 많이 존재한다.

▸ **이소프레노이드(isoprenoid)**

5개의 탄소원자가 특이한 형태로 배열된 이소프렌 단위가 2개 이상 중합하여 이루어진 유기화합물을 말하며, 동식물의 생리작용에서 매우 다양한 역할을 하며 상업적 용도가 많다.

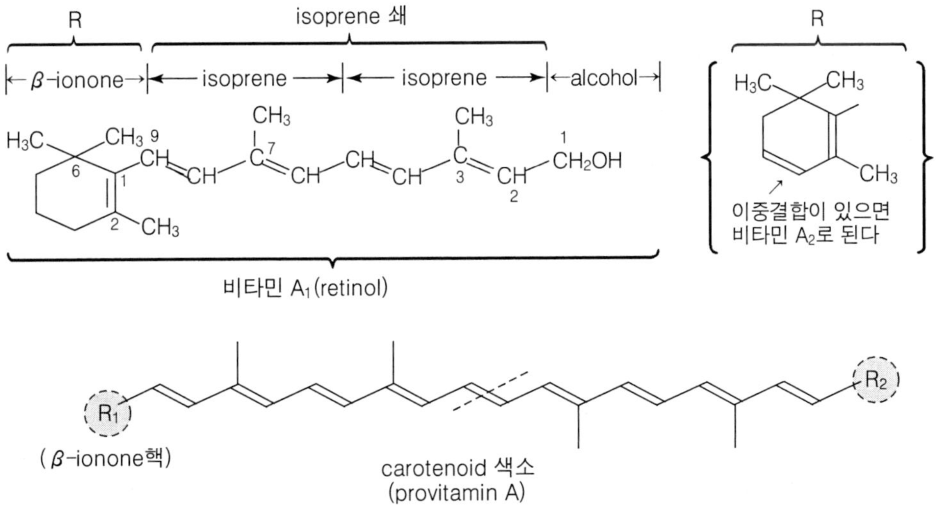

그림 9-1. 비타민 A_1과 카로티노이드 색소의 구조

표 9-2. 카로티노이드계 색소의 결합핵(R_1, R_2)과 비타민 A의 효력

	β-Carotene (황등색)	α-Carotene (황등색)	γ-Carotene (적색)	Cryptoxanthin (황등색)	Lycopene (적색)
R_1	β-ionone 핵	β-ionone 핵	β-ionone 핵	β-ionone 핵	①과 동일함
R_2	β-ionone 핵	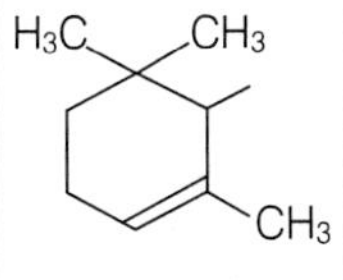 H_3C CH_3 CH_3	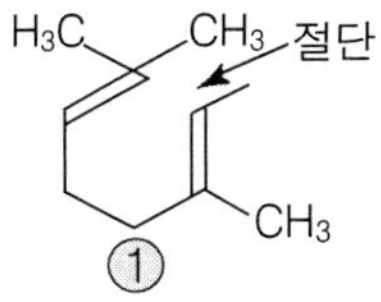 H_3C CH_3 절단 CH_3 ①	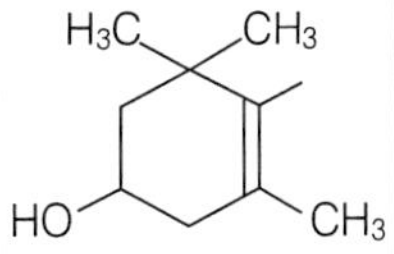 H_3C CH_3 HO CH_3	①과 동일함
비타민 A 효력	1이라 하면	약 1/2	약 1/2	약 1/2	없음
	Provitamin A				

체 내에서 산화되어 비타민 A로 전환된다. β-카로틴은 2개의 β-이오논 핵을 가지고 있기 때문에 2분자의 비타민 A를 만들어 낼 수 있고, 1개의 β-이오논 고리를 가지고 있는 α-카로틴과 γ-카로틴은 1분자의 비타민 A를 만들어 낼 수 있으며, β-이오논 고리가 없는 리코핀(lycopene)은 비타민 A를 만들지 못한다(표 9-2).

(2) 비타민 A의 성질

비타민 A는 물에 녹지 않고 유지류 및 유기용매에 녹는다. 빛, 산소 및 산에 의하여 쉽게 분해되지만 알칼리에는 비교적 안정하다. 비타민 A는 분자구조 중에 이중결합이 많아서 쉽게 산화되기 때문에 비타민 A 강화식품은 약 10주 정도 지나면 거의 모든 비타민 A가 산화 분해된다. 그러므로 이들 식품에는 항산화제를 함께 첨가해 주어야 한다. 하지만 비타민 A는 열에 안정하기 때문에 산소가 존재하지 않으면 100℃로 가열하여도 그 생리활성이 없어지지 않는다.

비타민 A는 상피세포의 형성이나 유지에 관여한다. 그러므로 비타민 A가 결핍되면 상피의 건조나 각화(角化), 안구건조증 및 각막연화증 등이 발생한다. 또한 비타민 A는 야맹증 예방인자로 잘 알려져 있다. 야맹증은 망막의 **간상세포**에서 **로돕신**(rhodopsin)을 생성하지 못하면 발생하게 되는데, 로돕신은 비타민 A 알데히드(retinal)와 단백질(opsin)이 결합한 것이다. 비타민 A를 과량 섭취하면 유유아(乳幼兒)에게서 많이 나타나는 **뇌압항진**(腦壓亢進)과 같은 급성중독, 장기간에 걸쳐 섭취하면 **동통성 종창**(疼痛性腫脹)과 같은 만성중독이 나타날 수 있다.

▸ **간상세포(桿狀細胞)**

희미한 빛에서 시각을 담당하는 감각세포를 말한다.

▸ **로돕신(rhodopsin)**

로돕신은 눈의 망막에 있는 막대모양의 간상세포에 존재하는 색소 단백질이다. 로돕신은 밝은 빛에서는 색이 없어지지만 어두운 빛에서는 적자색(赤紫色)으로 환원된다. 로돕신에서 색을 나타내는 성분은 비타민 A의 산화물질인 레티날(retinal)이고, 단백질 부분은 옵신(opsin)이다. 밝은 빛에서 로돕신은 레티날과 옵신으로 분리되며, 어두운 곳에서는 다시 결합한다. 그러므로 눈이 어두운 빛에 적응하게 된다. 아래 그림은 레티날의 구조를 나타낸 것이다.

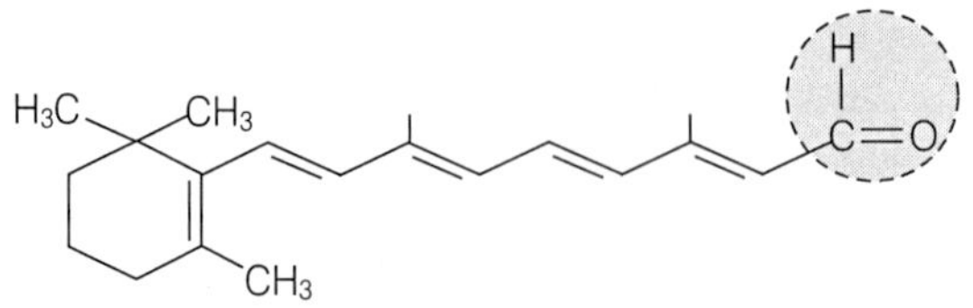

H_3C CH_3 CH_3 H C=O

▸ **뇌압항진(腦壓亢進)**
뇌 안에서 뇌척수액의 압력이 높아지거나 심해지는 것을 말한다.

▸ **동통성 종창(疼痛性腫脹)**
신경의 자극으로 몸이 쑤시거나 아프고, 염증 등의 이유로 어떤 부분이 부어오르는 것을 말한다.

(3) 비타민 A의 분포 및 필요량

동물의 간장에 특히 많이 들어 있고 계란, 우유 및 버터와 같은 유제품 등에 많이 존재한다. 식물에는 거의 존재하지 않지만 채소나 과일 중에는 프로비타민 A인 카로티노이드 색소를 함유하고 있는 것이 많다. 비타민 A를 많이 함유한 식품을 표 9-3에 나타내었다.

비타민 A의 필요량은 성인 남성의 경우에 하루 5,000 IU이다. 1 IU는 0.3 μg의 레티놀을 뜻하는데, 이것은 0.6 μg의 β-카로틴과 같은 양이다.

$$1\ \text{IU} = 0.3\ \mu g\ \text{retinol}(1\ \mu g\ \text{retinol} = 3.33\ \text{IU}) = 0.6\ \mu g\ \beta\text{-carotene}$$

표 9-3. 여러 가지 식품의 비타민 A와 카로티노이드 함량(IU/100 g)

Vitamin A			
식물성 식품	함 량	동물성 식품	함 량
김	10,000	치즈	12,000
당근	10,000	돼지간	10,000
시금치	8,000	소간	5,000
인삼	4,000	뱀장어	3,000
고춧잎	3,300	성게	3,000
무잎	3,300	버터	2,400
파세리	1,800	달걀 노른자위	2,000
Carotene			
식 품	함 량	식 품	함 량
김	45,504	무	8,710
파래	35,018	시금치	8,320
당근	30,340	고추	7,405
고춧잎	15,000	부추	7,286
풋고추	13,500	배추	255

2) 비타민 D

(1) 비타민 D의 구조

비타민 D(calciferol)는 그 구조에 따라 여러 종류로 나누어지는데 중요한 것은 비타민 D_2와 D_3이다. 이들은 그림 9-2에서 보는 바와 같이 스테로이드(steroid, 제4장 지질 104페이지 참조) 핵에 측쇄가 붙어 있는 스테롤(sterol) 화합물이다.

비타민 D는 비타민 A와 같이 프로비타민의 형태로 존재하는데, 이들은 태양광선 중의 자외선에 의하여 비타민 D로 전환되어 그 효력이 생성된다. 비타민 D_2(ergocalciferol or calciferol)는 곰팡이나 식물 중에 존재하는 에르고스테롤(ergosterol)로부터, 비타민 D_3(cholecalciferol)는 피부에 존재하는 7-디히드로콜레스테롤(7-dehydrocholesterol)로부터 전환된다. 에르고스테롤은 스테로이드 핵의 9번 탄소원자와 10번 탄소원자가 결합하고 있는데, 자외선 조사를 받으면 이 결합이 끊어지고 10번 탄소원자에 메틸렌기(methylene group, $>CH_2$)가 결합하면서 비타민 D_2로 되어 비타민 D의 효력을 나타낸다.

그러므로 태양 광선은 비타민 D의 활성화에 없어서는 안 될 요소이며, 이와 같은 비타민 D의 활성화는 호르몬, 혈중 인산농도 그리고 비타민 D 자체의 농도에 의해서

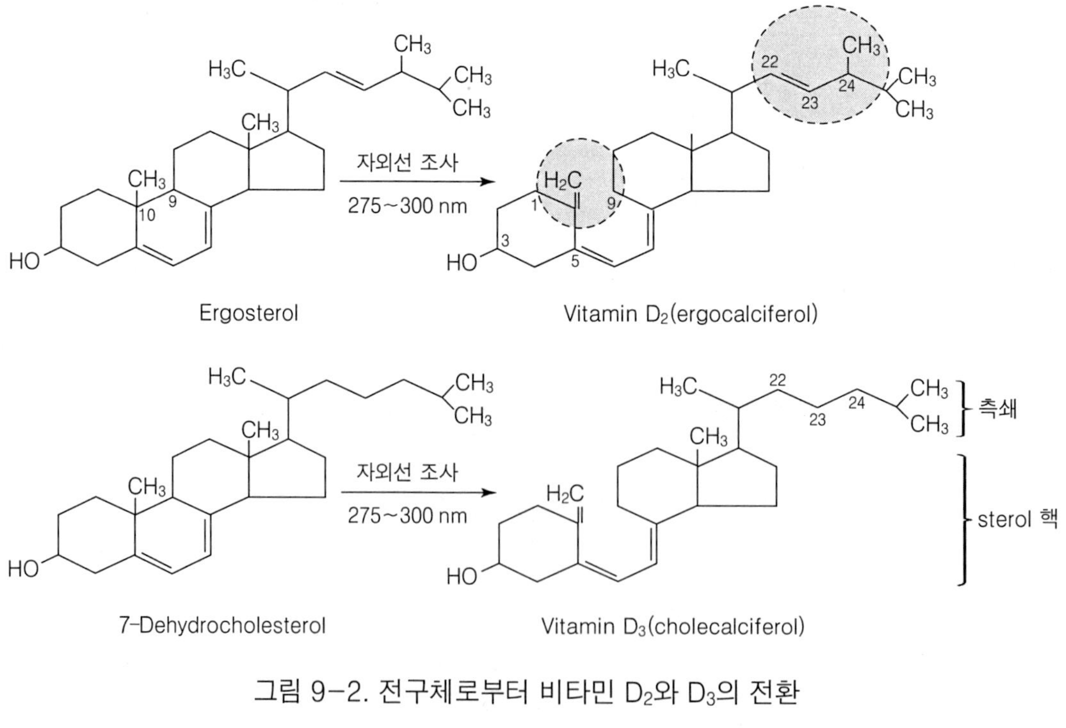

그림 9-2. 전구체로부터 비타민 D_2와 D_3의 전환

도 영향을 받는다. 비타민 D_2의 분자구조는 D_3의 분자구주와 달리 22번과 23번 탄소 원자 사이에 이중결합을, 24번 탄소원자에 메틸기(methyl group, $-CH_3$)을 가지는데 비타민 D_2와 D_3는 동등한 생물활성을 지닌다.

(2) 비타민 D의 성질

비타민 D는 물에 녹지 않고 유지류 및 유기용매에 녹으며, 스테롤 화합물과 같이 불검화물(제4장 지질 104페이지 참조)이다. 가열이나 건조에 대하여 안정하기 때문에 조리가공 시에 비교적 손실이 적은 편이지만 산화에는 약한 편이다. 비타민 D는 115℃에서 9시간 정도 가열하여도 안정하며, 산성에서는 조금씩 분해되지만 알칼리성에서는 안정하다.

비타민 D는 소장에서 칼슘의 흡수를 촉진하고 신장과 뼈에서 칼슘의 재흡수를 촉진하기 때문에 골격의 형성에 매우 중요한 역할을 한다. 그러므로 비타민 D가 부족하면 구루병과 골연화증이 나타난다. 과량의 비타민 D는 체내에 축적되므로 지속적으로 비타민 D를 과잉섭취하면 고칼슘혈증을 나타낸다.

(3) 비타민 D의 분포 및 필요량

정어리, 가다랑어, 방어, 꽁치 및 고등어 등의 어패류에는 비타민 D의 형태로 많이 함유되어 있으며, 버섯류에는 프로비타민 D인 에르고스테롤이 많이 들어 있다. 보통 건물(乾物) 100 g당 표고버섯에는 263.9 mg, 송이버섯에는 210 mg 그리고 빵 효모에는 365.7 mg이 함유되어 있다(표 9-4).

비타민 D의 하루 권장량은 성장기 아동의 경우에 10 μg(400 IU) 정도면 충분하다. 그러나 환경오염 등과 같은 여러 가지 이유로 태양광선에 비타민 D를 충분히 만들 수 있는 자외선이 부족할 때에는 별도의 비타민 D를 섭취해야 한다.

비타민 D의 1 IU(국제단위)는 비타민 D_2 0.025 μg이 나타내는 생리적 효과를 뜻하는데 비타민 D_3도 마찬가지다.

표 9-4. 여러 가지 식품의 비타민 D 함량(μg/100 g)

식 품	함 량	식 품	함 량
목이버섯(말린 것)	440	난황(생것)	6
장어(생것)	18	참다랑어(성어, 붉은살)	5
표고버섯(말린 것)	17	꽁치(생것)	4
고등어(생것)	6	송이버섯(생것)	4

농촌진흥청 농촌자원개발연구소; 식품성분표, 제 7개정판(2006)

3) 비타민 E

(1) 비타민 E의 구조

비타민 E(tocopherol)는 그림 9-3에서 보는 바와 같이 크로마놀 핵(chromanol ring)과 3개의 이소프렌 단위가 결합한 모양을 하고 있다. 비타민 E는 크로마놀 핵에 결합한 이소프렌 쇄에 이중결합이 없는 토코페롤(tocopherol)과, 이소프렌 쇄에 이중결합이 있는 토코트리에놀(tocotrienol)로 나누어진다. 또 이들은 크로마놀 핵의 5번, 7번, 8번 탄소원자에 메틸기(methyl group, $-CH_3$)가 몇 개 결합하고 있느냐에 따라 각각 α, β, γ, δ 형의 4가지로 나누어지기 때문에 비타민 E에는 모두 8종류가 존재한다. 이들은 모두 비타민 E의 활성이 다르며, 이 중에서 α-토코페롤이 가장 크다. 크로마놀 핵의 6번 탄소원자에 결합하고 있는 알코올기(hydroxyl group, -OH)는 다른 물질에게 수소원자를 공여할 수 있기 때문에 항산화효과를 가지며, 크로마놀 핵에 결합하고 있는 비극성의 이소프렌 쇄는 비타민 E의 용해성을 나타낸다.

(2) 비타민 E의 성질

비타민 E는 물에 녹지 않고 유지류 및 유기용매에 녹는다. 열에 강하고 강력한 항산화력을 지니고 있기 때문에 지방의 산패나 비타민 A의 산화분해를 방지한다. 비타민 E를 구성하는 크로마놀 핵의 6번 탄소원자의 알코올기와 초산(acetic acid)이 에스테르 결합한 토코페롤 초산염(tocopherol acetate)은 화학적으로 안정하여 식품에 많이 이용되고 있다.

또한 비타민 E는 철의 흡수를 도와 주며, 노화를 방지하는 중요한 비타민이다. 비타민 E의 결핍증은 실험동물에서는 수정관의 위축으로 생식기능의 장해가 발생하였

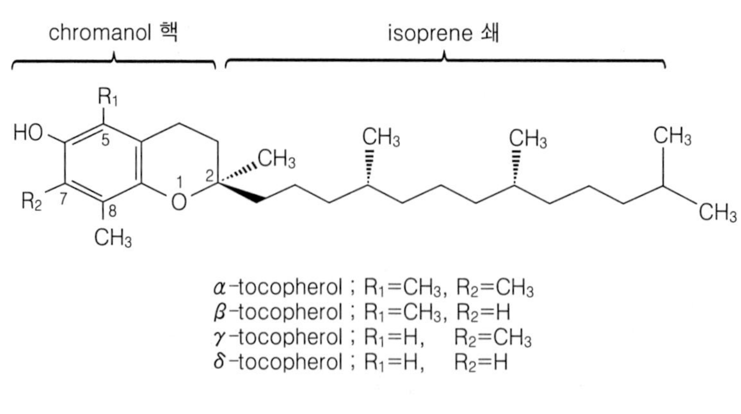

그림 9-3. 비타민 E의 구조
(◀은 지면의 앞쪽, 은 지면의 뒤쪽)

표 9-5. 여러 가지 식품의 비타민 E 함량(μg/g)

식 품	함 량	식 품	함 량
〈동물성 식품〉		〈식물성 식품〉	
버터	21～33	땅콩	90
계란	20～30	완두콩	20～60
간장(소)	14～17	고구마	40
쇠기름	10～12	강낭콩	36
육류·치즈	3～10	밀가루	17～27
분유	3～5	오트밀	21
우유	0.9～1.1	시금치	17
〈식물성 기름〉		과일류	2.5～7.4
밀배아유	1,000～3,000	상추	5～6
면실유	600～900	백미	4～6
땅콩기름	260～320	당근	4～5
콩기름	100～400	양배추	1～7
옥수수기름	250	토마토	3～4
참기름	20～300	감자	0.5～1

지만, 사람에게는 아직 거의 나타나지 않고 있다. 또한 과잉증도 사람에게서는 아직 나타나고 있지 않다.

(3) 비타민 E의 분포 및 필요량

비타민 E는 동식물성 식품에 광범위하게 분포되어 있는데, 곡류 특히 옥수수의 배아(胚芽)에 많이 존재한다. 그 밖에 계란, 버터, 두류, 양상치, 녹엽(綠葉) 및 식물유에도 많이 존재한다. 표 9-5에 중요한 식품의 비타민 E 함량을 나타냈다.

흰쥐의 비타민 E의 소요량은 하루에 3 mg 정도이며, 사람에게는 그 결핍증이 확실하지 않아 그 소요량을 확정하기는 곤란하다. 우리들은 일상 식품에서 하루에 약 30 mg 정도의 비타민 E를 섭취하고 있다.

비타민 E의 1 IU(국제단위)는 α-토코페롤 0.667 mg이 나타내는 생리적 효과를 뜻한다.

4) 비타민 K

(1) 비타민 K의 구조

비타민 K는 출혈 시에 혈액을 응고시켜 출혈을 막는 생리적 작용을 가지고 있어 독일어의 응고(koagulation)의 첫자에서 K라는 이름이 붙여졌다.

비타민 K는 **나프토퀴논**(naphthoquinone)의 유도체이며 K_1, K_2, K_3, K_4, K_5, K_6 및 K_7의 여러 종류가 있으나 천연에는 K_1과 K_2가 주로 존재한다. 비타민 K_1은 필로퀴논(phylloquinone)이라고도 부른다. 비타민 K_1의 분자구조는 그림 9-4에서 보는 바와 같이 2-메틸나프토퀴논(2-methylnaphthoquinone)의 3번 탄소원자에 4개의 이소프렌 단위가 결합한 것인데 1개의 이소프렌은 이중결합을 가지고 있다. 비타민 K_2는 메나퀴논(menaquinone)이라고도 하며, 비타민 K_1과 같이 2-메틸나프토퀴논을 기본으로, 3번 탄소원자에 이중결합을 가진 이소프렌 단위가 여러 개 결합하고 있는 분자구조를 하고 있는데 이소프렌 단위의 수는 일정하지 않다.

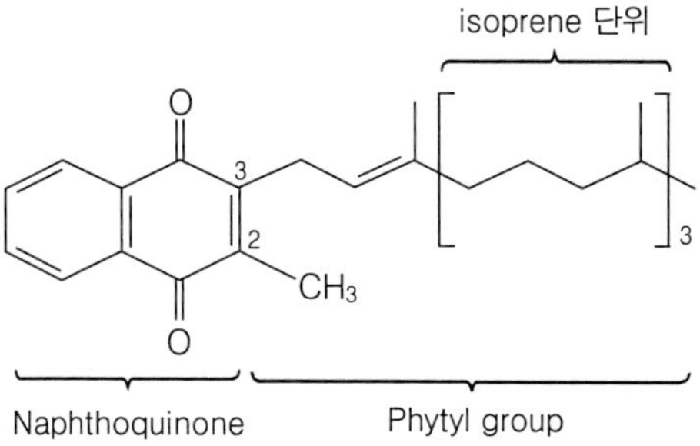

isoprene 단위

Naphthoquinone　Phytyl group

비타민 K_1(phylloquinone)

n : isoprene 단위의 수

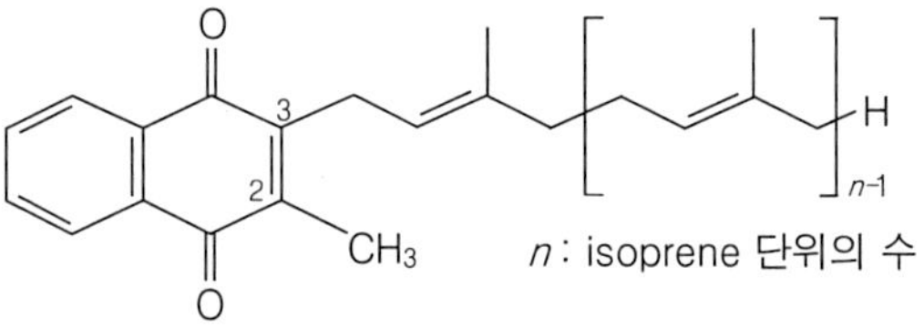

비타민 K_2(menaquinone)

그림 9-4. 비타민 K_1과 K_2의 구조

▸ **나프토퀴논(naphthoquinone)**

분자식은 $C_{10}H_6O_2$이며, 나프탈렌에서 유도되는 퀴논화합물을 말한다. 아래 그림은 나프토퀴논의 구조를 나타낸 것이다.

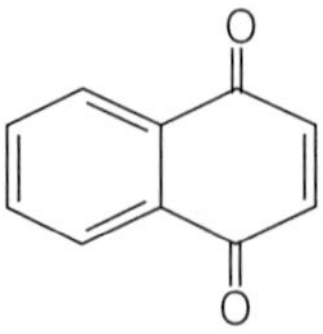

(2) 비타민 K의 성질

비타민 K는 물에 녹지 않고 유지류 및 유기용매에 녹는다. 가열과 산에는 안정하지만 알칼리와 빛에는 불안정하다. 그러므로 조리 가공 중에는 비교적 손실이 적으나 햇빛에 노출되었을 때는 손실이 크다.

비타민 K는 혈액 응고인자인 **프로트롬빈**(prothrombin)의 생성을 촉진시켜 혈액응고 기능을 정상적으로 유지하는 작용을 한다. 또한 비타민 K는 소장 내에서 칼슘의 흡수를 촉진하는 작용을 하기도 한다. 비타민 K의 결핍증은 거의 나타나지 않으나 지방질의 흡수 장애가 있거나 항생물질 등의 장기 투여로 장내 세균총의 이상이 발생하면 결핍증이 나타날 수 있다. 비타민 K가 결핍되면 혈액 응고시간이 길어지며 출혈이 쉽게 발생한다.

표 9-6. 여러 가지 식품의 비타민 K 함량(μg/g)

식 품	함량(건조품)	식 품	함량(건조품)
시금치	52.0	완두	1.5～3.5
양배추	42.0	닭고기	1.2～1.5
꽃양배추	40.0	계란	1.0
감자	9.5～1.0	당근	1.0
간장	5.0～100.0	밀	0.3～0.5
토마토	5.0～10.0	사람젖(모유)	0～0.2
대두	2.5		

▸ **프로트롬빈(prothrombin)**

혈액의 응고과정에 관여하는 물질인데 그 작용기구는 다음 그림과 같다.

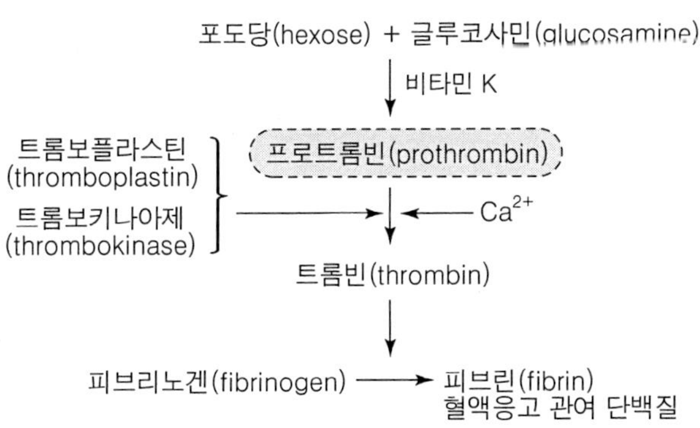

(3) 비타민 K의 분포 및 필요량

비타민 K_1은 녹엽식물에서 추출한 지방질, 시금치와 양배추 등의 녹엽채소, 토마토 및 간장(肝臟)에 많이 함유되어 있다(표 9-6). 비타민 K_2는 주로 장내세균에 의해서 합성되어 이용된다.

사람에게는 비타민 K 결핍증이 나타나지 않으므로 그 소요량을 정하지 않는다.

5) 비타민 F

(1) 비타민 F의 구조

비타민 F는 필수지방산인 리놀레산(linoleic acid), 리놀렌산(linolenic acid) 및 아라키돈산(arachidonic acid)을 말하는데, 이들의 구조와 성질은 제4장 지질(100페이지)을 참고하도록 한다.

(2) 비타민 F의 성질

비타민 F는 성장인자이며 항피부염 인자이다. 결핍증으로는 쥐에서는 성장 정지, 탈모, 피부염 및 생식 감퇴 등이 나타나고, 사람에서는 습진이나 기관지염 등이 나타난다.

(3) 비타민 F의 분포 및 필요량

콩기름이나 옥수수기름 등과 같은 식물성 기름에 많이 함유되어 있다. 하루 소요량은 명확하지 않으나 이들 지질을 하루에 30 g 정도 섭취하면 비타민 F의 필요량은 충분하다. 보통사람의 하루 필요량은 1～2 g 정도라고 한다.

4. 수용성 비타민의 종류, 구조 및 성질

수용성 비타민에는 B군, 니코틴산, 판토텐산, 비오틴, C, L 및 P가 있으며, 이들의 생리작용, 결핍증 및 소재는 표 9-7에 나타내었다.

1) 비타민 B_1

(1) 비타민 B_1의 구조

비타민 B_1은 1919년에 비타민 중에서 최초로 발견되었고, 1926년에 순수한 형태로 분리되었으며 1936년에 합성되었다. 비타민 B_1의 화학명은 티아민(thiamin, 황을 함

표 9-7. 수용성 비타민의 생리작용, 결핍증 및 소재

명 칭	화학명	생리작용	결핍증	소 재
B_1	Thiamine 또는 Aneurin	탄수화물의 대사를 촉진하며, 식욕 및 소화기능을 자극하고, 신경기능을 조절한다.	피로, 권태, 식욕부진, 각기, 신경염, 신경통	쌀겨, 돼지고기, 땅콩
B_2	Riboflavin	발육을 촉진하며, 식욕을 증진, 입안의 점막을 보호한다. 체내에서 일어나는 산화, 환원반응에 작용한다.	발육저해, 구강염, 설염, 구각염, 위장장애	우유, 효모
B_6	Pyridoxine	단백질 대사에 작용하며 피부질환, 빈혈 증상에 대해 효과가 있으며, 지방생합성에도 관여한다.	피부염, 습진, 기관지염	쌀, 밀배아, 간, 두류, 채소, 육류
B_{12}	Cyanocobalamin	증혈작용이 있으며, 성장촉진작용에도 관여한다.	악성빈혈, 간장질환	쇠간
엽산	Folic acid	항빈혈작용을 가지며 성장을 촉진한다.	빈혈	밀배아, 시금치, 간, 닭, 돼지고기
니코틴산	Niacin	탄수화물 대사를 촉진하며, pellagra 피부염을 예방한다.	Pellagra	효모, 땅콩
판토텐산	Pantothenic acid	체조직의 기능을 정상으로 유지한다.	피부염	쇠간, 완두
비오틴	Biotin	지방형성과 에너지 생성에 관여한다.	피부염, 모발손상	간, 콩팥, 계란
C	L-Ascorbic acid	체내에서 일어나는 산화 환원반응에 관여하며, 세포질의 성장을 촉진하는 단백질의 대사에도 작용한다.	괴혈병, 잇몸출혈, 전염병에 걸리기 쉽다.	과일, 채소
L	Anthranilic acid	젖 분비를 촉진한다.	젖 분비 저하	간, 효모, 쌀겨
P	Rutin, Hesperidine	혈관의 저항력을 강하게 하며, 혈관의 삼투압을 정상으로 유지한다.	자반병, 신장염	밀감류

유하는 아민)이며, 아노이린(aneurin, 항다발성 신경염인자)이라고도 불린다.

비타민 B_1($C_{12}H_{17}N_4OS$)의 화학구조는 그림 9-5에서 보는 바와 같이 피리미딘 핵(pyrimidine ring)과 티아졸 핵(thiazole ring)이 메틸렌기(methylene group, $>CH_2$)로 연결된 것이다. 비타민 B_1은 피리미딘 핵과 티아졸 핵의 질소(N)가 (+) 전하를 띠기 때문에 중성이나 알칼리성 상태에서는 불안정하여 티올기(thiol group, -SH)를 지니는 티올형으로 존재하기도 한다. 비타민 B_1은 그 자체로는 결정화되지 않으나 비타민 B_1의 염산염은 침상결정(針狀結晶)으로 된다. 비타민 B_1의 유도체에는 알리티아민(allithiamine)이 있는데, 이것은 그림 9-6에서 보는 바와 같이 티올형 비타민 B_1의 티올기(-SH)와 **알릴기**(allyl group)가 디설피드결합(-S-S-)을 하여 **S-알릴기**(S-

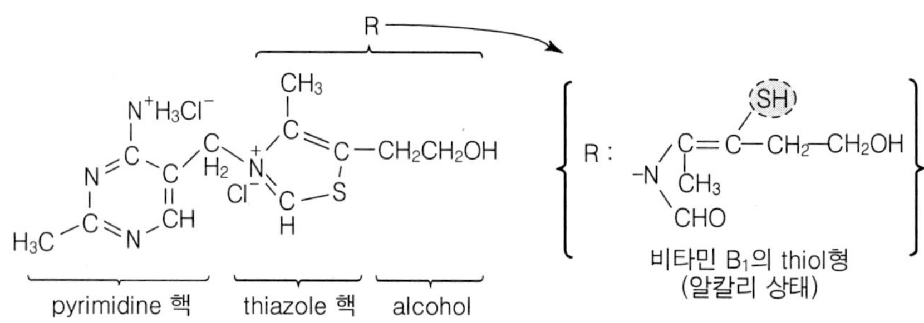

그림 9-5. 비타민 B_1(염산염)의 구조

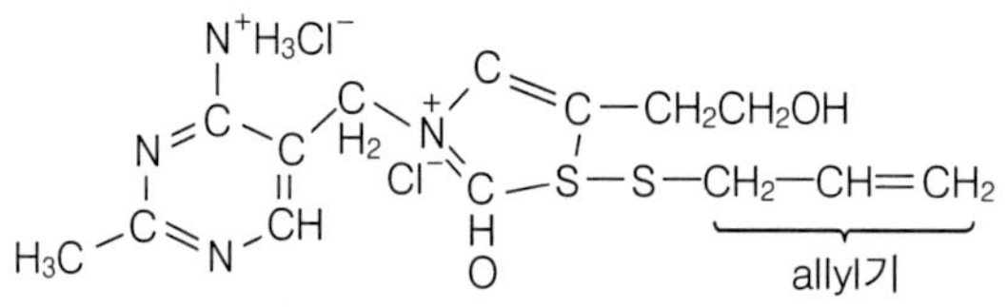

그림 9-6. 알리티아민(allithiamine)의 구조

▸ **알릴기**(allyl group)

$-CH_2-CH=CH_2$을 말한다.

▸ **S-알릴기**(S-allyl group)

$-S-S-CH_2-CH=CH_2$을 말한다.

allyl group)를 가지는 화합물로 변화된 것이다. 이 S-알릴기는 생체 내에서 쉽게 분해되어 비타민 B_1으로 되기 때문에 알리티아민은 비타민 B_1의 효율이 좋은 물질이다. 마늘의 냄새 성분인 알리신(allicin)은 비타민 B_1과 결합하여 알리티아민으로 변화하는데, 이것은 인체 내에서 흡수가 잘 되고 생리작용도 우수하기 때문에 인공적으로 합성하여 의약품 등으로 널리 이용된다.

(2) 비타민 B_1의 성질

비타민 B_1은 태양광선에 의해서는 거의 분해되지 않지만 비타민 B_1 중에 형광물질이 같이 존재하면 쉽게 분해된다. 또한 물에 잘 녹고, 산성에서는 안정하지만 중성이나 알칼리성에서는 급속히 분해되면서 강한 형광을 갖는 **티오크롬**(thiochrome)을 생성한다. 비타민 B_1은 수용성이고 열에 불안정하기 때문에 식품을 조리 할 때 주로 가열이나 물에 의하여 손실된다. 또한 냉동식품의 해동 시에 발생하는 즙액(drip)을 통해서도 비타민 B_1은 손실된다. 비타민 B_1의 염산염은 공기중에서 안정하지만 열에 대한 안정도는 pH에 따라 다르다. 예를 들면 산성용액에서는 상당히 안정하지만 알칼리성으로 되면 상온에서도 불안정하게 된다.

비타민 B_1은 아황산(H_2SO_3) 용액 중에서 매우 불안정하다. 왜냐하면 아황산은 비타민 B_1의 피리미딘 핵과 티아졸 핵의 결합을 분해하기 때문이다. 특히 이 반응은 pH 6 부근에서 가장 잘 일어난다. 그러므로 비타민 B_1이 많은 식품은 아황산 처리를

▸ **티오크롬(thiochrome)**

비타민 B_1의 알칼리성 용액에 브롬시안[시안기(-CN)에 할로겐 원소의 하나인 브롬(Br)이 결합된 화합물] 등을 작용시킬 때에 생성되는 형광물질이다.

▸ **티아민피로포스페이트(TPP, thiamine pyrophosphate)**

티아민(비타민 B_1)과 인산이 에스테르(ester) 결합한 것이다. 체내에서 흡수된 비타민 B_1은 간에서 TPP로 되는데 비타민 B_1의 생리작용은 이 TPP로 설명된다. 이 TTP는 체내 생화학 반응에서 산화적 탈탄산 반응의 보조효소로 작용하고 당대사에도 크게 관여하기 때문에 탄수화물의 섭취가 증가하면 비타민 B_1의 요구가 증가된다. 아래 그림은 TPP의 구조를 나타낸 것이다.

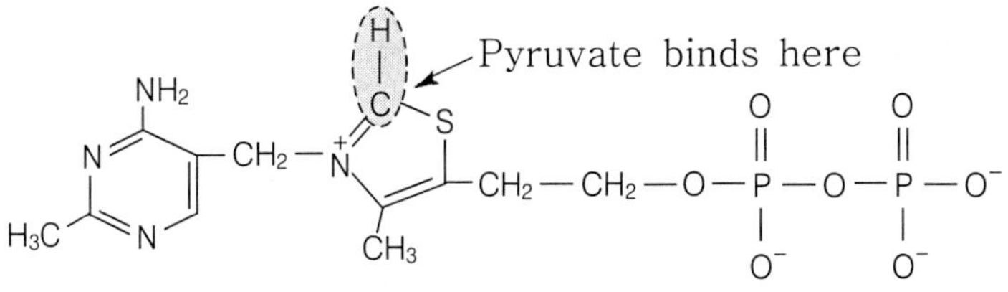

Pyruvate binds here

해서는 안 된다. 어패류, 고사리, 숙주나물 및 장내세균 등에는 비타민 B_1 분해효소인 티아미나아제(EC 3.5.99.2, thiaminase=aneurinase)가 존재하기 때문에 이들 식품을 이용할 때에는 충분히 가열하여 이 효소를 실활시켜야 한다. 하지만 티올형 비타민 B_1의 유도체인 알리티아민은 이 효소에 의하여 분해되지 않는다.

동물조직에서 비타민 B_1은 **티아민피로포스페이트**(thiamine pyrophosphate, TPP)로 존재하는데, 이 TPP는 생체내 당질대사에서 중요한 역할을 하는 피루브산 탈수소효소(EC 1.2.4.1, pyruvate dehydrogenase) 등의 조효소로 작용한다. 그러므로 비타민 B_1이 결핍되면 당질대사가 순조롭게 진행되지 못하여 탄수화물의 분해산물인 피루브산과 젖산(乳酸)이 조직 속에 축적되기 때문에 **각기병**의 증상인 신경염, 부종, 식욕감퇴 및 권태감 등이 나타난다. 비타민 B_1은 수개월 동안 대량 투여를 하여도 부작용이 없고 독성도 없다.

(3) 비타민 B_1의 분포 및 필요량

비타민 B_1은 동식물계에 널리 분포되어 있는데, 일반적으로 동물성 식품보다 식물성 식품에 많다. 식물성 식품에는 콩류나 곡류에 특히 많다. 곡류에는 배아와 겨층에 많고 배유에는 적다. 콩과 팥에는 비타민 B_1이 많이 들어 있지만 된장이나 간장 등의 가공품에서는 가공 중에 많은 양이 손실되기 때문에 적게 존재한다. 또한 쌀과 밀은 비타민 B_1의 함량이 높지만 가공 중에 배아가 제거되기 때문에 손실이 많다. 동물성 식품 중에서는 돼지고기에 가장 많이 들어 있다. 표 9-8에는 비타민 B_1을 많이 함유

▸ **각기병(beriberi)**

각기병은 껍질을 모두 벗긴 백미를 주식으로 하는 극동지역에서는 오래 전부터 잘 알려진 질병이다. 각기병은 비타민 B_1 결핍 때문에 생기는 질환인데, 신경과 심장장애가 특징적으로 나타난다. 일반적인 증상으로는 입맛이 없고, 늘 피로하며 소화가 잘 안 되고, 팔다리에 힘이 없고 감각이 무디어진다. 베리베리(beriberi)는 팔다리에 힘이 없어진다는 뜻의 스리랑카 말에서 유래하였다. 건성 각기와 습성 각기의 2가지로 나눈다. 건성 각기는 길이가 긴 신경이 천천히 변성되는데(다리에 있는 신경부터 시작해서 팔 신경으로 변성이 진행 됨), 근위축(筋萎縮)과 근반사(筋反射)의 소실도 함께 일어난다. 건성 각기보다 좀더 빨리 진행되는 습성 각기는 심부전(心不全 : 심장이 우리 몸에서 필요한 양만큼의 피를 공급하지 못하는 것)과 혈액순환 장애를 일으켜 조직에 부종이 생긴다. 비타민 B_1이 모자라는 어머니의 모유를 먹는 영아는 각기병이 급속도로 진행되어 심부전을 일으킬 수 있다. 영아든 어른이든 관계없이 비타민 B_1을 공급하면 심부전은 즉시 상태가 호전되나 신경장애는 비타민 B_1을 공급해 주어도 서서히 호전되며, 심한 경우에는 신경세포의 구조적 손상이 영원히 회복되지 않을 수도 있다.

표 9-8. 여러 가지 식품의 비타민 B_1 함량(mg/100 g)

식 품	함 량	식 품	함 량
고기눈(명태)	25.6	마늘	0.33
대구	2.5	소간	0.3
효모	2.2	난황	0.25
땅콩	1.09	풋고추	0.2
쌀겨	1～3	콩나물	0.15
콩	0.6	시금치	0.12
돼지고기	0.6	간장	0.1
고추장	0.35	우유	0.03

하는 식품을 나타내었다.

육체노동, 고온고습의 환경, 임산부, 수유부 및 탄수화물의 과잉섭취는 비타민 B_1의 필요량을 증가시킨다. 비타민 B_1의 1일 권장량은 성인 여자의 경우는 1.0～1.1 mg 그리고 성인 남자는 1.2～1.4 mg 정도이다.

2) 비타민 B_2

(1) 비타민 B_2의 구조

비타민 B_2(riboflavin, $C_{17}H_{20}N_4O_6$)는 그림 9-7에서 보는 바와 같이 이소알록사진핵(isoalloxazine ring)에 리보오스(ribose)의 당알코올인 리비톨(ribitol)이 결합한 구조를 하고 있다. 생체 내에서 비타민 B_2는 구성성분인 리비톨의 5′ 탄소원자에 인산기가 결합된 **FMN**(flavin mononucleotide)와 **FAD**(falvin adenine dinucleotide)로 존재한다.

(2) 비타민 B_2의 성질

비타민 B_2는 녹색의 형광을 내는 노란색의 바늘모양 결정이며, 비타민 B_1과는 대조적으로 열에는 안정하고 광선에는 매우 불안정하다. 즉 중성 또는 산성 상태에서는 구성성분인 리비톨이 자외선에 의하여 분해되어 루미크롬(lumichrome)이 되고, 알칼리성 상태에서는 자외선에 의하여 황록색의 루미플라빈(lumiflavin)으로 변화된다(그림 9-7). 그러므로 식품 중의 비타민 B_2 손실을 방지하기 위해서는 빛을 차단할 수 있는 포장방법이 필요하다. 비타민 B_2는 산성에서는 안정하지만 중성 및 알칼리 쪽으로 갈수록 불안정해지며, 수용성이므로 식품을 취급할 때에는 손실에 주의하여야 한다.

▸ **FMN(flavin mononucleotide)과 FAD(falvin adenine dinucleotide)**

체내의 생화학 반응에서 산화환원 반응을 촉매하는 여러 가지 효소의 조효소로 사용되는 물질인데, 이들은 비타민 B_2(riboflavin)를 모체로 하는 물질들이다. 아래 그림은 FAD의 산화형과 환원형의 구조를 나타낸 것이다.

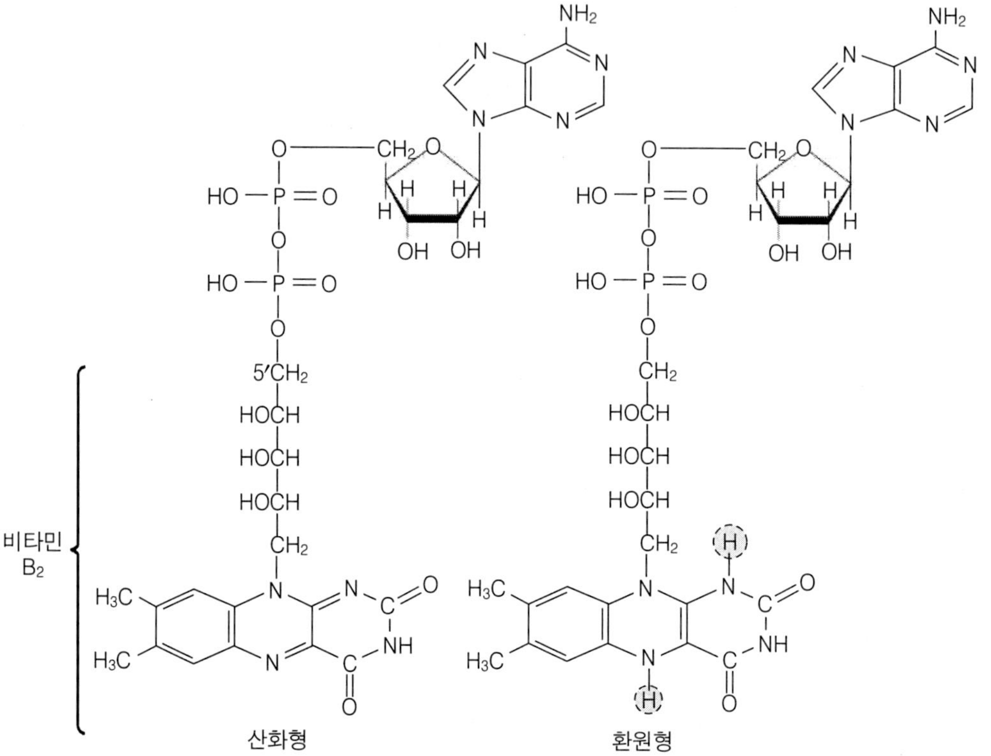

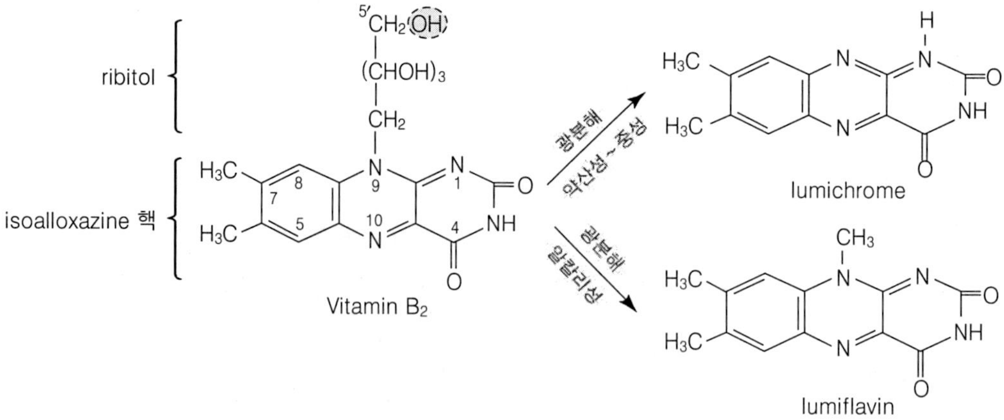

그림 9-7. 비타민 B_2의 구조와 분해

비타민 B_2는 생체 내에서 FMN이나 FAD의 형태로 존재하는데, 이들은 탄수화물, 지질 및 단백질의 대사에서 산화환원반응을 촉매하는 효소들의 보효소로 작용한다. 그러므로 결핍되면 성장정지, 피로, 식욕부진, 구각염, 설염 및 피부염 등의 증상이 나타난다. 임신기나 수유기에는 많은 양의 비타민 B_2가 필요하며, 과잉섭취 하여도 요(尿)로 배설되기 때문에 부작용이 없고 독성도 없다.

(3) 비타민 B_2의 분포 및 필요량

대부분의 미생물이 합성하기 때문에 동식물계에 널리 분포한다. 간, 신장 및 어류에 특히 많고, 효모, 우유, 계란 흰자 및 푸른 채소 등에도 많으나 해조류에는 적다(표 9-9). 우리나라에서는 특히 비타민 B_2가 부족 되기 쉬우므로 비타민 B_2의 섭취에 주의를 기울여야 하며, 성인의 경우 매일 1.2~1.7 mg 정도의 비타민 B_2를 필요로 한다.

3) 비타민 B_6

(1) 비타민 B_6의 구조

비타민 B_6는 항피부염 인자이기 때문에 아데르민(adermin)이라고 부르며, 또는 **피리딘**(pyridine)의 유도체라는 뜻으로 피리독신(pyridoxine)이라고도 부른다.

천연의 비타민 B_6는 피리딘의 유도체이다. 비타민 B_6에는 3가지 형태가 있는데, 그림 9-8에서 보는 바와 같이 피리딘의 4번 탄소원자에 에틸알코올기(ethyl alcohol group, $-CH_2OH$)가 결합하고 있으면 피리독신(pyridoxine or pyridoxol, PN), 같은 위치에 알데히드기(aldehyde group, $-CHO$)가 결합하고 있으면 피리독살(pyridoxal, PL) 그리고 아민기(amine group, $-CH_2NH_2$)가 결합하고 있으면 피리독사민(pyridoxamine, PM)이다. 이들은 생체 내에서 서로 쉽게 상호 변환되고 평형상태를 이루

표 9-9. 여러 가지 식품의 비타민 B_2 함량(mg/100 g)

식 품	함 량	식 품	함 량
칠성장어	6.0	고기눈	1~2
효모	2.6	낙두	0.5
소간	2.2	치즈	0.45
송이버섯	1.4	시금치	0.3
분유	1.3	명란	0.2
녹채	1.2	우유	0.15
된장	1.0	간장	0.08
샐러리	1.0	쇠고기	0.05

▸ **피리딘(pyridine)**

5개의 탄소원자와 1개의 질소원자로 이루어진 고리구조를 이루고 있는 방향족 헤테로 고리 계열에 속하는 유기화합물이며, 비타민 B_6의 모체가 되고, 화학식은 C_5H_5N이다. 아래 그림은 피리딘의 구조를 나타낸 것이다.

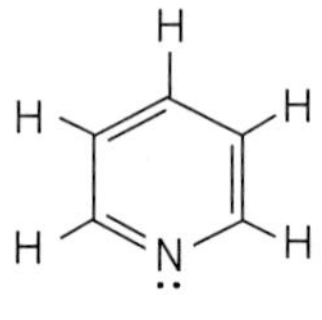

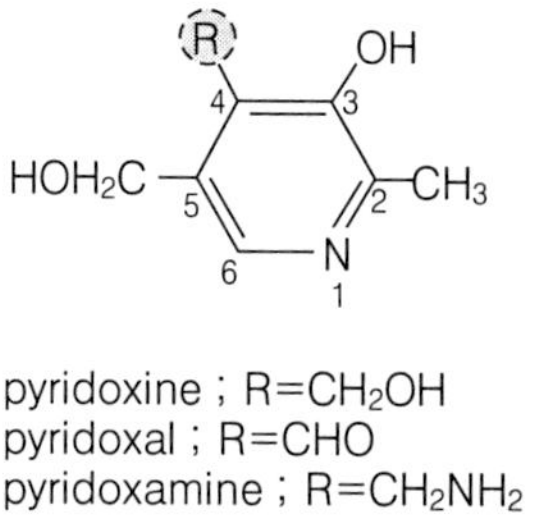

H
H H
H N H

R OH
4 3
HOH_2C 5 2 CH_3
6 N
1

pyridoxine ; $R=CH_2OH$
pyridoxal ; R=CHO
pyridoxamine ; $R=CH_2NH_2$

그림 9-8. 비타민 B_6(pyridoxine)의 구조

고 있는데, 특히 피리독살과 피리독사민이 비타민 B_6의 주성분이다. 이들은 생체 내에서 주로 5번 탄소원자에 인산기가 결합하여 피리독살 인산(pyridoxal 5-phosphate, PLP), 피리독신 인산(pyridoxine 5-phosphate, PNP) 및 피리독사민 인산(pyridoxamine 5-phosphate, PMP)으로 존재하는데, 이 중에서 피리독살 인산(PLP)은 생체 내에서 아미노산 대사와 탈탄산반응 등에 작용하는 수많은 효소의 보효소로 작용한다.

(2) 비타민 B_6의 성질

비타민 B_6는 수용성이며, 열에 안정하지만 빛에 의하여 잘 분해된다. 그러므로 식품가공이나 조리 중에 쉽게 손실된다. 또한 비타민 B_6는 pH 2 정도의 낮은 산성상태에서는 매우 높은 안정성을 보이지만, pH가 높아질수록 온도가 높아질수록 안정성이 감소한다. 피리독신(PN)은 pH나 온도 변화에 비교적 안정하지만, 피리독살(PL)과 피리독사민(PM)은 pH가 높아질수록 안정성이 크게 감소한다.

피리독살 인산(PLP)은 생체 내에서 아미노산의 생성과 분해, 즉 단백질의 합성 및 분해에 관여하고, 또한 지방과 탄수화물의 대사와도 관련이 있다. 그러므로 실험동물에서는 비타민 B_6가 결핍되면 피부염이 심하게 발생한다. 하지만 비타민 B_6는 식품에 널리 분포되어 있고 장내세균에 의해서도 합성되므로 사람에게는 결핍증상이 거의 나타나지 않는다. 그러나 신부전증이 있거나 결핵약의 하나인 이소니아지드(isoniazid)를 장기복용하거나 또는 고단백질 식품이나 메티오닌 같은 특정 아미노산이 풍부한 음식을 과량으로 계속 먹으면 두드러기, 구각염, 설염 및 피부염 등과 같은, 비타민 B_2 결핍증과 유사한 증상을 나타낼 수 있다. 또한 피리독살 인산(PLP)은 아미노산인 트립토판(tryptophan)으로부터 니코틴산(nicotinic acid)이 생성되는 반응에 관여하기 때문에 비타민 B_6가 결핍되면 펠라그라 병(pellagra, 257페이지 참조)이 발생하게 된다.

(3) 비타민 B_6의 분포 및 필요량

동식물에 널리 분포되어 있는데 특히 육류, 간, 난황, 어육, 과실, 소맥의 배아, 쌀겨 및 효모 등에 많이 함유되어 있으며, 우유와 채소 등에는 적게 함유되어 있다(표 9-10).

성인은 하루 2.0～2.2 mg의 비타민 B_6를 필요로 한다.

4) 비타민 B_{12}

(1) 비타민 B_{12}의 구조

비타민 B_{12}(cobalamine)는 분자구조 중에 코발트(Co, cobalt)를 함유하고 있으며, 비타민 중에서 가장 복잡한 구조를 하고 있다. 그림 9-9에서 보는 바와 같이 비타민 B_{12}의 기본물질은 포르피린 핵(porphyrin ring, 제15장 식품의 색 372페이지 참조)과 비슷한 모양의 코린 핵(corrin ring)이며, 이 핵의 중심에 코발트가 자리하고 있는데

표 9-10. 여러 가지 식품의 비타민 B_6 함량(mg/100 g)

식물성 식품	함 량	동물성 식품	함 량
효모(건조)	1.28	돼지고기(안심)	0.56
바나나	0.38	꽁치	0.51
고구마	0.28	쇠고기(안심)	0.30
시금치	0.14	닭고기(날 것)	0.22
양배추	0.11	달걀(전란)	0.08
		우유	0.03
		치즈(가공치즈)	0.01

이 코발트는 6개의 **배위자**(ligand)와 배위결합을 하여 안정한 **착화합물**을 형성하고 있다. 6개의 배위자 중에서 4개의 배위자는 콜린 핵 내에 있고, 5번째 배위자는 디메틸벤즈이미다졸기(dimethylbenzimidazole group)의 질소이며 나머지 6번째 배위자(그림에서 R 부분)는 시안기(cyano group, $-CN$), 알코올기(hydroxyl group, $-OH$), 메틸기(methyl group, $-CH_3$) 또는 디옥시아데노실기(5′-deoxyadenosyl group) 중의 하나가 되는데, 이것은 비타민 B_{12}의 반응과 밀접한 관련이 있다. 즉 6번째 배위자가 어느 것이냐에 따라 비타민 B_{12}는 시아노코발라민(cyanocobalamin), 히드록소코발라민(hydroxocobalamin), 메틸코발라민(methylcobalamin) 또는 디옥시아데노실코발라

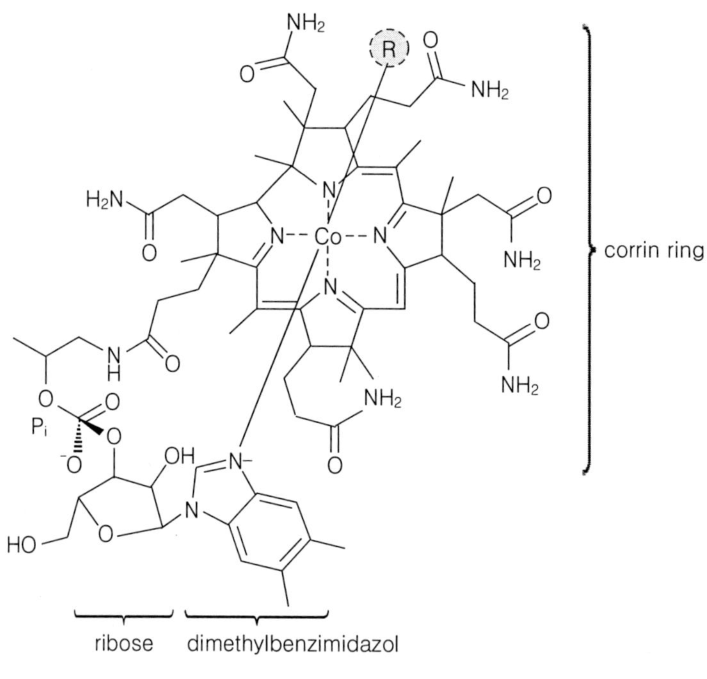

그림 9-9. 비타민 B_{12}의 구조

(◀은 지면의 앞쪽, ┅┅ 은 지면의 뒤쪽)

▸ **배위자(ligand)**

배위결합에서 전자쌍 공여체를 말하는데, 2개 이상의 전자쌍 공여체를 다배위자라고 한다.

▸ **착화합물**

다배위자와 한 개 또는 그 이상의 금속원자가 배위결합을 하고 있는 안정한 화합물을 말한다.

민(5-deoxyadenosylcobalamin)으로 나누어진다. 이들은 모두 비타민 B_{12} 활성을 가지지만 일반적으로 비타민 B_{12}는 시아노코발라민을 말한다.

음식물 중의 비타민 B_{12}는 주로 시아노코발라민이지만 체내에 흡수되면 혈액 중에서는 메틸코발라민의 형태로 존재한다. 비타민 B_{12}는 생체 내에서 **호모시스테인**(homocysteine)을 메틸화하여 메티오닌(methionine)으로 만드는 반응과 L-메틸 말로닐 Co A(L-methylmalonyl Co A)를 숙시닐 Co A(succinyl Co A)로 바꾸는 반응의 보효소로 작용한다. 비타민 B_{12}는 핵산이나 단백질의 합성을 비롯하여 지방이나 탄수화물의 대사에도 관여하고 있으며, 이것이 결핍되면 악성빈혈증이 발생한다.

(2) 비타민 B_{12}의 성질

수용성이며 빛, 열 그리고 산에 안정하다. 그러므로 식품가공이나 저장 중에 비타민 B_{12}의 손실은 거의 없다. 비타민 B_{12}는 시아노코발라민의 형태로 식품에 첨가되기도 하는데 붉은색을 띠고 있으므로 무색의 식품에는 이용이 제한된다.

비타민 B_{12}는 장내세균에 의하여 합성되므로 사람에게는 결핍증이 나타나지 않으며, 결핍 시에는 악성 빈혈증에 걸리게 된다.

(3) 비타민 B_{12}의 분포 및 필요량

동물의 간에 특히 많고 우유, 계란 및 알 등과 같은 동물성 식품에 많이 존재하지

표 9-11. 여러 가지 식품의 비타민 B_{12} 함량(㎍/100 g)

동물성 식품	함 량	식물성 식품	함 량
쇠간	52.8	미역(생것)	0.3
돼지간	25.2	쌀	0
고등어(생것)	12		
돼지고기(살코기)	5.5		
쇠고기(사태)	3.2		
달걀(전란)	0.9		
우유	0.3		

농촌진흥청 농촌자원개발연구소; 식품성분표, 제 7개정판(2006)

▸ **호모시스테인(homocysteine)**

메티오닌의 탈메틸기화 반응에 의해서 생성되는 함황아미노산이다.

만, 식물성 식품에는 해조류나 밀 등에 조금 들어 있고, 그 외에는 거의 존재하지 않는다(표 9-11).

미국에서는 성인은 하루에 1~3 μg을 섭취하여야 한다고 권장하고 있다.

5) 니코틴산

(1) 니코틴산의 구조

니코틴산(nicotinic acid, $C_6H_6N_2O$)은 나이아신(niacin)이라고도 한다. 니코틴산은 피리딘의 유도체로 그림 9-10과 같이 피리딘의 3번 위치에 카르복실기(carboxyl group, -COOH)를 지니는 화합물(pyridine-3-carboxylic acid)이다. 체내에 흡수된 니코틴산은 대사과정 중에 **니코틴산아미드**(nicotinic acid amide 또는 nicotinamide)로 변화하기도 하는데, 이것은 체내에서 산화환원반응을 촉매하는 효소의 보효소인 **니코틴아미드아데닌뉴클레오티드**(nicotinamide adenine dinucleotide, NAD)와 **니코틴아미드아데닌뉴클레오티드인산**(nicotinamide adenine dinucleotide phosphate, NADP)

▸ **니코틴산아미드(nicotinic acid amide 또는 nicotinamide)**

분자식은 $C_6H_6N_2O$이며, 니코틴산의 히드록시기(-OH)가 아미노기(-NH_2)로 치환된 물질이다. 아미드(amide)에 대해서는 제5장 단백질 153페이지에서 설명하였으며, 아래 그림은 아미드 화합물의 생성과정을 나타낸 것이다.

$$R-C(=O)-OH + H-N(H)-R' \xrightarrow{-H_2O} R-C(=O)-N(H)-R'$$

▸ **NAD(nicotinamide adenine dinucleotide, 그림 7-6)**

체내 대사에서 산화환원반응에 관여하는 효소(탈수소효소)의 보효소이며, 생체 내에 가장 많이 존재하는 보효소이다. 해당작용, 발효 및 산화적 인산화 등의 산화환원반응에서 수소 수용체로 작용한다. 생체 내에서 환원형 NADH가 재산화하여 NAD를 만드는 과정에서 에너지를 방출하여 ATP를 생성하기 때문에 생체의 에너지 획득에 중요한 역할을 한다.

▸ **NADP(nicotinamide adenine dinucleotide phosphate)**

NAD와 같이 산화환원반응에 관여하는 효소(탈수소효소)의 보효소이다. NADP와 NAD는 구조와 반응양식이 비슷하지만 생체 내의 효소는 이 2개를 엄밀히 구분하여 사용하는데, 지방산이나 스테로이드의 생합성 등의 반응에 환원형인 NADPH가 사용된다.

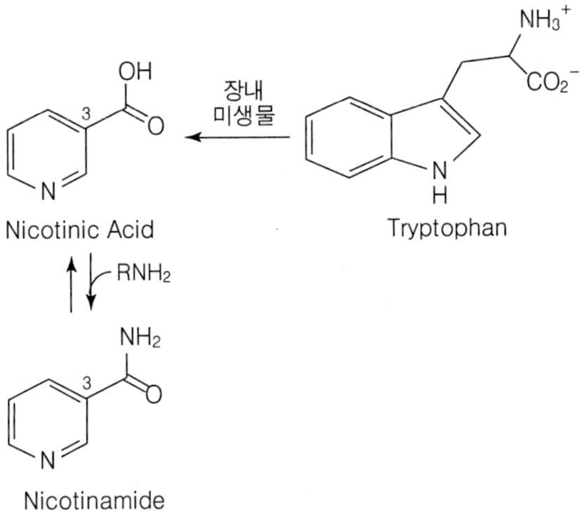

그림 9-10. 니코틴산의 구조와 변화

의 구성성분이 된다. 니코틴산은 비타민 B_1이나 비타민 B_2와 같이 탄수화물 대사에서 보효소(補酵素)로 작용한다.

(2) 니코틴산의 성질

산, 알칼리, 열 및 빛에 안정하지만 수용성이기 때문에 세척이나 데치기 등과 같은 처리에 의하여 손실이 발생 할 수 있다.

니코틴산은 간에서 일부 생합성 되지만 필요량에 이르지 못하기 때문에 비타민에 포함시키고 있으며, 동물의 장(腸)내 미생물은 아미노산인 트립토판(tryptophan)으로부터 니코틴산을 합성할 수 있다. 옥수수 단백질인 제인(zein)에는 트립토판이 부족하기 때문에 옥수수를 주식으로 하는 지역에서는 니코틴산의 결핍 증세가 나타난다. 니코틴산이 부족하면 피부병의 일종인 펠라그라(pellagra) 병이 발생하는데, 이 병은 소화장애, 무기력증, 치매, 설사 및 우울증 등과 같은 증상을 나타낸다.

(3) 니코틴산의 분포 및 필요량

일반 동식물성 식품에 광범위하게 분포되어 있으며, 특히 효모, 간, 육류, 땅콩 및 곡류 등에 많다. 우유나 달걀은 트립토판을 많이 함유하고 있기 때문에 펠라그라 병에 효과가 있다. 니코틴산은 장내세균에 의하여 체내에서 합성되지만 필요량에는 못 미치므로 식품을 통하여 섭취하여야 한다(표 9-12).

성인 남자는 하루에 12～18 mg, 여자는 10～15 mg 그리고 어린이는 10 mg 정도 필요하다.

표 9-12. 여러 가지 식품의 니코틴산 함량(mg/100 g)

식물성 식품	함 량	동물성 식품	함 량
땅콩(볶은 것)	19.1	쇠간	14.7
보리(겉보리, 보리쌀)	5.8	돼지간	11.8
참깨(흰깨, 볶은 것)	5.2	닭고기(다리 살)	6.1
현미(백미)	2.4	쇠고기(안심)	5.3
찹쌀(백미)	1.6	돼지고기(안심)	4.1
쌀(멥쌀, 백미)	1.4	달걀	0.1
감자	1.3	우유	0.1
마늘	0.5		

6) 판토텐산

(1) 판토텐산의 구조

판토텐산(pantothenic acid, $C_9H_{17}NO_5$)이라는 이름은 그리스어인 panthothen(from everywhere, 어디에나 있는)에서 유래하였으며, 비타민 B_5라고도 한다.

판토텐산은 그림 9-11에서와 같이 판토에이트(D-pantoate)와 β-알라닌(β-alanine)이 펩티드(peptide) 결합을 하고 있다. 판토텐산은 체내에서 시스테인과 결합하여 판테테인(pantetheine)이 되고, 이것은 ATP와 결합하여 코엔자임 A(coenzyme A)를 형성한다. 코엔자임 A는 생체 내에서 대단히 중요한 보효소로 탄수화물, 단백질 및 지방의 합성과 대사에 관여한다.

(2) 판토텐산의 성질

판토텐산은 빛과 공기에 안정하지만 열에 약하다. 그러므로 식품에는 판토텐산의 칼슘염(calcium pantothenate)의 형태로 많이 사용된다.

장내세균에 의하여 합성되기 때문에 사람에게 결핍증상이 나타나지 않는다. 하지만

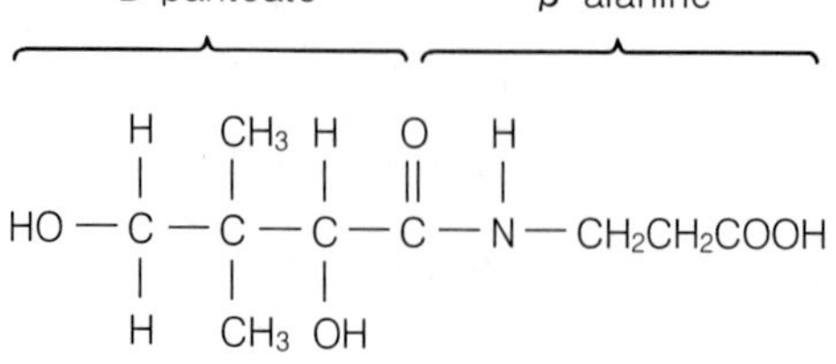

D-pantoate β-alanine

$$HO-\underset{H}{\overset{H}{C}}-\underset{CH_3}{\overset{CH_3}{C}}-\underset{OH}{\overset{H}{C}}-\overset{O}{\overset{\|}{C}}-\overset{H}{N}-CH_2CH_2COOH$$

그림 9-11. 판토텐산(pantothenic acid)의 구조

표 9-13. 여러 가지 식품의 판토텐산 함량(mg/100 g)

동물성 식품	함 량	식물성 식품	함 량
쇠간	7.7	땅콩	2.8
난황	4.4	대두	1.7
닭고기(붉은 살)	1.7	브로콜리	1.2
달걀	1.6	감자	1.1
돼지고기	1.0	아보카도	1.1
쇠고기	0.9	현미	1.1

닭이나 돼지 등의 동물에서는 합성되지 않기 때문에 이들 동물에서 판토텐산이 결핍되면 성장장애나 피부염 등이 나타난다.

(3) 판토텐산의 분포 및 필요량

판토텐산이라는 이름과 같이 동식물성 식품에 광범위하게 분포되어 있다. 특히 간장, 육류, 땅콩, 곡류 및 효모 등에 많이 함유되어 있으며 모든 식품에 조금씩이라도 함유되어 있다(표 9-13).

필요량은 성인이 하루에 10～15 mg 정도이다.

7) 비오틴

(1) 비오틴의 구조

비오틴(biotin, 보효소 R)은 비타민 H라고도 불리는데, 처음에는 효모의 성장에 필요한 물질로 알려졌지만 사람에게도 피부염 예방효과가 있는 것으로 밝혀졌다.

비오틴($C_{10}H_{16}N_2O_3S$)은 그림 9-12에서 보는 바와 같이 한 분자의 **발레르산**(valeric acid)이 결합하고 있는 테트라하이드로티오펜 핵(tetrahydrothiophene ring)에 우레이도 핵(ureido ring)이 연결된 구조를 하고 있는 두 고리화합물이다.

(2) 비오틴의 성질

비타민 B군에 속하는 수용성 비타민이며 열, 광선 및 산화에 비교적 안정한 화합

▸ **발레르산**(valeric acid)

화학식은 $CH_3(CH_2)_3COOH$이며, 탄소수 5개의 포화지방산을 말한다.

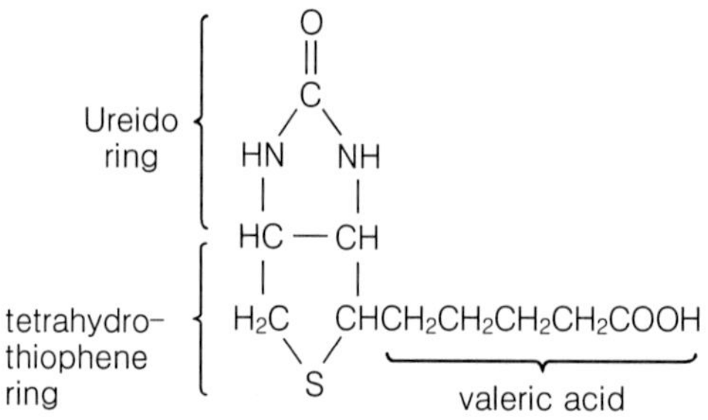

```
                 O
                 ‖
                 C
 Ureido        /   \
 ring        HN     NH
              |      |
             HC ——— CH
              |      |
tetrahydro-  H2C    CHCH2CH2CH2CH2COOH
thiophene      \   /
ring             S      valeric acid
```

그림 9-12. 비오틴(biotin)의 구조

물이다. 다른 수용성 비타민과 같이 식품가공이나 조리 중에는 취급에 주의하여야 한다. 비오틴은 더운 물과 묽은 알칼리에는 녹지만 보통의 물과 묽은 산에는 잘 녹지 않는다. 수용액은 열에 안정하지만 강한 산과 알칼리와 함께 장시간 가열하면 분해된다. 또한 강산이나 강알칼리 상태에서는 **우레이도** 핵의 아미드 결합이 가수분해되기도 한다. 과망간산칼리($KMnO_4$)나 과산화수소(H_2O_2)로 산화시키면 비오틴을 구성하는 황(S)이 산화되어 비오틴 **술폰**(biotin sulfone)으로 변화하게 된다.

비오틴은 지방산의 합성과 이산화탄소를 이용하는 대사과정을 촉매하는 효소의 보효소로 작용하며 또한 지방이나 아미노산(leucine) 대사와 구연산 회로(TCA cycle)에서도 중요한 역할을 한다. 비오틴은 일정한 혈압을 유지하도록 하고, 머리나 피부를 튼튼하게 하는 역할을 한다고 알려져 있다.

생계란 중에는 비오틴과 강하게 결합하여 비오틴의 흡수를 방해하는 특수한 단백질인 아비딘(avidin)이 있다. 그러므로 생계란을 장기간 섭취하면 비오틴 결핍증이 나타날 수 있는데 이러한 현상을 난백장애라고 한다. 하지만 가열하면 아비딘이 파괴되기 때문에 문제가 되지 않는다.

비오틴은 장내세균에 의하여 합성되므로 사람에게서 비오틴 결핍증은 잘 나타나지 않는다. 그러나 항생물질을 장기간 복용하면 장내세균에 의한 비오틴의 합성이 방해

- **우레이도기**(ureido group)

  요소(H_2NCONH_2)에서 수소 한 원자를 제외한 잔기, 즉 $-HNCONH_2$를 말한다.

- **술폰**(sulfone)

  술포닐기(sulfonyl group, $>SO_2$)가 2개의 탄소와 결합한 유기화합물의 총칭이다.

표 9-14. 여러 가지 식품의 비오틴 함량(㎍/100 g)

동물성 식품	함 량	식물성 식품	함 량
쇠간	99	시금치	6.9
달걀	12	백미	6.0
굴	10	상추	3.1
닭고기	10	귤	1.9
돼지고기	5.0	양송이	1.6
우유	4.0	오렌지 주스	1.5
쇠고기	3.4	사과	0.9

되므로 비오틴이 결핍되는 경우가 있다. 결핍증으로는 사람, 닭 및 쥐에서 피부염, 신경염, 탈모 그리고 식욕감퇴 등의 증상이 나타난다.

(3) 비오틴의 분포 및 필요량

동식물성 식품에 널리 분포되어 있다. 계란 노른자위, 소의 간 및 효모에 풍부하지만, 육류와 곡류에는 그 함량이 적다(표 9-14). 장내 세균에 의하여 하루 필요량 이상이 합성되므로 호주 같은 국가에서는 처음부터 비오틴의 필요량을 정하지 않고 있다.

8) 엽 산

(1) 엽산의 구조

엽산은 폴산(folic acid or folate, $C_{19}H_{19}N_7O_6$), 비타민 M 또는 비타민 B_9이라고도 하는데 여러 종류의 미생물 성장에 필요한 물질이다. 엽산의 화학구조는 그림 9-13에서와 같이 파라아미노벤조산(ρ-amino benzoic acid, PABA)을 중심으로, PABA의 카르복실기(carboxyl group, -COOH)는 여러 개의 글루탐산(glutamic acid)과 결합하고, 다른 쪽은 2-아미노-4-히드록시프테리딘(2-amino-4-hydroxypteridine)과 결합하고 있다. 하지만 식물체에 존재하는 엽산의 대부분은 글루탐산 7개가 펩티드 결합으로 연결되어 있으며, 이 중 6개의 글루탐산은 체내에서 가수분해되어 분리된다. 미생물은 PABA를 이용하여 엽산을 합성한다. 자연계에 존재하는 엽산은 **프테리딘 핵**(pteridin ring)에서 5, 6, 7, 8 위치의 이중결합이 환원된 5, 6, 7, 8-테트라히드로폴레이트(5, 6, 7, 8-tetrahydrofolate, FH_4)의 형태로 존재하는데, 이것은(FH_4) 생체대사에서 1 탄소 전이반응(1-carbon transfer chemistry)에 보효소로 작용한다. FH_4

▸ **프테리딘(pteridine)**

피리미딘 핵(pyrimidine ring) 1개와 피라진 핵(pyrazine ring) 1개가 결합한 헤테로고리화합물의 일종이다. 아래 그림은 프테리딘의 구조를 나타낸 것이다.

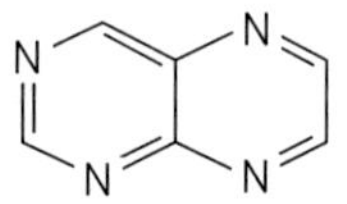

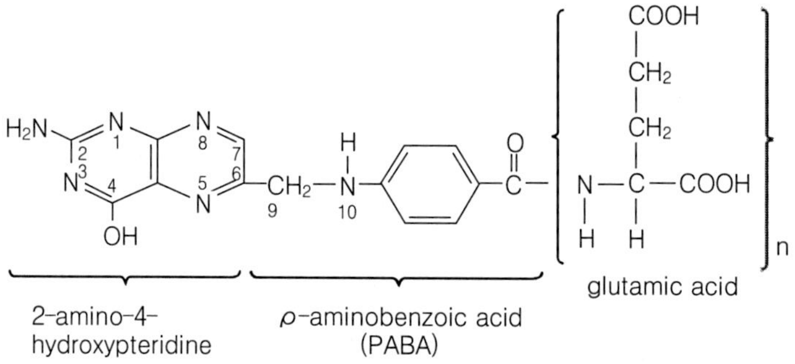

2-amino-4-hydroxypteridine　ρ-aminobenzoic acid (PABA)　glutamic acid

엽산(folic acid)

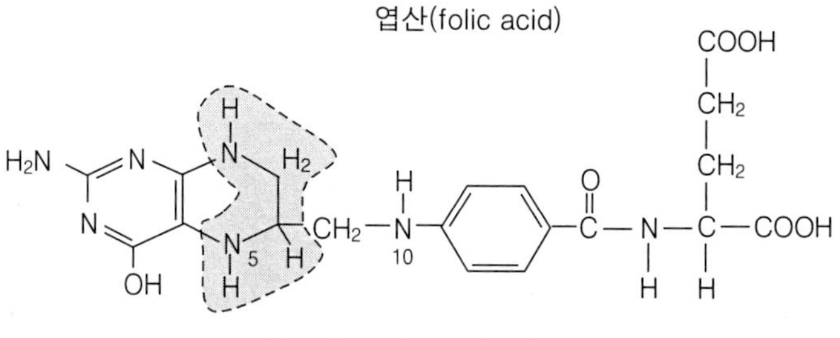

Tetrahydrofolate(FH_4)

그림 9-13. 엽산의 구조

의 구조에서 5와 10 위치에 결합하는 1 탄소 화합물(탄소원자가 1개인 화합물)은 여러 가지 종류가 있으며, 이들의 상태에 따라 안정성이 달라진다.

(2) 엽산의 성질

엽산은 수용성이기 때문에 가공이나 조리과정 중에 손실되기 쉬운 비타민이다. 엽산의 안정도는 엽산의 형태와 pH에 따라 크게 달라진다. 일반적으로 폴산(folic acid)의 형태가 FH_4보다 안정하며, FH_4는 pH 8～12 및 pH 1～2에서는 안정하지만 pH 4～6에서 불안정하다. 또한 앞에서도 설명한 바와 같이 FH_4는 5와 10번 질소원자에 여러 종류의 1 탄소 화합물이 결합하게 되는데, 5번 질소원자에 알데히드기(-CHO)나 메틸기($-CH_3$)가 결합한 것은 10번 질소원자에 알데히드기(-CHO)가 결합한 것보다 안정하다. 이들은 높은 산소 농도에서 쉽게 산화되기 때문에 항산화제가 공존하면 안정성이 높아진다.

엽산은 체내에서 단백질, 핵산, 티민(thymine, 제6장 핵산 180페이지 참조) 및 포르피린 핵(porphyrin ring, 제15장 식품의 색 372페이지 참조) 등의 합성과 같이 주로 새로운 세포의 생성이나 유지에 관여하기 때문에 결핍되면 성장불량이 나타나며, 또한 단백질이나 핵산의 합성이 저해되면 거대적혈구증과 악성빈혈을 초래하게 된다. 엽산은 자외선 차단제의 성분으로도 잘 알려져 있다. 미국에서는 비타민 결핍증 중에서 엽산 결핍증이 가장 많이 나타난다고 한다.

(3) 엽산의 분포 및 필요량

엽산이란 단어가 라틴어의 folium(식물의 잎, leaf)에서 유래된 것처럼 동식물성 식품에 광범위하게 분포되어 있는데, 특히 시금치와 같은 잎 채소와 오렌지 주스, 밀의 배아 및 동물의 간 등에 많이 함유되어 있다. 양조용 효모에도 고농도로 농축되어 있다(표 9-15).

엽산은 한국인의 영양필요량에서는 생략되었는데, 미국에서는 최소 필요량으로서 성인 1일에 약 50 ㎍, 섭취 권장량은 성인 1일에 약 400 ㎍, 임산부는 약 800 ㎍ 그리고 수유부는 약 600 ㎍으로 되어 있다.

9) 비타민 C

(1) 비타민 C의 구조

비타민 C(L-ascorbic acid, $C_6H_8O_6$)는 항 괴혈병(壞血病) 비타민이다. 비타민 C는 그림 9-14와 같이 탄수화물의 6탄당과 비슷한 구조를 하고 있지만, 분자구조 중에

표 9-15. 여러 가지 식품의 엽산 함량(㎍/100 g)

동물성 식품	함 량	식물성 식품	함 량
쇠간(삶은 것)	217	브로콜리	372
난황(삶은 것)	146	해바라기 씨	237
체다치즈	18.4	시금치	146
꽁치	6.4	단호박	47.9
우유	1.0	무청	28.5

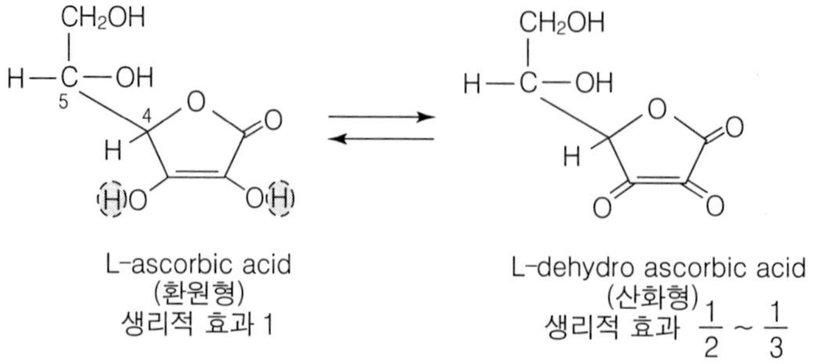

L-ascorbic acid
(환원형)
생리적 효과 1

L-dehydro ascorbic acid
(산화형)
생리적 효과 $\frac{1}{2} \sim \frac{1}{3}$

그림 9-14. 비타민 C의 구조

엔디올기[enediol group, -C(OH)=C(OH)-]를 가지고 있다. 비타민 C는 이 엔디올기에서 수소이온(H^+)이 해리될 수 있기 때문에 수용액은 산성을 나타내며 또한 강한 환원작용(항산화작용)을 나타내는 특성을 지닌다. 그러므로 산소나 염소 등과 같은 산화제에 의하여 쉽게 산화되어 산화형인 디히드로아스코르브산(L-dehydroascorbic acid)으로 되며, 황화수소 등의 환원제로 처리하면 환원형인 아스코르브산(L-ascorbic acid)으로 되돌아온다. 일반적으로 산화형 비타민 C의 효력은 환원형의 약 1/2 정도이다.

비타민 C의 구조에서 4와 5번 탄소원자는 비대칭탄소원자(부제탄소원자)이므로 D-아스코르브산(D-ascorbic acid)이나 L-이소아스코르브산(L-isoascorbic acid)과 같은 이성체가 존재하는데, 이들은 비타민 C의 활성을 갖지 못한다.

(2) 비타민 C의 성질

비타민 C는 수용성이며, 수용액은 산성을 나타낸다. 열에 약하고, 중성 및 알칼리성에서는 불안정하여 매우 산화되기 쉽다. 비타민 C는 산소가 없는 상태에서는 열에 비교적 안정하지만, 산소가 존재하거나 또는 수용액 상태에서는 열에 불안정하다. 비타민 C는 결정 상태에서는 빛에 의하여 거의 분해되지 않으나 수용액 상태에서는 빛에 의하여 분해되는데, 이것은 비타민 C가 수용액 중에서 산소에 의하여 산화되기 때문이다. 구리(Cu)나 철(Fe) 등의 금속이 존재하면 비타민 C의 산화는 촉진된다.

▸ **엔디올기**[enediol group, -C(OH)=C(OH)-]

엔올[-C(OH)=CH-]의 이중결합 탄소의 한쪽에 히이드록시기(-OH)가 붙은 구조를 하고 있으며, 당이 중성 또는 묽은 알칼리성 용액에서 이성질화(알도오스↔케토오스)할 때의 중간체 물질에 존재한다(제13장 식품의 변색 319페이지 참조).

식품 중의 비타민 C는 식물조직 중에 많이 존재하는 비타민 C 산화효소(EC 1.10.3.3, ascorbate oxidase)에 의하여 산화되어 비타민 C의 효력을 상실한다. 그러므로 비타민 C는 강력한 산화방지제로 이용된다.

비타민 C는 체내에서도 생물학적 산화방지제로서 중요한 역할을 한다. 또한 비타민 C는 **콜라겐**(collagen)을 합성하는데 필수적인 프롤릴 수산화효소(EC 1.14.11.2, prolyl hydroxylase)의 활성에 관여하고, **카르니틴**(carnitine)의 합성, **도파민**(dopamine)의 수산화 반응, 면역기능 및 부신 호르몬의 합성과정에도 관여하는 필수 영양소 중의 하나이다. 이와 같은 비타민 C의 각 기능에 대한 자세한 정보는 아직도 미흡한 것이 많다.

비타민 C는 대부분의 동물에서 합성된다. 하지만 사람은 비타민 C를 합성하지 못하기 때문에 피부와 점막의 출혈이 나타나는 괴혈병을 막기 위해서는 음식물로부터 비타민 C를 섭취해야만 한다. 비타민 C가 결핍되면 빈혈이 나타나고 치근, 점막 및 피부의 출혈이 일어나며 또한 골격과 치아가 약해진다.

(3) 비타민 C의 분포 및 필요량

비타민 C는 감귤류와 신선한 채소에 많이 함유되어 있다. 특히 녹색 채소에는 비타민 C가 다량 함유되어 있으며, 이들은 상당기간 동안 안정하다. 표 9-16에 여러 가

▸ **콜라겐(collagen)**

피부, 힘줄 및 뼈 등과 같은 신체의 조직을 구성하는 중요한 단백질인데, 구성 아미노산 중에 프롤린(proline)의 함량이 많은 것이 특징이다.

▸ **카르니틴(carnitine)**

생체 에너지인 ATP를 생산하기 위하여 지방산을 미토콘드리아로 이송할 때 중요한 역할을 하는 화합물이다.

▸ **도파민(dopamine)**

아미노산의 일종인 티로신(tyrosine)의 대사과정 중에 디히드록시페닐알라닌(dihydroxyphenylalanine, DOPA)으로부터 생성되는 중간물질로 질소를 함유한 유기화합물이다. 아드레날린(adrenaline)과 노르아드레날린(noradrenaline) 호르몬의 전구체이다. 도파민은 뇌에서 주로 신경충격의 전달을 억제하는 신경전달물질이다. 도파민이 부족하면 파킨슨병에 걸린다.

▸ **부신피질(副腎皮質)**

부신의 바깥쪽을 둘러싸고 있는 내분비 조직으로 부신피질 호르몬을 분비한다.

표 9-16. 여러 가지 식품의 비타민 C 함량(mg/100 g)

식 품	함 량	식 품	함 량
향채	222	양배추(외엽)	240
파세리	200	파(녹색)	50
시금치	100	귤	40
무잎	90～150	배추	40
고구마	30	토마토	20
콩나물	25	해태	20
홍차	4	돼지간	10
우유	2	쇠고기	2

지 식품의 비타민 C 함량을 나타내었다. 생체 내에서는 비타민 C가 **부신피질**(副腎皮質)에 가장 많이 존재하는데, 부신피질자극 호르몬으로 부신피질을 자극하면 비타민 C가 빠르게 없어진다. 하지만 그 이유에 대해서는 아직 잘 알려져 있지 않다.

비타민 C의 1일 필요량은 성인 남성의 경우 70 mg으로 다른 비타민에 비해 다소 많은 양이며, 임신부, 수유부 및 청소년기에는 더욱 많이 필요하다. 또한 폐결핵이나 폐렴 등의 질병은 비타민 C의 필요량을 2～4배 정도 증가시킨다.

10) 비타민 L

(1) 비타민 L의 구조

비타민 L은 비유(泌乳)를 촉진시키는 비타민이며, 안트라닐산(anthranilic acid, $C_6H_4NH_2COOH$)이라고도 한다. 안트라닐산은 그림 9-15에서 보는 것처럼 **벤조산**(benzoic acid)의 2위치에 아미노기(amino group, $-NH_2$)가 결합하고 있기 때문에 2-아미노벤조산(2-aminobenzoic acid)이라고도 한다. 안트라닐산은 미생물 등이 트립토판 등을 합성할 때 생성되는 중간대사산물의 하나이다.

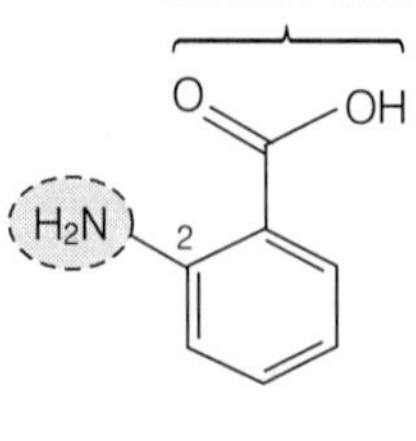

그림 9-15. 비타민 L(2-aminobenzoic acid)의 구조

▸ **벤조산**(benzoic acid)

화학식은 C_6H_5COOH이며, 방향계 카복시산(카르복실기를 지니는 산)이다. 방부제 등의 목적으로 식품 첨가물로 사용되는데, 몇몇 식물에는 천연상태로 존재하기도 한다. 러시아 정교회에서 향을 피울 때 쓰는 안식향의 주요 성분이기 때문에 안식향산(安息香酸)이라 부르기도 한다. 벤조산은 톨루엔을 산화시켜서 만든다. 아래 그림은 벤조산의 구조를 나타낸 것이다.

O
OH

▸ **극성기**

제5장 단백질 164페이지를 참조한다.

(2) 비타민 L의 성질

비타민 L은 분자구조 중에 **극성기**인 카르복실기(-COOH)와 아미노기($-NH_2$)를 지니기 때문에 물에 매우 잘 녹는다.

비타민 L은 뇌하수체 전엽에서 분비되는 비유 호르몬인 프로락틴(prolactin)의 생성을 촉진시켜 젖의 분비를 촉진시킨다. 사람에게는 장내세균에 의하여 합성되므로 결핍증상은 별로 나타나지 않는다.

(3) 비타민 L의 분포 및 필요량

일반적으로 동식물성 식품에 넓게 분포되어 있으며, 특히 간, 효모 및 쌀겨 등에 특히 많다. 필요량은 아직 정해져 있지 않다.

11) 비타민 P

(1) 비타민 P의 구조

비타민 P는 혈관의 저항성을 강하게 하여 뇌출혈을 예방하는 중요한 비타민이다. 비타민 P의 작용을 갖는 것으로는 루틴(rutin)과 헤스페리딘(hesperidin)이 있으며, 이들은 플라보노이드(flavonoid, 제15장 식품의 색 381페이지 참조) 배당체이다.

그림 9-16에서 보는 바와 같이 루틴($C_{27}H_{30}O_{16}$)은 **루티노오스**(rutinose)와 **케르세틴**(quercetin)이 결합한 배당체이고, 헤스페리딘($C_{28}H_{34}O_{15}$)은 루티노오스(rutinose)와 헤스페리틴(hesperitin)이 결합한 것이다.

▸ **루티노오스(rutinose)**

람노오스(rhamnose)와 포도당(glucose)이 결합한 2당류이다.

▸ **케르세틴(quercetin)**

식물에 널리 분포하는 플라보노이드계 색소이다.

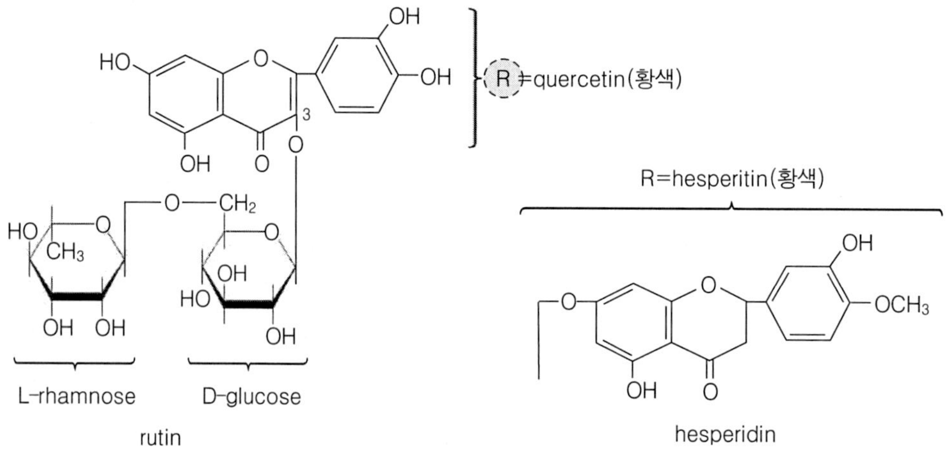

그림 9-16. 비타민 P(루틴과 헤스페리딘)의 구조

(2) 비타민 P의 성질

비타민 P는 모세관의 침투성을 조절하여 혈관을 튼튼하게 하며, 비타민 C와 같이 출혈을 방지하는 인자이다. 루틴은 모세혈관을 튼튼하게 하며, 인체 내에서 제일철 이온(Fe^{2+})과 과산화수소의 결합을 방지함으로써 이들의 결합으로 생성되는 반응성이 큰 유리라디칼로 인한 세포의 손상을 방지하고, 항산화제로 작용하여 항암제의 역할을 한다. 헤스페리딘은 인체 내에서 혈관을 튼튼하게 하고 항산화제로서 작용한다. 또한 실험동물에서는 혈중 콜레스테롤치를 낮추어 주며, 항염증 작용도 하는 것으로 알려져 있다.

(3) 비타민 P의 분포 및 필요량

루틴은 메밀에 함유되어 있는데 뿌리를 제외한 줄기 및 잎에 평균 2% 정도 들어 있으며, 헤스페리딘은 귤의 과피에 8% 정도 함유되어 있다. 비타민 C와 같이 다량으로 요구되는 것으로 생각되지만 필요량은 알려지지 않았다.

제 10 장

탄수화물의 변화

개 요

탄수화물은 식품의 고형물 중에서 가장 많은 양을 차지한다. 그러므로 식품 중의 탄수화물은 식품의 여러 가지 물리화학적 성질을 좌우한다고 하여도 과언이 아니다. 또한 탄수화물은 점성, 유화안정성, 보습성, 결착성, 겔(gel)형성 능, 염색성 및 보향성(保香性) 등과 같은 특성을 지니기 때문에 식품의 물성(제17장) 개량을 위하여 식품첨가물로도 자주 이용된다. 탄수화물은 가공 또는 저장 중에, 효소, 미생물, 수분, 온도, 광선 및 공기 등에 의하여 변화된다. 이와 같은 변화는 식품의 물리화학적 성질이나 유통기간 등에 크게 영향을 미친다. 예를 들면 전분에 물을 가하고 열을 가하면 호화(湖化, gelatinization)되는데, 호화전분을 낮은 온도에 방치하면 생(生) 전분 상태로 되돌아가는 노화(老化, retrogradation) 현상이 발생한다. 호화전분은 소화가 잘 되지만 노화전분은 그렇지 않다.

우리는 우리에게 유익한 변화는 최대한 활용하고, 좋지 않은 변화는 최소화시켜야 한다. 그러므로 이와 같은 가공 및 이용 중에 발생하는 탄수화물의 변화에 대하여 이해하고 이를 이용하거나 방지하는 것은 대단히 중요하다.

이 장의 줄거리

1. 전분에 물을 가하고 열을 가하면 풀과 같이 점성이 커지는데 이와 같은 변화를 호화 또는 α화라고 하며, 호화전분을 낮은 온도에 방치하면 원래의 생전분 상태로 되돌아가는데 이와 같은 현상을 노화 또는 β화라고 한다. 전분의 호화와 노화에 영향을 주는 요인에는 수분, 전분의 종류, 온도, pH, 염류 및 유화제 등이 있다.
2. 전분에 물리화학적 처리를 한 변성전분은 새로운 성질을 지니기 때문에 식품, 섬유 및 제지공업 등에 광범위하게 사용된다.
3. 전분은 효소, 산 및 가열 등에 의하여 분해된다. 전분을 가수분해시키는 효소에는 α-아밀라아제, β-아밀라아제 및 글루코아밀라아제 등이 있다.
4. 당을 가열하면 캐러멜로 변한다.

5. 프로토펙틴은 산, 알칼리 및 효소 등에 의하여 펙틴이나 펙트산으로 분해된다.

1. 전분의 호화와 노화

쌀이나 밀가루 등과 같이 전분을 많이 함유하는 식품에 물을 가하고 열을 가하면 전분이 물을 흡수하여 원래의 쌀이나 밀가루와는 다르게 풀과 같이 점성이 커지는 것을 볼 수 있다. 전분의 이와 같은 변화를 호화(湖化, gelatinization) 또는 α화라고 하며, 호화된 전분을 호화전분 또는 α-전분이라고 한다. 호화전분을 낮은 온도에 방치하면 전분을 구성하는 **아밀로펙틴**(amylopectin)과 **아밀로오스**(amylose) 분자가 다시 **회합**하여 본래의 규칙성을 나타내는 미셀(micelle, 제3장 탄수화물 71페이지 참조)구조를 지니는 생(生) 전분 상태로 되돌아간다. 이와 같은 현상을 전분의 노화(老化, retrogradation) 또는 β화라고 하며, 노화된 전분을 노화전분 또는 β-전분이라고 한다.

1) 전분의 호화과정과 노화과정

(1) 전분의 호화과정

① 전분입자는 전분을 구성하는 아밀로펙틴과 아밀로오스 분자가 수소결합 등에 의하여 규칙적으로 회합된 미셀이라고 하는 결정성 구조를 만들고 있다. 전분의

▸ **아밀로펙틴(amylopectin)과 아밀로오스(amylose)**

제3장 탄수화물 71페이지를 참조한다.

▸ **회합**

같은 종류의 분자 2～10개 정도가 결합하여 하나의 분자와 같이 행동하는 현상을 말한다. 물과 같이 회합하기 쉬운 액체의 특성은 분자구조 중에 수산기(-OH)나 카르복실기(-COOH)를 갖기 때문에 이 현상은 수소결합에 의한 것으로 생각된다.

▸ **전분의 호화 과정**

생전분의 아밀로오스와 아밀로펙틴은 수소결합에 의하여 미셀구조 형성 → 물의 온도가 올라가면 아밀로오스와 아밀로펙틴의 분자운동 활발 → 수소결합 분해 → 미셀구조 파괴 → 미셀구조 사이로 물 분자 침투 → 물 분자가 전분분자와 결합 → 전분의 수화(水化) → 전분분자가 붕괴되어 콜로이드 용액 형성

종류에 따라 다르지만 전분 중에는 이 결정성 부분이 약 30%, 비결정성 부분이 약 70% 정도 존재하는데, 이러한 전분입자를 생전분 또는 β-전분(β-starch)라고 한다.

② 일반적으로 생전분 입자는 낮은 온도에서도 그 구조의 변화 없이 약 30% 정도의 물을 흡수한다. 전분이 낮은 온도에서도 물을 흡수하는 것은 전분 중의 비결정성 부분 때문이며, 결정성 부분은 치밀하고 단단하기 때문에 호화온도 이하의 온도에서는 물 분자가 침입할 수 없다. 이러한 생전분에 물을 가하고 가열하면 온도가 상승함에 따라 전분 분자와 물 분자의 운동이 활발해진다. 이 힘이 전분의 결정성 부분인 미셀구조를 형성하는 결합력보다 크게 되면 전분입자의 미셀구조가 흐트러지고 틈이 생기며, 결국 물이 침입하여 전분분자와 결합하는 수화현상이 발생한다.

③ 그 후 온도가 상승하여 약 60～70℃ 정도가 되면 급격하게 물의 흡수량이 증가되어 전분입자는 급속하게 팽윤(swelling)하게 된다. 전분이 많은 양의 물을 흡수할 수 있는 것은 전분의 결정성 구조가 붕괴되었기 때문이다.

④ 최고의 팽윤상태를 지나 계속 가열하면 미셀구조가 파괴된다. 그 결과 아밀로오스와 아밀로펙틴이 전분입자를 이탈하여 밖으로 나오고, 결국 아밀로오스는 더운 물에 녹는 **졸**(sol) 그리고 아밀로펙틴은 불용성의 **겔**(gel)이 된다. 즉 물 중에 전분분자가 떠있는 **교질**(colloid, 제17장 식품의 물성 424페이지 참조)용액 상태가 된다. 미셀구조가 파괴되어도 아밀로오스와 아밀로펙틴은 긴 사슬과 가

▸ **졸(sol)**

분산매가 액체이고 분산질이 고체 또는 액체의 교질입자로서 전체가 유동상을 이루고 있는 것을 말하며 우유, 전분유, 된장국물 및 수프 등이 그 예이다.

▸ **겔(gel)**

다량의 분산질 입자 사이에 소량의 분산매가 존재하여 입자는 서로 접촉하고 전체적으로 유동성을 잃은 것을 말하며 두부, 생선묵 및 삶은 달걀 등이 그 예이다(제17장 식품의 물성 426페이지 참조).

▸ **교질(콜로이드, colloid)**

원자나 작은 분자보다는 크고 현미경으로 보이지 않는 정도의 입자(10～1000Å)를 말하고, 교질을 품는 용액을 콜로이드 용액이라고 한다. 콜로이드 용액은 분산매와 분산질로 구성된다(제17장 식품의 물성 424페이지 참조).

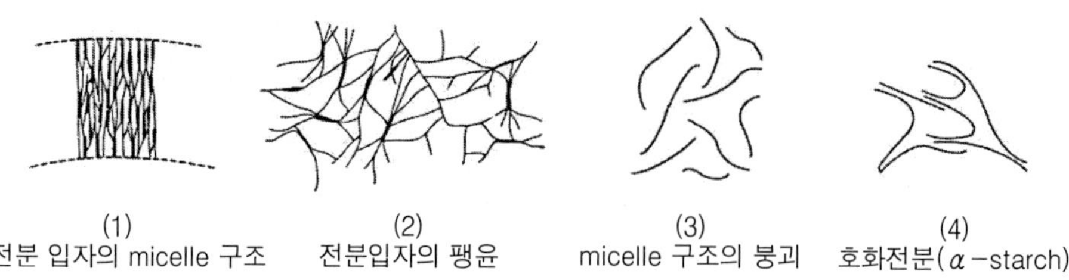

그림 10-1. 전분의 호화과정

그림 10-2. 전분의 노화과정

지를 가진 분자이고, 이들의 일부는 아직도 직접 또는 물 분자를 사이에 두고 서로 수소결합하고 있기 때문에 이들은 따로따로 자유롭게 운동할 수가 없다. 그러므로 한 분자가 움직이면 다른 분자도 끌려 이동하게 되므로 점성을 가진 풀(糊)이 된다.

⑤ 이와 같이 전분입자가 불가역적으로 붕괴되는 현상을 전분의 호화 또는 α화라고 부르며, 생전분의 미셀구조가 흐트러져 불규칙한 분자배열을 가지는 전분을 호화전분 또는 α-전분이라고 한다(그림 10-1).

(2) 전분의 노화과정

① 호화된 전분의 아밀로펙틴과 아밀로오스 분자는 많은 물이 수화되어 있기 때문에 서로 따로 떨어져 있다.

② 온도가 낮아지면 전분분자(아밀로펙틴과 아밀로오스)들의 운동이 급격히 감소하게 되고, 그 결과 가까이에 있는 전분분자들이 서로 수소결합을 형성하면서 그물모양의 구조를 형성하게 된다.

③ 이 상태의 전분을 계속 낮은 온도에서 방치하면 그물모양 구조의 회합점을 기점으로 서로 다른 전분분자 사이에 더 많은 수소결합을 형성하게 된다. 이렇게 되면 전분분자에 결합되어 있던 물이 밖으로 빠져 나오게 되고 전분은 미셀구조로 다시 되돌아가게 된다.

④ 이와 같은 변화를 전분의 노화 또는 β화라고 부르며, 생전분의 미셀구조를 가지는 전분을 노화전분 또는 β-전분이라고 한다(그림 10-2).

2) 전분의 호화와 노화에 영향을 주는 요인

(1) 수분

전분의 수분함량이 많을수록 또는 수분의 공급량이 많을수록 호화는 잘 일어난다. 예를 들면 밥을 지을 때 물을 충분히 넣으면 호화가 잘 진행되지만, 물이 적으면 호화가 충분히 진행되지 않는다.

수분함량 30~60% 정도에서 노화가 잘 발생하며, 이 이상의 수분함량과 10% 이하에서는 노화가 발생하기 어렵다. 수분이 너무 많으면 전분분자들이 서로 회합하기 어렵고, 수분이 적으면 전분분자가 교착상태로 고정되기 때문에 노화되기 어렵게 된다. 설탕이나 식염 등은 탈수제로 작용하므로 이들을 첨가하면 단시간에 호화전분을 탈수시키는 효과가 있어 노화가 방지된다.

(2) 전분의 종류

호화는 전분의 종류에 따라 큰 영향을 받는데, 이것은 전분입자들의 구조에 차이가 있기 때문이다.

아밀로오스는 직선상의 분자이어서 입체적인 장애가 없으므로 호화상태의 교질용액을 쉽게 만든다. 하지만 이 교질상태는 불안정하여 쉽게 침전하기 때문에 노화되기

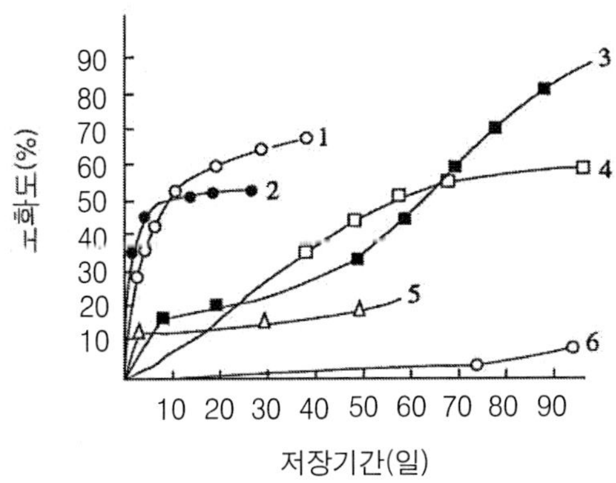

그림 10-3. 여러 가지 전분의 노화속도

1; 옥수수 전분, 2; 밀가루 전분,
3; 감자 전분, 4; 고구마 전분,
5; 타피오카 전분, 6; 찰옥수수 전분

쉽다. 아밀로펙틴은 가지가 많이 있는 분지구조이기 때문에 호화되기 힘들지만, 일단 호화된 전분은 교질상태의 안전성이 높아서 쉽게 침전하지 않기 때문에 노화되기 어렵다. 그러므로 전분을 구성하는 아밀로펙틴의 함량이 높을수록 전분의 결정성 부분이 많아서 호화속도는 느리지만 일단 호화되면 노화가 잘 진행되지 않는다. 반대로 아밀로오스의 비율이 높은 전분일수록 노화가 빨리 일어난다. 예를 들면 옥수수(아밀로오스 함량 ; 21～25%)와 밀 전분(아밀로오스 함량 ; 24～30%)은 고구마(아밀로오스 함량 ; 19%)나 멥쌀(아밀로오스 함량 ; 17～19%) 전분보다 노화되기 쉬우며, 100% 아밀로펙틴(아밀로오스 함량 ; 0%)으로 구성된 찹쌀과 찰옥수수 전분은 노화가 늦게 진행된다(그림 10-3). 또한 쌀과 같은 곡류 전분의 호화온도(호화에 필요한 최저온도)는 감자나 고구마와 같은 서류 전분의 호화 온도보다 높다.

(3) 온도

호화온도는 전분의 종류나 수분의 양에 따라 다르지만 대개 60℃ 전후이다(표 10-1). 같은 전분에서도 온도가 높아지면 호화에 필요한 시간이 단축된다. 예를 들면 쌀 전분의 호화에는 70℃에서는 3～4시간, 100℃에서는 20분 정도가 필요하다. 또 빵을 제조할 때에는 밀가루 반죽의 수분함량이 적기 때문에 호화시키는 데 230℃ 정도의 높은 온도가 필요하다.

노화에 가장 알맞은 온도는 0～5℃이다. 이 온도에서는 수소결합이 안정한 상태를 유지하기 때문에 전분분자 사이의 수소결합을 촉진시켜 노화가 잘 진행된다. 하지만 60℃ 이상의 온도와 -20℃～-30℃의 냉동상태에서는 노화가 일어나지 않는다. 60℃

표 10-1. 여러 가지 전분의 호화온도(℃)

전분 종류	시작온도	중간점	종결온도
옥수수전분	62	66	70
찰옥수수전분	63	68	72
수수전분	68	73.5	78
찰수수전분	67.5	70.5	74
보리전분	51.5	57	59.5
쌀전분	68	74.5	78
호밀전분	57	61	70
밀전분	59.5	62.5	64
완두전분	57	65	70
감자전분	58	62	66
타피오카전분(Tapioca)	52	59	64

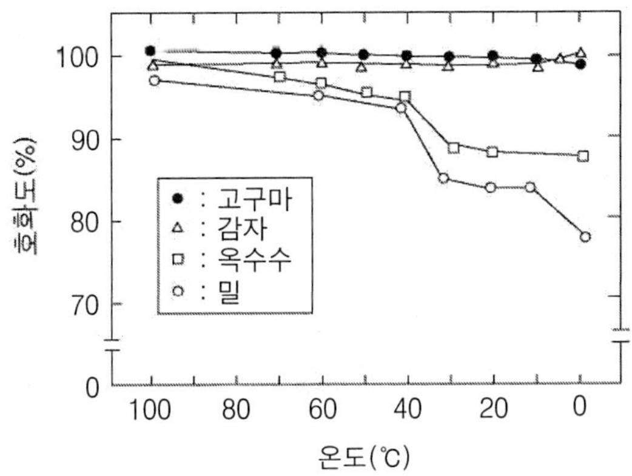

그림 10-4. 전분의 노화에 미치는 온도의 영향
(5% 호화용액을 일정온도에서 1시간 보존한 후 호화도 측정)

이상의 온도에서는 전분분자와 물 분자의 운동이 활발해지고, 동결상태에서는 전분분자가 물 분자 사이에 고정되기 때문에 전분분자 사이의 수소결합 형성이 어렵기 때문이다(그림 10-4).

(4) pH

수산화이온(OH^-)의 농도가 높은 알칼리 상태에서는 전분의 수화가 촉진되어 호화가 촉진되고 노화가 진행되지 않으며, 반대로 수소이온(H^+)의 농도가 높은 산성 상태에서는 전분의 노화가 촉진된다. 예를 들면 알칼리성 물질인 수산화나트륨(NaOH)을 첨가하면 전분의 노화가 진행되지 않으며, 산성 물질인 묽은 염산(HCl)이나 황산(H_2SO_4)을 첨가하면 노화가 촉진된다.

(5) 염류

염류는 전분의 팽윤과 호화를 촉진시키는데, 일반적으로 음이온($OH^- > CNS^- > I^- > Br^- > Cl^-$)들이 팽윤제로서의 작용이 강하나. 하지만 황산염은 호화를 억제하는 것으로 알려져 있다.

▸ **타피오카(tapioca)**

서인도제도와 남아메리카가 원산지인 카사바(*Manihot esculenta*) 뿌리에서 채취한 전분을 말한다.

(6) 유화제

호화전분에 유화제(계면활성제, 제17장 식품의 물성 429페이지 참조)를 첨가하면 노화가 억제된다. 유화제는 호화전분과 불용성의 복합물을 형성하여 호화전분의 안정도를 증가시키며 수분이 빠져 나가는 것을 방지한다.

(7) 기타

설탕 등과 같은 당이나 잔탄검(xanthan gum, 제3장 탄수화물 82페이지 참조) 등과 같은 **친수콜로이드**(hydrocolloid)를 밀가루 반죽에 첨가하면 전분의 노화와 수분 손실 등이 방지되며 제품의 물성이 개선된다(그림 10-5).

3) 호화전분과 노화전분의 특징

호화전분은 물 분자가 침투하기 쉽고 소화효소와 접촉하는 면이 넓어 소화가 쉽게 된다. 그러므로 곡류나 감자 등과 같은 전분함량이 많은 식품은 대부분의 경우 물을 가하고 가열하여 호화시켜 섭취한다. 호화전분은 쉽게 노화되기 때문에 노화를 방지

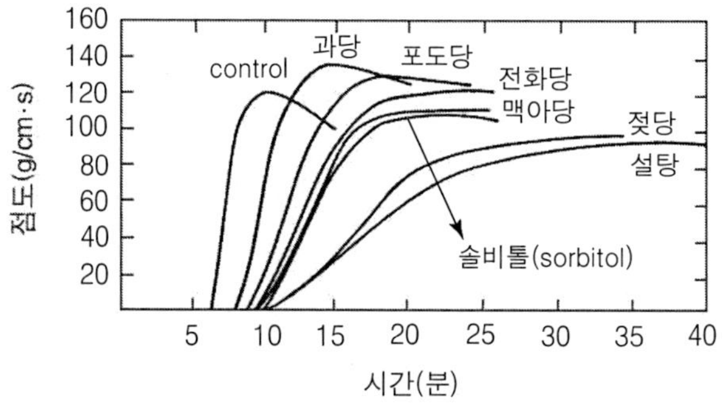

그림 10-5. 여러 가지 당이 노화에 미치는 영향
(5% 옥수수 전분에 같은 농도의 당 첨가)

▸ **친수콜로이드(hydrocolloid)**

물을 분산매로 하는 졸(sol) 중에서 물과의 친화성이 큰 것을 말한다. 이들은 일반적으로 액상식품의 유화, 분산의 안정과 증점(增粘) 및 겔화 등에 의하여 조직감(texture)을 개선시키기 때문에 널리 사용되는데 다당류와 단백질들이 이에 해당한다.

하기 위하여 이들 가공식품에서는 수분함량을 10~13% 전후로 건조하여 이용한다.

일반적으로 호화과정 중에 있는 전분은 처음에는 점도가 그다지 크지 않다. 온도가 올라감에 따라 점도가 천천히 증가하며, 어느 온도에 도달하면 호화전분의 점도는 급격히 높아지고, 최대치에 도달한 후에는 온도가 올라가도 점도는 떨어진다. 하지만 이와 같은 호화전분의 점도변화는 전분의 종류에 따라 다르다. 예를 들면 밀이나 쌀 전분의 점도는 가열초기의 점도와 가열 60분 이후의 점도에 큰 차이가 없지만, 감자 전분의 점도는 5~15분 가열 후에 최대값을 나타내고, 20분 이후에는 현저하게 감소한다.

호화된 전분을 낮은 온도에 방치하여 노화가 진행되면 점도가 낮아지고 광선의 투과성이 감소하며 소화작용도 덜 받게 된다. 갓 구워낸 빵이 부드럽고 탄성을 나타내다가 시간이 지날수록 딱딱해지거나, 따뜻하고 부드러운 밥이 차가워지면 딱딱해지는 것은 전분이 노화되기 때문이다.

생전분의 X선 회절도는 전분의 종류에 따라 A, B 및 C형을 나타내지만, 호화전분의 X선 회절도는 V형을 나타낸다. 노화에 의하여 전분분자는 다시 미셀구조를 지니기 때문에 노화전분의 X선 회절도는 생전분과 비슷한 모양을 나타내는데, 일반적으로 B도형의 회절도를 나타낸다(제3장 탄수화물 84페이지, 그림 3-31 참조).

4) 호화식품의 노화방지법과 전분가공품

주성분이 전분인 곡류가공 식품에서는 호화상태를 유지하는 것이 품질 유지의 가장 중요한 문제로 대두된다. 앞에서도 설명한 바와 같이 호화전분을 가열하여 수분을 제거하거나 0℃ 이하에서 급속히 탈수하여 수분함량을 15% 이하로 하면 노화가 진행되지 않는다. 이러한 전분은 미셀구조가 붕괴된 상태로 있기 때문에 호화상태를 유지하게 된다. 한편 연구결과에 의하면 쌀가루를 호화시킨 후에 β-아밀라아제(amylase)를 첨가하면 전분의 3% 정도가 포도당 또는 맥아당으로 분해되는데, 이것은 호화된 쌀가루의 노화를 방지하는 데 효과가 있다고 한다(Ishida K. Nippon Shokuhin Kokyo Gakkaishi 33:227. 1986).

건조(동결) 미반은 밥을 제조한 후에 수분을 건조(동결)시켜 호화상태를 유지하는 것이고 비스킷, 과자 및 빵 등은 가열에 의하여 전분을 호화시킨 후 수분을 급속히 제거시켜 호화상태를 유지하는 것이며, 라면은 밀가루 전분을 가열에 의하여 호화시킨 후 기름 튀김의 과정에 의하여 수분을 급속히 제거시켜 호화상태를 유지하는 것이다.

2. 전분의 변성

전분에 특별한 물리화학적 처리를 하여 변성시킨 전분을 변성전분이라고 한다. 변성전분은 새로운 성질을 가질 뿐만 아니라 천연 전분의 단점을 개선할 수 있기 때문에 식품, 섬유 및 제지공업 등에 광범위하게 사용되고 있다.

예를 들면 변성전분의 하나인 **히드록시프로필화 전분**은 전분에 알칼리 촉매와 프로필렌옥사이드(C_3H_6O, propylene oxide)를 가하여 전분을 구성하는 포도당의 2번 탄소원자에 히드록시프로필기[hydroxypropyl group, $-CH_2CH(OH)CH_3$]를 치환시킨 것이다. 이 히드록시프로필화 전분은 히드록시프로필기에 의하여 전분입자를 유지하고 있는 수소결합 등의 내부 결합이 약해지기 때문에 호화온도가 낮으며, 반면에 노화는 잘 진행되지 않는다. 또한 이 변성전분은 다른 형태의 변성전분인 아세틸 전분

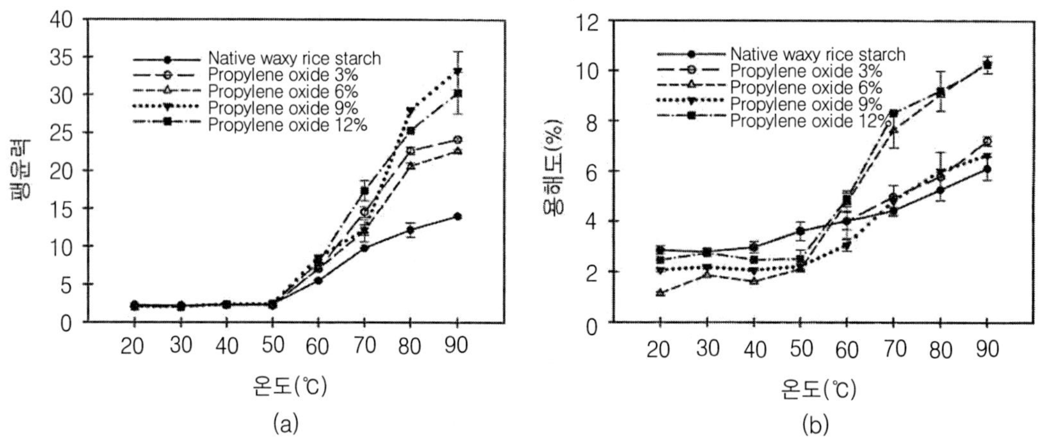

그림 10-6. 히드록시프로필(hydroxypropyl)화된 찹쌀전분의 팽윤력(a)와 용해도(b)

(유철 등, Korean J. Food Sci. Technol. 38 : 385, 2006)

▸ **히드록시프로필화 찹쌀전분의 제조방법**(Wootton 등. Starch 35:92. 1983)

20% 찹쌀전분 현탁액 조제 → 교반 → 가열하여 45℃로 유지 → 전분 고형분 대비 8%의 황산나트륨(Na_2SO_4) 용해 → 1 N NaOH를 이용하여 pH를 11.5로 조절 → 프로필렌옥사이드(C_3H_6O, propylene oxide)를 전분 고형분 양의 3～12%를 첨가하고 밀폐 → 교반하면서 45℃에서 20시간 반응 → 반응 후 1 N HCl을 사용하여 pH 5.5 조절 → 전분 고형분 양의 5배의 증류수로 수차례 수세 → 건조 → 분쇄, 80 mesh(180 ㎛ 이하) → 히드록시프로필화 찹쌀 전분

이나 히드록시에틸 전분보다 화학적으로 안정하기 때문에 호화액이 투명도와 안정성, 냉동이나 해동에 대한 안전성, 냉수에서의 팽윤성 및 재수화성 등이 좋을 뿐만 아니라 투명하고 유연한 필름을 형성하는 등의 이점을 가지고 있다(그림 10-6). 셀룰로오스(cellulose)를 히드록시프로필화한 히드록시프로필 셀룰로오스(hydroxypropyl cellulose)도 식품첨가물로 많이 이용되고 있다.

3. 전분의 분해

1) 효소에 의한 가수분해

전분은 효소에 의하여 가수분해된다. 전분을 가수분해시키는 효소에는 10여 가지가 있는데, 이 중에 중요한 것으로는 α-아밀라아제(α-amylase), β-아밀라아제(β-amylase) 및 글루코아밀라아제(glucoamylase) 등이 있다.

(1) α-아밀라아제

α-아밀라아제(EC 3.2.1.1)는 전분을 구성하는 α-1,4 결합의 아무 곳에나 작용하여 전분을 가수분해함으로써 최종적으로는 맥아당(maltose)과 포도당(glucose)을 생산한다. 하지만 이 효소는 전분을 구성하는 α-1,6 결합은 분해하지 못한다. 즉 전분을 α-아밀라아제로 가수분해하면 포도당이 α-1,4 결합하고 있는 아밀로오스(amylose)는 완전히 가수분해되지만 아밀로펙틴(amylopectin)의 α-1,6 결합은 가수분해되지 않으므로 최종적으로 가지 부분이 남아 있는 물질이 생성되는데, 이것을 한계 덱스트린[limit dextrin(α형), 제3장 탄수화물 74페이지 그림 3-24 참조]이라고 한다.

전분에 α-아밀라아제를 작용시키면 물에 녹지 않는 전분이 물에 녹게 되는데 이러한 현상을 액화(液化)라고 하며, 때문에 이 효소를 액화효소라고도 한다. 전분이 α-아밀라아제에 의하여 액화되면 물성이나 풍미가 개선되기 때문에 α-아밀라아제는 식품가공이나 제빵공업에 널리 이용되고 있다.

전분에 α-아밀라아제를 작용시키면서 시간별로 그 가수분해물에 대하여 요오드반응(제3장 탄수화물 86페이지 참조)을 해보면 그 색은 청색과 적색을 거쳐 마지막에는 어떠한 색도 띠지 않게 된다. 이것은 전분이 점차적으로 가용성 전분(soluble starch), 아밀로덱스트린(amylodextrin), 에리트로덱스트린(erythrodextrin), 아크로모덱스트린(achromodextrin) 그리고 말토덱스트린(maltodextrin)을 거쳐 맥아당이나 포도당으로 가수분해되는 것을 뜻하는 것이다.

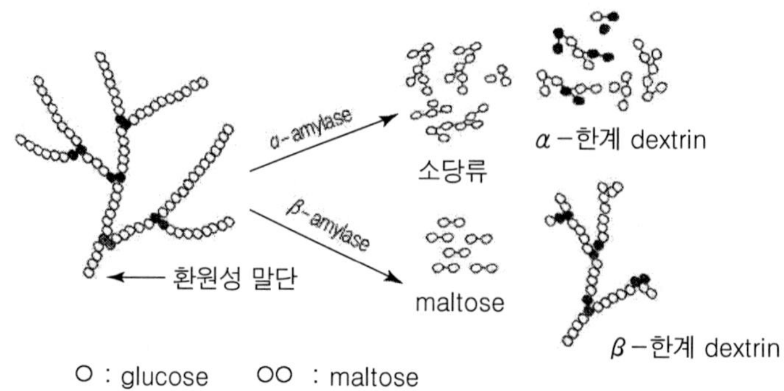

그림 10-7. α-, β-아밀라아제 작용에 의한 아밀로펙틴 (amylopectin)의 분해산물

(2) β-아밀라아제

β-아밀라아제(EC 3.2.1.2)는 전분이나 글리코겐의 α-1,4 결합을 비환원성 말단(제3장 탄수화물 72페이지 참조)으로부터 맥아당(maltose) 단위로 가수분해하여 맥아당을 생성하는 당화(糖化) 효소이다. 오래 전부터 맥아(麥芽)로부터 분리하여 사용한 효소이며 맥아당만을 분해 생성하는 고도의 특이성을 가지고 있다. α-아밀라아제와 같이 아밀로펙틴의 α-1,6 결합은 분해하지 못하기 때문에 마찬가지로 한계덱스트린(β형)을 생성하게 된다. 따라서 β-아밀라아제는 아밀로오스는 완전히 분해하지만 아밀로펙틴은 약 55% 정도 분해한다. 그러므로 β-아밀라아제에 의하여 전분은 약 60% 정도, α-1,6 결합을 많이 함유하는 글리코겐(glycogen)은 약 45% 정도 분해된다(그림 10-7).

(3) 글루코아밀라아제

글루코아밀라아제(EC 3.2.1.3)는 γ-아밀라아제라고 부르기도 하는데, 전분의 비환원성 말단에서 글루코오스 단위로 가수분해하여 α-포도당을 생성한다. 이 효소는 전분 중의 α-1,6 결합도 가수분해하기 때문에 이 효소만으로 전분을 거의 100% 분해하여 포도당으로 전환할 수 있다. 그러므로 글루코아밀라아제는 발효산업이나 전분으로부터 포도당을 생산할 때 당화제로 사용된다.

2) 산에 의한 가수분해

전분에 묽은 산을 가하고 가열하면 전분의 글리코시드(glycoside) 결합(제3장 탄수화물 67페이지 참조)이 분해되고 결국 포도당이 생성된다(표 10-2). 전분을 산으로

표 10-2. 전분당의 종류와 그 성질

종류	포도당 당량	감미도	당의 결정성	점도	흡습성	평균 분자량
결정 포도당	90~100	크다	크다	작다	크다	작다
분말 포도당	92~96	↑	↑	↓	↑	↓
고형 포도당	80~85	↑	↑	↓	↑	↓
액상 포도당	55~80	↑	↑	↓	↑	↓
물엿	35~50	↑	↑	↓	↑	↓
분말상 물엿	20~40	작다	작다	크다	작다	크다

· 포도당 당량(dextrose equivalent, D.E.) ;

전분의 가수분해 정도를 나타내며 $\frac{\text{직접환원당(포도당)}}{\text{고형분}} \times 100$으로 계산한다.

가수분해하여 생성된 포도당은 계속적으로 산의 작용을 받아 탈수되어 5-HMF (hydroxymethyl furfural, 제13장 식품의 변색 320페이지 참조)을 생성하며, 이들은 중합되어 갈색의 착색물질을 형성한다.

3) 가열에 의한 분해

건조 상태의 전분을 160~170℃로 가열하면 분해되어 가용성 전분(soluble starch)을 거쳐 덱스트린(dextrin)으로 변화하는데, 이러한 현상을 덱스트린화(dextrinization) 또는 호정화라고 한다. 덱스트린은 전분을 효소나 산으로 가수분해하여도 얻을 수 있다. 덱스트린(호정)은 호화전분보다 물에 잘 용해되며 소화효소의 작용을 받기 쉽지만 점성은 약하다.

쌀, 보리쌀 또는 옥수수를 튀겨서 만드는 팽화곡물(puffed cereals)과 비스킷은 호정화 현상을 이용한 대표적인 가공품이다.

4. 당과 갈색화 반응

당질(糖質)을 가열하면 융점 부근에서 녹기 시작하고, 계속 가열하면 점조성(粘稠性)을 띠는 갈색 물질로 변하는데, 이 물질을 캐러멜(caramel)이라 하고 이와 같은 현상을 캐러멜화 반응(caramelization)이라고 한다. 한편, 대부분의 식품에는 환원당과 아미노기를 지니는 질소화합물들이 함께 존재하고 있는데, 이들은 서로 쉽게 반응하여 자연발생적으로 멜라노이딘(melanoidin)이라고 하는 갈색물질을 형성한다. 이러한 반응을 마이얄(Maillard) 반응이라고 한다. 이들 캐러멜화 반응과 마이얄 반응에 대해서는 제13장 식품의 변색(316페이지)에서 자세하게 설명하였다.

5. 펙틴질의 가수분해

펙틴질은 식물체의 세포간극과 세포막에 함유되어 있고, 셀룰로오스(cellulose)와 함께 세포를 유지하는 중요한 기능을 하는 물질로서 과일이나 채소에 많이 함유되어 있다. 펙틴질에는 프로토펙틴(protopectin), 펙틴산(pectinic acid) 및 펙트산(pectic acid)이 있는데, 과일 등이 미숙할 때에는 프로토펙틴의 상태로 존재하지만 숙성함에 따라 이 프로토펙틴은 펙틴산이나 펙트산으로 분해된다(제3장 탄수화물 79페이지 참조). 프로토펙틴은 산, 알칼리 및 효소 등에 의하여 분해되는데, 주요한 효소에는 프로토펙티나아제(protopectinase) 등이 있다.

제 11 장

지질의 변화

개 요

식용 유지를 장기간 저장하거나 높은 온도에서 가열하면 점성이 커지고 변패취가 발생하는 등의 변화가 발생하는데, 이와 같은 현상을 유지의 변질이라고 한다. 변질된 유지에는 여러 가지 종류의 변패 생성물이 존재하기 때문에 불쾌취나 변패취가 나며, 또한 변질된 유지 중에 존재하는 과산화물 등은 건강에도 나쁜 영향을 미치게 된다.

유지의 변질은 주로 산화반응에 의하여 진행되는데, 이 산화반응은 크게 자동산화, 가열산화 그리고 효소에 의한 산화로 나누어진다. 자동산화는 유지를 저장 또는 이용하는 중에 유지가 공기중의 산소와 반응하여 자발적으로 변질되는 것을 말한다. 유지를 고온에서 가열하면 자동산화 반응이 더욱 촉진되며 동시에 열분해 반응과 중합반응 등이 발생한다. 그러므로 고온에서의 유지의 변질은 자동산화반응에 비하여 더욱 복잡하다. 그리고 동물이나 식물조직 중에 존재하는 유지는 그 조직이 손상되면 자체 내에 존재하는 **리폭시게나아제**(lipoxygenase) 등과 같은 여러 종류의 산화효소들에 의해서 산화될 수 있다. 하지만 이러한 효소들은 식용 유지의 제조과정 중에 대부분 불활성화 되기 때문에 식용 유지의 산화에는 그다지 큰 영향을 주지는 않는다.

식용 유지의 저장 및 이용 중에는 여러 가지 이유로 유지가 쉽게 변질되기 때문에 유지의 변질에 대하여 이해하고 이를 방지하는 것은 대단히 중요하다.

이 장의 줄거리

1. 유지가 산소와 반응하여 산화되고, 결국 불쾌한 냄새와 맛을 내어 이용이 불가능하게 되는 현상을 유지의 산패라고 한다. 이 반응은 일단 시작되면 그 다음부터는 자동적으로 진행되기 때문에 자동산화라고 한다. 자동산화에 영향을 주는 요인에는 산소, 온도, 지방산의 불포화도, 광선, 금속, 생화학적 물질, 수분 및 산화 억제물질 등이 있다.
2. 리폭시게나아제는 필수지방산을 산화시켜 과산화물을 생성하는 반응을 촉매한다.
3. 유지가 고온에서 가열되면 열분해 반응, 산화반응 및 중합반응 등이 발생하여 변패한다.

4. 유지의 저장 초기에 발생하는 변향의 원인물질은 리놀렌산이다.
5. 유지의 자동산화를 억제하는 항산화제에는 천연 항산화제(토코페롤, 고시폴, 세사몰, 레시틴 및 프라보노이드 등)와 인공 항산화제(BHT, PG, BHA 및 TBHQ 등)가 있다.

1. 자동산화

유지를 오래 저장하면 유지가 공기중의 산소와 반응하여 산화되고, 결국 불쾌한 냄새와 맛을 내어 이용이 불가능하게 되는데 이와 같은 현상을 유지의 산패(酸敗, rancidity) 또는 변패(變敗)라고 한다. 유지가 산화되면 아래 설명에서 보는 바와 같이 과산화물(hydroperoxide)을 생성하는데, 이것은 불안전하기 때문에 쉽게 **알데히드류**(aldehydes)나 **케톤류**(ketones) 등으로 분해된다. 이들이 바로 산패유의 불쾌한 냄새성분이다. 이와 같은 과정은 유지의 산화를 더욱 촉매하기 때문에 일단 이 반응이 시작되면 그 다음부터는 자동적으로 반응이 진행된다. 그러므로 이 반응을 유지의 자동산화(自動酸化, autoxidation)라고 한다.

1) 자동산화 반응기구

유지의 자동산화는 유지분자가 공기중의 산소와 반응하여 과산화물과 카르보닐 화합물을 생성하면서 변질되는 과정이다. 이 반응은 그림 11-1에서 보는 바와 같이 연쇄반응이다.

▸ **리폭시게나아제**(EC 1.13.11.12, lipoxygenase)

리폭시다아제(lipoxidase)라고도 불리며, 산화환원효소의 일종으로 필수지방산을 산화시켜 과산화물(hydroperoxide)를 생성한다. 특히 대두(콩) 가공품 특유의 콩 냄새(*n*-hexanal)는 이 효소에 의한 것이다. 동물조직에 널리 분포하며, 식물에서는 콩, 가지 및 감자 등에서 활성이 높다.

▸ **알데히드류**(aldehydes)

카르보닐 화합물의 일종으로 R-CHO로 나타낸다. 알코올의 산화형으로 더욱 산화되면 카르복시산(carboxylic acid)이 된다. 반응성이 풍부하며 자극적인 것은 냄새가 있다. 식품 중에는 지방산의 산화생성물, 아미노-카르보닐 반응의 중간체 및 야채의 향기성분으로 존재한다.

▸ **케톤류**(ketones)

R_1R_2CO와 같은 일반식을 갖는 화합물을 말한다. 즉 카르보닐기가 2개의 탄화수소기(R_1 또는 R_2)와 결합한 화합물의 총칭이다.

(1) 초기반응

제4장 지질에서 설명한 바와 같이 유지는 글리세롤과 지방산이 에스테르 결합한 것인데, 이 결합은 유지를 이용하는 중에 가열 등과 같은 물리적 작용에 의하여 분해되고, 그 결과 유지 중에는 **유리지방산**(free fatty acid)이 생성되게 된다. 이 유리지방산이 아래 반응식에서 보는 바와 같이 균등 개열되거나 열, 빛 및 방사선 등에 의하여 분해되면 탈수소되어 **유리라디칼**(free radical)이 생성되는데, 이 유리라디칼과 공기중의 산소가 반응하여 유지의 자동산화 반응이 시작된다.

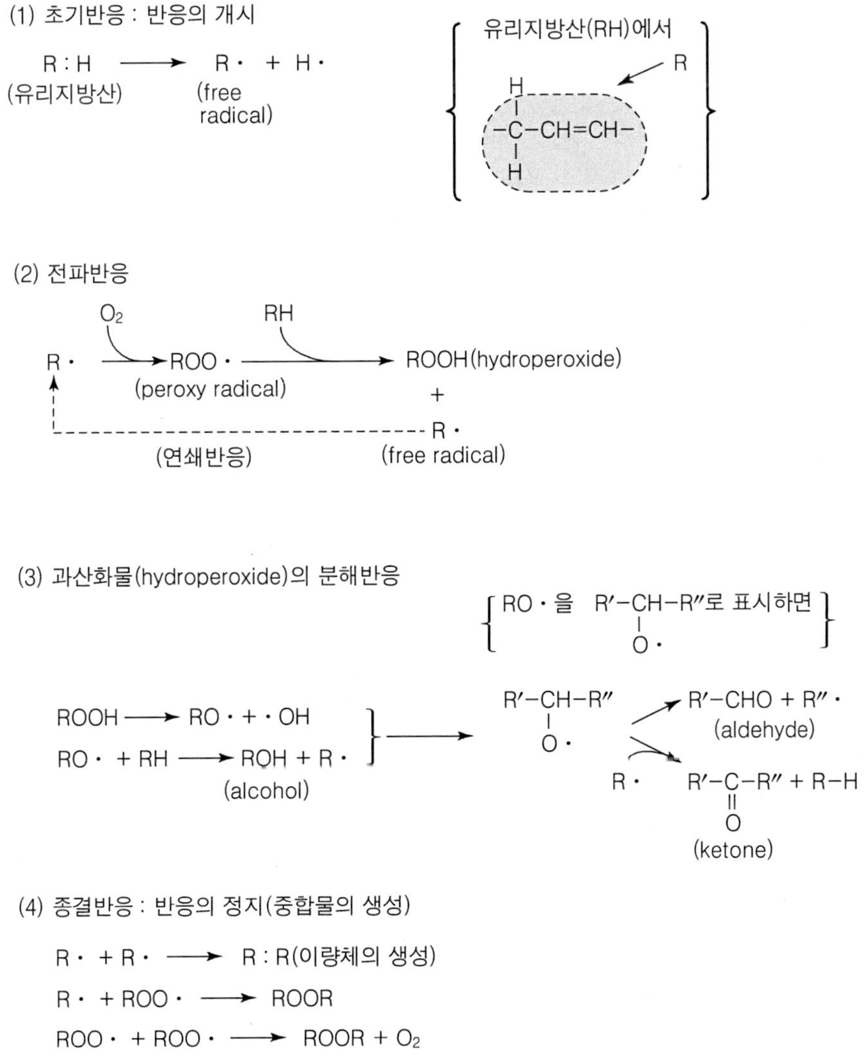

(1) 초기반응 : 반응의 개시

R : H ⟶ R· + H·
(유리지방산) (free radical)

{ 유리지방산(RH)에서 R: –CH₂–CH=CH– 의 H }

(2) 전파반응

R· + O_2 ⟶ ROO· (peroxy radical)

ROO· + RH ⟶ ROOH(hydroperoxide) + R· (free radical)

R· ⇢ R· (연쇄반응)

(3) 과산화물(hydroperoxide)의 분해반응

{ RO·을 R′–CH(O·)–R″로 표시하면 }

ROOH ⟶ RO· + ·OH
RO· + RH ⟶ ROH + R·
(alcohol)

⟶ R′–CH(O·)–R″ ⟶ R′–CHO + R″· (aldehyde)

R′–CH(O·)–R″ + R· ⟶ R′–C(=O)–R″ + R–H (ketone)

(4) 종결반응 : 반응의 정지(중합물의 생성)

R· + R· ⟶ R : R(이량체의 생성)

R· + ROO· ⟶ ROOR

ROO· + ROO· ⟶ ROOR + O_2

그림 11–1. 자동산화 반응기구

$$-CH_2-CH=CH- \longrightarrow -\dot{C}H-CH=CH- + \cdot H$$

free fatty acid　　　　free radical

일반적으로 유리라디칼은 포화지방산보다는 불포화지방산에서 발생하기 쉽다. 불포화지방산에서 유리라디칼이 생성되는 위치는 이중결합이 하나일 때에는 이중결합에

▸ **유리지방산(free fatty acid)**

유지를 형성하는 글리세롤과 지방산의 에스테르 결합이 분해되어 생성된 지방산을 말한다.

▸ **유리라디칼(free radical)**

한 개 또는 그 이상의 부대전자를 갖는 분자 혹은 원자를 말하며, 라디칼이라고도 한다. 주로 전자의 이동 또는 균등분해(homolysis, A－B → A・+ B・)에 의해 생성되지만, 그 원인으로는 광분해, 방사선 분해 및 열분해 등을 들 수 있다. 할로겐, 할로겐 화합물, 과산화물 및 유기금속 화합물 등에서 생성되기 쉽다. 유리라디칼은 안정한 것도 있지만, 일반적으로 반응성이 풍부하기 때문에 빠르게 반응하여 변화한다. 식품에서는 유지의 자동산화와 중합 등에서 중요한 역할을 한다.

체내에서 유리라디칼은 주로 노화와 질병의 원인으로 알려져 있다. 유리라디칼은 산소분자와 같이 반응성이 매우 낮은 것부터 과산화물 라디칼(superoxide radical, O_2・), 히드록시 라디칼(hydroxyl radical, OH・), 과산화수소(hydrogen peroxide, H_2O_2) 및 일중항 산소(singlet oxygen, $^1O_2$) 등과 같이 반응성이 매우 높은 것까지 그 종류가 다양하다. 이들은 생체에 치명적인 산소독성을 일으키며, 결과적으로 세포막 분해, 단백질 분해, 지질산화 및 DNA 변성 등을 초래하여 세포의 기능장애, 암, 뇌졸중, 파킨슨병, 심장질환, 동맥경화, 염증, 노화 및 자가면역질환 등의 각종 질병을 일으키는 것으로 알려져 있다. 또한 이들이 생체막의 구성성분인 불포화지방산과 반응하여 생성되는 과산화지질이 체내에 축적되면 생태기능의 저하, 노화 및 성인병 등을 유발하는 것으로 알려져 있다. 그러므로 이러한 질병들의 치료와 예방을 위하여 이들의 작용을 방해하는 항산화물질이 주목받고 있으며, 그 중 천연물에서 추출한 천연 항산화제에 관한 연구가 활발하다.

▸ **활성산소(reactive oxygen species)**

일반적으로 존재하는 기저상태의 삼중항산소($^3O_2$) 보다 반응성이 크고 활성이 풍부한 산소종을 말하는데, 삼중항산소의 환원으로 생성되는 슈퍼옥시드(O_2^-), 과산화수소(H_2O_2), 히드록시라디칼(・OH) 그리고 일중항산소($^1O_2$) 등이 이에 속한다. 그러나 유지의 자동산화 시에 발생하는 알콕시라디칼(RO・), 퍼옥시라디칼(ROO・)과 오존(O_3), 이산화질소(NO_2) 등과 같은 반응성이 높은 산소화합물도 활성산소 종에 포함시키는 경우가 많다. 활성산소는 강한 산화력을 지니기 때문에 세포막 분해, 단백질 분해, 지방산화, DNA 합성억제, 광합성 억제 및 엽록체의 파괴 등과 같이 생체 내에서 심각한 장애를 유발하는 것으로 알려져 있다. 하지만 생명체 내에는 항산화작용을 촉매하는 카탈라아제(catalase), 수퍼옥시드 디스무타아제(superoxide dismutase) 등과 같은 효소들 그리고 비타민 C와 토코페롤(비타민 E) 등과 같은 항산화제들이 존재하기 때문에 일반적인 대사과정에서 발생되는 활성산소의 작용은 억제되며, 외부적인 어떤 요인이 개입하지 않을 경우 생체는 산화환원의 균형을 유지하고 있다.

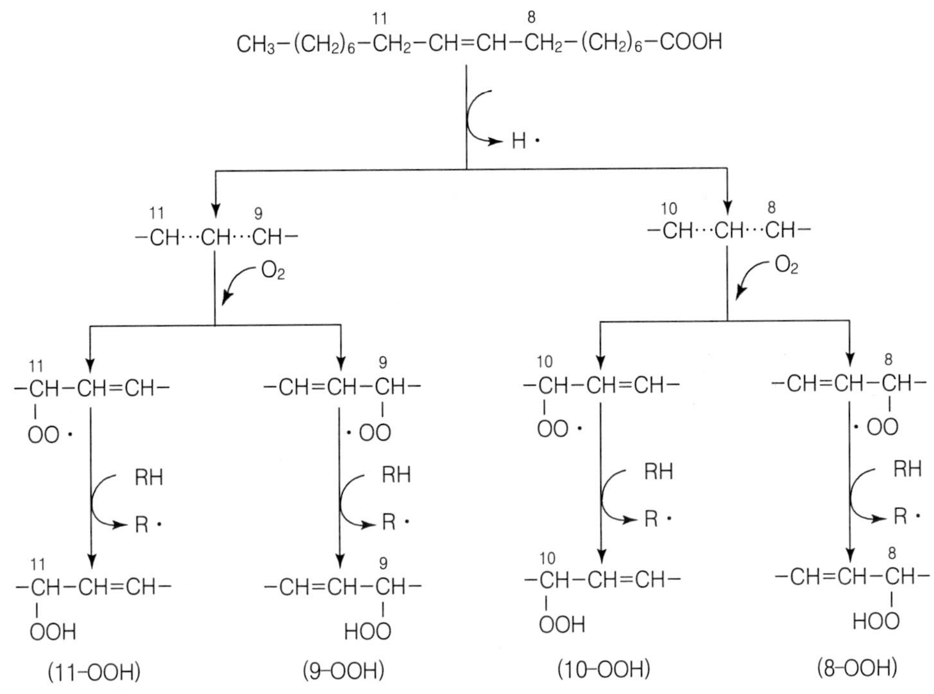

그림 11-2. 올레산(oleic acid)으로부터 과산화물의 생성

인접한 메틸렌기(methylene group, >CH_2) 그리고 이중결합이 두 개 이상일 때에는 그 사이에 끼어 있는 메틸렌기에서 발생하기 쉽다(그림 11-2).

(2) 전파반응

아래 반응식에서 보는 바와 같이 유리라디칼은 공기중의 산소와 반응하여 **퍼옥시라디칼**(peroxy radical)로 되고, 이것은 또 다른 새로운 유리지방산과 반응하여 새로운 다양한 형태의 유리라디칼을 생성하면서 과산화물(hydroperoxide)을 만든다. 이 반응은 연쇄적, 계속적으로 유리라디칼(free radical)을 생성하므로 연쇄반응이며, 그 결과 산화가 급격히 진행되고 유지의 과산화물가도 상승하게 된다. 과산화물이 체내에 축적되면 생태기능의 저하, 노화 및 성인병 등을 유발하는 것으로 알려져 있다.

▸ **퍼옥시라디칼**(peroxy radical)

유리라디칼은 산소와 반응하여 퍼옥시라디칼로 되고, 퍼옥시라디칼은 다른 유리지방산에서 수소원자를 빼앗아 과산화물로 된다. 퍼옥시라디칼은 유리라디칼보다 반응성이 더욱 강하다.

R·	+	O_2	→	ROO·		
free radical				peroxy radical		

ROO·	+	RH	→	ROOH	+	R·
peroxy radical		새로운 유리지방산		hydroperoxide		free radical

(3) 과산화물의 분해반응

과산화물은 분해되어 알코올(alcohol), 알데히드(aldehyde) 및 케톤(ketone) 등의 화합물과 새로운 유리라디칼을 생성한다. 그러므로 유지의 산패가 많이 진행되면 **과산화물가**는 감소하고, **카르보닐가**와 **산가**는 증가한다. 이때 생성된 알데히드와 케톤 등은 유지에 나쁜 냄새와 맛을 부여한다.

ROOH	→	RO·	+	·OH
hydroperoxide		alkoxy radical		hydroxyl radical

RO·	+	RH	→	ROH	+	R·
alkoxy radical		새로운 유리지방산		alcohol		free radical

(4) 종결반응

자동산화 반응에서 유지 중에 유리라디칼을 생성할 수 있는 유리지방산의 양이 감소하면 또는 아래 반응식에서 보는 바와 같이 유리라디칼(R·)과 유리라디칼(R·), 유리라디칼(R·)과 퍼옥시라디칼(ROO·) 그리고 퍼옥시라디칼(ROO·)과 퍼옥시라디칼(ROO·)이 중합하여 안정된 산화중합물을 만들면서 유지 중에 라디칼이 존재하지 않으면 유지의 자동산화 반응은 정지된다. 유지 중에 이러한 중합물이 많아지면 유지의 점도가 상승하게 되고, 결국 유지는 변패하게 된다. 이와 같은 유지의 자동산화에 의한 변패를 자동산패라고 한다.

R·	+	R·	→	RR
free radical		free radical		

R·	+	ROO·	→	ROOR
free radical		peroxy radical		

ROO·	+	ROO·	→	ROOR + O_2
peroxy radical		peroxy radical		

▸ **과산화물가, 카르보닐가, 산가**

제4장 지질 117페이지를 참조한다.

이러한 변화로 자동산화가 진행된 유지는 맛과 냄새가 나빠지고 영양가가 저하되며, 나아가서는 유독성분(과산화물 등)도 함유하므로 유지의 자동산화는 식품저장이나 이용에 있어서 해결하여야 할 매우 중요한 문제 중의 하나이다.

2) 자동산화에 영향을 주는 요인

(1) 산소

유지의 자동산화에 가장 크게 영향을 미치는 요인은 산소이다. 산소의 농도가 낮은 상태에서는 유지의 자동산화 속도는 산소의 양에 비례하지만, 산소의 농도가 어느 정도(150 mmHg) 이상 높아지면 유지의 자동산화 속도는 산소의 양에 영향을 받지 않는다. 때문에 유지 관련 식품을 포장할 때에 진공 포장하거나 질소 충진하는 것은 산패를 방지하는 좋은 방법이라고 할 수 있다(그림 11-3).

(2) 온도

온도가 높아짐에 따라 유지의 자동산화 속도는 커진다. 온도의 상승이 유지의 자동산화 속도에 미치는 영향은 일반적인 화학반응에서 보다 훨씬 크다. 그 이유는 온도가 상승함에 따라 유지의 자동산화 속도가 빨라질 뿐만 아니라 과산화물의 분해속도도 빨라지기 때문에 유리라디칼의 생성량이 배가(倍加)되기 때문이다. 불포화지방산의 자동산화는 실온에서도 진행되기 때문에 유지를 저온으로 저장하는 것은 유지의 자동산화를 억제하는 좋은 방법이라고 할 수 있다(그림 11-4).

(3) 지방산의 불포화도

유지 중에 불포화지방산의 함량이 높으면 산패되기 쉬우며, 불포화도가 크면 클수

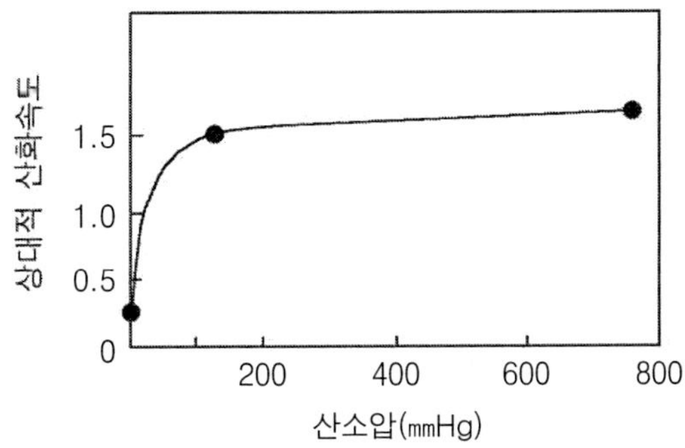

그림 11-3. 산소압과 리놀레산염(ethyl linoleate)의 상대적 산화속도(17 mmHg에서의 산화속도 : 1)

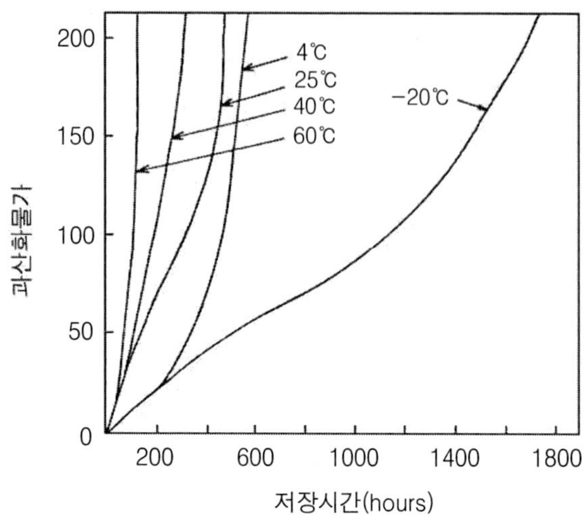

그림 11-4. 옥수수 기름의 산화에 미치는 온도의 영향

표 11-1. 여러 가지 지방산의 자동산패 유도기간과 상대적 산화속도(25℃)

지방산	탄소 및 이중결합수	유도기간(hr)	상대적 산화속도
Stearic acid	18 : 0		1
Oleic acid	18 : 1	82	100
Linoleic acid	18 : 2	19	1,200
Linolenic acid	18 : 3	1.34	2,500

록 유지의 산패는 더욱 활발하게 일어난다. 자동산화에 의한 과산화물의 생성속도는 유지를 구성하는 지방산의 이중결합수에 좌우된다. 예를 들면 이중결합이 3개인 리놀렌산(linolenic acid)은 이중결합이 1개인 올레산(oleic acid)의 약 20～25배 정도인 것으로 알려져 있다.

포화지방산의 자동산화에 대해서는 아직 충분한 연구가 진행되어 있지 않지만, 포화지방산의 산화는 매우 느리게 진행된다. 예를 들면 불포화지방산에서는 산화 생성물이 충분히 검출될 정도로 자동산화가 진행되었는데도 포화지방산은 거의 영향을 받지 않을 정도이다. 하지만 열, 빛 및 산소 등이 충분히 공급되면 포화지방산에서도 유리라디칼이 생성되어 천천히 산화된다(표 11-1).

(4) 광선

광선은 유지의 산화를 촉진시킨다. 특히 파장이 짧을수록 그 영향이 크며, 자외선은 유지의 산패를 강하게 촉진시킨다. 그러므로 유지를 저장할 때에 빛을 차단할 수 있는

표 11-2. 빛의 파장이 여러 가지 유지의 산패에 미치는 영향

조사한 빛의 파장 (nm)	과산화물가(72시간 조사 후)		
	옥수수유	면실유	돈지
413～483	4.31	4.79	2.47
488～544	2.28	3.87	1.10
524～580	1.26	2.61	1.12
566～637	0.20	2.30	1.56
610～694	0.07	1.74	1.02

포장을 하거나 용기에 담아두면 유지의 자동산화를 방지하는데 도움이 된다(표 11-2).

(5) 금속

금속 및 금속이온은 과산화물의 분해를 촉진함으로써 극미량으로도 유지의 자동산화 반응에서 연쇄반응을 촉진시킨다. 특히 구리(Cu), 코발트(Co), 철(Fe), 망간(Mn), 니켈(Ni) 및 주석(Sn) 등과 같은 산화환원이 쉬운 금속들은 유지의 자동산화에 크게 영향을 준다. 이들 금속들의 자동산화 촉진작용은 구리>철>니켈>주석의 순이다. 이들 금속들은 0.1 ppm의 매우 낮은 농도에서도 유지의 산화속도를 크게 증가시키기 때문에 유지를 가공하거나 이용할 때에는 금속으로 된 용기나 기구에 대하여 특히 주의하여야 한다.

(6) 생화학적 물질

헤모글로빈(hemoglobin), **미오글로빈**(myoglobin) 및 **시토크롬**(cytochrome) 등과 같은 **헴**(heme) 화합물은 과산화물로부터 유리라디칼이 생성되는 반응을 촉매하기 때

▸ **헤모글로빈(hemoglobin), 미오글로빈(myoglobin)**

제15장 식품의 색 393페이지를 참조한다.

▸ **시토크롬(cytochrome)**

제8장 무기질 222페이지를 참조한다.

▸ **헴(heme)**

프로토포르피린(protoporphyrin)에 2가 철이온((Fe^{2+})이 배위결합한 착이온을 말하는데, 헤모글로빈, 미오글로빈 및 시토크롬 등에 존재하고, 생체에 널리 분포한다(제15장 식품의 색 393페이지 참조).

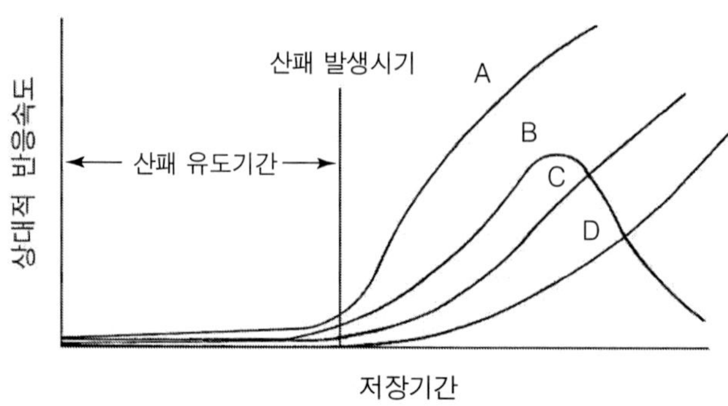

그림 11-5. 유지의 자동산화 과정 중 주요 반응의 속도

A ; 산소의 흡수속도
B ; 과산화물(hydroperoxide)의 생성속도
C ; 최종 산화생성물(carbonyl compounds)의 생성속도
D ; 점도(viscosity)의 증가속도

문에 유지 자동산화 반응의 유도기간(그림 11-5)을 단축시키는 것으로 알려져 있다.

(7) 수분

식품에 존재하는 수분은 그 양이 작을 경우에는 유지의 자동산화를 억제한다고 알려져 있다. 예를 들면 일반적으로 수분활성도 0.1 정도에서는 유지의 자동산화 속도가 급격하게 증가하지만, 0.3 정도에서는 자동산화 속도가 최소가 된다. 이와 같은 현상은 식품 중에 존재하는 수분이 유지의 자동산화를 촉진하는 금속의 작용을 억제하거나 또는 유지분자와 산소와의 접촉을 방해하기 때문이다. 하지만 많은 양의 수분이 존재하면 유지의 자동산화 반응은 촉진된다.

(8) 산화 억제물질

유지의 산패를 억제하는 물질을 말하는데, 유지 중에 산화 억제물질이 존재하면 자동산화 반응이 어느 정도 억제된다. 이것에 대해서는 유지의 변질 방지법(297페이지)에서 자세히 설명하기로 한다.

3) 유지의 자동산화 과정을 나타내는 곡선

그림 11-5에서 보는 바와 같이 유지 자동산화의 유도기간 중에는 산소 소비량, 산화생성물의 양 및 과산화물 생성량 등에 큰 변화가 없다. 하지만 유도기간이 지나면 산소의 소비량과 산화생성물의 양이 급격히 계속적으로 증가하는데 비하여, 과산화물

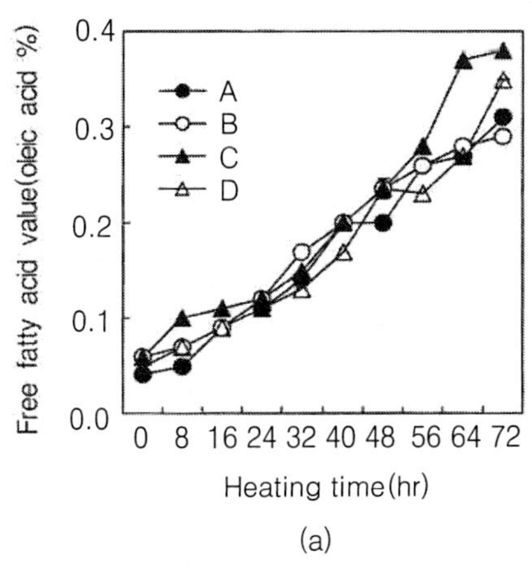

(a)

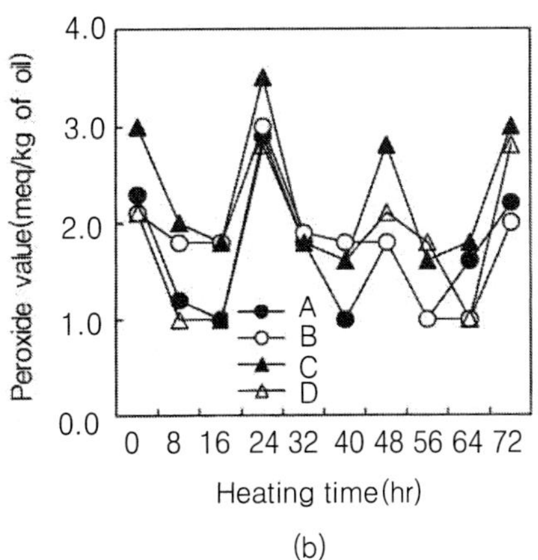

(b)

그림 11-6. 대두유의 가열중 산가(a)와 과산화물가(b)의 변화
(윤석후 등, 정제 전 저장조건이 정제대두유의 품질 및 가공적성에 미치는 영향에 관한 연구, 한국식품연구원 보고서, 2005)

의 생성량은 증가하다가 분해반응에 의하여 감소하게 된다.

그림 11-6은 4종류의 대두유(A, B, C, D)를 190℃에서 72시간 동안 냉동감자 튀김에 사용하였을 때 여러 가지 물리화학적 성질의 변화를 나타낸 것이다. 가열시간이 길어질수록 산가(acid value, 제4장 지질 117페이지 참조)는 계속적으로 증가하고, 과산화물가(peroxide value, 제4장 지질 118페이지 참조)는 증가와 감소를 반복하는 것을 볼 수 있다. 과산화물가의 이와 같은 변화는 가열 초기에 과산화물이 생성되었다가 가열이 진행됨에 따라 과산화물의 생성속도와 분해속도에 차이가 발생하기 때문이라고 생각된다.

2. 효소에 의한 유지의 산화

동식물체에는 여러 종류의 리파아제(EC 3.1.1.3, lipase)가 존재한다. 이들 효소에 의하여 유지가 가수분해되어 유리지방산이 생성되면 결국 유지는 자동 산화되어 변패된다(그림 11-7). 또한 동식물체에는 여러 종류의 산화효소들이 존재하는데, 저장이나 이용 중에 조직이 손상되면 이들 산화효소에 의한 유지의 산화가 촉진된다. 유지의 산화를 촉매하는 효소 중에 대표적인 것으로는 리폭시게나아제(EC 1.13.11. 12, lipoxygenase)가 있다(그림 11-8). 이 효소는 필수지방산을 산화시켜 과산화물(hydroperoxide)을 생성하는 반응을 촉매하는데, 활성화에너지(제7장 효소, 192페이지 참조)가 대단히 작기 때문에 낮은 온도에서도 자동산화 반응을 촉매한다.

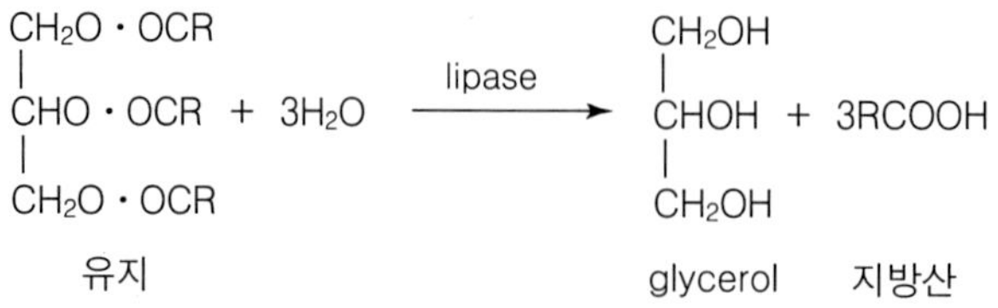

$$\begin{array}{l} CH_2O \cdot OCR \\ | \\ CHO \cdot OCR \\ | \\ CH_2O \cdot OCR \end{array} + 3H_2O \xrightarrow{\text{lipase}} \begin{array}{l} CH_2OH \\ | \\ CHOH \\ | \\ CH_2OH \end{array} + 3RCOOH$$

유지 glycerol 지방산

그림 11-7. 리파아제에 의한 유지의 가수분해

RH + lipoxygenase ⟶ RH-lipoxygenase

RH-lipoxygenase+O_2 ⟶ RH-O_2-lipoxygenase

RH-O_2-lipoxygenase ⟶ (R · + · OOH)-lipoxygenase

(R · + · OOH)-lipoxygenase ⟶ ROOH-lipoxygenase

ROOH-lipoxygenase ⟶ ROOH + lipoxygenase

그림 11-8. 리폭시게나아제(lipoxygenase)에 의한 필수지방산의 자동산화과정

RH ; 필수지방산

ROOH ; 과산화물(hydroperoxide)

대두 중에 존재하는 리폭시게나아제는 대두 중의 지질을 산화시켜 맛과 향에 변화를 준다. 즉 콩의 비린 맛, 쓴맛, 떫은맛 및 불쾌한 냄새 등을 생성한다. 예를 들면 리폭시게나아제에 의하여 필수지방산 중의 하나인 리놀레산(linoleic acid)이 산화되어 생성되는 헥사날(hexanal)은 콩 비린내의 대표적인 성분이다. 하지만 이와 같은 반응은 동식물체의 조직에 손상이 있어야만 발생한다. 즉 조리하지 않은 콩은 비린내를 내지 않는다. 리폭시게나아제의 작용을 억제하는 방법에는 가열(100℃에서 2~3분), 알코올에 침지하고 가열(40~60℃), pH 9.8의 완충용액에 침지하고 91℃에서 10초 가열 그리고 오이의 경우는 소금물에 3일 침지하는 방법 등이 있다. 또한 두유 제조 시에도 마쇄 전에 콩을 10분 이상 열처리하면 헥사날(hexanal) 함량을 크게 줄일 수 있다고 한다.

3. 가열에 의한 유지의 변패

일반적으로 유지를 이용할 때에는 튀김에서와 같이 높은 온도로 가열을 하게 된다. 유지가 고온에서 가열되면 열분해반응, 산화반응 및 중합반응 등이 발생하는데, 이러한 반응들은 동시에 진행되므로 그 반응기구가 대단히 복잡하다.

1) 열분해 반응

유지를 가열하면 150℃ 정도에서 연기를 내면서 분해되기 시작한다. 먼저 유지가 지방산과 글리세롤(glycerol)로 분해되고, 지방산은 더욱 분해되어 저급지방산과 알데히드(aldehyde) 등의 휘발성 물질을 생성하며, 글리세롤은 탈수되어 자극적인 냄새를 내는 아크로레인(acrolein, CH_2=CHCHO)을 생성한다. 유지를 고온으로 가열할 때 생기는 자극성 냄새는 이와 같은 분해 생성물에 기인하는 것이다.

2) 산화반응

고온에서는 유지의 자동산화 반응이 더욱 가속화 된다.

3) 중합반응

유지를 200~230℃ 정도의 고온에서 오래 가열하면 열 산화 중합반응에 의하여 유지 중에 비휘발성의 중합체가 생성되는데, 이들 중합체의 종류와 양은 가열온도 등에 따라 달라진다(그림 11-9). 이와 같은 중합체들은 인체에 해로울 뿐만 아니라 유지의 여러 가지 물리화학적 성질을 변화시킨다. 즉 요오드가(제4장 지질 115페이지 참조), 발연점 및 산화안정성을 감소시키고, 점도와 굴절률을 증가시키며 그리고 착

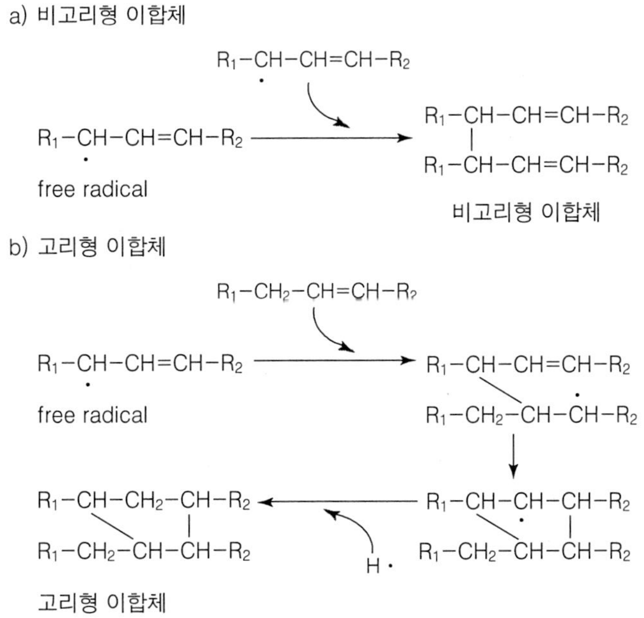

a) 비고리형 이합체

R_1-ĊH-CH=CH-R_2

R_1-ĊH-CH=CH-R_2 → R_1-CH-CH=CH-R_2 / R_1-CH-CH=CH-R_2

free radical

비고리형 이합체

b) 고리형 이합체

R_1-CH_2-CH=CH-R_2

R_1-ĊH-CH=CH-R_2 → R_1-CH-CH=CH-R_2 / R_1-CH_2-CH-ĊH-R_2

free radical

↓

R_1-CH-CH_2-CH-R_2 / R_1-CH_2-CH-CH-R_2 ← H· ← R_1-CH-ĊH-CH-R_2 / R_1-CH_2-CH-CH-R_2

고리형 이합체

그림 11-9. 중합반응에 의하여 생성되는 이합체(dimer)의 예

▸ **중합반응**(polymerization)

단위화합물의 분자가 2개 이상 결합하여 단위화합물의 정수배 분자량을 지니는 화합물을 생성하는 반응.

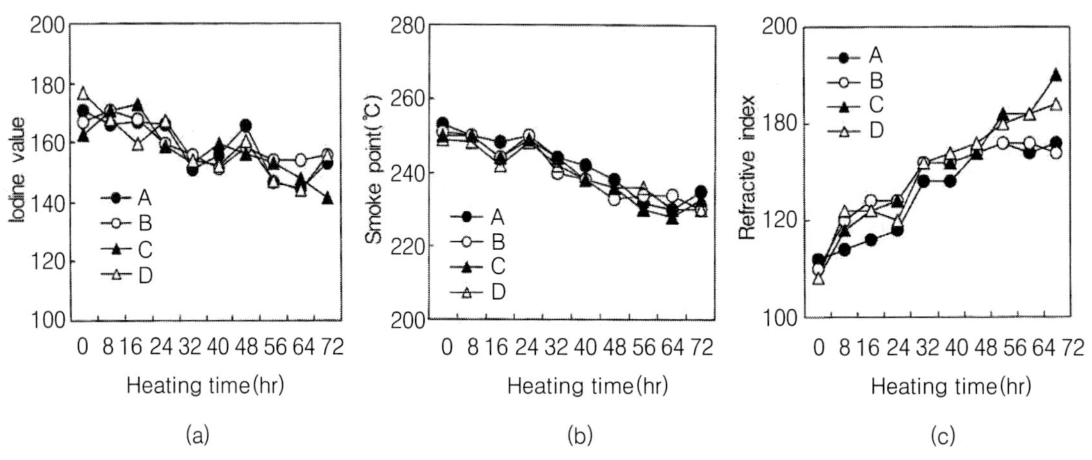

그림 11-10. 4가지 대두유의 가열(190℃)중 요오드가(a), 발연점(b) 및 굴절률(c)의 변화
(윤석후 등, 정제 전 저장조건이 정제대두유의 품질 및 가공적성에 미치는 영향에 관한 연구, 한국식품연구원 보고서, 2005)

색, 거품 등과 같은 현상이 발생하여 튀김 및 튀김식품에 바람직하지 않은 결과를 가져온다(그림 11-10).

4. 변 향

정제한 식용유를 실온에 방치하면 수일 내에 좋지 않은 냄새가 발생하는 경우가 있는데, 이와 같은 현상을 변향(變香, flavor reversion)이라고 부른다. 변향은 유지의 저장 초기에 생성되며, 자동산화에 필요한 산소량의 1/50 정도에서도 발생하기 때문에 산패취와는 다른 것이다.

변향에는 유지 중의 고도불포화지방산, 이 중에서도 특히 리놀렌산(linolenic acid)이 크게 관여하는 것으로 알려져 있다. 참고로 우리나라에서 많이 소비되는 대두유에는 이 리놀렌산이 6～8% 정도로 많이 함유되어 있다. 변향은 기름의 종류에 따라서 다르지만, 초기에는 콩냄새(beany), 이어서 풀냄새(grassy)가 되고, 나중에는 비린 냄새(fishy)가 나는데, 주성분은 **2-펜틸 푸란**(2-pentyl furan) 등이라고 알려져 있지만 정확하게 밝혀져 있지 않다.

5. 유지의 변질 방지법

앞에서도 설명한 바와 같이 유지는 주로 자동산화, 가열, 효소에 의한 산화 그리고 변향 등에 의하여 변질된다. 이와 같은 유지의 변질은 일반적으로 저온저장, 빛의 차단, 포장용기 중의 공기를 이산화탄소(CO_2) 또는 질소(N_2)로 치환, 진공포장, 기름의 과열 방지, 유지의 가열 중에 공기 접촉 방지, 가열 등에 의한 효소의 불활성화 및 항산화제의 이용 등의 방법으로 방지할 수 있다. 여기에서는 여러 가지 유지의 변질 방지법 중에 항산화제에 대하여 구체적으로 설명하고자 한다.

1) 항산화제의 정의

유지의 자동산화 반응에 의한 변패를 억제하는 물질을 항산화제(antioxidant)라고 하는데, 일반적으로 항산화제는 유지의 초기 산패를 억제하는 효과는 있지만 산패가 어느 정도 진행된 유지에서는 그 효과를 기대하기가 어려운 것으로 알려져 있다.

2) 항산화제의 반응기구

항산화제에는 여러 가지 종류가 있는데, 이들의 항산화 반응기구는 각각 다르다. 예를 들면 페놀화합물이나 토코페롤(비타민 E) 등은 유지에 수소 라디칼(H・)을 제공하여 유지 중에 존재하는 유리라디칼(free radical)의 연쇄반응을 종결시키며, 인산, 구연산 및 **EDTA** 등은 자동산화에 영향을 주는 금속물질을 제거하여 산화반응을 억제하고, **글루코오스 옥시다아제**, **카탈라아제** 및 **수퍼옥시드 디스무타아제** 등과 같은

▸ **2-펜틸 푸란**(2-pentyl furan)

푸란(제3장 탄수화물 59페이지 참조)의 2번 탄소원자에 펜틸기(pentyl group, $-C_5H_{11}$)가 결합한 화합물이다.

▸ EDTA

제7장 효소 207페이지를 참조한다.

▸ **글루코오스 옥시다아제**(EC 1.1.3.4, glucose oxidase)

글루코오스 산화효소를 말한다. 산소분자를 사용하여 글루코오스를 글루코노-1,5-락톤으로 산화시키는 반응을 촉매하는 효소이다.

▸ **카탈라아제**(EC 1.11.1.6, catalase)

제8장 무기질 222페이지를 참조한다.

▸ **수퍼옥시드 디스무타아제**(EC 1.15.1.1, superoxide dismutase **또는** SOD)

체내에 활성산소가 과량 생산되면 세포장해, 조직장해, 용혈성 빈혈, 혈소판 응고항진 및 지방질 산화 촉진 등을 일으키는데, SOD는 이 활성산소를 제거하는 반응을 촉매하는 효소이다. 즉 활성산소의 불균등화 반응을 촉매하는 효소이다.

▸ **페놀**(phenol)**계 화합물**

페놀화합물의 다양한 항산화력은 그 구조적인 특징과 관련이 높은데, 이들의 항산화력은 금속 킬레이트 작용, 환원작용 및 활성산소의 소거작용 등에 기인하는 것으로 알려져 있다. 아래 그림은 페놀의 구조를 나타낸 것이다.

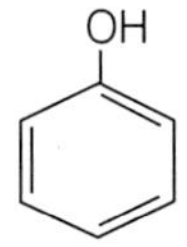

OH

효소들은 반응계에서 산소를 제거하여 산화반응을 억제한다.

식품가공이나 이용 중에 주로 사용하는 항산화제는 **페놀**(phenol)**계 화합물**이다(그림 11-11). 이들은 아래 반응식에서 보는 바와 같이 자동산화 과정의 전파반응에서 생성된 퍼옥시라디칼(peroxy radical, ROO・)과 유리라디칼(R・)에 수소를 제공함으로써 새로운 유리라디칼의 생성을 억제하고, 자동산화의 연쇄반응을 정지시키는 것으로 알려져 있다.

$$\underset{\text{항산화제}}{AH} + \underset{\text{유리라디칼}}{R\cdot} \longrightarrow RH + A\cdot$$

$$\underset{\text{항산화제}}{AH} + \underset{\text{퍼옥시라디칼}}{ROO\cdot} \longrightarrow \underset{\text{Hydroperoxide}}{ROOH} + A\cdot$$

3) 천연 항산화제와 인공 항산화제

항산화제에는 천연 항산화제와 인공(합성) 항산화제가 있는데, 천연 항산화제는 값

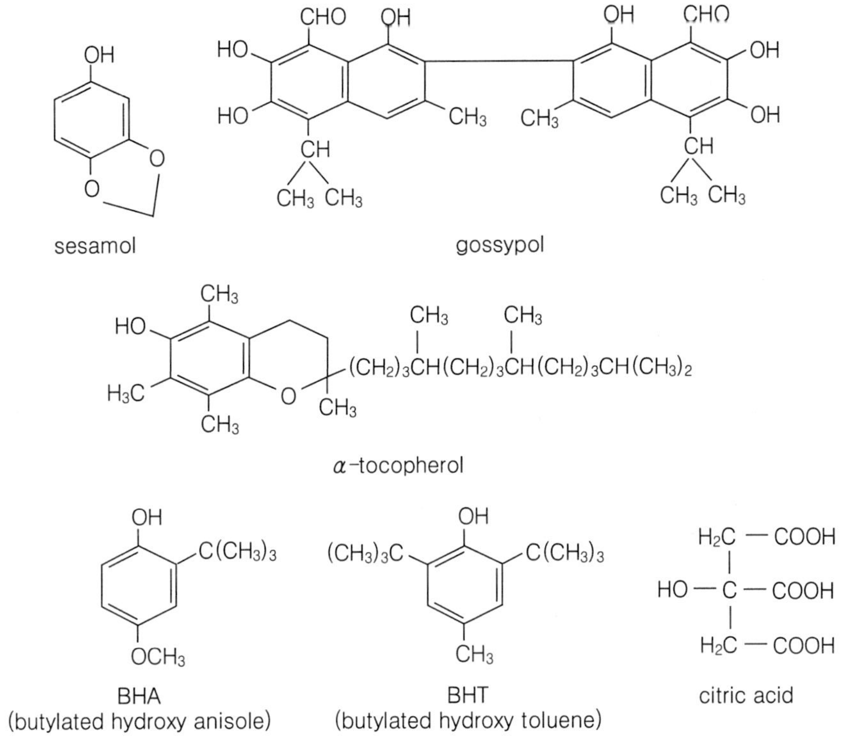

sesamol gossypol

α-tocopherol

BHA (butylated hydroxy anisole) BHT (butylated hydroxy toluene) citric acid

그림 11-11. 대표적인 산화방지제와 상승제의 구조

이 비싸고 항산화력이 약하며, 인공 항산화제는 값이 싸고 항산화력이 크지만 식품위생 측면에서 문제가 있다(표 11-3). 천연 항산화제에는 토코페롤(tocopherol), 고시폴(gossypol), 세사몰(sesamol), 레시틴(lecithin) 및 프라보노이드(flavonoid) 등이 있으며, 이들은 주로 식물성 식품에 많이 들어 있다. 과일 중의 안토시아닌(anthocyanin), 차의 에피카테킨(epicatechin), 대두의 이소프라본(isoflavon), 마늘의 몰식자산(gallic acid), 고추의 캡사이신(capsaicin) 및 생강의 진제론(gingerone) 등도 중요한 천연 항산화제이며, 비효소적 갈변반응에서 생성된 갈색 화합물(melanoidine)도 산화방지제로 알려져 있다. 최근에는 식물에 존재하는 향기성분들이 새로운 천연 항산화제로 인정받고 있다. 이들 향기성분들은 자연계에 풍부하게 존재할 뿐만 아니라 그 항산화효과가 매우 크고 빠르다는 것이 밝혀지면서 향신료, 식물성 허브, 커피 그리고 각종 콩의 향기성분들의 항산화효과와 작용기구에 대한 연구가 최근 주목을 끌고 있다. 인공 항산화제에는 BHT, PG, BHA 및 TBHQ 등이 있는데, 이들은 대체적으로 천연 항산화제에 비하여 항산화능력이 우수하다.

표 11-3. 중요한 산화방지제와 상승제

산화방지제	천연	Tocopherol, Sesamol(참깨), Gossypol(면실), Flavonoid, Caffeic acid 유도체, Aminocarbonyl 반응물
	합성	BHA, BHT, Propyl gallate, Norhydroguaiaretic acid, *dl*-α-Tocopherol, Erythorbic acid(isoascorbic acid), Sodium erythorbate, TBHQ
상승제		Citric acid, Phosphoric acid, Tartaric acid, Malic acid, Ascorbic acid, Phytin, Phospholipid

(1) 천연 항산화제

① 토코페롤

토코페롤(tocopherol, 제9장 비타민 240페이지 참조)은 비타민 E를 말하는데, 식물의 씨앗에 많이 존재하는 항산화제이다. 천연에는 α-, β-, γ-, δ-토코페롤의 4가지가 알려져 있는데, 이 중에서 α-토코페롤이 항산화제로 지정된 식품첨가물이다. 산화방지 효과는 α-토코페롤이 가장 크고 β-(α-의 33% 정도), γ-, δ-의 순이지만 산화 방지력은 그다지 크지 않다.

② 세사몰

참깨에 존재하는 배당체인 세사몰린(sesamolin)이 가수분해되어 얻어지는 산화성 물질이며, 페놀계 화합물이다. 즉 세사몰(sesamol, $C_7H_6O_3$)은 참깨기름에 존재하는 천연 항산화제이며, 참깨기름이 쉽게 산패되지 않는 것은 바로 이것 때문이다.

③ 고시폴

면실(목화씨)의 핵 중에 약 0.6% 정도 존재하는 독성물질이다. 고시폴(gossypol, $C_{30}H_{30}O_8$)은 폴리페놀 화합물이며, 강력한 항산화제이지만 독성이 강하므로 면실유 정제 시에 반드시 제거하여야 한다.

(2) 인공 항산화제

인공 항산화제도 주로 페놀계 화합물이며, BHA(butylated hydroxyanisole), BHT (butylated hydroxytoluene), PG(propyl gallate), EP(ethyl protocachuate), NDGA (nordihydro guaiaretic acid) 및 TBHQ(tertiary butylhydroquinone) 등이 있지만 식품에는 BHA와 BHT가 주로 사용되고 있다.

국내에서 사용이 허가되어 있는 항산화제에는 토코페롤 류, BHA, BHT, TBHQ,

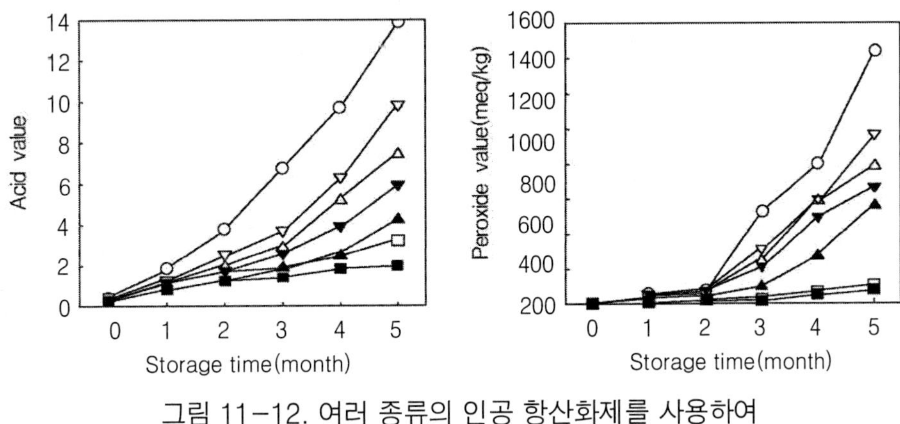

그림 11-12. 여러 종류의 인공 항산화제를 사용하여
튀긴 감자 칩의 저장 안정성

(정병두 등, Korean J. Food Sci. Technol. 29 : 635, 1997)

■-■ ; TBHQ+Silicone, □-□ ; TBHQ, ▲-▲ ; BHA+Silicone,
▼-▼ ; BHT+Silicone, △-△ ; BHA, ▽-▽ ; BHT, ○-○ ; CANOLA

isoamyl gallate 그리고 ascorbic acid 등이 있다. BHA와 BHT 등과 같은 인공 항산화제는 일정한 양(50 mg/kg/day) 이상을 섭취하면 안정성에 문제가 제기될 수 있으며, 과용하면 위장점막, 간, 폐, 신장 및 순환계 등에 심각한 독성을 일으킴은 물론 발암물질로서도 작용할 수 있는 것으로 알려져 있다. 그림 11-12는 여러 종류의 인공 항산화제를 이용하여 튀긴 감자 칩(potato chip)의 저장 안정성과 관련한 실험 결과 TBHQ의 항산화효과가 가장 효과가 큰 것을 보여주고 있다.

4) 상승제

상승제(synergist)는 자신의 항산화효과는 미미하지만 항산화제와 함께 사용하면 항산화제의 효력을 강화시켜 주는 물질이다. 중요한 상승제에는 구연산(citric acid), 주석산(tartaric acid), 인산(phosphoric acid), 피트산(phytic acid), 아스코르브산(ascorbic acid), 레시틴(lecithin) 및 세팔린(cephalin) 등이 있다. 상승제는 아래 반응식에서 보는 바와 같이 항산화제에 수소 라디칼(H·)을 제공하여 항산화제의 효과를 증진시키는데, 구연산 등은 유지의 산화를 촉진하는 금속과 착화합물(제9장 비타민, 254페이지 참조)을 만들어 금속의 산화 촉매작용을 불활성화시킨다.

$$\underset{\text{항산화제}}{AH} + \underset{\text{유리라디칼}}{R\cdot} \longrightarrow RH + A\cdot$$

$$A\cdot + \underset{\text{상승제}}{H\cdot} \longrightarrow \underset{\text{항산화제}}{AH}$$

하지만 유지 중의 항산화제와 상승제가 모두 소비되면 유지의 자동산화는 다시 진행된다. 항산화제와 상승제는 유지 자동산화의 유도기간을 연장시켜 유지의 초기 산패를 억제하는 효과는 있지만, 산패가 어느 정도 진행된 유지에서는 그 효과를 기대하기가 어려운 것으로 알려져 있다. 즉 항산화제와 상승제는 유지의 자동산화가 진행되기 전에 첨가하여야 그 효과를 얻을 수 있다.

제 12 장

단백질의 변화

개 요

단백질은 약 20여 종의 아미노산들이 펩티드(peptide) 결합으로 연결되어 있는 고분자화합물로 그 종류가 다양하며, 각 단백질은 고유의 복잡한 입체구조를 유지하면서 특유의 성질을 가지고 있다. 하지만 이 구조는 식품가공이나 저장 중에 발생하는 물리화학적 작용에 의하여 쉽게 변화하게 되며, 그에 따라 단백질 고유의 생물학적 기능도 변화하게 되는데, 이러한 현상을 단백질의 변성이라고 한다. 단백질의 변성은 단백질의 2차 구조 이상의 입체구조를 형성하는 결합이 끊어져서 단백질의 구조가 변형되어 무질서한 **불규칙 코일**(random coil)로 변화하는 현상이다.

최근까지 단백질의 변성(denaturation of protein)은 **비가역적 변화**로 인식되어 왔다. 그러나 효소의 일종인 **리조짐**(lysozyme)이나 **리보뉴클레아제**(ribonuclease)와 같은 단백질의 묽은 용액을 가열한 다음 냉각시키면 이들이 변성되어 일시적으로는 그 특징을 잃게 되지만, 시간이 경과함에 따라 다시 활성을 찾는다는 것이 밝혀진 후에는 "단백질의 변성은 비가역적이다"라는 개념은 없어지게 되었다.

식품의 가공, 저장 및 조리 중에는 단백질의 변성이 많이 발생하며, 이것은 식품의 물리 화학적 성질에 크게 영향을 미치므로 단백질의 변성에 대하여 이해하는 것은 대단히 중요하다.

이 장의 줄거리

1. 단백질이 변성되면 단백질 구조의 변형으로 점도의 증가, 용해도의 감소, 응고 및 침전 등의 현상이 발생하며, 효소 등은 그 생물학적 활성이 저하되거나 없어지게 된다. 변성 단백질은 일반적으로 소화효소의 작용을 받기 쉽다. 단백질 변성에 영향을 주는 요인에는 물리적 요인(가열, 건조, 가압, 동결, 초음파, 자외선 및 방사선 등)과 화학적 요인(산, 알칼리, 염류, 효소, 유기용매 및 중금속 등)이 있다.
2. 식육 단백질은 자체 내에 존재하는 효소에 의하여 아미노산까지 분해되는데, 이러한 현상을 단백질의 자가소화라고 한다.
3. 아미노산이 분해되면 아민류와 유기산이 생성된다.

▸ **불규칙 코일**(random coil)

단백질이나 핵산 등과 같은 생체 고분자 물질은 일반적으로 여러 가지 규칙적인 구조를 취하고 있지만, 이들이 가열 등에 의하여 변성되면 이 규칙성이 파괴된다. 예를 들면 단백질의 2차 구조의 하나인 α-나선구조의 회전각도 등이 무질서하게 되고, 그 결과 곁사슬 사이의 상호작용도 거의 상실되는데, 이와 같은 상태를 불규칙 코일이라고 한다.

▸ **가역적 변화**(reversible change)

어떤 상태(A)의 물질이 어떤 변화를 받아서 다른 상태(B)로 바뀔 때에는 열이나 일 등의 교환 때문에 이 반응계 이외에도 변화가 발생하게 된다. 만약 B의 상태를 A의 상태로 다시 되돌리고자 할 때, 이 반응계 이외에서 발생하였던 변화도 모두 이전의 상태로 될 수 있다면 상태 A에서 상태 B로의 변화는 가역적 변화라고 한다. 가역적 변화가 아닌 것을 비가역적 변화라고 한다.

▸ **리조짐**(lysozyme)

용균작용을 갖는 분자량 약 15,000 정도의 비교적 작은 단백질로 난백 중에 많이 존재한다. *Microccus luteu*, *Bacillus subtilis* 등의 그램 양성균에 작용하지만 그램 음성균에는 작용하지 못한다. 최근 리조짐의 약리작용, 생체의 면역기능 증강작용 및 염증치료 촉진 효과 등이 발견되어 의약 측면에서도 그 이용이 많아지고 있다.

▸ **리보뉴클레아제**(ribonuclease)

리보핵산 분해효소를 말한다. 모든 생물에 존재하며, RNA의 분해에 관여할 뿐만 아니라 생체에서의 유전정보 발현에도 중요한 역할을 한다. 몇몇 리보뉴클레아제는 유전공학에 있어서 RNA의 조작에 필수적인 효소이며, 식품분야에서는 이노신산 제조 등에 이용된다.

1. 단백질의 변성

1) 변성 단백질의 특징

일반적으로 단백질이 변성되면 단백질 구조의 변형으로 인하여 점도의 증가, 용해도의 감소, 응고 및 침전 등의 현상이 발생하며, 효소 등의 단백질은 그 생물학적 활성이 저하되거나 없어지게 된다. 변성 단백질은 일반적으로 소화효소의 작용을 받기 쉽게 되지만 너무 오래 가열하면 변성이 지나쳐 오히려 소화율이 떨어지는 경우도 있다.

(1) 용해도의 감소

일반적으로 단백질은 폴리펩티드 사슬을 중심으로 비극성(소수성)의 곁사슬은 안쪽으로, 극성의 곁사슬은 바깥쪽으로 향하는 형태를 취하고 있기 때문에 수용성을 나타내지만, 단백질이 변성되면 그 구조가 붕괴되어 비극성기가 단백질 분자의 바깥쪽에 나타나게 되므로 친수성이 감소된다. 따라서 단백질의 용해도가 감소하고 보수성도 떨어지게 된다.

(2) 반응성 증가

단백질이 변성되면 단백질의 고차구조를 형성하였던 규칙적인 결합들이 분해되기 때문에 히드록시기(hydroxy group, -OH), 황화수소기(thiol group, -SH), 카르복실기(carboxyl group, -COOH) 및 아미노기(amino group, $-NH_2$) 등의 활성기가 유리되어 반응성이 증가한다.

(3) 소화 용이

단백질이 변성되면 단백질의 입체구조를 형성하는 결합이 끊어져서 무질서한 불규칙 코일(random coil)로 변화함에 따라 단백질 분해효소의 기질(제7장 효소, 199페이지 참조) 양이 증가하게 되어 분해효소의 작용을 받기 쉽게 된다. 그러나 열변성이 지나치게 일어나면 천연단백질보다 오히려 소화율과 영양가가 떨어지게 된다.

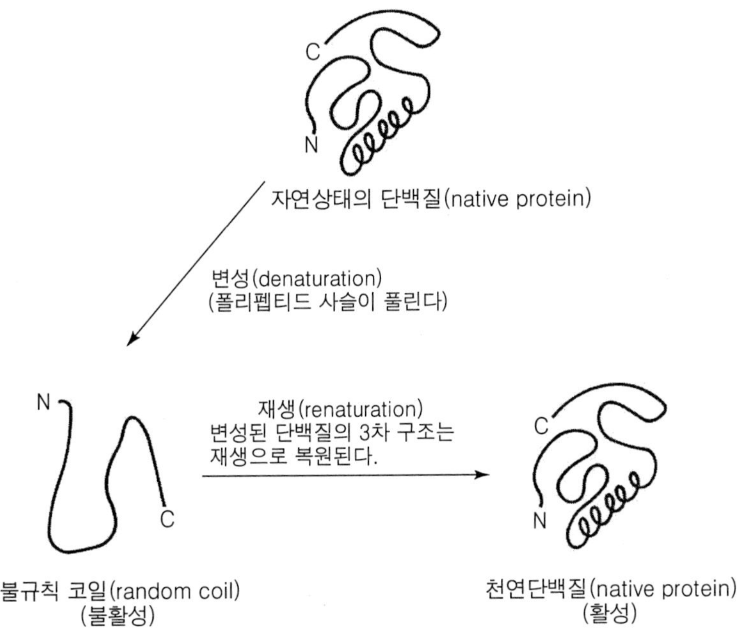

그림 12-1. 단백질의 변성과 재생

(4) 생물학적 기능의 저하

천연단백질은 변성되면 독성, 면역성 및 항체와 항원의 결합능력 등과 같은 생물학적 기능을 상실하게 된다. 또한 복합단백질인 효소는 변성에 의하여 단백부분의 분자구조가 변하기 때문에 촉매기능을 잃어버리게 된다. 대두에 존재하는 트립신 저해제(trypsin inhibitor, 제18장 식품 중의 유해물질 446페이지 참조)는 가열에 의하여 활성을 잃어버리고, 생난백 중에 존재하는 아비딘(avidin, 제9장 비타민 260페이지 참조)이라는 당단백질은 계란을 가열하면 활성을 잃어버린다. 또한 피마자씨에 존재하는 유해단백질 리신(ricin, 제18장 식품 중의 유해물질 446페이지 참조)도 가열에 의해 불활성화 된다.

(5) 물리화학적 성질의 변화

단백질이 변성되면 단백질의 구조가 변화되기 때문에 결과적으로 천연단백질의 물리화학적 성질이 변화하게 된다. 즉 단백질의 변성은 수소결합이나 이온결합 등에 의한 2차 및 3차 구조가 변화되는 것이기 때문에 단백질 본래의 특성이 달라지게 된다.

2) 단백질 변성에 영향을 주는 요인

(1) 물리적 요인

단백질의 변성에 영향을 주는 물리적 요인으로는 가열, 건조, 가압, 동결, 초음파, 자외선 및 방사선 등을 들 수 있다.

① 가열에 의한 변성

가열에 의한 단백질의 변성을 열변성(熱變性)이라고 한다. 단백질의 열변성은 가장 일반적인 변성으로 가용성 단백질을 60～70℃로 가열하면 응고되어 불용성으로 변화한다. 예를 들면 육류, 난류 및 어패류 등의 육단백질은 조리가공 중에 열처리에 의하여 응고된다. 하지만 이와 반대로 육류의 결체조직 중에 존재하는 불용성의 단백질인 콜라겐(collagen)은 열변성되어 가용성인 젤라틴(gelatin)으로 변성된다. 또한 식품을 가열처리하면 마이야 반응(제13장 식품의 변색 316페이지 참조)이 발생하게 되는데, 이 반응의 결과 필수아미노산인 리신(lysine)은 아미노산으로서의 가치를 잃어버리기 때문에 단백질의 영양가도 감소하게 된다.

단백질의 열변성은 식품의 맛과 물성(物性)에도 크게 영향을 미치기 때문에 식품의 조리와 가공에서 매우 중요하다.

㉮ 열변성 기구

단백질의 열변성 기구는 매우 복잡하며 아직도 불확실한 것이 많다. 하지만 일반적으로 단백질의 열변성 기구는 다음과 같이 설명할 수 있다. 천연단백질은 그들의 폴리펩티드(polypeptide) 사슬과 사슬 사이의 수소결합, 디설피드 결합(-S-S-) 및 이온결합 등에 의하여 일정한 구조의 분자형태를 이루고 있다. 그런데 단백질이 가열되면 폴리펩티드 사슬에서 비교적 결합력이 약한 이들 **다리결합**(cross-linkage)이 끊어져서 단백질 입체구조에 변형이 일어나게 되고, 또 변형된 단백질 분자 사이에 새로운 다리결합이 생성되게 된다. 이렇게 되면 폴리펩티드 사슬이 헝클어지고, 각종 반응기가 노출되어 활성화되기 때문에 원래의 천연단백질과는 다른 형태와 크기의 단백질이 되고 성질도 달리지게 된다.

㉯ 열변성에 영향을 주는 요인

㉠ 온도

단백질의 열변성 온도는 일반적으로 60～70℃ 정도이지만 단백질의 종류에 따라 달라진다. 예를 들면 가용성 단백질인 알부민(albumin)은 이보다 낮은 온도에서 열변성이 발생하기 시작한다. 단백질의 열변성 속도는 온도가 높아질수록 빨라진다. 일반적으로 화학반응은 온도가 10℃ 상승함에 따라 반응속도가 2～3배 정도 빨라지지만 난백 알부민은 가열온도가 10℃ 상승함에 따라 열변성은 20배 정도 증가한다고 한다.

㉡ 수분

단백질의 열변성과 수분의 양은 밀접한 관계가 있다. 즉 수분 양이 적으면 높은 온도에서 열변성이 발생하지만, 수분 양이 많으면 비교적 낮은 온도에서도 열변성이 일어난다. 그 이유는 가열에 의하여 단백질 분자 내에 존재하는 수소결합 등과 같은 화학결합이 끊어지게 되면 소수성 잔기나 친수성 잔기가 노출 되게 되는데, 이들이 주위에 있는 많은 물 분자와 상호작용을 하여 변성이 촉진되기 때문이라고 설명되고 있다. 표 12-1은 수분함량과 계란 알부민의 열응고 온도와의 관계를 나타낸 것이다.

▸ **다리결합**(cross-linkage)

교차결합 또는 가교(架橋)결합이라고도 한다. 사슬모양의 고분자 화합물을 분자 내에서 화학적으로 결합시켜 3차원의 망상구조를 갖게하는 결합형식을 말한다. 그러므로 다리결합이 충분히 진행되면 고분자 화합물은 3차원의 망상구조가 된다. 처음에는 단백질 분자구조 중의 디설피드 결합을 의미하였지만 수소결합 등도 다리결합이라고 부른다.

표 12-1. 난백 알부민(albumin)의 수분함량과 응고온도와의 관계

수분함량	응고온도
Albumin + 50% 물	56
Albumin + 25% 물	74～80
Albumin + 16% 물	80～90
Albumin + 6% 물	145
Albumin + 0% 물	160～170

㉢ pH

단백질은 등전점에서 침전하는 성질이 있기 때문에 단백질의 열변성은 등전점에서 잘 발생한다. 일반적으로 단백질의 등전점은 산성 쪽에 있기 때문에 낮은 pH에서 단백질의 열변성이 더 빨리 일어난다.

㉣ 염류(전해질)

단백질 용액에 염류를 첨가하면 단백질의 열변성 온도는 낮아지고 속도는 빨라진다. 이때 첨가되는 염류는 전하가 클수록 단백질의 열변성을 촉진한다. 그 이유는 염류 첨가에 의하여 단백질 용액의 pH가 등전점에 가깝게 되기 때문이다. 예를 들면 두부를 제조할 때 두유 중의 단백질인 글로불린(globulin)은 가열만으로는 잘 응고되지 않으나 염화마그네슘($MgCl_2$)이나 황산칼슘($CaSO_4$) 등의 염류를 첨가하면 잘 응고된다.

② 동결에 의한 변성

육류를 동결한 후 장기간 저장하면 단백질이 변성되어 불용성이 된다. 육류가 동결되면 단백질과 결합하고 있던 수분이 먼저 얼음결정으로 석출되고, 그 결과 나머지 액에는 염류 농도가 높아지게 되어, 즉 염석(salting out, 제5장 단백질 167페이지 참조)현상이 나타나 단백질이 변성되게 된다. 또한 얼음 결정의 석출로 단백질 분자들이 서로 접근하게 되어 결합함에 따라 단백질이 변성되게 된다.

동결에 의한 단백질의 변성은 동결 온도, pH 및 염 농도 등에 따라 다르지만 -1～-5℃에서 가장 심하게 발생하는데, 이것은 이 온도 범위에서 식품 중의 얼음결정의 크기가 최대가 되므로 결과적으로 염 농도를 증가시켜 변성을 촉진하게 된다. 그러므로 식품을 동결할 때에는 빙결정의 생성을 최소화하기 위해 **최대 얼음결정 생성대**를 빨리 통과하도록 급속 동결시켜야 한다.

▸ 최대 얼음결정 생성대

식품을 동결할 때에 시간이 경과함에 따라 식품 온도가 낮아지는 것을 나타낸 곡선을 냉동곡선이라고 한다. 아래의 냉동곡선 그림에서 -1～-5℃의 범위를 최대 얼음결정 생성대라고 부르는데, 이 범위에서 식품 중의 대부분의 수분이 얼음으로 된다. 냉동 중인 식품의 온도가 최대 얼음결정 생성대를 통과하는 시간이 긴 곡선 I, II와 같은 동결을 완만동결이라고 하고, 곡선 III과 같이 짧은 경우를 급속동결이라고 한다.

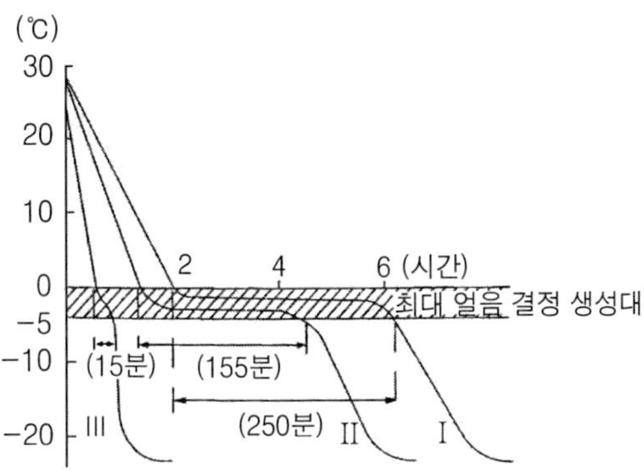

(한국식품과학회, 식품과학기술 대사전, p. 875, 광일문화사, 2004)

③ 건조에 의한 변성

단백질을 건조시키면 직쇄상의 폴리펩티드 사슬 사이의 수분이 제거되고, 인접한 폴리펩티드 사슬이 서로 접근, 결합하여 견고한 구조를 형성하면서 단백질이 변성된다. 건조 육을 물에 침지하여 수분을 흡수시켜도 원래의 생육과 같은 상태가 되지 않는 것은 육단백질이 변성하였기 때문이다. 그림 12-2에서 보는 바와 같이 어육을 건

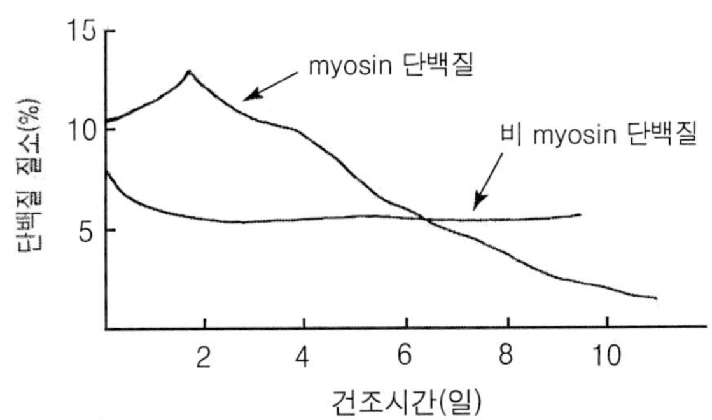

그림 12-2. 넙치어육을 건조하였을 때의 단백질의 용해도 변화

조하면 탈수 정도에 비례하여 육단백질의 불용화가 진행되는데, 이때 불용성으로 되는 것은 대부분이 미오신(myosin) 단백질이고, 기타 단백질의 용해성은 거의 변화가 없다.

④ 표면장력에 의한 변성

단백질이 단일 분자막의 상태로 얇은 막을 형성하면 응고되어 점탄성이 증가하게 된다. 예를 들면 난백에 거품을 형성하면 난백 중의 알부민이 얇은 단분자막을 형성, 변성되어 점성을 나타내게 되며, 빵 반죽을 발효시키면 이산화탄소에 의하여 밀가루 단백질인 글루텐(gluten)이 얇은 막을 형성, 변성되어 점탄성이 높아지게 된다.

⑤ 기타 물리적 요인에 의한 변성

아미노산이나 단백질의 일부는 광선에 의하여 분해되어 변성된다. 계란단백질인 알부민은 자외선에 의하여 표면장력이 감소하여 기포성이 낮아지며, 단백질 분해효소인 펩신(pepsin)이나 트립신(trypsin) 등에 자외선을 조사하면 단백질 분해능력이 없어진다. 트립토판(tryptophan)은 아미노산 중에서 빛에 의하여 가장 쉽게 분해되며, 시스테인(cysteine), 메티오닌(methionine), 티로신(tyrosine) 및 알라닌(alanine) 등도 빛에 의해 비교적 쉽게 분해되는 아미노산이다.

또한 단백질은 초음파에 의하여 응고되고, 가용성의 단백질을 건조시키면 불용성이 되며, 효소 단백질을 5,000～10,000 psi의 압력으로 처리하면 응고되어 불활성화 된다.

(2) 화학적 요인

단백질의 변성에 영향을 주는 화학적 요인으로는 산, 알칼리, 염류, 효소, 유기용매 및 중금속 등을 들 수 있다.

① 산, 알칼리에 의한 변성

단백질 용액에 산 또는 알칼리를 가하면 용액 중의 (+), (-)전하가 변화하여 단백질 분자구조 중의 이온결합에 영향을 주기 때문에 단백질이 변성하게 된다. 예를 들어 유산균 발효유는 유산균에 의하여 생성된 젖산이 우유단백질을 변성, 응고시킨 것이고, 피클류(pickles)도 산에 의한 단백질의 변성을 이용한 것이다.

단백질의 기포성은 등전점에서 최대이기 때문에 유기산 등을 이용하여 단백질 용액의 pH를 산성 쪽으로 하면 효과적으로 거품을 생성할 수 있다.

단백질이 알칼리와 반응하면 단백질을 구성하는 아미노산인 리신(lysine)과 알라닌(alanine) 사이에 다리결합이 형성되어 리지노알라닌(lysinoalanine)이 생성된다. 그 결과 필수아미노산인 리신(lysine)의 유효성이 손실되기 때문에 단백질의 영양적 열화를 가져오게 된다. 그러므로 단백질을 알칼리 처리할 경우에는 주의를 하여야 한다.

② 염류에 의한 변성

단백질은 염류에 의하여 변성된다. 예를 들면 두부는 콩 단백질인 글로불린(globulin)이 염화마그네슘($MgCl_2$), 황산칼슘($CaSO_4$) 등의 염류에 의하여 변성, 응고된 것이다. 또한 수산 연제품이나 염장식품 등도 염류(식염)에 의한 단백질 변성의 원리를 이용한 것이다.

③ 효소에 의한 변성

레닌(rennin)은 송아지의 제 4위(胃) 점막에 존재하는 응유효소인데, 우유나 모유 중에 들어 있는 단백질인 카제인(casein)은 이 레닌에 의하여 파라카제인(paracasein)이 되고, 파라카제인은 Ca^{2+}의 존재 하에 커드(curd)를 형성한다. 이것은 우유로부터 치즈를 제조하는 기본 원리가 된다.

④ 유기용매에 의한 변성

단백질 수용액에 유기용매인 알코올(alcohol)이나 아세톤(acetone)을 첨가하면 단백질이 변성되어 침전한다. 알코올에 의한 단백질의 침전은 친수성이 강한 알코올의 탈수작용에 의한 것인데, 이 반응은 등전점 부근에서 가장 잘 일어난다.

⑤ 기타 화학 물질에 의한 변성

단백질은 수은(Hg), 은(Ag), 구리(Cu) 및 납(Pb) 등과 같은 중금속과 착화합물을 만들어 침전하며, 또한 **탄닌산**(tannic acid), **피크르산**(picric acid), **술퍼살리실산**(sulfosalicylic acid) 및 **삼염화초산**(trichloroacetic acid) 등과 반응하면 침전된다.

2. 단백질의 자기소화

식육이나 어육을 일정한 조건에서 방치하면 자체 내에 존재하는 효소에 의하여 단백질이 프로테오스(proteose), 펩톤(peptone) 그리고 펩티드(peptide)를 거쳐 아미노산까지 분해되고, 비단백태질소화합물의 양이 증가하게 되는데, 이러한 현상을 단백질의 자가소화라고 한다.

식육은 고기 중에 존재하는 카텝신(cathepsin)이라는 효소에 의하여 자기소화되어 육질이 부드러워지고 풍미가 좋아지며, 치즈도 자기소화에 의하여 맛과 향이 좋아진

▸ **탄닌산**(tannic acid)

폴리페놀 화합물인 탄닌(tannin)의 상업적인 형태로 떫은맛을 가진다. 무색이고, 물에 잘 용해되며, 제2철(Fe^{3+})염에 의하여 흑색의 침전을 생성하는데 잉크는 이것을 응용한 것이다. 단백질과 젤라틴을 침전시키는 성질이 있다.

▸ **피크르산**(picric acid)

2,4,6-트리니트로페놀이라고도 한다. 피크르산은 소독성과 수렴성(收斂性)이 있으며, 의약품으로는 피부 마취액이나 마취 연고, 화상용 연고의 성분이 된다. 피크르산은 페놀보다 훨씬 강한 산으로 탄산염을 분해하고, 알칼리 상태에서 아세트산납과 반응하여 밝은 노란색의 침전물인 피크르산납이 된다. 아래 그림은 피크르산의 구조를 나타낸 것이다.

▸ **술퍼살리실산**(sulfosalicylic acid)

단백질과 반응하여 침전물을 형성하기 때문에 요(尿)의 탁도를 측정하는 요(尿) 검사에 이용되는 시약이다.

▸ **삼염화초산**(trichloroacetic acid)

황산에 비교될 만큼 매우 강한 산이며, 아래와 같은 반응에 의하여 생성된다.

$$CH_3COOH + 3Cl_2 \rightarrow CCl_3COOH + 3HCl$$

생화학 실험에서 단백질, DNA 및 RNA와 같은 고분자 화합물을 침전시키고자 할 때 사용된다.

다. 이러한 현상은 숙성이라고 하여 식육이나 치즈의 가공이나 조리에 많이 이용하고 있다. 어패류에서는 젓갈류를 조제할 때에 자기소화를 이용하고 있다.

3. 단백식품의 부패

단백질이 분해되면 최종적으로 아미노산이 생성되는데, 이 아미노산으로부터 탈탄산 반응이 먼저 진행되면 아민류(amines, 제3장 탄수화물 78페이지 참조)가, 탈아미노 반응이 먼저 진행되면 유기산이 생성된다.

$$RCHNH_2COOH \longrightarrow RCH_2NH_2 + CO_2$$

아미노산 / 탈탄산 반응 / 아민 생성

$$RCHNH_2COOH \longrightarrow RCH_2COOH + NH_2$$

아미노산 / 환원적 탈아미노 반응 / 유기산 생성

제 13 장

식품의 변색

개 요

식품의 가공이나 저장 중에는 식품의 색이 쉽게 변화한다. 식품 변색의 대부분은 그 색이 갈색으로 변화하게 되는데 이러한 현상을 갈변(browning)이라고 하며, 식품의 갈변반응은 크게 비효소적 갈변반응과 효소적 갈변반응으로 나누어진다.

식품의 갈변은 식품의 색을 갈색으로 변화시킬 뿐만 아니라 식품의 냄새와 맛 그리고 품질에도 큰 영향을 미친다. 예를 들면 갈변반응이 발생하면 식품 중에 존재하는 당과 아미노산, 그 중에서도 특히 필수아미노산인 리신(lysine) 등이 급격하게 손실되기 때문에 전체적으로 영양가의 감소를 초래한다. 반면에 홍차, 커피, 간장, 된장, 빵 및 비스킷 등의 갈색은 식품의 색깔뿐만 아니라 풍미를 좋게 하여 식품의 품질을 향상시킨다.

식품의 변색은 경우에 따라 우리에게 유익한 것도 있고, 반대로 좋지 않은 것도 있다. 때문에 식품을 가공하거나 저장할 때 긍정적인 측면의 색의 변화는 최대한 이용하고 부정적인 측면의 색의 변화는 최대한 억제하여야 한다. 그러므로 식품의 가공이나 저장 중에 발생하는 갈변반응에 대하여 이해하는 것은 식품화학을 공부하는데 있어서 대단히 중요하다.

이 장의 줄거리

1. 식품의 갈변현상에 효소가 관여하지 않는 갈변반응을 비효소적 갈변반응이라고 한다. 비효소적 갈변반응에는 마이얄 반응, 캐러멜화 반응 및 비타민 C 산화에 의한 갈변반응이 있다. 마이얄 반응과 캐러멜화 반응에 영향을 주는 요인에는 온도, 수분량, pH, 당류, 아미노산류, 불활성 기체, 아황산염, 반응물질의 농도 및 수분활성도 등이 있다.
2. 효소에 의한 식품의 갈변반응을 효소적 갈변반응이라고 하는데, 폴리페놀 산화효소와 티로시나아제에 의한 갈변반응이 있다. 효소적 갈변반응을 억제하는 방법에는 저온저장, 데치기, 산소의 제거, 항산화제의 첨가 및 염화나트륨 첨가 등이 있다.

1. 비효소적 갈변반응

식품의 갈변현상에 효소가 관여하지 않는 갈변반응을 말한다. 비효소적 갈변반응은 크게 마이얄 반응(Maillard reaction), 캐러멜화 반응(caramelization) 및 비타민 C 산화에 의한 갈변반응(ascorbic acid oxidation)의 3가지로 구분된다. 하지만 식품은 여러 가지 성분으로 구성되어 있기 때문에 식품에서 발생하는 비효소적인 갈변반응은 이상의 3가지 반응이 단독으로 발생하기보다는 대부분이 복합적으로 발생한다.

1) 마이얄 반응

이 반응은 아미노기(amino group, $-NH_2$)와 카르보닐기(carbonyl group)가 축합(제3장 탄수화물 62페이지 참조)하여 갈색의 멜라노이딘(melanoidine) 색소를 생성하는 반응이다. 이 반응은 프랑스의 화학자 마이얄(Maillard)에 의하여 1912년에 발견되었으며, 그의 이름을 붙여 마이얄 반응(Maillard reaction)이라고 한다. 또는 이 반응에 관여하는 반응기의 이름을 붙여 아미노-카르보닐반응(amino-carbonyl reaction)이라고도 한다.

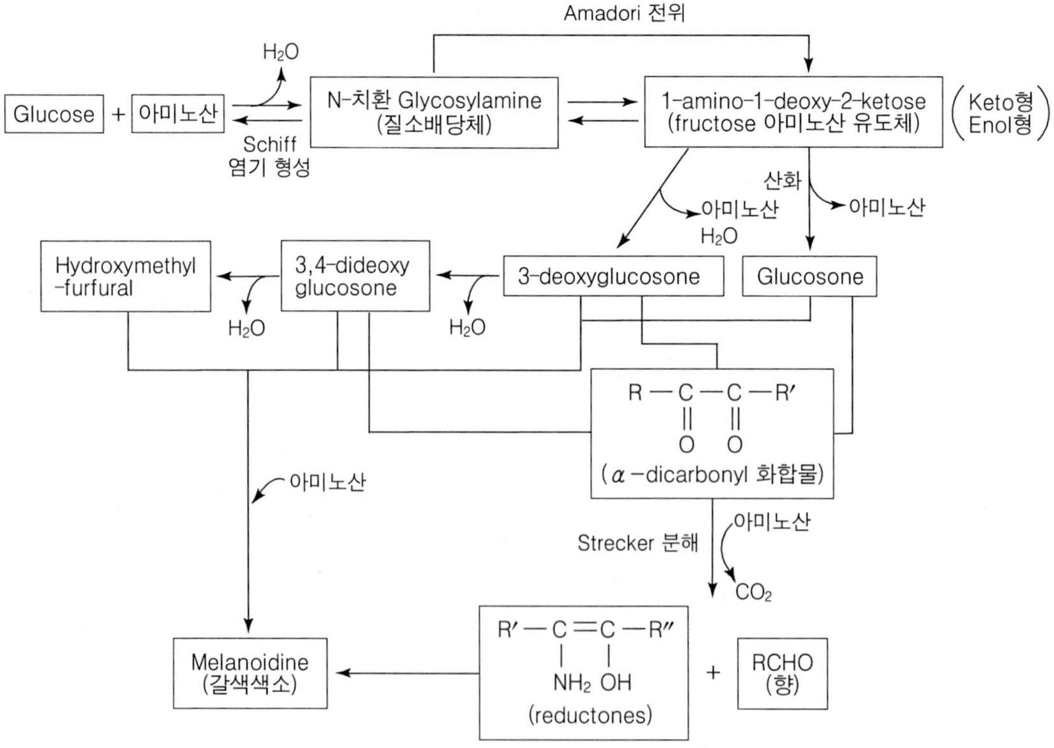

그림 13-1. 마이얄(Maillard) 반응

식품 중에 아미노기와 카르보닐기가 함께 존재하면 이들은 서로 쉽게 반응하여 지연발생적으로 갈색물질을 형성하게 된다. 대부분의 식품에는 아미노화합물인 유리 아미노산, 펩티드(peptide), 단백질 및 아민류(amines) 등과 카르보닐 화합물인 환원당, 알데히드(aldehyde), 케톤(ketone), 당의 분해물 및 유지의 산화생성물 등이 존재하기 때문에 마이얄 반응은 식품 가공이나 저장 중에 자연적으로 발생하며, 간장이나 된장의 착색, 오렌지 주스의 변색 등과 같이 일반적인 식품제조 과정에서 쉽게 볼 수 있다. 빵과 비스킷 등이 가열에 의하여 갈색으로 변하는 것은 주로 캐러멜이 생성되기 때문이지만 부분적으로는 이 반응에 의한 것이다.

이 반응의 과정은 매우 복잡하여 아직 정확하게 밝혀져 있지는 않지만, 그림 13-1과 같은 화학반응을 거쳐 갈색색소인 멜라노이딘을 생성하는 것으로 알려져 있다. 이 반응이 진행되면 단지 색의 변화뿐만 아니라 향기물질의 생성, 항산화 작용 및 영양가의 저하 등과 같은 여러 가지 현상이 발생한다. 마이얄 반응은 초기단계, 중간단계 및 최종단계의 3단계로 구분된다.

(1) 마이얄 반응의 과정

① 초기단계

마이얄 반응은 아미노 화합물과 카르보닐 화합물(포도당)이 축합반응을 일으켜 **쉬프**(Schiff) **염기**를 형성하면서 시작된다. 예를 들면 그림 13-2에서 보는 바와 같이 포도당의 알데히드기와 아미노산의 아미노기가 축합반응을 일으켜, 즉 포도당의 탄소원자와 아미노산의 질소원자가 이중결합을 형성하여 쉬프 염기의 일종인 글리코실아

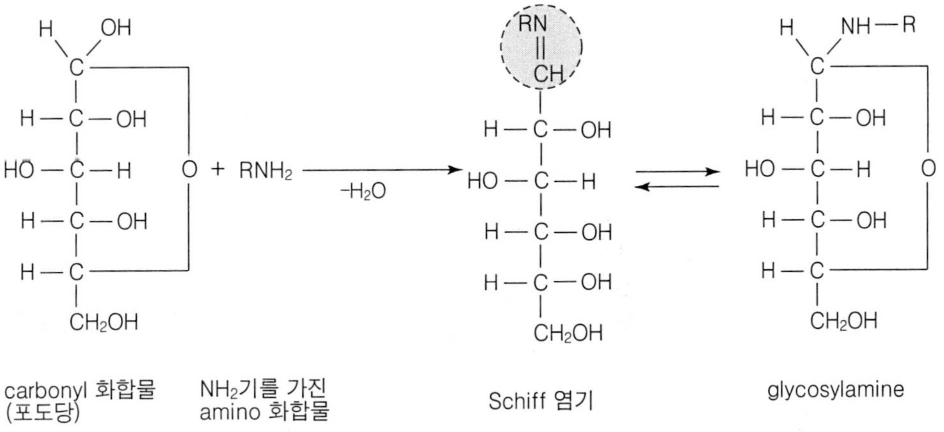

그림 13-2. 마이얄(Maillard) 반응의 초기단계 중 글리코실아민의 형성과정

▸ **쉬프(Schiff) 염기**

질소원자와 탄소원자가 이중결합하고 있으며(>C=N−), 질소원자에는 수소원자가 아닌 아릴기(aryl group)나 알킬기(alkyl group)가 결합하고 있는 반응기를 말한다. 일반적으로 쉬프 염기는 ($R_1R_2C=N-R_3$)로 표시된다.

▸ **아릴기(aryl group)**

방향족 탄화수소(C_6H_6)의 고리에 결합한 수소원자가 한 개 빠져나가 생기는 작용기의 일반명이며, 페닐(phenyl group, $-C_6H_5$)이 대표적이다. 아래 그림은 여러 종류의 아릴기를 나타낸 것이다.

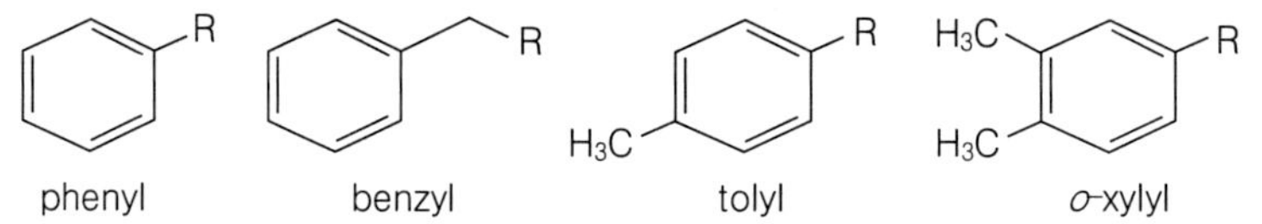

phenyl benzyl tolyl *o*-xylyl

▸ **알킬기(alkyl group)**

제4장 지질 103페이지를 참조한다.

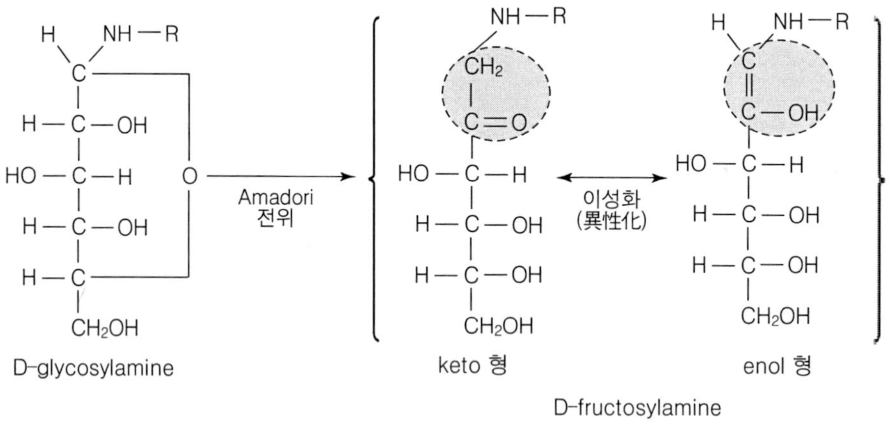

D-glycosylamine → Amadori 전위 → keto 형 ↔ 이성화(異性化) ↔ enol 형 (D-fructosylamine)

그림 13-3. 마이얄(Maillard) 반응에서의 초기단계 중 아마도리 전위 (Amadori rearrangement) 과정

민(glycosylamine)을 생성한다. 다음에 이 글리코실아민은 아마도리 전위 반응(Amadori rearrangement)에 의하여 케톤기(ketone group, >CO)를 지니는 프럭토실아민

(fructosylamine)으로 전위를 일으키게 된다(그림 13-3). 이 반응은 마이얄 반응의 가장 중요한 반응이며 여기까지가 초기단계이다.

② 중간단계

아마도리 전위 반응에 의하여 생성된 프럭토실아민은 분해되고 산화되어 휘발성 물질을 생성한다. 즉 프럭토실아민으로부터 아미노산이 이탈되고 산화되어 **오손**(osone)이 생성되는데, 이것은 탈수반응에 의하여 3-데옥시오손(3-deoxyosone), 더욱 탈수되면 불포화 오손인 3,4-디데옥시오손(3,4-dideoxyosone)으로 된다(그림 13-4). 반응성이 큰 이들은 나중에는 **리덕톤**(reductones)을 형성하게 된다(그림 13-5). 리덕톤은 분자구조 중에 엔디올기(endiol group) 또는 엔아미놀기(enaminol group) 등을 가지는데, 환원성을 지니며 반응성이 매우 크다. 이 리덕톤은 3,4-디데옥시오손과 함께 환상화합물인 **5-HMF**(5-hydroxy methyl furfural) 등을 형성한다. 중간단계에서 형성된 산화생성물, 특히 각종 리덕톤류와 일부 환상 화합물들은 계속 산화분

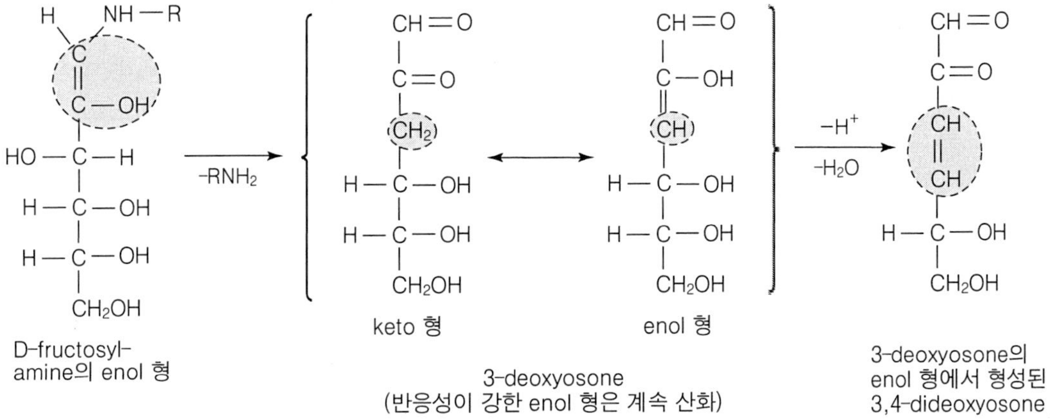

D-fructosyl-amine의 enol 형

$\xrightarrow{-RNH_2}$

keto 형 ⟷ enol 형

3-deoxyosone
(반응성이 강한 enol 형은 계속 산화)

$\xrightarrow[-H_2O]{-H^+}$

3-deoxyosone의 enol 형에서 형성된 3,4-dideoxyosone

그림 13-4. 프럭토실아민에서 3-데옥시오손, 3,4-디데옥시오손의 형성과정

▸ **오손**(osone)

알도오스나 케토오스가 산화되어 생성되는 케토알데히드 화합물을 말한다(그림 13-4 참조).

▸ **리덕톤**(reductone)

엔디올기에 인접하여 카르보닐기를 갖는 화합물의 총칭이다(그림 13-4와 그림 13-5 참조).

▸ **5-HMF(5-hydroxy methyl furfural, $C_6H_6O_3$)**

아래 그림에서 보는 바와 같이 5번 탄소원자에 hydroxy methyl group(-CH_2OH)을 지니는 푸르푸랄(furfural)을 말한다. 푸르푸랄은 분자식이 C_4O_3OCHO이며, 펜토오스에 산을 넣고 가열하면 생성되는 자극적인 냄새를 지니는 무색의 액체이다. 미국 위스콘신대학의 Yuriy 교수 등 (Science, Vol. 312, pp. 1933, 2006)은 과당(fructose)과 염산(HCl)의 반응에 의한 HMF의 생성과정을 아래 그림과 같이 설명하였다.

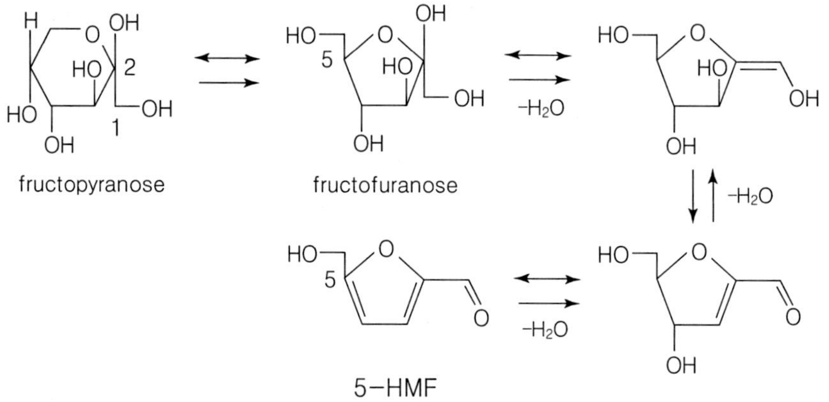

fructopyranose ⇄ fructofuranose ⇄ ($-H_2O$) ⇅ ($-H_2O$) ⇄ ($-H_2O$) 5-HMF

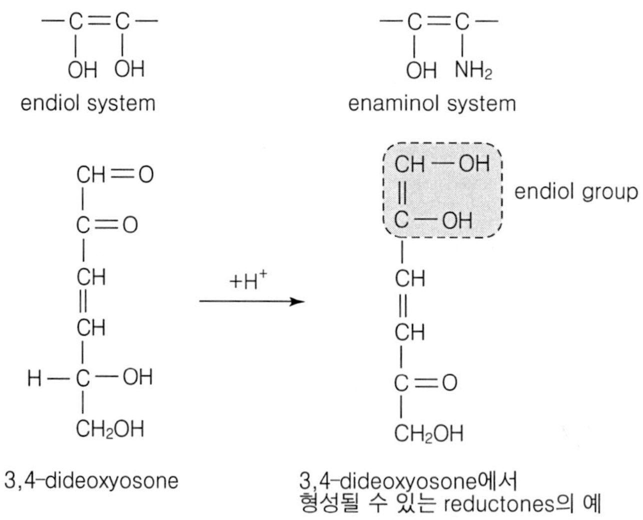

그림 13-5. 3,4-디데옥시오손에서 리덕톤의 형성

endiol system / enaminol system

3,4-dideoxyosone → (+H^+) 3,4-dideoxyosone에서 형성될 수 있는 reductones의 예 (endiol group)

열되어 탄소수 2~4개의 휘발성이 강한 카보닐(carbonyl) 화합물, 즉 **글리옥살**(glyoxal), **아세트알데히드**(acetaldehyde), **글리세르알데히드**(glyceraldehyde) 및 **디**

▸ **글리옥살**(glyoxal)

분자식은 OCHCHO이며, 알데히드(-CHO)의 일반적인 성질을 가지는 가장 간단한 디알데히드에 속하는 황색의 결정물질이다.

▸ **아세트알데히드**(acetaldehyde)

분자식은 CH_3CHO이며, 주로 에틸알코올의 산화 또는 아세틸렌의 수화반응에 의해 만들어진다. 순수한 아세트알데히드는 자극적인 과일향이 나는 무색의 가연성 액체이다.

▸ **글리세르알데히드**(glyceraldehyde)

분자식은 $C_3H_6O_3$이며, 가장 간단한 알도오스로 3탄당의 일종이다.

▸ **디아세틸**(diacetyl)

분자식은 $C_4H_6O_2$이며, 주로 발효과정의 부산물로 생성된다.

▸ **알돌 축합반응**(aldol condensation)

RR′CHCHO 형의 알데히드 2분자 사이에 부가반응이 일어나 히드록시알데히드[RR′CHCH(OH)·CRR′CHO]가 생성되는 반응을 말한다. 예를 들면 아세트알데히드는 이 반응으로 알돌(aldol)이 된다.

$$2CH_3CHO \rightarrow CH_3CH(OH)CH_2CHO$$

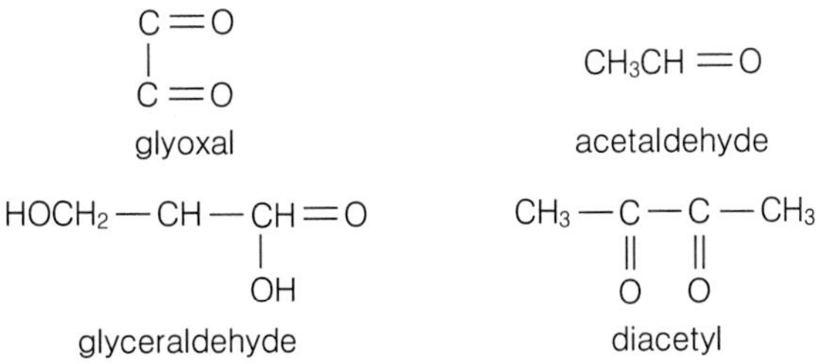

C=O
|
C=O
glyoxal

$CH_3CH=O$
acetaldehyde

$HOCH_2-CH(OH)-CH=O$
glyceraldehyde

$CH_3-C(=O)-C(=O)-CH_3$
diacetyl

그림 13-6. 마이얄(Maillard) 반응에서 형성되는 휘발성 카르보닐 화합물

아세틸(diacetyl) 등을 형성한다(그림 13-6). 이들은 무색 또는 담황색의 화합물이며, 마이얄 반응에서 발생하는 냄새성분의 일부가 된다.

③ 최종단계

중간단계에서 리덕톤류의 분해에 의하여 형성된 여러 가지 반응성이 큰 카르보닐 화합물들은 마이얄 반응의 최종단계에서 **알돌 축합반응**(aldol condensation)을 일으켜 점차 분자량이 큰 불포화화합물을 형성한다.

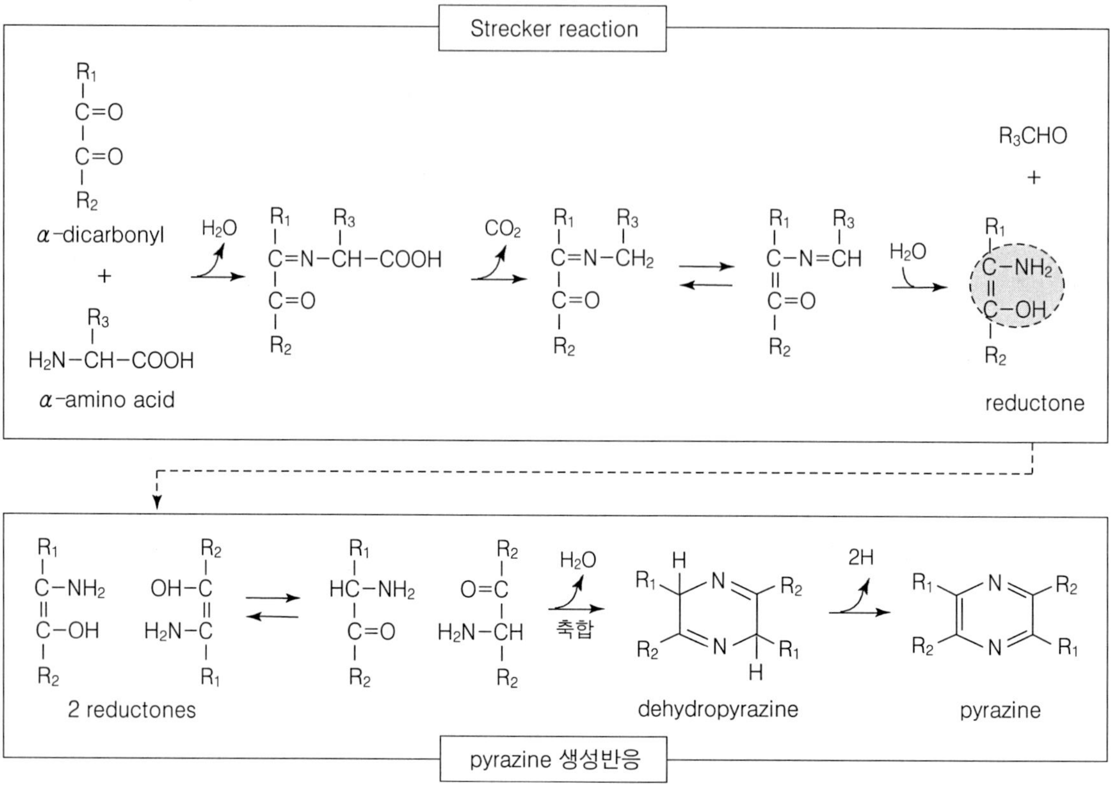

그림 13-7. 마이얄(Maillard) 반응의 최종단계에서 발생하는 스트렉커 반응과 피라진 생성반응
(高野克己 等, 食品化學, p. 93, 三共出版, 2007)

그리고 마이얄 반응의 최종단계에서는 많은 양의 이산화탄소와 알데히드 화합물이 발생하는데, 이것의 대부분은 스트렉커(Strecker) 반응에 기인하는 것이다. 이 반응은 중간단계에서 형성된 α-디카르보닐(α-dicarbonyl) 화합물과 α-아미노산이 반응하여 이산화탄소(CO_2)와 알데히드를 생성하는 반응인데, 알데히드는 식품의 향기에 큰 영향을 미친다. 또한 스트렉커 반응에서는 엔아미놀기(enaminol group)를 지니는 반응성이 큰 리덕톤이 생성되는데, 이들은 계속하여 **피라진**(pyrazine) 생성반응 등과 같은 여러 가지 반응에 관여한다(그림 13-7).

마이얄 반응의 최종단계에서는 중간단계에서 형성된 반응성이 큰 여러 화합물들의 일부가 축합 또는 중합반응에 의하여 갈색의 고분자 화합물인 멜라노이딘(melanoidine)을 생성한다. 멜라노이딘 색소는 질소 원자를 함유하는 분자량이 큰 불포화 화합물이며, 형광성을 지니는 물질이지만 그 구조는 아직 규명되지 못한 상태이다. 멜

▸ **피라진(pyrazine, $C_4H_4N_2$)**

4개의 탄소원자와 2개의 질소원자가 고리구조를 이루고 있는 헤테로 고리 계열에 속하는 유기 화합물이다. 방향성의 수용성 고체물질이며 융점은 47℃이다. 피라진은 생물학적, 공업적으로 중요한 고리 화합물의 한 종류이다. 아래 그림은 피라진의 구조를 나타낸 것이다.

라노이딘은 항산화능력을 지니기 때문에 육제품 가공 시에 발암물질로 문제가 되는 니트로사민(nitrosoamine)의 생성을 억제하며, 또한 염지 육중에 존재하는 아질산을 분해하는 것으로 알려져 있다. 멜라노이딘의 이와 같은 성질은 반응용액의 pH가 낮을수록, 멜라노이딘 분자량이 클수록 크다. 또한 멜라노이딘은 돌연변이를 억제하는 작용을 지닌다.

(2) 마이얄 반응에 영향을 주는 요인

① 온도

마이얄 반응은 다른 화학반응과 같이 온도가 높아짐에 따라 심하게 발생한다.

② 수분량

마이얄 반응이 진행되기 위해서는 수분이 반드시 필요하지만, 최적 수분함량은 반응조건에 따라서 다르다. 예를 들면 자일로오스(xylose)와 글리신(glycine)의 1 : 5 혼합물은 무수상태에서는 갈변반응이 진행되지 않으나 수분함량을 30%로 하면 갈변반응이 최대로 일어난다.

③ pH

일반적으로 pH가 높아짐에 따라 마이얄 반응은 심하게 발생한다.

④ 당류

마이얄 반응에 대한 당류의 반응성은 5 탄당>6 탄당>설탕의 순이며, 6 탄당 중에서는 과당(fructose)이 포도당(glucose)보다 반응성이 크다.

▸ **리신(lysine)의 ε-아미노기**

아래 그림에서 보는 것처럼 ε 위치의 탄소원자에 결합하고 있는 아미노기($-NH_2$)를 말한다.

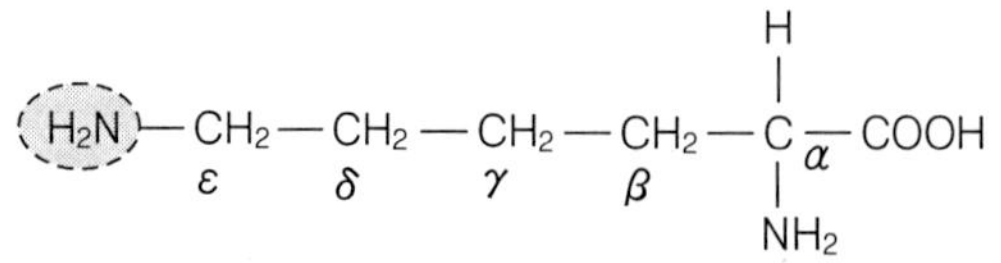

$$H_2N-\underset{\varepsilon}{CH_2}-\underset{\delta}{CH_2}-\underset{\gamma}{CH_2}-\underset{\beta}{CH_2}-\underset{\alpha}{C}(H)(NH_2)-COOH$$

⑤ 아미노산류

반응조건에 따라서 다르지만, 일반적으로 아미노산의 아미노기($-NH_2$)가 카르복실기($-COOH$)와 멀리 떨어져 있을수록 당류의 카르보닐기와 반응하기 쉽다. 예를 들면 **리신**(lysine)**의 ε-아미노기**는 반응하기 쉽다. 또한 아미노산들보다는 카르복실기가 없는 아민화합물이 반응성이 더 크다고 한다. α-아미노산 계열에서는 글리신(glycine)이 가장 반응성이 크며, 사슬이 길고 복잡한 치환기를 가질수록 갈변속도가 감소하는 것으로 알려져 있다. 반응물질이 단백질일 때에는 분자 내의 특정 부위가 다른 부위보다 빠르게 반응하기도 한다. 단백질 분자에서 특히 리신(lysine)의 ε-아미노기는 반응성이 크기 때문에 알도오스나 케토오스와 반응하기 쉽다.

⑥ 불활성 기체의 이용

마이야 반응은 주로 산화반응에 의하여 진행된다. 그러므로 반응계의 공기를 이산화탄소나 질소 같은 불활성 기체로 치환하면 반응이 느리게 발생한다.

⑦ 아황산염 및 칼슘염의 첨가

아황산염은 환원성 물질이며, 또한 카르보닐 화합물과 반응하여 술폰산염(sulfonate)를 형성하여 반응계로부터 카르보닐 화합물을 제거하기 때문에 마이야 반응을

$$R_1R_2C=O + HSO_3^- \longrightarrow HO-C(R_1)(R_2)-SO_3^-$$

카르보닐 화합물 아황산염 술폰산염(sulfonate)

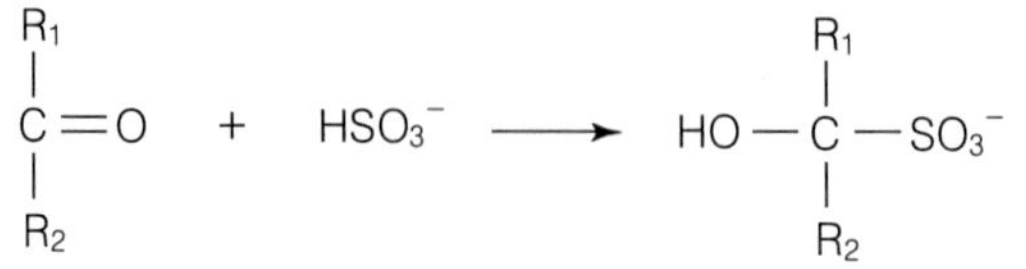

그림 13-8. 아황산염의 반응

억제한다(그림 13-8). 또한 염화칼슘($CaCl_2$)은 아미노산과 결합하여 반응계에서 아미노 화합물을 제거하기 때문에 마이야 반응을 억제한다.

⑧ 반응물질의 농도

온도가 일정할 때 마이야 반응의 발생정도는 환원당의 농도에 비례하고, 질소 화합물 농도의 제곱에 비례한다.

⑨ 수분활성도

마이야 반응은 수분활성도(Aw)와 밀접한 관계가 있는데, 수분활성도가 0.6～0.7일 때에 반응속도가 가장 높으며, 0.6 이하와 0.8～1.0에서는 반응속도가 떨어진다. 수분활성도 0.8～1.0에서 반응속도가 감소하는 이유는 수분에 의한 희석효과 때문이며, 수분활성도 0.6 이하에서 반응속도가 낮아지는 이유는 용매로서의 물이 존재하지 않으므로 반응물질의 이동이 불가능하기 때문이다.

2) 캐러멜화 반응

당이나 그 진한용액을 100～200℃로 가열하면 점조한 갈색물질인 캐러멜(caramel)이 생성되는데, 이러한 반응을 캐러멜화 반응(caramelization)이라고 부른다. 캐러멜은 원래 설탕으로부터 생성되지만 산업적으로는 주로 포도당으로부터 제조한다. 반응촉매로서 산, 알칼리, 염류 또는 암모니아 등이 사용되기도 하며, 반응조건에 따라 성질이 다른 캐러멜이 얻어진다. 캐러멜은 양성의 콜로이드 물질이므로 캐러멜과 다른 전하를 갖는 콜로이드성 물질이 공존하면 결합하여 혼탁이나 침전을 일으킨다.

대부분의 식품에서 캐러멜화 반응과 마이야 반응은 동시에 발생한다. 캐러멜화 반응은 설탕을 주원료로 하는 과자류 등의 제품에서 바람직하지 않는 결과를 초래하기도 하지만, 이 반응의 중간 생성물들이 특이한 향미나 맛을 부여하기 때문에 널리 이용되고 있다.

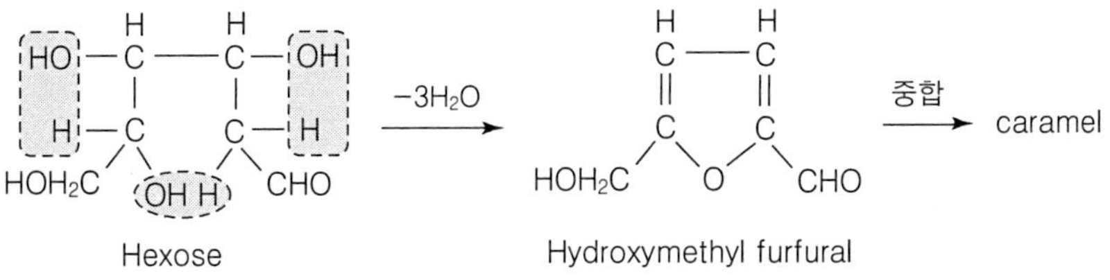

그림 13-9. 캐러멜화 반응(caramelization)

(1) 캐러멜화 반응의 과정

캐러멜화 반응은 마이야 반응의 과정과 유사하지만, 그 반응과정은 아직 확실하게 밝혀지지 않았다. 마이야 반응과는 달리 환원당이 단독으로 가열될 때 일어나는 갈색화 반응이며, 계속적인 에너지 공급을 필요로 한다(그림 13-9).

① 초기단계

포도당(알도오스, aldose)과 같은 환원당이나 또는 가열에 의하여 가수분해되어 환원당을 형성하는 당류는 가열되는 동안 알도오스 형으로부터 대응하는 케토오스(ketose) 형으로 전위되어 활성화 된다. 이 반응은 알도오스-케토오스 이성화 반응을 나타내는 Lobry-de Bruyn-van Ekenstein(또는 Lobry-de Bruyn-van-Alberda-van-Ekenstein) 전위라고 하는데, 마이야 반응의 아마도리 전위와 같이 중요한 반응이며, 캐러멜화 반응의 관문이다. 포도당(glucose)이 대응하는 케토오스인 과당(fructose)으로 전위되면 과당은 케토형(keto form)과 에놀형(enol form)을 나타내게 되는데, 에놀형은 반응성이 매우 강하기 때문에 다음 단계로 반응이 진행되게 된다.

② 중간단계

케토오스의 에놀형은 산화 분해되어 3-데옥시오손(3-deoxyosone)으로 변화되고, 이것은 탈수되어 3,4-디데옥시오손(3,4-dideoxyosone)을 거쳐 리덕톤(reduc-tone)과 5-HMF(5-hydroxy methyl furfural) 등을 형성하면서 휘발성 카르보닐 화합물 등을 생성하는데, 이들은 식품의 풍미에 크게 영향을 미친다. 이와 같은 반응들은 마이야 반응과 달리 고온에서 계속적으로 가열할 때 발생한다.

▸ 케토오스의 에놀형

어떤 화합물이 2종류의 이성체로 존재하고, 이들이 서로 쉽게 변화하는 경우 이 이성현상을 호변이성(互變異性)이라고 한다. 케토오스는 케토(keto)형과 에놀(enol)형의 이성체가 존재하는데 이들은 서로 쉽게 변화한다. 아래 그림은 케토(keto)형과 에놀(enol)형의 구조를 나타낸 것이다.

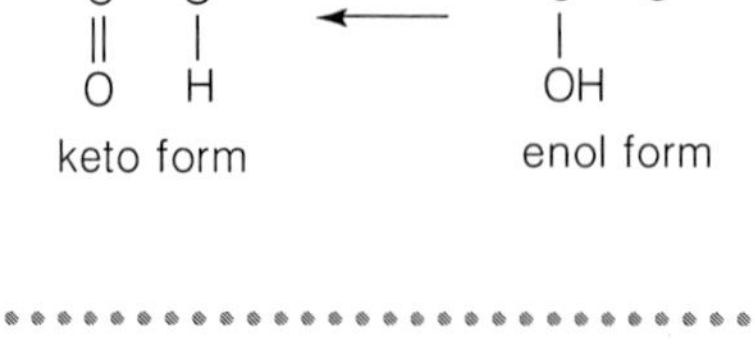

```
        H                      H
        |                      |
  —C — C—     ⇄      —C = C—
   ‖    |               |
   O    H               OH
 keto form           enol form
```

③ 최종단계

중간단계에서 형성된 반응성이 큰 여러 화합물들의 일부가 축합 또는 중합반응에 의하여 캐러멜(caramel) 색소를 생성한다. 캐러멜 색소의 본질에 대해서는 아직 확실하게 규명되어 있지 않다.

(2) 캐러멜화 반응에 영향을 주는 요인

캐러멜화 반응은 마이얄 반응과 유사하기 때문에 반응에 영향을 주는 요인도 거의 같다. 다만 캐러멜화 반응은 질소 화합물과는 관계없이 당 함량이 높은 식품을 가열하였을 때 발생하며 pH에 따라 그 착색 정도가 달라진다. 캐러멜화 반응의 관문인 알도오스-케토오스 이성화 반응이 알칼리에 의하여 촉진되기 때문에 알칼리성 상태에서 잘 진행되며 pH 2.0~3.0에서는 잘 발생하지 않는다. 캐러멜화 반응을 억제하기 위한 방법으로는 진공농축 방법이 많이 이용된다.

3) 비타민 C 산화에 의한 갈변반응

비타민 C(ascorbic acid)는 강한 환원성 때문에 항산화제로 널리 이용되고 있다. 비타민 C 산화에 의한 갈변반응은 아직 확실하게 밝혀져 있지 않지만, 비타민 C의 강한 환원성에 의하여 자동 산화되어 그림 13-10과 같이 푸르푸랄(furfural)을 생성하며, 이 푸르푸랄이 아미노 화합물의 존재 하에서 또는 스스로 중합이나 축합되어 갈색물질을 형성하는 것으로 알려져 있다.

이 반응은 비타민 C 함량이 많은 감귤류의 가공품인 오렌지 주스나 분말 등에서 자주 발생하며, 이 반응의 결과 발생하는 이산화탄소(CO_2)는 과일통조림 팽창의 원인이 되기도 한다.

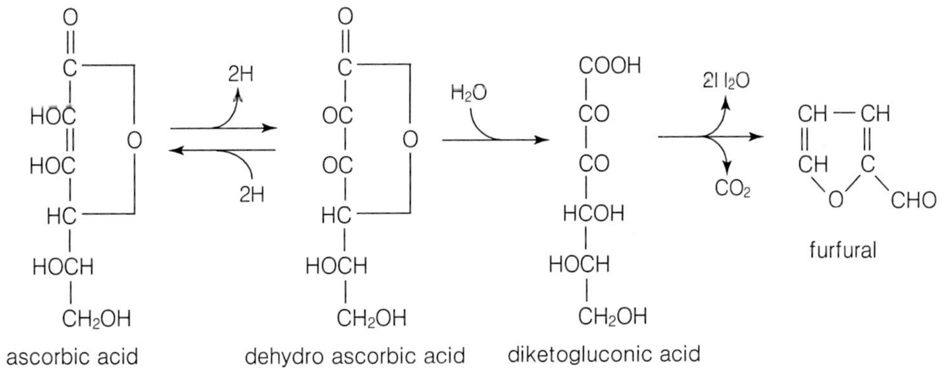

그림 13-10. 비타민 C(ascorbic acid) 산화에 의한 갈변

2. 효소적 갈변반응

사과, 바나나 및 밤 등의 과일이나 감자, 가지 및 상추 등의 채소에 물리적 작용을 가하면 그 부분이 급속히 갈색으로 변한다. 이것은 과일이나 채소의 조직 중에 존재하는 폴리페놀 화합물(polyphenol compounds, 그림 13-11)이 폴리페놀 산화효소(polyphenol oxidase) 또는 티로시나아제(tyrosinase)에 의하여 산화되어 갈색의 중합 색소인 멜라닌(melanine)을 생성하기 때문이다. 이 반응은 효소에 의하여 진행되기 때문에 효소적 갈변반응이라고 한다.

효소적 갈변반응은 대부분의 식물성 식품과 새우 등과 같은 동물성 식품의 가공이나 저장 중에 발생하여 기호성이나 영양성을 저하시킨다. 하지만 홍차, 커피, 코코아, 건포도 및 건대추 등의 일부 가공식품은 이 반응을 이용한 가공제품이다. 효소적 갈변반응은 폴리페놀 산화효소에 의한 갈변반응과 티로시나아제에 의한 갈변반응으로 나누어지는데, 폴리페놀 산화효소와 티로시나아제는 기질특이성에 따라 분류된다.

1) 폴리페놀 산화효소에 의한 갈변반응

폴리페놀 산화효소(EC 1.10.3.1, polyphenol oxidase)는 분자구조 중에 구리를 함유하고 있는 산화환원효소이며 많은 종류의 식물체에 분포한다. 식물의 종류에 따라 그 성질이 다르고, 효소의 출처에 따라 기질의 종류도 다소 다르다. 이 효소는 카테콜(catechol) 화합물을 산화시켜 1,2-벤조퀴논(1,2-benzoquinone)을 생성하는 반응을 촉매하는데, 이때 생성되는 퀴논과 그 유도체들은 반응성이 강하기 때문에 산화, 중

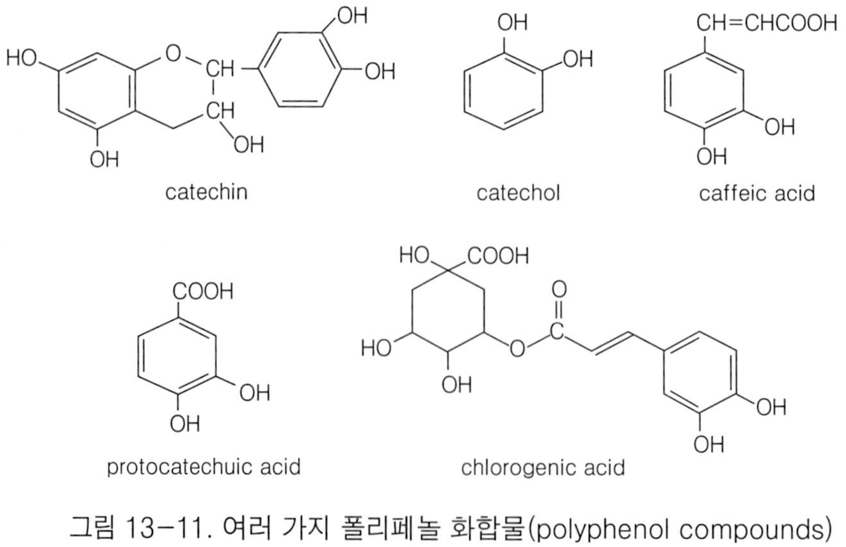

그림 13-11. 여러 가지 폴리페놀 화합물(polyphenol compounds)

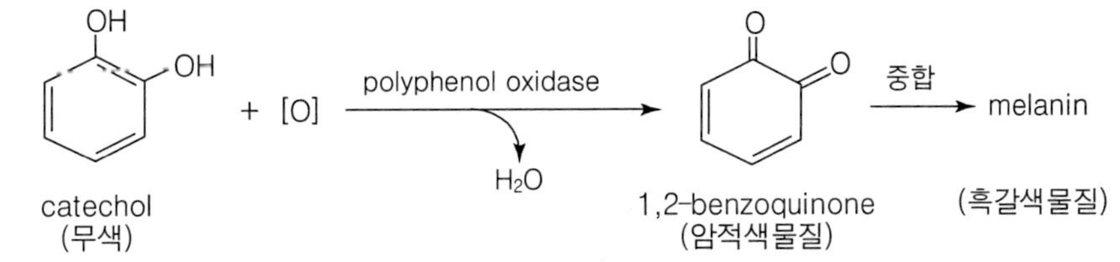

catechol (무색) + [O] —polyphenol oxidase ($-H_2O$)→ 1,2-benzoquinone (암적색물질) —중합→ melanin (흑갈색물질)

그림 13-12. 폴리페놀 산화효소에 의한 갈변반응의 예

합되어 갈색의 멜라닌 색소를 생성한다(그림 13-12).

폴리페놀 산화효소는 구리 및 철에 의하여 활성화되기 때문에 금속으로 만든 칼 또는 용기는 효소적 갈변반응을 촉진시킨다. 반면에 이 효소는 염소(Cl^-)이온에 의하여 불활성화 되기 때문에 껍질을 제거한 사과 등을 낮은 농도의 소금물에 담그면 갈변현상을 방지할 수 있다.

2) 티로시나아제에 의한 갈변반응

티로시나아제(EC 1.14.18.1, tyrosinase)는 동식물에 광범위하게 분포하고 있는데, 이 효소는 티로신(tyrosine)과 DOPA(dihydroxy-L-phenylalanine)에 대하여 높은 활성을 나타낸다.

폴리페놀 산화효소의 반응에서와 같이 이때 생성되는 퀴논과 그 유도체들은 반응성이 강하기 때문에 산화, 중합되어 갈색의 멜라닌 색소를 생성한다. 그림 13-13은

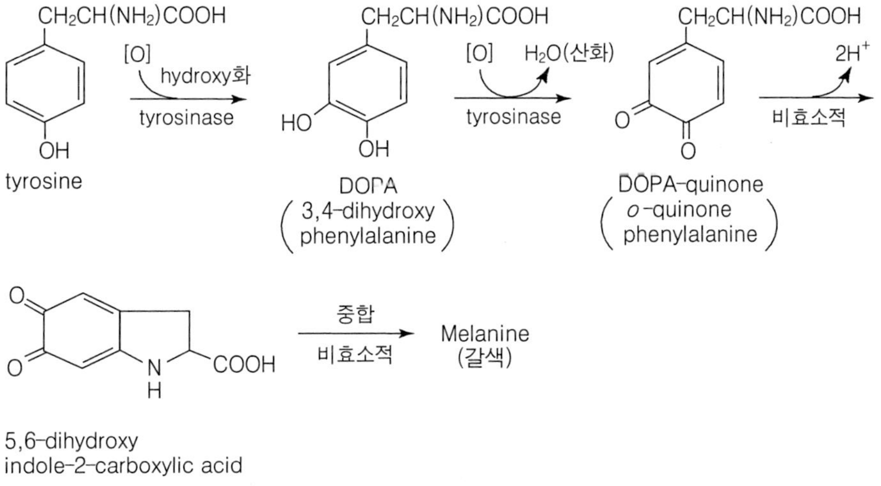

tyrosine ($CH_2CH(NH_2)COOH$) —[O] hydroxy화, tyrosinase→ DOPA (3,4-dihydroxy phenylalanine) —[O], tyrosinase (H_2O(산화))→ DOPA-quinone (*o*-quinone phenylalanine) —비효소적 ($2H^+$)→

5,6-dihydroxy indole-2-carboxylic acid (COOH, N H) —중합, 비효소적→ Melanine (갈색)

그림 13-13. 티로시나아제에 의한 갈변반응

티로시나아제에 의한 티로신의 산화과정을 나타낸 것이다.

이 반응은 주로 감자에서 발생하는데, 티로시나아제는 물에 녹기 때문에 껍질을 제거한 감자를 물에 담그면 갈변현상을 방지할 수 있다.

3) 락카아제에 의한 갈변반응

락카아제(EC 1.10.3.2, laccase)는 폴리페놀 산화효소의 일종으로, 과실류와 채소류에는 거의 존재하지 않으며, 옻나무나 곰팡이 중에 존재한다. 청색의 구리를 함유하고 있으며 옻나무 수액 중의 우루시올(urushiol)을 산화, 중합하여 퀴논(quinone)을 생성함으로써 흑색의 피막을 형성한다.

4) 효소적 갈변반응의 억제

효소적 갈변반응은 기호성이나 영양성 등에 좋지 않은 결과를 가져오는 경우가 많기 때문에 식품의 가공이나 저장 중에는 효소적 갈변반응을 억제하려는 시도가 행하여진다. 하지만 홍차(紅茶) 등에서와 같이 효소적 갈변반응을 이용하는 경우도 있다. 홍차를 제조할 때에는 차생엽(茶生葉)의 폴리페놀 산화효소를 이용하여 **카테킨**(catechin) 등과 같은 폴리페놀 화합물을 산화시켜 적색색소인 테아플라빈(theaflavin, $C_{29}H_{24}O_{12}$)을 만든다(그림 13-14). 이 색소는 홍차의 가치를 결정하는 중요한 요인이 된다.

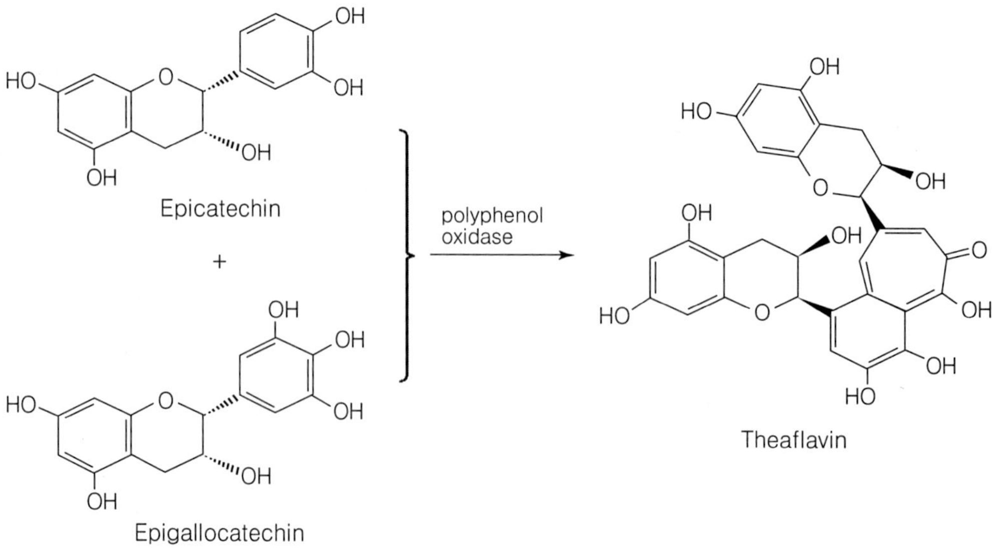

Epicatechin

\+

Epigallocatechin

polyphenol oxidase

Theaflavin

그림 13-14. 홍차에서의 테아플라빈의 생성

(◀ 은 지면의 앞쪽, ┅ 은 지면의 뒤쪽)

▸ **카테킨(catechin)**

넓은 의미에서는 플라보노이드 색소의 일종인 flavan-3-ol을 말하는데, 물에 잘 녹고 산과 가열하면 불용성의 flavapene으로 된다. 산화되기 쉬우며 식물체에 널리 존재하지만 주로 차(茶)를 통하여 사람에게 공급된다. 차잎을 발효시키면 카테킨류에 폴리페놀 산화효소가 작용하여 산화, 중합하여 홍차의 색소인 테아플라빈(theaflavin)을 생성한다.

▸ **마늘의 녹변**

마늘의 녹변은 저온 저장하였던 마늘을 박피, 마쇄하여 다진 후에 이것을 실온이나 저온에 저장할 때 발생하는데, 이 반응에는 알리이나아제(alliinase)를 비롯한 여러 가지 요인들이 관여하는 것으로 보고되고 있다. 이마이 등(1996)은 마늘에서 녹변현상이 발생하는 것은 다음과 같은 4단계를 거쳐 발생한다고 보고하였다.

① 마늘 중의 미확인 전구체 + 알리이나아제 → color developer(CD)의 형성
② CD + 아미노산 → pigment precursor(PP)의 형성
③ 알리인(alliin) + 알리이나아제 → allicin의 형성
④ PP + 마늘 중의 불포화 카르보닐화합물 + 알리신(alliicin) → 녹변 색소 형성

다진 마늘의 녹변을 방지하는 방법으로는 시스테인(L-cysteine), 비타민 C(L-ascorbic acid), 시트르산(citric acid) 등을 첨가하는 방법과 다진 마늘의 pH를 4.0으로 낮추는 방법 등이 보고되어 있다.

Imai 등. IFT Annual Conference p. 94. 1996

효소적 갈변반응을 억제하는 방법에는 다음과 같은 것들이 있다.

(1) 폴리페놀 함량이 적은 품종의 선택

같은 종류의 과실이나 채소도 유전적 특성, 성숙도 및 재배환경 등에 따라 조직 중의 총 폴리페놀 함량이 달라지기 때문에 식품을 가공할 때에는 가공 목적을 고려하여 폴리페놀 함량이 적은 품종을 선택하는 것이 좋다.

(2) 물리적 방법

① 저온저장

효소적 갈변반응의 속도는 온도가 내려가면 뚜렷하게 감소하지만, 0℃ 부근에서도 갈변반응은 빠르게 진행된다. 때문에 -18℃ 이하의 온도에서 저장하여야 하는데, 이 경우에는 냉동에 의한 품질의 열화를 주의하여야 한다.

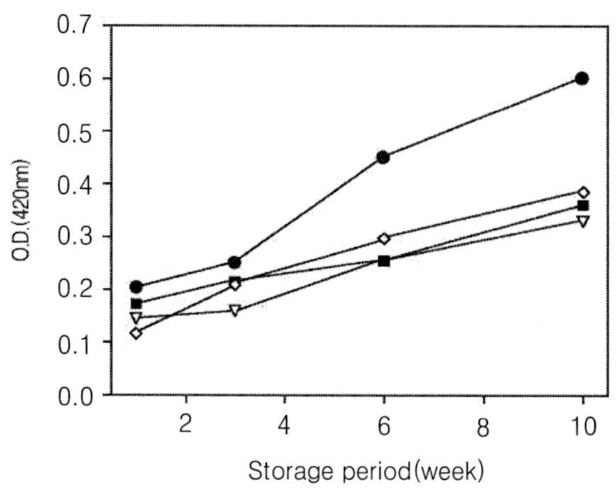

그림 13-15. 데치기가 냉동유자의 갈변에 미치는 영향
(김재욱 등, Korean J. Food Sci. Technol. 38 : 197, 2006)

●-● ; 대조구(without blanching)
▽-▽ ; 95℃, 2분간 blanching(50% sugar addition)
■-■ ; 95℃, 2분간 blanching(50% sugar addition)
◇-◇ ; 95℃, 5분간 blanching

② 데치기

데치기(blanching)와 같은 열처리 방법은 효소적 갈변반응을 억제하는 가장 쉬운 방법이다. 효소는 단백질이기 때문에 가열에 의하여 변성되는데, 폴리페놀 산화효소는 70℃ 정도에서 활성을 잃어버린다. 데치기는 주로 익혀서 섭취하는 감자나 아스파라거스 등에는 적용되지만, 익히지 않고 섭취하는 냉동과일 등에는 조직의 연화나 이취 발생 등으로 인하여 거의 사용하지 않는다(그림 13-15).

③ 산소의 제거

효소적 갈변반응은 산화반응이기 때문에 산소가 존재하지 않으면 발생하지 않는다. 그러므로 데치기를 적용할 수 없는 식품재료에는 산소를 차단함으로써 효소적 갈변반응을 억제할 수 있다. 탈기를 통하여 진공상태로 저장하거나 또는 포장용기 내부의 산소를 이산화탄소(CO_2)나 질소(N_2) 등으로 치환하거나 그리고 일정한 농도의 당액이나 물에 담가 두는 방법들은 산소와의 접촉을 억제함으로써 갈변반응을 억제하는 방법들이다.

(3) 화학적 방법

① 비타민 C와 시트르산

효소적 갈변반응은 산화반응이기 때문에 항산화제나 환원성을 지닌 물질들을 이용하면 갈변현상을 억제할 수 있다. 비타민 C와 구연산(citric acid)은 산화를 방지하는 항산화제와 반응하여 상승제 역할을 하기 때문에 효소적 갈변반응을 억제하는 물질로 사용된다. 또한 이들은 산이기 때문에 이들을 높은 농도로 사용하면 폴리페놀 산화효소를 불활성화시킬 수도 있다.

② 이산화황

이산화황(SO_2)은 환원성 물질이기 때문에 효소적 갈변반응을 억제하는데 사용된다.

③ 염화나트륨

폴리페놀 산화효소는 염소이온에 의하여 활성이 떨어지기 때문에 과일이나 채소를 소금물에 담그면 갈변을 방지할 수 있다. 그러나 폴리페놀 산화효소의 활성을 완전히 제거하기 위해서는 매우 높은 농도의 소금물이 필요하므로 과실 등에 사용하기에는 적합하지 않다. 따라서 비타민 C 또는 구연산 등과 함께 사용한다.

④ 기질 제거

폴리페놀 산화효소의 기질을 제거하면 갈변을 억제할 수 있다. 앞에서 설명한 바와 같이 감자 등의 갈변반응에 관여하는 티로시나아제는 티로신과 DOPA를 기질로 한다. 감자 등을 물에 담그면 수용성인 티로신이 물에 녹아 나오게 되고, 그 결과 효소의 기질인 티로신이 제거되어 티로시나아제는 갈변반응에 관여할 수 없게 된다.

제 14 장

식품의 맛

개 요

식품의 품질은 일반적으로 양(量), 영양성, 위생성, 기능성 및 기호성 등에 의하여 평가된다. 이 중에서 식품의 기호성은 사람의 5감을 통하여 감지되는 식품의 특성을 말하는데, 주로 식품이 지니는 맛, 색, 냄새, 겉모양 및 조직감 등으로 표현되며, 이들은 따로따로 평가되기 보다는 종합적으로 평가된다.

맛(taste)을 지니는 화학물질을 맛 성분 또는 정미성분(呈味成分)이라고 하는데, 식품의 맛은 식품 중에 존재하는 정미성분들이 물에 녹아 이온을 생성하면 이들 이온이 혀에 자극을 주어 느끼게 된다. 그러므로 정미성분은 반드시 물이나 타액에 녹아야만 맛을 내게 되며, 물에 녹지 않는 물질은 맛을 내지 못한다. 또한 식품의 맛은 여러 종류의 정미성분이 혼합된 것이기 때문에 하나하나 정확하게 표현하기는 어렵다.

모든 식품은 각기 고유의 맛을 가지고 있다. 그러므로 식품의 맛은 식품의 품질 판정 및 선택의 중요한 기준이 된다. 어떤 식품이 영양성, 위생성 및 기능성이 아무리 우수하다고 하여도 맛이 좋지 않으면 식품으로서의 가치는 상실되며, 또한 어떤 식품이 고유의 맛이 아닌 비정상적인 맛을 나타내면 우리는 그 식품이 변(變)한 것으로 생각하게 된다. 그러므로 식품의 맛에 대하여 이해하는 것은 식품화학을 공부하는 데 있어 대단히 중요하다.

이 장의 줄거리

1. 식품의 맛은 식품 중에 존재하는 여러 가지 성분에 의하여 달라지며, 또한 생리적 상황에 따라서도 변화된다. 맛에 영향을 주는 요인에는 온도, 미각의 발현 및 지속시간, 기질, 농도, 식품 속의 휘발성 물질의 양, 맛보는 시간 및 맛을 보는 순서 등이 있다.
2. 식품의 맛은 단맛, 신맛, 쓴맛, 짠맛 그리고 맛난맛의 5가지로 구분한다.
3. 단맛을 내는 물질은 분자구조 중에 알코올기를 가지고 있으며 설탕은 단맛의 표준물질이다. 천연 감미료에는 당류와 당알코올 등이 있고, 인공 감미료에는 아스파탐과 사카린 등이 있다. 하

지만 인공 감미료는 그 사용이 규제되고 있다. 신맛을 내는 대표적인 물질은 산이다. 단맛과 달리 신맛은 온도 변화에 따른 차이가 거의 없다. 쓴맛을 내는 물질은 분자구조 중에 아조기나 티올기 등의 원자단을 지니는데, 이와 같은 화합물에는 알카로이드나 테르펜 배당체 등이 있다. 짠맛은 음식물을 조리할 때에 가장 기본이 되는 맛이며, 짠맛의 대표 물질은 염화나트륨(소금)이다. 식염의 과량 섭취는 고혈압, 뇌졸중 및 암 등과 같은 질병의 원인이 된다. 맛난 맛은 다시마, 고기 및 멸치 등을 삶아서 우려낸 국물의 맛을 말하는데, 맛난 맛을 지니는 물질에는 핵산계 물질 등이 있다. 매운맛은 일종의 통각이며, 적당한 강도의 매운맛은 식품의 향미를 향상시키고 식욕을 증진시킨다. 매운맛 성분은 그 화학구조에 따라 함황화합물(마늘의 알리신 등), 산아미드(후추의 카비신 등) 그리고 구아이아콜(생강의 진저롤 등) 등으로 나누어진다. 떫은맛은 입 안에서 맛 신경이 마비되어 발생하는 복잡한 감각으로 불쾌감을 주는 맛이다. 하지만 차에서는 떫은맛(카테킨)이 차의 풍미를 향상시키는 중요한 인자이다. 아린 맛은 혀를 자극하는 쓴맛과 떫은맛이 혼합된 것과 같은 불쾌감을 주는 맛이다. 아린 맛 성분에는 호모겐티신산 등이 있다.

1. 미각의 생리

미각작용의 기구는 아직 확실하게 밝혀져 있지는 않지만, 일반적으로 다음과 같은 과정을 거치는 것으로 알려져 있다.

정미물질의 이온이 혀에 있는 맛 세포 내의 특정한 단백질과 결합 → 맛 세포 내에 전위차 발생 → 미각신경에 전기적 충격 발생 → 맛의 신호 발생 → 대뇌전달 → 맛의 감지

이와 같이 식품의 맛은 맛 세포를 통하여 감지되지만, 혀의 부위에 따라 맛에 대한 감수성이 다소 다르다. 예를 들면 단맛은 주로 혀의 앞부분, 쓴맛은 뒷부분, 신맛은 뒤 양쪽 가장자리 그리고 짠맛은 앞 양쪽 가장자리에서 가장 예민하게 느껴진다(그림 14-1).

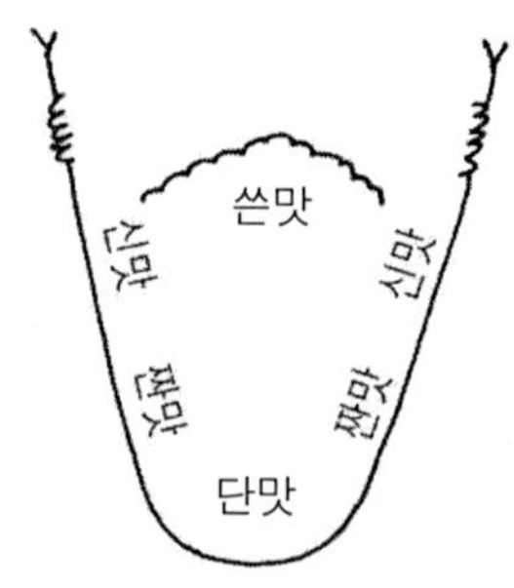

그림 14-1. 맛을 느끼는 혀의 부위

식품의 맛은 식품 중에 함께 존재하는 여러 가지 성분에 의하여 달라지며, 또한 생리적 상황에 따라서도 변화된다. 맛은 좁은 의미로는 짠맛, 단맛, 신맛 및 쓴맛을 뜻하지만, 시각, 후각, 청각 및 촉각 등의 감각과 식생활 습관, 기호, 기후, 건강상태, 식품을 섭취할 때의 분위기 그리고 입 안에서의 감각 등에 의하여 다르게 느껴지는 복합적인 감각이다.

1) 맛의 순응

우리의 모든 감각은 계속적인 자극을 받으면 점차적으로 약화되는데 미각에서도 같은 현상이 나타난다. 즉 같은 맛을 지속적으로 맛보게 되면 그 맛을 다른 맛으로 느끼거나 미각이 둔해지게 된다. 이와 같은 현상을 맛의 순응이라고 한다. 일반적으로 이와 같은 현상은 약한 맛에서는 거의 나타나지 않지만 맛이 강하면 심하게 나타나며, 그 맛에 대하여 싫증을 내게 될 수도 있다. 맛의 순응 현상은 맛의 종류에 따라 차이가 있는데, 일반적으로 신맛과 쓴맛은 느리게 나타나고, 단맛과 짠맛은 빠르게 나타난다.

2) 최소 감응농도

어떤 정미물질의 맛을 인식할 수 있는 최소농도를 말하며, 한계값(역가, threshold)이라고도 한다. 이것은 개인에 따라 크게 다르기 때문에 통계적 평균 수치만이 의미가 있으며, 다음과 같이 자세히 구분하기도 한다.

(1) 최소 감각농도

정미물질의 맛이 무엇인지는 분간할 수 없으나 순수한 물과는 다르다고 느끼게 되는 최소농도를 말한다.

(2) 최소 식별농도

맛의 강도가 변화하였다고 느끼게 하는 최소단위의 농도 변화를 말한다.

(3) 최소 인지농도

어떤 물질의 맛인지 정확히 감지할 수 있는 물질의 농도를 말한다.

(4) 한계농도

정미물질의 농도를 증가시켰는데도 그것을 인식할 수 없는 농도를 말하는데, 이 이상의 농도에서는 통증이 유발된다.

3) 맛의 혼합효과

(1) 맛의 대비

서로 다른 정미성분이 혼합되었을 경우, 주 정미성분의 맛이 강해지는 현상을 맛의 대비(contrast) 현상이라고 한다. 맛의 대비 현상은 단맛이나 구수한 맛에 소량의 짠맛 성분이 혼합되었을 때, 또는 짠맛에 소량의 신맛 성분이 혼합되었을 때 쉽게 느낄 수 있다. 예를 들면 수박에 약간의 소금을 뿌리면 수박의 단맛이 상승하며, 완전히 정제되지 않은 검은 설탕은 백설탕보다 더 달다. 또한 좀 싱겁다고 느껴지는 음식에 약간의 식초를 넣으면 훨씬 짜게 느껴진다.

(2) 맛의 억제

서로 다른 정미성분이 혼합되었을 경우, 각각의 맛이 약화되는 현상을 말한다. 예를 들면 쓴맛을 갖는 커피와 단맛을 갖는 설탕을 첨가하면 커피의 쓴맛이 억제되고, 신맛이 강한 오렌지 주스에 단맛을 갖는 설탕을 첨가하면 오렌지 주스의 신맛이 억제된다.

(3) 맛의 상승

같은 종류의 맛을 가지는 2종류의 정미물질을 서로 섞어 주면 각각의 맛보다 훨씬 강해지는 현상을 맛의 상승효과라고 한다. 예를 들면 10% 설탕용액과 동일한 감미를 나타내는 사카린(saccharin)의 농도는 525 mg/ℓ 그리고 둘신(dulcin)의 농도는 1,430 mg/ℓ 인데, 이 두 물질을 1:1로 혼합하게 되면 사카린 280 mg/ℓ 그리고 둘신 120 mg/ℓ 의 농도에서도 10% 설탕용액에 상당하는 감미를 나타낸다. 또한 이노신산

표 14-1. MSG와 5′-IMP 혼합물의 맛난 맛 상승효과(상대치)

혼합비(MSG : 5′-IMP)	혼합물 단위 중량당의 맛난 맛
1 : 0	1
1 : 2	6.5
1 : 1	7.5
2 : 1	5.5
10 : 1	5.0
20 : 1	3.0
50 : 1	3.4
100 : 1	2.0

(inosinic acid, 제6장 핵산 185페이지 참조)을 화학주미료인 글루탐산 나트륨(MSG, 제6장 핵산 184페이지 참조)과 혼합하면 그 맛난 맛이 강하게 느껴진다(표 14-1).

(4) 맛의 상살

두 가지 맛을 내는 물질을 혼합하였을 때 각각의 맛이 나타나지 않고 조화된 맛이 느껴지는 현상을 맛의 상살(相殺)이라고 한다. 예를 들면 간장은 소금을 많이 함유하고 있지만 감칠맛에 의하여 짠맛이 상살되어 그다지 짜게 느껴지지 않는다. 또한 김치는 짠맛과 신맛이 그리고 청량음료는 단맛과 신맛이 서로 상살되어 조화된 맛을 나타낸다.

4) 맛의 상실

맛을 느끼지 못하는 현상을 맛의 상실이라고 한다. 예를 들면 열대지방 식물인 짐네마 실베스터(*Gymnema sylvestre*)의 잎을 씹은 후에는 일시적으로 1～2시간 동안 단맛과 쓴맛을 느낄 수 없게 된다. 그러므로 설탕은 모래알과 같이 느껴지고, 오렌지 주스는 신맛만 느끼게 된다. 또한 대부분의 사람들은 **페닐 티오카바마이드**(phenyl thiocarbamide, PTC)의 쓴맛을 느끼는데, 이 맛을 느끼지 못하는 사람을 미맹(味盲)이라고 한다. 황인종의 경우 약 15%가 이에 해당한다.

5) 맛에 영향을 주는 요인

앞에서도 이야기한 것과 같이 맛은 연령, 흡연, 건강 그리고 심리상태 등에 따라서도 변화하며 매우 복합적인 것이다.

▸ PTC(phenylthiocarbamide)

페닐 티오우레이(phenylthiourea, 아래 그림 참조)라고도 한다. 약 70% 사람들은 이것의 쓴맛을 느끼지만, 나머지 사람들은 유전적으로 이 쓴맛을 느끼지 못한다. 특히 호주나 뉴기니아 원주민들은 약 58%만 이것의 쓴맛을 느낀다고 한다. 또한 비흡연자, 커피나 차를 마시지 않는 사람들 그리고 여자들이 이 물질의 쓴맛을 더 잘 느낀다고 한다.

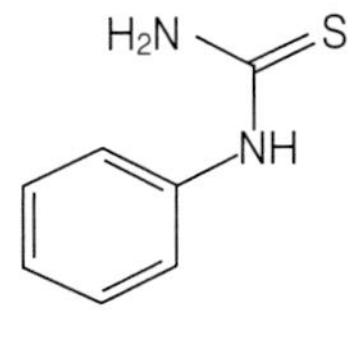

H_2N S NH

표 14-2. 온도에 따른 맛의 세기 변화

정미물질	맛의 종류	한계값(%)		상온에서의 맛이 100일 때 0℃에서의 맛	적온(℃)
		상온	0℃		
Quininehydrochloride	쓴맛	0.0001	0.003	3	40～50
Sodium chloride	짠맛	0.05	0.25	20	30～40
Citric acid	신맛	0.0025	0.003	83	25～50
Sucrose	단맛	0.1	0.4	25	20～50

(1) 온도

혀의 미각은 10～40℃에서 잘 느껴지는데, 특히 30℃에서 가장 예민하며 그 보다 온도가 낮거나 높으면 둔해진다. 일반적으로 온도가 상승함에 따라 단맛은 크게 상승하고, 짠맛과 쓴맛은 감소한다. 하지만 신맛은 온도에 그다지 영향을 받지 않는다. 쓴맛은 40～50℃, 짠맛은 30～40℃, 신맛은 25～50℃ 그리고 단맛은 20～50℃에서 가장 잘 느껴지는데 온도가 낮아지면 쓴맛의 느낌이 크게 낮아진다(표 14-2).

(2) 미각의 발현 및 지속시간

정미물질이 물에 녹기 쉬우면 그 맛이 빠르게, 녹기 어려우면 느리게 나타난다. 예를 들면 소금의 미각발현 시간은 0.3초, 설탕은 0.5초, 염산은 0.5초 및 **퀴논**(quinone)은 1.0초이다. 일반적으로 빨리 나타난 맛은 빨리 없어진다.

(3) 기질

정미성분이 존재하는 물질을 기질이라고 한다. 일반적으로 정미성분이 겔(gel, 제17장 식품의 물성 426페이지 참조)상으로 존재하거나 유지 중에 존재하면 그 맛이 상

▸ **퀴논**(quinone)

방향족 탄화수소 중 벤젠핵의 수소 2원자를 산소 2원자로 치환한 디카르보닐 화합물을 말한다. 아래 그림은 1,2-benzoquinone의 구조식이다.

O O

승한다. 예를 들면 토마토 주스 중에 존재하는 소금(NaCl), 주석산(tartaric acid) 및 설탕(sucrose) 등은 순수한 물에 있을 때 보다 그 맛이 진하다.

(4) 농도

정미물질의 맛은 그 농도에 따라서도 다르게 나타난다. 예를 들면 안식향산나트륨(sodium benzonate, 제9장 비타민 267페이지 참조)은 0.03%를 기준으로 하여 그 이하에서는 쓴맛이 강하지만 그 이상이면 단맛이 강하다.

(5) 식품 속의 휘발성 물질의 양

식품 중에 존재하는 휘발성 물질, 즉 냄새성분도 맛에 영향을 미친다. 하지만 맛과 향의 구분이 어렵기 때문에 맛과 향에 대한 연구는 동시에 이루어져야 한다. 예를 들면 커피의 경우 향이 없으면 좋은 맛을 느끼기 어렵다.

(6) 맛보는 시간

일반적으로 오전 10시와 오후 3시에 정미물질의 맛을 정확하게 느끼는 것으로 알려져 있다.

(7) 맛을 보는 순서

한 가지 맛을 느낀 직후에는 다른 맛을 정상적으로 느끼지 못하게 된다. 예를 들면 단것을 먹은 후에 사과를 먹으면 신맛을 느끼고, 또 신맛의 귤을 먹은 후에 사과를 먹으면 단맛을 느끼며, 오징어를 먹고 난 후 귤을 먹으면 귤의 쓴맛만 느껴진다.

2. 맛의 분류

식품의 맛을 과학적으로 분류한 사람은 독일의 헤닝(Henning)이다. 그는 식품의

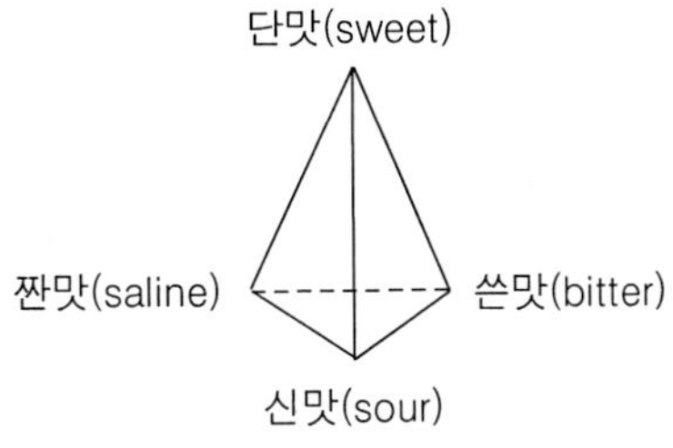

그림 14-2. 맛의 4면체

맛을 기본적으로 단맛(sweet), 신맛(sour), 쓴맛(bitter) 그리고 짠맛(saline)의 4가지로 구분하여 그림 14-2와 같이 맛의 사면체를 만들고, 그 외의 모든 맛을 이 사면체에 포함된 공간 중의 한 점에 배치할 수 있다고 하였다. 이 밖에도 매운맛, 떫은맛 및 구수한 맛 등과 같은 맛이 있으나 앞의 네 가지 기본 맛이 복합적으로 작용하여 생긴 것으로 알려지고 있으며, 보통 이들은 맛의 분류에는 포함시키지 않는다. 하지만 최근에는 아미노산의 한 종류인 글루탐산의 맛난맛(旨味)을 인지하는 수용체가 존재한다는 것이 확인되어 이것을 포함한 5가지 기본적인 맛을 인정하고 있는 추세이다.

3. 정미물질의 구조, 종류 및 성질

1) 단맛 성분의 구조, 종류 및 성질

감미료는 인간생활에 필수적인 중요한 식품이다. 소비자들은 겉으로는 설탕의 과소비를 우려하면서도 실제로는 단것에 매력을 갖고 있으며, 대부분의 가공식품들은 많은 양의 설탕을 함유하고 있다. 예를 들면 탄산음료 300 mℓ에는 8 티스푼(tea spoon), 케이크 100 g에는 24 티스푼, 요구르트 150 g에는 5 티스푼, 초콜릿 50 g에는 7 티스푼, 그리고 아이스크림 50 g에는 2 티스푼 정도의 설탕이 함유되어 있다. 영양학자들은 설탕의 소비량을 현재의 1/2 정도로 줄여야 한다고 강조하고 있는데, 이와 같은 추세에 발맞추어 최근에는 **저칼로리 감미료**, **무충치 설탕** 그리고 **올리고당 감미료** 등의 개발에 대한 연구가 활발하게 진행되고 있다.

▸ **저칼로리 감미료**

에리트리톨(erythritol, 제3장 탄수화물 65페이지 참조)의 감미도는 설탕의 80% 정도이지만, 열량은 설탕의 1/10 정도이며, 음료, 껌, 초콜릿 및 과자 등에 이용되고 있다.

▸ **무충치 설탕**

설탕의 단맛을 내면서 충치발생을 억제하는 특성을 지닌다.

▸ **올리고당 감미료**

2～10분자의 단당류들이 결합하여 만들어진 탄수화물이며, 설탕에 비해 열량이 적고 체내의 장 기능을 활성화시키는 효과를 나타낸다. 또한 산(酸)의 발생량이 극히 적기 때문에 충치예방에도 효과가 있다. 하지만 사람에 따라 너무 많이 섭취하였을 경우 복통의 원인이 될 수도 있다.

▸ **Sorbose($C_6H_{12}O_6$)**

단당류 중에서 케토오스의 일종이다. 아래 그림은 L-sorbose의 구조를 나타낸 것이다.

```
      CH2OH
        |
        C=O
        |
  HO — C — H
        |
   H — C — OH
        |
  HO — C — H
        |
      CH2OH
```

표 14-3. 여러 가지 당류 및 감미료의 상대적 감미도

종 류	감미도	종 류	감미도
<당류>		Erythritol	45
Fructose	150	Inositol	45
Invert sugar	120	Mannitol	45
Sucrose	100	Dulcitol	41
Glucose	70	<인공 감미료>	
Rhamnose	60	Perillartin	200,000 ~ 500,000
Glucosamine	50	Phyllodulcin	40,000 ~ 50,000
Maltose	50	Sucralose	32,000 ~ 100,000
Xylose	40	Saccharin	30,000 ~ 50,000
Galactose	30	Stevioside	30,000
Lactose	27	Aspartame	20,000
<당 알코올>		Dulcin	10,000 ~ 30,000
Xylitol	75	Glycyrrhizin	5,000
Glycerol	48	Na-cyclohexylsulfamate	3,000 ~ 4,000
Sorbitol	48		

일반적으로 단맛을 내는 물질은 분자구조 중에 당과 같이 알코올기(-OH)를 가지고 있다. 하지만 알코올기가 없는 일부의 아미노산이나 둘신(dulcin) 등과 같은 화합물도 단맛을 갖는다. 일반적으로 알코올기, 알데히드기(-CHO), 아미노기($-NH_2$), 니트로기($-NO_2$) 및 이산화황기(sulfur dioxide group, $>SO_2$) 등은 감미 발현단으로, 히드록시메틸기(hydroxy methyl group, $-CH_2OH$)는 맛을 더 깊고 짙게 해주는 조미단

(調味圜)으로 알려져 있다.

설탕은 단맛의 표준물질이고, 당류의 감미도는 과당(fructose)>전화당(invert sugar)>설탕(sucrose)>포도당(glucose)>맥아당(maltose)>젖당(lactose)의 순이다. 화학구조와 감미는 일정한 관계를 나타내지 않는다. 자연계에는 설탕 이외에도 단맛을 갖는 화합물이 다수 존재하는데 천연 감미료에는 당류, 당알코올, 배당체, 일부 아미노산, 펩티드(peptide) 및 단백질 등이 있고, 인공 감미료에는 아스파탐(aspartame)과 사카린(saccharin) 등이 있다. 하지만 사카린 등의 인공 감미료는 그 사용이 규제되고 있다(표 14-3).

(1) 단당류와 이당류

당류는 대표적인 천연 감미료인데, 당류의 상대적 감미도는 당 용액의 온도에 따라 변화한다. 즉 5℃에서 과당은 설탕보다 1.4배 달지만 40℃에서는 거의 비슷하며, 60℃에서는 오히려 설탕이 더 달아서 0.8배가 된다. 그러나 맥아당은 온도와 거의 무관하다(그림 14-3 참조). 또한 당의 감미도는 당의 종류와 이성체 등에 따라 단맛의 차이가 있다. 예를 들면 과당은 β형이 α형보다 3배 정도 더 달다. 수용액 중에서 과당은 β형과 α형이 같이 존재하는데, 저온에서는 β형으로, 고온에서는 α형으로 이행하기 때문에 온도에 따라 단맛이 달라진다. 또한 포도당과 맥아당은 α형이 더 달고 유당은 β형이 더 달다. 한편 만노오스(mannose)는 α형은 단맛, β형은 쓴맛

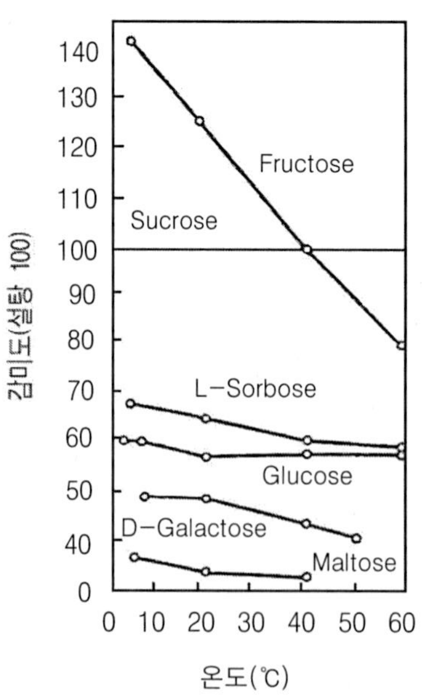

그림 14-3. 온도에 따른 여러 가지 당류의 감미도 변화

을 나타낸다. 설탕은 이성체가 없기 때문에 설탕의 감미도는 시간과 온도에 따라 변화하지 않고 언제나 일정한 단맛을 지닌다. 그러므로 설탕은 단맛을 갖는 물질들의 상대적 감미도(relative sweetness)를 측정하는 표준물질이 되고 있다.

최근에는 **이성화당액**이 청량음료수와 과자류의 감미료로 많이 사용되고 있으며, 또 설탕과 포도당을 결합하여 만든 새로운 당(**coupling sugar**)이 개발되어 주목받고 있다.

(2) 물엿

포도당과 맥아당의 함량이 많은 물엿은 감미료로 이용되지만, 그 양이 적은 것은 가공식품의 점도나 굳기 등을 증가시킬 목적으로 사용된다.

(3) 당 알코올

당에 수소를 첨가하여 공업적으로 제조되는 당 알코올류는 설탕의 약 50%의 단맛을 지닌다. 당 알코올 중 자일리톨(xylitol), 이노시톨(inositol), **둘시톨**(dulcitol) 및 말티톨(maltitol) 등은 특수용도로 많이 쓰이고 있다. 자일리톨은 설탕과 거의 같은 감미를 가지면서도 혈당의 상승이 없고 인슐린의 영향을 받지 않으므로 당뇨병 환자들의 감미료로 이용되며, 또한 충치예방용으로도 쓰인다. 말티톨은 말토오스(maltose)

▸ **이성화당액**

효소 또는 산으로 전분을 가수분해하여 포도당을 생산한 다음, 이성화 효소를 작용시켜 얻은 포도당(glucose)과 과당(fructose)의 혼합 당액을 말한다.

▸ Coupling sugar

토양 세균의 일종인 *Bacillus megaterium* 등이 생산하는 효소를 전분과 설탕의 혼합액에 작용시키면 설탕과 포도당이 결합한 물엿상태의 물질이 생성되는데 이를 말한다. 포도당과 결합하지 않은 설탕도 약 10% 함유되어 있다. 감미도는 설탕의 55~60%로 맛이 뛰어나며 친수성이다. 또 섭취할 경우 설탕과 달리 구강 내의 세균에 의하여 점착성 물질(dextran)을 형성하지 않기 때문에 최근 충치예방을 위한 당질 감미료로 사용되고 있다.

▸ **둘시톨**(dulcitol)

D-Galactose를 환원하여 얻은 당 알코올을 말한다(제3장 탄수화물 65페이지 참조).

▸ **자일리톨**(xylitol), **이노시톨**(inositol) **및 말티톨**(maltitol)

제3장 탄수화물 65페이지를 참조한다.

▸ **테르펜(terpene)**

유기화합물 중에서 탄소수가 5의 배수인 화합물을 말한다. 실험적으로는 5개의 탄소와 8개의 수소원자로 이루어진 탄화수소인 이소프렌(C_5H_8) 단위체가 모여서 만들어진다. 테르펜은 분자 내에 이소프렌 단위체의 수에 따라 분류한다. 모노테르펜($C_{10}H_{16}$)은 2개, 세스퀴테르펜($C_{15}H_{24}$)은 3개, 디테르펜($C_{20}H_{32}$)은 4개, 트리테르펜($C_{30}H_{48}$)은 6개, 테트라테르펜($C_{40}H_{64}$)은 8개의 이소프렌 단위체를 각각 가지고 있다. 비타민 A는 중요한 디테르펜의 하나이고, 카로티노이드 색소는 가장 잘 알려진 테트라테르펜이다. 아래 그림은 여러 종류의 테르펜 화합물을 설명한 것이다.

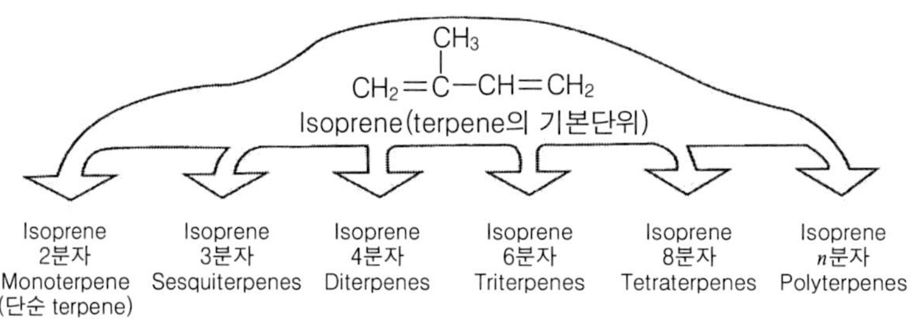

를 환원시켜 만드는 당 알코올로 감미도는 설탕의 85～95%이지만, 이노시톨과 마찬가지로 체내에서 흡수 이용되지 못하기 때문에 저칼로리 감미료로 쓰인다.

(4) 글리시르리진

감초(*Glycyrrhiza uralensis*)의 감미성분인 글리시르리진($C_{42}H_{62}O_{16}$, glycyrrhizin)은 감초의 뿌리에 6～14% 정도 함유되어 있다. **테르펜**(terpene) 배당체이고, 무색·무취의 결정성 분말이며, 설탕의 30～50배 정도의 감미를 지닌다. 산성 글리시르리진

그림 14-4. 글리시르리진(glycyrrhizin)의 구조

은 물에 녹지 않지만 암모늄(NH_4) 염은 pH 4.5 이상의 물에 녹는다. 글리시르리진의 감미는 설탕과 달리 늦게 나타나고 오래 가는 특징이 있으며, 인공 감미료인 아스파탐과 달리 열에 안정하다. 미국에서는 안전한 천연 감미료로 사용이 허가되어 과자, 담배 또는 의약품 등에 사용되고 있으며, 일본에서도 사용이 허가되었으나 최근 독성 문제가 대두되어 하루 섭취량을 200 ㎎으로 제한하고 있다(그림 14-4).

(5) 스테비오사이드

스테비오사이드(stevioside)는 남미(南美) 파라과이에서 자생하는 국화과 다년생 식물인 스테비아(*Stevia rebaudiana bertoni*)의 잎과 줄기에 존재하는 천연 감미성분인 스테비올($C_{20}H_{30}O_3$, steviol)과 포도당이 결합한 배당체이다.

스테비올은 디테르펜(diterpene) 화합물이며, 열에 안정하고 산과 알칼리에 안정하다. 또한 칼로리를 생성하지 않으며 비발효성이다. 그리고 5~18%의 식염수에서도 감미 변화가 발생하지 않을 정도로 내염성을 지닌다. 설탕과 비슷한 산뜻하고 청량한

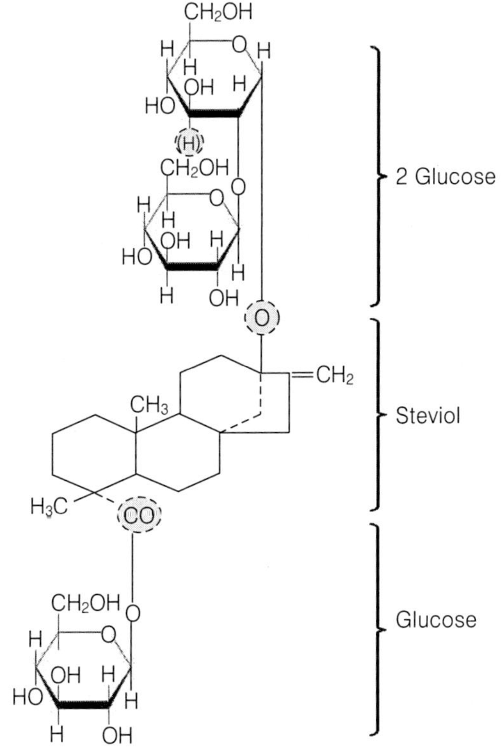

그림 14-5. 스테비오사이드(stevioside)의 구조

Rebaudioside A ; (H) =Glucose

감미를 지니는 유일한 천연물이며, 설탕의 40～300배 정도의 감미를 지닌다. 쓴맛을 제거하기 위하여 스테비올의 위와 아래 히드록시기(-OH)에 포도당을 결합시켜 상품화하고 있다(그림 14-5).

우리나라에서는 식품첨가물로 인정되어 주로 중국에서 수입하여 사용하고 있다. 하지만 미국 등의 선진국에서는 아직 그 사용이 허가되지 않고 있으며, 호주 보건성에서는 스테비오사이드를 장기 복용할 경우 정신질환의 원인이 될 수 있다고 보고하였다. 아직 세계보건기구에서도 유·무해 판정을 내리지 않은 상태이기 때문에 이에 대한 결정이 날 때까지 이의 사용을 보류하자는 의견이 대두되고 있다.

(6) 페리랄틴

페리랄틴($C_{10}H_{15}NO$, perillartin)은 다년생 박하과 식물인 페릴라(perilla)라는 식물의 감미성분이며, 설탕의 2,000배의 감미를 지닌다. 일본에서는 감미성분으로 사용하고 있다(그림 14-6).

(7) 아미노산

아미노산 중에는 단맛을 지니는 것이 많은데, 인위적으로 합성된 D형의 글리신(glycine)과 트립토판(tryptophan)은 단맛이 강하다(표 14-4). 고기 추출물의 단맛은

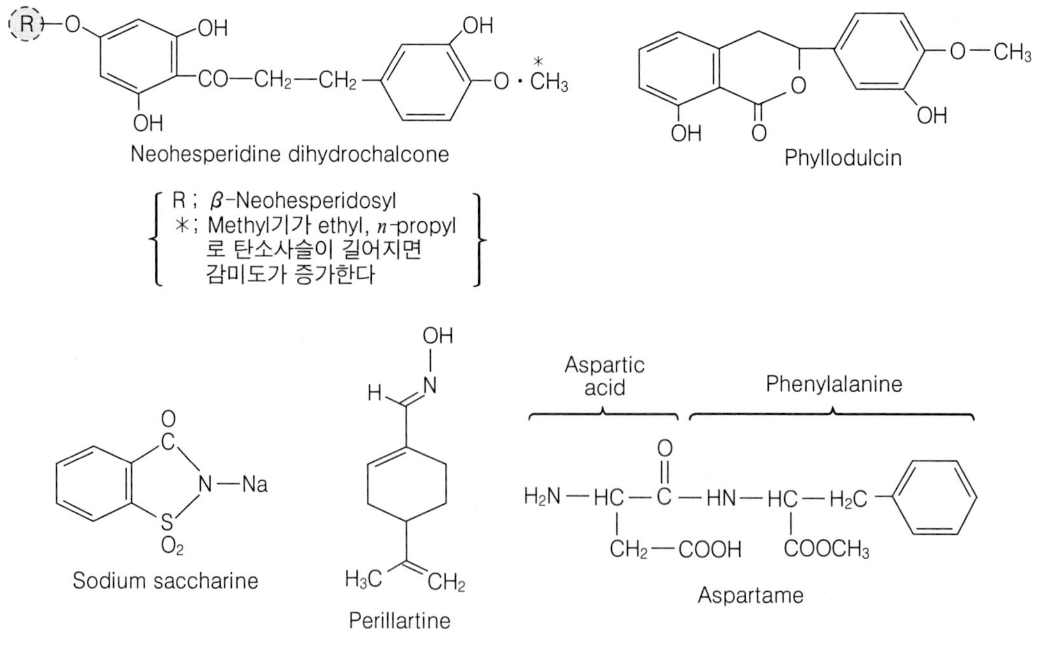

그림 14-6. 여러 가지 감미료의 구조

표 14-4. 여러 가지 아미노산의 맛

아미노산	L계	D계
Alanine	단맛	강한 단맛
Serine	아주 약한 단맛	강한 단맛
α-Aminobutyric acid	아주 약한 단맛	단맛
Threonine	아주 약한 단맛	약한 단맛
Norvaline	쓴맛	단맛
Valine	쓴맛	강한 단맛
Isovaline	약한 단맛	단맛
Norleucine	아주 약한 쓴맛	단맛
Leucine	쓴맛	강한 단맛
Isoleucine	쓴맛	단맛
Methionine	쓴맛	단맛
Histidine	쓴맛	단맛
Ornithine	쓴맛	약한 단맛
Lysine	쓴맛	약한 단맛
Arginine	아주 약한 단맛	약한 단맛
Asparagine	무미	단맛
Phenylalanine	아주 약한 쓴맛	강한 단맛
Tryptophan	쓴맛	강한 단맛
Tyrosine	아주 약한 쓴맛	단맛
3-Sulfotyrosine	아주 약한 쓴맛	강한 단맛
3-Sulfo-5-iodotyrosine	아주 약한 단맛	단맛
3,5-Disulfotyrosine	아주 약한 쓴맛	단맛
3-Bromotyrosine	쓴맛	강한 단맛
3,5-Dibromotyrosine	아주 약한 쓴맛	아주 약한 단맛

글리신, 알라닌(alanine) 및 세린(serine) 등에 의한 것이고, 녹차의 단맛은 테아닌(theanine, $C_7H_{14}N_2O_3$) 때문이다. 테아닌은 맛난맛을 가지는 단맛성분으로 품질이 좋은 차에 많이 함유되어 있다. 테아닌은 차에서 처음 발견되었는데 차의 아미노산 중 60%를 차지하며, 차 이외의 고등식물에서는 발견되지 않았다. 오징어를 오래 씹었을 때 나타나는 단맛은 베테인(betain, $C_5H_{11}NO_2$)에 의한 것인데, 베테인은 아미노산인 글리신의 유도체이다.

(8) 사카린

인공 감미료이고, 설탕의 300～500배 감미를 지니는데 많이 사용하면 쓴맛이 난다. 아스파탐에 비하여 열과 산에 안정하며, 식품 내의 다른 성분들과 화학반응을 일으키지도 않는다. 인체 내에서 분해되지 않기 때문에 무칼로리 감미료로 사용되지만,

다량 섭취하면 소화효소의 작용억제 및 신장장해를 초래할 수 있으며, 발암물질로 알려져 있다. 하지만 최근 미국에서는 이 사카린(saccharin)을 발암물질 목록에서 제외시키려는 움직임이 일고 있다(그림 14-6).

(9) 아스파탐

아스파탐(aspartame)은 인공 감미료이다. 신맛을 지니는 아스파르트산(aspartic acid)과 쓴맛을 지니는 페닐알라닌(phenylalanine)을 인공적으로 결합시켜 만든 디펩티드(dipeptide)이다. 아스파탐은 설탕의 약 200배 정도의 단맛을 나타내는데, 뒷맛이 없으며 설탕, 포도당, 과당 및 사카린 등과 함께 사용하면 상승작용을 나타내는 것으로 알려져 있다. 하지만 아스파탐은 높은 온도에서 불안정하여 150℃에서 10분간 가열하면 약 80% 정도가 구성 아미노산으로 분해되기 때문에 높은 온도의 가공공정을 거치는 식품에서는 주의하여야 한다. 또한 아스파탐은 수용액 상태로 있으면 메틸에스테르(methylester) 결합이 끊어져 맛이 없는 형태로 바뀌기 때문에 각종 음료 및 냉동식품에 첨가할 때에는 이런 특징을 고려하여야 한다. 세계보건기구(WHO)에서는 아스파탐의 하루 섭취량을 체중 kg당 40 ㎎으로 제한하고 있다(그림 14-6).

(10) 수크랄로오스

수크랄로오스(sucralose, $C_{12}H_{19}C_{13}O_8$)는 인공 감미료이며 설탕의 320～1000배, 사카린의 2배 그리고 아스파탐의 4배 정도의 감미를 지닌다. 일반적인 대체 감미료의 단점인 쓴 뒷맛이 없고, 설탕과 유사한 감미특성을 나타내므로 설탕의 부분적 또는 전체적인 대체가 가능한 감미료로 알려져 있다, 또한 수크랄로스는 사카린이나 아스파탐에 비해 열에 안정하여 초고온살균과 제빵과 같은 고온의 가공을 필요로 하는 식품에서도 감미가 그대로 유지되기 때문에 유용하게 사용될 수 있다고 보고되고 있다. 산과 알칼리에도 안정한 것으로 알려져 있다.

2) 신맛 성분의 구조, 종류 및 성질

식품의 신맛은 미각(味覺)을 자극시키고, 식욕을 증진시켜 주는 작용을 한다. 또한 신맛은 식품의 부패를 방지하고 식품에 특유의 풍미를 부여한다.

신맛을 내는 대표적인 물질은 산(酸)인데 산은 물에 녹으면 수소이온(H^+)을 발생시킨다. 신맛의 주성분은 수소이온이지만, 신맛은 전체 유기산의 농도와도 관련이 있기 때문에 신맛의 강도와 pH는 비례하지 않는다. 또한 산이 해리되면 수소이온과 음이온을 생성하는데, 이 음이온이 신맛에 영향을 주는 경우가 있다. 예를 들면 무기산이 쓴맛이나 떫은맛이 섞인 신맛을 나타내는 것은 이 때문이다.

▸ 사과주스의 검정지표

사과에 존재하는 비휘발성 유기산의 90% 이상은 사과산(L-malic acid)이며, 그 외에 식물계에 널리 분포하는 다수의 미량 유기산들이 들어 있다. 사과 중의 L-사과산 함량은 가짜(부정 또는 변조) 사과주스의 검정지표가 된다. 일반적으로 변조 사과주스는 당과 유기산을 적당한 비율로 조절한 용액을 첨가하여 주스의 양을 늘리거나 값싼 배주스 등을 혼합하여 제조하는 것으로 알려져 있다. 이때 천연품인 L-사과산은 가격이 비싸서 주로 합성품인 DL-사과산을 첨가하게 된다. 또한 푸마르산(fumaric acid)은 사과산의 전구체이므로 DL-사과산이 첨가된 사과주스에서는 상당량 검출될 수 있다. 그러므로 사과주스 중의 푸마르산 함량 역시 사과주스의 검정지표로 사용될 수 있다.

일반적으로 같은 pH에서는 유기산(有機酸)이 무기산(無機酸)보다 신맛이 강하다. 그리고 식초산(acetic acid), 구연산(citric acid), 사과산(malic acid), 주석산(tartaric acid), 젖산(lactic acid) 및 비타민 C(ascorbic acid) 등의 유기산은 일반적으로 상쾌한 신맛을 나타낸다. 또한 숙신산(succinic acid, 호박산)과 이노신산(inosinic acid)은 신맛보다는 오히려 구수한 맛을 나타낸다. 무기산 중에서 식품에 이용되는 것에는 탄산(炭酸)과 인산이 있다. 이들은 약산으로 수용액 중에서 해리되어 신맛을 내는데, 탄산은 청량음료와 맥주에, 인산은 청량음료에 주로 사용된다.

일반적으로 산의 구조 중에 알코올기(-OH)가 있으면 온건한 신맛, 아미노기(-NH_2)가 있으면 쓴맛이 있는 신맛을 나타낸다. 단맛과는 달리 신맛은 온도 변화에 따른 차이가 거의 없다.

표 14-5. 여러 가지 식품에 존재하는 유기산 종류

식 품	유기산량(%)	유 기 산
식초	약 4.4	초산
레몬	2.7~3.0	구연산, 사과산, 미량의 수산
밀감	약 1.2	구연산, 사과산, 미량의 수산, fumaric acid
복숭아	약 0.8	사과산, 구연산, 미량의 fumaric acid
딸기	0.7~1.2	구연산, 사과산, 소량의 fumaric acid
매실	0.6~2.0	구연산, 사과산, 소량의 수산
사과	약 0.5	사과산, 소량의 구연산, 주석산, 미량의 개미산
요구르트	약 0.5	젖산
침채류	약 0.15	젖산, 그 밖에 호박산
포도	0.1~1.2	주석산, 사과산, 소량의 구연산
버찌	0.1~0.8	사과산, 미량의 구연산, 주석산, 호박산, fumaric acid
수박	약 0.1	사과산, 소량의 구연산, 미량의 개미산

표 14-5에는 여러 가지 식품에 존재하는 유기산의 종류를 나타내었고, 표 14-6에는 우리나라에서 사용이 허가된 산미료의 종류와 그 사용법을 나타내었으며, 표 14-7에는 대표적인 신맛 성분의 한계값을 나타내었다.

표 14-6. 우리나라에서 허가된 산미료의 종류와 그 사용법

산미료	구조식	일반적인 사용법
Citric acid (구연산)	CH_2—COOH │ HO—C—COOH · H_2O │ CH_2—COOH	산미료로서 청량음료수, 치즈, 젤리, 젬, 드롭프스 등에 사용한다. 또 산화 방지제의 상승제로도 사용된다.
Glacial acetic acid (빙초산)	CH_3COOH	Pickle, 케첩, 사과시럽, corn syrup, 치즈, 케이크 등에 0.005～0.033% 사용된다.
Malic acid (사과산)	HO—CH—COOH │ CH_2COOH	젤리, 과자의 산미료로 적당하며, 마가린, 마요네즈에 산미제 및 유화 안정제로 사용된다.
Lactic acid (젖산)	CH_3—CH—COOH │ OH	산미제 뿐만 아니라 살균력이 있어 식품공업에 널리 사용된다.
Tartaric acid (주석산)	HO—CH—COOH │ HO—CH—COOH	청량음료수, 젤리, 잼 등에 구연산, 젖산 등과 함께 사용한다.
Acetic acid (초산)	CH_3COOH	3～5%로 널리 사용된다.
Succinic acid (호박산)	CH_2—COOH │ CH_2—COOH	주로 청주, 합성청주, 된장, 간장 등에 사용한다.
Fumaric acid	CH—COOH ‖ HOOC—CH	분말주스, 김치, 합성주, 청량음료수, 과실통조림 등에 사용한다.
Glucono-δ-lactone	O=C—┐ │ H—C—OH │ HO—C—H　O │ H—C—OH │ H—C—┘ │ CH_2OH	수용액 중에서 일부가 가수분해되어 산을 생성하므로 온화한 산미료로 사용되며, 또 팽창제의 지효성 산성물질로 사용된다.

표 14-7. 여러 가지 유기산과 무기산의 한계값(%)

물 질	한계값	물 질	한계값
L-Ascorbic acid	0.0076	인산	0.0019
Gluconic acid	0.0039	젖산	0.0018
Glutamic acid	0.0030	주석산	0.0015
호박산	0.0024	Glutamic acid-HCl염	0.0014
Malic acid	0.0023	Fumaric acid	0.0013
Betaine-HCl염	0.0022	초산	0.0012
Malonic acid	0.0021	개미산	0.0009
구연산	0.0019	염산	0.0008

3) 쓴맛 성분의 구조, 종류 및 성질

쓴맛은 식품의 맛으로 바람직하지 않으며, 여러 미각 중에서 가장 예민하기 때문에 가장 낮은 온도에서도 느낄 수 있는 맛이다. 예를 들면 쓴맛의 대표물질인 퀴닌(quinine)의 한계값(threshold)은 0.000487%이다. 그러므로 쓴맛을 내는 물질이 미량만 존재하여도 전체적인 식품의 맛에 큰 영향을 미친다. 하지만 "좋은 약은 입에 쓰다"는 말과 같이 쓴맛 성분 중에는 약리작용을 지니는 것이 많다.

쓴맛을 나타내는 화합물에는 **알칼로이드**(alkaloid), 테르펜(terpene) 배당체, 아미노산, 펩티드(peptide) 및 케톤(ketone) 등의 다수가 있다. 무기질로는 칼슘(Ca), 마그네슘(Mg) 및 암모니아(NH_3) 등이 쓴맛을 나타낸다. 일반적으로 쓴맛을 지니는 물질은 분자구조 중에 아조기(azo group, -N=N-), 티올기(thiol group, -SH), 디설피드기(disulfide group, -S-S-), 티오카르보닐기(thiocarbonyl group, >C=S), 이산화황기(sulfur dioxide group, $-SO_2$) 및 아질산기(nitrite group, $-NO_2$) 등의 원자단을 지니고 있으며, 쓴맛을 지니는 물질들의 화학구조는 단맛을 지니는 물질의 구조와 비슷하다. 예를 들면 트리메틸렌 글리콜[trimethylene glycol, $OH(CH_2)_3OH$]은 단맛을 지니는데, 헥사메틸렌 글리콜[hexamethylene glycol, $OH(CH_2)_6OH$]은 쓴맛을 지닌다. 표 14-8에는 여러 가지 식품의 쓴맛 성분을 나타내었고, 표 14-9에는 여러 가지 쓴맛 물질의 한계값을 나타내었다.

▸ **알칼로이드(alkaloid)**

식물에 함유되어 있는 알칼리와 비슷한 성질을 나타내며, 질소를 함유한 염기성 화합물을 말한다.

표 14-8. 여러 가지 식품의 쓴맛 성분

식 품	쓴맛 성분
차	Caffeine, Theobromine, Tannin, Quercetin
커피	Caffeine, Tannin, Chlorogenic acid
카카오, 초콜릿	Theobromine
감귤류	Limonin, Naringin, Neohesperidine 등
오이	Cucurbitacin(약 20종류의 이성체가 있음)
호프	Humulon, Lupulon, Isohumulon, Isocohumulon, Isoadhumulon
고구마 흑반병	Ipomeamarone
토마토종자, 땅콩, 아스파라거스	Saponin

표 14-9. 여러 가지 쓴맛 물질의 한계값

쓴맛 물질	역가(mole)	쓴맛 물질	역가(mole)
Urea	0.12	Nicotine	0.000019
Phenylurea	0.025	황산 quinine	0.000008
Magnesium sulfate	0.0046	Picric acid	0.0000037
Caffeine	0.0007	Strychnine	0.0000016
Naringin	0.000025	Purnin	0.0000007

(1) 알카로이드

알카로이드(alkaloid)란 식물체에 존재하는 함질소 염기성 물질을 말하는데, 특수한 약리작용을 가지며 쓴맛을 가지는 것이 많다. 알카로이드에는 많은 종류가 있으며, 일반식품에는 적게 들어 있다. 쓴맛의 대표물질인 퀴닌(quinine)은 대표적인 알카로이드 화합물이며, 차나 커피의 카페인(caffeine), 코코아나 초콜릿의 테오브로민(theobromine)도 알카로이드 화합물이다. 이들의 구조는 그림 14-7과 같다.

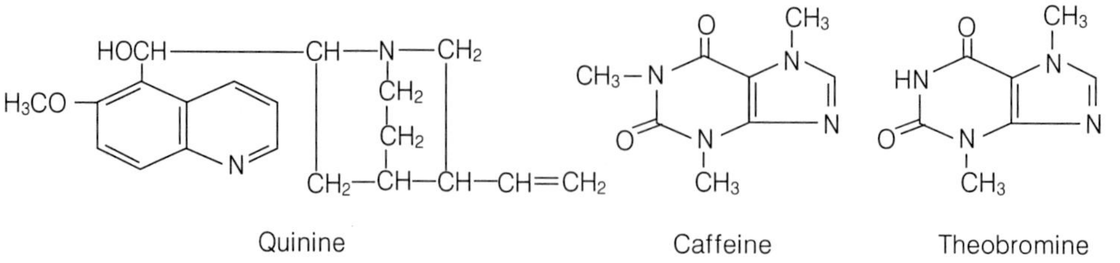

HOCH, H3CO, N, CH, CH2, CH2—CH—CH—CH=CH2, O, CH3, HN

Quinine Caffeine Theobromine

그림 14-7. 퀴닌, 카페인 및 테오브로민의 구조

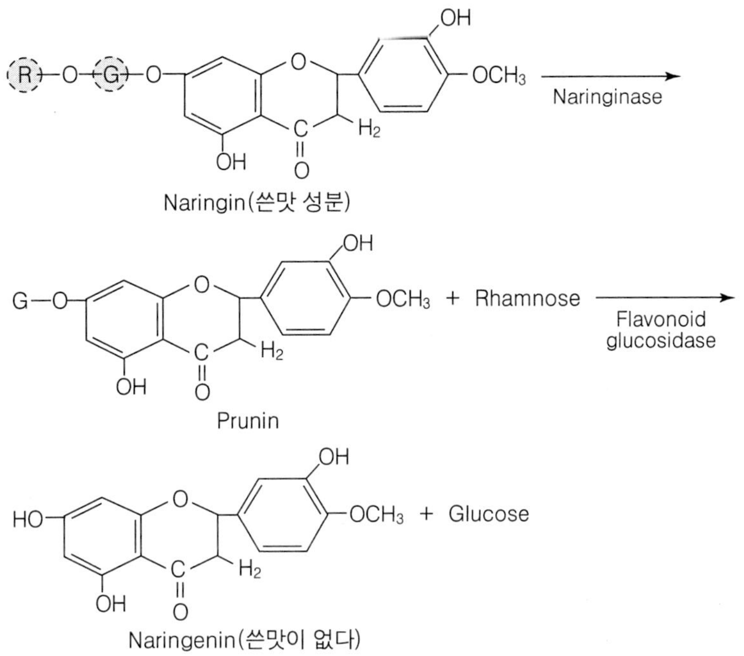

Naringin(쓴맛 성분)

Naringinase

Prunin

Flavonoid glucosidase

Naringenin(쓴맛이 없다)

그림 14-8. 나린진의 분해

R ; Rhamnose, G ; Glucose

(2) 테르펜 배당체

테르펜(terpene) 배당체는 식물계에 널리 분포되어 있으며, 야채나 과실이 가지는 쓴맛의 대부분은 테르펜 배당체에 의한 것이다.

감귤류 껍질 중에 존재하는 플라보노이드(flavonoid)계 배당체인 나린진(naringin)은 쓴맛의 주성분으로 알려져 있는데, 나린진을 나린지나아제(naringinase)로 처리하면 쓴맛이 제거된다(그림 14-8). 또한 감귤류를 그대로 섭취하면 쓴맛이 없으나, 감귤류 통조림과 같이 가공하여 섭취하면 쓴맛이 생성되는 경우가 있다. 이것은 감귤류의 흰 부분에 존재하는 안정한 화합물인 리모닌 모노락톤(limonin monolactone)이 가공과정을 거치면서 과육부분으로 옮겨 가고, 이것이 감귤류에 존재하는 유기산에 의하여 분해되어 리모닌(limonin)이라는 지연성 고미성분을 생성하였기 때문이다. 오이나 참외의 쓴맛 성분은 트리테르펜(triterpene)의 기본구조를 가진 배당체 큐커비타신(cucurbitacin, 그림 14-9)이며, 양파껍질의 쓴맛은 케르세틴($C_{15}H_{10}O_7$, quercetin)이다.

(3) 아미노산

천연의 아미노산 중의 페닐알라닌(L-phenylalanine), 류신(L-leucine) 및 트립토판

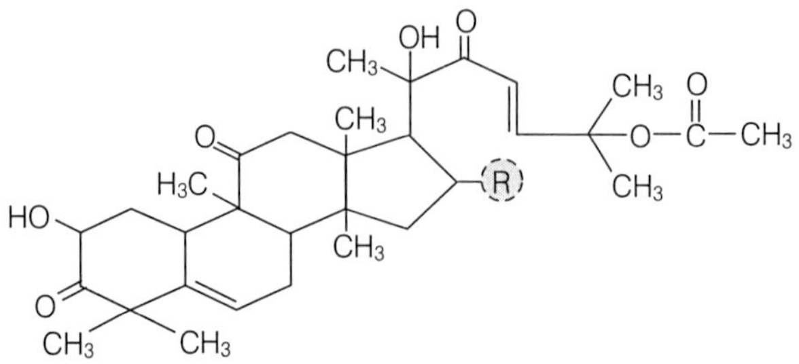

그림 14-9. 큐커비타신(cucurbitacin) 아글리콘의 구조
큐커비타신 A ; R=H
큐커비타신 B ; R=OH

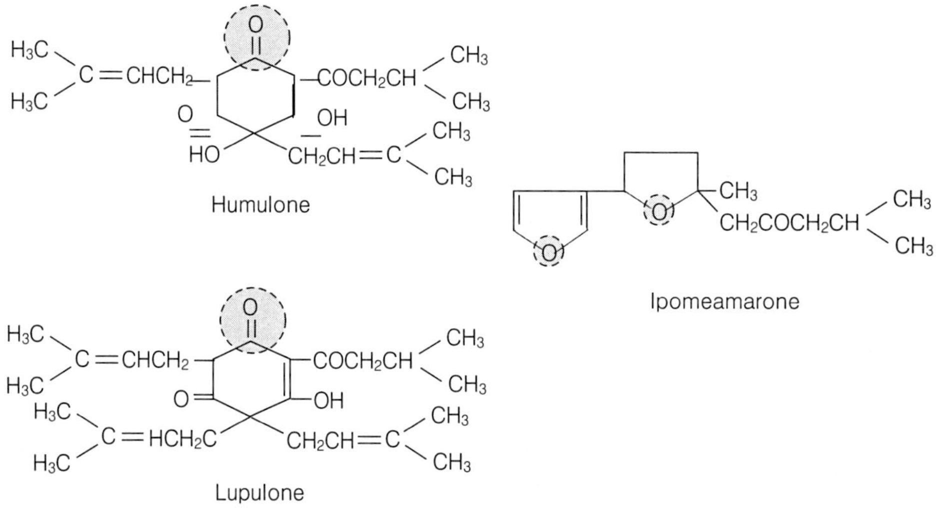

그림 14-10. 쓴맛을 나타내는 케톤(ketone) 화합물

(L-tryptophan) 등은 쓴맛을 지닌다(표 14-4).

(4) 케톤

쓴맛을 나타내는 케톤류(ketones)에는 호프(hop)의 암꽃 중에 존재하는 후물론류(humulones)와 루풀론류(lupulones)가 있는데 맥주의 특유한 쓴맛은 주로 이들 성분에 의한 것이다. 이들 성분은 항균력이 강하여 맥주의 변패를 방지하며 인체 내에서도 장내 유해세균의 번식을 억제한다. 흑반병에 걸린 고구마의 쓴맛은 이포메아마론(ipomeamarone)에 의한 것인데, 이것은 유독성분이다(그림 14-10).

(5) 무기염류

무기염류 중에서 염화칼슘($CaCl_2$), 염화마그네슘($MgCl_2$) 및 황산마그네슘($MgSO_4$) 등은 쓴맛을 나타낸다. 염화칼슘과 염화마그네슘은 간수 성분으로 두부 제조 시에 응고제로 사용된다.

(6) 바람직한 쓴맛

식품의 쓴맛이 강하면 대단히 불쾌하게 느껴지지만, 적당한 쓴맛은 식품의 맛을 강화시켜 주는 작용이 있다. 예를 들면 커피, 코코아, 차(茶), 맥주 및 초코릿 등의 쓴맛이 그 예이다. 맥주의 쓴맛은 주로 후물론류(humulones)이고, 커피의 쓴맛 성분은 카페인(caffeine)이다.

4) 짠맛 성분의 구조, 종류 및 성질

짠맛은 음식물을 조리할 때에 가장 기본이 되는 맛이며, 음식물의 단맛이나 풍미를 더하기 위해서 사용되는 매우 중요한 맛이다. 또한 짠맛 성분들은 식품의 보존제로도 사용된다.

짠맛을 내는 물질에는 염화나트륨($NaCl$), 염화칼륨(KCl), 염화암모늄(NH_4Cl), 염화마그네슘($MgCl_2$) 및 염화칼슘($CaCl_2$) 등과 같은 중성염이 많은데, 이 중에서 대표적인 것은 염화나트륨(소금)이다. 우리가 일상생활에서 사용하는 염화나트륨은 순수한 염화나트륨이 아니고 소량의 염화칼륨, 염화마그네슘 및 염화칼슘 등의 불순물을 함유하고 있기 때문에 순수한 짠맛 이외에 쓴맛을 나타낸다. 짠맛은 짠맛 성분이 해리하여 생긴 음이온과 양이온에 의하여 영향을 받는다. 짠맛은 주로 음이온에 의한 것이며, 양이온은 짠맛을 강하게 하거나 쓴맛과 같은 여러 가지 맛을 나타나게 한다. 예를 들면 염화나트륨(소금, $NaCl$), 염화칼륨(KCl), 염화암모늄(NH_4Cl), 브롬화나트륨($NaBr$) 및 요오드화나트륨(NaI)은 주로 강한 짠맛을 나타내고, 브롬화칼륨(KBr)과 요오드화암모늄(NH_4I)은 같은 정도의 짠맛과 쓴맛을 동시에 나타내며, 염화마그네슘($MgCl_2$), 황산마그네슘($MgSO_4$) 및 요오드화칼륨(KI)는 주로 쓴맛을 나타낸다. 그리고 염화칼슘($CaCl_2$)은 불쾌한 짠맛을 나타낸다. 음이온이 나타내는 짠맛의 강도는 $Cl^- > Br^- > I^- > HCO_3^- > NO_3^-$의 순이다.

식염은 가장 순수한 짠맛을 나타내는데, 이것은 염소이온(Cl^-)이 지니는 짠맛에 대하여 나트륨이온(Na^+)이 지니는 쓴맛이 아주 적기 때문이다. 가장 기분 좋은 짠맛은 식염농도 약 1% 정도라고 알려져 있으며, 감미성분에 0.1% 정도의 식염을 첨가하면 그 단맛이 강화되고, 짠맛 성분에 유기산을 섞으면 짠맛이 강화된다. 식염과 비슷한

▸ **사과산 나트륨염**(sodium malate), **말론산 나트륨염**(sodium malonate), **글루콘산 나트륨염**(sodium gluconate)

아래 그림은 사과산 나트륨염, 말론산 나트륨염 및 글루콘산 나트륨염의 구조를 나타낸 것이다.

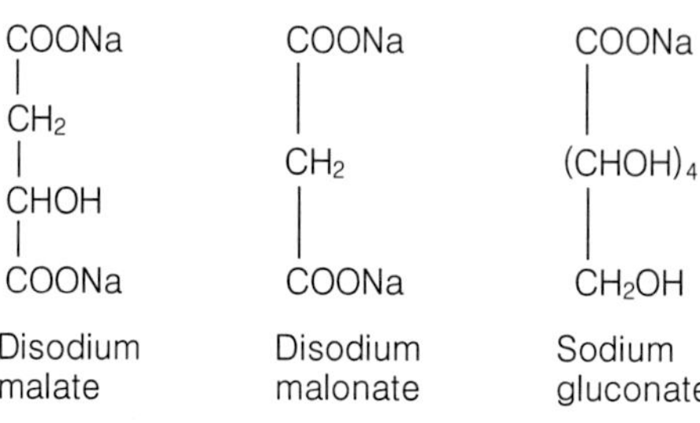

짠맛을 지니는 물질로는 **사과산 나트륨염**(sodium malate), **말론산 나트륨염**(sodium malonate) 및 **글루콘산 나트륨염**(sodium gluconate) 등과 같은 유기산 염이 있는데, 이들은 완전히 해리되지 않기 때문에 나트륨 이온의 농도가 상대적으로 낮아서 신장병, 간장병 및 고혈압 등의 식염 제한자들에게 식염 대용으로 사용되거나 또는 무염간장 제조에 사용된다.

식염의 과량 섭취는 고혈압, 뇌졸중 및 암 등과 같은 질병의 원인이 된다. 그리고 우리나라 사람들은 너무 많은 식염을 섭취하고 있기 때문에 우리나라 사람들이 즐겨 먹는 김치류, 젓갈류, 절임류 및 조림류 식품의 저염화가 요구되고 있는 실정이다(표 14-10). 여러 가지 무기 염류가 지니는 짠맛의 상대적 세기는 표 14-11과 같다.

표 14-10. 여러 가지 조리가공품의 식염농도(%)

조리가공품	식염농도	조리가공품	식염농도
삶은 음식(국물에 대하여)	0.8～1	일본된장(단맛)	6～7
찌개류(국물에 대하여)	1.5～2	일본된장(매운맛)	7～10
구이류(재료에 대하여)	2～8	절임류(단기)	3～5
햄버거스테이크	1	절임류(장기)	7～10
계란구이	1	햄·소시지	2～4
찜류(재료에 대하여)	1	소금절임 연어	5～8
밥류(물에 대하여)	1～1.5	생선조림류	5～10
면국물류	3～4	정강이포	10～12
국종류	3.5	젓갈	10～30
전골류	7	포테토칩	1.3～1.5

표 14-11. 여러 가지 무기염류의 짠맛(상대치)

종 류	분자량	상대치
NH_4Cl	53.5	283
KCl	74.6	136
$CaCl_2$	110.99	123
NaCl	58.5	100
NaBr	102.91	91
$MgCl_2$	95.23	20

5) 맛난 맛 성분의 구조, 종류 및 성질

다시마, 고기 및 멸치 등을 삶아서 우려낸 국물은 위에서 설명한 단맛, 신맛, 쓴맛 및 짠맛의 기본적인 4가지 맛에 속하지 않는 독특한 맛을 나타내는데, 이 맛을 맛난 맛(감칠맛 또는 구수한 맛)이라고 한다. 최근에는 이 맛난 맛(旨味)을 인지하는 별도의 수용체가 존재한다는 것이 확인되어 이것을 포함한 5가지를 기본적인 맛으로 인정하고 있는 추세이다.

맛난 맛을 지니는 물질에는 아미노산, 핵산계 물질 및 유기산 등이 있는데, 이들은 생체를 구성하는 중요한 성분이기 때문에 동식물계에 널리 분포하고 있다(표 14-12).

(1) 아미노산

아미노산의 대부분은 맛난 맛을 나타낸다. 예를 들면 죽순의 맛난 맛 성분은 아르기닌(arginine)이고, 김의 맛난 맛 성분은 글리신(glycine)이다. 또한 녹차의 맛난 맛

표 14-12. 여러 가지 맛난 맛 물질의 한계값(%)

맛난 맛 물질	한계값(%)
L-Glutamic acid	0.03
L-Aspartic acid	0.16
Ibotenic acid	0.005
DL-α-Aminoadipic acid	0.25
DL-threo-β-hydroxyglutamic acid	0.03
L-Homocysteic acid	0.015
5′-IMP	0.025
5′-GMP	0.0125
Sodium succinate	0.055
Theanine	0.15

▸ **MSG(monosodium glutamate) 조제법**

MSG는 1908년에 일본에서 다시마의 열수(熱水) 추출물에서 분리되었다. MSG는 열수 추출법, 단백질 분해법, 발효법 및 합성법 등에 의하여 제조되지만, 최근에는 주로 발효법에 의하여 제조된다. 다음은 단백질 분해법과 발효법에 의한 MSG 제조과정이다.

① 단백질 분해법 ; 단백질을 염산으로 분해 → L-glutamic acid(물에 불용) → NH_4OH 처리 → L-glutamic acid(용해도 0.89 g/100 g, 열에 안정하지만 산과 알칼리에서 가열하면 맛 상실) → Na_2CO_3 처리 → Monosodium L-glutamate(물에 잘 녹음)

$$\text{protein} \xrightarrow{\text{HCl}} \begin{array}{c}\text{COOH}\\|\\\text{CH}_2\\|\\\text{CH}_2\\|\\\text{CH}\cdot\text{NH}_2\cdot\text{HCl}\\|\\\text{COOH}\end{array} \xrightarrow{\text{NH}_4\text{OH}} \begin{array}{c}\text{COOH}\\|\\\text{CH}_2\\|\\\text{CH}_2\\|\\\text{CHNH}_2\\|\\\text{COOH}\end{array} \xrightarrow{\text{Na}_2\text{CO}_3} \begin{array}{c}\text{COONa}\\|\\\text{CH}_2\\|\\\text{CH}_2\\|\\\text{CHNH}_2\\|\\\text{COOH}\end{array}$$

L-Glutamic acid · HCl
물에 불용

L-Glutamic acid
물에 대한 용해율
0.89 g/100 g

Monosodium
L-Glutamate
물에 잘 녹는다.

② 발효법 ; Glucose + *Pesudomonas* 속의 미생물 → α-Ketoglutaric acid → 질소원 공급, 환원적 아미노화 반응 → Glutamic acid

성분인 테아닌(theanine)도 아미노산의 일종이다. 특히 오래 전부터 맛난 맛을 지니는 대표적인 물질로 알려진 **글루탐산나트륨**(MSG, monosodium glutamate)은 글루탐산(L-glutamic acid)으로 제조한 것이다.

글루탐산나트륨의 한계값은 0.03% 정도로 설탕이나 식염과 비교하였을 때 그 맛이 대단히 강하다. 글루탐산나트륨은 열에 안정하다. 하지만 산성이나 알칼리성에서 가열하거나, 효소에 의해서 분해되면 특유의 맛난 맛이 없어지기 때문에 음식을 조리할 때에는 주의하여야 한다. 또한 많은 양의 글루탐산나트륨 섭취는 두통, 구토, 어지러움 및 복통 등의 원인이 될 수 있다는 연구보고가 있으며, FAO/WHO에서는 하루 글루탐산나트륨 섭취량을 체중 kg당 153 mg 이하로 권장하고 있다.

(2) 핵산계 물질

대부분의 핵산계 물질들도 맛난 맛을 지닌다. 만난 맛을 지니는 핵산계 물질의 구조, 종류 및 성질에 대해서는 제 6장 핵산(179페이지)에서 자세히 설명하였다.

▸ **타우린**(taurine, $C_2H_7NO_3S$)

여러 동물의 조직에 많이 존재하는 유기산이다. 식물, 곰팡이 및 세균에서도 발견되지만 그 양은 적다. 타우린은 함황아미노산인 시스테인(cysteine)의 유도체이다. 그러므로 가끔 아미노산의 일종으로 불리기도 하지만, 분자구조 중에 카르복실기(-COOH)가 없기 때문에 아미노산은 아니다. 아래 그림(타우린의 구조)에서 보는 것처럼 분자구조 중에 술폰산기[sulfonate group, HO-S(=O)-OH]를 가지고 있어서 amino sulfonic acid라고도 불린다.

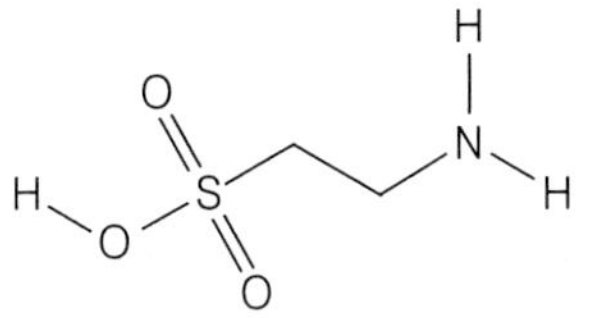

H O S O O N H H

일반적으로 핵산계 물질의 맛난 맛은 글루탐산나트륨(MSG)의 첨가에 의하여 그 맛이 상승된다. 현재 시판 중인 핵산 조미료 제품들은 글루탐산나트륨에 핵산이 각각 0.5%, 2.5%, 5.0%, 8.0% 함유된 것들이 대부분이다.

(3) 유기산

조개류가 지니는 맛난 맛의 주성분은 호박산(succinic acid)인데, 이것은 자연계에 널리 분포되어 있다. 오징어와 문어 등의 맛난 맛 성분은 **타우린**(taurine, $C_2H_7NO_3S$)이다.

6) 매운맛 성분의 구조, 종류 및 성질

매운맛은 미각이라기보다는 구강세포가 강하게 자극될 때 느끼는 일종의 통각(pain feeling)이다. 고추, 겨자 및 생강 등을 먹을 때에 강하게 쏘는 느낌이나 얼얼한 감각 그리고 뜨거운 느낌 등이 이에 속한다. 적당한 강도의 매운맛은 식품의 향미를 향상시키고 식욕을 증진시킨다.

매운맛 성분은 그 화학구조에 따라 산 아미드, 함황화합물 그리고 구아이아콜(guaiacol) 유도체 등으로 나누어진다(표 14-13).

(1) 함황화합물

매운맛을 내는 함황화합물에는 마늘, 파 및 양파의 매운맛 성분인 알리신(allicin), 디알릴 설파이드(diallyl sulfide), 디알킬 설파이드(dialkyl sulfide) 및 디알킬 디설파

표 14-13. 매운맛 성분의 종류

종 류	소 재
황 화합물	
겨자유(芥子油)	
Allyl isothiocyanate	흑겨자, 고추냉이, 무
p-Hydroxybenzyl isothiocyanate	백겨자
황화 allyl류	
Allicine	마늘, 양파
Dimethyl sulfide	파래, 고사리, 아스파라거스, 파세리
Divinly sulfide, dialkyl sulfide	부추, 파, 양파
Propylallyl sulfide, dialkyl disulfide	부추, 파, 양파
Dialkyl trisulfide, dialkyl tetrasulfide	부추, 파, 양파
산 amide류	
Capsaicine	고추
Chavicine	후추
Sanshol	산초(山椒)
방향족 aldehyde 및 ketone류(guaiacol 유도체)	
Cinnamic aldehyde	육계(肉桂)
Zingerone, Shogaol, Gingerol	생강(生薑)
Curcumin	울금(curry분)
Vanillin	vanilla 콩(豆)
Amine류	
Histamine	썩은 생선, 변패간장
Tyramine	썩은 생선, 변패간장

이드(dialkyl disulfide)와 양배추, 아스파라가스 및 무우의 매운맛 성분인 디메틸 설파이드(dimethyl sulfide) 그리고 흑겨자 매운맛의 원인물질인 시니그린(sinigrin) 등이 있다.

마늘 중에 존재하는 알리인(alliin, 단백질을 형성하지 않는 아미노산의 일종)이 알리이나아제(alliinase)에 의하여 분해되면 알리신(allicin), 피루브산(pyruvic acid) 그리고 암모니아를 생성한다. 마늘의 매운맛 성분인 알리신(allicin, $C_6H_{10}OS_2$)은 여러 가지 생리활성을 갖는다. 즉 식품의 맛을 증진시킬 뿐만 아니라 항균작용을 가지며, 또한 항암, 항균, 항고혈압 및 항염증 등의 여러 생리활성을 지니는 것으로 보고되고 있다. 또한 알리신은 비타민 B_1과 결합하여 알리티아민으로 변화하는데, 이것은 인체 내에서 흡수가 잘 되고 생리작용도 우수하기 때문에 인공적으로 합성하여 의약품 등으로 널리 이용된다(그림 14-11).

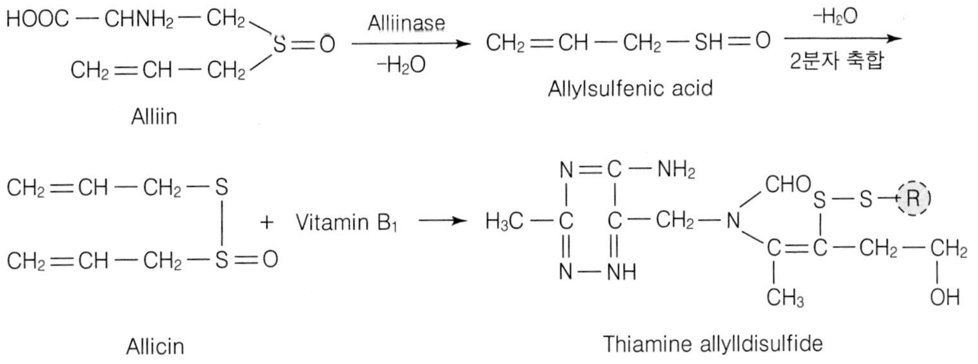

$$HOOC-CHNH_2-CH_2 \backslash S{=}O \;/\; CH_2{=}CH-CH_2 \xrightarrow[-H_2O]{Alliinase} CH_2{=}CH-CH_2-SH{=}O \xrightarrow[2분자\ 축합]{-H_2O}$$

Alliin　　Allylsulfenic acid

$$CH_2{=}CH-CH_2-S-S(=O)-CH_2-CH{=}CH_2 + Vitamin\ B_1 \longrightarrow$$ Thiamine allyldisulfide

Allicin　　Thiamine allylldisulfide

그림 14-11. 알리신과 알리티아민의 생성

Allithiamine ; R=Allyl radical($-CH_2CHCH_2$)

Allonamine ; R=Propyl radical($-CH_2CH_2CH_3$)

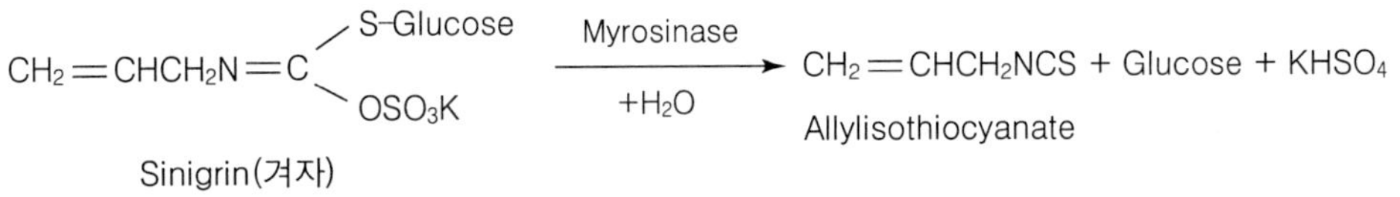

$$CH_2{=}CHCH_2N{=}C(S\text{-}Glucose)(OSO_3K) \xrightarrow[+H_2O]{Myrosinase} CH_2{=}CHCH_2NCS + Glucose + KHSO_4$$

Sinigrin(겨자)　　Allylisothiocyanate

그림 14-12. 겨자의 매운맛 생성

양파의 매운맛 성분인 프로필알릴 디설피드(propylallyl disulfide)와 알릴 설피드(allyl sulfide)는 열을 가하면 분해되어 설탕의 약 50배 단맛을 내는 프로필 메르캅탄(propyl mercaptan)을 형성한다. 그러므로 조리 후에는 양파가 단맛을 내게 된다.

무우의 매운맛 성분은 함황화합물인 글루코시노레이트(glucosinolate)가 티오글루코시다아제(thioglucosidase)에 의하여 분해되어 생성된 맛이며, 겨자의 매운맛 성분은 시니그린(sinigrin)이 미로시나아제(myrosinase)의 작용을 받아 생성된 알릴 이소티오시아네이트(allyl isothiocyanate)이다(그림 14-12).

(2) 산 아미드

매운맛을 내는 산 **아미드** 화합물에는 후추의 매운맛 성분인 카비신(chavicine) 등

▸ **아미드(amide)**

제5장 단백질 153페이지를 참조한다.

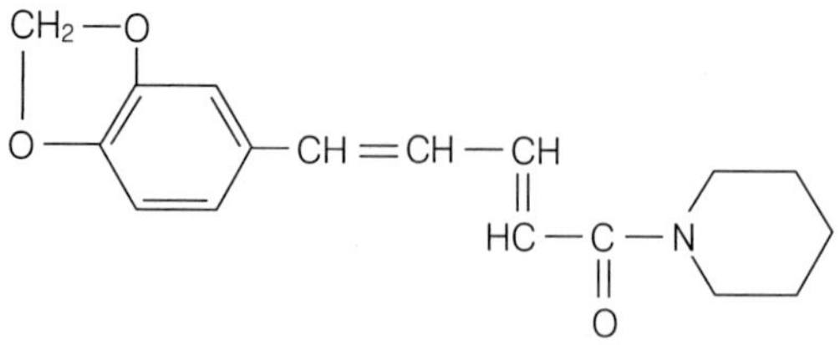

Piperine(*trans*)

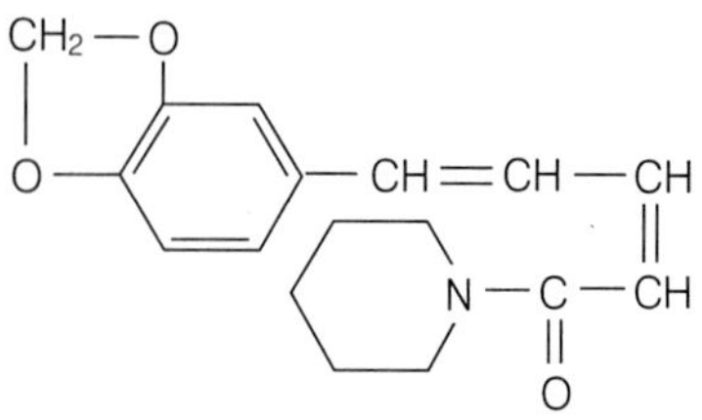

Chavicine(*cis*)

그림 14-13. 피페린과 카비신의 구조

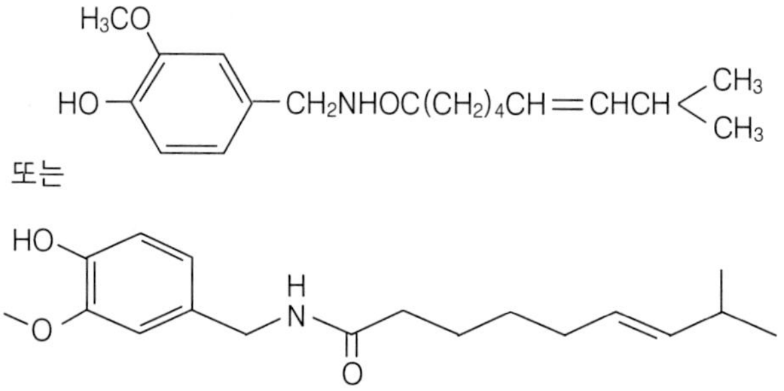

또는

Capsaicine

그림 14-14. 캡사이신의 구조

이 있다. 후추의 매운 성분에는 아미드의 일종인 피페린(piperine, *trans* 형)과 그 기하 이성체인 카비신(chavicine, *cis* 형)이 있는데, 후추의 매운맛은 주로 카비신 때문이다. 후추가 빛에 노출되거나 장기간 저장되면 카비신이 피페린($C_{17}H_{19}NO_3$)으로 천천히 변형되며, 후추의 자극적인 맛은 점점 줄어들게 된다(그림 14-13). 고추와 파프리카의 매운맛 성분인 캡사이신(capsaicin, 그림 14-14)도 산 아미드 화합물에 속하는데(구아이아콜 유도체로 분류하기도 함), 최근에는 캡사이신의 여러 가지 생리활성 효과가 보고되고 있다.

(3) 구아이아콜 유도체

매운맛을 내는 **구아이아콜** 유도체에는 생강의 매운맛 성분인 진저롤(gingerol)이 있다. 진저롤은 건조, 저장 중에 탈수반응에 의하여 이중결합을 가진 더 매운 쇼가올(shogaol)로 된다. 또한 진저롤은 가열하면 탄화수소 사슬이 분해되어 덜 매운 진저론(zingerone)으로 된다(그림 14-15).

▸ **구아이아콜**(guaiacol)

방향족 알데히드(aldehyde) 화합물이다. 아래 그림은 구아이아콜의 구조를 나타낸 것이다.

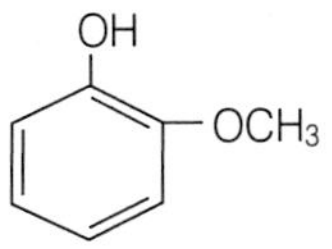

OH
OCH$_3$

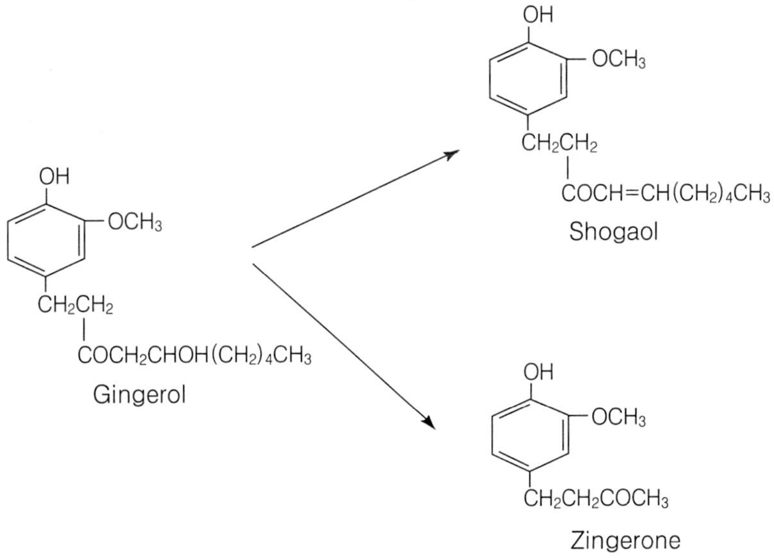

OH
OCH$_3$
CH$_2$CH$_2$
COCH$_2$CHOH(CH$_2$)$_4$CH$_3$
Gingerol

OH
OCH$_3$
CH$_2$CH$_2$
COCH=CH(CH$_2$)$_4$CH$_3$
Shogaol

OH
OCH$_3$
CH$_2$CH$_2$COCH$_3$
Zingerone

그림 14-15. 생강의 매운맛 성분의 변화

7) 떫은맛 성분의 구조, 종류 및 성질

떫은맛도 매운맛과 같이 맛으로 인정되지는 않는다. 떫은맛은 입 안에서 피부가 오그라들고, 수축되는 과정에서 맛 신경이 마비되어 발생하는 복잡한 감각으로 일반적으로 불쾌감을 주는 맛이다. 하지만 차(茶)에서는 떫은맛이 차의 풍미를 향상시키는 중요한 인자라고 할 수 있다.

식품의 떫은맛을 나타내는 주성분은 **탄닌**(tannin)이며, 이것은 덜 익은 감, 밤, 도토리 및 차 등에 많이 함유되어 있다. 탄닌은 폴리페놀(polyphenol)을 기본 구조로 하는데 여러 종류가 있다. 이들 중에 중요한 것만 설명하면 다음과 같다. 커피 떫은맛의 주성분은 클로로겐산(chlorogenic acid, $C_{16}H_{18}O_9$)인데, 이것은 고구마, 감자, 가지, 사과 및 배 등에도 존재한다. 클로로겐산은 그림 14-16에서 보는 것처럼 카페인

▸ **탄닌**(tannin)

식물체에 널리 존재하고 가수분해되면 다가 페놀산을 생성하는 물질을 총칭한다. 무색이고 무정형의 물질이다. 물에 용해하기 쉽고, Fe(Ⅲ)염에 의하여 흑색의 침전을 형성하는데 수렴성(收斂性, 오그라들게 하는 성질)의 맛을 지닌다. 탄닌은 단백질을 변성, 응고시킨다. 하지만 탄닌은 중합 또는 산화되면 물에 녹지 않기 때문에 떫은맛을 지니지 않는다.

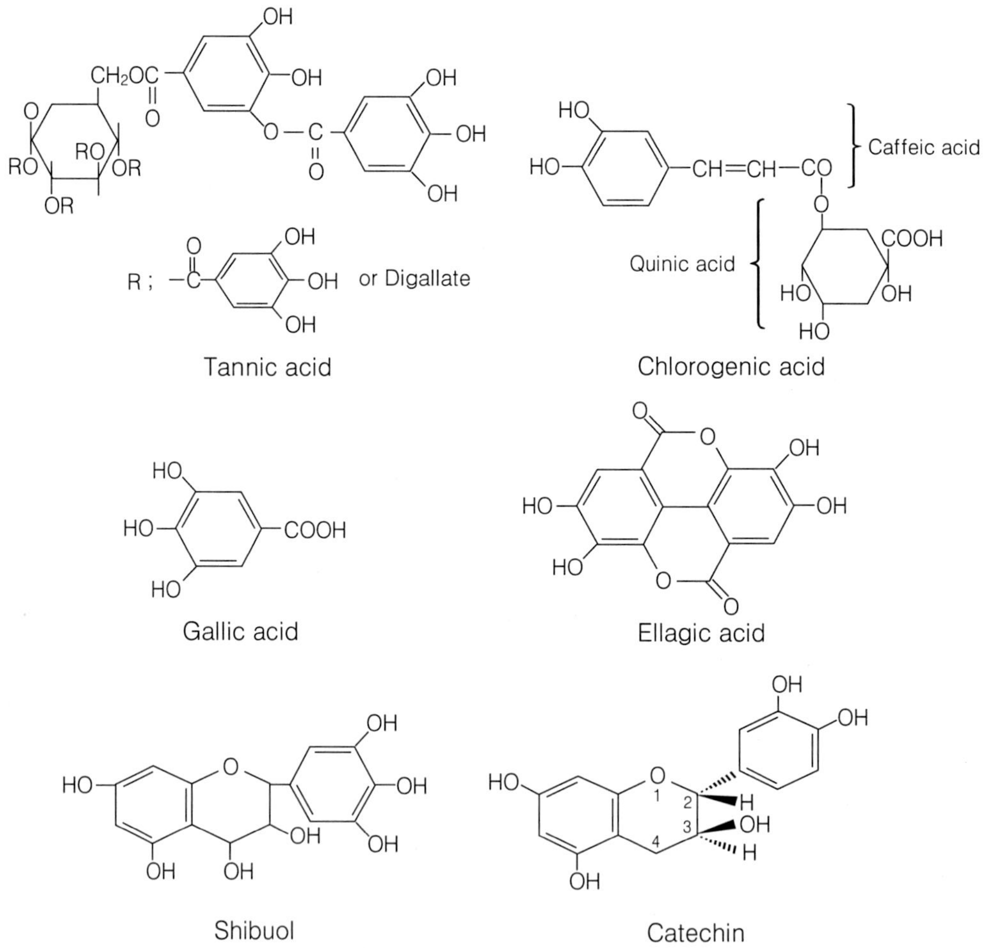

그림 14-16. 떫은맛을 내는 여러 가지 탄닌(tannin) 화합물의 구조
(◀은 지면의 앞쪽, ·······은 지면의 뒤쪽)

산(caffeic acid)과 퀸산(quinic acid)이 결합한 것이다. 밤의 떫은맛 성분은 엘라그산(ellagic acid, $C_{14}H_6O_8$)이며, 이것은 몰식자산(gallic acid) 2분자가 결합한 것이다.

▸ **로이코안토시안**(leucoanthocyan)

산에 의하여 가수분해되면 안토시아닌(anthocyanin)을 생성하는 화합물을 말한다.

▸ **차의 기능성**

지금까지의 연구결과 차는 신체 내에서 항산화작용, 항균작용, 소취작용, 활성산소 소거작용, 혈중 콜레스테롤 상승 억제작용, 혈당상승 억제작용, 혈압상승 억제작용, 항종양작용, 항변이원성작용 등의 여러 가지 생리활성을 지니는 것으로 보고되고 있다.

감의 떫은맛 성분은 쉬부올(shibuol)인데, 그 본체는 **로이코안토시안**(leucoanthocyan)에 속하는 로이코델피니딘(leucodelphinidin)이라는 탄닌계 화합물이다. 쉬부올은 감이 익어감에 따라 과일 내에 생성된 알코올이나 알데히드(aldehyde)와 반응하여 불용성으로 바뀌는데, 불용성의 쉬부올은 떫은맛을 나타내지 않는다. 차의 떫은맛 성분은 카테킨(catechin)이며, 이것은 녹차나 과일 등에 널리 존재한다. 카테킨 화합물에는 7종류가 있는 것으로 알려져 있는데, 이들 성분의 함유비율에 따라 차의 품질과 등급이 결정되어질 만큼 차에 있어서 카테킨 화합물은 중요한 요소이다. 이들은 모두 탄닌류로서 불용성으로 변하면 떫은맛을 나타내지 않는다. 지방이 많은 식품이나 훈연제품의 떫은맛은 산패 생성물의 분해에 의한 알데히드(aldehyde) 화합물이다.

8) 아린 맛 성분의 구조, 종류 및 성질

혀를 자극하는 쓴맛과 떫은맛이 혼합된 것과 같은 불쾌감을 주는 맛이다. 죽순, 고사리, 우엉 및 토란 등에 함유되어 있는데, 이들을 물에 담그면 아린 맛을 제거할 수

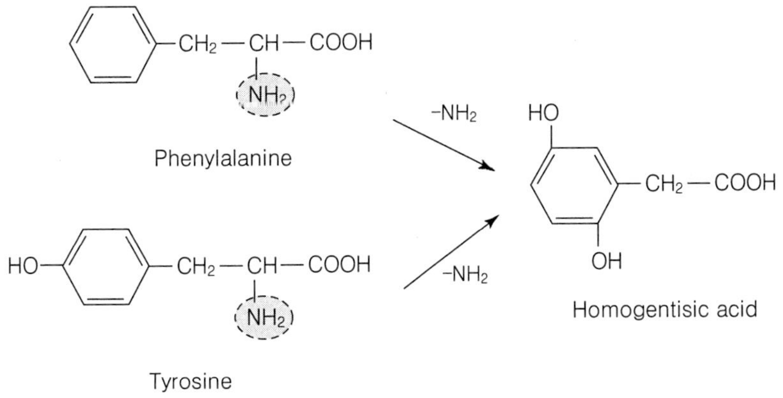

$C_6H_5-CH_2-CH(NH_2)-COOH$ (Phenylalanine) $\xrightarrow{-NH_2}$ Homogentisic acid (HO, OH, $-CH_2-COOH$)

$HO-C_6H_4-CH_2-CH(NH_2)-COOH$ (Tyrosine) $\xrightarrow{-NH_2}$ Homogentisic acid

그림 14-17. 호모겐티신산의 생성

있다. 아린 맛 성분에는 호모겐티신산(homogentisic acid), 알카로이드(alkaloid)류 및 무기염 등이 있다. 호모겐티신산은 페닐알라닌(phenylalanine)이나 티로신(tyrosine)에서 생성되는 것으로 알려져 있다(그림 14-17).

9) 기타의 맛

알칼리 맛은 풀이나 나무를 태운 재의 맛인데 주로 수산이온(OH^-)에 의한 것으로 알려져 있고, 금속 맛은 철, 주석 및 은 등과 같은 금속이온의 맛으로 수저나 식기 등으로부터 유래되는 맛이다.

제 15 장

식품의 색

개 요

모든 식품은 각각 고유의 색을 가지고 있다. 사람이 식품을 대하였을 때 가장 먼저 느낄 수 있는 감각적인 요소는 식품의 색이다. 식품의 색은 맛, 냄새 등과 함께 식품의 품질을 평가하는 중요한 기준이 된다. 예를 들면 가공이나 저장 중에 식품의 색깔이 변하였다면 식품을 구성하는 다른 성분도 변했다는 뜻이 된다.

눈이 느끼는 물질의 색소는 적색에서 등(橙), 황, 녹, 청, 남을 거쳐 자색까지의 파장을 지니는 가시광선을 반사하는 물질이다. 예를 들면 빛이 붉은 색의 물질에 닿으면 이 물질은 다른 파장의 빛들은 대부분 흡수하고 붉은 파장의 빛을 반사시킨다.

식품의 색은 색소 분자 중에 존재하는 발색단의 종류와 수 및 조색단의 상태에 따라서 결정된다. 발색단(chromophore)이란 색의 원인이 되는 원자단을 말하고, 조색단(auxochrome)이란 발색단과의 상호 작용에 의해서 물질의 색을 더욱 선명하게 하거나 변화시키는 원자단을 말한다.

식품의 천연색소는 그 색깔이 밝고 산뜻하다. 하지만 이들은 매우 불안정하여 산소, 빛, 수분, 효소 및 미생물의 작용 등에 의하여 쉽게 변화한다. 식품의 저장이나 가공 중에는 색의 변화가 현저하게 발생하기 때문에 천연의 색을 그대로 유지할 수 있는 조리법이나 가공법에 대한 연구가 많이 진행되고 있다. 그러므로 식품의 색에 대하여 이해하는 것은 식품화학을 공부하는 데 있어서 대단히 중요하다.

이 장의 줄거리

1. 눈이 느끼는 물질의 색은 그 물질이 반사하는 빛에 의한 것이다.
2. 식물성 색소에는 클로로필, 카로티노이드, 플라보노이드 및 안토시아닌의 4가지가 있으며, 동물성 색소에는 헤모글로빈과 미오글로빈이 있다.
3. 클로로필 색소는 엽록소라고도 하는데 식물의 녹색을 대표하는 색소이며, 카로티노이드 색소(카로틴류와 크산토필류)는 오렌지색, 황색 또는 홍색을 대표하는 색소이다. 플라보노이드 색

소(플라본, 플라보놀, 이소플라본 및 플라바논)는 황색계통의 색소이고, 안토시아닌 색소는 붉은색, 보라색 및 청색을 내는 색소인데, 색소를 구성하는 당의 결합 위치와 수 그리고 알코올기와 메톡시기의 위치와 수에 따라 여러 종류로 나누어진다.

4. 동물성 식품의 색소에는 근육색소인 미오글로빈과 혈액색소인 헤모글로빈이 있는데, 이들은 분자구조 중에 헴을 가지고 있기 때문에 헴 색소라고 한다.
5. 식품의 색은 자체의 선도, 가공조건 및 저장환경 등에 따라 변화한다. 그러므로 식품가공 중에는 인공색소를 첨가하거나 또는 반대로 변화된 식품의 색을 탈색시키기도 한다.

1. 시각의 생리

물질의 색은 그 물질이 지니는 광학적 성질 때문에 나타난다. 태양광선은 그 파장에 따라서 **적외선**, **가시광선** 그리고 **자외선**으로 구분되는데, 가시광선이란 눈으로 볼 수 있는 광선을 말한다. 빛이 물질에 닿으면 빛은 그 물질에 흡수되거나, 그 물질을 통과하거나 또는 반사된다. 눈이 느끼는 물질의 색소(色素)는 적색에서 등(橙), 황, 녹, 청, 남을 거쳐 자색까지의 파장을 지니는 가시광선을 반사하는 물질이다. 예를 들면 빛이 붉은색의 물질에 닿으면 이 물질은 다른 파장의 빛들은 대부분 흡수하고 붉은 파장의 빛을 반사시킨다. 반사된 빛이 눈의 동공(瞳孔)을 지나 망막(網膜)에 있는 간상세포와 원추세포에 닿으면 이들은 그 빛의 파장에 따라 단백질의 일종인 옵신(opsin)을 분비하여 시신경(視神經)을 자극하고, 이것이 시각중추(視覺中樞)에 전달되면 색을 느끼게 된다.

2. 색의 분류

각각의 색소는 자신만의 독특한 화학구조를 갖는데, 색소의 분자구조 중에 색의 원

▸ **적외선(赤外線), 가시광선(可視光線), 자외선(紫外線)**

태양광선을 파장에 따라 구분하는 것이다. 적외선은 파장이 780 nm 이상으로 가시광선보다 길며, 태양 스펙트럼에서 적색의 바깥쪽에 나타나고, 가시광선은 눈으로 볼 수 있는 보통의 광선인데 파장이 780 nm인 적색에서 등, 황, 녹, 청, 남색을 거쳐 파장이 380 nm인 자색까지의 광선을 말한다. 자외선은 파장이 가시광선보다 짧으며, 태양 스펙트럼에서 자색의 바깥쪽에 나타난다. 적외선은 가시광선에서 가까운 정도를 기준으로 근적외선, 중적외선, 원적외선으로 분류한다.

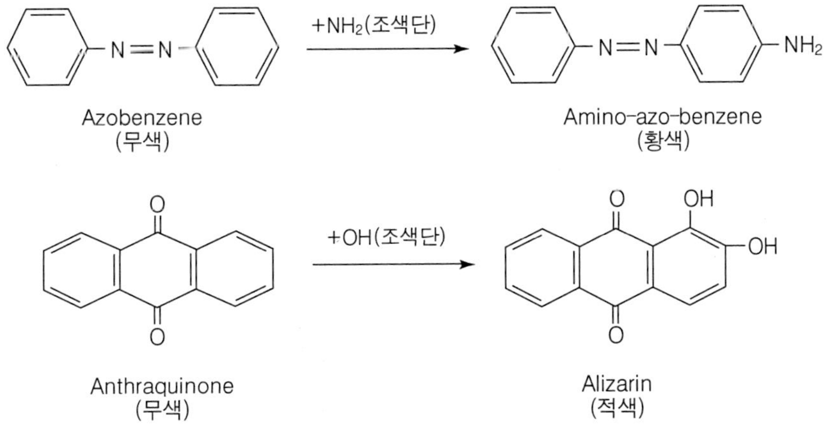

Azobenzene (무색) —$+NH_2$(조색단)→ Amino-azo-benzene (황색)

Anthraquinone (무색) —+OH(조색단)→ Alizarin (적색)

그림 15-1. 조색단 결합에 의한 색소원의 발색

인이 되는 원자단을 발색단(chromophore)이라고 한다. 이들 발색단은 어느 것이나 불포화 결합을 갖는다. 발색단에는 카르보닐기(carbonyl group, >CO), 아조기(azo group, -N=N-), 에틸렌기(ethylene group, >C=C<), 니트로소기(nitroso group, -NO) 및 티오카르보닐기(thiocarbonyl group, >C=S) 등이 있는데, 이들의 발색능력은 서로 다르다. 예를 들면 아조기 등은 강한 발색능력을 갖지만 에틸렌기나 카르보닐기 등은 약하다. 발색능력이 약한 원자단은 단독으로는 색을 내지 못하는 경우가 많고, 분자 내에 어느 정도 이상의 수가 존재하는 경우에만 색을 나타낸다. 그러므로 이와 같은 발색단을 가지는 물질의 색은 선명하지 못하다. 하지만 발색능력이 약한 발색단에 알코올기(-OH)와 아미노기($-NH_2$) 등과 같은 조색단(auxochrome)이 결합하면 색을 나타내거나 더욱 선명한 색을 가지게 된다(그림 15-1). 그러므로 식품의 색은 분자 중에 존재하는 발색단의 종류와 수 및 조색단의 상태에 따라서 결정된다.

식품의 색에는 천연의 색과 인공적인 색이 있으며, 천연의 색은 식물성 식품의 색과 동물성 식품의 색으로 나누어진다. **식물성 색소**에는 지용성 색소인 클로로필(chlorophyll)과 카로티노이드(carotenoid), 수용성 색소인 플라보노이드(flavonoid)와 안토시아닌(anthocyanin)의 4가지가 있으며, 동물성 색소에는 혈액 중에 존재하는 헤모글로빈(hemoglobin)과 근육에 존재하는 미오글로빈(myoglobin)이 있다.

3. 식물성 색소의 구조, 종류 및 성질

1) 클로로필 색소

▸ **식물성 식품의 색소**

의학기술의 발달로 평균 수명이 연장되고 있지만, 식습관의 변화와 운동 부족으로 인한 각종 암, 고혈압 등의 순환기계 질환과 당뇨병, 간장 장애 등과 같은 만성퇴행성 질환이 급증하고 있다. 만성퇴행성 질환의 주요 원인은 세포의 산화적 손상인데, 이것은 신체 내의 유산소적인 대사과정에서 생성된 유리 라디칼(free radical)에 의해 발생된다. 인체는 유리 라디칼을 제거하여 생체를 보호하는 방어시스템을 보유하고 있지만, 여러 가지 요인으로 인하여 유리 라디칼 생성과 항산화 방어체계의 균형을 잃으면 조직의 산화적 손상이 발생하고, 이것은 여러 가지 질병 발생의 직접적인 원인이 된다. 그러므로 산화적 손상으로부터 생체조직을 보호하기 위해서는 항산화 영양소나 항산화 물질을 계속적으로 섭취하여야 한다. 그러므로 최근 만성퇴행성 질환의 예방 및 노화억제를 위하여 항산화능을 지닌 기능성 생리활성 물질에 대해 연구가 집중되고 있고, 특히 식물체에 들어 있는 화학물질에 대해 많은 연구가 진행되고 있다. 그 중에서 천연색소의 생리활성이 크게 주목받고 있다.

▸ **피롤(pyrrole)**

무색의 액체이며, 오각형의 복소환식(複素環式) 화합물이다. 엽록소나 그 밖의 많은 중요한 천연물질을 구성하는 성분이다.

▸ **포르피린(porphyrin)**

포르핀 핵의 1～8의 위치에 메틸기(methyl, $-CH_3$), 에틸기(ethyl, $-C_2H_5$) 등이 결합한 화합물의 총칭이다.

(1) 클로로필 색소의 구조와 종류

클로로필(chlorophyll)은 엽록소라고도 하며, 고등식물의 잎, 녹색 야채 그리고 녹색 과피의 엽록체 중에 존재하는 식물의 녹색을 대표하는 색소이다. 클로로필 색소는 대체적으로 식물이 성숙되는 과정에서 점차 사라지고, 황색과 적색의 카로티노이드(carotenoid) 색소나 안토시아닌(anthocyanin) 색소로 대치된다.

단백질과 복합체를 만들어 엽록체 중에 존재하는 클로로필(그림 15-2)은 4개의 **피롤**(pyrrole, C_4H_5N)이 결합하여 만들어진 **포르피린**(porphyrin)이라는 복잡한 구조의 함질소화합물이며, 이 포르피린 핵의 중심에 마그네슘(Mg^{2+})을 함유하고 있다. 이 마그네슘은 피롤을 구성하는 4개의 질소 원자와 2개의 공유결합과 2개의 배위결합에 의해서 결합되어 있다. 그리고 하나의 피롤 고리, 즉 7번 탄소원자에 결합한 프로피온산(propionic acid)의 카르복실기(-COOH)에 피톨(phytol, $C_{20}H_{39}OH$)이 에스테르(ester) 결합하고 있고, 그 옆의 피롤 고리, 즉 6번 탄소원자의 카르복실기에 메틸알코올(methyl alcohol, CH_3OH)이 에스테르 결합하고 있다.

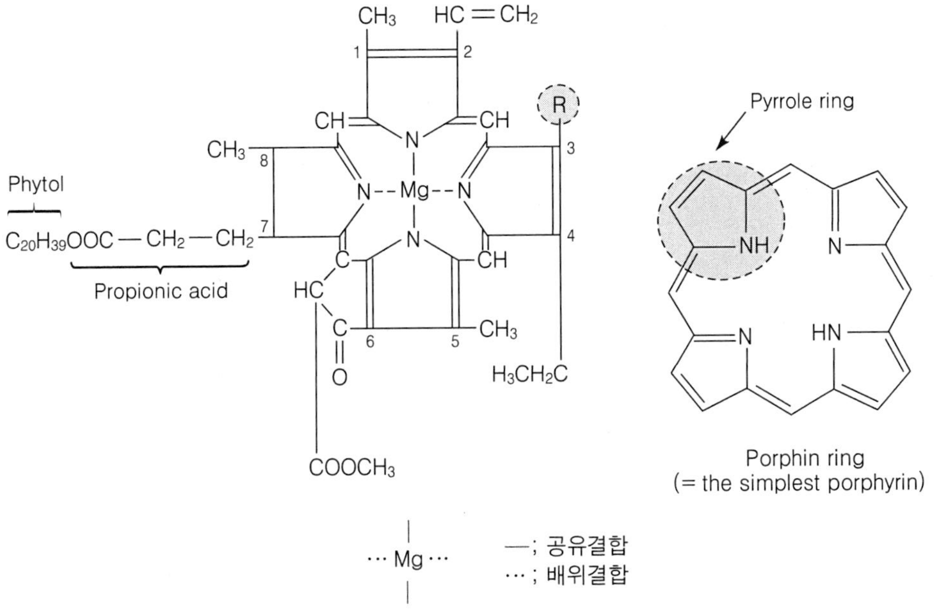
CH3 HC = CH2
R
Pyrrole ring
CH3
Phytol
C20H39OOC — CH2 — CH2
Propionic acid
N--Mg--N
COOCH3
H3CH2C
NH
N
N
HN
Porphin ring
(= the simplest porphyrin)
··· Mg ···
—; 공유결합
···; 배위결합

그림 15-2. 클로로필(chlorophyll)의 구조

Chlorophyll a ; R=CH_3

Chlorophyll b ; R=CHO

클로로필은 클로로필 a(청록색)와 클로로필 b(황록색)의 두 가지 물질로 이루어져 있는데, 일반적인 녹색의 잎에는 이들이 2～3 : 1의 비율로 존재한다. 그림 15-2의 클로로필 구조에서 3번 탄소원자의 R부분이 메틸기(methyl group, $-CH_3$)이면 클로로필 a이고, 알데히드기(aldehyde group, -CHO)이면 클로로필 b가 된다.

(2) 클로로필 색소의 성질

① 용해성

클로로필은 지용성이다. 즉 물에 녹지 않고 알코올, 에테르 및 아세톤 등과 같은 유기용매에 녹는다.

② 산화

클로로필은 분자구조 중에 이중결합이 많기 때문에 공기중에서 쉽게 산화되어 탈색된다. 예를 들면 신선한 채소를 그늘에 놓아 두면 시들면서 녹색이 점차 엷어지며, 김을 저장하면 점차 클로로필이 산화되어 색깔이 변한다. 그러므로 클로로필은 항산화제로 작용할 수 있다.

③ 산과의 반응

클로로필이 산과 반응하면 클로로필의 포르피린(prophyrin) 고리에 결합되어 있는 마그네슘(Mg^{2+})이 산의 수소이온(H^+)과 치환되어 비가역적으로 갈색의 페오피틴(pheophytin)을 형성한다[그림 15-3의 (1)]. 김치가 익어감에 따라 배추나 오이 같은 녹색채소가 녹갈색으로 변하는 것은 발효 중에 생성된 젖산에 의하여 클로로필이 변화되었기 때문이다. 또한 조리과정 중에 녹색채소가 녹갈색으로 변하는 것도 조리 중에 채소의 조직이 파괴되면서 채소에 들어 있는 휘발성 또는 비휘발성 산에 의하여 클로로필이 변화되었기 때문이다. 페오피틴을 산성상태에서 계속 가열하면 피톨이 가수분해되어 갈색의 페오포비드(pheophobide)로 된다[그림 15-3의 (2)]. 이와 같은 변화는 산성에서는 매우 빠르고 pH 8 이상의 알칼리성에서는 늦게 일어나는데, 클로로필 a가 b보다 페오피틴으로 변화되는 속도가 빠르다.

④ 알칼리와의 반응

클로로필을 알칼리성 상태에서 가열하면 마그네슘은 안정하지만, **에스테르 결합**하고 있는 피톨이 먼저 가수분해되어 녹색의 클로로필리드(chlorophyllide)로 변하고, 그 다음 메탄올이 가수분해되어 선명한 녹색의 수용성 클로로필린(chlorophylline)을 형성한다[그림 15-3의 (5)와 (8)]. 하지만 식품 중에 pH가 알칼리성인 것은 거의 없고, 또한 알칼리성 물질을 사용하여 클로로필의 녹색을 보존하는 방법은 비타민 B_1이나 비타민 C와 같은 영양소의 파괴나 식품의 연화 등과 같은 문제를 발생시킨다.

▸ **포르핀(porphin)**

4개의 피롤 핵이 결합한 환상구조 화합물이다.

▸ **조리 중 산에 의한 클로로필의 갈변을 방지하는 방법**

식물조직 중의 클로로필은 지단백질과 결합되어 있기 때문에 산의 작용을 거의 받지 않지만, 열처리에 의하여 단백질이 변성되면 클로로필이 산과 반응하게 된다. 조리 중에 클로로필의 갈변을 방지하려면 조리 중에 채소로부터 유리된 휘발성 산을 빨리 휘발시켜 클로로필과 산의 반응시간을 단축시켜야 한다. 그러므로 조리를 할 때에는 물을 먼저 100℃ 정도로 끓인 후에 채소를 넣어 뚜껑을 덮지 않은 상태로 고온에서 짧은 시간 끓여 주고, 간장과 된장 등의 pH가 낮은 식품은 나중에 넣는 것이 바람직하다.

▸ **에스테르(ester) 결합**

제3장 탄수화물 81페이지를 참조한다.

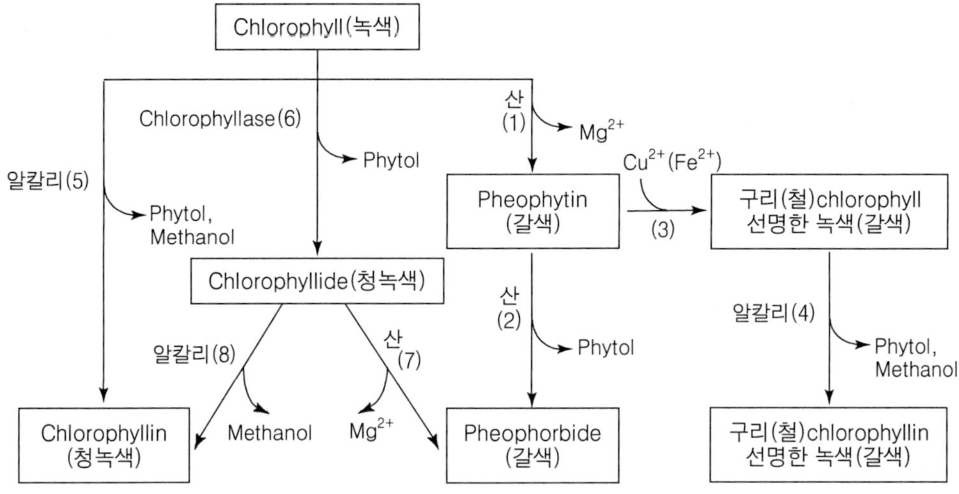

그림 15-3. 클로로필의 변화

⑤ 클로로필라아제에 의한 가수분해

식물에는 클로로필라아제(chlorophyllase)라고 하는 효소가 존재한다. 조리 등에 의하여 식물조직이 파괴되어 이 효소가 활성화되면 클로로필 분자 중에 에스테르 결합하고 있는 피톨이 가수분해되어 녹색인 클로로필리드를 생성한다[그림 15-3의 (6)]. 이렇게 생성된 클로로필리드는 산과 반응하면 마그네슘을 잃어 페오포비드로 변하고, 알칼리와 반응하면 다시 클로로필린을 생성하게 된다.

클로로필라아제는 실질적으로 채소의 색깔에는 큰 영향을 주지 않지만 불용성인 클로로필을 수용성의 클로로필리드로 변화시키기 때문에 결과적으로 채소 중의 안정된 클로로필 양을 감소시킨다.

⑥ 금속과의 반응

클로로필 분자구조 중의 마그네슘(Mg^{2+})은 4개의 피롤핵과 공유결합 또는 배위결합에 의하여 착염을 형성하고 있기 때문에 다른 금속과 쉽게 치환되는 성질이 있다. 녹색채소를 구리(Cu^{2+}), 철(Fe^{2+}) 및 아연(Zn^{2+}) 등과 같은 금속이온 또는 이들의 염과 함께 가열하면 클로로필 분자 중의 마그네슘 이온(Mg^{2+})이 이들 금속이온과 치환되어 선명한 녹색의 구리 클로로필(Cu-chlorophyll), 선명한 갈색의 철 클로로필(Fe-chlorophyll)과 아연 클로로필(Zn-chlorophyll) 등을 형성한다[그림 15-3의 (3)]. 특히 이 중에서 구리 클로로필의 녹색은 매우 안정하다. 때문에 이와 같은 반응은 다시마 가공 및 완두콩 통조림에서 녹색을 유지하는 데 응용되기도 한다. 한편, 조리 가공 중에 녹색채소가 산과 반응하여 갈색의 페오피틴으로 변한 경우에도 구리를 첨가하면 페오피틴의 수소이온(H^+)이 구리이온(Cu^{2+})으로 치환되어 선명한 녹색을 유지할 수 있다.

2) 카로티노이드 색소

(1) 카로티노이드 색소의 구조

카로티노이드(carotenoid)는 오렌지색, 황색 또는 홍색을 대표하는 색소이며 클로로필과 함께 식물에 널리 분포되어 있다. 카로티노이드 색소는 동물체에도 존재하는데, 동물체에 존재하는 것은 그들의 음식물, 즉 식물에서 온 것이다(표 15-1). 카로티노이드는 주로 배당체나 단백질과 결합한 형태로 존재하는데, 카로티노이드라는 이름은 당근의 색소인 카로틴(carotene)에서 유래된 것이다. 카로티노이드 색소는 식물에 클로로필 색소와 함께 존재하다가 성숙되는 과정에서 클로로필 색소가 점차 분해되면 나타나게 되는데, 잘 익은 과일이나 가을의 단풍은 이 현상에 의한 것이다.

자연에 존재하는 대부분의 카로티노이드의 구조는 기본적으로 4개의 이소프렌[isoprene, $CH_2=C(CH_3)-CH=CH_2$] 단위 2개가 꼬리에서 꼬리로 연결되어 8개의 이소프렌이 결합하고 있다. 분자 내에 많은 **공액 이중결합**을 가지고 있으며, 이들은 모

표 15-1. 중요한 카로티노이드(carotenoid) 색소와 소재

색조	명 칭		소 재
황등색계	Carotene류	α-Carotene	당근, 차, 밤
		β-Carotene	당근, 감자, 녹색식물, 오렌지, 호박, 난황, 고추
	Xanthophyll류	Cryptoxanthin	감, 옥수수, 오렌지, 난황, 비파
		Zeaxanthin	옥수수, 간장, 난황, 오렌지
		Lutein	오렌지, 난황, 호박, 녹색식물
		Violaxanthin	자두, 고추, 사과
적색계	Carotene류	γ-Carotene	당근, 살구
		Lycopene	토마토, 수박
	Xanthophyll류	Capsorubin	고추
		Capsanthin	고추
		Astaxanthin	게, 새우, 도미껍질, 연어, 송어고기, 멍게
		Canthaxanthin	양송이, 송어
		Flavoxanthin	남조류, 홍조류
		Fucoxanthin	갈조류(다시마, 미역)

▸ **공액 이중결합**

–CH=CH–CH=CH–와 같이 단중결합을 한 개 사이에 둔 이중결합의 조를 말한다.

▸ **트랜스(*trans*)형**

제4장 지방 98페이지를 참조한다.

▸ **탄화수소계 카로티노이드 색소**

탄소(C)와 수소(H)로만 구성되어 있는 카로티노이드 색소를 말한다.

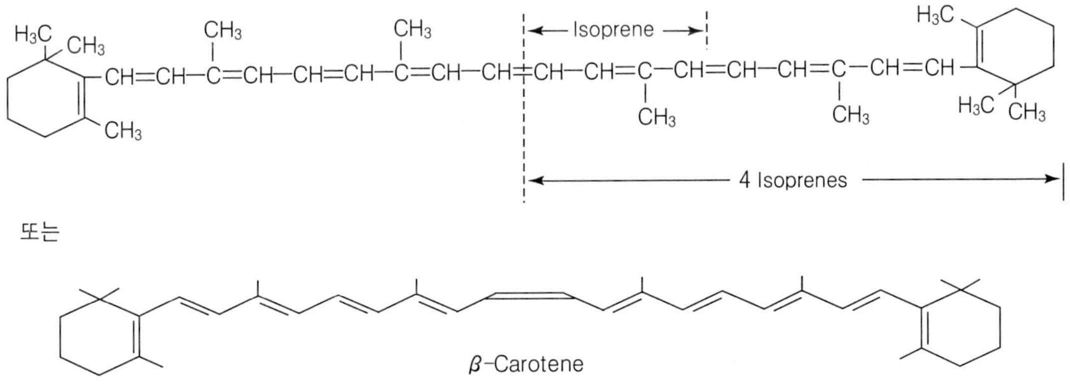

또는

그림 15–4. β-카로틴의 구조

두 **트랜스형**이다(그림 15-4). 카로티노이드에는 그림 15-5에서 보는 바와 같이 β-카로틴(β-carotene)처럼 양쪽 끝에 β-이오논(β-ionone) 고리를 가지고 있는 것, γ-카로틴(γ-carotene)과 같이 한쪽 끝에만 고리를 갖는 것 그리고 리코펜(lycopene)과 같이 직선상의 사슬모양을 하고 있는 것 등, 다양한 구조의 여러 종류가 있다.

(2) 카로티노이드 색소의 종류

카로티노이드는 카로틴류(carotenes)와 크산토필류(xanthophylls)로 나누어진다. 카로틴류는 **탄화수소**만으로 구성되었기 때문에 탄화수소계 용매(벤젠 등)에 녹기 쉬우며, 크산토필류는 분자구조 중에 산소를 함유하기 때문에 탄화수소계 용매에는 잘 녹지 않고 메탄올에 잘 녹는다. 크산토필류는 다시 알코올류와 케톤류 등으로 분류된다.

① 카로틴류

카로틴 중에서 대표적인 것으로는 당근의 α-카로틴, β-카로틴 및 γ-카로틴과 토마토의 리코펜 등이 있는데, 이들의 구조는 그림 15-5에 나타내었다.

α-, β- 및 γ-카로틴은 분자 내에 β-이오논 고리를 가지고 있어서 인체 내에서 산화되어 비타민 A로 전환된다(제9장 비타민 234페이지 참조). 그래서 이들을 **프로비타민**(provitamin) **A**라고 부른다. β-카로틴은 2개의 β-이오논 고리를 가지고 있기 때문에 2분자의 비타민 A를 만들어 낼 수 있고, 1개의 β-이오논 고리를 가지고 있는 α-카로틴과 γ-카로틴은 1분자의 비타민 A를 만들어 낼 수 있으며, β-이오논 고리가 없는 리코펜은 비타민 A를 만들지 못한다.

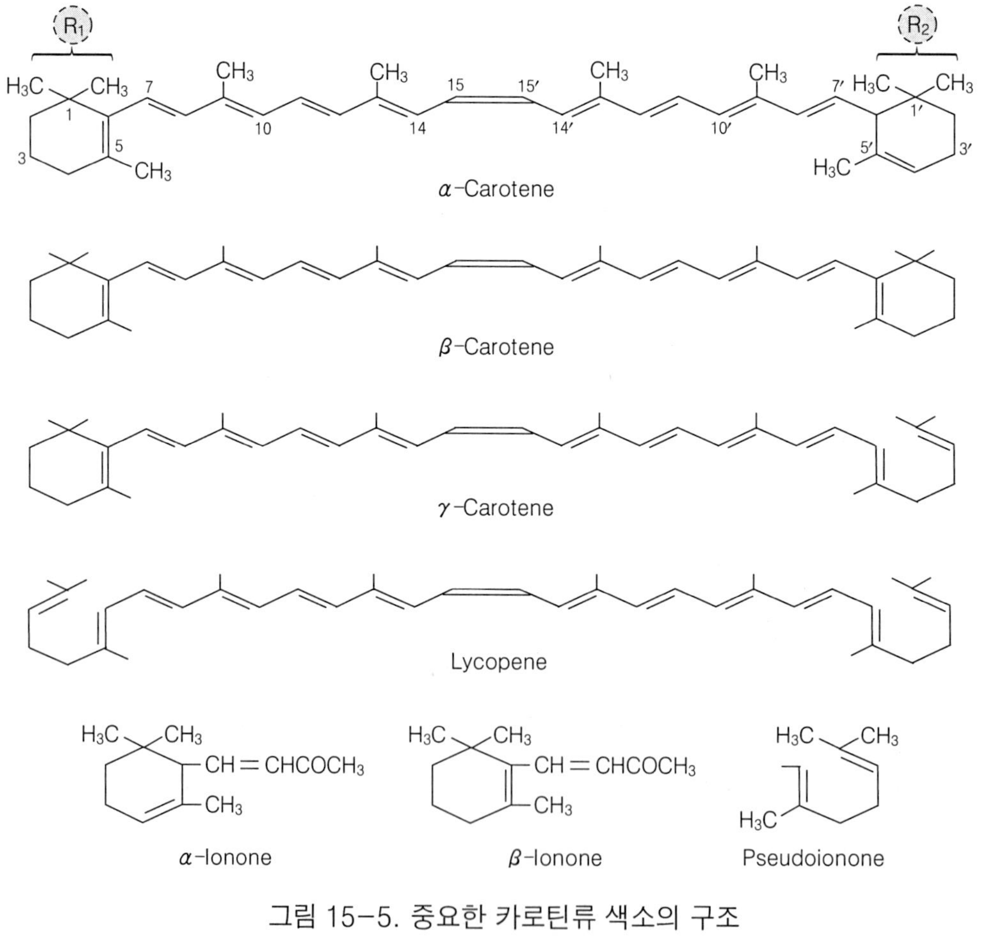

그림 15-5. 중요한 카로틴류 색소의 구조

α-Carotene ; R_1= β-Ionone, R_2= α-Ionone

β-Carotene ; R_1= β-Ionone, R_2= β-Ionone

γ-Carotene ; R_1= β-Ionone, R_2=Pseudoionone

Lycopene ; R_1=Pseudoionone, R_2=Pseudoionone

> ▸ **프로비타민(provitamin) A**
>
> 비타민 A로 전환될 수 있는 전구체를 말한다.

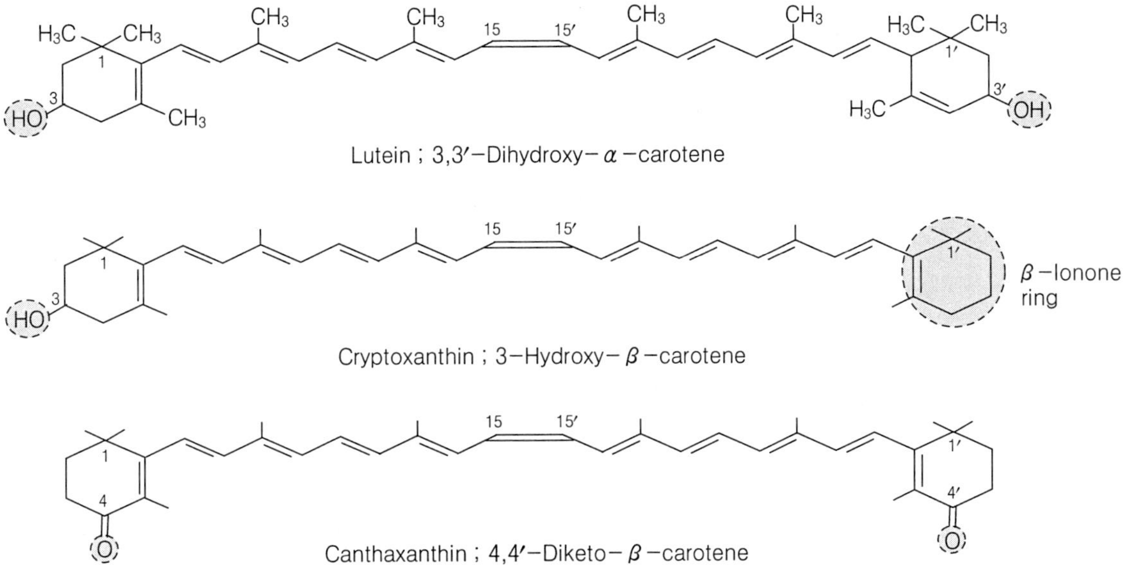

Lutein ; 3,3′-Dihydroxy-α-carotene
β-Ionone ring
Cryptoxanthin ; 3-Hydroxy-β-carotene
Canthaxanthin ; 4,4′-Diketo-β-carotene

그림 15-6. 중요한 크산토필(xanthophylls) 색소의 구조

② 크산토필류

크산토필류(xanthophylls)는 카로틴의 산화유도체로 분자구조 중에 산소를 함유한다. 크산토필에는 여러 종류가 있는데, 대표적인 것으로는 감귤류의 크립토잔틴(cryptoxanthin), 옥수수나 난황의 루테인(lutein), 송이버섯의 칸타크산틴(canthaxanthin), 고추의 캡산틴(capsanthin) 그리고 갈조류의 푸코산틴(fucoxanthin) 등이 있다(그림 15-6).

크산토필류 중에서 크립토잔틴은 분자 내에 β-이오논 고리를 1개 가지고 있어서 인체 내에서 산화되어 비타민 A로 전환될 수 있지만, 다른 크산토필류는 β-이오논 고리가 없으므로 비타민 A의 효력이 없다.

(3) 카로티노이드 색소의 성질

① 용해성

카로티노이드는 지용성인데 화학구조에 따라 그 용해성이 약간 다르다. 예를 들면 카로틴은 석유에테르에 녹지만 에탄올에는 잘 녹지 않으며, 크산토필은 에탄올에는 녹지만 석유에테르에는 잘 녹지 않는다.

② 산화

카로티노이드 분자구조 중에는 다수의 공액 이중결합이 존재하기 때문에 공기중의 산소에 의하여 산화되기 쉽다. 예를 들면 밀가루 숙성 시에 밀가루를 공기중에 방치하면 카로티노이드 색소가 산화되어 밀가루의 색이 희어지게 된다. 카로티노이드는 지방의 자동산화나 효소에 의한 산화과정에서 생성되는 유리 라디칼(제11장 지방의 변화 286페이지 참조)에 의해서도 산화가 촉진된다. 카로티노이드 색소가 산화되면 비타민 A의 효과는 상실된다. 일반적으로 카로티노이드는 산소가 없는 조건에서 가열하면 매우 안정하지만, 산소가 존재하면 가열에 의하여 쉽게 산화되어 그 특유의 색깔을 잃게 된다. 산소가 없는 조건에서는 광선에 대해서도 매우 안정하다. 때문에 카로티노이드는 항산화제로 작용할 수 있다.

③ 가열

카로티노이드는 안정하기 때문에 일반적인 식품가공 중에는 거의 파괴되지 않는다. 새우나 게와 같은 갑각류에는 카로티노이드류인 아스타산틴(astaxanthin)이 존재한다. 이것은 단백질과 결합한 색소단백질로 존재하며 흑청색(黑青色)을 나타내지만, 가열하거나 산성상태로 하면 단백질이 변성되어 아스타산틴이 분리되고, 이것은 더욱 산화되어 붉은색의 아스타신(astacin)으로 변한다(그림 15-7).

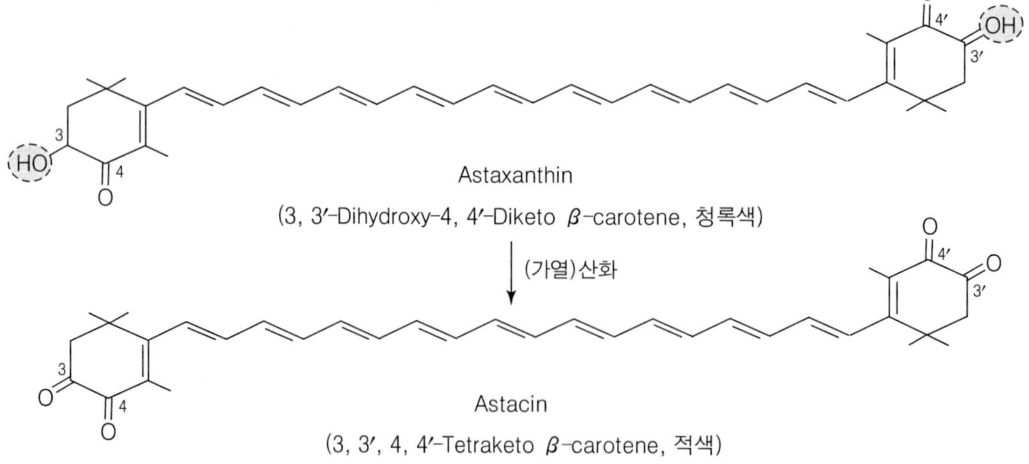
O
4′
OH
3′
3
HO
4
O
Astaxanthin
(3, 3′-Dihydroxy-4, 4′-Diketo β-carotene, 청록색)
(가열)산화
O
4′
O
3′
3
O
4
O
Astacin
(3, 3′, 4, 4′-Tetraketo β-carotene, 적색)

그림 15-7. 아스타산틴의 산화반응

3) 플라보노이드 색소

(1) 플라보노이드 색소의 구조

플라보노이드(flavonoid)는 감귤류와 같은 식품에 널리 분포하는 황색계통의 색소이며, 대부분은 식품 중에 배당체의 형태로 존재하지만 홀로 떨어져 존재하기도 한다. 넓은 의미의 플라보노이드는 2-페닐벤조피론(2-phenylbenzopyrone)의 C_6-C_3-C_6를 기본구조(그림 15-8)로 하는 화합물을 모두 말하는데, 좁은 의미로는 안토시아닌(anthocyanin)과 구별하여 플라본(flavone), 플라보놀(flavonol), 이소플라본(isoflavone) 및 플라바논(flavanone) 등을 말한다. 여기에서는 안토시아닌(anthocyanin)과 분리하여 설명하기로 한다.

플라보노이드는 그림 15-9에서 보는 바와 같이 A, B환에 여러 개의 알코올기(-OH)를 갖고 있는데, 밀감류에 존재하는 헤스페리딘(hesperidin)과 같이 메톡시기(methoxy group, $-OCH_3$)기를 가지고 있는 것도 있다. 자연계에 존재하는 대부분의

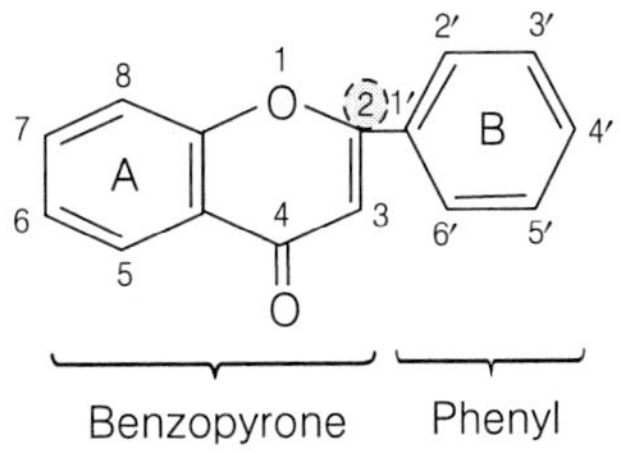

그림 15-8. 플라보노이드(flavonoid) 색소의 기본 구조(C_6-C_3-C_6)

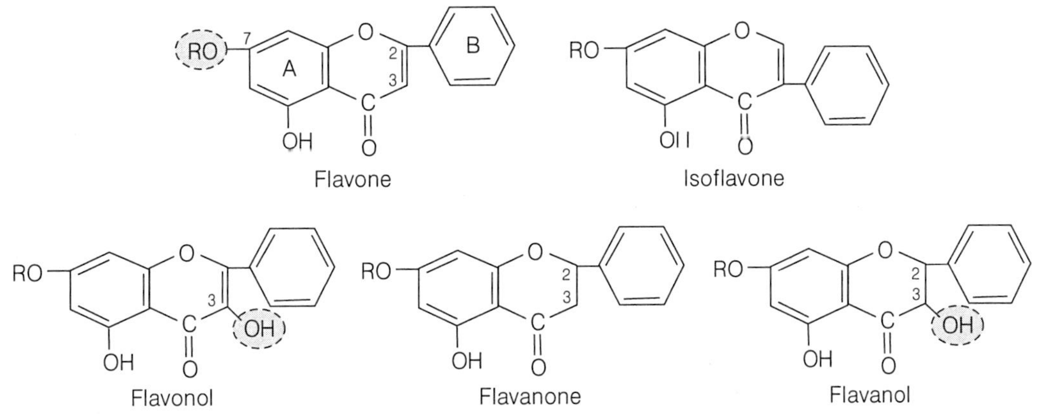

그림 15-9. 여러 가지 플라보노이드(flavonoid) 색소의 구조

R ; 당

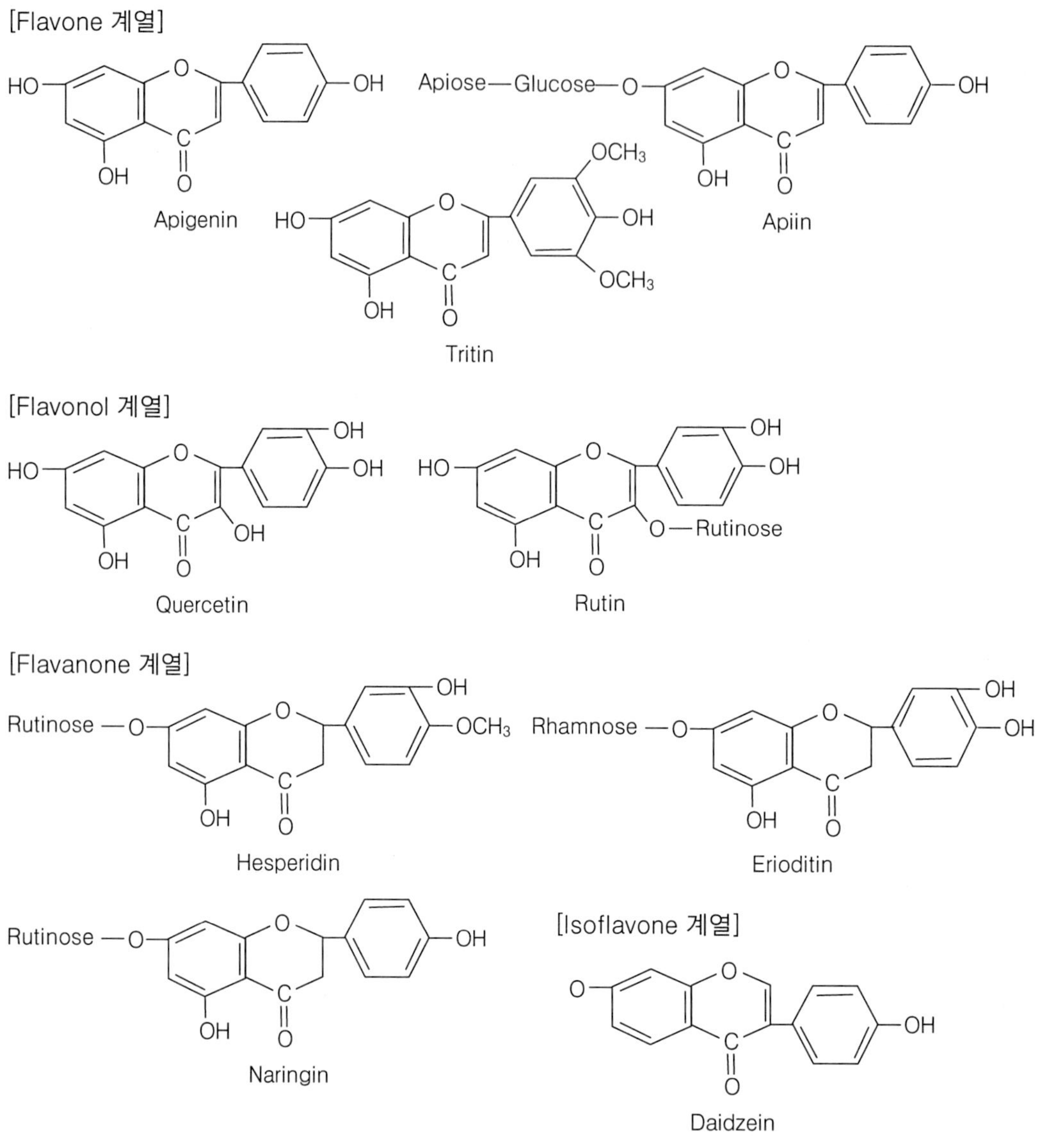

[Flavone 계열]

Apigenin, Apiin, Tritin

[Flavonol 계열]

Quercetin, Rutin

[Flavanone 계열]

Hesperidin, Erioditin, Naringin

[Isoflavone 계열]

Daidzein

그림 15-10. 중요한 플라보노이드(flavonoid) 색소의 구조

플라보노이드는 3번과 7번 탄소원자에 포도당이나 람노오스(rhamnose)가 글리코시드(glycoside) 결합을 한 배당체로 존재하는데 당성분으로 **루티노오스**(rutinose)를 함유하는 것도 있다. 플라본은 2와 3번 탄소원자에 이중결합을 가지고 있으며, 플라보놀은 플라본의 3번 탄소원자의 수소가 알코올기(-OH)로 치환된 것이고, 플라바논은 플라본의 2와 3번 탄소원자가 포화된 형태이다. 이소플라본은 플라본의 이성체로 플라본의 구조와 비교하면 B환(페닐기)이 3번 탄소원자에 결합하고 있다.

▸ **루티노오스(rutinose)**
람노오스(rhamnose)와 포도당(glucose)이 결합한 2당류이다.

플라보노이드는 약 2,000 종류 이상이 알려져 있는데, 이들의 생리적 역할은 종류에 따라 다르지만 인체에 대한 여러 가지 생리활성을 갖는 것이 많고, 기능성 성분으로 주목받고 있다(그림 15-10).

(2) 플라보노이드 색소의 종류

식품 중에 존재하는 중요한 플라보노이드 색소에는 다음과 같은 것들이 있다(표 15-2).

① 플라본

아피게닌(apigenin, $C_{15}H_{10}O_5$)은 옥수수의 엷은 황색성분이며, 파슬리(parsley)나 셀러리(celery)에는 아피게닌의 배당체인 아핀(apiin)의 형태로 존재한다. 밀과 아스파라거스에는 트리틴(tritin)이 존재하는데, 밀가루 반죽이 노랗게 변하는 것은 알칼리성인 팽창제와 반응하기 때문이다.

표 15-2. 중요한 플라보노이드(flavonoid) 색소와 소재

종류	색소명	특징・소재
Flavone계	Apigenin Apiin Tritin	옥수수의 담황색 성분 파슬리의 잎, 무색 밀의 담황색
Flavonol계	Quercetin Rutin	양파의 외피, 황갈색 메밀, 토마토, 무색(alkali에 의하여 황색)
Isoflavone계	Daidzein Daidzin	콩, 황색 콩, 무색(alkali에 의하여 황색)
Flavanone계	Hesperidin Naringenin Naringin	귤의 과피, 무색(alkali에 의하여 황색, Mg・HCl에 의하여 자색), vitamin P의 작용 물에 가용 귤, 포도, 무색(alkali에 의하여 황색, $FeCl_3$에 의하여 적자색), 쓴맛이 있음

② 플라보놀

케르세틴(quercetin, $C_{15}H_{10}O_7$)은 양파 껍질의 황색성분이다. 퀘세틴에 루티노오스가 결합한 배당체인 **루틴**(rutin, quercetin-3-rutinoside)은 무색이며, 메밀과 토마토에 들어 있고, 비타민 P(제9장 비타민 267페이지 참조)의 작용이 있다.

③ 이소플라본

다이드제인(daidzein)은 배당체인 **다이진**(daidzin, daidzein-7-glucoside)의 형태로 대두나 칡에 존재한다.

④ 플라바논

헤스페레틴(hesperetin)의 7번 탄소에 당이 결합한 배당체인 헤스페리딘(hesperidin, $C_{28}H_{34}O_{15}$)은 밀감류에 존재하는데 비타민 P의 작용을 가지고 있으며, 밀감통조림이 흐려지는 원인이 된다. 또한 밀감류의 쓴맛 성분인 나린진(naringin)은 플라바논의 종류인 나린제닌(naringenin)에 람노오스와 포도당이 결합한 배당체이다(제14장 식품의 맛 355페이지 참조).

(3) 플라보노이드 색소의 성질

① 용해성

플라보노이드는 수용성으로 물에 잘 녹는 색소이다.

② 산, 알칼리와의 반응

플라보노이드 배당체들은 일반적으로 약산성에서는 무색이며 안정하지만, 알칼리에서는 불안정하여 당이 분리된다. 당이 분리된 유리상태의 플라보노이드는 물에 녹지 않고 유기용매에 잘 녹으며, 그 색이 더욱 선명해진다. 예를 들면 밀가루 중의 플라보노이드인 트리틴(tritin)은 알칼리성인 팽창제와 반응하여 노랗게 변한다.

③ 산화

플라보노이드 분자구조 중에는 다수의 이중결합이 존재하기 때문에 다른 폴리페놀(polyphenol) 화합물과 같이 산소와 쉽게 반응하여 산화된다. 때문에 플라보노이드는 항산화제로 작용할 수 있다.

④ 금속과의 반응

플라보노이드 분자구조 중에 많이 존재하는 알코올기(-OH)는 금속이온과 반응하여 독특한 색깔을 가진 불용성의 복합체를 형성한다. 특히 철(Fe^{3+})과 반응하여 녹색, 청갈색 및 암청색의 복합체를 만드는데, 그 색깔은 철과 반응하는 수산기의 수와 위

▸ **루틴(rutin, quercetin-3-rutinoside)**

플라보놀의 일종인 케르세틴(quercetin)의 3번 탄소원자의 수산기에 루티노오스(rutinose)가 글리코시드(glycoside) 결합을 한 배당체이다. 루틴은 인체 내에서 강력한 항산화제로 작용하기 때문에 노화를 방지하며, 항암활성을 가지고 있고, 모세혈관을 튼튼하게 하는 등의 여러 가지 생리활성 기능을 지니는 것으로 알려져 있다. 최근에는 심장병 예방효과도 있는 것으로 보고되고 있다.

▸ **다이진(daidzin, daidzein-7-glucoside)**

이소플라본의 일종인 다이드제인(daidzein)의 7번 탄소원자의 수산기에 포도당(glucose)이 글리코시드(glycoside) 결합을 한 배당체이다.

▸ **이소플라본(isoflavone)**

화학구조가 에스트로겐(estrogen)과 유사하며, 인체 내에서 심혈관계 질환 예방, 항암작용 및 항산화 작용을 하는 것으로 보고되고 있다. 콩의 이소플라본에는 배당체(glycoside) 형태로 존재하는 다이진(daidzin) 및 제니스틴(genistin)과 아글리콘(aglycone) 형태로 존재하는 다이드제인(daidzein)과 제니스테인(genistein)이 있는데, 일반적으로 아글리콘 형태의 것이 흡수 및 생체이용성이 더 크다고 한다. 또한 콩에는 이소플라본에 아세틸기(acetyl group, $-CH_3CO$)나 말로닐기(malonyl group, $-OCCH_2CO-$)가 결합된 아세틸글리코시드(acetylglycoside)나 말로닐글리코시드(malonylglycoside)가 존재하는데 이들은 가열, 산, 발아 및 발효 등에 의하여 이소플라본으로 전환된다고 한다. 이소플라본은 다음과 같은 중요한 생리활성 작용을 지니는 것으로 알려져 있으며, 이 외에도 항산화활성과 항균활성 등의 기능을 지니는 것으로 보고되고 있다.

① 에스트로겐 작용제 ; 과다한 에스트로겐의 존재는 유방암, 자궁암 및 전립선암 등과 같은 호르몬 의존성 암의 발생 원인이 될 수 있다고 알려져 있다. 이때 이소플라본은 에스트로겐과 경쟁하여 에스트로겐 수용체에 결합하여 그 활성을 약화시킨다. 즉 이소플라본은 종래의 화학적인 호르몬 약제요법의 부작용을 방지하기 때문에 호르몬 대체요법으로 암 치료에 사용되고 있다.

② 심혈관계 질환 감소 ; 동물성 단백질을 섭취한 실험군보다 콩 단백질을 섭취한 실험군에서 총 콜레스테롤, LDL 콜레스테롤 및 중성지질의 수치가 감소하였다는 연구결과가 있으며, 콩의 이소플라본은 혈중 콜레스테롤 저하시키는 기능이 있다고 보고되고 있다.

③ 항암효과 ; 이소플라본의 일종인 제니스테인(genistein)은 tyrosine protein kinase의 저해제로서 특히 상피세포의 인산화를 억제하며, 유사분열에 의해 활성화된 tyrosine protein kinase의 활성을 억제하여 종양세포의 증식을 억제한다.

④ 골다공증 예방 및 치료 ; 이소플라본은 뼈 조직에 있는 에스트로겐 수용체 β형과 결합하여 골다공증의 진행을 예방하며, 골밀도를 증가시킨다고 보고되고 있다.

치에 따라 달라진다. 예를 들면 철로 만들어진 칼로 감자 등을 자르면 칼에 닿은 자리가 흑갈색으로 변한다.

⑤ 가열

플라보노이드 배당체를 함유하는 식품을 가열하면 그 배당체로부터 당이 분리되면서 식품의 노란 색깔이 더 짙어지는데, 조리 시에 사용하는 물이 알칼리성이면 이와 같은 현상은 더 진하게 나타난다. 예를 들면 옥수수나 고구마를 삶으면 그 색깔이 더욱 선명해지는 것을 볼 수 있다.

⑥ 생리활성

비타민 P로도 알려진 헤스페리딘과 루틴 등은 모세혈관을 강하게 하여 뇌출혈을 예방하는 약리작용을 가지고 있다.

4) 안토시아닌 색소

(1) 안토시아닌 색소의 구조

안토시아닌(anthocyanin)은 식물의 꽃, 과실 및 채소류의 붉은색, 보라색 및 청색을 내는 색소이다. 식물 중에 배당체로 존재하는 안토시아닌은 산, 알칼리 및 효소 등에 의하여 당과 **아글리콘**(aglycone)인 안토시아니딘(anthocyanidin)으로 쉽게 가수분해된다.

안토시아닌은 넓게는 플라보노이드에 속한다. 즉 플라보노이드와 같이 C_6-C_3-C_6를 기본구조로 한다. 하지만 안토시아닌을 구성하는 안토시아니딘은 2-페닐벤조피릴리움(2-phenylbenzopyrylium, 그림 15-11)이 기본구조이다. 벤조피릴리움(benzopyrylium)이 양이온을 띠는 것이 플라보노이드와 차이점이며, 이 양이온에 대한 음이온으로는 주로 염소이온(Cl^-)이 결합하고 있다. 배당체인 안토시아닌에서 당 성분은 포도당, 갈락토오스, 람노오스, 자일로오스(크실로오스) 및 아라비노오스 등인데, 이들은 주로 3번과 5번 탄소원자에 결합하고 있다.

안토시아닌은 구성 당의 결합 위치와 수 그리고 그림 15-11에서 보는 것과 같이

▸ **아글리콘**(aglycon)

배당체에서 당이 아닌 부분(비당질 부분)을 말한다.

Anthocyanidin	R_1	R_2	R_3	R_4	R_5	R_6	R_7
Pelargonidin	-H	-OH	-H	-OH	-OH	-H	-OH
Cyanidin	-OH	-OH	-H	-OH	-OH	-H	-OH
Delphinidin	-OH	-OH	-OH	-OH	-OH	-H	-OH
Europinidin	$-OCH_3$	-OH	-OH	-OH	$-OCH_3$	-H	-OH
Luteolinidin	-OH	-OH	-H	-H	-OH	-H	-OH
Aurantinidin	-H	-OH	-H	-OH	-OH	-OH	-OH
Malvidin	$-OCH_3$	-OH	$-OCH_3$	-OH	-OH	-H	-OH
Peonidin	$-OCH_3$	-OH	-H	-OH	-OH	-H	-OH
Petunidin	-OH	-OH	$-OCH_3$	-OH	-OH	-H	-OH
Rosinidin	$-OCH_3$	-OH	-H	-OH	-OH	-H	$-OCH_3$

그림 15-11. 안토시아니딘(anthocyanidin)의 기본 구조($C_6-C_3-C_6$)

결합된 알코올기(-OH)와 메톡시기(methoxy group, $-OCH_3$)의 위치와 수에 따라 여러 종류의 안토시아닌계 물질이 생성되며 그 색깔도 달라진다. 예를 들면 안토시아니딘은 그 기본구조에서 2번 탄소원자에 결합하고 있는 페닐기(phenyl group)에 알코올기가 1개 있으면 페라르고니딘류(pelargonidins), 2개 있으면 시아니딘류(cyanidins) 그리고 3개 있으면 델피니딘류(delphinidins) 등으로 분류된다. 또한 안토시아닌은 페닐기 중의 알코올기가 메톡시기로 치환된 위치와 수에 따라 페오니딘류(peonidins, R_1), 페투니딘류(petunidins, R_3) 그리고 말비딘류(malvidins, R_1과 R_3) 등으로 구분된다. 한편 페닐기 중에 알코올기의 수가 증가하면 청색이 강해지고, 메톡시기의 수가 증가하면 붉은색이 강해진다.

(2) 안토시아닌 색소의 종류

안토시아닌 색소에는 550여 종이 있다. 그러므로 같은 과실에서도 수십 종의 안토시아닌 색소가 검출되기도 한다. 안토시아닌 색소는 크게 다음의 네 가지로 분류되며, 과실이나 채소에 존재하는 중요한 안토시아닌 색소와 그 소재를 보면 표 15-3과 같다.

① 페라르고니딘계 배당체

페라르고니딘은 나팔꽃과 다알리아의 적색 색소이며, 후라가린(fragarin)은 양딸기의 적색 색소이다.

② 시아니딘계 배당체

쉬소닌(shisonin)은 자소잎의 적색, 크리산테민(chrysanthemin)은 검은콩과 팥의 적색, 시아닌(cyanin)은 장미 및 자소 잎의 적색 색소이다.

③ 델피니딘계 배당체

나스닌(nasunin)은 가지의 청자색, 페릴라민(perillamin)은 자소 잎의 적색 색소이다.

표 15-3. 중요한 안토시아닌(anthocyanin) 색소와 소재

명칭		색	소 재
Pelargonidin계	Callistephin Pelargonin Fragarin	등적색 주적색 암적색	양딸기 석류, 양딸기, 나팔꽃 야생딸기
Cyanidin계	Crysanthemin Cyanin Keracyanin Shisonin	적자색 적갈색 암적갈색 자적색	검정콩, 팥, 복숭아 홍당무, 검정콩 껍질, 자소, 무화과 버찌, 코스모스 꽃 자소잎
Delphinidin계	Delphinin Nasunin Hyacin Perillamin	진한 적갈색 청자색 청색 적색	포도 가지 가지의 과피 자소, 홍당무
Peonidin계	Peonin	진한 자색	포도, 첼리, 자색 양파, 작약, 나팔꽃의 붉은색 꽃
Petunidin계	Petunidin	청자색	포도, 블루베리, 페추니아 꽃
Malvidin계	Malvin Oenin	적갈색 진한 홍색	포도열매 포도껍질

④ 말비딘계 배당체

오에닌(oenin)은 적포도 껍질의 색소이다.

(3) 안토시아닌 색소의 성질

① 용해성

안토시아닌은 수용성으로 물에 잘 녹는 색소이다.

② pH 변화에 따른 색깔의 변화

안토시아닌은 일반적으로 산성에서는 양이온, 알칼리성에서는 음이온으로 존재할 수 있는 양성(兩性) 물질이며, pH에 따라 그 색깔이 크게 달라진다. 일반적으로 산성에서는 적색, 중성에서는 무색 그리고 알칼리성에서는 청색 또는 녹색을 나타낸다. 예를 들면 검정콩의 색소인 크리산테민은 산성 용액에서 적색으로 변하고, 적포도 껍질의 색소성분인 오에닌은 알칼리성에서 청색을 나타낸다(그림 15-12).

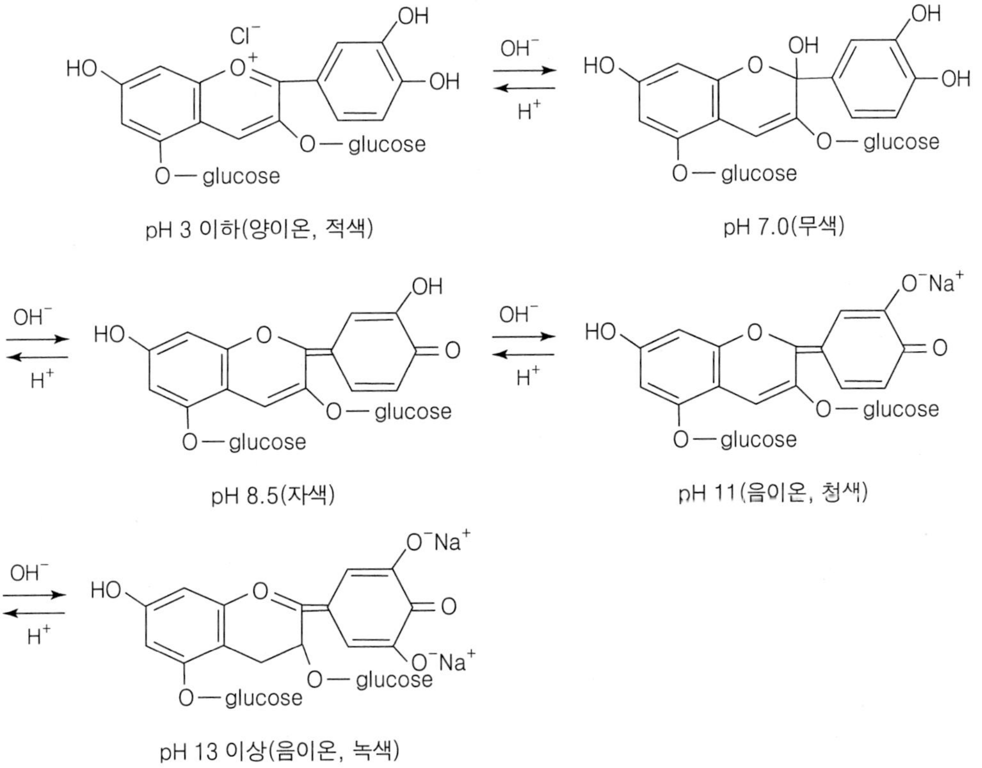

pH 3 이하(양이온, 적색)

pH 7.0(무색)

pH 8.5(자색)

pH 11(음이온, 청색)

pH 13 이상(음이온, 녹색)

그림 15-12. pH 변화에 따른 안토시아닌(anthocyanin) 색소의 변화

안토시아닌은 일반적으로 pH 1.8 이상에서는 산성일수록 안정성이 증가한다. 하지만 그 이하의 낮은 pH에서는 산에 의하여 안토시아닌이 당류와 안토시아니딘으로 가수분해 되기때문에 안정성이 오히려 감소된다.

③ 산화와 안정성

안토시아닌은 분자구조 중에 다수의 이중결합이 존재하기 때문에 다른 폴리페놀 화합물(polyphenol compounds)과 같이 쉽게 산화되어 변색된다. 때문에 안토시아닌은 항산화제로 작용할 수 있다.

안토시아닌은 조리나 가공 중에 여러 가지 요인에 의하여 쉽게 분해되는데 온도, 당 농도, pH 및 비타민 C 등이 영향을 미친다. 특히 온도, 당도 및 산소분압이 높을수록 안토시아닌은 더 많이 분해된다. 조리 중에 안토시아닌이 당과 안토시아니딘으로 가수분해되면 생성된 당들은 안토시아닌의 가수분해를 더욱 촉진시킨다.

④ 금속과의 반응

안토시아닌은 각종 금속이온들과 반응하여 청색, 자색, 회색 및 갈색 등의 독특한 색깔을 가진 불용성의 복합체를 형성한다. 특히 구리(Cu)나 철(Fe)이 가장 크게 영향을 주며, 알루미늄(Al)은 다른 금속에 비하여 가장 적게 영향을 준다. 주석(Sn)은 안토시아닌과 결합하여 회색 또는 자색을 나타낸다. 가끔 과일이나 채소의 통조림에서 변색현상이 나타나는 것은 내용물 중의 안토시아닌이 깡통의 주석이나 철과 반응하였기 때문이다. 그러나 경우에 따라서는 금속을 첨가함으로써 안토시아닌의 색깔을 안정하게 유지할 수 있다. 예를 들면 가지의 색소인 나스닌은 pH 4.6～4.7 부근에서 철과 반응하여 안정한 청자색의 복합체를 형성하고, 검정콩의 색소인 크리산테민은 알칼리성에서 철과 반응하여 안정한 검정색의 복합체를 형성한다.

5) 그 외 식물성 색소

(1) 베탈레인

베탈레인(betalain)은 사탕무에서 발견되는 수용성 색소이며, 분자구조 중에 질소를 함유하는데 적색의 베타시아닌(betacyanin)과 황색의 베타잔틴(betaxanthin)으로 분류된다. 그러나 베탈레인의 화학적 구조나 성질에 대한 연구가 시작한 것은 비교적 최근의 일이다(그림 15-13).

베탈레인은 식품 중에 배당체로 존재하는데, 열에 비교적 안정하기 때문에 천연 식품의 착색제로 많이 이용되고 있다. 안토시아닌과 같이 pH에 따라 색이 변하는데 pH 4～6일 때 색이 가장 안정한 것으로 알려져 있다. 사람 중에는 사탕무를 먹은 뒤에

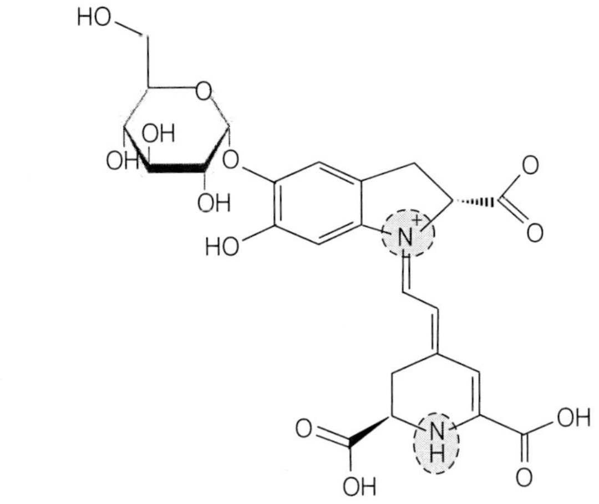

그림 15-13. 베탈레인(betalain) 색소의 일종인
베타닌(betanin)의 구조
(◀은 지면의 앞쪽, ┅은 지면의 뒤쪽)

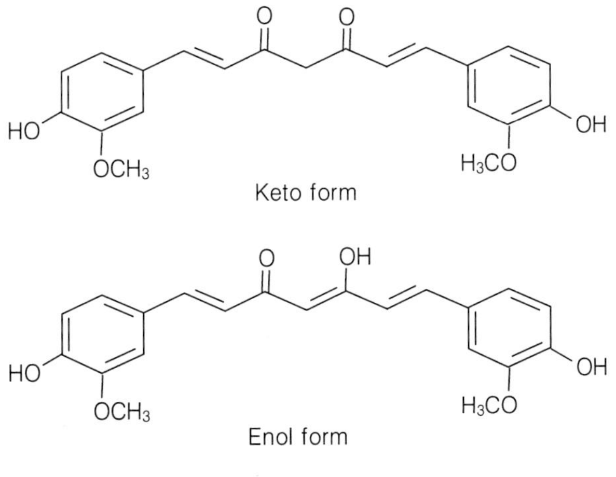

그림 15-14. 쿠르쿠민(curcumin)의 구조

베타시아닌 색소를 분해하지 못하여 적색 소변(beeturia)을 보는 경우가 있다.

(2) 탄닌

탄닌(tannin)은 식품에 떫은맛을 부여하는 폴리페놀(polyphenol) 화합물이며, 식물의 줄기, 잎 및 뿌리 등에 널리 분포하고, 특히 미숙한 과실과 식물의 종자 등에 많이 함유되어 있다. 탄닌 자체는 무색이지만, 탄닌의 산화생성물은 갈색, 흑색 또는 짙은 홍색을 띠며, 탄닌과 철 등의 금속 복합체는 회색, 갈색, 흑청색 또는 청록색을 띤다(제14장 식품의 맛 366페이지 참조).

(3) 쿠르쿠민

쿠르쿠민(curcumin, $C_{21}H_{20}O_6$)은 황색 색소 또는 카레 가루 등에 사용되는 생강이나 울금 뿌리에서 추출한 황색 색소이다. 쿠르쿠민은 폴리페놀 화합물이며, 그림 15-14에서 보는 것처럼 케토형(keto form)과 에놀형(enol form)으로 존재하는데 에놀형이 훨씬 안정하다. 물에 잘 녹지 않지만 알코올에 잘 녹고, 알칼리 상태에서는 적색으로 변한다. 최근에는 쿠르쿠민이 인체 내에서 항암, 항산화 및 항염증 등의 생리적 기능을 갖는 것으로 알려져 많은 관심을 받고 있다.

4. 동물성 색소의 구조, 종류 및 성질

동물성 식품의 색소는 주로 근육색소인 미오글로빈(myoglobin)과 혈액색소인 헤모글로빈(hemoglobin)이다. 이들은 분자구조 중에 헴(heme)을 가지고 있기 때문에 헴색소라고 한다. 우유, 유제품 및 난황 등에는 식물성 색소인 카로티노이드(carotenoid) 색소가 일부 존재한다. 또한 연어를 구웠을 때 나타나는 엷은 분홍색과 새우나 게 등을 삶았을 때 나타나는 적색 색소도 카로티노이드 색소들이다. 그리고 연체동물, 패류 및 갑각류에는 구리를 함유하는 헤모시아닌(hemocyanin)이라는 청색의 혈색소가 들어 있다.

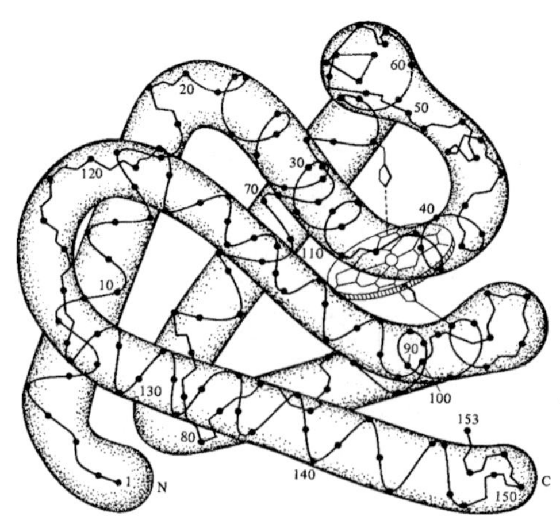

그림 15-15. 미오글로빈의 3차원 구조

1) 미오글로빈

(1) 미오글로빈의 구조

미오글로빈은 헴(heme)과 단백질인 글로빈(globin, 분자량 17,000)이 1:1로 결합한 색소단백질이다(그림 15-15). 헴은 그 구조가 클로로필(chlorophyll, 그림 15-2)과 아주 유사하다. 헴은 클로로필을 구성하는 포르피린(porphyrin)의 일종인 프로토포르피린(protoporphyrin)의 중심에 클로로필의 Mg^{2+} 대신 Fe^{2+}을 가지고 있다. 프로토포르피린은 포르피린과 같이 4개의 피롤(pyrrole)이 결합하여 만들어진 것인데, 곁사슬(side chain)로 1, 3, 5 및 8번 탄소원자에 4개의 메틸기(methyl group, $-CH_3$), 6과 7번 탄소원자에 2개의 프로피온산(propionic acid, CH_3CH_2COOH) 그리고 2번과 4번 탄소원자에 2개의 비닐기(vinyl group, $-CH=CH_2$)를 지니는 화합물이다(그림 15-16). 근육의 색은 헴에 존재하는 철의 산화상태에 따라 크게 달라진다.

(2) 미오글로빈의 성질

① 산화

미오글로빈(Fe^{2+}-Mb)은 적자색을 띠지만, 산소와 결합하면 선명한 적색의 옥시(oxy)미오글로빈(Fe^{2+}-MbO_2)으로 된다[그림 15-17의 (1)]. 이 반응에서 헴 분자의 중심에 있는 제1철 이온(Fe^{2+})은 그대로 변화가 없기 때문에 이 반응은 산화반응(oxidation)이 아니라 산소화반응(oxygenation)이라고 한다. 참고로 산화반응에서는 반드시 산화수가 변화한다. 이 옥시미오글로빈은 비교적 안정된 색소이지만, 공기중

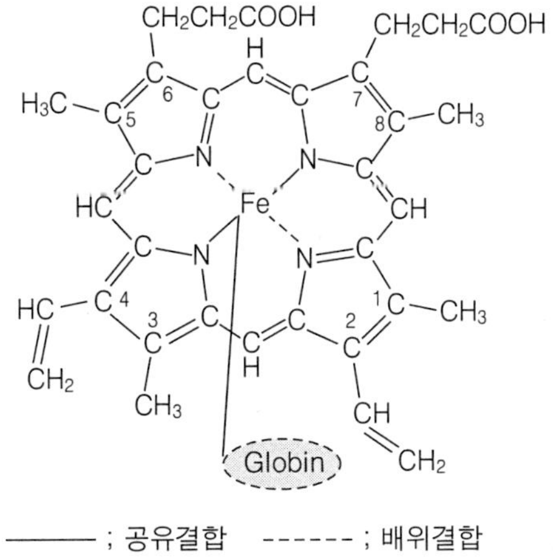

———— ; 공유결합 - - - - - - ; 배위결합

그림 15-16. 헴(heme)의 구조

에서 서서히 지속적으로 산화(메트화)되어, 즉 헴 분자의 중심에 있는 제1철 이온(Fe^{2+})이 제2철 이온(Fe^{3+})으로 되어 갈색의 메트미오글로빈(Fe^{3+}-MetMb)으로 된다[그림 15-17의 (2)]. 육류 중에 산화를 방해하는 물질이 존재하면 미오글로빈의 산화는 억제된다. 하지만 이 물질들이 다 소모되면 자동산화반응에 의하여 갈색의 메트미오글로빈을 형성하게 된다.

② 가열

생육(生肉)을 가열하면 그 색이 갈색으로 변화한다. 이 갈색물질에 대한 설명에는 아직도 이견이 있는데, 일반적으로 다음의 2가지 반응을 통하여 형성된다고 생각되고 있다. 하나는 육이 가열되면 가열에 의해서 미오글로빈을 구성하는 글로빈 단백질이 변성되어 분리되고, 그 후에 물과 반응하여 갈색의 메트미오크로모겐(metmyochromogen)을 형성한다는 것이다[그림 15-17의 (4)]. 또 다른 설명은 가열에 의하여 미오글로빈으로부터 글로빈이 분리되고, 헴은 산화($Fe^{2+} \rightarrow Fe^{3+}$)되어 헤마틴(hematin, Fe^{3+}-protoporphyrin)으로 변하는데, 이 헤마틴이 **이미다졸**(imidazole)과 갈색의 복합체를 형성한다는 것이다.

③ 육의 저장 중 녹색 변화

육류나 육류 가공품은 저장 중에 가끔 녹색을 띠는 경우가 있다. 이 원인은 아직 확실하지는 않지만, 주로 세균에 의해서 생성된 황화수소(H_2S, hydrogen sulfide)가 미오글로빈과 반응하여 설프미오글로빈(sulfmyoglobin)을 생성하기 때문이라고 알려져 있다[그림 15-17의 (9)].

▸ **이미다졸**(imidazole)

3개의 탄소원자와 서로 인접한 위치에 있지 않은 2개의 질소원자로 고리구조를 이루고 있는 헤테로 고리계열에 속하는 방향성의 유기화합물이다. 이미다졸 계열에 속하는 가장 간단한 화합물은 분자식이 $C_3H_4N_2$인 이미다졸이다. 이미다졸은 약산과 약염기로 작용할 수 있기 때문에 생물체 내에서 중요한 가능을 한다. 아미노산인 히스티딘과 그 분해산물인 히스타민은 사람과 효모(酵母)의 성장인자인 비오틴과 마찬가지로 이미다졸 구조를 가지고 있다. 아래 그림은 이미다졸의 구조를 나타낸 것이다.

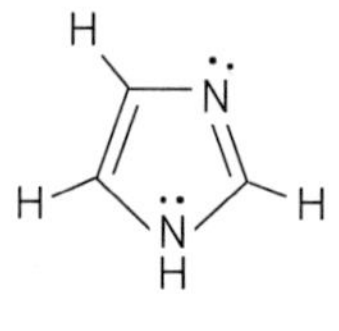

H H N H N H

④ 육색의 고정

햄이나 소시지 등의 육제품을 제조할 때에는 육제품의 색을 선홍색으로 유지하기 위하여 아질산염을 사용한다. 이 아질산염은 고기 중에 존재하는 젖산 등에 의하여 아질산으로 되고, 아질산은 고기 중의 미생물 작용이나 식품첨가물인 환원제에 의하여 환원되어 니트로소기(nitroso group, -NO)를 생성한다. 생성된 니트로소기는 미오글로빈과 반응하여 선홍색의 니트로소미오글로빈으로 되며, 이것은 가열에 의하여 안정된 선홍색의 니트로소헤모크롬(nitrosohemochrome)으로 된다[그림 15-17의 (7)과 (8)]. 이와 같이 육가공 중에 니트로소헤모크롬을 생성시키는 조작을 육색의 고정이라고 부른다.

최근에 **아질산염**과 고기 중에 존재하는 **아민**(amine)이나 **아미드**(amide)의 반응에

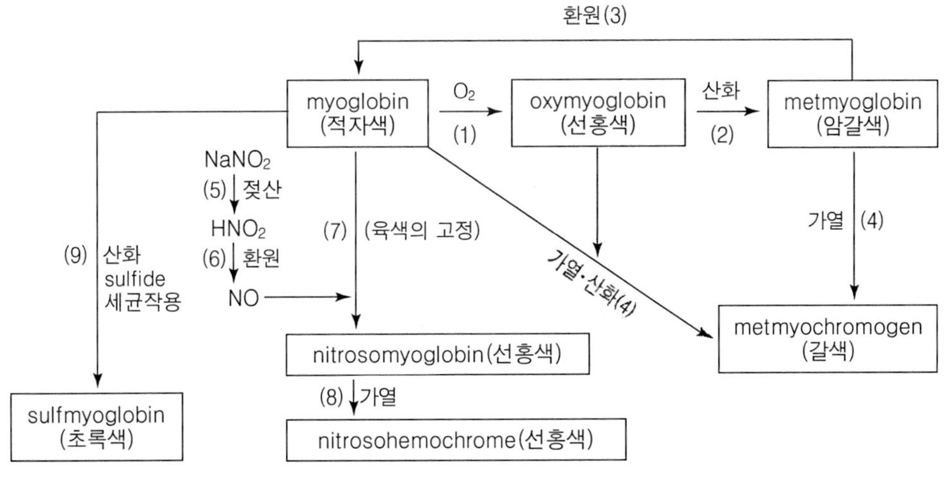

그림 15-17. 미오글로빈(myoglobin)의 변화

▸ **아질산염(亞窒酸鹽, nitrite)**

아질산(HNO_2)에서 유도된 화합물이다. 아질산나트륨($NaNO_2$)이 대표적인 예이다.

▸ **아민(amine)**

제3장 탄수화물 78페이지를 참조한다.

▸ **아미드(amide)**

제5장 단백질 153페이지를 참조한다.

의하여 생성되는 니트로사민(nitrosoamine)이 발암물질이라는 문제가 제기되었다. 때문에 아질산염 대체물질의 탐색을 위한 많은 연구가 진행되었는데, 그 결과 **퓨린**(purine), **피리미딘**(pyrimidine), 이미다졸(imidazole) 및 **니코틴산**(nicotinic acid) 등이 그 대체물질로 인정되었으나, 이들은 전반적으로 아질산염의 기능에 미치지 못하는 것으로 알려져 있다.

2) 헤모글로빈

(1) 헤모글로빈의 구조

헤모글로빈(hemoglobin, Hb)은 미오글로빈과 같이 색소단백질이다. 헤모글로빈 1분자는 4개의 헴을 가지고 있으며, 단백질 부분은 글로빈(globin, 분자량 17,000)이다. 분자량은 약 68,000 정도이다. 헤모글로빈은 비공유결합에 의하여 결합하고 있는 4개의 폴리펩티드(polypeptide)로 구성되어 있으며, 이 4개의 폴리펩티드(subunit)들은 각각 헴 그룹을 가지고 있다. 헤모글로빈의 구조는 미오글로빈과 아주 유사하지만, 아미노산 결합 순서는 미오글로빈과 상당한 차이가 있다.

(2) 헤모글로빈의 성질

헤모글로빈을 구성하는 헴 철(Fe)의 산화와 환원 그리고 산소화에 따른 각 서브유닛(subunit)의 구조변화는 미오글로빈과 아주 흡사하다. 하지만 산소와의 친화력은 4개의 서브유닛 사이에 차이가 매우 크다. 하나의 헤모글로빈에는 4분자의 산소가 결합한다. 첫 번째 산소가 헤모글로빈의 α-서브유닛에 결합하면, 이것은 헤모글로빈의 전체 구조를 산소가 쉽게 결합할 수 있도록 변화시키기 때문에 두 번째, 세 번째 그리고 네 번째 산소의 결합은 더욱 쉬워진다.

육류 중에 존재하는 헤모글로빈은 미오글로빈과 거의 비슷한 반응을 나타낸다. 헤모글로빈은 산화에 의하여 옥시헤모글로빈을 거쳐서 갈색의 메트헤모글로빈으로 변화하며, 메트헤모글로빈은 가열에 의하여 단백질인 글로빈이 변성, 분리되고 무색, 갈

- **퓨린**(purine)**과 피리미딘**(pyrimidine)
  제6장 핵산 180페이지를 참조한다.
- **니코틴산**(nicotinic acid)
  제9장 비타민 256페이지를 참조한다.

색, 회색 또는 녹색의 산화된 포르피린(porphyrin)을 형성한다. 또한 헤모글로빈의 아질산염과의 반응도 미오글로빈과 비슷하다.

5. 식품의 착색과 탈색

식품은 종류에 따라 제각기 독특한 빛깔을 나타내고 있기 때문에 식품의 색은 식품의 품질을 결정하는 중요한 기준으로 사용되고 있다. 식품의 색은 자체의 선도, 가공조건 및 저장환경 등에 따라 변화한다. 그러므로 식품가공 중에는 인공색소를 첨가하거나 또는 반대로 변화된 식품의 색을 탈색시키는 방법이 사용되기도 한다. 하지만 인공 착색료나 표백제 등의 첨가물들은 인체에 해로운 것들이 많기 때문에 허가된 범위 내에서 엄격한 규제 하에 사용되어야 한다.

1) 식품의 착색

몇 년 전까지만 해도 식품 고유의 색을 살리기 위하여 천연색소에 비하여 값싸고, 안정한 인공색소를 식품산업에 이용하였다. 하지만 최근에는 소비자들의 생활수준이 향상됨에 따라 식품의 안전성과 기능성이 강조되고 있으며, 더불어 인공색소들의 독성과 발암성 등에 대한 소비자들의 우려가 높아지고 있다. 예를 들면 식품의 황색색소인 타르트라진(tartrazine, $C_{16}H_9N_4Na_3O_9S_2$)은 일부의 사람들에게 습진이나 천식 등의 알레르기 반응을 유발시키며, 또 일부 인공색소는 어린이들의 과잉활동 유발과 같은 병적증상도 나타낼 수 있다고 한다. 그러므로 인공색소에 대한 안정성은 체계적이고 치밀한 동물실험을 통하여 철저히 검증되어야 한다.

이와 같은 소비자들의 요구에 맞추어 최근에는 천연색소의 수요가 급격히 증가하고 있는 실정이다. 자연에서 얻을 수 있는 수많은 천연색소 중에서 식물에서 얻어지는 각종 색소는 오래 전부터 식용색소로 이용되어 왔는데, 천연색소를 식품에 이용하기 위해서는 천연색소의 특성을 충분히 고려하여야 한다.

2) 식품의 탈색

식품의 탈색은 식품 중의 색소를 화학적으로 분해하거나 변화시켜서 식품의 색을 희게 하거나 맑게 함으로써 상품의 가치를 높이는 데 그 목적이 있다. 특히 오래 전부터 우리 조상들은 흰색을 청결하고 순수하고 고귀한 것으로 평가해 왔다. 탈색의 대상이 되는 식품에는 밀가루, 전분, 물엿 및 연제품 등이 있는데, 일반적으로 탈색이 된 식품은 영양가의 손실이 있으며 풍미가 단조로워진다. 액상식품을 탈색하고자 할 때에는 활성탄이나 이온교환수지 등과 같은 흡착제를 사용하여 색소를 흡착제거하거나, 산소를 이용하여 색소를 산화시켜 제거한다. 또한 고체식품 또는 가루식품을 탈색하고자 할 때에는 이산화황(sulfur dioxide, SO_2), 염소(chlorine, Cl_2), 과산화수소(hydrogen peroxide, H_2O_2), 과산화벤조일(benzoyl peroxide, $C_{14}H_{10}O_4$), 중탄산나트륨(sodium bicarbonate, $NaHCO_3$) 및 아황산나트륨(sodium sulfite, $Na_2SO_3 \cdot 7H_2O$) 등의 표백제를 사용하여 제거한다.

예를 들면 밀가루의 표백에는 주로 과산화벤조일 그리고 생선묵에는 과산화수소 등의 산화 표백제를 주로 사용하고, 물엿과 당밀 등의 표백에는 아황산나트륨 등의 환원 표백제를 주로 사용한다. 지금까지 아황산염은 비교적 안전한 식품첨가물로 평가되어 포도주, 천연과일주스 및 물엿 등의 제조에 사용되어 왔을 뿐 아니라 껍질 벗긴 도라지와 연뿌리 등의 탈색에 많이 사용되었다. 그러나 최근 아황산염의 여러 가지 부작용이 보고됨에 따라 그 사용량을 제한하고 있다. 아황산염의 부작용은 정상인의 경우에는 금방 나타나지 않으나, 천식 등의 질환을 가진 사람이나 알레르기성 체질을 가진 사람에게는 두드러기, 구토증 및 설사 증세에서부터 심하면 혼수상태나 뇌손상을 일으키고 죽음에까지 이를 수 있다고 보고되고 있다.

제 16 장

식품의 냄새

개 요

식품의 냄새란 식품으로부터 직접 코로 느끼는 것을 말하는데, 식품의 냄새는 언제나 식품의 맛과 동시에 느끼게 된다. 만약 우리가 어떤 식품의 냄새를 느낄 수 없다면 그 식품의 맛 역시 제대로 느낄 수 없는 것이다. 식품의 냄새는 기호 성분으로서 매우 중요하다. 식품의 냄새는 어떤 한 가지 화합물에 의한 것이 아니고, 미량으로 존재하는 여러 가지 냄새성분이 혼합되어 나타나는 복합적인 것이다. 때문에 식품의 맛이나 색과 같이 인위적으로 조절하기가 매우 어렵다. 또한 식품의 냄새는 가공, 저장 및 부패되는 과정에서 현저하게 변화한다. 그러므로 식품의 냄새는 식품의 품질을 결정하는 중요한 요인이 되며, 변패의 외부적인 표현이 된다. 즉 식품에 비정상적인 냄새를 가진 물질들이 형성되었다는 것은 식품의 영양성분들이 변화되었다는 것이다. 그러므로 식품의 냄새를 이해하는 것은 식품화학을 공부하는 데 있어 대단히 중요하다.

이 장의 줄거리

1. 우리 인체가 냄새를 느끼는 과정은 자세하게 알려져 있지 않으나, 일반적으로 Amoore의 입체화학설이 넓게 받아들여지고 있다.
2. 식품의 냄새는 꽃향기, 과일 향기, 매운 냄새, 수지 냄새, 탄 냄새 및 썩은 냄새의 6가지로 분류된다.
3. 식품의 냄새성분을 화학적으로 분류하면 함황 화합물, 테르펜류, 알코올류, 알데히드류, 케톤류, 유기산과 그 에스테르류 그리고 아민류 등으로 나누어진다.
4. 과일의 주요 냄새성분은 테르펜과 지방산의 에스테르이고, 채소의 주요 냄새성분은 에스테르, 알코올, 알데히드, 케톤 및 유기산이다.
5. 어류의 주된 냄새성분은 아민이고, 육류의 주된 냄새성분은 암모니아이며 그리고 우유나 그 가공제품의 냄새성분은 카르보닐 화합물과 지방산이다.
6. 올레오레진은 천연의 독특한 향미와 안정성을 지닌 천연착향료 또는 천연착색료로 이용된다.

1. 후각의 생리

식품의 맛과 냄새를 함께 포함하는 종합적 감각을 향미(flavor)라고 표현하며, 넓은 의미에서는 이 향미의 범위에 씹는 촉감, 입 안에서의 촉감, 온도감각, 시각 및 청각 등과 같은 모든 감각을 포함시키기도 한다.

후각은 주관적이고, 개인에 따라 큰 차이가 있다. 후각기관은 코 안의 위쪽에 분포되어 있으며, 수천 종류의 냄새를 인식할 수 있는데 매우 예민하기 때문에 낮은 농도의 휘발성 물질의 냄새도 감지할 수 있다(표 16-1). 우리 인체가 냄새를 느끼는 과정은 자세하게 알려져 있지 않으나 일반적으로 Amoore의 입체화학설이 넓게 받아들여지고 있다. 즉 냄새성분이 후각기관의 끝에 존재하는 **7개의 화합물** 접수체에 접수되면 신경신호가 발생되어 뇌에 전달되고, 그 결과 냄새를 느끼게 된다는 것이다. 열쇠와 자물쇠의 개념을 토대로 하고 있는 이 이론은 화학구조에서는 전혀 관련이 없는 화학물질들이 비슷한 냄새를 내는 것을 잘 설명해 주고 있다.

표 16-1. 중요한 냄새성분의 한계값

냄 새	한계값(μg/ ℓ 공기)
Vanillin(vanilla)	0.5
Eugenol(정향)	0.23
Isoamyl alcohol(fusel유)	0.1
Ammonia	0.03 cc
Dimethyl sulfide(파래)	0.002
Skatol(분변냄새)	0.0004
H_2S(썩은 계란)	0.0001
Methylmercaptan(단무지 부패취)	0.000043

▸ **전자코(electronic nose)**

식품의 품질 평가 및 선택에 있어서 중요한 것은 식품의 독특한 맛과 향이다. 특히 식품의 향은 원료, 가공방법, 저장조건 및 미생물 등에 따라 달라지기 때문에 이들을 분석하고 관리하는 일은 매우 중요하다.

향기성분의 분석에는 주로 관능검사법과 기기분석법[gas chromatography-mass spectrometry (GC-MS)]이 주로 사용된다. 관능검사법은 훈련이 잘 된 관능검사 패널들에 의해서 매우 신속하게 향의 강도나 배합의 차이를 감지할 수 있으며, 재현성이 높은 결과를 얻을 수 있다는 장점이 있으나, 경우에 따라서는 개인의 기호도, 식별능력 및 표현방법의 차이 등으로 재현성을 얻기가 힘든 단점도 있다. GC/MS에 의한 기기분석 방법은 식품의 향에 관여하는 여러 가지 냄새성분의 종류와 농도를 극미량까지 정확하게 측정할 수 있는 장점이 있지만, 향기성분의 추출방법, 컬럼(column) 및 분석조건 등을 올바르게 확립하여야 하는 단점이 있다. 또한 기기분석법은 인체의 코와 같이 각 냄새성분들의 상호작용에 의한 냄새 특성을 분석할 수 없다. 그러므로 항상 기기분석 결과는 관능검사 결과와 비교하여 높은 상관관계가 있는지를 확인하여야 한다. 최근에는 관능검사와 GC를 병행하여 실시하는 GC Olfactometry(GCO)의 방법이 개발되었는데, 이것 역시 고비용, 숙련된 작업자 및 많은 시간 등이 필요하다는 단점을 가지고 있다.

1982년에 영국의 Persaud와 Dodd는 사람의 코를 모방한 가스인식 시스템을 소개하였다. 이것을 시작으로 사람의 코처럼 미묘하고 복잡한 냄새성분을 감지할 수 있는 객관적이고 자동화된 기기인 전자코 시스템이 개발되었다. 전자코는 사람의 후각 생리 시스템을 모방한 냄새를 구별하는 전자처리 장치이다. 즉 코의 기능을 디지털화한 것이다. 전자코 시스템은 다중 센서배열(multisensor arrays)을 이용하여 특정 냄새성분과 각 센서의 반응을 전기화학적 신호로 바꾸고, 이 신호를 데이터 처리함으로써 각 냄새성분을 정성 및 정량 분석할 수 있는 장치이다.

최근에는 전자코를 이용한 연구가 매우 활발하다. 예를 들면 식용유의 산패 정도를 전자코를 이용하여 측정한 결과, 매우 신속하고 간편하게 산패 정도를 예측하는 것이 가능하였다는 연구결과(Shen *et al.* J. Am. Oil Chem. Soc. 78:937. 2001)와 또한 전자코를 이용하여 과일의 숙성정도를 측정한 연구결과(Saevels *et al.* Postharvest Biol. Technol. 31:9. 2004) 등과 같은 수많은 사례가 있다.

▸ 7개의 화합물

장뇌(camphoric), 매운(pungent), 에텔(ethereal), 꽃(floral), 박하(minty), 사향(musky) 및 썩은(putrid)의 7가지 냄새를 내는 화합물을 말한다.

▸ 장뇌(樟腦)

휘발성과 방향(芳香)이 있는 무색 반투명의 결정체로 녹나무의 잎, 줄기, 뿌리 따위를 증류, 냉각시켜 얻는다.

▸ 사향(麝香)

사향노루 수컷의 하복부에 있는 향낭을 쪼개어 말린 흑갈색의 가루이며, 약재나 향료 등으로 사용된다.

2. 냄새의 분류

식품의 냄새에는 수천 종의 화합물이 관여하기 때문에 냄새성분을 분류한다는 것은 매우 어려운 일이다. 헤닝(Henning)은 색의 3원색이나 맛의 4원미와 같이 기본적인 냄새를 꽃향기, 과일 향기, 매운 냄새, **수지** 냄새, 탄 냄새 및 썩은 냄새의 6가지로 분류하였다.

식품의 냄새는 대체적으로 그들의 화학적 구조와 깊은 관련이 있다. 즉 냄새성분의 분자구조 중의 원자단의 종류, 그 원자단에 결합된 탄화수소 사슬의 모양, 분자의 입체구조(후각기관의 화학접수체에 꼭 맞는 모양과 크기) 그리고 냄새성분의 분자량 등이 냄새와 깊은 관계가 있다고 알려져 있다. 예를 들면 분자구조 중에 같은 원자단(原子團)을 갖는 화합물은 대체적으로 유사한 냄새를 낸다. 하지만 화학구조에서는 전혀 관련이 없는 화학물질들이 유사한 냄새를 내는 경우도 있다.

식품의 냄새성분을 화학적으로 분류하면 함황 화합물, 테르펜류(terpenes), 알코올류(alcohols), 알데히드류(aldehydes), 케톤류(ketones), 유기산과 그 에스테르류(esters) 그리고 아민류(amines) 등으로 나누어진다.

식품으로부터 냄새성분을 분리할 때에는 증류, 추출 및 흡착과 같은 방법을 이용하

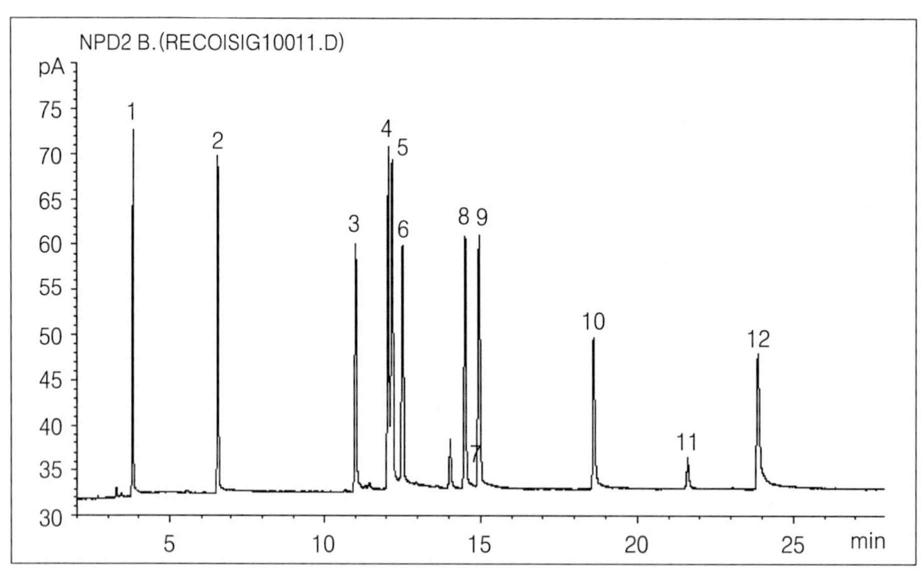

그림 16-1. 기체 크로마토그래피 크로마토그램
(고명수 등, 알기쉬운 기기분석, p. 60, 유한문화사, 2006)

▸ **수지(樹脂)**

나무가 분비하는 진을 말한다. 탄화수소로 된 화합물이며, 나무가 스스로의 상처를 보호하거나 곤충과 균류를 죽이는 데에 쓰는 것으로 알려져 있다.

며, 또한 분리한 냄새성분을 정량분석 할 때에는 기기분석법 중의 하나인 기체 크로마토그래피(gas chromatography)를 이용한다(그림 16-1). 기기분석법을 이용할 때에는 시료의 성질, 냄새성분의 종류 그리고 소유하고 있는 기기에 따라 적절한 방법을 선택하여 분석하여야 한다. 이와 같이 분석된 화합물을 정해진 비율로 다시 혼합할 경우, 원래의 식품냄새와 똑같이 된다고 말할 수는 없다. 왜냐하면 후각신경에서는 느껴지지만, 분석기기에서는 분리되지 않는 극히 미량의 특수한 성분들이 존재하기 때문이다.

3. 냄새성분의 구조, 종류 및 성질

1) 황 화합물

일반적으로 휘발성의 **황 화합물**은 악취를 낸다. 하지만 이들 중에는 극미량으로 식품의 향기를 강하게 해 주는 것이 많다. 예를 들면 더운밥의 구수한 냄새성분인 황화

표 16-2. 식품중의 황화합물 냄새성분

명 칭	구조식	소 재
Methyl mercaptan	CH_3SH	무, 파, 마늘
Propyl mercaptan	$CH_3CH_2CH_2SH$	양파
Acetaldehyde dimethyl mercaptan	$CH_3CH(SCH_3)_2$	단무지
Methyl β-mercapto propionate	$CH_3SCH_2CH_2COOCH_3$	파인애플
β-methyl mercaptopropyl alcohol	$CH_3SCH_2CH_2CH_2OH$	간장
β-methyl mercaptopropyl aldehyde	$CH_3-CH(SCH_2)-CHO$	간장
Furfuryl mercaptan	(furan ring)$-CH_2SH$	코오피
Methyl propyldisulfide	$CH_3SSCH_2CH_2CH_3$	양파
Allyl propyldisulfide	$CH_3=CHCH_2SSCH_2CH_2CH_3$	양파
Dimethyl sulfide	CH_3SCH_3	양파(농도가 묽으면 파래 냄새)
S-methyl cysteine sulfoxide	$CH_3S(=O)CH_2CH(NH_2)COOH$	순무, 양배추
Allyl isothiocyanate	$CH_2=CHCH_2NCS$	양배추, 무, 고추냉이, 겨자

수소(H_2S), 스컹크 냄새와 새로 다진 양파의 냄새성분인 **메르캅탄**(mercaptan), 온화한 매운 냄새를 내는 **알킬 설피드**(alkyl sulfide) 그리고 강한 매운맛과 매운 냄새를 지니는 **알킬 이소티오시아네이트**(alkylisothiocyanate) 등은 대표적인 함황 화합물 냄새성분이다(표 16-2).

▸ 황 화합물(sulfide)

분자구조 중에 황(S)을 함유하는 화합물을 말한다. 식품에서는 주로 R-S-R′(thioester)와 같이 황 원자가 2개의 유기화합물과 공유결합한 형태로 존재한다. R-S-S-R′은 이황화물(disulfide)이라고 한다.

▸ 메르캅탄(mercaptan)

티올(thiol)이라고도 한다. 알코올 및 페놀의 산소원자 대신에 황원자(S)가 치환되어 있는 유기화합물(예 ; CH_3OH → CH_3SH)이다.

▸ 페놀

페놀(phenol)은 그림과 같이 벤젠핵(C_6H_6)에 알코올기(-OH)가 결합한 방향족 화합물이다. 무색의 결정으로 향긋한 냄새가 난다. 방향족 탄화수소에 알코올기가 결합한 방향족 화합물 모두를 페놀이라고 부르기도 한다. 아래 그림은 페놀의 구조를 나타낸 것이다.

OH 또는 OH

▸ 알킬 설피드(alkyl sulfide)

메틸 설피드(CH_3S)나 디메틸 설피드(CH_3SCH_3)와 같이 **알킬**기와 황이 결합한 화합물을 말한다.

▸ 알킬(alkyl)

메탄계 탄화수소[알칸이라고도 하며, CH_4(메탄)과 같이 일반식이 C_nH_{2n+2}인 포화탄화수소]에서 수소원자 한 개를 뺀 나머지 원자단(原子團)을 통틀어 이르는 말이다. 예를 들면 메틸기(methyl group, $-CH_3$) 등이 있다.

▸ 이소티오시아네이트

이소시아네이트(isocyanate, R-N=C=O)의 산소가 황으로 치환된 것(R-N=C=S)을 말한다.

▸ 탄화수소(炭化水素, hydrocarbon)

탄소와 수소만으로 이루어진 화합물을 말한다.

2) 탄화수소 화합물

탄화수소 화합물의 냄새는 일반적으로 특징이 없고 약하지만 많은 종류가 있다. 모노테르펜(monoterpene, 제14장 식품의 맛 346페이지 참조)계 탄화수소는 **정유**(essential oil)의 주된 향기성분이고, 에틸렌(ethylene, $CH_2=CH_2$)은 과실과 야채류의 중요한 향기성분인데 단맛을 가지며, 과실이나 야채의 숙성과 깊은 관계가 있다(그림 16-2).

3) 알코올 화합물

알코올기(-OH)를 지니는 냄새성분에는 여러 가지 종류가 있다(그림 16-3). 이들

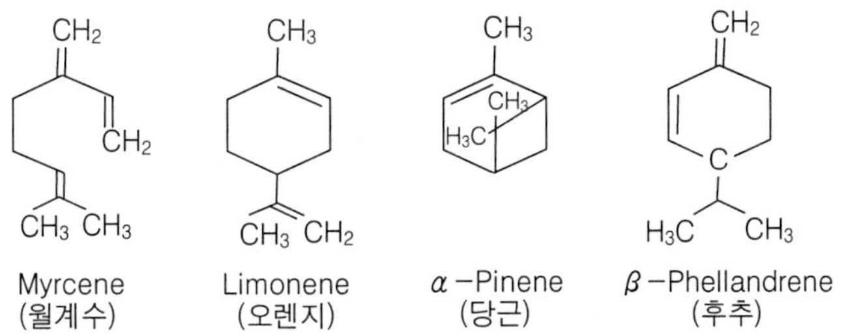

그림 16-2. 모노테르펜(monoterpene) 탄화수소 냄새성분

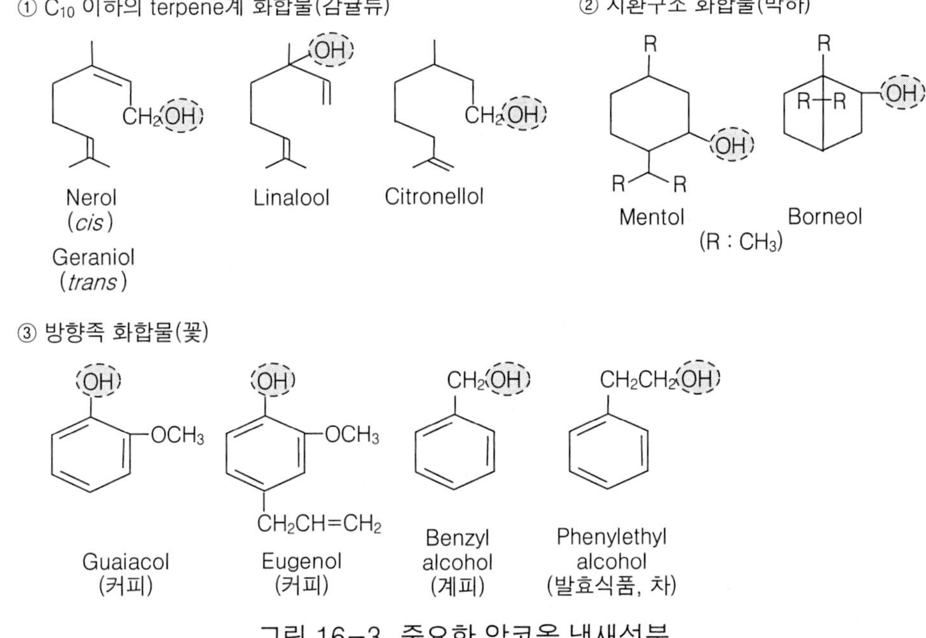

그림 16-3. 중요한 알코올 냄새성분

은 탄화수소로 된 사슬구조를 지니는 화합물(과실류 등에 존재하는 탄소원자 5개 이하의 화합물과 감귤류 등에 존재하는 탄소원자 10개 이하의 테르펜계 화합물), **지환구조(脂環構造)의 화합물**(박하) 및 방향족 화합물(꽃) 등으로 나누어진다.

4) 알데히드 화합물

알데히드기(-CHO)를 지니는 냄새성분에는 여러 가지 종류가 있다(그림 16-4). 가

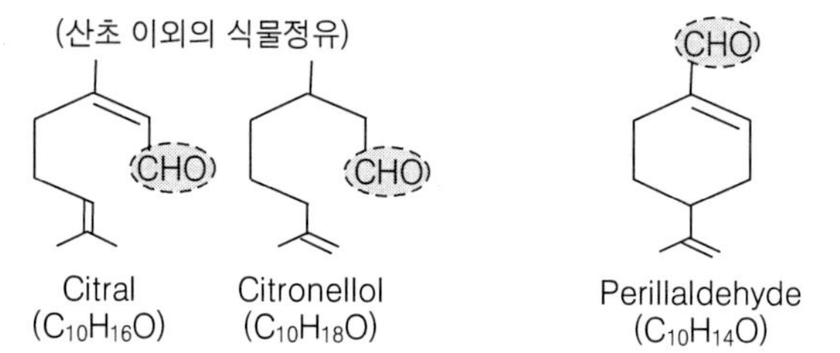

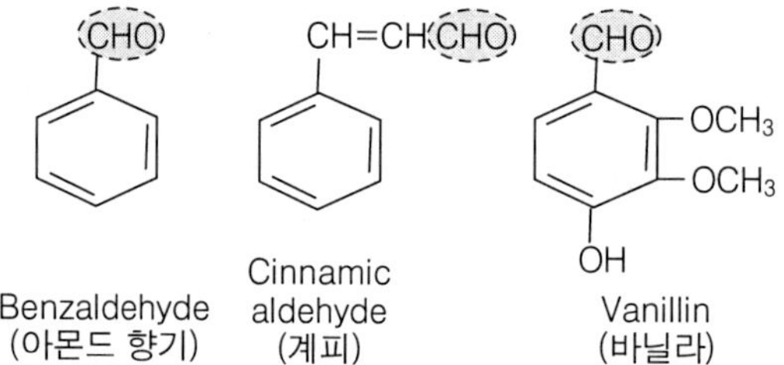

그림 16-4. 중요한 알데히드(aldehyde) 냄새성분

▸ **정유(essential oil)**

방향유(芳香油)라고도 한다. 여러 가지 식물에서 얻어지는 특유한 방향을 갖는 휘발성의 기름을 말한다. 물에 녹지 않고 알코올이나 석유에테르에 녹는다. 중요한 구성성분은 테르펜이나 벤젠계열의 탄화수소 화합물, 알코올, 알데히드, 케톤, 페놀류 및 여러 종류의 에스테르류 등이다.

▸ **지환구조(脂環構造) 화합물**

탄소원자로 구성된 환상 화합물에서 벤젠핵을 갖지 않는 화합물을 말한다. 그 성질이 **지방족 화합물**과 비슷하다. 6각형의 지환족 화합물은 벤젠핵에 수소를 부가한 구조이므로 특히 히드로방향족 화합물이라고 부른다.

▸ **지방족 화합물(脂肪族化合物, aliphatic compound)**

원자들이 서로 결합되어 고리형태를 하고 있지 않은 유기화합물을 말한다.

공 전의 차(茶)잎 냄새나 계피의 냄새성분은 알데히드 화합물이다. 탄화수소로 된 사슬구조를 지니는 화합물은 알코올 냄새성분에 비하여 종류가 많으며, 한계값은 알코올 화합물의 1/10∼1/100 정도로 대단히 강한 냄새를 지닌다. 이것은 탄소원자 5개 이하의 화합물(동식물에 넓게 분포), 탄소원자 6∼9개 이하의 화합물(땀 냄새나 산패유지의 냄새) 그리고 탄소원자 10개∼14개의 화합물(삼백초, 三白草)로 구분된다. 또한 탄소원자 10개 이하의 테르펜계 화합물(감귤류)과 방향족 화합물(향신료) 등도 있다.

5) 케톤 화합물

케톤기(>CO)를 지니는 냄새성분 화합물에는 저분자의 탄화수소 사슬구조 화합물(과실 향기), 디아세틸 화합물(버터의 특유한 냄새), 테르펜계 화합물(식물의 독특한 냄새) 그리고 방향족 화합물(과일 향기) 등이 있다(그림 16-5).

6) 지방산과 에스테르 화합물

카르복실기(-COOH)를 지니는 냄새성분에는 초산, 땀 냄새 및 고기 냄새 등이 있고, 알코올과 산의 축합반응에 의하여 생성된 에스테르(ester, R-CO-OR′) 냄새성분에는 과일 냄새, 꽃향기 및 우유의 가열취 등이 있다(표 16-3, 그림 16-6).

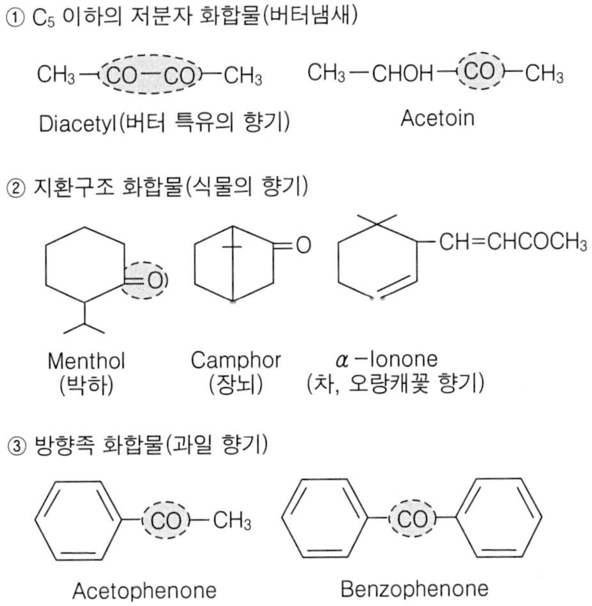
① C_5 이하의 저분자 화합물(버터냄새)
$CH_3-CO-CO-CH_3$
Diacetyl(버터 특유의 향기)
$CH_3-CHOH-CO-CH_3$
Acetoin
② 지환구조 화합물(식물의 향기)
O
$CH=CHCOCH_3$
Menthol
(박하)
Camphor
(장뇌)
α-Ionone
(차, 오랑캐꽃 향기)
③ 방향족 화합물(과일 향기)
CO
CH_3
Acetophenone
Benzophenone

그림 16-5. 중요한 케톤(ketone) 냄새성분

표 16-3. 중요한 에스테르(ester) 냄새성분

구조식	Ester 명칭	소재예
$COOH-C_2H_5$	Ethyl formate	복숭아
$CH_3COO-C_2H_5$	Ethyl acetate	파인애플
$CH_3CH_2CH_2COO-CH_3$	Methyl butyrate	사과
$CH_3CH_2CH_2COO-C_2H_5$	Ethyl butyrate	사과, 파인애플
$COOH-CH_2CH_2CH_2CH_2CH_3$	Amyl formate	사과, 배
$CH_3COO-CH_2CH_2CH(CH_3)_2$	Isoamyl acetate	사과, 살구, 배, 바나나
$(CH_3)_2CHCH_2COO-CH_2CH_2CH(CH_3)_2$	Isoamyl isovalerate	바나나

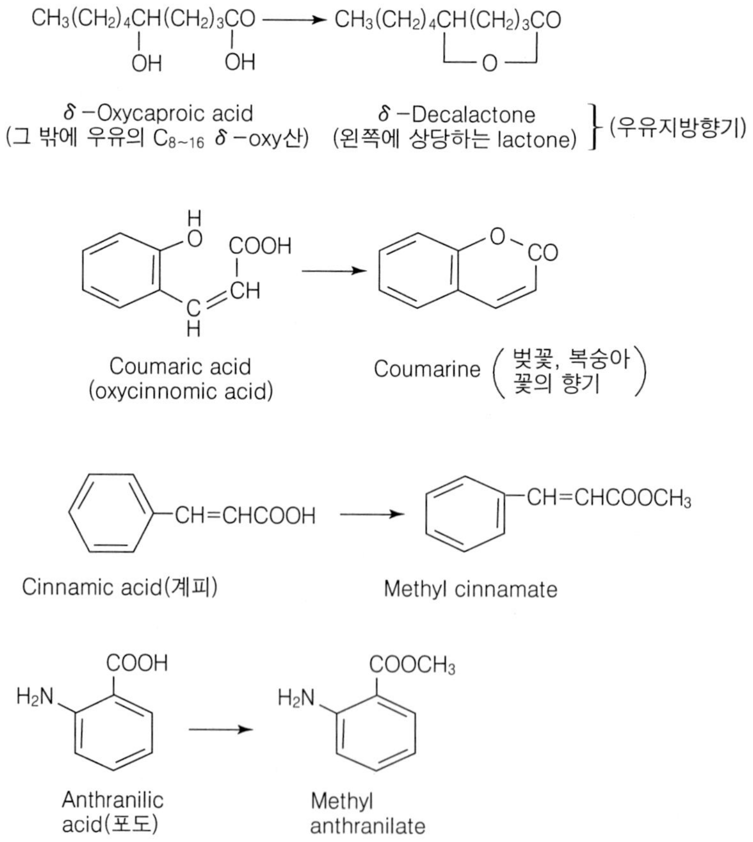

$CH_3(CH_2)_4CH(OH)(CH_2)_3CO(OH) \longrightarrow CH_3(CH_2)_4CH(CH_2)_3CO$ (lactone, –O–)

δ-Oxycaproic acid (그 밖에 우유의 $C_{8\sim16}$ δ-oxy산) → δ-Decalactone (왼쪽에 상당하는 lactone) } (우유지방향기)

Coumaric acid (oxycinnomic acid) → Coumarine (벚꽃, 복숭아 꽃의 향기)

Cinnamic acid(계피) ($C_6H_5-CH=CHCOOH$) → Methyl cinnamate ($C_6H_5-CH=CHCOOCH_3$)

Anthranilic acid(포도) (H_2N, COOH) → Methyl anthranilate (H_2N, $COOCH_3$)

그림 16-6. 에스테르(ester) 냄새성분의 형성

7) 질소 화합물

일반적으로 질소 화합물은 동물성 식품의 냄새성분이다. 이들 질소 화합물에는 동물성 식품의 선도가 저하됨에 따라 단백질, 아미노산 및 요소 등의 분해에 의하여 생성되는 **암모니아**(ammonia, NH_3)나 **아민류**(amines) 등이 있다(그림 16-7).

4. 식물성 식품의 냄새

1) 과일의 냄새성분

과일의 냄새는 그 과실의 특징이나 선도를 나타내는 매우 중요한 성분이다. 주요 성분은 테르펜과 지방산의 에스테르이지만, 여러 종류의 성분들이 적당히 조합되어 과일 각각의 독특한 냄새를 낸다. 대표적인 과일의 냄새성분은 다음과 같다.

(1) 포도

주로 각종 알코올, 지방산과 그 에스테르 및 알데히드 화합물 등이 중요한 냄새성분이다. 특히 안트라닐산(anthranilic acid, $C_7H_7NO_2$)의 메틸 에스테르인 안트라닐산 메틸(melthyl anthranilate, $C_8H_9NO_2$)은 포도의 가장 중요한 향기성분이다(그림 16-6).

(2) 사과

사과의 냄새성분으로는 각종 에스테르, 알코올, 알데히드 및 케톤 등의 휘발성 카

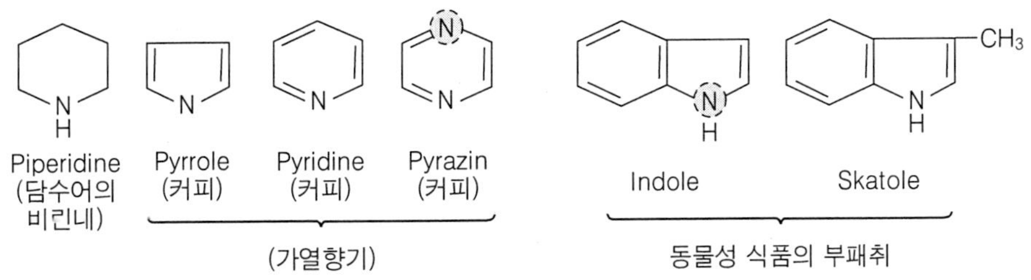

그림 16-7. 중요한 질소 화합물 냄새성분

> ▸ **암모니아**(ammonia, NH_3), **아민류**(amines)
> 제12장 단백질의 변화 312페이지를 참조한다.

르보닐 화합물 등이 알려져 있다.

(3) 감귤류

감귤류의 냄새성분은 껍질에 많이 존재한다. 에스테르와 테르펜 화합물이 주요 냄새성분인데, 그 중에서도 **리모넨**(limonene)의 함량이 많다.

(4) 바나나

바나나의 냄새성분은 아세트산아밀(amyl acetate, $CH_3COOC_5H_{11}$) 등과 같은 에스테르 화합물이 주된 성분이다.

(5) 기타

파인애플의 중요한 냄새성분은 에스테르, 알코올 및 카르보닐 화합물이며, 특별한 성분으로는 2,5-디메틸-4-히드록시-3(2H)-푸란온[2.5-drmethyl-4-hydroxy-3(2H)-fur-

▸ **리모넨**(limonene)

분자식은 $C_{10}H_{16}$이고, 모노테르펜 화합물의 일종이다. 2개의 광학 이성체가 있다. 우선성(右旋性)의 것은 레몬유(油)나 오렌지유 따위에 존재하며, 좌선성의 것은 침엽유(針葉油)나 박하유 따위에 존재한다.

▸ **락톤**(lactone)

아래 그림에서 보는 바와 같이 보통 동일 분자 내의 카르복실기와 알코올기 사이에 탈수축합 반응에 의하여 만들어지는 고리형 에스테르 화합물을 말한다. 락톤류는 착향의 목적 이외에 사용되어서는 안 된다. 락톤류 중에서 식품에 많이 사용되는 향료는 노나락톤(nonalactone)인데, 이것은 강한 코코넛 향기를 가지고 있으며, 살구나 복숭아 향기의 제조에 사용된다. 따라서 복숭아, 살구 및 코코넛 등에서 이 성분을 찾을 수 있다. 중요한 락톤에는 비타민 C 등이 있으며, 5개와 6개의 원자로 이루어진 고리모양의 γ-락톤과 β-락톤이 가장 일반적이다.

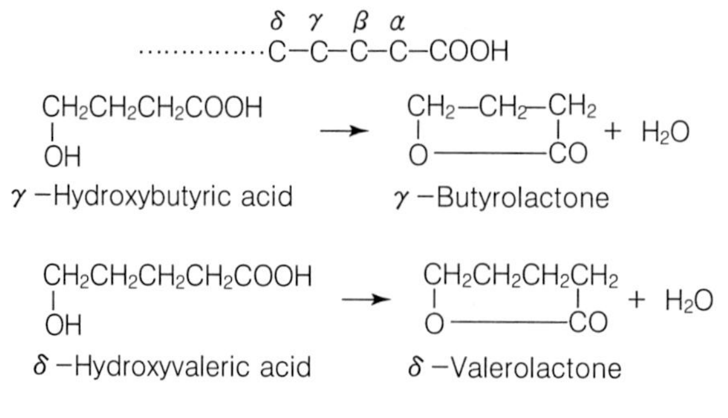

$$\cdots\cdots\overset{\delta}{C}-\overset{\gamma}{C}-\overset{\beta}{C}-\overset{\alpha}{C}-COOH$$

$$\underset{\gamma\text{-Hydroxybutyric acid}}{\underset{|\atop OH}{CH_2}CH_2CH_2COOH} \longrightarrow \underset{\gamma\text{-Butyrolactone}}{CH_2-CH_2-CH_2 \atop O\text{———}CO} + H_2O$$

$$\underset{\delta\text{-Hydroxyvaleric acid}}{\underset{|\atop OH}{CH_2}CH_2CH_2CH_2COOH} \longrightarrow \underset{\delta\text{-Valerolactone}}{CH_2CH_2CH_2CH_2 \atop O\text{———}CO} + H_2O$$

anone]이 알려져 있다. 이 푸란온 화합물은 상쾌한 냄새성분으로 딸기의 주된 냄새성분이며 잼, 젤리 및 청량음료 제조에도 이용된다. 배의 냄새성분은 주로 에스테르 화합물이며, 복숭아의 냄새성분은 주로 **락톤**(lactone)이다.

2) 채소의 냄새성분

채소의 주된 냄새성분은 에스테르, 알코올, 알데히드, 케톤 및 유기산이며, 그 외에 황 화합물 또는 그 분해물도 존재한다.

(1) 오이

휘발성 카르보닐 화합물(**2.6-nonadienal**) 등이 주된 향기성분이다.

(2) 당근

휘발성 모노테르펜 화합물(**terpinolene**) 등이 주된 향기성분이다.

(3) 배추, 양배추, 무

신선한 상태에서는 특별한 냄새가 없으나 가열하면 냄새성분이 형성된다. 이것은 가열에 의하여 이들 채소에 존재하는 함황 아미노산으로부터 황화수소나 기타 휘발성 황 화합물이 생성되어 냄새가 발생하는 것이다. 무의 주된 냄새성분은 메틸 메르캅탄(methyl mercaptan)인데, 이 성분은 단무지 제조공정 중에 아세트알데히드(acetaldehyde)와 반응하여 아세트알데히드 디메틸 메르캅탄(acetaldehyde dimethyl

---

▸ 2.6-Nonadienal

그림에서 보는 것처럼 분자구조 중에 탄소원자 9개(nona)를 가지면서 알데히드기(-CHO)를 가지고, 2번과 6번 탄소원자에 이중결합 2개를 가지는 화합물을 말한다. 아래 그림은 2.6-nonadienal의 구조를 나타낸 것이다.

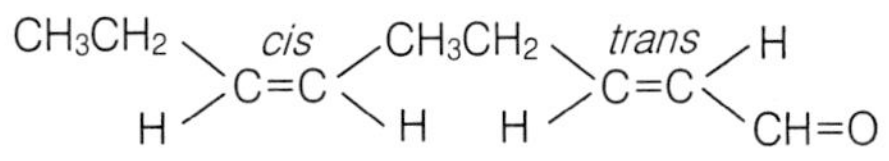

$$\underset{H}{\overset{CH_3CH_2}{}}\!\!>C=C\overset{cis}{}<\!\!\underset{H}{\overset{CH_3CH_2}{}}\!\!>C=C\overset{trans}{}<\!\!\underset{CH=O}{\overset{H}{}}$$

▸ Terpinolene(**테르피놀렌**)

화학식은 $C_{10}H_{16}$, 끓는점은 76℃이다. 매우 불안정하기 때문에 산과 반응하여 쉽게 테르피넨(terpinene)으로 변하는 단일고리 모노테르펜 화합물의 일종이다.

mercaptan)으로 변하여 단무지 특유의 냄새성분이 된다.

(4) 파, 양파, 마늘

함황 화합물인 알리신(allicin), 디알릴 설파이드(diallyl sulfide), 디알킬 설파이드(dialkyl sulfide) 및 디알킬 디설파이드(dialkyl disulfide) 등이 이들의 주된 냄새성분이다. 알리신은 알리인(alliin)이 알리이나아제(alliinase)에 의하여 분해되어 생성된다(제14장 식품의 맛 362페이지 참조). 참고로 최근 일본에서는 냄새 없는 마늘을 개발하여 이용하고 있다. 또한 양파의 최루(催淚)성분은 티오프로파날-S-옥시드(thiopropanal-S-oxide)인데, 이 물질은 불안정하여 쉽게 프로피온알데히드(propionaldehyde) 및 황화수소(hydrogen sulfide)로 가수분해된다.

(5) 셀러리

셀러리의 냄새성분은 **프탈리드**(phthalide)인데 이 중에서도 3-이소발리디엔 프탈리드(3-isovalidiene phthalide) 및 3-이소부틸리딘 프탈리드(3-isobutylidene phthalide)가 주된 성분이다.

(6) 겨자

알릴 이소티오시아네이트(allyl isothiocyanate)가 겨자의 주된 냄새성분이다. 이것은 시니그린(sinigrin)이 겨자 조직 내에 존재하는 티오글루코시다아제(thioglucosidase)에 의하여 가수분해되어 생성된다(제14장 식품의 맛 363페이지 참조).

(7) 식용 버섯의 냄새성분

양송이 버섯의 독특한 냄새는 메틸 신나메이트(methyl cinnamate, 그림 16-6)에

▸ **프탈리드(phthalide)**

화학식은 $C_8H_6O_2$이다. 무색의 결정이고, 융점은 74℃ 그리고 비등점은 290℃ 이다. 히드록시메틸안식향산의 락톤에 해당한다. 아래 그림은 프탈리드의 구조를 나타낸 것이다.

불포화 알코올[1-octen-3-ol, $CH_3(CH_2)_4CH(OH)CH=CH_2$]과 케톤(1-octen-3-one)이 더해진 혼합물의 냄새이다. 신선한 양송이 버섯의 냄새는 알코올(1-octen-3-ol)이 주된 성분이지만, 가열하면 특수한 성분으로 케톤 화합물(1-octen-3-one)이 생성되는 것으로 알려져 있다. 버섯을 건조시키면 알코올(1-octen-3-ol)은 대부분 없어지고 벤즈알데히드(benzaldehyde)와 벤질 알코올(benzyl alcohol)의 비율이 증가하는 것으로 알려져 있다. 생 느타리버섯의 주된 향기성분은 3-octanol(46.01%), 3-octanone(18.75%) 그리고 1-octen-3-ol(15,37%)인데, 가열조리하면 1-octen-3-ol(66.50%)이 증가하는 것으로 알려져 있다(안 등. J. Korean Soc. Food Nutr. 15:258. 1986). 표고버섯의 주된 냄새성분은 핵산관련 물질의 하나인 5′-GMP(제6장 핵산 184페이지 참조)와 **렌티오닌**(lenthionine, $C_2H_4S_5$) 등이다.

(8) 기타

파프리카의 냄새성분은 **피라진**(3-isobutyl-2-methoxy pyrazine)이고, 아스파라거스의 대표적인 냄새성분은 함황 에스테르 화합물인 메틸-1,2-디티올레인-4-카르복시레이트(methyl-1,2-dithiolane-4-carboxylate)이다.

3) 가열 또는 가공 처리된 식물성 식품의 냄새성분

가공식품의 냄새는 주로 마이얄(Maillard) 반응과 캐러멜 반응(caramelization)에 의해 생성되는데 이들 반응에 대해서는 제13장 식품의 변색(316페이지)에 자세하게 설명되어 있다. 또한 식품을 가공할 때에는 지질의 분해나 자동산화에 의하여 또는 가열 및 효소에 의한 식품 성분의 분해에 의하여 다양한 냄새성분이 생성된다. 한편

▸ **렌티오닌(lenthionine)**

화학식은 $C_2H_4S_5$이다. 렌티오닌은 고리형 함황 화합물로 표고버섯의 주된 냄새성분이다. 렌티오닌은 pH 2～4 사이에는 비교적 안정하나 pH 5 이상이 되면 급격히 파괴된다. 아래 그림은 렌티오닌의 구조를 나타낸 것이다.

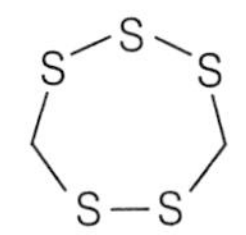

▸ **피라진(pyrazine)**

분자식은 $C_4H_4N_2$이다. 4개의 탄소원자와 2개의 질소원자가 고리구조를 이루고 있는 헤테로 고리계열에 속하는 유기화합물이다(그림 16-7).

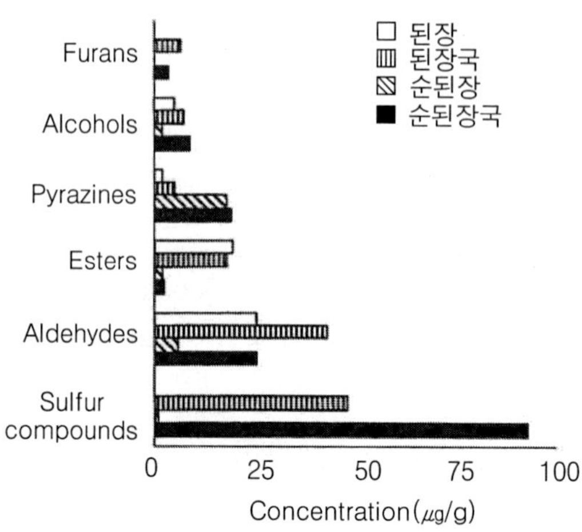

그림 16-8. 된장, 된장국, 순된장 및 순된장국의 중요한 냄새성분
(주광지 등, Korean J. Food Sci. Technol. 36 : 202, 2004)
*순된장 : 간장을 분리하지 않은 된장

발효식품의 냄새성분은 원료 식품의 성분, 발효조건, 숙성기간 및 미생물의 종류 등에 따라 크게 달라진다(그림 16-8).

(1) 가열 처리된 토마토, 양배추, 아스파라거스, 옥수수 및 우유 등

이들 냄새의 주성분은 디메틸 설피드(dimethyl sulfide, $H_3C-S-CH_3$)이다.

(2) 가열한 땅콩류

이들 냄새의 주성분은 피라진(pyrazine) 유도체인데, 이것은 콩 중에 함유된 당류와 아미노산의 상호작용, 즉 마이얄 반응에 의하여 형성된다.

(3) 쌀밥

쌀밥 냄새의 주성분은 아세트알데히드(acetaldehyde, CH_3CHO), 카프로알데히드[caproaldehyde, $CH_3(CH_2)_4CHO$], 메틸에틸케톤(methyl ethyl ketone, $CH_3COC_2H_5$) 등이 주요 냄새성분이다. 오래 된 쌀밥에서는 특이한 냄새를 내는 펜탄올(pentanol =amyl alcohol, $C_5H_{11}OH$)과 헥산올[hexanol, $CH_3(CH_2)_5OH$]이 더 많이 검출된다.

(4) 커피

커피의 냄새는 복합적인 여러 성분으로 구성되어 있다. 볶은 커피의 냄새는 가열에

의해 생성되는데, 중요한 냄새 성분은 구아이아콜(guaiacol, 제14장 식품의 맛 364페이지 참조)과 **메틸피롤**(methylpyrrole) 등이다. 커피의 신맛은 페룰산(ferulic acid, $C_{10}H_{10}O_4$), 커피산(caffeic acid, $C_9H_8O_4$) 및 클로로겐산(chlorogenic acid, $C_{16}H_{18}O_9$) 등과 같은 유기산에 기인하며 이들은 커피의 냄새에도 영향을 미친다.

(5) 초콜릿

코코아 콩을 볶는 과정에서 발생하는 비효소적 갈변반응에 의하여 생성된 카르보닐 화합물이 초콜릿의 주된 냄새성분이다.

(6) 차

홍차나 녹차의 냄새는 여러 가지의 냄새성분이 복합되어 나타나는데, 녹차의 떫은맛과 홍차의 색에 관여하는 폴리페놀(polyphenol) 화합물이 차의 냄새에 크게 관여한다. 홍차의 냄새는 발효과정에서 발생하는 폴리페놀 성분의 산화에 의하여 대부분 생성된다. 푸른 잎에 많이 존재하는 폴리페놀 화합물인 **플라바놀**(flavanol)이 카테콜 산화효소(catechol oxidase)에 의하여 산화되면 테아플라빈(theaflavin) 또는 테아루비긴(thearubigin)을 생성하는데, 이들은 떫은맛과 함께 차의 독특한 향미를 부여한다. 또한 이 물질들은 여러 종류의 알데히드를 생성하기도 한다.

(7) 맥주

맥주를 제조할 때 사용되는 호프(hop)는 쓴맛이 나는 독특한 향미를 나타낸다. 호프의 주된 냄새성분은 후물론(humulon)이며, 후물론은 맥주 제조과정 중에 그림 16-9와 같이 이소후물론(isohumulon)으로 변화된다. 이소후물론은 맥주를 저장하는 중에 빛에 의하여 분해되어 스컹크(skunky) 냄새를 발생하는데, 이소후물론의 케톤부위를 미리 환원시키면 이와 같은 반응을 방지할 수 있다.

▸ **피롤(pyrrole)**

분자식은 C_4H_5N이다. 4개의 탄소원자와 1개의 질소원자가 고리구조를 이루고 있는 헤테로고리 계열에 속하는 유기화합물이다(그림 16-7).

▸ **플라바놀(flavanol)**

플라보노이드 색소의 일종인 플라바논(flavanone)의 4번 탄소원자의 카르보닐기가 환원되어 히드록시기로 된 것을 말한다.

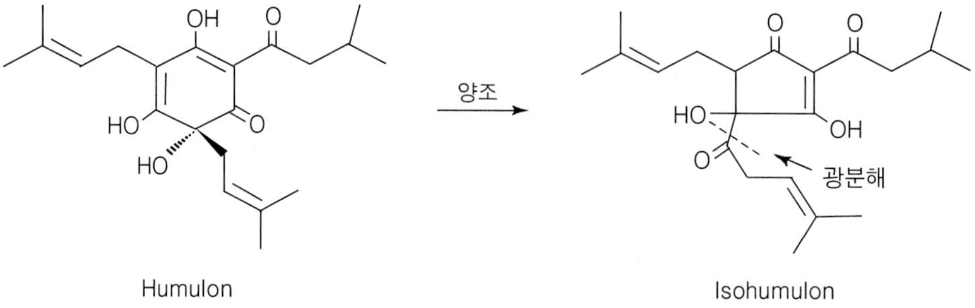

그림 16-9. 맥주의 냄새성분인 후물론의 변화
(━ 은 지면의 앞쪽, ┈┈ 은 지면의 뒤쪽)

5. 동물성 식품의 냄새

어류의 주된 냄새성분은 아민(amine), 육류의 냄새성분은 암모니아(ammonia) 그리고 우유나 그 가공제품의 냄새성분은 카르보닐(carbonyl) 화합물과 지방산이다. 동물성 식품에는 식물성 식품의 냄새성분인 알코올이나 알데히드 화합물은 미량 존재한다.

1) 수산식품의 냄새성분

수산식품은 종류에 따라 독특한 냄새가 난다. 이들 냄새성분은 생선 자체에 존재하는 유기산 그리고 지질 산패에 의하여 생성된 알데히드(aldehyde)와 케톤(ketone) 등의 화합물이다.

수산식품 중에 생선은 신선한 상태에서는 거의 냄새가 없지만, 선도가 저하함에 따라 불쾌한 냄새가 발생하게 된다. 이 불쾌한 냄새의 주성분은 주로 황화수소(H_2S)와 메르캅탄(mercaptan) 등과 같은 함황 화합물(표 16-2) 그리고 암모니아, 아민, **인돌**(indole) 및 **스카톨**(skatol) 등과 같은 질소 화합물이다(그림 16-7).

바다생선의 비린내 성분은 트리메틸아민(trimethylamine, TMA)이다. 일반적으로 생선 중에 TMA의 함량이 2×10^{-6} mol 정도면 그 냄새를 느낄 수 있다고 한다. 그림

▸ **인돌**(indole), **스카톨**(skatol)

단백질이 부패되면서 아미노산인 트립토판이 세균이나 효소에 의하여 분해되어 만들어진 질소 화합물이며, 심한 악취의 원인이 된다(그림 16-7).

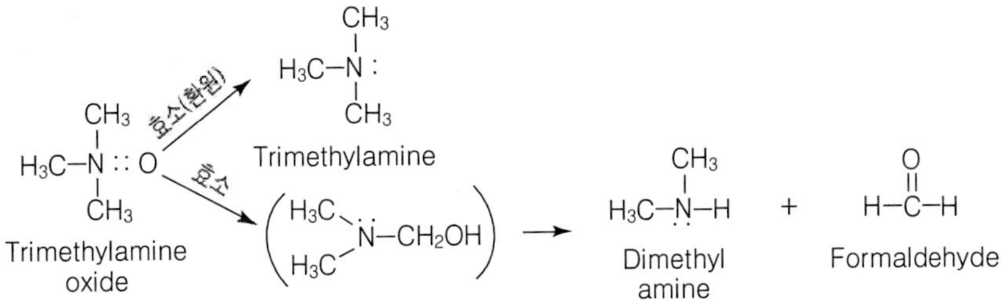

Trimethylamine oxide ($(CH_3)_3N{::}O$) —효소(환원)→ Trimethylamine ($(CH_3)_3N{:}$)

Trimethylamine oxide —효소→ ($(H_3C)_2N-CH_2OH$) → Dimethyl amine ($(CH_3)_2NH$) + Formaldehyde ($H-CO-H$)

그림 16-10. 생선 비린내의 생성

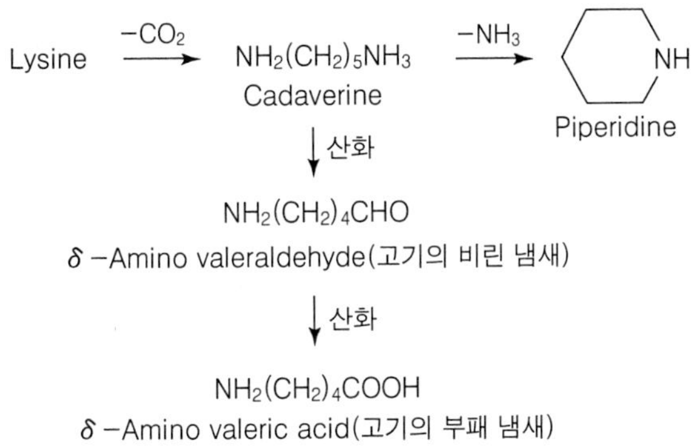

Lysine —($-CO_2$)→ $NH_2(CH_2)_5NH_3$ Cadaverine —($-NH_3$)→ Piperidine

Cadaverine ↓산화

$NH_2(CH_2)_4CHO$

δ-Amino valeraldehyde(고기의 비린 냄새)

↓산화

$NH_2(CH_2)_4COOH$

δ-Amino valeric acid(고기의 부패 냄새)

그림 16-11. 민물고기의 비린내 생성

16-10에서 보는 바와 같이 트리메틸아민은 전혀 냄새가 없는 트리메틸아민옥시드(trimethylamine oxide, TMAO)가 환원되어 생성된다. 민물 생선보다 바다 생선에 TMAO가 훨씬 많이 존재하기 때문에 바다 생선이 더 심한 비린내를 낸다(민물 생선 ; 4～6 mg%, 해수경골어 ; 40～100 mg%, 해수연골어 ; 700～900 mg%). 따라서 바다 생선의 TMA 함량을 측정하면 그 신선도를 어느 정도 알 수 있다. 민물 생선의 비린내 성분은 그림 16-11에서 보는 바와 같이 아미노산인 리신(lysine)이 분해되어 생성되는 피페리딘(piperidine, $C_5H_{11}N$), 아미노발레르알데히드(δ-aminovaleraldehyde) 및 아미노발레르산(δ-aminovaleric acid) 등이다.

2) 축산식품의 냄새성분

신선한 육류의 냄새성분은 함황 아미노산이 분해되어 생성된 **티아졸**(thiazole, C_3H_3NS)과 티아진(thiazine, C_4H_3NS)이 주성분이다. 육류도 저장 중에 선도가 떨어지면 악취를 풍기게 되는데, 이들 냄새성분은 수산식품과 같이 주로 함황 화합물과 질소 화합물이다(그림 16-12).

▸ **티아졸**(thiazole)

탄소원자 3개, 질소원자 1개, 황원자 1개가 고리를 이루고 있는 헤테로 고리계열에 속하는 유기화합물(아졸)을 말한다. 아래 그림은 티아졸의 구조를 나타낸 것이다.

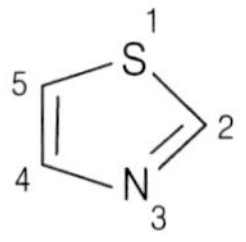

▸ **아졸**(azole)

다른 원자를 2개 이상 포함하는 5원자 헤테로고리 화합물로서 적어도 1개의 질소원자를 함유하는 화합물을 말한다.

▸ **푸란**(furan)**과 푸라논**(furanone, $C_4H_4O_2$)

푸란은 1개의 산소원자와 4개의 탄소원자가 고리구조를 이루고 있는 방향족 헤테로고리 계열에 속하는 유기화합물이다. 많은 당류는 여러 개의 알코올기를 가진 푸란, 즉 푸라노오스(furanose) 분자 형태로 존재한다(제3장 탄수화물 59페이지 참조). 푸란이 산화되면 푸라논이 생성된다. 아래 그림은 푸란과 푸라논의 구조를 나타낸 것이다.

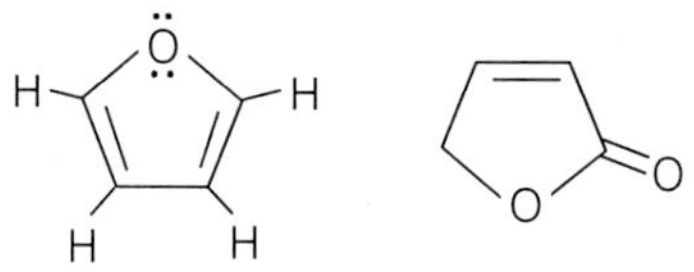

푸란 푸라논

▸ **반응향**(reaction flavor)

전구물질에 가열처리나 효소 등을 작용시켜 생산된 향을 가공향(process flavor)이라고 하는데, 이 중에서 특히 가열처리에 의하여 생산된 향을 반응향이라고 한다. 반응향 기술은 향료업계에서 고기향 등을 생산하는데 많이 이용되고 있다. 일반적으로 반응향은 당 또는 당-아미노산 상호작용과 열분해에 의해서 생성되는데, 매우 복잡하게 혼합된 휘발성 성분들로 구성되어 있다. 반응향은 전구물질에 따라 다양한 향을 나타내기 때문에 반응향의 생산에는 원료의 선정이 매우 중요하며, 반응향 생성에 중요한 역할을 하는 마이얄(Maillard) 반응, 스트렉커(Strecker) 반응 및 지방산화 등과 같은 화학반응도 충분히 고려하여야 한다. 최근에는 반응향을 생산하기 위한 가열처리 방법으로 압출성형법을 많이 이용하고 있다.

시스테인(cysteine), 티아민(thiamin), 리보오스(ribose) 및 인지질은 마이얄 반응에서 고기향 생성에 중요한 역할을 하는 것으로 알려져 있는데, 이것은 마이얄 반응의 중간체와 황화수소(H_2S), 암모니아(ammonia), 티올(thiol, RSH) 등이 고기향 생성 반응에 관여하기 때문이다. 예를 들면 Peer 등은 마이얄 반응의 중간체인 4-hydroxy-5-methyl-3(2H)-furanone과 H_2S의 반응을 통해 고기향이 생성됨을 입증하였다.

Peer 등. J. Agric. Food Chem. 23:501. 1975

육류를 가열하면 마이얄 반응(Maillard reaction, 제13장 식품의 변색 316페이지 참조)에 의하여 수많은 냄새성분이 발생한다(표 16-4). 그리고 당의 열분해에 의해 생성되는 **푸란**(furan)과 **푸라논**(furanone, $C_4H_4O_2$)도 고기의 냄새에 크게 영향을 주

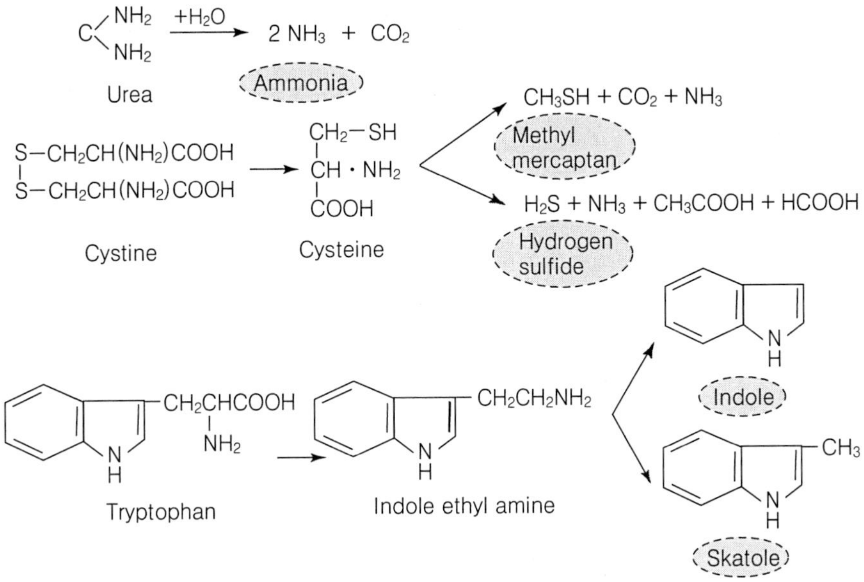

$C(NH_2)_2 \xrightarrow{+H_2O} 2\,NH_3 + CO_2$

Urea Ammonia

Cystine → Cysteine → $CH_3SH + CO_2 + NH_3$ (Methyl mercaptan)

→ $H_2S + NH_3 + CH_3COOH + HCOOH$ (Hydrogen sulfide)

Tryptophan → Indole ethyl amine → Indole, Skatole

그림 16-12. 동물성 식품에서의 부패취 생성

표 16-4. 여러 가지 아미노산과 포도당을 혼합하여 가열하였을 때 발생하는 냄새

	180℃	100℃
Glycine	캐러멜 냄새	
Alanine	캐러멜 냄새	
Valine	자극성이 강한 초콜릿 냄새	호밀빵 냄새
Leucine	치즈를 태운 냄새	달콤한 초콜릿 냄새
Isoleucine	치즈를 태운 냄새	
Phenylalanine	제비꽃의 냄새	달콤한 꽃 냄새
Tyrosine	캐러멜 냄새	
Methionine	감자 냄새	감자 냄새
Histidine	옥수수빵의 냄새	
Threonine	누룽지 냄새	초콜릿 냄새
Aspartic acid	캐러멜 냄새	얼음사탕 냄새
Glutamic acid	버터사탕 냄새	초콜릿 냄새
Arginine	설탕 탄 냄새	팝콘 냄새
Lysine	빵 냄새	
Proline	빵 냄새	단백질 탄 냄새

$$CH_3SCH_2CH_2\underset{\displaystyle NH_2}{\underset{|}{C}H}COOH \xrightarrow[\text{광분해}]{\text{산화}} CH_3S\underset{\beta}{C}H_2CH_2CHO + NH_2 + CO_2$$

Methionine — Methional (β-methylmercaptopropylaldehyde)

$$\longrightarrow CH_3S\underset{\beta}{C}H_2CH_2COOH \xrightarrow{+C_2H_5OH} CH_3SCH_2CH_2COOC_2H_5$$

β-Methylmercaptopropionic acid — β-Methylmercaptoethylpropionate

그림 16-13. 유제품에서의 프로피온산(propionic acid) 생성

는 것으로 알려져 있다. 일반적으로 가열 중에 발생하는 육류의 냄새는 서로 비슷하지만, 동물에 따라 냄새가 다르게 나는 것은 구성 지방산의 조성이 다르기 때문이며, 인지질도 고기의 냄새에 영향을 주는 것으로 알려져 있다. 훈연식품의 냄새성분은 훈연재료인 활엽수 중에 존재하는 리그닌(lignin, 제3장 탄수화물 82페이지 참조)이 가열에 의하여 분해되어 생성된 방향족 카르보닐 화합물이다.

신선한 우유의 냄새성분은 카르보닐 화합물, 부티르산(butyric acid) 그리고 메틸설파이드(methyl sulfide) 등이다. 우유를 가공하면 새로운 휘발성 카르보닐 화합물이 생성되는데, 버터의 냄새성분은 디아세틸(diacetyl, $CH_3COCOCH_3$), 프로피온산(propionic acid) 및 부티르산(butyric acid) 등이고, 유제품의 특이한 향기는 락톤(δ-lactone, 410페이지 참조)에 기인하는 것이다(그림 16-13).

6. 착향료

식품을 가공 또는 저장하다 보면 휘발성인 냄새성분이 없어지고 본래 식품의 특징을 잃어버리는 경우가 발생한다. 그러므로 식품의 냄새를 좋게 유지하기 위하여 ①

▸ **이취성분**

향기성분과 더불어 이에 대비되는 이취성분은 중요한 품질 요인이다. 예를 들면 대두가공제품에서 나타나는 비린내는 대두가공제품의 문제점으로 생각되고 있다. 그러므로 그 동안 대두가공제품의 비린내를 제거 또는 감소시키고자 하는 연구가 많이 시도되어 왔다. 예를 들면 대두가공제품에서 이취미의 원인이 되는 효소인 리폭시게나아제(lipoxyganase)의 작용을 억제하기 위하여 대두를 가열처리, 40~60℃의 에탄올에 2~4시간 침지 또는 마이크로웨이브로 가열하는 방법들이 연구되었다. 한편, 왕 등은 미생물을 이용하여 대두가공제품에 방향성 물질을 생성시키면 masking 효과가 나타나 대두식품의 풍미를 증가시키고 텍스처도 개선할 수 있다고 하였다. 아래

표는 생선의 비린 냄새 억제방법을 설명한 것이다.
왕 등. J. Milk Food Technol. 37:71. 1974

원 리	방 법	예
냄새성분 또는 그 원인 물질을 제거하거나 감소시킨다.	잘 씻는다 굽거나 찌는 등 가열하여 증발시킨다.	생선회 생선어묵, 생선구이, 생선을 술로 찜
냄새성분을 변화시킨다.	Aldehyde를 alcohol로 변화시킨다. Amine을 미생물로 소비시킨다.	가다랭이 말림
냄새성분을 비휘발성으로 한다.	염기와 산의 반응을 이용한다. 포접화합물을 만든다. Colloid에 흡착시킨다.	초절임, 달고 신 녹말풀로 덮는다. 레몬을 첨가한다. 된장에 침지, 된장찌개, 우유를 넣어 끓인다.
냄새성분을 masking한다.	향기 있는 생선과 혼합한다. 훈연성분을 이용한다. 향신료를 이용한다. 감귤류의 향기를 이용한다. 파, 양파, 파셀리 등을 이용한다. 술, 조미료 등을 이용한다. Amino-carbonyl 반응을 이용한다. 차 끓인 물을 이용한다.	훈제 냄비찌개 레몬 첨가 냄새를 흡입한다. 생선구이 햇빛에 말린다. 소금구이 감로차로 끓인다.

▸ **청국장**

대두(콩)가 *Bacillus* 균주에 의하여 발효되어 제조되는 청국장은 원료 대두에는 없었던 미생물, 효소 및 다양한 생리활성물질을 함유하기 때문에 최근에 건강기능식품으로 많은 관심을 받고 있다. 즉 청국장은 동맥경화, 심장병, 당뇨병, 노인성 치매 및 골다공증의 예방효과가 있다고 발표되었고, 유방암, 대장암 및 폐암 등에 대한 항암효과도 가지는 것으로 발표되었다. 이 외에도 발효과정 중에 생성되는 새로운 생리활성물질은 혈전용해, 혈압상승 억제, 지질대사 개선, 항균활성, 항돌연변이성 및 항암활성 등을 나타내는 것으로 보고되었으며, 또한 청국장에 존재하는 미생물은 장내 유해균의 활동을 약화시키며, 병원균에 대한 항균작용을 하고, 유해물질을 흡착하여 배설시키는 작용을 한다고 보고되었다.

하지만 이와 같은 청국장의 우수성과 기능성에도 불구하고 청국장의 발효과정 중에 생성되는 부티르산(butyric acid), 발레르산(valeric acid) 및 메틸피라진(*tetra*-methylpyrazine) 등과 같은 휘발성 물질과 암모니아가 원인인 청국장의 독특한 냄새는 청국장의 소비 기반을 늘리는 데 큰 걸림돌이 되고 있다. 그러므로 새로운 시대 변화에 맞는 풍미 개선 청국장의 제조 및 보다 향상된 기능성을 갖춘 청국장의 개발을 위한 노력이 필요하다고 생각된다.

냄새가 좋은 품종을 선택하거나 재배조건을 적절하게 조절, ② 저장, 가공 및 조리 과정 중에 식품 원래의 냄새가 손실되지 않게 또는 좋은 냄새가 발생하도록 조절, ③ 나쁜 냄새의 경우는 그 냄새를 제거하거나 다른 향기로 덮어버리는(masking) 방법, ④ 식품가공 중에 인공 착향료를 사용하는 등의 여러 가지 방법이 이용된다.

이 중에서 인공 착향료를 많이 사용하는데, 최근에는 기술의 발달로 인공 착향료만 배합하여 사용하지 않고 천연 물질에서 추출한 정유(essential oil, 406페이지 참조)를 혼합하여 천연에 가까운 냄새를 내는 것이 가능하게 되었다.

올레오레진(oleoresin)은 식물에 유기용매를 가하여 식물의 냄새성분을 추출한 다음 유기용매를 제거하여 반유동성 수지상으로 농축한 것인데, 이것은 천연의 독특한 향미와 안정성을 지닌 천연 착향료 또는 천연 착색료로 이용된다. 천연 색소용 올레오레진으로는 파프리카(paprika)와 심황(식물의 일종, turmeric) 등이 개발되어 식품의 착색에 사용되고 있다.

제 17 장

식품의 물성

개 요

식품의 기호적 가치는 주로 색, 맛 그리고 냄새에 의하여 결정되지만, 이외에 식품의 물성(physical properties of foods)에 의해서도 달라진다. 식품의 물성이란 식품의 물리적 특성을 말한다. 식품의 물성은 식품을 섭취할 때 입 안에서의 느낌에 큰 영향을 준다. 예를 들면 바삭바삭, 푸석푸석, 끈적끈적 또는 말랑말랑 등으로 표현되는 식품의 물성은 혀에서의 느낌이나 씹을 때의 느낌 등에 영향을 주고, 결국 이것은 식품의 기호적 가치에 영향을 미친다. 또한 식품의 물성은 식품의 조리나 가공에도 크게 영향을 준다. 식품의 물성은 교질 특성, 레올로지 특성 그리고 질감 특성으로 나누어지는데, 식품의 물성을 이해하는 것은 식품화학을 공부하는 데 있어서 대단히 중요하다고 할 수 있다.

이 장의 줄거리

1. 식품의 물성은 크게 교질 특성, 레올로지 특성 그리고 질감 특성으로 분류된다.
2. 대부분의 식품은 교질 특성을 지닌다. 교질이란 10～1000Å 정도의 크기를 가지는 입자를 말하고, 교질 용액이란 교질이 액체, 고체 및 기체 상태의 어느 물질 속에 균일하게 분산되어 있는 상태를 말한다. 교질용액에는 졸과 겔, 유하액 및 거품 등이 있으며, 교실은 반투성, 틴달현상, 브라운 운동, 응석현상 및 흡착현상 등의 성질을 지닌다.
3. 레올로지(물성)란 외부의 힘에 대한 물체의 변형과 유동성을 말하는데, 식품의 레올로지 특성은 식품의 점성, 탄성, 점탄성, 신전성 및 부착성 등과 같은 물리적 성질에 따라 다르게 나타나며, 이들은 식품의 기호적 가치에 크게 영향을 미친다.
4. 텍스처는 식품을 입에 넣었을 때, 씹었을 때 그리고 삼켰을 때의 물리적 감각, 즉 입 안에서 느껴지는 종합적 성질을 말하는데, 기계적 특성과 기하학적 특성으로 분류된다.

1. 물성의 분류

식품의 물성이란 식품의 물리적 특성을 말한다. 식품의 물성은 식품을 섭취할 때 입 안에서의 느낌에 큰 영향을 준다. 예를 들면 바삭바삭, 푸석푸석, 끈적끈적 또는 말랑말랑 등으로 표현되는 식품의 물성은 혀에서의 느낌이나 씹을 때의 느낌 등에 영향을 주고, 결국 이것은 식품의 기호적 가치에 영향을 미친다. 또한 식품의 물성은 식품의 조리나 가공에도 크게 영향을 준다. 식품의 물성은 교질(colloid) 특성, 레올로지(rheology) 특성 그리고 질감(質感, texture) 특성의 3가지로 나누어진다.

2. 식품의 교질 특성

교질(膠質, colloid)이란 크기가 10～1000Å 정도로 작아서 광학현미경으로는 볼 수 없지만, 전자현미경으로는 관찰할 수 있는 작은 입자를 말한다. 그리고 교질(콜로이드) 용액이란 교질이 액체, 고체 및 기체 상태의 어느 물질 속에 균일하게 분산되어 있는 상태를 말한다. 예를 들면 분유를 물에 넣어 교반하면 분유 입자가 투명하게 녹지도 않고, 침전하지도 않으며, 용액 중에 떠있는 흐린 용액으로 되는데, 이러한 상태를 교질용액이라고 한다. 분유용액과 같은 교질용액은 설탕이나 소금 용액과 같은 **참 용액**이 아니기 때문에 교질입자가 분산되어 있다는 의미를 뜻하는 분산계라고 표현하기도 하는데, 여기에서 분유 입자와 같이 분산되어 있는 입자를 분산질이라고 하고 물과 같은 용매를 분산매라고 한다.

대부분의 식품은 교질 특성을 지니기 때문에 교질 특성을 이해하는 것은 식품의 물성을 이해하는 데 기초가 된다.

▸ **교질(colloid)**

이 단어는 19세기 중반 영국의 Graham이 처음으로 사용하였다. 그는 수용액 중에 존재하는 물질의 확산속도에 대하여 연구를 하면서 알부민이나 카제인이 식염이나 설탕보다 확산속도가 느린 것을 발견하였다. 일반적으로 확산속도가 느린 물질은 결정화되기 어렵고 빠른 물질은 결정화되기 쉬운 성질을 가지는데, 그는 이것을 colloid(콜로이드, 교질성)와 crystalloid(결정성)로 구분하여 설명하였다.

▸ **참 용액**

물에 설탕이나 소금을 넣어 녹이면 투명하게 녹아 현미경으로도 설탕이나 소금 입자를 찾아볼 수 없게 되는데, 이러한 용액을 참 용액(true solution)이라고 한다.

1) 교질용액의 분류

교질용액은 분산질과 분산매의 종류와 비율에 따라 여러 가지로 나누어진다(표 17-1).

(1) 졸과 겔

① 졸

분산질이 고체이고, 분산매가 액체인 교질용액으로 분산계 전체적으로 액체 상태를 띠고 있는 것을 졸(sol)이라고 하며, **현탁액**(懸濁液, suspension)이라고도 부른다. 전분과 같은 다당류나 단백질 등을 물에 녹여 가열한 액상 식품이 여기에 해당되는데 된장국, 스프 및 주스 등이 대표적인 예이다.

분산매와 분산질 사이의 강한 결합으로 전해질을 첨가해도 교질입자가 침전되지 않는 졸을 친수성 졸이라고 하고, 분산매와 분산질 사이의 친화력이 낮아서 전해질을 첨가하면 교질입자가 침전하는 것을 소수성 졸이라고 한다. 그러므로 소수성 졸에서는 교질입자의 침전을 방지하기 위하여 친수성 교질을 첨가하는데, 이 친수성 교질을

표 17-1. 교질용액의 분류

분산매	분산질	분산계	식품의 예
기체	액체	에어졸	향기를 부여하는 스모그
	고체	분말	밀가루, 전분, 설탕, 스킴밀크, 코코아, 인스탄트커피
액체	기체	거품	맥주거품, 소프트크림
	액체	유화액	우유, 생크림, 버터, 난황, 마요네즈
	고체	졸(sol)	된장국, 주스, 스프, 소스, 전분페이스트
		겔(gel)	젤리, 양갱
고체	기체	고체거품	빵, 스폰지 케익, 쿠키
	액체	고체겔	초콜릿, 한천

▸ **현탁액(懸濁液)**

고체의 미립자가 고루 퍼져 섞인 먹물과 같은 흐린 액체를 말한다.

보호교질이라고 한다. 보호 콜로이드 입자를 첨가하면 친수성 콜로이드 입자가 소수성 콜로이드 입자를 둘러싸서 전체적으로 친수 콜로이드 입자의 성질을 나타내게 되기 때문에 콜로이드 입자는 물과 강하게 결합하여 안정화된다. 예를 들면 우유 중의 카제인(casein)은 비교적 불안정한 소수 졸이지만, 락토알부민(lactoalbumin)이 보호교질로 작용하여 침전하지 않는다.

② 겔

한천이나 젤라틴 등과 같은 분산질에 분산매인 물을 가하여 가열하면 졸이 되지만, 이것을 냉각시키면 다량의 물을 함유한 상태로 망상구조를 형성하며 유동성을 잃는다. 이와 같은 상태를 겔(gel)이라고 한다. 겔 상태에서는 교질입자(분산질)의 양은 많고 분산매의 양은 적어서 교질입자가 서로 접촉하여 움직임이 없게 되는데, 이때 분산매인 물의 양이 많으면 이 겔은 탄성을 지니게 된다. 대표적인 예로는 한천 젤리, 젤라틴 젤리, **묵**, 생선묵, **두부**, 양갱, 삶은 달걀 및 **치즈** 등이 있으며, 이들은 각각의 특수한 탄성 때문에 독특한 식감(食感)을 준다.

한천이나 젤라틴에서 졸과 겔의 상호변화는 온도 또는 분산매인 물의 양에 따라 발생하는 가역적 변화이다. 하지만 졸 상태의 생달걀을 가열하였을 때 겔 상태의 삶은 달걀로 변하는 것은 비가역적이다. 젤리를 오랜 시간 방치하면 젤리를 구성하는 망상구조가 점차 수축되어 분산매인 수분이 분리되는 경우가 발생하는데, 이와 같은 현상을 수분분리현상(syneresis, 제2장 수분 36페이지 참조)이라고 한다. 그리고 겔이 건조된 것을 크세로겔(xerogel)이라고 한다.

▸ **어묵**

곱게 갈은 생선살을 가열하여 탄력 있는 젤리상태로 고화시킨 것이며 외관, 맛 이외에 탄력의 강약으로 그 품질이 평가된다. 이 물리적 품질인 탄력은 어금니로 씹을 때의 탄성과 앞니로 물어 끊을 때 저항에 의한 느낌으로 나타난다.

▸ **두부**

물리적 식감의 특징은 혀가 느끼는 맛과 변성한 대두 단백질이 갖는 독특한 부드러운 탄력성에 의한 것이다.

▸ **치즈**

우유의 카제인이 레닌(rennin)의 작용에 의하여 칼슘염류와 결합하여 망상구조를 형성한 것이다. 물리적 성질은 점성, 탄성에 의한 딱딱함과 부드러움 등으로 평가된다.

(2) 유화액

물과 기름의 혼합물은 서로 섞이지 않는다. 그러나 이 혼합물에 비누 또는 단백질과 같은 유화제(emulsifier)를 소량 넣고 교반하면 물과 기름은 섞이게 된다. 물과 기름이 섞여 있는 것과 같이 분산질이 액체이고 분산매도 액체인 교질용액을 유화액(emulsion) 또는 유탁액이라고 한다.

유화제는 한 분자 내에 친수기와 소수기를 함께 가지고 있다. 그러므로 유화제의 친수기는 물과 결합하고, 소수기는 기름과 결합하여 그림 17-1과 같이 물과 기름의 계면에 유화제 분자가 피막을 형성하기 때문에 물과 기름이 섞이게 한다. 즉 유화현상을 일으킨다. 유화제에는 난황과 대두 중에 존재하는 레시틴(lecithin) 그리고 모노글리세리드(monoglyceride), 디글리세리드(diglyceride), 소르비탄 에스테르(sorbitan ester) 및 프로필렌글리콜 모노에스테르(propyleneglycol monoester) 등이 있다.

① 유화액의 형태

유화액에는 물 속에 기름이 분산되어 있는 수중유적형(水中油滴型, oil in water : O/W)과 기름 속에 물이 분산되어 있는 유중수적형(油中水滴型, water in oil : W/O)의 두 가지 형태가 있다. O/W형에는 우유, 아이스크림 및 마요네즈 등이 있으며, W/O형에는 버터와 마가린 등이 있다.

② 유화액의 형태에 영향을 미치는 요인

유화액의 형태는 유화제의 성질, 물과 기름의 비율, 물과 기름의 첨가순서 및 기름의 성질 등에 따라 달라진다.

㉮ 유화제의 성질

유화제 중의 친수성기가 소수성기보다 강하면 O/W형, 소수성기가 친수성기보다 강하면 W/O형이 된다.

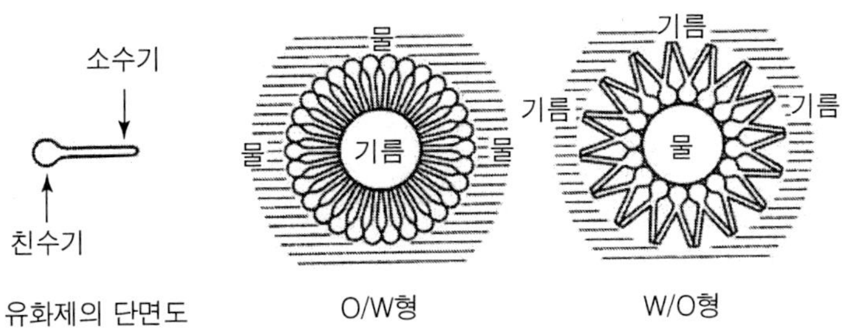

그림 17-1. 유화액의 형태

표 17-2. 식품용 유화제의 HLB값

종 류	HLB값
지방산 monoglyceride	3～4
아세트산 monoglyceride	1
젖산 monoglyceride	3～4
구연산 monoglyceride	9
Polyglycerol 지방산 에스테르	4～14
설탕 지방산 에스테르	1～16
Sobitan 지방산 에스테르	2～9
Propylene glycol 지방산 에스테르	1～3
Lecithin	3～4

유화제 분자 중의 친수성기와 소수성기의 균형은 **HLB 값**(HLB value, hydrophile-lipophile balance)으로 표시할 수 있다. HLB 값은 유화액을 만들기 위하여 유화제를 선택하고자 할 때 가장 좋은 기준으로 사용되는데, 일반적으로 HLB 값이 8～18인 유화제는 O/W형에, 3～6인 유화제는 W/O형의 유화에 적합하다. 식품용 유화제의 HLB 값은 표 17-2과 같다.

㉯ 물과 기름의 비율

유화액 중에 물이 많으면 O/W형, 기름이 많으면 W/O형이 된다.

㉰ 물과 기름의 첨가순서

유화액을 만들면서 물에 기름을 섞으면 O/W형, 기름에 물을 섞으면 W/O형이 된다.

㉱ 기름의 성질

유화액 중의 기름을 구성하는 지방산의 탄소수가 많으면 소수성이 증가하므로 W/O형이 된다.

③ 대표적인 유화식품

㉮ 우유

O/W형으로, 다량의 물에 지방 및 단백질의 입자가 분산된 유화액이다. 시유(市乳)를 제조할 때에는 **균질화**(均質化)를 통하여 입맛을 더욱 부드럽게 하고 진한 맛을 증진시켜 상품가치를 높인다.

㉯ 마요네즈

O/W형으로, 분산매로 적당량의 식초를 사용하여 분산질인 기름입자의 용적을 크

▸ **HLB 값(HLB value)**

여러 가지 계면활성제(유화제)를 일정한 기준에 의하여 분류하고 각각의 용도에 맞게 사용하기 위하여 만든 기준 값으로, 1949년 미국의 Griffin에 의하여 제안되었다. 처음에는 계면활성제 분자에 존재하는 친수성기와 소수성기의 강약을 수치로 분류하고자 하는 시도였으며, 다음과 같은 식으로 HLB 값이 계산되었다.

$$\text{HLB 값} = 20 \times \frac{\text{유화제 중 친수성기의 분자량}}{\text{유화제의 분자량}}$$

즉, HLB 값은 0～20 범위에 있으며, 값이 작을수록 친유성이 강하게 나타나고, 커질수록 친수성이 강하게 나타난다. HLB 값 1～3은 소포제, 3～6은 W/O형 유화제, 7～9는 습윤제, 8～18은 O/W형 유화제, 13～15는 세정제 그리고 15～18은 가용화제로 적합하다.

▸ **친수성기와 소수성기**

물과 친한 반응기를 친수성기(극성기), 그렇지 않은 반응기를 소수성기(비극성기)라고 하며, 다음과 같은 것들이 있다.

친수성 기 : $-OH$, $-COOH$, $-CHO$, $-NH_2$, $-SO_3$, $-OSO_3$, $-PO_3$

소수성 기 : $CH_3-CH_2-CH_2$, $-O-$, $-CH_2-CH=CH-CH_3$

▸ **계면활성제**

공기와 접촉되어 있는 액체는 기체분자와의 인력이 적으나 액체 내부의 분자는 서로 끌어당기고 있으므로 액체의 표면적을 가급적 적게 하려는 힘이 생겨 표면장력(表面張力, surface tension)이 생기게 된다. 마찬가지로 서로 섞이지 않는 두 가지 액체 사이에도 인력의 차이에 의하여 표면장력과 같은 계면장력(界面張力, interfacial tension)이 생긴다.

서로 잘 섞이지 않는 두 가지 액체의 혼합액에 유화제와 같이 한 분자 내에 $-OH$, $-CHO$, $-CHHO$, $-NH_2$ 등의 구조를 가진 극성기(極性基) 또는 친수기(親水基)와 알킬기(alkyl group)와 같은 비극성기(非極性基) 또는 소수기(疎水基)를 함께 가지고 있는 물질을 소량 넣으면 액체의 표면장력 또는 계면장력이 크게 떨어지는데, 이 물질을 표면활성물질 또는 계면활성물질(界面活性物質)이라고 한다.

▸ **균질화(均質化)**

우유 중의 지방구에 물리적 충격을 가하여 지방구의 크기를 작게 분쇄하는 것을 말한다. 균질이 잘된 우유는 크림라인(cream line)이 형성되지 않는다.

게 함으로써 유동성을 없게 하고 반고체 상태로 한 것이다. 분산매로서 첨가된 식초의 맛이 직접 혀에 작용하여 산뜻한 쾌감의 신맛을 느끼게 된다.

㉰ 마가린

W/O형으로, 분산매로 기름을 사용한 것이기 때문에 전체로서는 지방 덩어리 같은 느낌을 주지만 미끄러운 조성을 가지며, 넓은 온도 범위에 걸쳐 점조성(粘稠性)을 갖도록 인위적으로 조절된 식품이다.

㉱ 버터

W/O형으로, 천연의 우유를 이용하여 만들기 때문에 물리적 성질을 조정하기가 어려우며, 딱딱함, 부스러짐, 탄성 및 점성 등에 의하여 버터 품질이 평가된다.

㉲ 생크림

O/W형으로, 생과자 등에 이용된다.

(3) 거품

거품(foam)은 분산매인 액체에 분산질인 기체가 분산되어 있는 것을 말하는데, 음식을 먹을 때 입 안에서 느끼는 촉감과 깊은 관계가 있다. 예를 들면 맥주, 샴페인, 콜라 및 사이다 등은 압력을 가하면서 탄산가스를 다량 용해시킨 것인데, 이들 제품의 거품은 입맛에 큰 영향을 준다. 또한 빵이나 비스킷 등은 고체 중에 기체를 분산시킨 것으로 부드러운 식감을 지니고 있다.

일반적으로 거품에서 분산질인 기체는 가벼워서 위로 떠오르기 때문에 안정한 거품을 형성할 수 없다. 그러므로 유화액에서 유화제가 물과 기름 사이의 계면을 안정시키는 것과 같이 거품에서도 기체와 액체의 계면에 기포제가 흡착되어 있어야 거품이 안정하게 된다. 맥주의 거품이 안정한 것은 맥주 중의 단백질이나 **호프**(hop) 성분 등이 기체와 액체의 계면에 흡착되어 있기 때문이고, 사이다 같은 탄산음료의 거품이 쉽게 없어지는 것은 기포제가 함유되어 있지 않기 때문이다. 또한 카스텔라를 만들 때 달걀 흰자의 수용성 단백질은 기포제의 역할을 한다.

액체 식품에서의 거품의 발생은 그 액체의 표면장력과 깊은 관계가 있다. 일반적으로 표면장력이 크면 거품이 잘 생성되지 않으며, 표면장력은 온도가 낮을수록 커진다. 또한 표면장력이 큰 상태에서 생성된 거품은 쉽게 꺼지지 않지만, 표면장력이 낮은 생태에서는 거품이 쉽게 꺼진다. 예를 들면 차가운 맥주에서는 거품이 쉽게 생성되지

▸ **호프**(hop)

뽕나무과에 속하는 유럽 원산의 *Humulus Inpulus*의 암꽃을 그늘에서 말린 것을 말하는데, 맥주 특유의 향기와 쓴맛을 주며 동시에 기포제의 역할을 한다.

않지만 생성된 거품은 잘 꺼지지 않으며, 따뜻한 맥주에서는 거품이 잘 발생하지만 쉽게 없어진다.

식품 중의 거품은 맥주와 같이 바람직스러운 경우도 있지만, 식품가공 중에는 좋지 않은 결과를 초래하는 경우가 많다. 예를 들면 식품가공 중의 대부분의 가열공정과 발효제품 등에서 발생하는 거품은 흔히 부정적인 결과를 가져온다. 거품의 발생을 억제하려면 액체의 표면장력을 높여야 하고, 발생한 거품을 없애기 위해서는 표면장력을 낮추어야 한다. 이를 위하여 지금까지는 가공공정 중에 찬 공기(온도 강하효과), 기름, 지방산 또는 알코올류 등을 첨가하였는데, 최근에는 표면장력을 감소시키는 여러 종류의 **소포제**가 개발되어 사용되고 있다.

(4) 교질상태의 변화

교질의 상태는 물리적, 화학적 요인에 의하여 쉽게 변화한다. 예를 들면 졸 상태인 난백을 가열하면 응고하여 겔 상태로 변화하며, 졸 상태의 우유를 가열하면 단백질이 응고하여 피막이 형성되고, 잼이나 젤리 같은 겔을 저장하는 중에 수분이 분리되기도 한다. 또한 유화액 상태의 우유를 저장하는 중에 우유의 지방이 분리되는 현상이 발생한다. 그러므로 식품의 가공이나 저장 중에는 불필요한 교질 상태의 변화가 발생하지 않도록 주의하여야 한다.

2) 교질의 성질

(1) 반투성

일반적으로 이온이나 작은 분자는 반투막을 통과할 수 있으나, 10～1000Å 정도의 크기를 갖는 교질(콜로이드) 입자는 반투막을 통과할 수 없다. 이와 같이 교질입자가 반투막을 통과하지 못하는 성질을 반투성이라고 한다. 살아 있는 식품 원료의 세포막은 반투성을 가지고 있으나 가열 조리하면 세포막이 파괴되어 반투성이 없어지기 때문에 교질입자의 반투성은 조리 가공에 있어서 대단히 중요하다(표 17-3).

▸ **소포제**(antifoaming agent)

식품의 제조과정에서 거품을 제거하기 위한 목적으로 사용되는 물질을 말하며, 대부분의 지방산, 이산화규소(silicon dioxide), 소르비탄 스테아르산 에스테르(sorbitan monostearate) 그리고 규소수지(silicon resin) 등이 있으나, 현재 식품첨가물로 정식 허가된 것은 규소수지 뿐이다.

표 17-3. 교질(colloid) 입자의 성질

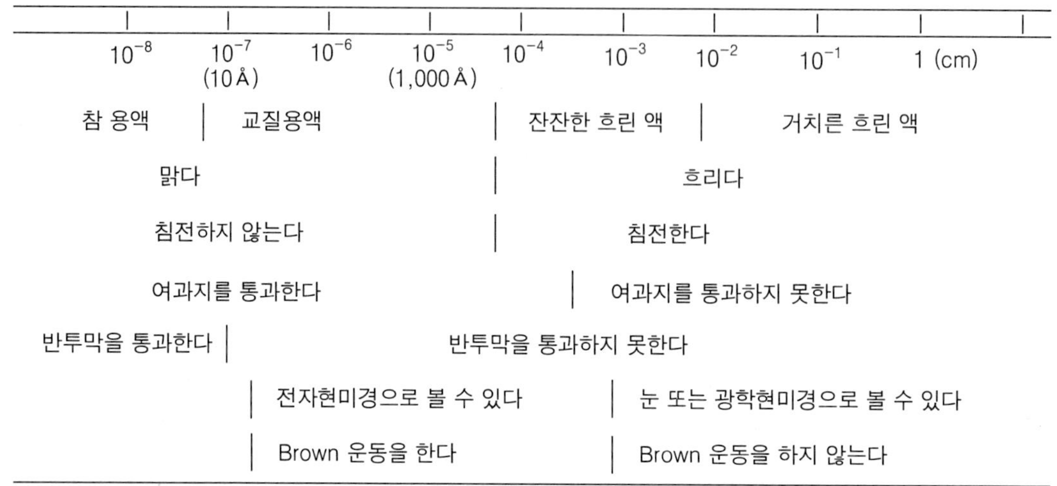
10^{-8} 10^{-7} (10Å) 10^{-6} 10^{-5} (1,000Å) 10^{-4} 10^{-3} 10^{-2} 10^{-1} 1 (cm)

참 용액 | 교질용액 | 잔잔한 흐린 액 | 거치른 흐린 액

맑다 | 흐리다

침전하지 않는다 | 침전한다

여과지를 통과한다 | 여과지를 통과하지 못한다

반투막을 통과한다 | 반투막을 통과하지 못한다

전자현미경으로 볼 수 있다 | 눈 또는 광학현미경으로 볼 수 있다

Brown 운동을 한다 | Brown 운동을 하지 않는다

(2) 틴달현상

영국의 틴달(Tyndall)에 의해서 발견된 현상이다. 흐린 교질용액에 렌즈로 집광한 강한 빛을 비추고, 투과광과 다른 방향(예를 들면 위)에서 보면 빛의 진로가 선명하게 보이는데, 이러한 현상을 틴달현상(Tyndall phenomenon)이라고 한다. 참고로 저분자 화합물의 용액에서는 빛의 진로가 거의 보이지 않는다. 이 현상은 교질입자에 의한 빛의 **산란** 때문이며, 교질입자가 큰 경우에는 더욱 뚜렷하게 나타난다.

(3) 브라운 운동

스코틀랜드의 식물학자 브라운(Brown)이 1827년에 물 속에서 꽃가루 입자를 현미경으로 관찰하던 중에 발견한 현상으로, 교질이 지속적으로 미세하게 불규칙적인 운동을 하는 물리적 현상을 브라운 운동(Brownian motion)이라고 한다. 즉 졸(sol) 상태의 교질용액에서 분산매인 물 분자는 항상 불규칙적인 운동을 하고 있는데, 이 힘이 교질입자에 작용하여 교질입자는 끊임없이 운동을 계속하게 된다. 이 운동에 의하여 교질입자는 침전하지 않고 물 속에 분산되어 있는 것이다.

▸ **산란**

빛이 그 파장에 비해 그다지 크지 않은 장애물에 부딪혔을 때 그것을 중심으로 주위에 퍼져 가는 파가 생기는 현상을 말한다.

(4) 응석현상

교질은 전기적으로 음양의 성질을 띠기 때문에 안정한 분산계를 형성한다. 물과 친하지 않은 교질(소수성 교질)이 분산되어 있는 소수성 졸(sol, 425페이지 참조) 용액에 전해질을 첨가하면 교질입자가 서로 집합하고 크게 되어 침전하게 되는데, 이러한 현상을 응석(凝析, coagulation) 현상이라고 한다.

하지만 소수성 졸 용액에 친수성 교질을 첨가하면 친수성 교질입자가 소수성 교질입자를 감싸기 때문에 전체적으로 친수성 교질입자의 성질을 나타내고 안정화되어 응석현상이 발생하지 않게 된다. 이때 첨가한 친수성 교질을 보호교질이라고 한다. 예를 들면 우유 중의 카제인(casein)은 락토알부민(lactoalbumin)에 의하여 보호되며, 아이스크림의 얼음은 계란과 젤라틴에 의하여 성장이 방해된다.

물과 친한 교질(친수성 교질)이 분산되어 있는 친수성 졸 용액에서는 교질입자가 물 분자와 결합하고 있기 때문에 응석현상이 일어나지 않는다. 하지만 다량의 전해질(염류)을 가하면 친수성 교질입자를 침전시킬 수가 있는데, 이러한 현상을 염석(salting out, 제5장 단백질 167페이지 참조)이라고 한다.

(5) 흡착현상

교질입자는 크기가 작아서 표면적이 매우 크기 때문에 다른 분자를 흡착(adsorption)하는 성질이 있다. 예를 들면 다공질의 활성탄은 물질을 흡착하는 능력이 커서 탈색, 탈취 및 공기 정화 등에 사용되는데, 활성탄의 이와 같은 성질은 넓은 표면적에 기인하는 것이다.

3. 식품의 레올로지 특성

고체 또는 액체에 힘을 가하면 그 물질의 구조와 성질에 따라 변형과 흐름이 다르게 나타난다. 레올로지(rheology)란 외부의 힘에 대한 물체이 변형(變形)과 유동성(流動性)에 관하여 연구하는 학문을 말하며, 일반적으로 물성이라고 표현한다. 식품의 레올로지 특성은 식품의 점성, 탄성, 점탄성, 신전성 및 부착성 등과 같은 물리적 성질에 따라 다르게 나타나며, 이들은 식품의 기호적 가치에 크게 영향을 미친다.

레올로지 특성은 기체의 기체에 관한 법칙, 액체의 점성 그리고 고체의 탄성 등과 같은 기본적인 성질과 밀접한 관계가 있다. 또한 레올로지 특성은 식품가공 과정 중에 가하여지는 가열, 냉각, 냉동, 혼합 및 교반 등과 같은 물리적인 처리나 기계장치, 수송 및 저장 등에 따라서도 달라진다. 모든 식품은 고체 또는 액체 상태로 존재하기 때문에 식품의 레올로지 특성에 영향을 주는 점성, 탄성, 점탄성, 신전성 및 부착성 등에 대한 이해는 대단히 중요하다.

1) 고체 식품의 레올로지 특성

고체 식품의 레올로지 특성에서는 탄성과 소성의 성질로 대표되는 변형(deformation)이 가장 중요하다.

(1) 탄성

물체에 힘을 주는 순간에 변형이 일어나고, 주어진 힘을 없애면 처음 상태로 되돌아가는 성질을 탄성(彈性, elasticity)이라고 하며, 외부에서 가해지는 힘과 힘에 의해 변형되는 비율 사이에 비례관계가 성립되는 물체를 탄성체라고 한다. 젤리, 곶감 및 밀가루 반죽 등은 탄성체이다.

(2) 소성

일정한 크기 이상의 힘을 가하면 변형이 일어나고, 그 힘을 없애도 처음 상태로 되돌아가지 않는 성질을 말하는데 버터, 마가린, 생크림 및 쇼트닝 등이 소성체이다. 예를 들면 버터나 생크림 같은 소성체는 수저로 쉽게 뜰 수 있고, 접시에 놓아 두면 자신의 모양을 그대로 유지하고 있지만, 물엿과 같은 점성체는 소성이 없기 때문에 수저로 쉽게 뜰 수가 없으며, 접시에 놓아 두면 점차 흘러서 퍼져 나간다.

또한 생크림 등은 작은 힘을 가하였다가 그 힘을 없애면 원래의 모양으로 되돌아가는 탄성을 나타내지만, 어느 정도 이상의 큰 힘을 가하면 소성을 나타낸다. 이와 같이 탄성에서 소성으로 변하게 하는 한계점에서의 힘을 항복치라고 한다.

(3) 점탄성

물체에 힘을 가하였을 때 점성과 같은 유체의 특성과 탄성과 같은 고체의 특성이 동시에 일어나는 성질을 말하며, 밀가루 반죽, 찰떡 및 껌 등은 점탄성체이다.

점탄성(粘彈性, viscoelasticity)을 지니는 물질은 다음과 같은 성질을 지닌다.

① 예사성(曳絲性)

난백 등에 젓가락을 넣어 당겨 올리면 이들 물질이 실처럼 따라 올라 오는 성질을 말한다.

② Weissenberg의 효과

연유 중에 젓가락을 넣어 회전시키면 액체의 탄성에 의하여 연유가 젓가락을 따라 올라가는 것과 같이 되는 성질을 말한다.

③ 경점성(硬粘性)

점탄성을 나타내는 식품의 견고성을 말한다. 밀가루 반죽 또는 떡의 경점성은 파리노그래프(farinograph)로 측정하는데, 그림 17-2는 파리노그래프의 예이다. 파리노그래프는 보통 50 g 또는 300 g의 밀가루를 30℃로 보온한 믹서에 넣고 반죽의 경도가 500 B.U(Brabender unit)가 될 때까지 30℃의 증류수를 넣고 이기면서 그 경도변화를 측정한 것인데, 반죽이 연화되기 시작한 후부터 12분간 더 측정한다. 반죽 도달시간(B)과 반죽의 안정도(C)가 길고, 반죽의 약화도(D)가 적을수록 경점성이 강하다.

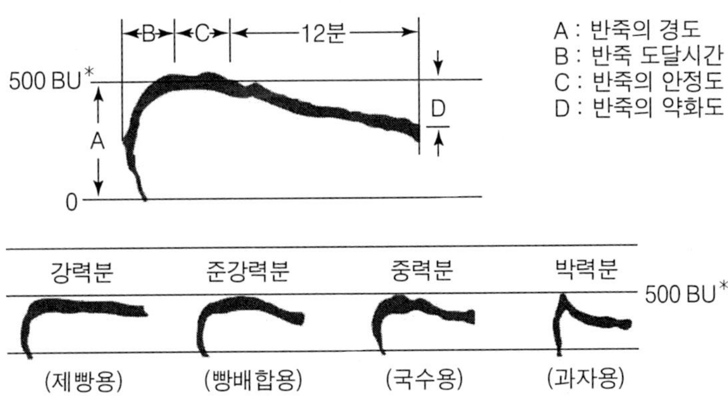

그림 17-2. 파리노그래프(farinograph)

* BU : Brabender unit

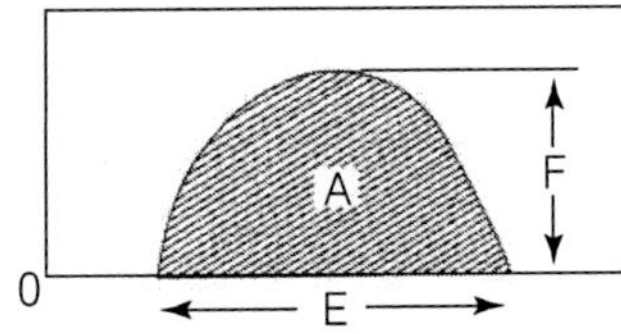

A(면적) : 클수록 탄력이 있다
E(신장도) : 길수록 늘어나기 쉽다
F(저항도) : 클수록 강인하므로 힘을 요한다

강력분	박력분	아주 연한 반죽	아주 단단한 반죽
A : 대 E : 대 F : 대	A : 소 E : 소 F : 소	A : 중 E : 대 F : 소	A : 중 E : 소 F : 대

그림 17-3. 엑스텐소그래프(extensograph)

④ 신전성

길게 늘어나는 성질을 말한다. 신전성은 인장(引張)시험을 하여 측정하는데, 실제로는 엑스텐소그래프(extensograph) 등을 사용하여 측정한다. 그림 17-3은 엑스텐소그래프(extensograph)의 예이다. 엑스텐소그래프에서는 신장도(E) 및 최대 저항장력(F)이 커서 면적 A(반죽의 힘)가 넓을수록 신전성이 큰 것을 나타낸다.

2) 유체 및 반고체 식품의 레올로지 특성

유체(流體) 식품이 흘러 움직이는 특성은 그 점성에 따라 달라진다. 점성(粘性, viscosity)이란 유체의 흐름에 대한 저항을 말한다. 그러므로 저항이 작아 비교적 잘 흐르는 물 등은 점성이 낮고, 저항이 큰 물엿이나 꿀 등은 점성이 높다. 온도가 높을수록 점성은 작아지며 농도가 높아질수록 점성은 커진다. 그리고 용질의 분자량이 클수록 점도는 커지고 현탁물질이 존재하면 점도는 증가한다.

일반적으로 점성은 균일한 형태와 크기를 가진 단일 물질로 구성된 뉴턴(Newton) 유체의 흐름에 대한 저항을 나타내는 말이고, 점조성(粘稠性, consistency)은 상이한 형태와 크기를 가진 복합 물질로 구성된 비 뉴턴 유체의 흐름에 대한 저항을 나타내는 말이다.

(1) 뉴턴 유체

균일한 형태와 크기를 가진 단일물질로 구성되어 있는 유체를 뉴턴(Newton) 유체라고 한다. 이들은 **전단응력**(剪斷應力)에 대하여 **전단속도**(剪斷速度)가 같은 비율로 증감하는 특징을 지니며, 화학적으로는 순수하고 물리적으로는 균일한 물체이다. 차, 맥주, 커피, 탄산음료, 술, 꿀 및 우유 등은 뉴턴 유체이다.

(2) 비 뉴턴 유체

서로 다른 형태와 크기를 가진 복합 물질로 구성되어 전단응력과 전단속도 사이에 비례관계가 성립하지 않는 모든 유체를 말한다. 단백질, 전분 및 펙틴 등의 각종 교질용액이나 토마토 케첩(tomato ketchup) 등은 비 뉴턴 유체이다.

4. 식품의 텍스처 특성

텍스처(texture)는 식품을 입에 넣었을 때, 씹었을 때 그리고 삼켰을 때의 물리적 감각, 즉 입 안에서 느껴지는 종합적 성질을 말한다. 식품의 텍스처는 식품의 품질

▸ **전단응력(剪斷應力)**

유체가 흐르는 현상을 확대하여 보면 쌓여 있는 분자 또는 입자들이 층층이 밀려 나가는 듯한 움직임(층 밀림)을 볼 수 있다. 즉, 쌓여 있는 분자 또는 입자들의 층에 힘(층 미는 힘=전단응력)이 작용하여 이들을 표면과 평행한 방향으로 비스듬히 밀고 나가는 현상을 보이는데, 이와 같이 표면에 평행인 방향으로 작용하는 힘을 전단응력(shear stress)이라고 한다.

아래 그림은 전단응력과 전단속도를 설명하는 그림이다.

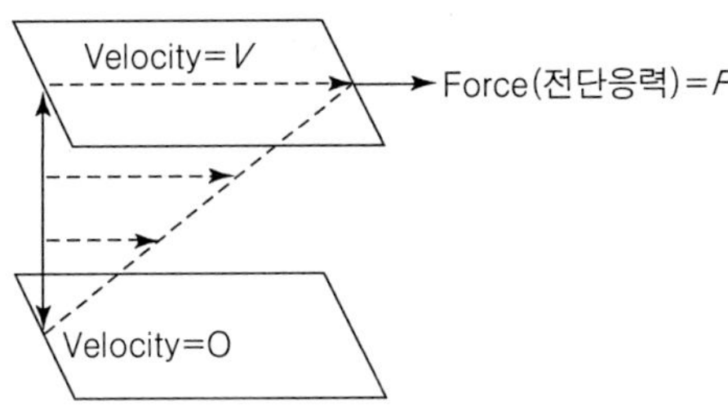

▸ **전단속도(剪斷速度)**

전단응력이 가하여지면 분자 또는 입자 층의 움직이는 속도는 전단응력이 작용하는 중심부에서 가장 크고 중심부에서 벗어날수록 각 층의 속도는 감소하게 되며, 최종적으로 고체 표면과 접촉한 부위는 그 속도가 거의 0인 상태가 된다. 이와 같이 유체에서 층 밀림 속도를 전단속도(shear rate)라고 한다.

면에서 대단히 중요하며, 때로는 색이나 풍미보다도 더 중요하게 작용한다. 표 17-4는 식감(食感)에 영향을 주는 기호적 요인을 나타낸 것인데, 식품의 텍스처가 상당히 큰 영향을 미치는 것을 보여 주고 있다. 그러므로 식품가공 중에는 식품의 텍스처를 개선하기 위하여 전분류, 인산염류, 금속제거제, 팽창제, 유화제, 연화방지제 및 기포제 등을 사용하고 있다.

식품은 사람의 입 안에 들어가 치아에 의하여 씹히거나 또는 혀와 입안의 내부조직과 접촉된 후에 식도를 통해 위로 들어가게 되므로 식품의 텍스처를 측정하는 것은

표 17-4. 식감에 영향을 주는 기호적 요인(%)

	텍스처(texture)	맛	색	겉모양	향기	기타
남	27.2	28.8	17.5	21.4	2.1	3.0
여	38.2	26.5	13.1	16.6	1.8	3.8

매우 어렵다. 식품의 텍스처는 사람의 5감에 의한 관능적인 방법 또는 텍스처 측정기(texturometer) 등과 같은 기계적인 방법에 의하여 측정되는데, 이 두 방법을 혼용하면 보다 정확한 식품의 텍스처 특성을 설명할 수 있게 된다.

1) 텍스처 특성의 분류

Szczesniak은 식품의 텍스처 특성을 크게 기계적 특성, 기하학적 특성 및 기타 특성으로 분류하고 또 각각의 특성을 다시 세분하였다(표 17-5).

(1) 기계적 특성

이것은 식품의 텍스처를 형성하는 물리적인 요인을 말하는데, 견고성, 응집성, 점성, 탄성 및 부착성의 5가지 기본 특성으로 나누어진다. 그리고 응집성은 다시 파쇄성, 저작성 및 점착성의 3가지 요소로 구분된다.

표 17-5. 텍스처(texture) 특성의 분류와 표현

기계적 특성에 속하는 texture 요소		
일차적 요소	이차적 요소	일반적 표현
견고성(hardness)		무르다 → 굳다 → 단단하다
응집성(cohesiveness)		
	파쇄성(brittleness)	부스러진다 → 깨어진다
	저작성(chewiness)	연하다 → 쫄깃쫄깃하다
	점착성(gumminess)	푸석푸석하다
점성(viscosity)		묽다 → 진하다 → 되다
탄성(springiness)		탄력이 없다 → 말랑말랑하다
부착성(adhesiveness)		미끈미끈하다 → 끈적끈적하다
기하학적 특성에 속하는 texture 요소		
요 소		일반적 표현
입자의 크기와 형태		꺼칠하다, 부드럽다
입자의 형태와 방향		거칠다, 뻣뻣하다
기타 특성에 속하는 texture 요소		
일차적 요소	이차적 요소	일반적 표현
수분함량		목이 마르다, 되다, 묽다, 걸쭉하다
지방함량	기름기(oilness)	기름기가 있다
	그리스 촉감(greasiness)	미끈미끈하다

(2) 기하학적 특성

이 특성은 식품을 구성하는 입자의 크기와 모양에 따라 분상(粉狀), 입상(粒狀), 사상(砂狀) 및 괴상(怪狀) 등으로 나누어진다. 또한 입자의 모양과 결합상태에 따라 섬유상(纖維狀), 결정상(結晶狀), 박편상(薄片狀) 및 펄프상 등으로 구별한다.

(3) 기타 특성

식품의 텍스처에는 수분과 지방의 함량에 따라서 다르게 느껴지는 특성이 있다. 특히 식품의 수분함량은 이상의 모든 텍스처 특성의 크기를 결정하는 중요한 요소가 된다.

2) 식품의 텍스처 측정

식품의 텍스처를 측정하기 위한 대표적인 기기가 텍스처 측정기(texturometer)이다. 이 기계는 치아의 씹는 작용을 모방하여 씹는 동작을 2회 반복했을 때의 텍스처 특성을 시간과 힘의 관계로 그림 17-4와 같이 표현한다. 이 곡선으로부터 식품의 물성과 관련한 다음과 같은 정보를 얻을 수 있다.

(1) 견고성 : 첫 번째 씹을 때의 peak A_1의 높이(A)
(2) 응집성 : 두 번째 씹을 때의 면적/첫 번째 씹을 때의 면적(A_2/A_1)
(3) 탄력성 : 첫 번째 peak의 시발점에서 두 번째 peak의 시발점까지의 거리(B)와 완전 비탄성 물질로 표준시료인 점토에 대한 같은 측정치(C)와의 차이(C-B)

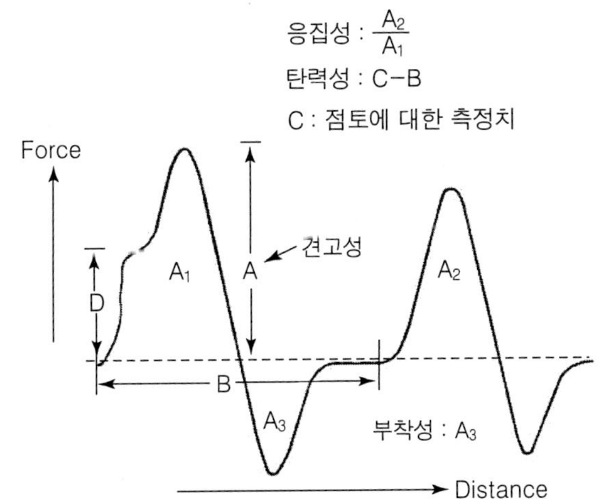

그림 17−4. 텍스처 측정기(texturometer)의 2회 반복 압착시험에서 얻은 힘−거리 곡선

(4) 부착성 : 눌렀다(첫번째 씹음) 뗄 때 얻어지는 기준선 아래에 생긴 peak의 면적(A_3)

(5) 파쇄성 : 첫 번째 곡선의 굴곡의 높이(D)

(6) 점착성 : 견고성 × 응집성 × 100

(7) 저작성 : 견고성 × 응집성 × 탄력성 × 100

제 18 장

독성물질

개 요

식품의 가장 기본적이고 중요한 조건은 인체에 해롭지 않아야 한다는 것이다. 하지만 식품 중에는 수많은 종류의 독성물질(毒性物質, toxins)이 널리 분포되어 있다. 식품 중에 존재하는 독성물질에는 천연의 식품성분, 외부로부터 오염된 것 그리고 식품의 가공이나 저장 중에 생성된 것 등이 있다.

독성물질 등과 같은 이물질들이 우리 몸에 들어오면, 이들은 이물질 대사과정을 거쳐 체외로 배설되게 된다. 그러나 우리 인체의 이물질에 대한 해독(解毒)과 배설 능력에는 한계가 있다. 결국 식품 중의 독성물질은 우리들의 건강이나 생명을 해치게 되는데 그 독성은 독성물질의 종류, 양 그리고 접촉기간에 따라 달라진다. 예를 들면 식품 중에 존재하는 극미량의 독성물질은 인체에 해가 되지 않을지도 모르지만, 대부분의 식품은 장기간 반복적으로 섭취되기 때문에 문제가 될 수 있다.

최근의 가장 큰 문제는 발암성이며, 식품 중의 독성물질에 의한 발암성 문제는 간단히 생각할 수 없을 정도로 심각한 문제가 되고 있다. 식품 중에 존재하는 독성물질에 대한 대책 마련을 위해서는 기본적으로 이들의 발생원인과 발생경로 등에 대한 객관적이고 정확한 지식이 필요하다. 그러므로 식품 중의 독성물질에 대하여 이해하는 것은 대단히 중요하다고 할 수 있다.

이 장의 줄거리

1. 식품 중에 존재하는 독성물질은 천연의 식품성분, 외부로부터 오염된 것 그리고 식품의 가공이나 저장 중에 생성된 것 등으로 나누어진다.
2. 식물성 식품의 천연독성물질에는 솔라닌(감자), 청산 배당체(청매), 무스카린(독버섯), 사포닌(콩류), 트립신 저해제(대두), 리신(피마자), 고시폴(목화씨) 및 이포메아마론(고구마) 등이 있고, 동물성 식품의 천연독성물질에는 테트로도톡신(복어), 베네루핀(조개) 및 삭시톡신(굴) 등이 있으며, 미생물이 생산하는 독성물질에는 곰팡이독[아플라톡신(*Aspergillus flavus*, 콩류), 시트리닌(*Penicillium citrinum*, 황변미) 및 맥각 알칼로이드(*Claviceps purpurea*, 보리)]과 세균이 생산하는 독성물질[엔테로톡신(*Staphylococcus aureus*)과 보툴린(*Clostridium*

botulinum)]이 있다.

3. 가공 또는 저장 중에 생성되는 독성물질에는 식용유지의 산패 생성물, 니트로사민, 리시노알라닌, 프토마인 및 아크릴아미드 등이 있다.
4. 외부로부터 오염되는 독성물질에는 환경오염으로 인한 독성물질(카드뮴, 수은 및 납), 재배(사육)나 가공 중에 오염된 독성물질(피시비, 농약, 항생물질, 벤조피렌, 포장용기로부터의 오염 및 말라카이트그린) 등이 있다.
5. 식품의 안전성을 확인하는 방법에는 크게 *in vivo* 실험과 *in vitro* 실험의 두 가지로 나누어지는데, 최종적으로는 대부분의 경우 *in vivo* 실험을 필요로 한다.

1. 독성물질의 분류

식품 중에 존재하는 독성물질은 경우에 따라서는 건강장애를 일으킬 정도로 식품 중에 다량 함유되어 있을 수 있는데, 더욱 문제가 되는 것은 이들 중의 일부는 우리들의 식생활에서 반복적으로 섭취되기 쉬운 잠재적 독성물질이라는 것이다. 더불어 식품 안전성 측면에서 우려되는 것은 인위적인 식품오염이 점점 심각해져 간다는 것이며, 더욱 큰 문제는 이와 같은 식품오염이 인체에 어떠한 영향을 미칠 지에 대한 관념(觀念)이 부족하다는 것이다. 일반적으로 독성물질의 독성은 LD_{50}이나 M.U (mouse unit) 등의 단위로 나타낸다.

식품 중에 존재하는 독성물질은 크게 복어독과 같이 천연식품에 본래 존재하는 것, 육제품의 니트로사민(nitrosamine, 제15장 식품의 색 396페이지 참조)과 같이 식품가공이나 저장 중의 화학적 반응 또는 미생물에 의하여 형성된 것 그리고 농약이나 환경오염물질 등과 같이 재배, 저장 및 수송 중에 외적요인으로부터 오염된 것 등으로 나누어진다.

2. 천연식품에 본래 존재하는 독성물질

식품의 원료가 되는 동식물은 자신을 방어하기 위한 수단이나 그 외의 목적으로 성장과정에서 사람에게 유해한 독성물질을 생성하거나 축적한다. 천연독성물질은 동식물성 식품에 존재하는 천연독성물질과 미생물이 생산하는 독성물질로 나누어진다.

1) 식물성 식품의 천연독성물질

(1) 솔라닌

감자의 발아부위나 녹색부분에 많이 함유되어 있는 쓴맛을 지니는 유독성분이다. 솔라닌(solanine, $C_{45}H_{73}NO_{15}$)은 그림 18-1에서 보는 바와 같이 **스테로이드**(steroid) **계 알칼로이드**(alkaloid)인 솔라니딘(solanidine)에 포도당(glucose), 갈락토오스(galactose) 그리고 람노오스(rhamnose)가 결합된 배당체이다. 일반적으로 솔라닌은 보통의 가열로는 파괴되지 않기 때문에 감자의 발아부분과 껍질을 제거하고 먹는 것이 안전하다. 감자를 튀길 때 170℃ 이상으로 가열하면 솔라닌의 양을 줄이는 데 효과가 있으며, 마이크로웨이브(microwave)도 효과가 있는 것으로 알려져 있다.

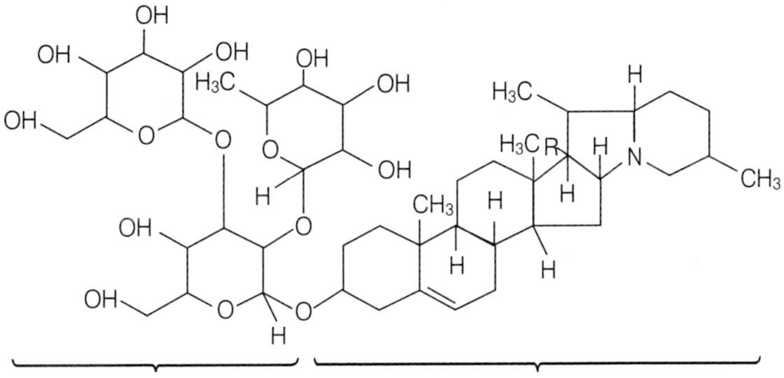

Solatriose Solanidine

그림 18-1. 솔라닌(solanine)의 구조

▸ **LD₅₀**

50% 치사량를 말한다. 하지만 이것은 실험대상이 달라지면 객관적인 비교를 하기가 어려운 단점이 있다.

▸ **M.U(mouse unit) 단위**

20 g 정도의 무게를 가진 흰쥐의 복막 내에 독성물질의 적당한 희석용액을 주사하여 그 독성물질의 작용으로 그 흰쥐가 15분 내에 죽을 때, 그 희석용액 중에 존재하는 독성물질의 독성효과를 1 M.U라고 한다.

▸ **스테로이드(steroid)계 화합물**

분자구조 중에 스테롤과 같이 스테로이드 핵(제4장 지질 104페이지 참조)을 지니는 화합물을 말한다.

▸ **알칼로이드(alkaloid)**

식물에 함유되어 있는 알칼리와 비슷한 성질을 나타내는 질소를 함유한 염기성 화합물을 말한다.

솔라닌은 사람이 섭취하였을 경우에 주로 소화기 장애와 중추신경 장애 등을 일으키기 때문에 복통, 설사, 구토, 발열, 두통, 언어장애, 현기증 및 마비증과 같은 중독증상을 나타낸다. 체중 1 kg당 2～5 mg 정도가 투여되면 중독증상이 나타나고, 체중 1 kg당 3～6 mg 정도가 투여되면 사망할 수도 있다고 보고되고 있다. 일반적으로 감자에는 솔라닌이 2～10 mg/100 g 정도 함유되어 있는데, 이 중 30～80% 정도가 껍질이나 그 주위에서 생성되는 것으로 알려져 있다.

(2) 청산 배당체

청매(青梅, 덜 익은 매실), 복숭아 및 비파(枇杷, 장미과 과실나무의 일종인 비파나무의 열매)의 씨 속에 들어 있는 아미그달린(amygdalin, $C_{20}H_{27}O_{11}N$)과 수수와 죽순 등에 존재하는 도우린(dhurrin, $C_{14}H_{17}O_7N$) 그리고 카사바(cassava)와 리마콩(lima bean) 등에 들어 있는 리나마린(linamarin, $C_{10}H_{17}O_6N$) 등은 중요한 청산 배당체 독성물질이다(그림 18-2). 아미그달린은 아몬드 등에 존재하는 에물신(emulsin)이라는 효소에 의하여 **벤즈알데히드**(benzaldehyde), **시안화물**(cyanide) 및 2 분자의 포도당으로 가수분해된다(그림 18-3). 이 중 시안화물은 생체 내에서 시토크롬 C 산화효소(cytochrome c oxidase)와 같은 산화적 인산화 반응에 관계하는 효소들의 강력한 저해제로 작용하기 때문에 그 독성은 매우 빠르고 강력하게 나타난다.

식물에는 20여 종 이상의 청산 배당체(cyanogenic glucoside)가 존재하는 것으로 알려져 있다. 하지만 그 양은 적기 때문에 사람에게 특별한 독성 증상을 나타내는 경우는 드물다.

(3) 무스카린

식물성 독성물질로 그 종류가 가장 많은 것이 독버섯(그림 18-4)인데, 그 종류에

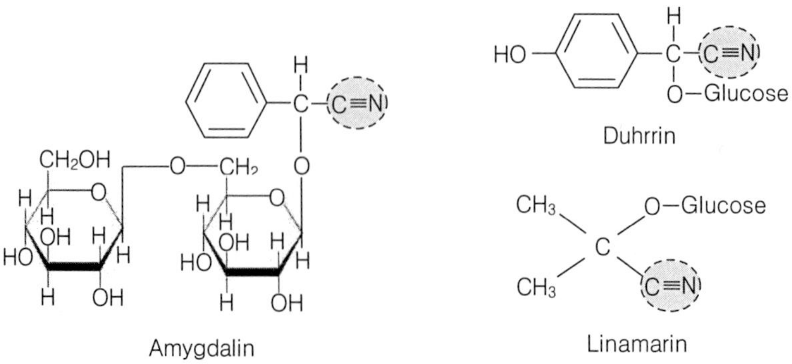

그림 18-2. 청산 배당체의 종류

▸ **벤즈알데히드(benzaldehyde)**

가장 간단하고 대표적인 방향족 알데히드 화합물로 화학식은 C_6H_5CHO이다. 천연에서는 아미그달린(amygdalin)에서 얻어진다. 아래 그림은 벤즈알데히드의 구조를 나타낸 것이다.

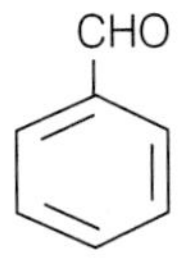

CHO

▸ **시안화물**

1가의 시안기(-CN)를 함유하는 화합물을 말한다.

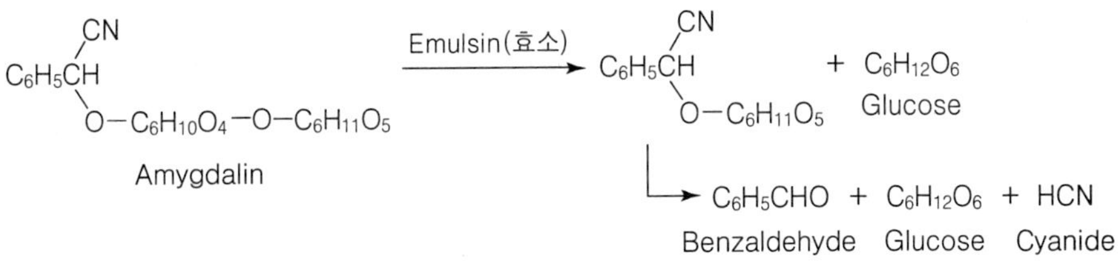

$C_6H_5CH(CN)-O-C_6H_{10}O_4-O-C_6H_{11}O_5$ (Amygdalin) $\xrightarrow{\text{Emulsin(효소)}}$ $C_6H_5CH(CN)-O-C_6H_{11}O_5$ + $C_6H_{12}O_6$ (Glucose)

→ C_6H_5CHO + $C_6H_{12}O_6$ + HCN

Benzaldehyde Glucose Cyanide

그림 18-3. 아미그달린의 가수분해

그림 18-4. 독버섯

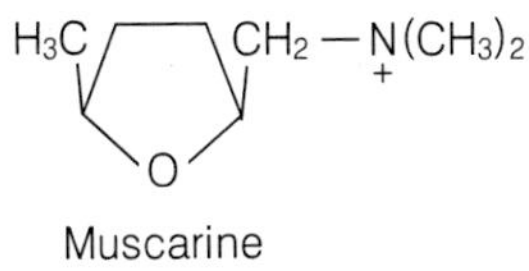

H_3C, $CH_2-\overset{+}{N}(CH_3)_2$, O

Muscarine

그림 18-5. 무스카린의 구조

따라 독성물질은 각각 다르다. 무스카린(muscarine, $C_9H_{20}NO_2^+$)은 알칼로이드(alkaloid) 화합물로 독버섯의 대표적인 독성물질이다(그림 18-5). 이것은 맹독성이며 위장장애, 경련, 혼수, 황달 및 근육경련 등의 중독 증상을 나타낸다.

(4) 사포닌

콩류와 같은 여러 식물성 식품에 존재하는 사포닌(saponin)은 아글리콘(aglycone, 제3장 탄수화물 87페이지 참조)인 사포게닌(sapogenin)과 당이 결합한 배당체이다. 물, 메탄올 그리고 묽은 에탄올에는 잘 녹지만, 다른 유기용매에는 녹지 않는다. 수용액은 비누처럼 많은 거품을 내는 성질이 있다. 강한 쓴맛이나 떫은맛을 가지는 것이 있고, 콩의 불쾌취 성분의 하나이다. 사포닌은 *in vitro* 실험에서는 강한 용혈작용(溶血作用)을 나타내었으나, 생체실험에서는 뚜렷한 독성효과를 나타내지 않는 것으로 보고되고 있다. 한편 사포닌은 콜레스테롤 치를 조절해 주는 효과가 있다고 하며, 특히 인삼 중의 사포닌은 오히려 약리작용을 가지기 때문에 많이 이용되고 있다.

(5) 단백질 관련 독성물질

콩에서 발견되는 트립신 저해제(trypsin inhibitor)는 단백질 소화효소인 트립신의 작용을 저해하기 때문에 대두단백질의 효율적인 이용을 방해한다. 하지만 100℃에서 15분 또는 121℃에서 5분 정도 가열하면 활성이 없어지기 때문에 콩을 가열하여 섭취하면 문제가 되지 않는다.

피마자에서 발견되는 리신(ricin)은 알부민 계통의 단백질이며, 체내에서 단백질 합성을 저해하는 강력한 식물성 독소로 알려져 있는데 치사량은 0.2 ㎎ 정도이다.

콩에서 발견되는 적혈구 응집성 독소(hemagglutinin)도 일종의 당단백질이며, 독버섯에서 발견되는 팔로톡신(phallotoxin)과 아마톡신(amatoxin)은 독성 펩티드(poisonous peptide)이다.

(6) 아민

바나나, 파인애플, 가지 및 초콜릿 등과 치즈, 맥주 및 포도주와 같은 발효식품에 함유되어 있는 **티라민**(tyramine)이나 **세로토닌**(serotonin) 등과 같은 **아민**(amine)은 혈압상승 작용을 나타낸다. 이와 같은 아민류는 체내에서 모노아민산화효소(monoamine oxidase)에 의해 빠른 속도로 대사되기 때문에 정상인의 경우에는 거의 혈압에 영향을 주지 않는다. 하지만 신경안정제 등을 섭취하면 모노아민 산화효소의 활성이 억제되어 두통이나 심장병 등의 증상이 나타날 수도 있다.

(7) 고시폴

고시폴(gossypol, $C_{30}H_{30}O_8$)은 면실(목화씨) 속에 약 0.6% 정도 들어 있는 독성물질이다(그림 18-6). 알데히드기(aldehyde group, -CHO)를 지니는 폴리페놀(polyphenol) 화합물이며, 생체 내에서 여러 종류의 **탈수소효소**(dehydrogenase)를 저해하는 독성작용을 나타낸다. 동물이 고시폴을 함유하는 사료를 오래 동안 먹으면 부종(浮腫)이 발생하며 많이 먹으면 죽게 된다. 면실유를 제조하면 고시폴이 상당량 혼입되지만, 알칼리 처리 등의 정제과정에서 거의 제거되기 때문에 문제가 되지 않는다. 현재는 고시폴이 함유되어 있지 않은 면실 품종이 개발되어 이용되고 있다.

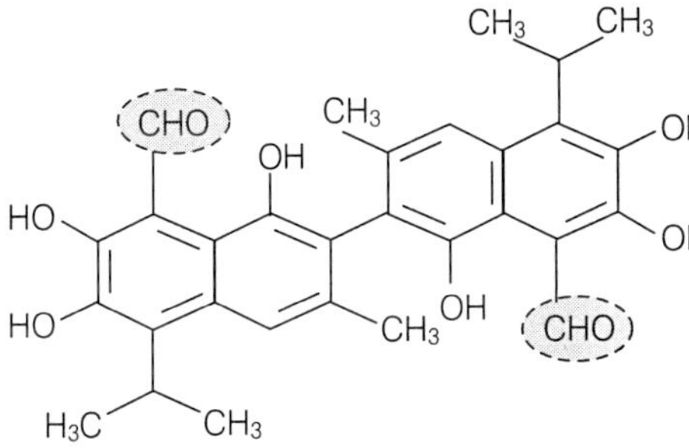

그림 18-6. 고시폴(gossypol)의 구조

▸ **티라민**(tyramine)

아미노산인 티로신(tyrosine)으로부터 탈탄산반응에 의하여 생성되는 아민을 말한다.

▸ **세로토닌**(serotonin)

아미노산인 트립토판(tryptophan)에서 유도된 화학물질이며, 5-히드록시트립타민이라고도 한다. 뇌, 내장조직, 혈소판(血小板) 및 비만세포 등에 들어 있으며, 말벌독과 버섯독을 포함하는 많은 독액의 구성성분이다. 세로토닌은 강력한 혈관수축 및 신경전달물질로 작용한다.

▸ **아민**(amine)

제3장 탄수화물 78페이지를 참조한다.

▸ **아미드**(amide)

제5장 단백질 153페이지를 참조한다.

▸ **탈수소효소**(dehydrogenase)

기질로부터 수소를 제거하는 반응을 촉매하는 효소를 말한다.

(8) 이포메아마론

이포메아마론(ipomeamarone, $C_{15}H_{22}O_3$)은 흑반병(黑斑病)에 걸린 감자나 고구마에 존재하는 독성물질이며, 간장독으로 작용한다(그림 18-7).

(9) 글루코시노레이트

글루코시노레이트(glucosinolate)는 배추나 양배추 등의 겨자과 식물에 존재하는 독성물질이다. 글루코시노레이트가 이들 식물 중에 존재하는 티오글루코시다제(thioglucosidase)에 의하여 분해되어 이소티오시아네이트(isothiocyanate, R-N=C=S)가 생성되면 이것은 체내에서 요오드의 흡수를 방해하여 갑상선 비대증을 초래하게 된다(그림 18-8).

2) 동물성 식품의 천연독성물질

동물성 식품의 천연독성물질에는 복어의 독이나 조개류의 독 등이 알려져 있으며, 일반적으로 육상동물에는 천연독성물질이 거의 없다.

(1) 테트로도톡신

복어의 난소나 간장에 많이 함유되어 있으며, 특히 산란기인 12월~5월에는 독성이 더욱 강하다. 해양미생물(*Pseudoalteromonas tetraodonis*)에 의하여 복어 중에 생성되는 테트로도톡신(tetrodotoxin, $C_{11}H_{17}N_3O_8$)은 지금까지 알려진 비단백질성 독소

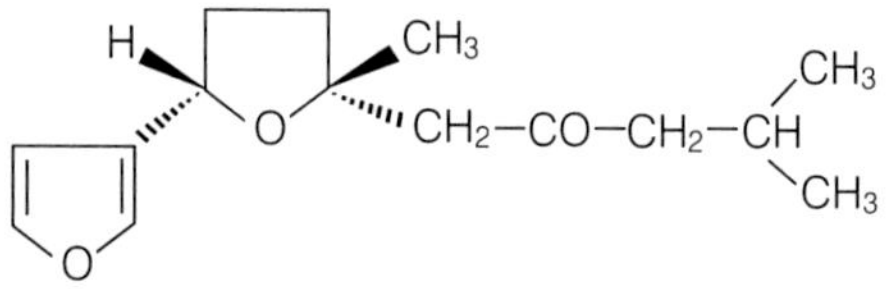

H CH3 CH3 O CH2−CO−CH2−CH CH3 O

그림 18-7. 이포메아마론(ipomeamarone)의 구조
(◀은 지면의 앞쪽, ┅은 지면의 뒤쪽)

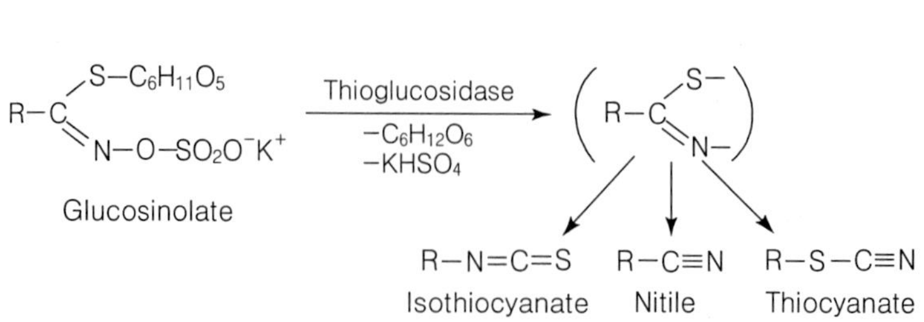

$$R-C(=N-O-SO_2O^-K^+)-S-C_6H_{11}O_5 \xrightarrow[-C_6H_{12}O_6,\ -KHSO_4]{Thioglucosidase} \left(R-C(-S-)=N-\right)$$

Glucosinolate

R−N=C=S Isothiocyanate　R−C≡N Nitile　R−S−C≡N Thiocyanate

그림 18-8. 배추, 양배추, 평지씨(rapeseed) 등에 함유된 글루코시노레이트에서 형성되는 이소티오시아네이트와 그 유도체들

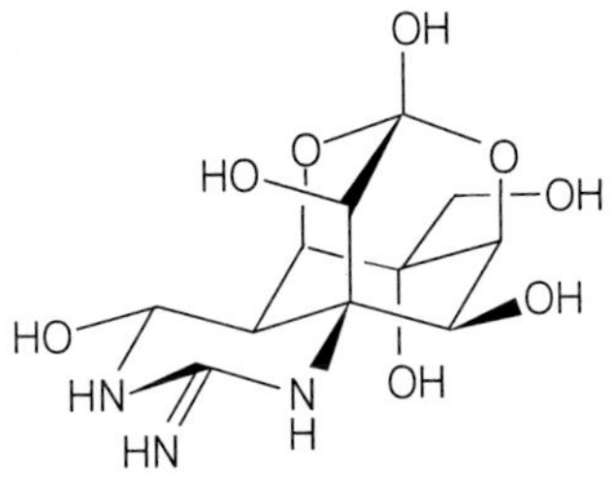

그림 18-9. 테트로도톡신(tetrodotoxin)의 구조

중에서 그 독성이 가장 강한 결정성 물질이다(그림 18-9). 테트로도톡신은 중성 pH에서 열에 매우 안정하기 때문에 120℃에서 한 시간 이상 가열하여도 파괴되지 않는다. 하지만 테트로도톡신은 약알칼리성 화합물이기 때문에 아황산나트륨(Na_2SO_3)과 인산(H_3PO_4)의 혼합액으로 처리하면 그 독성이 제거된다.

테트로도톡신은 체내에서 나트륨 관련 대사를 저해하는 매우 강한 신경독이다. 쥐에 경구투여하면 운동마비나 지각마비 등의 독성증상을 나타내며, LD_{50}은 180 μg/kg이다. 사람에 대한 중독증상은 섭취한 후 약 15분 정도 지나면 입술, 혀끝 및 손발이 마비되고 두통, 복통, 구토증이 나타난 후에 운동마비, 지각(知覺)마비, 언어장애 그리고 호흡곤란을 일으켜서 결국 죽게 되는데, 섭취 후 8시간 이내에 독성을 제거하면 거의 회복된다고 한다. 최근에는 복어 알에 식염을 첨가하여 삼투압작용으로 독성물질을 제거하거나, 중조를 첨가하여 중화시켜 복어 알을 새로운 식량자원으로 활용하려는 연구가 진행 중에 있다.

(2) 베네루핀

모시조개에서 처음으로 분리된 조개독으로 우리나라에서는 바지락에서 발견되기도 하였다. 베네루핀(venerupin)은 아직 그 본체가 밝혀지지 않은 아민류의 독성물질이며, 이들 조개류가 섭취하는 플랑크톤에 기인하는 것으로 알려져 있다. 베네루핀은 담갈색 물질로 에탄올에 용해되며, pH 5～8에서는 열에 안정하여 100℃에서 1시간 이상 가열해도 파괴되지 않는다.

독성증상은 1～2일 정도의 잠복기를 거쳐 변비, 구토, 두통 및 피하출혈에 의한 반점 등을 나타내는데, 심한 경우에는 의식의 혼란, 토혈 및 혈변이 나타나고, 10시간～7일 이내에 사망한다.

(3) 삭시톡신

일반적으로 섭조개와 굴에는 독성이 없다. 하지만 적조현상으로 인하여 특정한 플

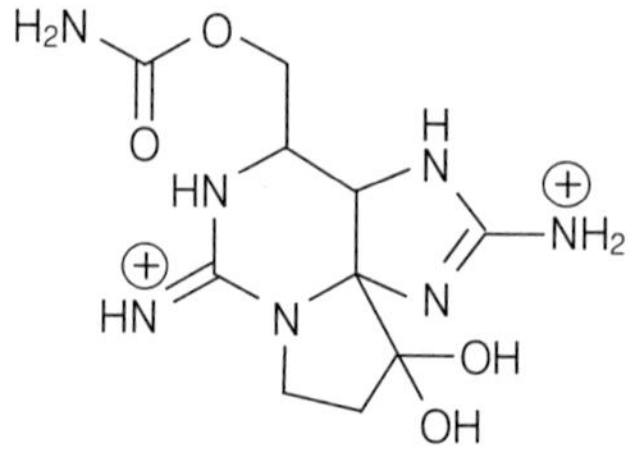

그림 18-10. 삭시톡신(saxitoxin)의 구조

랑크톤이 급격하게 증식하면 섭조개와 굴의 간장(肝臟)에 삭시톡신(saxitoxin, $C_{10}H_{17}N_7O_4$)이라는 독성물질이 축적된다(그림 18-10). 삭시톡신은 퓨린(purine) 염기의 유도체이며, 열에 안정하다. 하지만 그 독성의 제거방법은 아직 알려지지 않고 있다. 삭시톡신은 체내에서 나트륨 관련 대사를 저해하여 말초신경의 마비와 같은 독성증상을 나타낸다. 때문에 마비성 조개독이라고도 불린다. 적조가 지속되는 동안에는 독성이 증가하지만, 적조가 끝나면 이 독성물질은 조개류로부터 배설되거나 분해된다.

3. 미생물이 생산하는 독성물질

식품을 가공저장하는 과정에서는 미생물을 이용하기도 하고 또는 식품이 미생물에 오염되기도 한다. 이들 식품 중에 존재하는 미생물들은 일정한 조건이 갖추어지면 증식이나 대사과정을 통하여 독성물질을 생성한다. 미생물이 생산하는 독성물질은 크게

표 18-1. 미생물이 생산하는 중요한 독성물질

명 칭	오염식품	미생물	독성증상
Aflatoxin	땅콩	*Aspergillus flavus*	발암성, 간장독, LD_{50} 12～50 μg/kg
Citrinin	황변미	*Penicillium citrinum*	신장독, LD_{50} 35 mg/kg
맥각 alkaloid	곡류	*Claviceps purpurea*	구토, 설사, 지각이상
Botulin	생선, 육류	*Clostridium botulinum*	구토, 복통, 신경마비, 시력저하, 사지마비, 생쥐 LD_{50} 0.03 μg/kg (정맥), 치사율 20～50%
Enterotoxin A	유제품	*Staphylococcus aureus*	구토, 설사, 두통

곰팡이가 생산하는 독성물질과 세균이 생산하는 독성물질로 나누어진다(표 18-1).

1) 곰팡이가 생산하는 독성물질

곰팡이독(mycotoxin)은 곰팡이가 생성하는 독성물질을 말하는데, 중세 유럽에서 발생하였던 맥각(ergot) 중독에 의하여 처음 알려졌다. 우리나라는 여름철의 기후가 고온다습하여 곰팡이독이 발생할 위험성이 있다. 일반적으로 곰팡이독은 곰팡이와 달리 씻거나 가열하여도 제거되지 않는다.

(1) 아플라톡신

쌀과 같은 곡류와 땅콩에 기생하는 곰팡이(*Aspergillus flavus*)가 생산하는 독성물

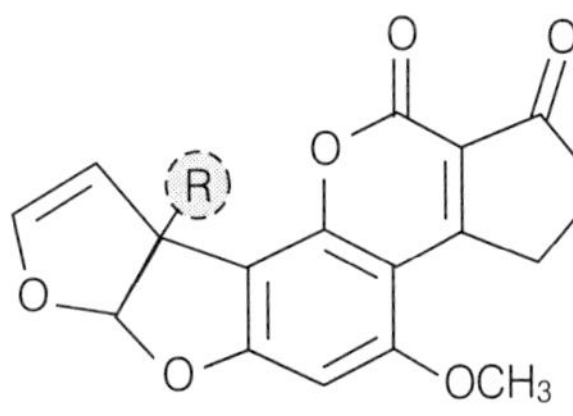

그림 18-11. 아플라톡신(aflatoxin) B_1의 구조

Aflatoxin B_1 ; R=H
Aflatoxin M_1 ; R=OH

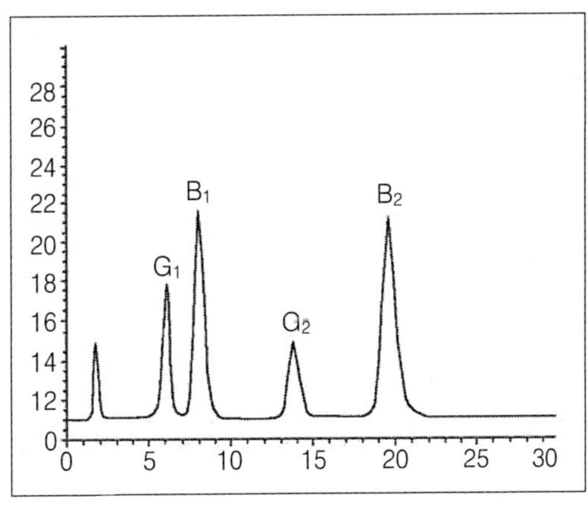

그림 18-12. 여러 가지 아플라톡신(aflatoxin) 표준품의 HPLC 크로마토그램

(오금순 등, Korean J. Food Sci. Technol. 39 : 25, 2007)

질이며, 이 곰팡이 이름을 따서 아플라톡신(aflatoxin)이라고 한다. 아플라톡신은 B_1을 비롯하여 16종의 이성체가 밝혀져 있는데, 이 중에서 아플라톡신 B_1이 가장 널리 알려져 있다(그림 18-11, 그림 18-12). 아플라톡신은 자색 또는 황록색의 형광을 가진 화합물이며, 지용성이고 200～300℃ 정도에서 분해될 정도로 열에 안정하다. 아플라톡신은 간에 작용하는 강력한 발암물질이다. 예를 들면 아플라톡신 B_1은 발암물질로 알려진 디메틸니트로사민(dimethylnitrosamine)의 3,750배나 되는 독성을 지닌 것으로 알려져 있다. 우리나라에서는 쌀을 주식으로 하고 또 콩류를 이용한 된장이나 간장 등과 같은 발효식품의 섭취가 많기 때문에 특히 주의를 필요로 하고 있다.

(2) 황변미의 독성물질

쌀을 고온다습한 곳에 장기간 저장하다 보면 곰팡이(*Penicillium citrinum*, *Peniclli-um islandicum* 등)가 증식하여 노랗게 변하는 것을 볼 수 있는데, 이와 같은 쌀을 황변미(yellow rice)라고 한다. 이것은 이들 곰팡이가 증식하면서 생성한 곰팡이독이 노란색을 띠기 때문이다. 곰팡이의 일종인 페니실리움 시트리넘(*P. citrinum*)은 시트리닌(citrinin, $C_{13}H_{14}O_5$)이라는 곰팡이독을 생성하고(그림 18-13), 페니실리움 아일랜디컴(*P. islandicum*)은 염소를 함유하는 수용성 펩티드인 아일랜디톡신(islanditoxin)이라는 곰팡이독을 생성한다. 시트리닌은 신장 비대 그리고 아일랜디톡신은 간경화, 간종양 및 간암 등을 일으킨다고 보고되고 있다.

(3) 맥각 알칼로이드

맥각균(*Claviceps purpurea*)은 특히 보리에서 잘 번식하는데, 보리에 존재하는 이 곰팡이의 균핵을 **맥각**(麥角)이라고 한다. 맥각균에 오염된 보리는 흑청색을 띠고 조직이 쉽게 부서진다. 맥각은 알칼로이드(alkaloid) 화합물인데, 중요한 것으로는 에르고린(ergoline, $C_{14}H_{16}N_2$), 에르고노빈(ergonovine), 에르고타민(ergotamine, $C_{33}H_{35}N_5O_5$)

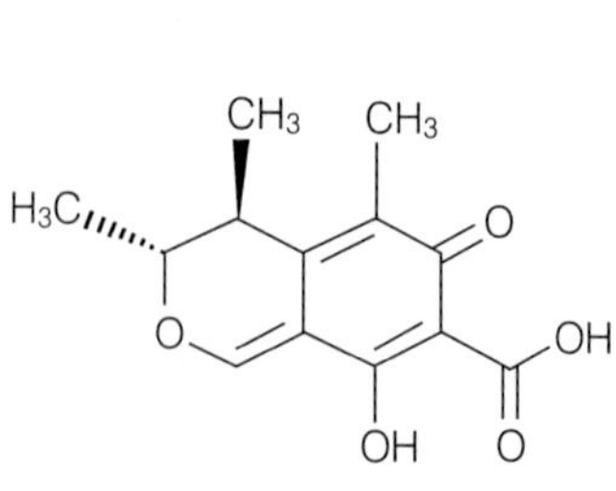

그림 18-13. 시트리닌(citrinin)의 구조

▬ 지면(紙面)의 앞쪽
┅ 지면(紙面)의 뒤쪽

▸ **맥각병(麥角病, ergot)**

곰팡이 때문에 보리나 호밀에 생기는 병을 말하는데, 이 병에 걸리면 낟알이 커지고 딱딱해지며, 갈색부터 검은색까지 여러 색을 띤 각상돌기(角狀突起), 즉 맥각으로 변하게 된다.

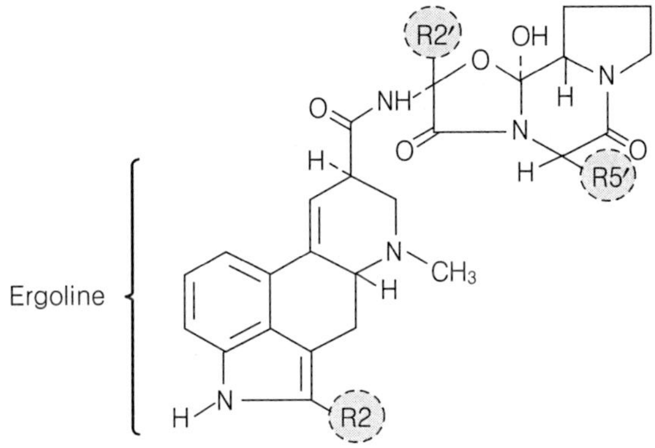

그림 18-14. 맥각 알카로이드(alkaloid)의 구조

Ergotamine ; R2=H, R2′=CH_3, R5′=benzyl

Ergocristine ; R2=H, R2′=$CH(CH_3)_2$, R5′=benzyl

및 에르고크리스틴(ergocristine)이 알려져 있다. 이들은 그림 18-14에서 보는 바와 같이 에르고린을 기본구조로 하는 화합물들이다. 맥각 알칼로이드는 열에 매우 안정하기 때문에 일반 조리나 가공에 의해 파괴되지 않는다. 맥각은 인체의 근육을 수축시키는 작용을 하여 자궁의 수축이나 분만 촉진 등을 위한 의약품으로 이용되어 왔으나, 그 양이 많아지면 독성을 나타내는데 구토, 설사, 복통, 지각이상, 운동장애, 유산 및 조산 등의 증상을 나타내는 것으로 알려져 있다.

2) 세균이 생산하는 독성물질

(1) 엔테로톡신

동물성 식품에는 화농성 질환의 대표적 원인균인 포도상구균(*Staphylococcus aureus*)이 잘 오염되는데, 포도상구균은 증식하면서 엔테로톡신(enterotoxin)을 생성한다. 엔테로톡신은 단백질 독소인데, 트립신과 키모트립신에 의하여 분해되지 않지만 펩신에 의해서는 분해된다. 내열성이 크기 때문에 100℃에서 30분 동안 가열해도 파괴되지 않는다. 엔테로톡신은 구토, 설사 및 복통 등의 중독증상을 나타내지만 이와 같은 증상은 쉽게 회복된다. 포도상구균에 의하여 이 독소가 식품 중에 생성되어도 특별한 외관의 차이가 발생하지 않기 때문에 특별한 주의를 필요로 한다.

(2) 보툴린

보툴린(botulin)은 보툴리누스균(*Clostridium botulinum*)이 생성하는 독소이다. 보툴리누스균은 통조림 등에서 발견되는 혐기성 포자형성 균으로 pH 4.6 이상에서 잘 자라지만, 열에 약하기 때문에 80℃에서 사멸한다. 하지만 이 균의 포자는 내열성이 매우 커서 100℃에서 6시간 또는 120℃에서 20분 이상 가열해야 파괴된다. 보툴린에는 여러 종류의 유도체가 있으며, 알칼리에 불안정하고 100℃에서 10분 이상 가열하면 파괴된다. 독성증상으로는 신경마비로 인한 경련, 시력저하 및 호흡곤란 등을 나타낸다. 최근에는 미용의 용도로 보톡스(Botox)라는 상표로 이용되고 있다.

4. 가공 또는 저장 중에 생성되는 독성물질

1) 식용유지의 산패 생성물

식용유지의 이용이나 저장 중에 형성된 산패 생성물은 식중독의 원인이 된다(제11장 지질의 변화 288페이지 참조).

2) 육제품의 니트로사민

육제품을 제조할 때에 발색 등의 목적으로 사용되는 질산염이나 아질산염은 환원되어 니트로사민(nitrosamine)을 생성하는데, 이것은 발암물질로 알려져 있다(제15장 식품의 색 396페이지 참조).

3) 리시노알라닌

아미노산인 리신(lysine)과 알라닌(alanine)을 지니는 식품을 가열처리하면 리신과 알라닌의 결합으로 리시노알라닌(lysinoalanine)이 형성되는데, 이것은 소화, 흡수가 안 되기 때문에 리신과 알라닌의 체내 이용률을 떨어뜨린다.

4) 프토마인

육류 및 어류 등과 같은 단백질을 많이 함유한 식품이 부패되면 세균의 작용으로 아미노산이 탈탄산(脫炭酸)되어 독성이 강한 아민(amine)류가 생성된다. 이들 유독성분을 총칭하여 프토마인(ptomaine)이라고 한다(제12장 단백질의 변화 312페이지 참조).

5) 아크릴아미드

감자와 같이 전분을 많이 함유하고 있는 식품을 120℃ 이상의 높은 온도에서 굽거나 튀기면 식품 내에 함께 존재하는 아스파라긴(asparagine)과 환원당(포도당, 과당 등)이 반응하여 아크릴아미드(acrylamide, CH_2=$CHCONH_2$)가 생성된다. 아크릴아미드는 가열하지 않은 식품이나 100℃ 이하로 가열된 식품에서는 거의 생성되지 않지만, 마이크로파(microwave)에 의해서는 생성될 수 있다. 아크릴아미드는 사람에서는 아직 뚜렷한 위해현상이 발견되지 않았지만, 일부 동물실험에서는 악성 위종양을 일으키는 것으로 보고되었다.

5. 외부로부터 오염되는 독성물질

과거에는 식품 중의 독성물질이 주로 식품가공이나 저장 중의 잘못에 의하여 생성된 것이었지만, 최근에는 환경오염 등으로 인하여 외부로부터 독성물질이 식품에 많이 혼입되고 있다(표 18-2).

표 18-2. 외부로부터 오염되는 독성물질

명 칭	증상·독성	허용농도
카드뮴	소화관 내를 자극하여 염증, 구토, 설사 식품 중에 15 ppm이면 중독증상	쌀; 0.2 ppm 이하(한국)
메틸수은	시력감퇴, 운동불능, 신경계장애 1.75 mg/week를 섭취한 사람은 발병	해산 어패류와 담수어; 0.5 mg/kg 이하 (심해성 어류 및 참치류 제외, 한국)
납	신경장애, 뇌손상	해삼 어패류와 담수어; 2.0 mg/kg 이하
PCB	피부의 흑갈변, 구토, 간장장애, 고지혈증 경구 LD_{50} 300~2,000 mg/kg, 급성독성	생선; 3 ppm(일본) 우유; 0.1 ppm(일본) 쇠고기; 0.5 ppm(일본) 계란; 0.2 ppm(일본)
비소	식욕부진, 수면불량, 설사, 신경염 성인의 중독량 5~50 mg	음료수; 0.05 mg/ℓ(일본)

1) 환경으로 인하여 오염된 독성물질

(1) 카드뮴

카드뮴(Cd, cadmium)은 체내에 섭취되면 신장장애를 일으키는 유해성 원소이다. 식품위생법에서는 쌀 중의 카드뮴 양을 0.2 mg/kg 이하, 패류의 카드뮴 함량은 2.0 mg/kg 이하로 규정하고 있다. 만약 카드뮴 함량이 초과하는 현미가 생산되면 그 전답은 카드뮴 오염제거 대책이 취해져야 한다. 일반적으로 오염되지 않은 지역에서 생산되는 식품 중에 카드뮴 함량은 0.01~0.1 ppm 정도인데 오징어, 낙지, 새우 및 조개 등의 간에서는 수십 ppm 함유되어 있는 경우도 있다.

(2) 수은

수은(Hg, mercury)은 체내에 섭취되면 장기간 체내에 잔류한다. 해양환경 중에 존재하는 대부분의 수은은 무기수은($HgCl_2$)이다. 하지만 이러한 무기수은은 퇴적물 중에 있는 혐기성 세균에 의하여 유기수은인 메틸수은(CH_3HgCl)으로 변환될 수 있다. 메틸수은은 친유성이기 때문에 세포막을 쉽게 통과하여 중추신경계 내의 단백질 합성에 관여하는 효소를 불활성화시킴으로써 중추신경계에 영향을 미치게 되며, 특히 태아기에 메틸수은에 과량 노출되게 되면 아동기에 정신지체를 초래할 수 있다. 또한 메틸수은은 생물농축이라는 특성으로 인하여 먹이사슬의 상위로 갈수록 많은 양이 포함되어 있으며, 주로 어류를 통하여 인간에게 축적된다. 수은에 의한 중독 증상으로는 구강염, 구토, 피부발진, 신장장애 및 정신장해 등이 나타나는데, 이러한 증상은 0.005~0.1 mg 정도에서도 발생하기 때문에 농약으로 사용되는 유기 수은제도 사용이 금지되었다.

최근에 FAO/WHO 합동 식품첨가물 전문가위원회(The Joint FAO/WHO Expert Committee on Food Additives, JECFA)에서는 메틸수은의 잠정주간섭취량(provisional tolerable weekly intake, PTWI)을 체중 1 kg당 3.3 μg에서 1.6 μg으로 하향 조정하였고, 일본에서는 참치 등과 같은 심해성 어류를 제외한 일반 어류의 총 수은 함량을 0.4 ppm 이하로 정하였으며, 유럽연합은 심해성 어류를 제외한 일반 어류의 총 수은 함량을 0.5 ppm 이하, 상어, 황새치 및 참치 등과 같은 육식성 어류는 1 ppm 이하로 정하고 있다. 한편 우리나라에서는 심해성 어류 및 참치류를 제외한 해산 어패류와 담수어의 총 수은 함량을 0.5 ppm 이하로 규정하고 있다.

(3) 납

식품 중의 납은 주로 납(Pb, lead)이 함유된 송수관을 통해 나온 식수가 원인이다.

납 중독이 되면 신경장애나 뇌손상이 발생하게 된다. 식품위생법에서는 해산 어패류와 담수어의 납 함량을 2.0 ㎎/kg 이하로 규정하고 있다.

2) 재배(사육), 가공 중에 오염된 독성물질

(1) 피시비

피시비(polychlorinated biphenyl, PCB)는 그림 18-15에서 보는 것처럼 2개의 페닐에 염소원자가 1～10개 정도 결합하고 있는 구조를 하고 있으며, 내열성을 지니기 때문에 전기절연체로 사용되는 물질이다. PCB가 고의로 환경에 방출되지는 않지만 공업용, 도시 폐기물 처리 그리고 기계장치로부터의 유출 등을 통하여 공기, 물 및 토양에 혼입될 수 있다. PCB는 잘 분해되지 않으므로 토양과 지하수에 오랫동안 남아 축적되기 쉬우며 먹이사슬에 들어갈 수 있다. PCB는 어류와 무척추동물에게 특히 유독하며, 낮은 농도에서도 이들 동물에게는 치명적이다. PCB에 노출된 사람은 간기능장애, 피부염 및 현기증 등이 유발된다. 이 약품은 또한 발암물질로 추측된다. 1968년에 일본에서는 미강유를 제조하는 중에 피시비가 혼입되어 이 미강유를 섭취한 사람에게서 피부색의 변화나 손톱의 흑변 등과 같은 피부질환을 나타내는 사건이 발생하였다.

(2) 농약

농약은 농작물을 병충해로부터 보호하고 농산물의 수확량을 증대시키기 위하여 사용된다. 더불어 인구의 증가에 따른 농산물의 수요 증가는 농약의 생산 및 사용을 증가시키고 있으며, 그 결과 우리의 생활환경이 오염되고 생태환경이 영향을 받고 있다. 또한 다량의 농약을 사용하는 것은 식품 내에 농약 잔류의 가능성을 증가시킨다. 예를 들면 벼에 사용한 유기수은제 농약이 쌀에 잔류되어 문제가 되었기 때문에 최근에는 비수은성 농약을 사용하고 있다. 또한 비소(As, arsenic)가 들어 있는 농약이 묻은 과일이나 야채를 씻지 않고 섭취하면 비소중독을 일으킬 수 있다. 그러므로 식품의 잔류농약에 대한 안전성이 더욱 중요시 되고 있다.

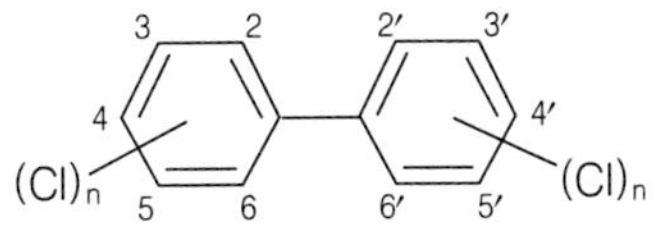

3 2 2′ 3′
4 4′
$(Cl)_n$ 5 6 6′ 5′ $(Cl)_n$

그림 18-15. 피시비(PCB)의 구조

농약에는 사람이나 가축에게 유해한 것이 많은데, 이들 유해성분이 식품에 남아서 문제가 발생하는 경우가 많다. 그러므로 세계 각국은 농약의 오남용 방지를 위해 농약의 사용기준과 각각의 농약에 대한 해당 농산물의 최대 잔류허용 기준 등을 설정하고, 이를 근거로 하여 잔류농약에 대한 지속적인 모니터링 및 감시를 실시하고 있다. 또한 잔류농약의 오염실태 및 그 추이 변화를 파악하여 그 결과를 식품정책의 기초자료로 사용하고 있으며, 최대 잔류 허용기준 이상의 잔류농약을 지니는 농산물은 폐기시킴으로써 농산물의 안전성을 보장하고 있다.

(3) 축산식품 중의 항생물질

축산식품을 생산하는 과정에는 여러 가지 이유로 항생물질이 사용되는데, 이들은 결국 축산식품 중에 잔류하게 된다. 예를 들면 세프티오퍼(ceftiofur)라는 항생물질은 육우, 유우, 돼지 및 닭 등의 호흡기계 질병 치료를 위하여 반드시 근육 내에 주사하는 것을 조건으로 허가되었다. 세프티오퍼가 근육에 주사되면 빠르게 대사되어 대부분이 요(尿)로 제거되기 때문에 12시간 후에는 조직 중에 거의 남아 있지 않게 된다. 하지만 유방염을 치료하기 위하여 유선에 직접 주사하는 경우에는 우유 중에 세프티오퍼가 잔류하게 된다.

(4) 다환방향족탄화수소와 벤조피렌

다환방향족탄화수소(polycyclic aromatic hydrocarbons, PAHs)는 석탄이나 석유 등과 같은 화석연료의 연소, 쓰레기 등의 불완전연소 및 자동차 매연 등에 의하여 생성되는데 공기, 물, 토양 및 먹이사슬에 상당량 존재한다. 일반적으로 생식품에는 PAHs의 함량이 낮지만, 지방함량이 높은 식품에는 많이 축적되며 굽기, 튀김 및 볶음 등의 조리나 가공과정에 의해 그 함량이 증가할 수 있다(그림 18-16). 특히 PAHs 중에서 벤조피렌(benzopyrene)은 발암성을 지닌 대표적인 물질 중의 하나로 거의 모든 실험동물에서 암을 일으키는 물질로 주목받고 있다. 벤조피렌은 탄화수소, 아미노산, 전분 및 지방산 등을 600℃ 이상의 온도에서 가열하면 생성되는데 발암성 물질이다. 특히 숯으로 심하게 구워서 태운 고기나 훈제된 육류 가공품 그리고 공장지대 부근에서 재배된 농작물 등에 많이 함유되어 있는 것으로 알려져 있다.

식품 중의 PAHs에 대한 기준 및 규격을 보면 벤조피렌을 기준으로 EU에서는 유지류와 훈연된 어류는 최대 허용치를 2.0 μg/kg, 영유아 식품은 1.0 μg/kg 그리고 훈연 육류 및 훈연 육가공품 등은 5.0 μg/kg 등으로 설정하여 운영하고 있다.

(5) 포장용기로부터의 오염

식품의 포장지나 포장용기로부터 독성물질이 식품에 오염될 수 있다. 예를 들면 금속용기에서는 납, 구리, 아연 및 주석 등이, 에나멜 용기에서는 납이나 비소 등이 그리고 합성수지 용기에서는 페놀(phenol)이나 포름알데히드(formaldehyde) 등이 식품에 혼입될 수 있으며, 이들은 어느 것이나 중독증상을 나타내게 된다.

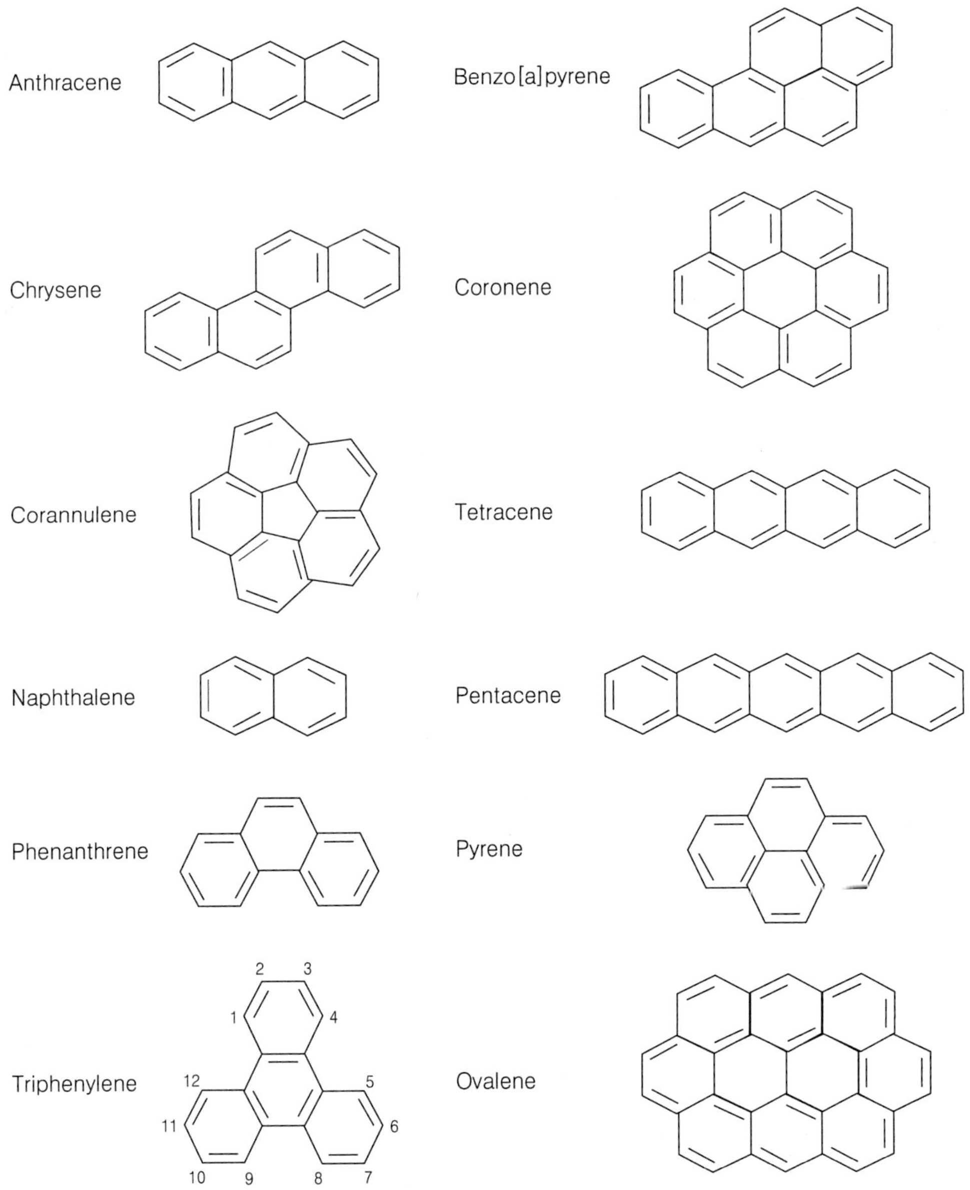

Anthracene

Benzo[a]pyrene

Chrysene

Coronene

Corannulene

Tetracene

Naphthalene

Pentacene

Phenanthrene

Pyrene

Triphenylene

2 3 1 4 12 5 11 6 10 9 8 7

Ovalene

그림 18-16. 다환방향족탄화수소(PAHs) 화합물

(6) 말라카이트그린

최근 우리나라에서는 양식 어류에 말라카이트그린(malachite green)을 살균제로 사용하는 것이 적발되어 큰 사회문제가 되었다. 말라카이트그린은 비단, 양모 및 가죽 등의 염색을 위하여 널리 사용되어 온 푸른색의 염료인데, 세계적으로는 1930년대부터 양식 어류의 살균제 및 기생충 구제제로 많이 사용되어 왔다. 그러나 말라카이트그린이 발암, 돌연변이 및 기형을 유발하는 물질로 분류되면서 1970년대 후반부터 미국에서는 희귀어종의 복원과 같이 특수한 경우에만 사용을 승인하고 있으며, 대부분의 유럽국가에서는 이 물질의 사용을 금지하고 있다. 우리나라에서도 관상어류 전용약제로만 등록 허가되어 있으며, 식용어류에는 사용을 금지하고 있다. 그러나 말라카이트그린이 값싸고, 방부효과가 뛰어나기 때문에 양식업자들이 이를 계속 사용하였던 것으로 생각된다.

6. 식품의 안전성 검사

식품의 안전성을 확인하는 방법은 크게 *in vivo* 실험과 *in vitro* 실험의 두 가지로 나누어지는데, 최종적으로는 대부분의 경우 *in vivo* 실험을 필요로 한다. 하지만 동물실험에는 막대한 시설, 경비, 시간 그리고 노력이 소요된다. 여기에서는 미생물을 이용하여 발암성과 높은 상관관계가 있는 돌연변이원성 시험법을 설명하고자 한다.

1) 에임스 시험

에임스 시험(Ames test)은 에임스 등에 의하여 개발된 변이원성 물질을 검출하는 간이 시험법이다. 발암성과 변이원성은 반드시 일치하는 것은 아니지만, 일반적으로 이들은 서로 깊은 관련이 있다. 그러므로 발암물질을 신속하게 검출하기 위해서 변이원성 시험법이 널리 이용되고 있는데, 에임스 시험은 매우 신속하고 경제적으로 변이원성을 측정할 수 있는 방법이다.

이 시험법의 원리는 다음과 같다. 일반적으로 정상적인 장티푸스균(*Salmonella typhimurium*)은 그들의 생육을 위해서 아미노산의 일종인 히스티딘(histidine)을 필요로 한다. 그러므로 히스티딘이 첨가되지 않은 배지에서는 정상적인 균의 생존이 불가능하다. 만약에 히스티딘이 첨가되지 않은 배지에서 이 균이 증식한다면 이 균은 비정상적인, 즉 돌연변이된 것이다. 이 시험법은 이와 같은 원리를 이용하여 안전성을 검사하기 위한 어떤 물질(A)을 히스티딘이 첨가되지 않은 배지에 첨가하고, 살모넬라균을 접종한 후 그 콜로니(colony)를 측정하여 이 물질의 변이원성을 확인하는

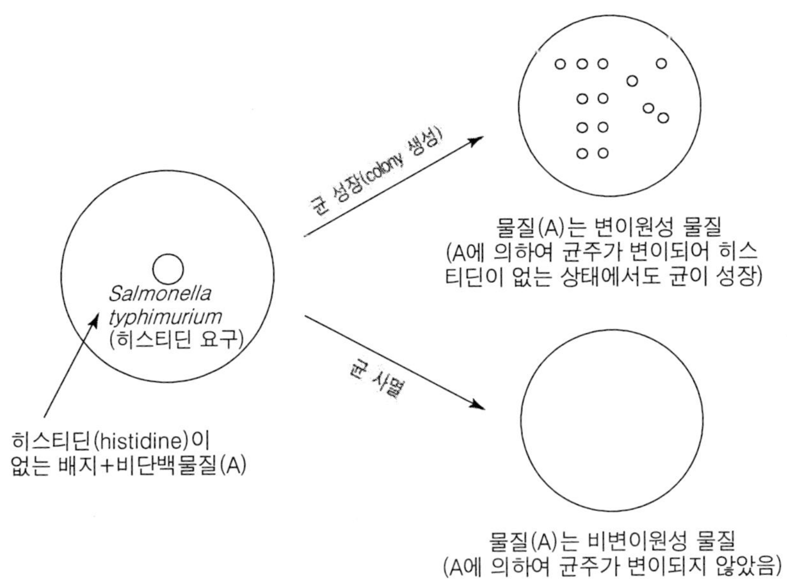

그림 18-17. 에임스 시험(Ames test)

것이다. 즉 히스티딘이 첨가되지 않은 배지에서 콜로니가 확인되면 이 물질(A)에 의하여 살모넬라 균이 변이된 것이므로 이 물질(A)은 변이원성이 있는 것이다(그림 18-17).

하지만 에임스 시험은 순수한 화학물질에는 쉽게 적용할 수 있지만, 히스티딘만을 지표로 하기 때문에 시료에 단백질이나 펩티드가 많이 혼합되어 있으면 적용할 수 없게 된다. 그러므로 식품을 직접 시료로 하여 그 변이원성을 측정할 수는 없다. 에임스 시험을 이용한 식품의 안전성 평가는 히스티딘을 함유하는 단백질이나 펩티드를 제거한 후에 적용하여야 하며, 그렇지 아니면 다른 방법을 적용하여야 한다.

2) Rec assay

화학적 변이원이나 발암물질에 의하여 생명체 중의 DNA가 손상되었을 때 이 생명체가 DNA 복구능력이 있으면 생존이 가능하지만, DNA 복구능력이 없으면 생존이 불가능하게 된다.

이 실험법은 이와 같은 원리를 이용하여 안전성을 측정하는 방법이다. 즉 배지에 안전성을 측정하기 위한 어떤 물질(A)을 첨가하고 DNA 복구능력이 없는 온전한 균주(이를 "Rec"이라고 한다)를 배지에 접종한 후에 콜로니 형성 여부를 확인한다. 만약 이 물질(A)이 변이원성을 지닌다면 이 물질(A)에 의하여 Rec의 DNA가 손상되

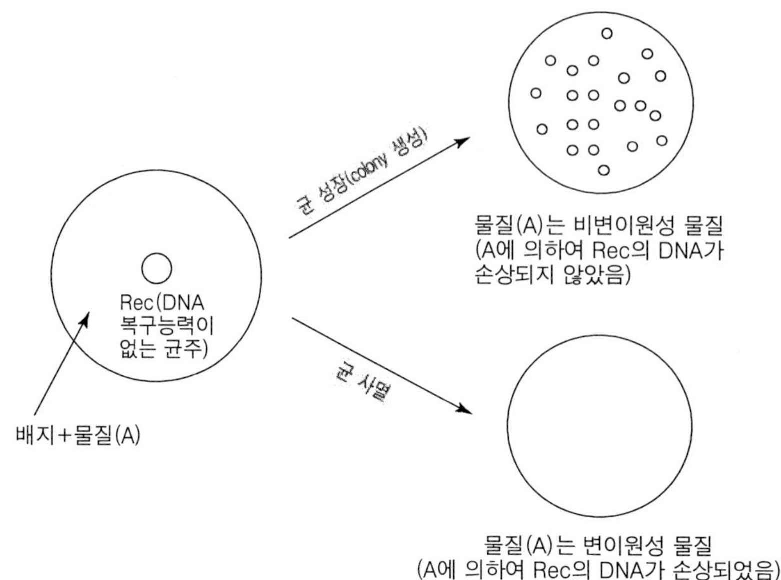

그림 18-18. Rec assay

고, Rec는 DNA 복구능력이 없기 때문에 생존이 불가능하므로 콜로니가 형성되지 않는다. 그러므로 콜로니가 형성되면 이 물질(A)은 변이원성이 없는 것이다(그림 18-18).

3) 염색체 이상시험

안전성을 측정하기 위한 물질을 포유동물의 세포와 함께 배양하여 이 물질에 의한 염색체의 이상 유무를 확인한다.

참고문헌

강국희 등(역) ; 도설 생화학, 유한문화사(1985)

고명수 등 ; 알기쉬운 기기분석, 유한문화사(2005)

구난숙 등 ; 식품관능검사, 교문사(2006)

국윤환 등 ; 콜로이드와 계면활성제, 대광서림(2006)

김동훈 ; 식품화학, 탐구당(1996)

김성열 ; 식품화학특론, 유한문화사(1985)

김창한 등(역) ; 기초 생화학, 유한문화사(2001)

노봉수 ; 식품화학 연습, 신광출판사(1996)

농촌진흥청 농촌자원개발연구소 ; 식품성분표 제 7 개정판(2006)

맹영선 등 ; 식품과 건강, 유한문화사(1999)

문범수 ; 식품첨가물, 수학사(2002)

박동기 ; 도설 식품화학실험, 유한문화사(1985)

송병춘 등 ; 현대인의 식생활과 건강, 건국대학교 출판부(1999)

송재철 등 ; 최신 식품학, 교문사(2000)

송태희 등 ; 식품화학, 도서출판 효일(2004)

식품의약품안전청 ; 식품공전, 문영사(2006)

식품의약품안전청 ; 식품첨가물공전, 문영사(2004)

신효선 등 ; 최신 식품화학, 신광출판사(2000)

심상국 등 ; 식품학, 고문사(2002)

안승요 등 ; 식품화학, 교문사(2005)

양한철 ; 최신 비타민학, 세문사(1994)

유석권 등 ; 식품화학, 수학사(2004)

윤석후 등 ; 정제 전 저장조건이 정제대두유의 품질 및 가공적성에 미치는 영향에 관한 연구, 한국식품연구원 보고서(2005)

이근보 등 ; 쉬운 식품분석, 유한문화사(2006)

이성우 ; 식품화학, 수학사(1999)

이철호 등 ; 식품공업품질관리론, 유림문화사(1984)

정동효 등 ; 식품의 생리활성, 선진문화사(1998)
채수규 ; 식품화학, 효일문화사(1990)
최동성 등(역) ; 식품기능화학, 지구문화사(1995)
한국생화학회 ; 실험 생화학, 탐구당(2000)
한국식품과학회 ; 식품과학과 산업, 한림원(주)
한국식품과학회 ; 식품과학기술 대사전, 광일문화사(2004)
한국식품과학회 ; 한국식품과학회지, 한림원(주)
황기 등 ; 식용유지학, 탐구당(2002)
高野克己 等 ; 食品化學, 三共出版(2007)
豊田 正武 等 ; 食物・榮養系のための基礎化學, 丸善株式會社(2007)
藤巻正生 等 ; 食料工業, 東京化學同人(1985)
堀尾武一 等 ; 蛋白質・酵素の基礎實驗法, 南江堂(1982)
丸尾文治 等 ; 酵素 ハンドブック, 朝倉書店(1983)
藤本大三郎 ; 酵素の科學, 裳華房(1991)
藤野安彦 ; 脂質分析法入門, 學會出版センタ-(1987)
福井三郎 等 ; バイオテクノロジ-事典, シ-エムシ-(1986)
小原哲二郎 等 ; 食品分析 ハンドブック, 建帛社(1977)
野本明男 等 ; 生物材料の取扱い, 丸善株式會社(1987)
原昭二 譯 ; 入門クロマトグラフィ, 東京化學同人(1993)
日本生化學會 ; 脂質の化學と生化學, 學會出版センタ(1992)
井本泰治 ; タンパク質工學への招待, 南江堂(1989)
中山義之 ; 生化學基礎實習, 三共出版株式會社(1975)
泉美治 等 ; 機器分析のてびき, 化學同人(1990)
菅隆幸 等 ; 食品化學・材料學, 朝倉書店(1982)
A.O.A.C ; Official Methods of Analysis 16th ed., AOAC International(1995)
Boyer, R. F. ; Modern Experimental Biochemistry, Addison Wesley(1986)
Cooper, T. G ; The Tools of Biochemistry, John Wiley & Sons, Inc.(1977)
Dennis D. Miller ; Food Chemistry, John Wiley & Sons, Inc.(1998)
Imai *et al.* ; IFT Annual Conference(1996)
Johnson, E. L. *et al.* ; Basic Liquid Chromatography, Varian Associates, Inc.(1978)

Kathy Barker ; At the Bench, CSHL Press(1998)

Lehninger *et al.* ; Principles of Biochemistry, Worth(1993)

Martha Windholz ; The Merck Index, Merck & Co., Inc.(1983)

M. J. Sadler *et al.* ; Encyclopedia of Human Nutrition, Academic Press(1999)

Owen R. Fennema ; Principles of Food Science. Part 1. Food Chemistry, Marcel Dekker, Inc.(1976)

Owen R. Fennema ; Food Chemistry, Marcel Dekker, Inc.(1985)

Owen R. Fennema *et al.* ; Handbook of Food Analysis, Marcel Dekker, Inc.(1998)

Pharmacia Fine Chemicals ; Affinity Chromatography(1990)

Pharmacia Fine Chemicals ; Ion Exchange Chromatography(1990)

Pharmacia LKB Biotechnology ; Gel Filtration(1990)

Pharmacia LKB Biotechnology ; Polyacrylamide Gel Electrophoresis(1990)

R. H. Burdon *et al.* ; Laboratory Techniques, Elsevier(1989)

Rodney Boyer ; Concepts in Biochemistry, Brooks/Cole(1998)

Wilson, K. *et al.* ; A Biologist's Guide to Principles and Techniques of Practical Biochemistry 3rd ed., Edward Arnold(1987)

Yuriy Román-Leshkov *et al.* ; Phase Modifiers Promote Efficient Production of Hydroxymethylfurfural from Fructose, Science(2006)

http://commons.wikimedia.org/wiki/Main_Page(영어위키백과사전)

http://www.kosfost.or.kr/(한국식품과학회)

http://www.kosfop.or.kr/(한국식품저장유통학회)

http://www.kosfa.or.kr/(한국축산식품학회)

http://www.kcsnet.or.kr/(대한화학회)

찾아보기

ㄷ

ㄹ

ㅁ

ㅇ

ㅋ

ㅌ

ㅍ

ㅎ

Index

B

C

D

E

F

G

H

I

K

L

M

N

Q

R

S

T

U

V

W

X

Z

α

β

γ

ε

ρ

ω

Q

R

S

◈ 집 필 진 ◈

양 종 범 (jbyang@dongnam.ac.kr)
동남보건대학 식품생명과학과

유 재 희 (jhyooo@hanmail.net)
동남보건대학 식품생명과학과

이 근 보 (kblee@ymfood.com)
영미산업주식회사

쉬운 식품화학 (개정판)

2011년 3월 1일 개정 1쇄 발행
2020년 8월 25일 개정 2쇄 발행

저 자 : 양종범 · 유재희 · 이근보
펴낸이 : 천승배
펴낸곳 : 도서출판 **유한문화사**

주소 : 경기도 고양시 덕양구 지도로124번길 8-35
전화 : 2668-2055~6
팩스 : 2668-2565
http://www.yuhansa.com
E-mail : yuhansa@hanmail.net
등록 : 제 5-31호. 1979. 3. 6.

값 28,000 원

ISBN : 978-89-7722-566-4 93570